"十二五"普通高等教育本科国家级规划教材
普通高等教育"十一五"国家级规划教材
北京高等教育精品教材
中国石油和化学工业优秀教材一等奖

高 分 子 材 料

第二版

黄 丽 主编

U0288791

化学工业出版社

·北京·

本书是普通高等教育"十一五"国家级规划教材。全书主要介绍了通用塑料、工程塑料、合成纤维、橡胶、涂料和黏合剂、功能高分子材料、高分子共混材料和复合材料的基本性质、功能、加工工艺、使用环境及其结构和组成的关系。另外还深入浅出地导出了各种功能材料、智能材料、仿生材料等新型材料，在此基础上还介绍了高分子材料领域最新的知识和技术。

本书可作为高等院校高分子材料和加工专业的本科生教材，也可以作为研究生的主要参考书，同时本书对于从事高分子材料生产、加工、应用及研究的工程技术人员也具有重要的参考价值。

图书在版编目（CIP）数据

高分子材料/黄丽主编. —2版. —北京：化学
工业出版社，2010.1 （2024.9重印）
"十二五"普通高等教育本科国家级规划教材 普通高等教育"十一五"国家级规划教材 北京高等教育精品教材 中国石油和化学工业优秀教材一等奖
ISBN 978-7-122-07181-1

Ⅰ.高…　Ⅱ.黄…　Ⅲ.①高分子材料-高等学
校-教材　Ⅳ.TB324

中国版本图书馆 CIP 数据核字（2009）第 215801 号

责任编辑：杨　菁　　　　　　　　　文字编辑：李　玥
责任校对：王素芹　　　　　　　　　装帧设计：韩　飞

出版发行：化学工业出版社（北京市东城区青年湖南街 13 号　邮政编码 100011）
印　　装：河北延风印务有限公司
787mm×1092mm　1/16　印张 21¾　字数 568 千字　2024 年 9 月北京第 2 版第 17 次印刷

购书咨询：010-64518888　　　　　　售后服务：010-64518899
网　　址：http://www.cip.com.cn
凡购买本书，如有缺损质量问题，本社销售中心负责调换。

定　　价：58.00 元

前　言

　　高分子材料是门内容广阔、与其他许多学科交叉渗透、相互关联的综合性学科。目前高分子材料的发展非常迅猛，例如高强度、高韧性、高耐温以及极端条件的高性能高分子材料发展很快，有力地推动了电子、机械、宇航等工业的发展。目前，高分子材料正向功能化、智能化、精细化方向发展。使其由结构材料向光、电、声、磁等功能化转变，导电材料、储能材料、智能材料、纳米材料、光导材料、生物活性材料、电子信息材料等方面的研究日趋活跃。与此同时，在高分子材料的生产加工中也引进了很多先进技术，如等离子体技术、激光技术、辐射技术和应力加工技术等。

　　材料科学的发展对人才的培养提出了新的要求，同时，社会的发展使得高分子材料不仅需要培养懂得塑料、橡胶、纤维、涂料、粘接剂等方面的知识和加工技能的专门人才，更需要培养熟悉高分子材料各个领域，甚至高分子材料科学发展前沿的高水平人才。

　　本高分子材料教材是在"十五"高分子材料教材的基础上进行修订的。"十五"高分子材料教材通过几年的教学使用，得到普遍好评，并于 2006 年被评为北京高等教育优秀精品教材。随着科学技术的发展，本书第二版也在第一版的基础上对部分内容进行了更新，引进了反映当代最新研究水平的内容，使学生在掌握基础理论的同时，了解课程的最新研究成果和动向，以适应教学改革的需要。本书内容主要为通用塑料、工程塑料、橡胶、涂料和黏合剂、功能高分子材料、高分子共混材料和复合材料。将加入高分子材料在节能减排方面应用的相关知识，介绍高分子材料与环境的最新发展方向和研究成果，并对第一版的一些内容进行精炼和修正，使本教材更能适应现代科学发展的需要，培养出高分子材料科学发展前沿的高水平人才。

　　该教材突出了"实际、实用、实践"的"三实"原则，在讲述基本内容的基础上，注意补充了相关的新知识和新技术。本书可作为高等学校高分子材料和加工专业的本科生的教科书，也可作为研究生的主要参考书，同时本教材对于从事高分子材料生产、加工、应用及研究的工程技术人员也具有重要的参考价值。

　　本教材共 8 章，第 1～第 3 章由黄丽编写，第 4 章、第 7 章和第 8 章由吕亚非编写，第 5 章和第 6 章由田明编写，全书由黄丽任主编并进行统稿。初稿完成后，由周亨近教授对全书进行了仔细审稿并提出不少宝贵意见，在此深致谢忱。

　　由于编者水平及时间有限，书中不足或不妥之处在所难免，技术上也可能存在缺点错误，敬请读者批评指正。

编　者
2009 年 6 月
于北京化工大学

第一版前言

高分子材料是门内容广阔、与其他许多学科交叉渗透、相互关联的综合性学科。目前高分子材料的发展非常迅猛，例如高强度、高韧性、高耐温以及极端条件的高性能高分子材料发展很快，有力地推动了电子、机械、宇航等工业的发展。目前，高分子材料正向功能化、智能化、精细化方向发展。使其由结构材料向光、电、声、磁等功能化转变，导电材料、储能材料、智能材料、纳米材料、光导材料、生物活性材料、电子信息材料等方面的研究日趋活跃。与此同时，在高分子材料的生产加工中也引进了很多先进技术，如等离子体技术、激光技术、辐射技术和应力加工技术等。

材料科学的发展对人才的培养提出了新的要求，同时，社会的发展使得高分子材料不仅需要培养懂得塑料、橡胶、纤维、涂料、粘接剂等方面的知识和加工技能的专门人才，更需要培养熟悉高分子材料各个领域，甚至高分子材料科学发展前沿的高水平人才。

在此前提下，本教材的特点是集中联系了当今材料科学发展的现状，在教材中以基础材料为根本，再深入浅出地导入各种功能材料、高分子共混材料、复合材料等新型材料。

该教材突出了"实际、实用、实践"的"三实"原则，在讲述基本内容的基础上，注意补充了相关的新知识和新技术。本书可作为高等学校高分子材料和加工专业的本科生的教科书，也可作为研究生的主要参考书，同时本教材对于从事高分子材料生产、加工、应用及研究的工程技术人员也具有重要的参考价值。

本教材共8章，第1~第3章由黄丽编写，第4章、第7章和第8章由吕亚非编写，第5章和第6章由田明编写，全书由黄丽任主编并进行统稿。初稿写出后，由周亨近教授对全书进行了仔细审稿并提出不少宝贵意见，在此深致谢忱。

由于编者水平及时间有限，书中不足或不妥之处在所难免，技术上也可能存在缺点错误，敬请读者批评指正。

编　者
2005 年 3 月
于北京化工大学

目 录

第1章 绪 论

1.1 高分子材料的发展史

  材料是人类用来制造各种产品的物质，是人类生活和生产的物质基础，它先于人类存在，人类社会一开始就与材料结下不解之缘。材料的进步和发展直接影响到人类生活的改善和科学技术的进步。目前，材料已和能源、信息并列成为现代科学的三大支柱。其中材料是工业发展的基础，一个国家材料的品种和产量是直接衡量其科学技术、经济发展和人民生活水平的重要标志，也是一个时代的标志。

  人们使用和制造材料已有了几千年的历史，然而材料发展成为一门科学只是近几十年的事。长期以来，人们对于材料的认识往往停留在强度、密度、透光等宏观性质观测的水平上。由于近代物理和近代化学的发展，再加上各种精密测试仪器和微观分析技术的出现，使人们对材料的研究，逐步由宏观现象的观测深入到微观本质的探讨，由经验性的认识逐步深入到规律性的认识。在这样的背景下，一门新兴的综合性学科——材料科学，逐步形成并日趋成熟。

  材料科学是一门应用性的基础科学。它用化学组成和结构的原理来阐明材料性能的规律性，进而研究和发展具有指定性能的新材料。材料的品种繁多，从使用上看，可分为两大类：一类是结构材料；另一类是功能材料。对于结构材料，主要使用它的力学性能，这就需要了解材料的强度、刚度、变形等特性。对于功能材料，主要使用它的声、光、电、热等性能。

  高分子材料相对于传统材料如玻璃、陶瓷、水泥、金属而言是后起的材料，但其发展的速度及应用的广泛性却大大超过了传统材料，它已成为工业、农业、国防和科技等领域的重要材料。高分子材料既可用于结构材料，也可用于功能材料。高分子材料已广泛渗透于人类生活的各个方面，在人们生活中发挥着巨大的作用。

  高分子材料可分为天然高分子材料和合成高分子材料两大类。人类从远古时期就已开始使用如皮毛、天然橡胶、棉花、纤维素、虫胶、蚕丝、甲壳素、木材等一些天然高分子材料。随着社会的发展，也相应地开发了天然高分子材料的改性和加工工艺。例如，19世纪中叶，德国人用硝酸溶解纤维素，然后纺成丝或制成膜，并利用其易燃的特性制成炸药。但是硝化纤维素难于加工成型，因此人们又在其中加入樟脑，使其易于加工成型，做成了称为"赛璐珞"的塑料材料。"赛璐珞"的应用极为普遍，可用来制作台球、乒乓球、梳子、假牙、电影胶片、照相底片等。还可用纺丝制造人造织物。又如，天然橡胶的改性，早在11世纪，美洲的劳动人民已在长期的生产实践中开始利用橡胶了。在1823年，英国建立了世界上第一个橡胶工厂，生产防水胶布。但那时并没有什么特殊的橡胶加工设备，因为它采用的是溶解法，即将橡胶溶于有机溶剂中，然后涂到布上。当时，橡胶制品遇冷则变硬，加热则发黏，受温度的影响比较大。1839年，美国科学家发现了橡胶与硫黄一起加热可以消除上述变硬发黏的缺点，并可以大大增加橡胶的弹性和强度。通过硫化改性，有力地推动了橡胶工业的发展，因为硫化胶的性能比生胶优异得多，从而开辟了橡胶制品广泛应用的前景。同时，橡胶的加工方法也在逐渐完善，形成了塑炼、混炼、压延、压出、成型这一完整的加工过程，使得橡胶工业蓬勃兴起，发展突飞猛进。

而合成高分子的诞生和发展则是从酚醛树脂开始的。在 20 世纪初期，化学家们研究了苯酚与甲醛的反应，发现在不同的条件下，可以得到两类树脂，一种是在酸催化下生成可熔化、可溶解的线型酚醛树脂；另一种是在碱催化下生成不溶解、不熔化的体型酚醛树脂。这种酚醛树脂是人类历史上第一个完全靠化学合成方法生产出来的合成树脂。自此以后，合成并工业化生产的高分子材料种类迅速扩展。在 20 世纪 60 年代后期，高分子合成工业日新月异的发展，新的产物和新工艺层出不穷，合成了各种特性的塑料材料，如聚甲醛、聚氨酯、聚碳酸酯、聚砜、聚酰亚胺、聚醚醚酮、聚苯硫醚等；合成了特种涂料、黏合剂、液体橡胶、热塑性弹性体以及耐高温特种有机纤维，使高分子合成的产品成为国民经济和日常生活中不可缺少的材料。随着科学技术的进步和经济的发展，耐高温、高强度、高模量、高冲击性、耐极端条件等高性能的高分子材料发展十分迅速，为电子、汽车、交通运输、航空航天工业提供了必需的新材料。目前，高分子材料正向功能化、智能化、精细化方向发展，使其由结构材料向具有光、电、声、磁、生物医学、仿生、催化、物质分离及能量转换等效应的功能材料方向扩展，分离材料、生物材料、智能材料、储能材料、光导材料、纳米材料、电子信息材料等的发展都表明了这种发展趋势。与此同时，在高分子材料的生产加工中也引进了许多先进技术，如等离子体技术、激光技术、辐射技术等。而且结构与性能关系的研究也由宏观进入微观，从定性进入定量，由静态进入动态，正逐步实现在分子设计水平上合成并制备达到所期望功能的新型材料。

进入 21 世纪，高分子材料学科、高分子与环境科学等理论与实践相得益彰，材料科学和新型材料技术是当今优先发展的重要技术，高分子材料已成为现代工程材料的主要支柱，与信息技术、生物技术一起，推动着社会的进步。高分子材料的快速发展和广泛应用也为高分子材料本身提出了更高的要求。要求高分子材料在基本性能和功能上更加提高，在绿色合成化学、环境友好加工上做出更大的进步，以适应和改善由于工业快速发展而带来的环境污染、能源紧缺及人类生存空间缩小等问题。

1.2　高分子材料的类型与特征

高分子材料也叫聚合物材料，按照其来源可以分为天然高分子材料和合成高分子材料。天然高分子材料有天然橡胶、纤维素、淀粉、甲壳素、蚕丝等。合成高分子材料的种类繁多，如合成塑料、合成橡胶、合成纤维等。

如果按照高分子材料的物理形态和用途来分，可分为塑料、橡胶、纤维、黏合剂、涂料、聚合物基复合材料、聚合物合金、功能高分子材料、生物高分子材料等。这种分类方法是人们现在经常使用的，也是真正把高分子材料从材料角度进行分类的一种分类方法。下面就以这种分类方法为例来介绍一下高分子材料的主要特性。

1.2.1　塑料

人们常用的塑料主要是以合成树脂为基础，再加入塑料辅助剂（如填料、增塑剂、稳定剂、润滑剂、交联剂及其他添加剂）制得的。通常，按塑料的受热行为和是否具备反复成型加工性，可以将塑料分为热塑性塑料和热固性塑料两大类。前者受热时熔融，可进行各种成型加工，冷却时硬化。再受热，又可熔融、加工，即具有多次重复加工性。后者受热熔化成型的同时发生固化反应，形成立体网状结构，再受热不熔融，在溶剂中也不溶解，当温度超过分解温度时将被分解破坏，即不具备重复加工性。如果按照塑料的使用范围和用途来分，又可分为通用塑料和工程塑料。通用塑料的产量大、用途广、价格低，但是性能一般，主要用于非结构材料，如聚乙烯、聚丙烯、聚氯乙烯、聚苯乙烯、酚醛塑料、氨基塑料等。工程塑料具有较高的力学性能，能够经受较宽的温度变化范围和较苛刻的环境条件，并且在此条件下能够长时间使用，且可作为结构材料。而在工程塑料中，人们一般把长期使用温度在 $100 \sim 150 ℃$ 范围内的塑料，称为通用工程塑料，如聚酰胺、聚碳酸酯、聚甲醛、聚苯醚、热塑性聚酯等；把长期使用温度在 $150 ℃$ 以上的塑料称为特种工程塑料，如聚酰亚胺、聚芳酯、聚苯酯、聚砜、聚苯硫醚、聚醚醚酮、氟塑料等。随着科学技术的迅速发展，对高分子材料性能的要求越来越高，工程塑料的应用领域不断开拓，各工业部门和工程对工程塑料的需求量迅速增长，特别是 20 世纪 80 年代之后，随着对高分子合金、复合材料的深入研究，对高分子合金的聚集态结构和界面化学物理的深入研究，反应性共混、共混相容剂和共混技术装置的开发，大大地推进了工程塑料合金的工业化进程。通过共聚、填充、增强、合金化等途径，使得工程塑料与通用塑料之间的界限变得模糊，并可使通用塑料工程化，这就可以大大地提高材料的性能-价格比。通过合金化的途径，发展互穿聚合物网络技术，可实现工程塑料的高性能化、结构功能一体化。通过改进合金化路线、改进加工方案、发展复合材料技术和开发纳米材料，可促进高性能工程塑料的实用化。进一步寻找合理的单体合成路线，使原料消耗及能耗降低，使原料中间体和产品低价格化等，都是 21 世纪工程塑料的发展走向和进步趋势。表 1-1～表 1-4 为常用塑料的代号及性能和用途。

表 1-1　常用的塑料材料及其英文代号

代　号	名　　　称	代　号	名　　　称
AAS	丙烯腈-丙烯酸酯-苯乙烯共聚物	PET	聚对苯二甲酸乙二醇酯（或 PETP、PES）
ABS	丙烯腈-丁二烯-苯乙烯共聚物	PF	酚醛树脂
CA	乙酸纤维素	PFEP	四氟乙烯/全氟丙烷共聚物
CFM	聚三氟氯乙烯（或 PCTFE、TFE、CEM）	PI	聚酰亚胺
CPE	氯化聚乙烯（或 CM、PEC）	PMA	聚丙烯酸甲酯
CPVC	氯化聚氯乙烯	PMAN	聚甲基丙烯腈
EP	环氧树脂	PMMA	聚甲基丙烯酸甲酯
E/P	乙烯-丙烯共聚物	POM	聚甲醛
EVA	乙烯-乙酸乙烯酯共聚物	POP，PPO	聚苯醚
HDPE	高密度聚乙烯（或 PEH）	PP	聚丙烯
HIPS	高抗冲聚苯乙烯	PPS	聚苯硫醚
LDPE	低密度聚乙烯（或 PEL）	PPSU	聚苯砜（或 PSO）
MDPE	中密度聚乙烯（或 DEM）	PS	聚苯乙烯
MF	三聚氰胺-甲醛树脂	PSU	聚砜
PA	聚酰胺	PTFE	聚四氟乙烯
PAA	聚丙烯酸	PU	聚氨酯（或 PUR）
PAM	聚丙烯酰胺	PVA	聚乙烯醇
PAN	聚丙烯腈（或 PAC 纤维）	PVAc	聚乙酸乙烯酯
PAS	聚芳砜	PVB	聚乙烯醇缩丁醛
PBI	聚苯并咪唑	PVC	聚氯乙烯
PBT	聚对苯二甲酸丁二醇酯（或 PBTP、PTMT）	PVCA	氯乙烯-乙酸乙烯酯共聚物
PC	聚碳酸酯	PVDC	聚偏氯乙烯
PDMS	聚二甲基硅氧烷	PVFO	聚乙烯醇缩甲醛（有时写 PVFM）
PE	聚乙烯	PVP	聚乙烯吡咯烷酮
PEG	聚乙二醇	UF	脲醛树脂
PES	聚酯纤维	UHMWPE	超高相对分子质量聚乙烯
PESU	聚醚砜	UP	不饱和聚酯

表 1-2　通用塑料和工程塑料的基本物性

项　目	通 用 塑 料		工 程 塑 料			
	PS	PP	PC	POM	PES	PEEK
结晶性或非结晶性	非结晶性	结晶性	非结晶性	结晶性	非结晶性	结晶性
透光率/%	91	半透明	88	半透明～不透明	透明	不透明
密度/(g/cm³)	1.05	0.91	1.20	1.42	1.37	1.32
拉伸强度/MPa	46	38	50	75	86	94
弯曲弹性模量/MPa	3100	1500	2500	3700	2700	3700
悬臂梁冲击强度(缺口)/(J/cm)	17	31	900	80	86	85
热变形温度/℃	88	113	140	170	210	>300
熔点/℃	—	175	—	178	—	338
耐溶剂性	一般	优	一般	优	良	优

表 1-3　常用塑料的密度

材 料 名 称	密度/(g/cm³)	材 料 名 称	密度/(g/cm³)
低密度聚乙烯	0.917～0.932	聚酰胺 6	1.12～1.14
高密度聚乙烯	0.930～0.965	聚酰胺 66	1.13～1.15
聚丙烯	0.90～0.91	聚甲醛	1.40～1.42
聚 1-丁烯	0.91～0.925	聚对苯二甲酸丁二醇酯	1.30～1.38
软质聚氯乙烯	1.2～1.4	聚苯硫醚	1.35
硬质聚氯乙烯	1.4～1.6	聚酰亚胺	1.33～1.43
氯化聚氯乙烯	1.13～1.26	聚碳酸酯	1.2
聚苯乙烯	1.04～1.05	聚醚醚酮	1.30～1.32
高抗冲聚苯乙烯	1.03～1.06	酚醛树脂	1.24～1.32
ABS 树脂	1.01～1.08	不饱和聚酯	1.01～1.46
聚四氯乙烯	2.14	聚氨酯	1.03～1.50
聚偏氟乙烯	1.77～1.78	环氧树脂	1.11～1.40

表 1-4　常用塑料的力学性能和用途

塑料名称	拉伸强度/MPa	压缩强度/MPa	弯曲强度/MPa	冲击强度/(kJ/m²)	使用温度/℃	用　途
聚乙烯	8～36	20～25	20～45	>2	−70～100	一般机械构件,电缆包覆,耐蚀、耐磨涂层等
聚丙烯	40～49	40～60	30～50	5～10	−35～121	一般机械零件,高频绝缘,电缆、电线包覆等
聚氯乙烯	30～60	60～90	70～110	4～11	−15～55	化工耐蚀构件,一般绝缘,薄膜、电缆套管等
聚苯乙烯	≥60	—	70～80	12～16	−30～75	高频绝缘,耐蚀及装饰,也可作一般构件
ABS	21～63	18～70	25～97	6～53	−40～90	一般构件,减摩、耐磨、传动件,一般化工装置、管道、容器等
聚酰胺	45～90	70～120	50～110	4～15	<100	一般构件,减摩、耐磨、传动件,高压油润滑密封圈,金属防腐、耐磨涂层等
聚甲醛	60～75	约 125	约 100	约 6	−40～100	一般构件,减摩、耐磨、传动件,绝缘、耐蚀件及化工容器等
聚碳酸酯	55～70	约 85	约 100	65～75	−100～130	耐磨、受力、受冲击的机械和仪表零件,透明、绝缘件等
聚四氟乙烯	21～28	约 7	11～14	约 98	−180～260	耐蚀件,耐磨件,密封件,高温绝缘件等
聚砜	约 70	约 100	105	约 5	−100～150	高强度耐热件,绝缘件,高频印刷电路板等
有机玻璃	42～50	80～126	75～135	1～6	−60～100	透明件,装饰件,绝缘件等
酚醛塑料	21～56	105～245	56～84	0.05～0.82	约 110	一般构件,水润滑轴承,绝缘件,耐蚀衬里等,作复合材料
环氧塑料	56～70	84～140	105～126	约 5	−80～155	塑料模,精密模,仪表构件,电气元件的灌注,金属涂覆、包封、修补;作复合材料

1.2.2 橡胶

橡胶是一类线型柔性高分子聚合物。其分子链柔性好，在外力作用下可产生较大形变，除去外力后能迅速恢复原状。它的特点是在很宽的温度范围内具有优异的弹性，所以又称弹性体。这里需要注意的是同一种高分子聚合物，由于其制备方法、制备条件、加工方法不同，可以作为橡胶用，也可作为纤维或塑料。

橡胶按其来源，可分为天然橡胶和合成橡胶两大类。最初橡胶工业使用的橡胶全是天然橡胶，它是从自然界的植物中采集出来的一种高弹性材料。第二次世界大战期间，由于军需橡胶量的激增以及工农业、交通运输业的发展，天然橡胶远不能满足需要，这促使人们进行合成橡胶的研究，发展了合成橡胶工业。

合成橡胶是各种单体经聚合反应合成的高分子材料。按其性能和用途可分为通用合成橡胶和特种合成橡胶。用以代替天然橡胶来制造轮胎及其他常用橡胶制品的合成橡胶称为通用合成橡胶，如丁苯橡胶、顺丁橡胶、乙丙橡胶、丁基橡胶、氯丁橡胶等；近十几年来，出现了一种新型的集成橡胶，它主要用于轮胎的胎面。凡具有特殊性能，专门用于各种耐寒、耐热、耐油、耐臭氧等特种橡胶制品的橡胶，称为特种合成橡胶，如丁腈橡胶、硅橡胶、氟橡胶、丙烯酸酯橡胶、聚氨酯橡胶等。特种合成橡胶随着其综合性能的改进、成本的降低，以及推广应用的扩大，也可能作为通用合成橡胶来使用。所以，通用橡胶和特种橡胶的划分范围是在发展变化着的，并没有严格的界限。

橡胶的成型基本过程包括塑炼、混炼、压延或挤出、成型和硫化等基本工序。橡胶是有机高分子弹性体，它的使用温度范围在玻璃化温度和黏流温度之间，因此作为较好橡胶材料应该在比较宽的温度范围内具有优异的弹性。

橡胶的结构应具有如下特征：大分子链具有足够的柔性；玻璃化温度应该比室温低得多；在使用条件下不结晶或结晶较小，比较理想的情况是在拉伸时可结晶，除去外力之后结晶又消失。首先结晶部分既起到分子间的交联作用，又有利于提高模量和强度，外力除去后结晶即消失，又不会影响其弹性的恢复；其次就是在橡胶中应无冷流现象，因此橡胶的大分子链必须交联成网状结构。

常用的橡胶及其特性见表 1-5。

表 1-5　橡胶的主要特性

橡 胶 名 称	主 要 特 性
天然橡胶	力学性能、加工性能好,会有大量双键,易于氧化硫化
异戊橡胶	双键处容易发生反应,如氧化、硫化等
顺丁橡胶	双键处容易发生反应,如氧化、硫化等
丁苯橡胶	比天然橡胶对氧稍稳定,耐磨耗
丁腈橡胶	比天然橡胶对氧稍稳定,且耐烃类油
氯丁橡胶	较天然橡胶对氧稳定,耐臭氧、难燃,可用金属氧化物交联
丁基橡胶	比天然橡胶对氧稳定性好,气密性好,耐热老化
乙丙橡胶	相对密度小,耐臭氧
三元乙丙橡胶	相对密度小,耐臭氧,用硫黄硫化
硅橡胶	对氧稳定,用过氧化物交联,电性能优异,耐热性好,耐低温
氟橡胶	耐热,耐油,耐氧,耐低温
聚丙烯酸酯橡胶	对氧稳定,耐油,用胺交联
聚硫橡胶	耐油,耐烃类溶剂,可利用末端进行反应,粘接性好
聚氨酯橡胶	耐油,耐磨,耐臭氧,性能特殊,加工方便
氯醚橡胶	对氧稳定,用过氧化物交联

1.2.3 纤维

纤维是指长度比直径大很多倍并且有一定柔韧性的纤细物质。纤维是一类发展比较早的高分子化合物，如棉花、麻、蚕丝等都属于天然纤维。随着化学反应、合成技术及石油工业的不断进步，出现了人造纤维及合成纤维，并统称化学纤维。人造纤维是以天然聚合物为原料，并经过化学处理与机械加工而得到的纤维，主要有黏胶纤维、铜铵纤维、乙酸酯纤维等。合成纤维是由合成的聚合物制得，它的品种繁多，已投入工业化生产的有 40 余种，其中最主要的产品有聚酯纤维（涤纶）、聚酰胺纤维（聚酰胺）、聚丙烯腈纤维（腈纶）三大类。这三大类纤维的产量占合成纤维总产量的 90% 以上。表 1-6 列出了纤维的分类。

在众多的纤维中，合成纤维具有强度高、耐高温、耐酸碱、耐磨损、质量轻、保暖性好、抗霉蛀、电绝缘性好等特点，而且用途广泛、原料丰富易得，生产不受自然条件的限制，因此发展比较迅速。

表 1-6　纤维的分类

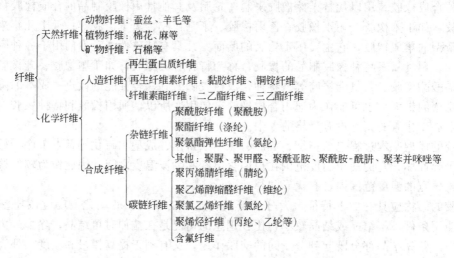

合成纤维的分类方法有许多，常用的分类方法有按其加工产品的长度来分类，有根据其性能和生产方法来分类，还有按照其化学组成来分类。

如按照纤维的加工长度来分，可分为长丝纤维和短纤维。长丝纤维的长度以千米计，有单丝、复丝等。单丝是指以单孔喷丝头纺制而成的一根连续纤维或以 4～6 根单纤维组成的连纤纤维；复丝一般是指由 8～100 根单纤维组成的丝条。短纤维指被切断成长度为几厘米至十几厘米的纤维，又分为棉型、毛型、中长型。棉型短纤维指长度在 25～38mm 之间，线密度在 1.3～1.7dtex 之间的较细纤维，类似于棉花，主要用于和棉混纺，如"涤棉"织物等。毛型短纤维指长度在 70～150mm 之间，线密度在 3.3～7.7dtex 之间的较粗纤维，类似于羊毛，主要用于和羊毛混纺，如"毛涤"织物等。中长型短纤维指长度在 51～76mm 之间，线密度在 2.2～3.3dtex，介于棉、毛之间，主要用于织造中间纤维织物，如"中长毛涤"织物等。

如根据性能及生产方法来分，可以分为常规纤维及差别化纤维。差别化纤维就是在常规纤维基础上进行改性的纤维。改性的方法可以是物理改性，也可以是化学改性。物理改性的方法就是通过聚合与纺丝条件、纤维截面、纤维品种的变化等而达到物理改性的目的；化学改性的方法是通过共聚、接枝、交联等方法来改善纤维的性能。

如果按照化学组成分类，则可以分成聚丙烯腈纤维、聚酯纤维、聚酰胺纤维、含氯纤维、聚丙烯纤维以及特种纤维。特种纤维是具有特殊的物理化学结构、性能和用途或具有特殊功能的化学纤维的统称，基本用于产业及尖端技术。特种纤维又可分为功能纤维和高性能纤维两大类；功能纤维有医用功能纤维、中空纤维膜、离子交换纤维以及塑料光导纤维等；

高性能纤维有耐高温纤维、弹性纤维、高强度高模量纤维以及碳纤维等。表 1-7 为几种纤维的主要物性。

合成纤维具有优良的物理性能、力学性能和化学性能，因此除了用于纺织工业外，还可广泛地应用于国防工业、航空航天、交通运输、医疗卫生、通信联络等各个重要领域，已经成为国民经济发展的重要部分。

1.2.4 涂料

涂料是指涂布在物体表面而形成的具有保护和装饰作用的膜层材料。涂料是多组分体系，主要有三种组分：成膜物、颜料和溶剂。

（1）成膜物　也称基料，它是涂料最主要的成分，其性质对涂料的性能（如保护性能、力学性能等）起主要作用。作为成膜物应能溶于适当的溶剂，具有明显结晶作用的聚合物一般是不适合作为成膜物的。明显的结晶作用使聚合物不溶于一般溶剂，使漆膜失去透明性，使聚合物软化温度提高，且温度范围变窄，这些从涂料的角度来看都是不利的。作为成膜物还必须与物体表面和颜料具有良好的结合力。为了得到合适的成膜物，可用物理方法和化学方法对聚合物进行改性。

表 1-7　几种纤维的主要物性

性能	棉花	毛	黏胶纤维	乙酸纤维	聚酯纤维	聚丙烯腈纤维	聚酰胺纤维	聚丙烯纤维	聚乙烯醇缩甲醛
相对断裂强度									
干态	3.0~4.9	1.0~1.7	1.7~5.2	1.1~1.6	4.3~9.0	2.8~4.5	3.0~9.5	3.0~8.0	3.0~9.0
湿态	3.3~6.4	0.8~1.6	0.8~2.7	0.7~1.0	4.3~9.0	2.2~4.5	3.0~9.1	3.0~8.0	2.1~7.9
相对弹性（以棉花为基准）	1	1.34	0.74~1.08	0.95~1.22	1.2~1.35	1.2~1.28	1.28~1.35	1.28~1.35	0.95~1.2
密度/(g/cm³)	1.54	1.32	1.50~1.52	1.30~1.32	1.38	1.14~1.17	1.14	0.90~0.91	1.26~1.30
回潮率（相对湿度65%）/%	7	16	12~14	6.0~7.0	0.4~0.5	1.2~2.0	3.5~5.0	0	3.0~5.0
耐热性/℃									
软化点	12℃、5h变黄	100℃硬化	不软化，不熔融	290~300	240	190~240	180	140~165	220~230
熔点	150℃分解	130℃分解	260℃变色分解	260	225~260		215~220	160~177	
耐日光性	强度下降，可变黄	强度下降，色泽变差	强度降低	强度稍有降低	强度不变	强度不变	强度降低	耐间接日光	强度不变
耐性磨	尚好	一般	较差	较差	优良	尚好	优良	良好	良好
耐霉蛀性	耐蛀不耐霉	不耐蛀，抗菌蚀	耐蛀性好，耐霉性差	耐蛀性好，耐霉性良	良好	良好	良好	良好	良好

成膜物可以分为两大类：一类是转化型或反应型成膜物；另一类是非转化型或挥发型成膜物。前者在成膜过程中伴有化学反应，形成网状交联结构，因此，此类成膜物相当于热固型聚合物，如环氧树脂、醇酸树脂等；后者在成膜过程未发生任何化学反应，成膜仅是溶剂挥发，成膜物为热塑性聚合物，如纤维素衍生物、氯丁橡胶、热塑性丙烯酸树脂等。

（2）颜料　主要起遮盖和赋色作用。一般为 0.2~10μm 的无机粉末或有机粉末，无机颜料如铅铬黄、镉黄、铁红、钛白粉等，有机颜料如炭黑、酞菁蓝等。有的颜料除了遮盖和赋色作用外，还有增强、赋予特殊性能、改善流变性能、降低成本的作用。具有防锈功能的颜料如锌铬黄、红丹（铅丹）、磷酸锌等。

（3）溶剂　通常是用以溶解成膜物的易挥发性有机液体。涂料涂覆于物体表面后，溶剂基本上应挥发尽，不是一种永久性的组分，但溶剂对成膜物质的溶解力决定了所形成的树脂溶液的均匀性、漆液的黏度和漆液的储存稳定性，溶剂的挥发性会极大地影响涂膜的干燥速度、涂膜的结构和涂膜外观的完美性。为了获得满意的溶解及挥发成膜效果，在产品中常用的溶剂有：甲苯、二甲苯、丁醇、丁酮、乙酸乙酯等。溶剂的挥发是涂料对大气污染的主要根源，溶剂的安全性、对人体的毒性也是涂料工作者在选择溶剂时所要考虑的。

涂料的上述三组分中溶剂和颜料有时可被除去，没有颜料的涂料被称为清漆，而含颜料的涂料被称为色漆。粉末涂料和光敏涂料（或称光固化涂料）则属于无溶剂的涂料。

除上述三种主要组分外，涂料中一般都加有其他添加剂，分别在涂料生产、储存、涂装和成膜等不同阶段发挥作用，如增塑剂、湿润分散剂、浮色发花防止剂、催干剂、抗沉降剂、防腐剂、防结皮剂、流平剂等。因此，一般来说，涂料的组成可按表 1-8 分类。

表 1-8　涂料的组成

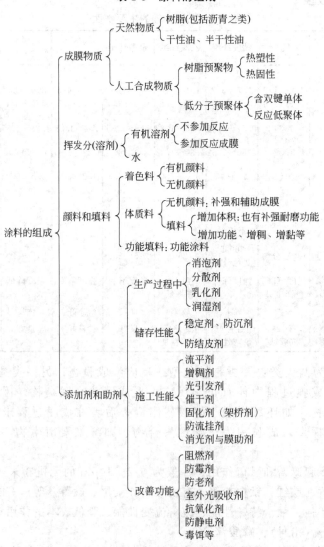

　　由于现在人们越来越关注环境问题，因此高固体分涂料、水性涂料、无溶剂涂料等将是今后涂料工业发展的方向。

1.2.5　黏合剂

　　黏合剂也称胶黏剂，是一种把各种材料紧密地结合在一起的物质。

　　一般来讲，相对分子质量不大的高分子都可作黏合剂。比如说，作为黏合剂的热塑性树脂有聚乙烯醇、聚乙烯醇缩醛、聚丙烯酸酯、聚酰胺类等；作为黏合剂的热固性树脂有环氧树脂、酚醛树脂、不饱和聚酯等；作为黏合剂的橡胶有氯丁橡胶、丁基橡胶、丁腈橡胶、聚硫橡胶、热塑性弹性体等。

　　黏合剂一般是多组分体系。除了主要组分外，还有许多辅助成分，辅助成分可以对主要成分起到一定的改性或提高品质的作用。常用的辅料有固化剂、促进剂、硫化剂、增塑剂、填料、溶剂、稀释剂、偶联剂、防老剂等。

　　黏合剂的品种有很多，并有不同的分类方法，如按主要用途、受力情况、使用形式、黏合剂形态等分类。

　　按主要成分分类见表 1-9。

表 1-9　按黏合剂的主要成分分类

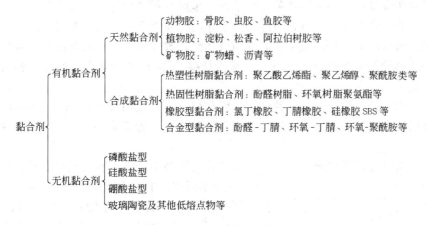

　　按受力情况分类，可分为：结构型黏合剂，可用于有长期负荷处；非结构型黏合剂，有一定的胶黏强度；特种黏合剂，可用于高温、低温、导电、水下等。

　　按使用形式分类，可分为单组分黏合剂和双组分黏合剂。

　　按黏合剂形态分类见表 1-10。

表 1-10　按黏合剂的形态分类

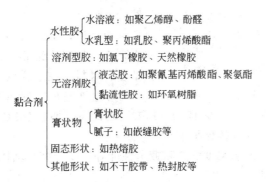

由于高分子黏合剂的粘接方法对材料的适用范围比较宽，被粘材料无论是金属材料、无机非金属材料还是有机高分子材料都可采用黏合剂来粘接，因此黏合剂的发展受到越来越广泛的重视。

1.2.6 聚合物基复合材料

一般来说，复合材料是由两种或两种以上物理和化学性质不同的材料组成的，并具有复合效应的多相固体材料。根据组成复合材料的不同物质在复合材料中的形态，可将它们分为基体材料和分散材料。基体材料为连续相的材料，而分散材料可以是一种、两种或两种以上。它们多是粒料、纤维、片状材料或它们的组合。又因为它们多数能对基体材料起一定的增强作用，因此又把它们称为增强材料。而聚合物基复合材料是以高分子聚合物为基体，添加各种增强材料制得的一种复合材料，聚合物基复合材料具有许多优异的性能。

(1) 聚合物基复合材料具有很高的比强度及比模量　高模量碳纤维/环氧复合材料的比强度为钢的 5 倍，铝合金的 4 倍，钛合金的 3.5 倍。其比模量是铜、铝、钛的 4 倍。这样，用聚合物基复合材料制造的制件，在强度和刚度相同的情况下，结构质量可以减轻，或尺寸可以比金属件小。这在节省能源、提高构件的使用性能方面是现有其他任何材料所不能比拟的。

(2) 聚合物基复合材料的耐疲劳性能很好　金属材料的疲劳破坏常常是没有明显预兆的突发性破坏。而聚合物基复合材料中纤维与基体的界面能阻止裂纹的发展，因此其疲劳破坏总是从纤维的薄弱环节开始，逐渐扩展到结合面上，破坏前有明显的预兆。大多数金属的疲劳强度极限是其拉伸强度的 30%～50%，而碳纤维/不饱和聚酯复合材料的疲劳强度极限为其拉伸强度的 70%～80%。

(3) 聚合物基复合材料的减震性能好　因为受力结构的自振频率除与结构形状有关外，还与结构材料比模量的平方根成正比。由于复合材料的比模量高（大），所以它的自振频率很高。

(4) 复合材料的过载安全性好　在纤维复合材料当中，由于有大量独立的纤维，在每平方厘米面积上的纤维数少至几千根，多达数万根。当过载时复合材料中即使有少量纤维断裂时，载荷就会迅速重新分配到未被破坏的纤维上，不至于造成构件在瞬间完全丧失承载能力而断裂，仍能安全使用一段时间。

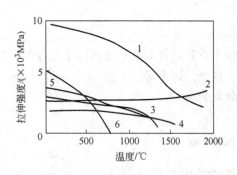

图 1-1　几种纤维的高温强度

1—氧化铝晶须；2—碳纤维；3—钨纤维；
4—碳化硅纤维；5—硼纤维；6—钠玻璃纤维

(5) 耐高温性好　复合材料的增强材料可选具有较高的熔点、弹性模量和较高的高温强度的纤维。常用的一些增强纤维的强度随温度的变化如图 1-1 所示。

一般来说，金属铝在 400～500℃ 以后就完全丧失强度，但用连续硼纤维或碳化硅纤维增强的铝基复合材料，在这样的温度下仍具有较高的强度。当用钨纤维增强钴、镍或它们的合金时，就可把这些金属的使用温度提高到 1000℃ 以上。陶瓷基纤维复合材料可以承受 1200～1400℃ 的高温，而碳/碳复合材料的耐热温度可达 3000℃ 左右（在真空或惰性气体保护下）。

此外，由于复合材料高温强度好、耐疲劳性能好以及纤维与基体的相容性好，所以，它的热稳定性能也是很好的。

（6）复合材料具有很强的可设计性　它的突出特点是可以具备各向异性的性能，与之相关的就是性能的可设计性。通过改变纤维、基体的种类及体积含量、纤维的排列方向、铺层次序等就可以满足对复合材料结构与性能的各种设计要求。

目前，聚合物基复合材料正向高性能复合材料的方向上发展。因为传统的聚合物基复合材料中由于基体树脂的耐热性较差，因此往往不能应用在高温的构件、零件上。例如，一般用玻璃纤维增强不饱和聚酯树脂的复合材料，当温度超过 40℃时，就可见到力学性能下降；在 90℃时，力学性能是常温下的 60%，而且长期使用时的耐蠕变性差。所以提高基体树脂的耐热性十分重要。目前，开发出的耐热性树脂基体有聚酰亚胺、聚芳醚酮、聚芳砜等。

另外，由于复合材料中应用得最为广泛的增强材料为纤维，因此，现在对纤维材料的开发及应用都在进一步的发展。除了玻璃纤维外，现在应用得较多的纤维有碳纤维、芳纶纤维（Kevlar）等。碳纤维是一种耐高温、拉伸强度高、弹性模量大、质量轻的纤维状材料。它是由有机纤维通过一系列阶段性的热处理碳化而制成的。碳纤维具有很高的拉伸强度和弹性模量，是制造宇宙飞船、火箭、导弹、飞机等不可缺少的组成材料。在交通运输、化工、冶金、建筑等工业部门以及体育器材等方面也都有广泛的应用。芳纶纤维也是目前常用的高性能纤维，尽管芳纶纤维的特性不如碳纤维，但因其密度更小，目前的生产成本又比碳纤维低，所以应用得也较为广泛。

现在，一种被称为晶须的单晶体短纤维也被人们应用在复合材料当中。晶须本身的拉伸强度和弹性模量极大，但因生产率低、价格高、成型困难，目前还不能成为工业材料。

其他的增强纤维还有碳化硅纤维、氧化铝纤维、超高相对分子质量聚乙烯纤维及金属纤维等，在复合材料中这些都是很有发展前景的纤维。

1.2.7　聚合物合金

近 30 年来，为了获得理想性能的聚合物材料，人们把不同种类的聚合物加以混合，称为聚合物共混物或聚合物合金，并对共聚物和共混物的结构、形态和材料性能之间的关系进行了深入的研究。为了在材料性能的要求和使用经济两方面上达到新的平衡，人们必须寻求新的材料和新的方法，而聚合物的共混就是其中最有成效的方法之一。

共聚物，特别是嵌段共聚物与接枝共聚物，在结构上和聚合物合金既有不同之处，又有相似的地方。它们同属于一种多相结构体系，按照这个观点，从广义上有时把它们统称为聚合物合金。它们不仅在相态上存在相似之处，而且在某些性能上也有许多相似之处。表 1-11 为聚合物合金的范围。

表 1-11　聚合物合金的范围

```
                  ┌ 均聚物
                  │            ┌ 无规共聚物
                  │            │ 交替共聚物
                  │ 共聚物 ────┤ 嵌段共聚物
                  │            └ 接枝共聚物
  高分子化合物 ───┤                          ┌ 机械混合
                  │            ┌ 物理混合物 ──┤ 溶液浇铸 ──┐
                  │            │              └ 胶乳混合    ├ 聚合物合金
                  └ 共混物 ────┤ 化学混合物 ──┌ 交织网络 ──┘
                               │              └ 溶液接枝
                               └ 渐变混合物
```

聚合物合金能明显改善工程塑料性能，改进成型加工性，增加工程塑料品种和品级，扩大应用范围。例如，采用 3% 的聚乙烯与聚碳酸酯共混后，可使聚碳酸酯的缺口冲击强度提高 4 倍，熔体黏度下降 1/3，而热变形温度几乎没有下降。又如，采用 50% 聚碳酸酯共混的聚对苯二甲酸丁二醇酯与未共混的聚对苯二甲酸丁二醇酯相比，弯曲强度、冲击强度及热老化冲击性能均有明显提高。

制备聚合物合金的主要途径有两条。

第一条途径是将两种聚合物进行物理共混。物理共混的内容包括机械共混、溶液共混和胶乳共混。

机械共混是将两种或两种以上的均聚物或共聚物（无规共聚物、接枝共聚物、嵌段共聚物）通过机械方法使之混合。在机械混合中如果因机械力使聚合物发生断链产生自由基，形成接枝共聚物或嵌段共聚物，则这种混合是机械化学混合而不仅是单纯的物理混合。

溶液共混是将共混的聚合物各组分溶解在一种溶剂（或共溶剂）中，然后把溶剂蒸发使聚合物共混。

胶乳共混是将两种或两种以上的聚合物胶乳进行混合，然后再进行共凝聚使它们共混。

第二条途径就是化学共混。化学共混是以具有化学反应为特征的共混，如溶液接枝共混和互穿聚合物网络（IPN）。

溶液接枝共混是将一种线型聚合物溶解于另一种单体中，然后使该单体聚合。这种方法常用来制备抗冲聚苯乙烯。

互穿聚合物网络是将一种已交联的聚合物浸入到另一种单体中，单体渗入聚合物使之溶胀，并且渗入的单体进行聚合，这就生成两种不同聚合物网络并相互贯穿其间；还有一种方法就是把几种线型聚合物胶乳混合，加入交联剂再凝聚得到各自交联且相互贯穿的聚合物网络，这些都叫互穿聚合物网络。

目前工业生产的聚合物品种有数十种之多。人们越来越认识到，共混是聚合物改性和制备独特性能聚合物的重要途径之一，其重要性体现在以下几个方面。

（1）改善组分性能　无论是塑料改性橡胶，还是橡胶改性塑料都是为了消除单一聚合物组分性能上存在的缺点，而获得综合性能较为理想的聚合物。例如，用熔融共混法制得的 ABS 树脂就是为克服聚苯乙烯脆性的一种改性树脂，它不但提高了抗冲击性能，而且耐腐蚀性好、加工成型容易，因而适于制造机械零件、受力部件、容器等，成为最重要的工程塑料之一。

（2）改善加工性能　杂链聚合物是一类耐高温聚合物，在各种工业及宇航事业中有重要的用途。但这类聚合物一般加工都较困难，因而妨碍了它们的发展。如聚苯醚是一种耐高温的工程塑料，加工温度很高，而流动性较差，不易加工成性能良好的制品。如果在其中加入少量聚苯乙烯、丁苯共聚物或 ABS 树脂等进行共混，即可大大改善其加工流动性，从而开发了它们的应用领域。

（3）促进聚合物材料多功能化　随着科学技术的发展，赋予各种聚合物材料多功能（热、声、光、电、磁等）具有十分重要的意义。通过共混可以制备一系列具有特异性能的新型聚合物材料。例如将液晶塑料加入到某些塑料中进行共混，可以获得良好的耐热性、优异的阻燃性和高的耐辐射等性能。为获得具有珍珠光泽的装饰用塑料，可将光学性能差异较大的不同聚合物共混。利用聚四氟乙烯塑料的自润滑性，与许多聚合物共混可制备具有良好自润滑作用的聚合物材料。利用具有不同透气、透湿性能的聚合物进行共混，可以设计出按指定性能要求的各种果蔬保鲜材料等。

1.2.8　功能高分子材料

功能高分子材料是高分子材料领域中发展最快、具有重要理论研究和实际应用的新领域。功能高分子材料除了具有聚合物的一般力学性能、绝缘性能和热性能外，还具有物质、能量和信息转换、传递和储存等特殊功能。目前，功能高分子材料以其特殊的电学、光学、医学、仿生学等诸多物理化学性质构成功能材料学科研究的主要组成部分，功能高分子材料的研究及进展必会提供出更多更好的具有高附加值的各种新型功能高分子材料。

一般塑料、橡胶、纤维、高分子共混物和复合材料属于具有力学性能和部分热学功能的结构高分子材料。涂料和黏合剂属于具有表面和界面功能的高分子材料。而功能高分子材料是除了力学功能、表面和界面功能及部分热学功能如耐高温塑料等的高分子材料，主要包括物理功能（如电学功能、磁学功能、光学功能、热学功能、声学功能等）、化学功能（如反应功能、催化功能、分离功能、吸附功能等）、生物功能（如抗凝血高分子材料、高分子药物、软组织及硬组织替代材料、生物降解医用高分子材料等）和功能转换型（如智能、光电子信息、生态环境等）的高分子材料。物理功能高分子材料包括具有电、磁、光、声热功能的高分子材料，是信息和能源等高技术领域的物质基础，化学功能高分子材料包括具有化学反应、催化、分离、吸附功能的高分子材料，在基础工业领域有广泛的应用。生物功能高分子材料就是医用高分子材料，是组织工程的重要组成部分。功能转换型高分子材料是具有光-电转换、电-磁转换、热-电转换等功能和多功能的高分子材料。生态环境（绿色材料）、智能和具有特殊结构等的高分子材料如树枝聚合物、超分子聚合物、拓扑聚合物、手性聚合物等是近几年来发展起来的新型功能高分子材料。功能高分子材料的多样化结构和新颖性功能不仅丰富了高分子材料研究的内容，而且扩大了高分子材料的应用领域。

1.3 高分子材料的成型加工

高分子材料的成型加工是使其成为具有实用价值产品的途径，而且高分子材料可以用多种方法来成型加工。它可以采用注射、挤出、压制、压延、缠绕、铸塑、烧结、吹塑等方法来成型制品，也可以采用喷涂、浸渍、黏结和沸腾床等离子喷涂等方法将高分子材料覆盖在金属或非金属基体上，还可以采用车、磨、刨、铣、刮、锉、钻以及抛光等方法来进行二次加工。

虽然高分子材料的加工方法有很多，但其中最主要及最常用的加工方法是挤出成型、注射成型、吹塑成型和压制成型这四种成型方法。

1.3.1 挤出成型

挤出成型也称为挤塑，它是在挤出成型机中通过加热、加压而使物料以流动状态连续通过口模成型的方法。它是用加热或其他方法使塑料成为流动状态，然后在机械力（压力）作用下使其通过塑模（口模）而制成连续的型材。挤出成型几乎能加工所有的热塑性塑料和某些热固性塑料。目前用挤出法加工的塑料有聚氯乙烯、聚乙烯、聚丙烯、聚苯乙烯、聚酰胺、聚丙烯酸酯类、丙烯腈-丁二烯-苯乙烯、聚偏氯乙烯、聚三氟氯乙烯、聚四氟乙烯等热塑性塑料以及酚醛、脲醛等热固性塑料。挤出成型的塑料制品有薄膜、管材、板材、单丝、电线电缆包层、棒材、异型截面型材、中空制品以及纸和金属的涂层制品等。此外，挤出成型还可用于粉料造粒、塑料着色、树脂掺和等。

挤出成型在塑料成型加工工业中占有很重要的地位。挤出成型不但劳动生产率高，而且挤出产品均匀密实，只要更换机头就可以改变产品的断面形状。尤其在塑料制品应用越来越广泛、塑料制品的需要量越来越大的形势下，挤出成型设备比较简单，工艺容易控制、投资少、收效大，因而更具有特殊的意义。

挤出过程中，从原料到产品需要经历三个阶段：第一阶段是塑化，就是经过加热或加入溶剂使固体物料变成黏性流体；第二阶段是成型，就是在压力的作用下使黏性流体经过口模而得到连续的型材;第三阶段是定型,就是用冷却或溶剂脱除的方法使型材由塑性状态变为固体状态。挤出成型机和一些附属装置就是完成这三个过程的设备。

按照塑料塑化的方法不同,挤出工艺可分为干法和湿法两种。干法的塑化是靠加热将塑料变为熔融体,塑化和加压可在同一设备内进行,其定型处理仅为简单的冷却。湿法的塑化则是用溶剂将塑料充分软化,塑化和加压必须分成两个独立的过程,定型时须使溶剂脱除,操作比较复杂,同时还要考虑溶剂的回收问题。湿法挤出虽具有塑化均匀和避免塑料过度受热等优点,但基于上述缺点,它的适应范围仅限于硝酸纤维素和少数乙酸纤维素料的挤出。

按照塑料加压方式的不同,挤出工艺又可分为连续和间歇两种。前一种所用设备为螺杆挤出成型机,后一种为柱塞式挤出成型机。螺杆挤出机进行挤出时,装入料斗的塑料借助转动的螺杆进入加热的料筒中(湿法挤出不需加热),由于料筒的传热、塑料之间的摩擦以及塑料与料筒及螺杆间的剪切摩擦热,使塑料熔融而呈流动状态。与此同时,塑料还受螺杆的搅拌而均匀混合,并不断前进,最后塑料在口模处被螺杆挤出到机外而形成连续体,经冷却凝固,即成产品。

柱塞式挤出成型机的主要部件是一个料筒和一个由液压操纵的柱塞。操作时,先将一批已预先塑化好的塑料加入料斗内,而后借柱塞的压力将塑料挤出口模处。料斗内的塑料挤完后,应立即退回柱塞,以便进行下一次操作。柱塞挤出成型机的优点是能给予塑料以较大的压力,而缺点是操作不连续,且塑料还要预先塑化,因而应用很少,只有挤出聚四氟乙烯塑料和硬聚氯乙烯大型管材等方面尚有应用。

近年来,随着塑料工业的发展,对成型设备也提出了更多的要求。在挤出成型设备方面,目前主要是向高速、大型、自动化以及制造特殊挤出成型机(多螺杆、排气式)等方面发展。由于目前用于挤出成型的绝大多数都是热塑性塑料,且又是采用连续操作和干法塑化,在设备方面,目前单螺杆挤出成型机应用最广泛。

现在,对单螺杆挤出机做一下简单的介绍。单螺杆挤出机主要由以下五个部分组成:传动装置、加料装置、料筒、螺杆和机头。

(1)传动装置　传动装置是带动螺杆传动的装置,通常由电动机、减速箱和轴承等组成。在挤出过程中,要求螺杆转速稳定,不随螺杆负荷的变化而改变,因为螺杆转速若有变化,将会引起料流压力的波动,造成供料速度不均匀而出现废品。因而在正常操作情况下,不管螺杆负荷是否变化,螺杆转速应该稳定。但是在有些场合又要求螺杆能变速,以便使同一台挤出机能挤出不同的制品或不同的物料。为此,传动装置一般采用交流整流子电动机、直流电动机等装置,以达到无级变速。一般螺杆转速为 $10\sim100r/min$。

(2)加料装置　供给挤出机的物料多采用粒料,也可采用带状料或粉料。装料设备通常使用锥形加料斗,料斗底部有截断装置,侧面有视孔和计量装置。在挤出成型时,对物料一般要求是料粒均匀和含水量达到最低标准。因此,料斗容量不宜过大,以免烘干的物料在料斗中停留时间过长而吸收空气中的水分。一般料斗的容量以能容纳 1h 的用料较好。现在有的料斗还带有真空装置、加热装置和搅拌器。

(3)料筒　料筒也可称为机筒,由于物料在料筒内要经受高温、高压,因此料筒一般要选用耐温、耐压、强度高、坚固耐磨、耐腐蚀的合金钢或内衬合金钢的复合钢管制成。料筒的外部设有分区加热和冷却装置,而且还附有热电偶和自动仪表等。料筒冷却系统的主要作用是防止物料过热或者是在停车时使之快速冷却,以免物料降解。料筒的长度一般为其直径的 15~30 倍,以便使物料受到充分加热和塑化均匀。有的料筒刻有各种沟槽以增大与物料间的摩擦力。

(4)螺杆　螺杆是挤出机最主要的部件,被称为是挤出机的心脏。通常是用耐热耐腐蚀高强度的合金钢制成。通过螺杆的转动，料筒内的物料才能发生移动。表示螺杆结构特征的基本参数有直径、压缩比、长径比、螺旋角、螺距、螺槽深度等，一般螺杆的结构如图 1-2 所示。

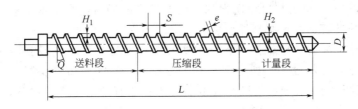

图 1-2　螺杆的结构示意

H_1—加料段螺槽深度；D—螺杆直径；H_2—计量段螺槽深度；Q—螺旋角；L—螺杆长度；e—螺棱宽度；S—螺距

　　螺杆结构按压缩比（螺杆尾部螺槽的容积和螺杆头部螺槽的容积之比）的大小和形成压缩方式的不同，可分为渐变型和突变型两种。渐变型的螺槽深度是逐渐增加的，而突变型螺槽深度往往在一个螺距内完成所要求的变化。螺杆的直径决定挤出机生产能力的大小，直径增大，则加工能力提高。螺杆的长径比（L/D）即螺杆的有效长度与直径之比决定挤出机的塑化效率。长径比大，则能够改善物料温度的分布，有利于物料的混合和塑化，并能够减少漏流和逆流，可提高挤出机的生产能力。而且长径比大的螺杆适应性强，可用于多种物料的挤出。

　　物料沿螺杆向前移动时，经历着温度、压力和黏度等的变化，这种变化在螺杆全长范围内是不相同的，根据物料的变化特征可将螺杆分为加料段、压缩段和均化段。加料段的作用是将料斗供给的物料送往压缩段，物料一般保持固体状态，但由于受热也会部分熔融。加料段长度随工程塑料的品种而异，一般挤出结晶性品种为最长，硬性非结晶性品种次之，软性非结晶性品种最短。压缩段（又称迁移段）的作用是压实物料，使物料由固体转化为熔融体，并排除物料中的空气。螺杆对物料产生较大的剪切作用和压缩。长度主要与物料的熔点有关。均化段（又称计量段）的作用是将熔融物料定量定压地送入机头，使其在口模中成型。均化段的螺槽容积与加料段一样恒定不变。为避免物料因滞留在螺杆头端面死角处引起分解，螺杆头部常设计成锥形或半圆形；有些均化段是表面光滑的杆体，称为鱼雷头。均化段长度一般为螺杆全长的 20%～25%。

　　（5）机头　机头是挤出成型机的成型部件，由机头体和机颈组成，它是料筒和口模之间的过渡部分，其长度和形状随所用塑料的种类、制品的形状、加热方法及挤压速度等而定。

　　口模和模芯的定型部分决定制品横截面的形状，它是用螺栓或其他方法固定在机头上的，机头和口模有时是一个整体，这时就没有再区分的必要。不过在习惯上，即使它们不是一个整体，往往也统称机头。其设计的好坏，对制品的产量和质量影响很大，一般由经验决定。设计机头时，大致应考虑以下几方面的问题。

　　① 熔融物料的通道应光滑，呈流线型，不能存在死角。物料的黏度越大，流道变化的角度应越小。通常机头的扩张角与收缩角均不能小于 90°，而收缩角一般又比扩张角小。

　　② 机头定型部分横截面积的大小，必须保证物料有足够的压力，以使制品密实，压缩比约取 5～10（指分流器支架出口处流道截面积与口模和芯模间形成的环隙面积之比）。若压缩比过小不仅产品不密实，且熔融物料通过分流器支架时的接缝痕迹不易消除，而使制品的内表面出现纵向条纹，此处力学强度极低。若压缩比过大，则料流阻力增加，产量降低，机头尺寸也势必增大，加热也不易均匀。

③ 在满足强度的条件下，结构应该紧凑，与料筒衔接应严密，易于装卸，连接部分尽量设计成规则的对称形状，机头与料筒的连接多用急启式，以便定时清理滤网、螺杆和料筒。

④ 由于磨损较大，机头与口模通常都由硬度较高的钢材或合金钢制成。机头与口模的外部一般附有电热装置、校正制品外型装置、冷却装置等。

在挤出成型中，还有一些辅助设备。主要有挤出前处理物料的设备，如原料输送、预热、干燥等；定型和冷却设备，如定型装置、冷却槽、空气冷却喷嘴等；处理挤出物的设备，如可调速的牵引装置、成品切断和卷取装置等；还有控制生产的设备，如温度控制器、电动机启动装置、电流表、螺杆转速表等。

1.3.2　注射成型

注射成型是热塑性塑料成型中应用得最广泛的一种成型方法，它是由金属压铸工艺演变而来的。注射成型又可称为注射模塑或注塑，除少数的热塑性塑料外，绝大多数的热塑性塑料都可用此方法来成型。近年来，此种成型工艺也成功地用于某些热固性塑料的生产。由于注射成型能一次成型制得外形复杂、尺寸精确或带有金属嵌件的制品，而且可以制得满足各种使用要求的塑料制品，因此得到了广泛的应用。目前注射成型的制品约占塑料制品总量的 $20\%\sim30\%$。

注射成型的工艺原理是将塑料颗粒经注塑机的料斗送至加热的料筒，使其受热熔融至流动状态，然后在柱塞或螺杆的连续加压下，熔融料被压缩至流动状态，然后熔融料被压缩并向前移动，从料筒前端的喷嘴中射出，注入一个温度较低的预先闭合好的模具中，充满模具型腔的熔融料经降温硬化，即可保持模具型腔所赋予的形状，打开模具后即可得到所需要的制品。所以注射成型的过程一般可分为加料、物料熔融、注射、制品冷却和脱模五个步骤。当注射工艺条件确定后，上述五个步骤可以采用集成电路、数字程序控制或群控等实现半自动或全自动操作。

注塑机按外形特征可分为立式、卧式、直角式、旋转式和偏心式等多种，目前以卧式为最常用。按照工程塑料在料筒中熔融塑化的方式来分，常用的有柱塞式和螺杆式两种。

柱塞式注塑机由于存在塑化能力较低，塑化不易均匀，注射压力损耗大，注射速度较低等缺点，近年来很少发展。目前应用最广的是往复螺杆式注塑机。

往复螺杆式注塑机主要由注射装置、合模装置及液压传动和电气控制系统组成。注射装置是使工程塑料均匀地塑化成熔体，并以足够的压力和速度将熔体注入模腔。一般由料筒、螺杆、喷嘴、料斗、计算装置、螺杆传动装置、注射与移动油缸、料筒与喷嘴的加热装置组成。合模装置是使模具可靠地闭合，实现模具启闭动作及取出制品。一般由固定模板、移动模板、连接模板用的拉杆、合模油缸、制品顶出装置等组成。液压传动和电气控制系统是保证整个注射成型工艺过程按预定的要求和动作程序准确有效地进行工作的动力和控制系统，一般由电动机、油泵、管道、阀件和电气控制箱等组成。

注射成型最重要的工艺条件是影响塑化、流动和冷却的温度、压力和相应的各个作用时间等。

（1）温度　注射成型过程中需要控制的温度有料筒温度、喷嘴温度和模具温度等。前两种温度主要影响塑料的塑化和流动，而后一种温度主要是影响塑料的流动和冷却。

料筒温度的选择一般应保证物料塑化良好，能顺利实现注射又不会引起塑料分解。影响料筒温度的主要因素有：不同种类塑料的特性、塑料制品的厚薄及形状以及注塑机的类型。

喷嘴温度通常要略低于料筒最高温度，这是为了防止熔料在直通式喷嘴发生流延现象。但是，喷嘴温度也不能过低，否则将会在造成喷嘴处的熔料凝固而将喷嘴堵死或者由于凝固料被注入型腔而影响产品质量。

模具温度对塑料制品的内在性能和表观质量影响很大。模具温度的高低决定塑料是否结晶以及结晶程度、制品的尺寸和结构、性能要求等。

模具一般均需加热和冷却。加热是为了使物料熔体黏度大、流动性差的品种容易充模，同时使厚壁制品内、外冷却速度尽可能均匀一致；冷却是为了加速制品冷却，缩短成型周期，且防止制品在脱模时产生变形。

一般模具温度通常是凭通入定温的冷却介质来控制的。也有靠熔融的物料注入模具自然升温和自然散热达到平衡而保持一定的模温的。在特殊情况下，也有采用电阻加热圈或加热棒对模具加热而保持一定模温的。

（2）压力 注射成型过程中的压力包括塑化压力（背压）和注射压力两种，这些压力都直接影响物料的塑化程度和制品质量。

塑化压力可以通过调整注塑机液压系统中的溢流阀来控制它的大小。在注射过程中，塑化压力的大小是随螺杆的设计、塑料的种类以及产品质量的要求不同而异的。一般操作过程中，塑化压力的确定应在保证产品质量优良的前提下越低越好，其具体数值应随所用塑料的品种而异，一般很少超过 2MPa。

注射压力的大小取决于注塑机的类型、塑料的种类、熔体的黏度、模具的浇口尺寸、制品的壁厚、注射成型的工艺等。一般对于成型大尺寸、形状复杂和薄壁制品，应采用较高的压力；对于熔体黏度大、玻璃化温度高的塑料（如聚碳酸酯、聚芳砜、聚酰亚胺等），也要采用较高的注射压力。

在注射过程中，注射压力和物料温度实际上是相互制约的。料温高时注射压力减小，料温低时所需要的注射压力就要加大。以物料温度和注射压力为坐标，绘制出的成型面积图能正确地反映出注射成型的适宜条件（图 1-3），在成型区域中适当的压力和温度的组合都能获得满意的结果，而这一面积以外的各种温度和压力的组成，都会给成型过程带来困难或给制品造成各种缺陷。

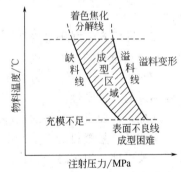

图 1-3 注射成型面积图

（3）成型周期（时间） 完成一次注射成型过程所需要的时间称为成型周期，它主要包括注射时间、闭模冷却时间以及其他时间（指开模、脱模、安放嵌件和闭模时间等）。

在整个成型周期中，以注射时间和冷却时间最重要，它们对制品的质量均有决定性的影响。

注射时间主要由充模时间和保压时间组成。而保压时间就是对型腔内物料的压实时间，在整个注射时间内所占的比例较大，一般约为 20～120s（特厚制件可高达 5～10min）。另外，在浇口处的熔融料凝结之前，保压时间的长短对制品的尺寸精度也有着直接的影响。保压时间的最佳值将依赖于模温、料温、主流道及浇口的大小。

冷却时间的长短主要取决于制品的厚度、材料的热性能、结晶性能以及模具温度等。冷却时间的选取，应以保证制件脱模时不引起变形为原则，冷却时间一般在 30～120s 之间。

成型周期直接影响劳动生产率和设备利用率。因此在生产过程中，应在保证质量的前提下，尽量缩短成型周期中各个有关时间。

1.3.3　吹塑成型

吹塑成型主要包括有中空吹塑成型，其产品如各种各样的塑料瓶、儿童玩具、水壶以及储存酸、碱的大型容器等。还有就是吹塑薄膜、吹塑薄片等成型方法。

吹塑成型为塑料材料的二次成型，它一般是把一次成型制得的棒、板、片等通过二次加工再制成制品的方法，因为在二次成型过程中，塑料材料通常要处在熔融或半熔融的状态，所以这种方法仅适用于热塑性塑料的成型。

吹塑成型的制品根据其种类的不同，加工过程也有所不同。

制作中空吹塑制品时，吹塑用的管坯一般是通过挤出或注射的方法制造。由于挤出法具有适应于多种塑料、生产效率高、型坯温度比较均匀、制品破裂少、能生产大型容器、设备投资较少等优点，因此，在当前中空制品生产中占有绝对的优势。制造中空吹塑制品的方法是将从挤出机中预先挤出的管状坯料置于两个半组合的模具中加热软化，切割成两端封闭的小段，把压缩空气吹进管芯，使坯料胀大到紧贴模壁，冷却脱模后即可得到瓶、桶等形状的中空制品。用于中空吹塑的塑料有聚乙烯、聚氯乙烯、聚丙烯、热塑性聚酯、聚酰胺、乙酸纤维素等。其中以聚乙烯使用得最为广泛，凡熔体流动指数为 $0.04\sim1.12$ 都是常用的中空吹塑材料，大多用于制造各种容器。聚氯乙烯因气密性和透明度都比较好，所以也是中空吹塑的常用材料。另外，采用双轴定向拉伸吹塑后的聚丙烯，由于它的透明度和强度在原有的基础上有了很大的提高，可用来制作薄壁透明瓶子，并能节省原材料，因而也得到了较广泛的应用。

一般用于中空吹塑的材料应具有以下特性。

（1）气密性要好　气密性是指阻止氧气、二氧化碳、氮气及水蒸气等向容器内外透散的特性。

（2）耐环境应力开裂性要好　作为容器，当与表面活性剂溶液接触时，在应力作用下，应具有防止龟裂的能力。因此，一般应选用相对分子质量较大的材料。

（3）抗冲击性要好　为了保护容器内装的物品，一般制品应具有从 1m 以上高度落下而不碎不裂的抗冲击性。

此外，还要求有较好的抗静电性、耐药品性和耐挤压性等。

吹塑薄膜是塑料薄膜生产中采用得最广泛的一种。吹塑薄膜可以看作是管材挤出成型的继续，其原理是把熔融的物料经机头呈圆筒形薄管挤出，并从机头中心吹入压缩空气，将薄管吹为直径较大的管状薄膜（即管泡），并经过一系列的冷却导辊卷曲装置，然后加工成袋状制品或剖开成为薄膜。为了提高薄膜的强度，需要再在单向或双向拉伸机上，在一定温度下进行拉伸，使大分子排列整齐，然后在拉紧状态下冷却定型。

吹塑薄膜的原料主要有聚氯乙烯、聚偏氯乙烯、聚乙烯、聚丙烯、聚酰胺等。近些年来还发展了多层吹塑薄膜。随着薄膜用途的日益扩大，单层薄膜已不能满足要求。为了弥补一种材料性能上的不足，将几种树脂挤出的薄膜复合使用，这就是多层吹塑薄膜或称复合薄膜。这种多层吹塑薄膜能使几种材料互相取长补短，得到性能优越的制品。原先制造这种多层吹塑薄膜采用黏合或涂层的工艺，近些年来创造了共挤法，这是由几台挤出机供料，使几种塑料同时从同一口模挤出而形成整体的技术。多层吹塑薄膜的挤出可用 T 形机头挤出，也可用吹塑机头挤出，以后一种方法居多。

多层吹塑薄膜的共挤出是制造高质量制品的先进工艺，在多样化设计和提高结合强度等问题更好地解决后，其用途会更广泛。

1.3.4 压制成型

压制成型物料的性能、形状以及成型加工工艺的特征，可分为模压成型和层压成型。

（1）模压成型 模压成型是将一定量的模压粉（粉状、粒状或纤维状等塑料）放入金属对模中，在一定的温度和压力作用下成型制品的一种方法。

模压成型是一种较古老的成型方法，成型技术已相当成熟，目前在热固性塑料和部分热塑性塑料（如氟塑料、超高相对分子质量聚乙烯、聚酰亚胺等）加工中仍然是应用范围最广而居主要地位的成型加工方法。

模压热固性塑料时，置于型腔中的热固性塑料在热的作用下，先由固体变为熔体，在压力下熔体流满型腔而取得型腔所赋予的形状，随着交联反应的进行，树脂的相对分子质量增大，固化程度随之提高。模压料的黏度逐渐增加以致变为固体，最后脱模成为制品；热塑性塑料的模压，前期情况与热固性塑料相同，但没有发生交联，当熔体充满型腔后，需将模具冷却，熔体固化后就能脱模成为制品，对热塑性塑料制品而言，只有在模塑较大平面的塑料制品或因塑料的流动性甚差难于用注塑法时，才采用模压成型，而对于增强塑料使用模压成型更为重要。

对于增强塑料的模压成型，在模压料充满模腔的流动过程中，不仅树脂流动，增强材料也要随之流动，也就是在压力作用下熔融树脂粘裹着增强材料（如纤维）一道流动，直至填满型腔，因此其成型压力也较高，属于高压成型。当型腔充满后，在继续受热条件下，树脂交联反应进行，形成网状结构，但增强材料基本不变，当交联密度增加致使树脂变为不溶不熔的体型结构，就到达了"硬固阶段"，并且整个反应是不可逆的。

模压成型工艺的种类很多，主要分为下面几类。

① 模塑粉模压法 这是生产热固性塑料制品的一种古老的方法，虽然目前已发展了热固性塑料的注射成型，但此法仍有一定的地位。

② 吸附预成型坯模压法 此法是指在成型模压制品之前，预先将玻璃纤维制成与模压制品结构、形状、尺寸相一致的坯料，然后将其放入金属对模内与液体树脂混合、加温、加压成型纤维增强塑料的一种工艺过程。

吸附预成型工艺可采用较长的短切纤维，制品中可以含较高的玻璃纤维，使制品具有优良的物理机械性能。这种工艺适合于生产深度及外形尺寸较大的大型部件或形状不十分复杂而又要求强度较高的短纤维模压制品。

③ 团状模塑料及散状模塑料模压法 团状模塑料（简称 DMC）是一种纤维增强热固性模塑料。通常是由不饱和聚酯树脂、短切纤维、填料、固化剂等混合而成的一种油灰成型材料。此法特点是模压压力较低，制品的尺寸与形状限制少，但制品力学强度不高，表面质量欠佳。散状模塑料（简称 BMC）也是一种聚酯树脂的模塑料，但它是一种化学增稠的低收缩型预混料，使制品外观获得大大改善。

DMC 和 BMC 模制品的应用很广，目前已在电气、仪表、化工、运输、军工等领域中获得广泛应用。

④ 片状模塑料模压成型法 片状模塑料（简称 SMC）是一种"干法"制造玻璃纤维增强聚酯制品的新型模压用材料。其物理形态是一种类似"橡皮"的夹芯材料，"芯子"由经树脂糊充分浸渍的短切纤维（或毡）组成，上下两面为聚乙烯薄膜所覆盖。SMC 的成型工艺过程主要包括片状模塑料的制备和成型两部分。这种成型的优点是操作方便，生产率高，制品的表面质量好，物理性能优良，材料损害少等。其缺点是设备造价高，设备操作及过程

控制比较复杂。

片状模塑料的应用十分广泛，主要应用领域有运输工业、电气工业和家具工业等。

⑤ 高强度短纤维料模压成型　这种成型主要用于制备高强度异型制品和一些具有特殊性能要求的制品（如耐热、防腐），该成型过程所需的成型温度较高（一般为 160～170℃），成型压力大（在 200～300MPa 范围内），玻璃纤维含量可高达 60％以上，这类制品在机械、运输、化工、电气、军事等领域得到广泛的应用。

⑥ 定向铺设模压成型　这是指模压制品成型前使玻璃纤维沿制品主应力方向取向铺设形成预定形坯，然后进行模压定型制品。

定向铺设模压成型能充分发挥增强材料的强度特性，制品性能重复性好，能提高制品中的纤维含量（增强材料重量可达 70％左右），这种工艺适于制造形状不是十分复杂的大型高强度模压制品。

此外还有缠绕模压法、织物、毡料以及碎布料模压法等。

模压制品具有优良的电气性能（尤其是抗漏电性能）、力学性能、耐热性、耐燃性、耐化学腐蚀性和尺寸稳定性，同时可根据需要调节各组分的类型和用量以获得具有特殊性能要求的产品。

模压成型是塑料成型中建立很早的一种古老工艺技术，随着工业的发展，这一工艺技术的研究开发工作从未停止过。

由于模压成型技术的日益改进与提高，使现代的模压成型具有以下特点：①自动化程度高，适于大批量制品生产；②设备的模具费用低；③产品大多能一次成型，无需二次加工，制品的尺寸精度较高，表面质量好，变形小；④成型压力低；⑤价格低廉等。

但是与注射成型相比，在有些方面仍逊一筹。如技术要求较高，尺寸精度仍不如后者，劳动强度大等，但是随着模压成型的不断进步，增强塑料的广泛应用，对此法优缺点的综合衡量，模压成型仍是一种有发展前途、目前仍不可缺少的成型工艺方法。

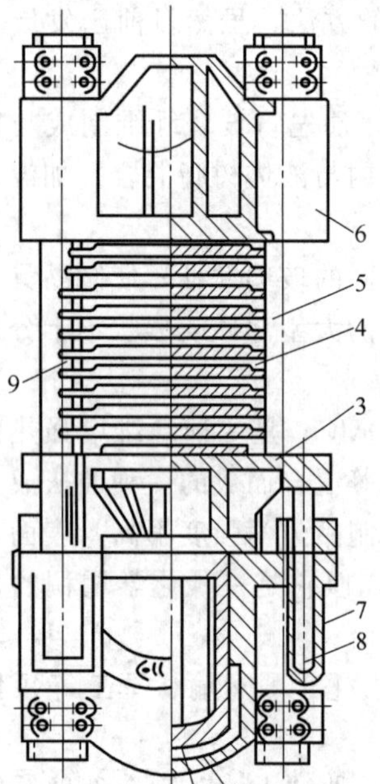

（2）层压成型　层压成型就是以片状或纤维状材料作为填料，在加热、加压条件下把相同或都不同材料的两层或多层结合成为一个整体的方法。成型前填料必须浸有或涂有树脂。常用的树脂有环氧树脂、酚醛树脂、不饱和聚酯树脂、氨基树脂等；常用的填料有棉布、玻璃布、纸张、玻璃毡、石棉毡或合成纤维及其织物等。

层压成型过程主要包括填料的浸胶、浸胶材料的干燥和压制等几个步骤。在浸胶过程中，要求填料浸渍有足够量的胶液，一般为 25％～46％，浸渍时填料必须为树脂浸透，避免夹入空气。浸胶的方法除了可用直接浸渍法外，还可采用喷射法、刮胶法等。浸好胶液的填料，经过干燥后，再按照不同的使用要求叠加在一起，最后通过加热、加压制成层压材料。

层压成型所制得的层压塑料往往是板状、管状、棒状或其他简单形状的制品，它可按照所用填料种类的不同，分为纸基、布基、玻璃基和石棉基等层压塑料。

压制板状材料所用的设备一般为多层压机。

多层压机如图 1-4 所示。通用的压机吨位都较大，通

图 1-4　多层压机

1—工作压筒；2—工作柱塞；3—下压板；
4—工作垫板；5—支柱；6—上压板；
7—辅助压筒；8—辅助柱塞；9—条板

常约为 2000～4000t。2000t 压机工作台面约为 1.0m×1.5m。2500t 压机的工作台面约为 1.37m×2.69m。这种压机的操作原理与压制成型用的下推式液压机相似，只是在结构上稍有差别。多层压机在上下板之间设有许多工作垫板，以容纳多层板坯而达到增大产率的目的。目前工业上所用多层压机的层数可以从十几层至几十层不等。压制单元是当下压板处于最低位置时推入的。这时垫板的位置均利用自带的凸爪挂在特设的条板阶梯上得到固定。各个垫板上的凸爪尺寸并不相同，而是向下逐渐缩小的。施压时，下压板上推，使各个垫板相互靠拢，于是所装的板坯就会受到应有的压力。

装有层板坯的压机在进行各个垫板闭合时，所需要的力并不很大，可以用两个辅助压筒来承担。当辅助压筒将下压板升高时，工作柱塞也同时上升。此时工作液就能自动地从储液槽进入工作压筒。垫板靠拢后，关闭工作压筒和储液槽之间的连接阀并打开工作压筒和高压管线之间的连接阀，就开始了压制过程。利用辅助压筒可以保证下压板空载上升的速度，而且也节省了高压液体。当然不设辅助压筒也是可以的。采用的高压液体可以是水或油，但一般用的都是水与肥皂或油类的乳液。

压机对板坯的加热，一般是将蒸汽通入加热板内来完成的。冷却时则是在同一通道内通冷却水。

层压成型工艺虽然简单方便，但制品质量的控制却很复杂，必须严格遵守工艺操作规程，否则常会出现裂缝、厚度不均、板材变形等问题。

裂缝的出现是由于树脂流动性大和硬化反应太快，使反应热的放出比较集中，以致挥发分猛烈向外逸出所造成的。因此，附胶材料中所用的树脂，其硬化程度应受到严格控制。要控制板材厚度就要控制胶布的厚度，因此要使胶布的含胶量均匀。层压板的变形问题主要是热压时各部温度不均造成的。这常与加热的速度和加热板的结构有关。制造管状材料和棒状材料是以干燥的浸胶片材为原料的。使用的浸胶片材主要是酚醛树脂或酚醛环氧树脂浸渍的平纹玻璃布或纸张，只有在个别情况下才能使用浸有相同树脂的棉布或木材原片。管材和棒材都是用卷绕方法成型的。卷绕装置见图 1-5。

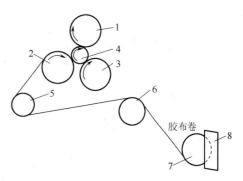

图 1-5 卷绕装置
1—大压辊；2—前支撑辊；3—后支撑辊；
4—管芯；5—导向辊；6—张力辊；
7—胶布卷；8—加压板

用卷绕法成型管材时，先在管芯上涂脱模剂。脱模剂可用凡士林、沥青、石蜡经混熔和冷却制成。使用时，应用松节油稀释成糊状物。涂有脱模剂的管芯须包上一段附胶材料作为底片，然后放在两个支撑辊之间并放下大压辊将管芯压紧。将绕上卷绕机的附胶片材拉直使其与底片一端搭接，随后慢速卷绕，正常后可加快速度，卷绕中，附胶材料通过张力辊和导向辊进入已加热的前支撑辊上，受热变黏后再卷绕到包好底片的管芯上。张力辊给卷绕的附胶片材以一定张力，一方面是使卷绕紧密；另一方面则可借助摩擦力使管芯转动。前支撑辊的温度必须严格控制，温度过高易使树脂流失，过低不能保证良好的黏结。卷绕酚醛管时温度可控制在 80～120℃。当卷绕到规定厚度时，割断胶布，将卷好的管坯连同管芯一起从卷管机上取下，送炉内做硬化处理。制造酚醛卷绕管时，若壁厚小于 6mm，可在 80～100℃放入炉内，再在 170℃处理 2.5h。硬化后从炉内取出，在室温下进行自然冷却，最后从管芯上脱下玻璃布增强塑料管。

制棒的工艺和制管相同，只是所用芯棒较细，且在卷绕后不久就将芯棒抽出而已。

　　由上述方法成型的管材或棒材，经过机械加工可制成各种机械零件，如轴环、垫圈等；也可直接用于各种工业，例如在电气工业中用作绝缘套管，在化学工业中用作输液管道等。

　　层压成型根据成型时所用压力的大小可分为高压法和低压法（一般以 6.87MPa 即 70kgf/cm^2 为界限）。高压法包括层压法和模压法等，低压法包括袋压法、真空法、喷射法、接触法等。不同方法在工业上使用的普遍性并不相同，甚至有很大的差别。

第2章 通用塑料

通用塑料是塑料中产量最大的一种，约占塑料总产量的80%。通用塑料的分类按照塑料的受热形式可分为热塑性塑料和热固性塑料。

通用热塑性塑料是指综合性能较好、力学性能一般、产量大、应用范围广泛、价格低廉的一类树脂。通用热塑性塑料可以反复加工成型，一般说来，其柔韧性大、脆性低、加工性能好，但是刚性、耐热性及尺寸稳定性较差。常用的通用热塑性塑料有聚乙烯类、聚丙烯类、聚氯乙烯类和聚苯乙烯类等。

通用热固性塑料为树脂在加工过程中发生化学变化，分子结构从加工前的线型结构转变成为体型结构，再加热后也不会软化流动的一类聚合物。由于热固性塑料是体型结构的聚合物，所以它的刚性高、耐蠕变性好、耐热性好、尺寸稳定性好、不易变形。但是它的成型工艺复杂，加工较难，成型效率低。常用的通用热固性塑料有酚醛树脂、环氧树脂、不饱和聚酯树脂及氨基树脂等。

2.1 聚乙烯

2.1.1 聚乙烯的概述

聚乙烯是指由乙烯单体自由基聚合而成的聚合物，聚乙烯可简写为 PE（polyethylene），分子式为 $\text{+CH}_2\text{—CH}_2\text{+}_n$。聚乙烯的合成原料为石油，乙烯单体是通过石油裂解而得到的。由于世界上石油资源非常丰富，因此聚乙烯的产量自20世纪60年代中期以来一直高居首位，约占世界塑料总量的1/3。

聚乙烯是一种质量轻、无毒、具有优良的耐化学腐蚀性、优良的电绝缘性以及耐低温性的热塑性聚合物，而且易于加工成型，因此它被广泛地应用于电气工业、化学工业、食品工业、机器制造业及农业等方面。

最早出现的高压法合成的低密度聚乙烯（LDPE）是英国帝国化学公司 ICI（Imperial Chemical Industries Ltd.）在1933年发明的，在1939年开始工业化生产，随后在世界范围内得到迅速发展。1953年德国化学家齐格勒（Ziegler）用低压合成了高密度聚乙烯（HDPE），1957年投入工业化生产。同时投产的还有美国菲利浦（Phillips）石油化学公司创造的中压法 HDPE。此后，聚乙烯家族不断有新品种问世，如超高相对分子质量聚乙烯（UHMWPE）、交联聚乙烯（CPE）和线型低密度聚乙烯（LLDPE）等，并已经得到不同程度的开发和应用。这些品种具有各自不同的结构，在性能和应用方面具有明显的差别。

聚乙烯的品种可以是均聚物也可以是共聚物，均聚聚乙烯（如 LDPE、HDPE）的单体是乙烯，而乙烯共聚物（如 LLDPE）是由乙烯与 α-烯烃共聚制得的。

线型低密度聚乙烯（LLDPE）是在20世纪70年代出现的较新品种。LLDPE 是与少量的 α-烯烃（丙烯、1-丁烯、2-己烯、1-辛烯等均可）在复合催化剂 $CrO_3 + TiCl_4$ +无机氧化物载体存在下，在75～90℃及1.4～2.1MPa条件下进行配位聚合得到的共聚物。共聚物中

α-烯烃的含量较小，一般为 7%～9%。

LLDPE 的聚合工艺主要为低压气相法，工艺简单，工艺流程较短，而且由于其分子链中含有第二单体，使分子链节组成不规则，因此 LLDPE 比一般的 HDPE 结晶度低，又由于采用了配位聚合，使分子链的支化程度又比一般的 LDPE 支化度大大减少，仅含有短支链，不含长支链，其分子结构的规整性介于 LDPE 与 HDPE 之间，密度和结晶度也介于两者之间，要更接近于 HDPE。表 2-1 为三种聚乙烯力学性能的比较。

表 2-1　三种聚乙烯结构与性能

性　能	HDPE	LLDPE	LDPE
密度/(g/cm³)	0.93～0.97	0.92～0.935	0.91～0.93
短链支化度/1000 个碳原子	<10	10～30	10～30
长链支化度/1000 个碳原子	0	0	约 30
结晶温度/℃	126～136	120～125	108～125
结晶度/%	80～95		55～65
最高使用温度/℃	110～130	90～105	80～95
拉伸强度/MPa	21～40	15～25	7～15
断裂伸长率/%	>500	>800	>650
耐环境应力开裂性能	差	好	两者之间

聚乙烯是一种结晶型聚合物。聚乙烯中晶相含量不同，其密度也不同，由前者决定后者。用高压法制得的聚乙烯一般都是低密度聚乙烯（密度范围为 0.91～0.925g/cm³），少数情况下可得到中密度聚乙烯（密度范围为 0.926～0.94g/cm³），由低压法和中压法制得的都是高密度聚乙烯。

2.1.2　聚乙烯的结构与性能

2.1.2.1　聚乙烯的结构

聚乙烯为线型聚合物，具有同烷烃相似的结构，属于高分子长链脂肪烃，由于—C—C—链是柔性链，且是线性长链，因而聚乙烯是柔性很好的热塑性聚合物。由于分子对称且无极性基团存在，因此分子间作用力比较小。聚乙烯分子链的空间排列呈平面锯齿形，其键角为 109.3°，齿距为 2.534×10^{-10} m。由于分子链具有良好的柔顺性与规整性，使得聚乙烯的分子链可以反复折叠并整齐堆砌排列形成结晶。

根据红外光谱的研究发现，聚乙烯的分子链中含有支链，用不同的聚合方法所得到的聚乙烯含支链的多少有较大的不同。含支链的多少是用红外光谱法测得的聚乙烯分子链上所含甲基的多少来表征的。研究结果表明，高压法得到的低密度聚乙烯每 1000 个碳原子含有 20～30 个侧甲基，而低压法所得的高密度聚乙烯每 1000 个碳原子约含 5 个侧甲基。以上结果说明高压法所得的低密度聚乙烯比低压法所得的高密度聚乙烯含有更多的支链。研究结果还表明，除了分子主链的两端含有侧甲基外，还有一部分侧甲基是连在乙基支链、丁基支链或更长的支链末端上。这些支链的形成，是在聚合过程当中由于链转移而产生的。从研究结果中还可以知道，低密度聚乙烯不仅含有乙基、丁基这样的短支链，还含有长支链，这些长支链有时可能与主链一样长，分布也广，这样，就使得低密度聚乙烯比高密度聚乙烯有更宽的相对分子质量分布。支链的存在会影响到分子链的反复折叠和堆砌密度，导致密度降低，结晶度减小。由于低密度聚乙烯含有较多的长支链，因此使得其熔点、屈服点、表面硬度和拉伸模量都比较低，而透气性却提高了。聚乙烯中长支链的存在会影响其流动性，未支化的聚合物与相同相对分子质量的长链支化的聚合物相比较，后者的熔体黏度比前者低。因此，低密度聚乙烯与高密度聚乙烯相比，其熔融温度低、流动性好。

此外，在低密度聚乙烯分子链上还存在少量的羰基与醚键。

从 X 射线及电子显微镜的观察中，可以知道，在聚乙烯分子中，既有结晶结构，又有无定形结构相互穿插。这对其力学性能有着重大的影响。当晶相含量降低时，聚乙烯呈现较大的柔性和弹性，有利于在较低温度下加工成型。但其密度、硬度、拉伸强度、软化点、耐溶剂性等则会降低。而当晶相含量增加时，情况则与上相反。聚乙烯的结晶度大小，除因聚合方法不同而不一样外，还受温度、冷却速度等的影响。

聚乙烯分子链规整柔顺，易于结晶。其熔体一经冷却即可出现结晶，冷却速率快，结晶度低。这在成型加工制品时值得注意，因为不同的模具温度（如模具温度低，则冷却速率快）会带来聚乙烯制品的不同结晶度，最后影响到制品收缩率。结晶快，收缩率小。相反，模具温度高，因结晶时间长而使收缩率增大。

另外，聚乙烯相对分子质量的不同也会影响到其性能。相对分子质量越高，大分子间缠结点和吸引点也就越多。这样，其拉伸强度、表面硬度、耐磨性、耐蠕变性、耐老化和耐溶剂性都会有所提高，耐断裂伸长率则会降低。

聚乙烯相对分子质量的大小常用熔体流动速率（MFR）来表示。其定义为：加热到 190℃的聚乙烯熔体在 21.2N 的压力下从一定孔径模孔中每 10min 的挤出的质量（g），单位为 g/10min。聚乙烯的 MFR 越大，则其流动性就越好。表 2-2 为密度、MFR 及相对分子质量对 PE 性能的影响。

表 2-2 密度、熔体流动速率、相对分子质量对 PE 性能的影响

性　　能	密度上升	熔体流动速率增加	相对分子质量分布变宽	性　　能	密度上升	熔体流动速率增加	相对分子质量分布变宽
拉伸强度	↑	↓（稍）		耐冷流性	↑	↓	
拉伸断裂强度	↑	↓		阻渗性	↑		
拉伸模量	↑	↓（稍）		渗透性		↑（稍）	
断裂伸长率	↓	↓		抗粘连性	↑		
刚性	↑	↓（稍）		光泽		↑	
冲击强度	↓	↓	↓	透明性	↓	↑	
硬度	↑	↓（稍）		雾度	↑	↓	
耐磨性	↑	↓	↓	耐化学药品性	↑	↓	
破碎的临界剪切应力		↑	↓	热导率	↑	↓	
耐环境应力开裂性	↓	↓	↑	热膨胀率	↓	↑	
耐脆性	↓	↓	↑	介电常数		↑（稍）	
脆化温度	↓	↑	↓	成型收缩率	↑	↓	
软化温度	↑		↑	长期承载能力	↑	↓	↑

注：↑表示性能提高；↓表示性能降低。

2.1.2.2 聚乙烯的性能

聚乙烯无臭、无味、无毒，外观呈乳白色的蜡状固体。其密度随聚合方法不同而异，约在 $0.91\sim0.97\text{g/cm}^3$ 之间。聚乙烯块状料是半透明或不透明状，薄膜是透明的，透明性随结晶度的提高而下降。聚乙烯膜的透水率低但透气性较大，比较适合用于防潮包装。聚乙烯易燃，氧指数值仅为 17.4%，燃烧时低烟，有少量熔融物落滴，有石蜡气味。聚乙烯是最易燃烧的塑料品种之一。

（1）力学性能　聚乙烯的力学性能一般，从其拉伸时的应力-应变曲线来看，聚乙烯属于一种典型的软而韧的聚合物材料。聚乙烯拉伸强度比较低，表面硬度也不高，抗蠕变性差，只有抗冲击性能比较好。这是由于聚乙烯分子链是柔性链，且无极性基团存在，分子链

间吸引力较小，但是由于聚乙烯是结晶度比较高的聚合物，结晶部分的结晶结构，即分子链的紧密堆砌赋予材料一定的承载能力，所以聚乙烯的强度主要是结晶时分子的紧密堆砌程度所提供的。

PE 的力学性能受密度、结晶度和相对分子质量的影响大，随着这几种指标的提高，其力学性能增大。密度增大，除冲击强度以外的力学性能都会提高。但聚乙烯的密度取决于结晶度，结晶度提高，密度就会增大，而结晶度又与大分子链的支化程度密切相关，而支化程度又取决于聚合方法。因此，高密度聚乙烯由于支化低，因此其结晶度高、密度大，各项力学性能均较高，但韧性较差。而低密度聚乙烯则正好相反，由于其支化程度大，因此结晶度低、密度小，各项力学性能较低，但冲击性能较好。影响聚乙烯力学性能的另一个结构因素就是聚合物的相对分子质量。相对分子质量增大，分子链间作用力就相应增大，所有的力学性能，包括冲击性能都会有所提高。

（2）热性能　聚乙烯的耐热性不高，其热变形温度在塑料材料中是很低的，不同种类的聚乙烯热变形温度是有差异的，会随相对分子质量和结晶度的提高而改善。聚乙烯制品使用温度不高，低密度聚乙烯的使用温度约在 80℃ 左右。而高密度聚乙烯在无载荷的情况下，长期使用温度也不超过 121℃；而在受力的条件下，即使很小的载荷，它的变形温度也很低。聚乙烯的耐低温性很好，脆化温度可达 −50℃ 以下，随相对分子质量的增大，最低可达 −140℃。聚乙烯的相对分子质量越高，支化越多，其脆化点越低，见表 2-3。

表 2-3　聚乙烯相对分子质量与脆化温度的关系

聚乙烯相对分子质量	脆化温度/℃	聚乙烯相对分子质量	脆化温度/℃
5000	20	500000	−140
30000	−20	1000000	−140
100000	−100		

聚乙烯的热导率在塑料中属于较高的，其大小顺序为 HDPE＞LLDPE＞LDPE，因此，不宜作为良好的绝热材料来选用。另外，聚乙烯的线膨胀系数比较大，最高可达 $(20\sim30)\times10^{-5}\,K^{-1}$，其制品尺寸随温度改变变化较大，不同品种的聚乙烯线膨胀系数的大小顺序为 LDPE＞LLDPE＞HDPE。

表 2-4 为不同聚合方法制得的聚乙烯的一般力学性能及热性能，从该表中可以看出密度以及相对分子质量对力学性能、热性能的影响。

表 2-4　聚乙烯的一般力学性能及热性能

性　　能	高　压　法						低　压　法			中压法
	0.92g/cm³					0.94 g/cm³	0.95g/cm³			0.96 g/cm³
—CH₃/1000 碳原子	20	23	28	31	33	—	5～7	5～7	5～7	＜1.5
数均分子量/×10³	48	23	28	24	20	—	—	—	—	—
拉伸强度/MPa	15.5	12.6	10.5	9.0	—	21	25.5	23.6	23.6	约28
冲击强度/(kJ/m²)	约54	约54	约54	约54	约54	—	17.4	10.8	8	27
断裂伸长率/%	620	600	500	300	150	—	＞800	＞380	20	500
结晶熔点/℃	约108	约108	约108	约108	约108	125	约130	约130	约130	约133
熔体流动速率/(g/10min)	0.3	2	7	20	70	0.7	0.02	0.02	2.0	1.5
维卡软化点/℃	98	90	85	81	77	116	124	122	121	—

（3）耐化学药品性　聚乙烯属于烷烃类惰性聚合物，具有良好的化学稳定性。在常温下没有溶剂可溶解聚乙烯。聚乙烯在常温下不受稀硫酸和稀硝酸的侵蚀，盐酸、氢氟酸、磷

酸、甲酸、乙酸、氨及胺类、过氧化氢、氢氧化钠、氢氧化钾等对聚乙烯均无化学作用。但它不耐强氧化剂，如发烟硫酸、浓硫酸和铬酸等。

聚乙烯在 60℃ 以下不溶于一般溶剂，但与脂肪烃、芳香烃、卤代烃等长期接触会溶胀或龟裂。温度超过 60℃ 后，可少量溶于甲苯、乙酸戊酯、三氯乙烯、矿物油及石蜡中，温度超过 100℃ 后，可溶于四氢化萘以及十氢化萘。

聚乙烯具有惰性的低能表面，黏附性很差，所以聚乙烯制品之间、聚乙烯制品与其他材质制品之间的胶接就比较困难。

（4）电性能　由于聚乙烯无极性，而且吸湿性很低（吸湿率＜0.01%），因此电性能十分优异。聚乙烯的介电损耗很低，而且介电损耗和介电常数几乎与温度和频率无关，因此聚乙烯可用于高频绝缘。聚乙烯是少数耐电晕性好的塑料品种，介电强度又高，因而可用作高压绝缘材料。但是，聚乙烯在氧化时会产生羰基，使其介电损耗会有所提高，如果作为电气材料使用时，在聚乙烯中必须加入抗氧剂。

表 2-5 为不同类型聚乙烯电性能的比较。

表 2-5　不同类型聚乙烯电性能的比较

性　能	ASTM 标准	HDPE	LDPE	LLDPE
体积电阻率/Ω·cm	D 257	$>10^{16}$	$>10^{16}$	$>10^{16}$
介电常数(10^6Hz)	D 150	2.34	2.34	2.27
介电损耗角正切(10^6Hz)/$\times10^{-4}$	D 150	＜5	＜5	＜5
吸水率(24h)/%	D 570	＜0.01	＜0.01	＜0.01

（5）环境性能　聚乙烯在聚合反应或加工过程中分子链上会产生少量羰基，当制品受到日光照射时，这些羰基会吸收波长范围为 290～300nm 的光波，使制品最终变脆。某些高能射线照射聚乙烯时，可使聚乙烯释放出 H_2 及低分子烃，使聚乙烯产生不饱和键并逐渐增多，从而会引起聚乙烯交联，改变聚乙烯的结晶度，长期照射会引起变色并变为橡胶状产物。照射也会引起聚乙烯降解、表面氧化，对力学性能不利，但可以改善聚乙烯的耐环境应力开裂性。向聚乙烯中加入炭黑，再进行高能射线照射，可以提高聚乙烯的力学性能，仅加入炭黑而不照射，只能使它变脆。

聚乙烯在许多活性物质作用下会产生应力开裂现象，称为环境应力开裂，是聚烯烃类塑料，特别是聚乙烯的特有现象。引起环境应力开裂的活性物质包括酯类、金属皂类、硫化或磺化醇类、有机硅液体、潮湿土壤等环境。产生这种现象的原因可能是这些物质在与聚乙烯接触并向内部扩散时会降低聚乙烯的内聚能。因此，聚乙烯不宜用来制备盛装这些物质的容器，也不宜单独用于制备埋入地下的电缆包皮。在耐环境应力开裂方面，低密度聚乙烯比高密度聚乙烯要好些，这是由于低密度聚乙烯结晶度较小。显然，结晶结构对耐环境应力开裂是不利的。因此，改善聚乙烯乃至聚烯烃塑料耐环境应力的方法之一是设法降低材料的结晶度。提高聚乙烯的相对分子质量，降低相对分子质量的分散性，使分子链间产生交联，都可以改善聚乙烯的耐环境应力开裂性。

2.1.3　聚乙烯的加工性能

聚乙烯的绝大多数成型都是在熔融状态下进行的，比如采用注射、挤出、吹塑、压制等方法进行成型加工。加工时应注意以下几点。

（1）由于聚乙烯的吸湿性很低（＜0.01%），除了加有吸湿性添加剂外，在成型加工前，原料可以不必干燥。

（2）在聚乙烯的加工中，选择合适的熔体流动速率相当重要。由于聚乙烯的品级、牌号很多，所以应根据熔体流动速率的大小来选取适当的成型工艺。例如，对于注射成型的聚乙烯制品就要求聚乙烯熔体流动速率要高，相对分子质量分布要窄，长支链要相当小，这样才能提高聚乙烯制品的力学性能。而对于吹塑成型的聚乙烯制品，则要求熔体流动速率要低，相对分子质量分布要宽些，以便有好的流动性，这样制成的制品表面就光滑。

（3）聚乙烯的结晶能力高，使制品在冷却后的收缩率高。成型时的工艺条件，特别是模具温度及其分布对制品结晶度的影响很大，如高模温有可能使聚乙烯结晶时间长而使收缩率增大，这样对制品性能的影响就很大。因此，为了保证聚乙烯制品的性能，就要选择合适的操作条件。

（4）聚乙烯的熔体在空气中容易被氧化，而且温度越高氧化越严重，因此在加工中应尽量避免熔体和氧直接接触，以免发生聚乙烯大分子降解。

（5）聚乙烯因为存在环境应力开裂性能，因此它在原料存放或成型加工时应避免与脂肪烃、芳香烃、矿物油、醇类等化学药品接触，因为这些物质会造成聚乙烯制品的应力开裂性。

2.1.4 聚乙烯的加工工艺

由于聚乙烯是一种典型的热塑性塑料，因此聚乙烯的加工都是在熔融状态下进行的，成型时的熔体温度一般要比聚乙烯的熔点高出 40～50℃，不同的成型工艺对聚乙烯的熔体流动性能有不同的要求，一般来说，注塑和薄膜吹塑应选用熔体流动速率较大的材料，型材的挤出和中空吹塑应选用熔体流动速率较小的材料。表 2-6 为不同聚乙烯制品与熔体流动速率的关系。

表 2-6　不同聚乙烯制品与熔体流动速率的关系

用　途	熔体流动速率/(g/10min)		
	LDPE	LLDPE	HDPE
吹塑薄膜	0.3～8.0	0.3～3.3	0.5～8.0
重包装薄膜	0.1～1.0	0.1～1.6	3.0～6.0
挤出平膜	1.4～2.5	2.5～4.0	—
单丝、扁丝	—	1.0～2.0	0.25～1.2
管材、型材	0.1～5.0	0.2～2.0	0.1～5.0
中空吹塑容器	0.3～0.5	0.3～1.0	0.2～1.5
电缆绝缘层	0.2～0.4	0.4～1.0	0.5～8.0
注塑制品	1.5～50	2.3～50	2.0～20
涂覆	20～200	3.3～11	5.0～10
旋转成型	0.75～20	1.0～25	3.0～20

（1）注塑　低密度聚乙烯与高密度聚乙烯皆具有良好的注射成型工艺性，其典型的成型工艺条件如表 2-7 所列。

表 2-7　聚乙烯的注射成型工艺条件

工艺参数	低密度聚乙烯	高密度聚乙烯	工艺参数	低密度聚乙烯	高密度聚乙烯
料筒温度/℃			喷嘴温度/℃	170～180	180～190
后部	140～160	140～160	模具温度/℃	30～60	30～60
中部	160～170	180～190	注射压力/MPa	50～100	70～100
前部	170～200	180～220	螺杆转速/(r/min)	<80	30～60

注射成型用于制备承载的制品时，应选用注塑用品级中的熔体流动速率较低的材料；若

用于制备薄壁长流程制品或非承载性制品，可选用熔体流动速率较高的材料。

（2）挤出　聚乙烯可以挤出成型为板材、管材、棒材及各种型材，最常用于管材挤出。表 2-8 所列出的是聚乙烯管材挤出的典型工艺条件。

表 2-8　聚乙烯管材挤出的典型工艺条件

工　艺　参　数	低密度聚乙烯	高密度聚乙烯	工　艺　参　数	低密度聚乙烯	高密度聚乙烯
料筒温度/℃			机头温度/℃	130～135	155～165
后部	90～100	100～110	口模温度/℃	130～140	150～160
中部	110～120	120～140	螺杆转速/(r/min)	16	22
前部	120～135	150～170			

高密度聚乙烯与低密度聚乙烯挤出时，型材在离开口模时的冷却速率应有所不同。低密度聚乙烯型材应缓冷，若骤冷会使制品表面失去光泽，并产生较大内应力，使强度下降。高密度聚乙烯则需要迅速冷却才能保证型材的良好外观和强度。

（3）中空吹塑　中空吹塑是先从挤出机中挤出管形型坯，再将型坯置于模具中通气吹至要求形状，成为封闭的中空容器。表 2-9 是聚乙烯浮筒的中空吹塑工艺条件。

表 2-9　聚乙烯浮筒的中空吹塑工艺条件

工　艺　参　数	取值范围	工　艺　参　数	取值范围
料筒温度/℃		螺杆转速/(r/min)	22
后部	140～150	充气方法	顶吹
前部	155～160	充气压力/MPa	0.3～0.4
机头温度/℃	160	吹胀比	2.5∶1
口模温度/℃	160		

中空吹塑一般采用熔体流动速率为 0.2～0.4 的高密度聚乙烯，若采用掺入低密度聚乙烯的共混料，则低密度聚乙烯的熔体流动速率应在 0.3～1.0 范围。

（4）其他成型方法　聚乙烯还可以采用真空热成型方法及旋转成型等方法来制造。真空热成型法是用石膏、金属、木材等制成模具，然后把一定厚度的聚乙烯片材预热软化后覆盖于模具上，再采用抽真空的方法使其紧贴于模具内壁的各部分上，冷却后即可得到制品。旋转成型方法可以用来制造聚乙烯的大型容器。对于超高相对分子质量聚乙烯，由于其流动性能极差，因此可用冷压烧结的方法来成型。聚乙烯的粉末还可以采用流化床涂覆法和喷涂技术来进行涂覆成型。

2.1.5　其他种类的聚乙烯

2.1.5.1　超高相对分子质量聚乙烯

超高相对分子质量聚乙烯的平均相对分子质量在百万以上，通常在 100 万～300 万之间，最高可达 600 万～700 万。超高相对分子质量聚乙烯的简写为 UHMWPE，其分子结构和 HDPE 的基本相同，也为线型结构。超高相对分子质量聚乙烯具有极佳的耐磨性，突出的高模量、高韧性，优良的自润滑性以及耐环境应力开裂性，摩擦系数低，同时还具有优异的化学稳定性和抗疲劳性，对噪声阻尼性良好，是制备齿轮、轴承等摩擦件的优异摩擦材料，而且制造成本低廉，因此被视为一种良好的热塑性工程塑料。表 2-10 为超高相对分子质量聚乙烯和高密度聚乙烯的性能比较。

超高相对分子质量聚乙烯的制备是采用低压聚合方法，催化剂是 $AlCl(C_2H_5)_2 + TiCl_4$，反应约在 50～90℃、1MPa 的条件下进行。超高相对分子质量聚乙烯由于相对分子质量非常高，因此结晶较 HDPE 困难，所以超高相对分子质量聚乙烯的结晶度比一般 HDPE 要低，约在 70%~85% 的范围内。

表 2-10　超高相对分子质量聚乙烯与高密度聚乙烯性能比较

性　　能	超高相对分子质量聚乙烯	高密度聚乙烯	性　　能	超高相对分子质量聚乙烯	高密度聚乙烯
密度/(g/cm³)	0.94	0.95	维卡软化点/℃	133	122
熔体流动速率/(g/10min)	0	0.05~10	缺口冲击强度/(kJ/m²)		
平均相对分子质量/万	200	5~30	23℃	82	27
洛氏硬度	R38	R35	−40℃	100	5
负荷下变形率/%	6	9	拉伸强度/MPa	30~50	21~35
热变形温度/℃	79~83	63~71	耐环境应力开裂时间/h　　>	4000	2000

由于超高相对分子质量聚乙烯的相对分子质量极高，因而它的熔体黏度就极大，熔体流动性能非常差，几乎不流动，处于一种凝胶状态，所以超高相对分子质量聚乙烯不宜采用注射成型，宜于采用粉末压制烧结。近些年来，对于超高相对分子质量聚乙烯的加工，开发出了热塑性的加工方法，如挤出、注塑和吹塑等，从而扩大了其应用范围。热塑性成型用的超高相对分子质量聚乙烯是与中相对分子质量聚乙烯、低相对分子质量聚乙烯、液晶材料或助剂共混后，具有了流动性。挤出时可用柱塞式挤出机或同向旋转双螺杆挤出机，以克服摩擦系数低、物料易打滑等缺点。以双螺杆挤出成型为例，挤出温度为200℃左右，螺杆转速为10~15r/min。对于形状简单的制品，可选用单螺杆挤出机，但要采取适当的措施，如加入加工助剂、增大电机功率等。采用普通注塑机时，螺杆和模具需要改进，一般注射压力为120MPa以上，螺杆转速为40~60r/min，料筒温度为180~220℃，模具温度为80~110℃。目前，我国采用注射成型的方法，已成功地生产出啤酒罐装生产线用超高相对分子质量聚乙烯托轮、水泵用轴套以及医用人工关节等。现在超高相对分子质量聚乙烯还可采用吹塑成型的方法来生产容器与薄膜等。

由于超高相对分子质量聚乙烯加工时，当物料从口模挤出后，因弹性恢复而产生一定的回缩，并且几乎不发生下垂现象，故为中空容器，特别是大型容器，如为油箱、大桶的吹塑创造了有利的条件。超高相对分子质量聚乙烯吹塑成型还可生产纵横方向强度均衡的高性能薄膜，从而解决了高密度聚乙烯薄膜长期以来存在的纵横方向强度不一致、容易造成纵向破坏的问题。

超高相对分子质量聚乙烯可以广泛地应用于农业机械、纺织工业、汽车制造业、煤矿、造纸、化工、食品工业等作不粘、耐磨、自润滑的部件，如导轨、密封圈、轴承、加料斗衬里、滚轮、压滤机等，还可用于与食品接触的材质以及人体内部器官、关节等器件。

近年来还开发了超高相对分子质量聚乙烯纤维。这种纤维的摩擦系数小，耐磨性能优于其他产业用纤维，容易进行各种纺织加工。此外，它还具有优良的耐化学药品性以及不吸水、电磁波透过性好等特点。超高相对分子质量聚乙烯纤维是当今世界上第三代特种纤维，强度高达30.8cN/dtex，比强度是化纤中最高的，又具有较好的耐磨、抗冲击、耐腐蚀、耐光等优良性能。它可直接制成绳索、缆绳、渔网和各种织物（防弹背心和防弹衣、防切割手套等），其中防弹衣的防弹效果优于芳纶。国际上已将超高相对分子质量聚乙烯纤维织成不同纤度的绳索，取代了传统的钢缆绳和合成纤维绳等。超高相对分子质量聚乙烯纤维的复合材料在军事上已用作装甲兵器的壳体、雷达的防护外壳罩、头盔等；体育用品上已制成弓弦、雪橇和滑水板等。

表2-11为超高相对分子质量聚乙烯制品的部分应用实例。

表 2-11　超高相对分子质量聚乙烯制品的部分应用实例

应用领域	应用实例	利用特性
运输机械	传送装置滑块座、固定板、流水生产线计时星形轮	耐磨性、抗冲击性、自润滑性、不粘性
食品机械	星形轮、送瓶用计数螺杆、灌装机轴承、抓瓶机零件、打栓机操纵杆、绞肉机零件、垫圈、导销、导轨、汽缸、齿轮、辊筒、链轮、手柄	卫生性、自润滑性、耐磨性、消声性
造纸机械	吸水箱盖板、密封肘杆、偏导轮、刮刀、轴承、旋塞、喷嘴、过滤器、储油器、防磨条、毛毡清扫机	耐磨性
纺织机械	皮结、开幅机、减震器挡板、连接器、曲柄连杆、齿轮、凸轮、轴承、弹棉机零件、打梭棒、扫花杆、偏杆轴套、摆动后梁	抗冲击性
化工机械	阀体、泵体、垫圈、填料、过滤器、齿轮、螺栓、螺母、密封圈、喷嘴、旋塞、轴套	耐磨性、耐化学药品性
一般机械	各种齿轮、轴瓦、轴承、衬套、滑动板、离合器、导向体、制动器、铰链、摇柄、弹性联轴节、辊筒、托轮、紧固件、升降台滑动部件	自润滑性、耐磨性、抗冲击性
染色修饰	浸染机轴承、刮刀、滑动板、衬垫、密封件、齿轮	自润滑性、不粘性、耐冲击性
文体用品	滑雪板衬里、动力雪橇、溜冰场铺面、冰球场保护架、滑翔机接触地板、保龄球	自润滑性、耐磨性、耐寒性
医疗卫生	心脏瓣膜、矫形外科零件、人工关节、节育植入体、假肢	生理惰性、耐磨性
其他	冷冻机械、原子能发电站的遮蔽板、船舶部件、肉店切肉板、榔头、电镀零件、超低温机械零件	耐寒性、抗放射性、卫生性、绝缘性、耐磨性

2.1.5.2　低相对分子质量聚乙烯

　　低相对分子质量聚乙烯的平均相对分子质量约为 500～5000 之间，可以简写为 LM-WPE。是一种无毒、无味、无腐蚀性的，外观为白色或淡黄色的粉末或片形蜡状物，因此又称为聚乙烯蜡、合成蜡。按照其密度分为低相对分子质量低密度聚乙烯（密度为 0.90）和低相对分子质量高密度聚乙烯（密度为 0.95），前者软化温度为 80～95℃，后者软化温度为 100～110℃。并且相对分子质量很低，因而力学性能很差，一般不能承受载荷，只适宜作为塑料材料加工时用的助剂。

　　自 1951 年美国联合化学公司工业化生产低相对分子质量聚乙烯以来，低相对分子质量聚乙烯生产技术发展到现在，主要有三种方法：乙烯聚合法、高相对分子质量聚乙烯的裂解法以及生产高相对分子质量聚乙烯时的副产物（低聚合物）。

　　(1) 高压游离基聚合法　采用类似于高压法低密度聚乙烯的生产工艺，即乙烯在惰性溶剂、引发剂和适当的链转移剂存在下，在压力为 20～100MPa，温度 60～300℃的条件下进行聚合，可以制得非乳化型产品。

　　(2) 高相对分子质量聚乙烯的裂解法　是在不与空气接触的条件下，将高压法低密度聚乙烯进行热裂解，裂解温度为 (380±30)℃。裂解产物经冷却造粒，即得非乳化型低相对分子质量聚乙烯；如果裂解产物再在 110～170℃温度下，在有机过氧化物或有机酸盐催化剂作用下，进行催化氧化反应，所得产物经湿法造粒和干燥即得乳化型产品。此外，将普通低密度聚乙烯熔融，用含氧气体在 100～250℃进行部分氧化反应，使高相对分子质量聚乙烯降解，也可以直接制得乳化型产品。

　　(3) 生产各种不同牌号高相对分子质量聚乙烯时，由于工艺条件不同，得到不同低相对分子质量聚乙烯。采用溶剂萃取等各种方法，将聚乙烯生产过程中副产物中的低相对分子质量聚乙烯进行分离精制。可以制得非乳化型产品。如果将该非乳化型产品通过催化氧化法或有机酸的接枝共聚法也可以制得乳化型低相对分子质量聚乙烯。

　　低相对分子质量聚乙烯具有良好的化学稳定性、热稳定性和耐湿性，熔体黏度低 (0.1～0.2Pa·s)，电性能优良，因而，作为一种良好的加工用助剂，广泛应用于橡胶、塑料、纤维、涂料、油墨、制药、食品加工的添加剂以及精密仪器的铸造等方面。低相对分子质量聚乙烯与烯烃类高聚物的混溶性良好，并与石蜡、蜂蜡等可以很好地混溶，因此二者的混合物可用来代替石蜡作为纸张涂层及制造包装用的蜡纸，可以提高石蜡的硬度、光洁度、耐热、耐化学腐蚀以及机械强度等性能。低相对分子质量聚乙烯还可用于蜡烛硬化剂、色母料分散剂、塑料润滑剂、油墨和涂料。

近年来对低相对分子质量聚乙烯进行共聚、氧化、接枝改性的研究越来越多，在低相对分子质量聚乙烯上引入—COOH、CO、CO—NH—、—COOR等极性基团，使其溶解、乳化分散、润滑等性能产生变化，拓宽了低相对分子质量聚乙烯的应用范围。

① 翻砂、铸造行业的应用　在精密铸造中可以代替硬脂酸作石蜡熔模的模料，具有价廉、模料不龟裂、收缩率小、焊接性好、表面光滑、强度高、韧性好等特点；铸钢、铸铁中用于砂芯粘接剂，增加砂芯强度、易清砂，适用于制造复杂形状的砂芯；在翻砂造型时起脱模剂的作用，代替石墨粉及石蜡，可以减少粉尘，改善劳动条件；在铝的铸造中代替氯化铵，避免了氯化铵高温分解而产生有害的气体。

② 涂料及油墨行业的应用　涂料中加入低相对分子质量聚乙烯，可以起到消光作用，也可以制成铺路面用热熔涂料，受热时漂浮在上层表面保护路面；生产新型低相对分子质量聚乙烯涂料型油墨，用于聚乙烯塑料薄膜的印刷，可以得到此聚酰胺型塑料油墨还要好的印刷牢度，工艺简单、制造方便，价格便宜。

③ 日用化学品工业的应用　用于作地板蜡、皮鞋油、汽车蜡等光亮性好的高级蜡；作蜡笔可以提高熔点，还可以作蜡烛；电池密封料中掺入一部分，可以提高电池防潮性能。

④ 药品、食品行业的应用　糖果包装纸涂蜡工艺中，加入低相对分子质量聚乙烯可增加柔性和强度，减少包装时扭碎现象；作为彩蛋外壳保护层，可以提高彩蛋外观质量；代替蜂蜡制作中草药丸药用外壳。

⑤ 纺织行业的应用　低相对分子质量聚乙烯制成氧化低相对分子质量聚乙烯后，可以作为织物柔软剂、抛光剂，效果好，操作方便且价格低。

⑥ 石油化工方面的应用　可以用于合成橡胶原料的抗黏着剂、填充剂、颜料分散剂，可以改善加工条件，提高产品质量；可以用于塑料模塑的脱模剂、颜料分散剂、润滑油的添加剂。

由于低相对分子质量聚乙烯结晶度较高，但溶解性较差、韧性较差，使用范围受到一定的限制。所以应该对低相对分子质量聚乙烯进行再加工。低相对分子质量聚乙烯在高温条件下，用骤冷的方法使之微晶化，形成含有微晶的蜡状材料，提高了溶解性和韧性，但仍然有较高的冲击强度等物理机械性能，可以在较大范围内取代微晶蜡。微晶化后的低相对分子质量聚乙烯，在油墨、地板蜡等的应用上，具有更好的性能。

此外，还可以通过化学处理法得到改性低相对分子质量聚乙烯，引入双键，同时接上金属元素，这种改性的低相对分子质量聚乙烯具有软化点高、硬度大的物理机械性能，作为制品的添加剂，能使表面更加平滑、光亮、坚硬。

2.1.5.3　交联聚乙烯

交联聚乙烯是通过化学或辐射的方法在聚乙烯分子链间相互交联，形成网状结构的热固性塑料。无论是低密度聚乙烯或是高密度聚乙烯都可以进行交联。聚乙烯交联后，物理性能和化学性能发生了明显的变化，力学性能和燃烧的滴落现象得到了很大的改善，耐环境应力开裂现象减少甚至消失，因此，交联聚乙烯现已成为日益重要而又普遍使用的工业聚合物材料，广泛应用于生产电线、电缆、热水管材、热收缩管和泡沫塑料等。

目前，聚乙烯可以通过高能辐射及化学交联等方法来进行交联。

（1）辐射交联　在辐射交联的过程中是采用高能射线及快速电子、放射性同位素的照射而使聚乙烯交联的。其交联过程如下。

$$\sim\!\!CH_2\!-\!CH_2\!\sim\atop\sim\!\!CH_2\!-\!CH_2\!\sim \xrightarrow{\text{高能辐射}} {\sim\!\!CH_2\!-\!CH\!\sim\atop\sim\!\!CH_2\!-\!CH\!\sim} +2H \cdot \longrightarrow {\sim\!\!CH_2\!-\!CH\!\sim\atop \ \ \ \ \ \ \ \ \ \ |\atop\sim\!\!CH_2\!-\!CH\!\sim} +H_2\uparrow$$

用此方法得到的交联聚乙烯的交联度与辐射剂量和照射温度有关，最大交联度可达 75% 左右。

用辐射交联法生产的交联聚乙烯具有以下优点：一是产品质量容易控制，生产效率高，废品率低；二是交联过程中不需要加入另外的助剂（如自由基引发剂等），保持了材料的洁净性，提高了材料的电气性能，特别适合于化学交联法难以生产的小截面、薄壁绝缘电缆。但是辐射交联也存在一些缺点，如对厚的材料进行交联时需要提高电子束的加速电压，对于像电线、电缆这样的圆形物体的交联需将其旋转或使用几束电子束，以使辐照均匀，而且操作和维护技术复杂，运行中安全防护问题也比较苛刻。

（2）化学交联

① 过氧化物交联　过氧化物交联是通过过氧化物的高温分解而引发一系列自由基反应，而使聚乙烯发生交联。常用的过氧化物有过氧化异丙苯（DCP）。其交联过程如下。

$$2CH_3\cdot +2 \sim\!\!CH_2\!-\!CH_2\!-\!CH_2\!-\!CH_2\!\sim \longrightarrow 2CH_4 +2 \sim\!\!CH_2\!-\!CH\!-\!CH_2\!-\!CH_2\!\sim$$

$$2 \sim\!\!CH_2\!-\!CH\!-\!CH_2\!-\!CH_2\!\sim \longrightarrow {\sim\!\!CH_2\!-\!CH\!-\!CH_2\!-\!CH_2\!\sim\atop \ \ \ \ \ \ \ \ \ \ \ \ |\atop\sim\!\!CH_2\!-\!CH\!-\!CH_2\!-\!CH_2\!\sim}$$

此种交联方式中所采用的过氧化物也可以是过氧化苯甲酰、二叔丁基过氧化物等。

聚乙烯过氧化物交联近年来的一个主要发展方向是极性单体接枝到聚乙烯链上。这些极性单体包括马来酸酐、丙烯酸、丙烯酰胺、丙烯酸酯等。接枝后的聚乙烯与金属、无机填料或其他聚合物（如聚酰胺）之间的相容性得到了改善。

过氧化物交联方法的主要缺点是需要在高温、高压和几十米长（甚至上百米）的专用管道中进行长时间加热，设备占据空间大，生产效率低（生产速度受交联速度的限制）；能量消耗大，热效率低等。由于上述缺点，导致另一种化学交联方法——硅烷交联法的诞生。

② 硅烷交联法　硅烷交联聚乙烯的方法有两步法（Sioplas E 法）、一步法（Monosil R）以及乙烯-硅烷共聚交联法。

两步法的原理是首先将乙烯基硅烷在熔融状态下接枝到聚乙烯分子上。在接枝过程中通常要采用有机过氧化物作为引发剂。过氧化物受热分解产生的自由基能夺取聚乙烯分子链上的氢原子，所产生的聚乙烯大分子链自由基就能与硅烷分子中的双键发生接枝反应。接枝后的硅烷可通过热水或水蒸气水解而交联成网状的结构。其反应如下。

$$\{\text{聚乙烯分子}\}+CH_2\!=\!CH\!-\!\underset{\underset{\textstyle OR}{|}}{\overset{\overset{\textstyle OR}{|}}{Si}}\!-\!OR \xrightarrow[\text{引发剂}]{\text{接枝}} \{\!-\!CH_2\cdot CH_2\cdot Si(OR)_3$$

$$\underset{RO-\underset{|\atop OR}{\overset{|\atop OR}{Si}}-OR}{RO-\underset{|\atop OR}{\overset{|\atop OR}{Si}}-OR} +H_2O \xrightarrow[\text{催化剂}]{\text{交联}} \underset{-Si-}{\overset{-Si-}{\underset{|}{\overset{|}{O}}}} +2ROH$$

两步法的缺点是在加工过程中易混入杂质，而且硅烷接枝聚乙烯料的保质期较短，因此两步法一般仅适合于小规模生产。

一步法是在两步法的基础上发展起来的，它是将聚乙烯树脂、硅烷、过氧化物和交联催化剂等直接加入到挤出机中，在挤出过程中完成交联反应。此方法中硅烷接枝是关键，接枝成功与否关系到能否生产出高质量的产品。

从工艺流程来看，一步法首先是将聚乙烯、硅烷以及其他全部助剂混合，然后由挤出机挤出，其工艺简单，技术较两步法的先进，引入的杂质较少，因此，目前一步法硅烷交联已被广泛采用。

乙烯-硅烷共聚法（简称共聚法）是在吸取了两步法和一步法优点的基础上开发而成的。共聚法使用的是与一步法和两步法相同的硅烷-乙烯基三甲氧基硅烷作共聚单体，只是所采用的工艺不同。它是在高压的聚乙烯反应釜中，使乙烯和硅烷发生共聚而制得乙烯-硅烷共聚物。共聚法能够保证共聚硅烷交联聚乙烯的高清洁度，而且避免了一步法和两步法在接枝时引入过氧化物残渣的污染问题。更为突出的优点是硅烷共聚物单体的投入，实现了硅烷在聚乙烯分子链上的规则分布，且硅烷的用量可以减少一些。

由于共聚法的合成工艺先进和独特，所制备的温水硅烷交联聚乙烯料具有下列优点：用共聚法制备的乙烯-硅烷共聚物的储存稳定性大大提高（抗湿度稳定性的能力增强）；共聚法杂质极少，因此可改善交联料的电气性能，并且耐热性能、化学性能和力学性能也有相应的提高；成型加工稳定性得到提高以及加工时产生的气体较少等优点。

2.1.5.4　茂金属聚乙烯

茂金属聚乙烯聚合反应所用的催化剂不是齐格勒-纳塔型而是茂金属型，因而其性能独特，英文简称 m-PE。

由茂金属催化剂与甲基铝氧烷助催化剂组成的催化体系用于乙烯的聚合，所得的聚烯烃产物获得许多传统聚乙烯从未有过的独特特性，如相对分子质量高且分布窄、支链短而少、密度低、纯度高、高拉伸强度、高透明性、高冲击性、耐穿刺性好、热封温度低等。这是由于茂金属催化剂有理想的单活性位点，从而能精密控制相对分子质量、相对分子质量分布、共聚单体含量及其在主链上的分布和结晶结构。茂金属聚乙烯具有高立构规整性、相对分子质量分布窄，属于一类新型聚乙烯。

用茂金属聚乙烯制成的薄膜具有优异的薄膜强度和热封性。茂金属聚乙烯的相对密度范围一般在 0.865～0.935 范围内，熔体流动速率约为 1～100g/10min。其中相对密度为 0.880～0.895 的茂金属聚乙烯，具有超常规的透明性和柔软性，集中了橡胶的柔性和塑料的加工性，可在医用试管和电线、电缆中取代乙丙橡胶。表 2-12 为茂金属聚乙烯与线型低密度聚乙烯薄膜的性能比较。

表 2-12　茂金属聚乙烯和线型低密度聚乙烯薄膜性能比较

性　能	线型低密度聚乙烯	茂金属聚乙烯	性　能	线型低密度聚乙烯	茂金属聚乙烯
熔体流动速率/(g/10min)	1.0	0.9	横向撕裂/g	475	419
相对密度	0.920	0.918	光泽度/%	62	133
落球冲击/g	120	＞810	雾度/%	18.4	4.0
纵向撕裂/g	277	209			

茂金属聚乙烯的主要应用为膜类产品，但由于其加工性能差，需要用低密度聚乙烯共混加以改善。

2.1.5.5　氯化聚乙烯

氯化聚乙烯为高密度聚乙烯或低密度聚乙烯中仲碳原子上的氢原子被氯原子部分取代的

一种无规聚合物。

氯化聚乙烯的氯化机理如下。

$$Cl_2 \xrightarrow{\text{光或引发剂}} 2Cl\cdot$$

$$\sim\!\!\sim\!CH_2\!-\!CH_2\!-\!CH_2\!-\!CH_2\!\sim\!\!\sim + Cl\cdot \longrightarrow \sim\!\!\sim\!CH_2\!-\!\overset{\cdot}{C}H\!-\!CH_2\!-\!CH_2\!\sim\!\!\sim + HCl\uparrow$$

$$\sim\!\!\sim\!CH_2\!-\!\overset{\cdot}{C}H\!-\!CH_2\!-\!CH_2\!\sim\!\!\sim + Cl_2 \longrightarrow CH_2\!-\!\underset{\underset{Cl}{|}}{C}H\!-\!CH_2\!-\!CH_2\!\sim\!\!\sim + Cl\cdot$$

氯化聚乙烯含氯量大小不同，其性能差别很大。含氯量为 $25\%\sim40\%$ 时为软质材料，含氯量大于 40% 时为硬质材料。常用的氯化聚乙烯含氯量为 $30\%\sim40\%$。

氯化聚乙烯分子链上由于含有侧氯原子，破坏了原聚乙烯分子链的对称性，使结晶能力降低，而材料变得柔软，赋予氯化聚乙烯类似于橡胶的弹性。随着氯原子含量增大，材料弹性减小，刚性增大。氯化聚乙烯具有优异的冲击性能、阻燃性能、耐热性能，长期使用温度为 $120℃$，它的耐候性能、耐油性能、耐酸碱和耐臭氧老化等性能优良，且耐磨性高，电绝缘性好。氯化聚乙烯的加工方法可分为直接加工法和硫化加工法两种。直接加工法可不加交联剂，但需要加入稳定剂、增塑剂和填料等。直接加工可用注塑、挤出、压延等方法成型。硫化加工法需要加入交联剂、稳定剂、增塑剂和填料等。交联剂的品种有很多，大致可分为五大类，分别为过氧化物类、胺类、硫黄类、硫脲类和三嗪类。

氯化聚乙烯的主要用途是作为聚氯乙烯的增韧剂，也可以挤出成型耐热、阻燃、耐油、耐环境应力开裂的电线、电缆包皮；还可以挤成单丝或抽成氯纶纤维，制作渔网、筛网等。近年来采用含氯量为 10% 左右的氯化聚乙烯制备的阻燃薄膜，其撕裂性能也特别优良。

2.1.5.6　氯磺化聚乙烯

在 SO_2 存在的条件下对聚乙烯进行氯化就可以制得氯磺化聚乙烯。适当的控制反应时间，就可以得到氯磺化程度不同的氯磺化聚乙烯。在氯磺化聚乙烯中，一般氯含量为 $27\%\sim45\%$，硫含量为 $1\%\sim5\%$。氯磺化聚乙烯的英文简称为 CSM。

氯磺化聚乙烯是白色海绵状弹性固体，具有优良的耐氧、耐臭氧性，因此耐大气老化性比聚乙烯有明显的提高，其耐热性、耐油性、阻燃性比聚乙烯也有明显改善，有限氧指数可提高到 $30\sim36$。氯磺化聚乙烯具有良好的耐磨耗性和抗挠曲线性，是优良的橡胶材料。氯磺化聚乙烯的耐化学腐蚀性也优于聚乙烯。由于分子链上含有侧基氯原子和体积较大的氯磺酰基，使分子链柔曲性变差，韧性及耐寒性变差。

作为橡胶材料，氯磺化聚乙烯分子链中无不饱和键，不能用硫黄硫化，但由于氯磺酰基的存在，可以使材料用氧化铅、氧化镁或氧化锌等进行硫化。

氯磺化聚乙烯可用于天然橡胶或合成橡胶的改性，还可用于耐油、耐臭氧的防老化和耐腐蚀的衬垫、输送带、电缆绝缘层等。

2.1.5.7　乙烯共聚物

(1) 乙烯-丙烯酸乙酯共聚物　乙烯与丙烯酸乙酯（EA）在高压下通过自由基聚合而得到的共聚物（EEA）是一种柔性较大的热塑性树脂，其分子结构为

$$+CH_2\!-\!CH_2\!-\!\underset{\underset{\underset{O=C-OC_2H_5}{|}}{|}}{C}H\!-\!CH_2\!-\!CH_2\!\xrightarrow{}_n$$

共聚物中随着 EA 含量的增加，其柔软性和回弹性会进一步提高，而且共聚物的极性也会随 EA 的增加而有所增强，这样共聚物表面对油墨的吸附性和对其他材料的黏结性也就会有所增加。一般共聚物中 EA 的含量为 $20\%\sim30\%$。

乙烯-丙烯酸乙酯共聚物的弹性很大，压缩时的永久变形小。它具有优良的冲击性能，

特别是耐低温冲击性。因此可以作为其他材料的低温冲击改性剂。此外，共聚物还具有很好的耐应力开裂性以及弯曲疲劳特性。例如，经过 50 万次的弯折仅出现很小的裂缝。

EEA 具有较高的热稳定性、较低的熔点和较大的填料包容性，通常可加入 30％左右的填料。添加各种填料后，会使 EEA 的熔体流动速率及伸长率下降，脆化温度及刚性上升，但仍会保持 EEA 的主要使用性能。

EEA 和其他树脂共混后可以改善其他树脂低温韧性、冲击性能和耐环境应力开裂性。

EEA 还可以采用有机过氧化物进行交联。交联后可提高 EEA 的耐热性、耐溶剂性、耐蠕变性等。

EEA 主要用于制软管，且易弯、耐折、弹性好。多用在真空扫除器搬运机械的连接部件。因 EEA 具有柔软性及皮革状的手感，又宜薄壁快速成型，适于制玩具、低温用密封圈、通信电缆用的半导性套管、手术用袋、包装薄膜及容器等。

（2）乙烯-乙酸乙烯酯共聚物　乙烯-乙酸乙烯酯共聚物（EVA）是乙烯和乙酸乙烯酯（VA）的无规共聚物，其聚合方式主要是在高压下由自由基聚合机理而得到的热塑性树脂。其分子结构为

$$\{CH_2-CH_2-CH-CH_2-CH_2\}_n$$
$$O$$
$$O=C-CH_3$$

EVA 的性能与乙酸乙烯酯（VA）的含量有很大的关系，当 VA 的含量增加时，它的回弹性、柔韧性、黏合性、透明性、溶解性、耐应力开裂性和冲击性能都会提高；当 VA 的含量降低时，EVA 的刚性、耐磨性及电绝缘性都会增加。一般来说，VA 含量在 10％～20％范围内时为塑性材料，而 VA 含量超过 30％时为弹性材料。

由于在 EVA 分子中存在着极性的 VA 侧链，因而也就提高了 EVA 在溶剂中的溶解度，如可溶于芳烃或氯代烃中，从而使得 EVA 的耐化学药品性变差，但可提高 EVA 与其他基材的粘接性及粘接强度。

EVA 具有良好的耐候性，耐老化性能优于一般聚乙烯，若添加紫外线吸收剂或增加 VA 的含量时，则其耐候性能更好。

低密度聚乙烯的各种成型方法及设备都适用于 EVA 的加工，而且 EVA 的加工温度可比低密度聚乙烯低 20～30℃。EVA 树脂为颗粒料，特殊品也可为粉状，不吸湿故不用预干燥，加工时有乙酸酯的气味放出，但无毒，制品为半透明或淡乳白色，若加填料则呈不透明。EVA 的着色容易，能用低密度聚乙烯所用的颜色或其他干颜料进行着色，制品的色泽鲜艳。

VA 含量低的 EVA 类似低密度聚乙烯，柔软而冲击强度好，宜作重荷包装袋和复合材料。

VA 含量占 10％～20％的 EVA 透明性良好，宜作农业和收缩包装薄膜。VA 含量为 20％～30％EVA 可作黏合剂和纤维的涂层、涂料之用，也可制成 EVA 泡沫塑料。EVA 容器可作食品和药物的包装材料，EVA 还宜作温室的覆盖材料、玩具等。EVA 在很多地方可替代聚氨酯橡胶和软质聚氯乙烯，用作各种管道、软管、门窗、建筑和土木工程用的防水板、具有弹性的防震零件、防水密封材料、自行车鞍座、刷子、服装装饰品等。

此外，由于 EVA 具有良好的挠曲性、韧性、耐应力开裂性和黏结性能，因此，常常作为改性剂与其他的塑料材料共混改性。

（3）乙烯-丙烯酸甲酯共聚物　乙烯与丙烯酸甲酯（MA）的共聚物（EMA）的分子结

构为

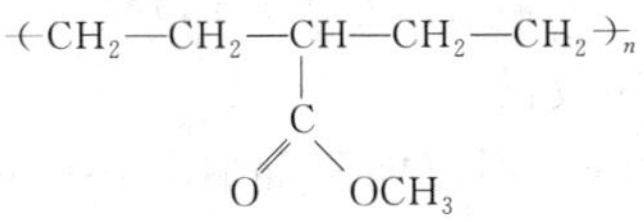

$$\text{+CH}_2\text{—CH}_2\text{—CH—CH}_2\text{—CH}_2\text{+}_n$$

这类共聚物的最大特点是有很高的热稳定性。

共聚物中丙烯酸甲酯的含量一般为 $18\%\sim24\%$，与 LDPE 相比，MA 的加入使共聚物的维卡软化点降低到大约 $60℃$，弯曲模量降低，耐环境应力开裂性能（ESCR）明显改善，介电性能提高。这种共聚物也具有良好的耐大多数化学药品的性能，但不适合在有机溶剂和硝酸中长期浸泡。

EMA 很容易用标准的 LDPE 吹膜生产线制成薄膜，EMA 薄膜具有特别高的落镖冲击强度，易于通过普通的热封合设备或通过射频方法进行热封合，也可通过共挤贴合、铸膜、注塑和中空成型的方法加工成各种产品。

EMA 为无毒材料，可用作热封合，可接触食品表面的薄膜。

EMA 制成的薄膜表面雾度较高，而且像乳胶那样柔软，适合于一次性手套和医用设备。

EMA 树脂当前常用于薄膜的共挤出，在基材上形成热封合层，也可以作为连接层改善与聚烯烃、离子型聚合物、聚酯、聚碳酸酯、EVA、聚偏二氯乙烯和拉伸聚丙烯等的黏合作用。

用 EMA 制成的软管和型材具有优异的耐应力开裂性和低温冲击性能，发泡片材可用于肉类或食品的包装。

EMA 被用来与 LDPE、聚丙烯、聚酯、聚酰胺和聚碳酸酯共混以改进这些材料的冲击强度和韧性，提高热封合效果，促进黏合作用，降低刚性和增大表面摩擦系数。

（4）乙烯-丙烯酸类共聚物　乙烯与丙烯酸（AA）［或甲基丙烯酸（MAA）］共聚生成含有羧酸基团的共聚物 EAA 或 EMAA，羧酸基团沿着分子的主链和侧链分布。随着羧酸基团含量的增加，降低了聚合物的结晶度，并因此提高了光学透明性，增强了熔体强度和密度，降低了热封合温度，并有利于与极性基材的黏结。共聚单体的含量可在 $3\%\sim20\%$ 变化，MFR 的范围低的可至 $1.5g/10min$，高的可达 $1300g/10min$。

EAA 共聚物是柔软的热塑性塑料，具有和 LDPE 类似的耐化学药品性和阻隔性能，它的强度、光学性能、韧性、热黏性和黏结力都优于 LDPE。

EAA 薄膜用于表面层和黏结层，用作肉类、乳酪、休闲食品和医用产品的软包装。挤出、涂覆的应用有涂覆纸板、消毒桶、复合容器、牙膏管、食品包装和作为铝箔与其他聚合物之间的黏合层。

（5）乙烯-乙烯醇共聚物　在所有现有的聚合物中，聚乙烯醇（PVOH）对各种气体的透过性最低，它是极好的阻隔材料，但是 PVOH 是水溶性的，而且加工很困难。乙烯-乙烯醇的共聚物 EVOH（ethylene-vinylalcohol copolymer）既保留了 PVOH 的高阻隔性，又大大改善了 PVOH 的耐湿性和可加工性。

EVOH 共聚物是高度结晶的材料，它的性能与共聚单体的相对组成密切相关，常用的 EVOH 中的乙烯含量在 $29\%\sim48\%$ 之间。一般讲，随着乙烯含量的增加，阻气性降低，阻水性改善，加工更容易。乙烯含量的变化对 EVOH 氧气透过率影响很大，在低湿度下，乙烯含量越低，阻隔性越好；高湿度下，乙烯含量 40% 时阻隔性最好。共聚物的结晶形态对阻隔性也有很大影响，当乙烯含量低于 42% 时，EVOH 结晶为单斜晶系，其晶体较小，排列紧密，与 PVOH 类似。这时的 EVOH 对气体的阻隔性很好，热成型的温度也比 PE 高。当乙烯含量在 42%～80% 之间时，EVOH 结晶为六方晶，晶体比较大，也比较疏松，气体渗透率比较高，但热成型温度相对较低。

EVOH 的气体阻隔性十分优越，不仅能阻隔氧，还能够有效地阻隔空气和被包装物所散发的特殊气味（如食品的香味、杀虫剂或垃圾的异味等），它的阻气性比聚酰胺大约 100 倍，比聚丙烯和聚乙烯约大 10000 倍，是聚偏二氯乙烯（PVDC）的 10 倍，因此，含有 EVOH 阻隔层的塑料容器可代替许多包装食品用的玻璃和金属容器以及用于非食品包装。

除了卓越的气体阻隔性，EVOH 还有优良的耐有机溶剂性，可用来包装油类食品、食用油、矿物油、农用化学品和有机溶剂等。

由于 EVOH 的光泽度很高，浊度很低，光学性能优良，而且容易印刷，不需进行表面预处理，在包装领域有很大优势。

EVOH 具有高的力学强度、弹性、表面硬度、耐磨性和耐候性，而且具有良好的抗静电性，可作为电子产品的包装。

EVOH 树脂在所有高阻隔树脂产品中热稳定性最好，因此 EVOH 中加工的废料和含有 EVOH 的阻隔层的复合膜或容器均可回收利用；目前可回收的材料中可含 20% 以上的 EVOH，这对废料回收和环境保护也是很有意义的。

EVOH 粒料可直接用来共挤制复合薄膜或片材。它的加工性能与 PE 类似。由于 EVOH 是湿敏性的，所以在复合薄膜结构设计时，一般将 EVOH 层放在中间，而常常采用 PE 或 PP 这样具有高度湿气阻隔性的材料作为复合薄膜的外层，以便更有效地发挥 EVOH 的作用。但是，EVOH 与大多数聚合物的黏结性很差，需加入黏结树脂层。与 EVOH 复合的主树脂层可以是线型低密度聚乙烯、高密度聚乙烯、低密度聚乙烯、聚丙烯、拉伸聚丙烯（OPP）、EVA、离子聚合体、丙烯酸酯聚合物、聚酰胺、聚苯乙烯、聚碳酸酯等，其中 EVOH 和聚酰胺可直接共挤出而不需要加入黏合层，VA 含量较高（12%～18%）的 EVA 也不用黏合层。

可采用通常的加工设备加工 EVOH 树脂，也可采用二次加工（如热成型或真空成型、印刷），或采用喷涂、蘸涂或辊压涂覆技术制成阻隔性优良的容器。

（6）离子聚合物　离子聚合物是一类独特的塑料，英文名称为 ionomer，是一种兼具热塑性与热固性塑料特性的乙烯和不饱和羧酸的共聚物。在这种共聚物分子链中兼有共价键和离子键。其制备方法是将乙烯和不饱和羧酸的共聚物用钠、镁、钾、锌等的氢氧化物或其醇盐、羧酸盐处理，用以中和共聚物主链侧位的羧酸基，可以使其形成离子型的交联键。其分子结构如下。

$$\{[CH_2-CH_2]_x[CH_2-CR]_y\}_n$$
$$\begin{array}{c} | \\ C=O \\ | \\ O^- \\ \vdots \\ Me^+ \leftarrow \text{离子键} \\ \vdots \\ O^- \\ | \\ C=O \\ | \end{array}$$
$$\{[CH_2-CH_2]_x[CH_2-CR]_y\}_n$$

这种离子型的交联键无规地存在于长链聚合物链之间，但它不如共价交联键那么强，在加热时离子交联键解离，呈现出热塑性弹性体的性能，可以采用热塑性塑料常用的注塑和挤出的方法加工制品。

离子型聚合物内的离子型交联键在常温下稳定，且因分子链中侧羧基含量少，交联密度小，赋予材料类似于橡胶的弹性，兼具介于一般热塑性塑料与热固性塑料之间的刚性和其他物理机械性能，其韧性和弹性介于结晶型聚烯烃与弹性体之间，低温力学性能优于聚烯烃和聚氯乙烯。温度升高时离子键会可逆地断裂，使材料可以熔融流动，能够采用一般热塑性塑料成型方法加工，拓宽了材料制备制品的方法。待产品冷却后又重新形成离子键。

交联的离子键抑制了材料的结晶性，赋予材料透明性。由于材料的主链组成和交联键的存在，使材料具有良好的耐化学性、耐油脂性，良好的耐环境应力开裂性，与聚乙烯、聚丙烯等一般聚烯烃塑料相比表面黏附性大大改善，兼具有良好的韧性和耐寒性以及优异的耐弯折性。离子聚合物的耐磨耗性也远优于低密度聚乙烯、聚丙烯、聚氯乙烯，与聚甲醛、聚酰胺、高密度聚乙烯相当。其中以采用由含钠离子化合物处理所得到的产物耐油脂性、韧性最优，以采用由含锌离子的化合物处理所得产物的耐化学腐蚀性和表面黏附性最优。

离子聚合物密度约在 $0.93\sim0.969\mathrm{g/cm^3}$ 之间，透光率可达 $80\%\sim92\%$。

离子聚合物可用于食品包装薄膜。加工方法可用共挤、挤出涂覆、层合等。这类聚合物特别耐油类和腐蚀性产品，并可确保在很宽的封合温度范围内封口。离子聚合物与铝能很好黏合，并且耐弯曲、开裂和穿刺，可用于冷冻食品、药品及电子产品的包装。

离子聚合物还可用于汽车零部件。如玻璃纤维增强的离子聚合物可用于气阀、外装饰件、方向盘等。未增强的离子聚合物可用来制作安全帽、减震板等。由于其具有很好的耐磨性与抗冲击性，因此可用来制作滑雪鞋、运动鞋、冰鞋等。此外，还可制成发泡板材以及层合材料等。

2.2　聚丙烯

聚丙烯是由丙烯单体通过气相本体聚合、淤浆聚合、液态本体聚合等方法而制成的聚合物，简写为 PP（polypropylene）。聚丙烯最早于 1957 年由意大利 Montecatini 公司实现工业化生产，目前美国的 Amoco、Exxon、Shell，日本的三菱、三井、住友，英国的 ICI 以及德国的 BASF 等知名公司都在生产，我国也有 80 多家聚丙烯的生产企业。聚丙烯目前已成为发展速度最快的塑料品种，其产量仅次于聚乙烯和聚氯乙烯，居第三位。

按结构不同，聚丙烯可分为等规、间规及无规三类。目前应用的主要为等规聚丙烯，用量可占 90% 以上。无机聚丙烯不能用于塑料，常用于改性载体。间规聚丙烯为低结晶聚合物，用茂金属催化剂生产，最早开发于 1988 年，属于高弹性热塑材料；间规聚丙烯具有透明、韧性和柔性，但刚性和硬度只为等规聚丙烯的一半；间规聚丙烯可像乙丙橡胶那样硫化，得到的弹性体的力学性能超过普通橡胶；因价格高，目前间规聚丙烯的应用面不广，但很有发展前途，为聚丙烯树脂的新增长点。

聚丙烯的优点为电绝缘性和耐化学腐蚀性优良、力学性能和耐热性在通用热塑性塑料中最高、耐疲劳性好、价格在所有树脂中最低；经过玻璃纤维增强的聚丙烯具有很高的强度，性能接近工程塑料，常用作工程塑料。聚丙烯的缺点为低温脆性大和耐老化性不好。

聚丙烯的加工性能优良，可以采用多种加工方法生产出不同的制品用于各种用途。

聚丙烯的注塑制品用量很大，一般的日用品以普通聚丙烯为主，其他用途的以增强或增韧聚丙烯为主。如汽车保险杠、轮壳罩用增韧聚丙烯，而仪表盘、方向盘、风扇叶、手柄等用增强聚丙烯。

聚丙烯的挤出成型制品也很多，其中用量最大的是纺织用的纤维和丝，这主要是由于聚丙烯具有很好的着色性、耐磨性、耐化学腐蚀性以及价格低廉。聚丙烯的丝及纤维制品主要包括单丝、扁丝和纤维三类。单丝的密度小、韧性好、耐磨性好，适于生产绳索和渔网等。扁丝拉伸强度高，适于生产编织袋，可用于包装化肥、水泥、粮食及化工原料等。还可用于生产编织布，制作宣传品及防雨布。纤维可广泛用于生产地毯、毛毯、衣料、人造草坪、滤布、无纺布及窗帘等。聚丙烯的挤出制品还可用来生产薄膜。经过双向拉伸的薄膜可改善聚丙烯的强度及透明性，可用于打字机带、香烟包装膜、食品袋等。另外，聚丙烯挤出制品还可用于管材、片材等。

聚丙烯的中空制品具有很好的透明性、力学性能及混气阻隔性，可用于洗涤剂、化妆品、药品、液体燃料及化学试剂等的包装容器。

2.2.1 聚丙烯的结构

聚丙烯为线型结构，其分子式为

$$\pm CH_2-CH\xrightarrow{}_n$$
$$\quad\quad\quad | $$
$$\quad\quad CH_3$$

聚丙烯大分子链上侧甲基的空间位置有三种不同的排列方式，即等规、间规和无规。由于侧甲基的位阻效应，使得聚丙烯分子链以三个单体单元为一个螺旋周期的螺旋形结构。由于侧甲基空间排列方式不同，其性能也就有所不同。等规聚丙烯的结构规整性好，具有高度的结晶性，熔点高，硬度和刚度大，力学性能好；无规聚丙烯为无定形材料，是生产等规聚丙烯的副产物，强度很低，其单独使用价值不大，但作为填充母料的载体效果很好，还可作为聚丙烯的增韧改性剂等。间规聚丙烯的性能介于前两者之间，结晶能力较差，硬度与刚度小，但冲击性能较好。三种聚丙烯的结构如图 2-1 所示。

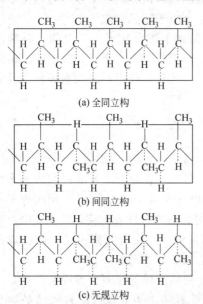

(a) 全同立构

(b) 间同立构

(c) 无规立构

图 2-1 聚丙烯的立体构型

聚丙烯中侧甲基的存在，使分子链上交替出现叔碳原子，而叔碳原子极易发生氧化反应，导致聚丙烯的耐氧化性和耐辐射性差，因此使得聚丙烯的化学性质与聚乙烯相比有较大改变，在热和紫外线以及其他高能射线的作用下更易断链而不是交联。

等规聚丙烯中，等规聚合物所占比例称为等规指数（或等规度）。一般是由正庚烷回流萃取去掉无规体和低相对分子质量聚合物后的剩余物，用质量分数（％）表示。这仅仅是一种粗略的量度，因为某些高相对分子质量的无规异构体以及高相对分子质量的等规、无规、间规嵌段分子链在正庚烷中也可能不会溶解。目前生产的聚丙烯中 95％为等规聚丙烯。间规结构的聚丙烯可以以整个分子的形态存在，也可以是在等规结构的分子链上以不同长度的嵌段物形式存在。

等规指数大小影响着聚丙烯的一系列性能。等规指数越大，聚合物的结晶度越高，熔融温度和耐热性也增高，弹性模量、硬度、拉伸、弯曲、压缩等强度皆提高，韧性则下降。图 2-2 所示是等规指数对聚丙烯性能的影响。

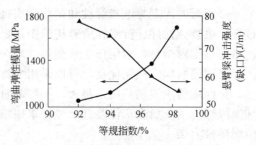

图 2-2 弯曲弹性模量、冲击强度
与等规指数的关系

聚丙烯的相对分子质量对它的性能也有影响，但影响规律与其他材料有某些不同。相对分子质量增大，除了使熔体黏度增大和冲击韧性提高符合一般规律外，又会使熔融温度、硬度、刚度、屈服强度等降低，却与其他材料表现的一般规律不符。其实，这是由于高相对分子质量的聚丙烯结晶较困难，相对分子质量增大使结晶度下降引起材料上述各性能下降。对于工业化生产的聚丙烯公布的相对分子质量数据，数均分子量（$\overline{M}_n$）多在（$3.8\sim6$）$\times10^4$ 之间，重均分子量（$\overline{M}_w$）在（$2.2\sim7$）$\times10^5$ 之间。$\overline{M}_n/\overline{M}_w$ 值一般在 $5.6\sim11.9$ 之间。分析表明，这一比值越小，即相对分子质量分散性越小，其熔体的流动行为对牛顿型流体偏离越小，材料的脆性也越小。

聚丙烯的相对分子质量习惯上用熔体流动速率来表示。表 2-13 为相对分子质量对聚丙烯悬臂梁冲击强度的影响。

表 2-13　相对分子质量对聚丙烯悬臂梁冲击强度的影响

MFR/(g/10min)	均聚聚丙烯	抗冲共聚聚丙烯（橡胶量15%）	MFR/(g/10min)	均聚聚丙烯	抗冲共聚聚丙烯（橡胶量15%）
0.3	150	800	6	45	110
1	110	600	12	35	75
2.5	55	180	35	25	35

不同聚丙烯制品选用的熔体流动速率如表 2-14 所示。

表 2-14　聚丙烯制品与熔体流动速率的关系

制　　品	熔体流动速率/(g/10min)	制　　品	熔体流动速率/(g/10min)
管、板	0.15~0.85	丝类	1~8
中空吹塑	0.4~1.5	吹塑膜	8~12
双向拉伸膜	1~3	注塑制品	1~15
纤维	15~20		

聚丙烯制品的晶体属球晶结构，具体形态有 α、β、γ 和拟六方 4 种晶型，不同晶型的聚丙烯制品在性能上有差异。α 晶型属单斜晶系，它是最常见、热稳定性最好、力学性能好的晶型，熔点为 176℃，相对密度 0.936；β 晶型属六方晶系，它不易得到，一般骤冷或加 β 晶型成核剂可得到，但它的冲击性能好，熔点 147℃，相对密度 0.922，制品表面多孔或粗糙；γ 晶型属三斜晶系，熔点 150℃，相对密度为 0.946，形成的机会比 β 晶型还少，在特定条件下才可获得；拟六方为不稳定结构，骤冷可制成，相对密度为 0.88，主要产生于拉伸单丝和扁丝制品中。

聚丙烯制品球晶的种类对性能影响大，球晶尺寸的大小对制品性能的影响更大，大球晶制品的冲击强度低、透明性差，而小球晶则正相反。

2.2.2　聚丙烯的性能

聚丙烯树脂为白色蜡状物固体，它的密度很低，在 $0.89\sim0.92\text{g/cm}^3$ 之间，是塑料材料中除 4-甲基-1-戊烯（P4MP）之外最轻的品种。聚丙烯综合性能良好，原料来源丰富，生产工艺简单，而且价格低廉。聚丙烯的一般性能如表 2-15 所示。

（1）力学性能　聚丙烯的力学性能与聚乙烯相比，其强度、刚度和硬度都比较高，光泽性也好，但在塑料材料中仍属于偏低的。如果需要高强度时，可选用高结晶聚丙烯或填充、增强聚丙烯。聚丙烯的冲击强度对温度的依赖性很大，其冲击强度较低，特别是低温冲击强度低。聚丙烯的冲击强度还与相对分子质量、结晶度、结晶尺寸等因素有关。聚丙烯还具有优良的抗弯曲疲劳性，其制品在常温下可弯折 10^6 次而不损坏。

表 2-15　聚丙烯的一般性能

性　能	数　据	性　能	数　据
相对密度	0.89~0.91	热变形温度(1.82MPa)/℃	102
吸水率/%	0.01	脆化温度/℃	-8~8
成型收缩率/%	1~2.5	线膨胀系数/$\times 10^{-5} K^{-1}$	6~10
拉伸强度/MPa	29	热导率/[W/(m·K)]	0.24
断裂伸长率/%	200~700	体积电阻率/Ω·cm	10^{19}
弯曲强度/MPa	50~58.8	介电常数(10^6 Hz)	2.15
压缩强度/MPa	45	介电损耗角正切(10^6 Hz)	0.0008
缺口冲击强度/(kJ/m^2)	0.5~10	介电强度/(kV/mm)	24.6
洛氏硬度(R)	80~110	耐电弧/s	185
摩擦系数	0.51	氧指数/%	18
磨痕宽度/mm	10.4		

（2）电性能　聚丙烯为一种非极性的聚合物，具有优异的电绝缘性能。其电性能基本不受环境湿度及电场频率改变的影响，是优异的介电材料和电绝缘材料，并可作为高频绝缘材料使用。聚丙烯的耐电弧性很好，在 130~180s 之间，在塑料材料中属于较高水平。由于聚丙烯低温脆性的影响，其在绝缘领域的应用远不如聚乙烯和聚氯乙烯广泛，主要用于电信电缆的绝缘和电气外壳。

（3）热性能　聚丙烯具有良好的耐热性。可在 100℃ 以上使用，轻载下可达 120℃，无载条件下最高连续使用温度可达 120℃，短期使用温度为 150℃。聚丙烯的耐沸水、耐蒸汽性良好，特别适于制备医用高压消毒制品。聚丙烯的热导率约为 0.15~0.24W/(m·K)，要小于聚乙烯热导率，是很好的绝热保温材料。

（4）耐化学药品性　聚丙烯是非极性结晶型的烷烃类聚合物，具有很高的耐化学腐蚀性。在室温下不溶于任何溶剂，但可在某些溶剂中发生溶胀。聚丙烯可耐除强氧化剂、浓硫酸以及浓硝酸等以外的酸、碱、盐及大多数有机溶剂（如醇、酚、醛、酮及大多数羧酸等），同时，聚丙烯还具有很好的耐环境应力开裂性，但芳香烃、氯代烃会使其溶胀，高温时更显著。如在高温下可溶于四氢化萘、十氢化萘以及 1,2,4-三氯代苯等。

（5）环境性能　聚丙烯的耐候性差，叔碳原子上的氢易氧化，对紫外线很敏感，在氧和紫外线作用下易降解。未加稳定剂的聚丙烯粉料，在室内放置 4 个月性能就急剧变坏，经 150℃、0.5~3.0h 高温老化或 12d 大气曝晒就发脆。因此在聚丙烯生产必须加入抗氧剂和光稳定剂。在有铜存在时，聚丙烯的氧化降解速率会成百倍加快，此时需要加入铜类抑制剂，如亚水杨基乙二胺、苯甲酰肼或苯并三唑等。

（6）其他性能　聚丙烯极易燃烧，氧指数仅为 17.4。如要阻燃需加入大量的阻燃剂才有效果，可采用磷系阻燃剂和含氮化合物并用、氢氧化铝或氢氧化镁。

聚丙烯氧气透过率较大，可用表面涂覆阻隔层或多层共挤改善。

聚丙烯透明性较差，可加入成核剂来提高其透明性。

聚丙烯表面极性低，耐化学药品性能好，但印刷、黏结等二次加工性差。可采用表面处理、接枝及共混等方法加以改善。

2.2.3　聚丙烯的加工性能

（1）聚丙烯的吸水率很低，在水中浸泡 1d，吸水率仅为 0.01%~0.03%，因此成型加工前不需要对粒料进行干燥处理。

（2）聚丙烯的熔体接近于非牛顿流体，黏度对剪切速率和温度都比较敏感，提高压力或增加温度都可改善聚丙烯的熔体流动性，但以提高压力较为明显。

（3）由于聚丙烯为结晶类聚合物，所以成型收缩率比较大，一般在 $1\% \sim 2.5\%$ 的范围内，且具有较明显的后收缩性。在加工过程中易产生取向，因此在设计模具和确定工艺参数时要充分考虑以上因素。

（4）聚丙烯受热时容易氧化降解，在高温下对氧特别敏感，为防止加工中发生热降解，一般在树脂合成时即加入抗氧剂。此外，还应尽量减少受热时间，并避免受热时与氧接触。

（5）聚丙烯一次成型性优良，几乎所有的成型加工方法都可适用，其中最常采用的是注射成型与挤出成型。

表 2-16 为聚丙烯注射成型工艺参数。

表 2-16　聚丙烯注射成型工艺参数

MFR /(g/10min)	成型温度/℃		注射压力/MPa		模具温度/℃	
	柱塞式	螺杆式	柱塞式	螺杆式	柱塞式	螺杆式
3	220～260	200～250	100～200	40～70	40～60	40～60
1	240～280	220～260	100～200	40～70	40～60	40～60
0.3	260～300	240～280	100～200	40～70	40～60	40～60

表 2-17 为聚丙烯薄膜的挤出工艺条件。

表 2-17　聚丙烯薄膜的挤出工艺条件

工 艺 参 数	取值范围		工 艺 参 数	取值范围	
	A	B		A	B
薄膜宽度/mm	40000	5500	螺杆长径比	30～32	30～32
薄膜厚度/μm	16～60	16～60	牵引速度（拉伸前）/(m/min)	2.5～25	4～40
挤出量/(kg/h)	250～300	650～900	牵引速度（拉伸后）/(m/min)	7.5～75	15～150
螺杆直径/mm	150	250			

2.2.4　聚丙烯的改性

聚丙烯虽然有许多优异的性能，但也有明显的缺陷，如低温脆性大、热变形温度低、收缩率大、厚壁制品易产生缺陷等。要克服上述缺陷，现采用了各种方法对聚丙烯进行改性，如现有聚丙烯共聚物、聚丙烯合金（即聚丙烯共混物）以及含有各种填料、添加剂、增强剂的改性聚丙烯品种。

（1）聚丙烯共聚物　聚丙烯共聚物一般为丙烯与乙烯的共聚物，可分为无规共聚物和嵌段共聚物两种。

聚丙烯无规共聚物中乙烯单体的含量为 $1\% \sim 7\%$，乙烯单体无规地嵌入阻碍了聚合物的结晶，使其性能发生了变化。与均聚聚丙烯相比，其具有较好的光学透明性、柔顺性、较低的熔融温度，从而降低了热封合温度。此外，它还具有很高的抗冲击性，温度低于 0℃ 时仍然具有良好的冲击强度，但硬度、刚度、耐蠕变性等要比均聚聚丙烯低 $10\% \sim 15\%$。而耐化学药品性、水蒸气阻隔性等都与均聚聚丙烯相似。

聚丙烯无规共聚物主要用于高透明薄膜、上下水管、供暖管材及注塑制品。由于其热封合温度低，还可在共挤膜中用作热封合层。

聚丙烯嵌段共聚物中乙烯的含量为 $5\% \sim 20\%$，它既有较好的刚性，又有好的低温韧性。主要用于大型容器、中空吹塑容器、机械零件、电线电缆等。

均聚聚丙烯、聚丙烯无规共聚物、聚丙烯嵌段共聚物的性能如表 2-18 所示。

（2）聚丙烯合金　聚丙烯合金也可称为聚丙烯共混物。共混改性是指两种或两种以上聚合物材料以及助剂在一定温度下进行掺混，最终形成一种宏观上均匀且力学、热学、光学及其他性能得到改善的新材料的过程。当前聚丙烯共混改性技术发展的主要特点是采用相容剂技术和反应性共混技术，在大幅度提高聚丙烯耐冲击性的同时，又使共混材料具有较高的拉伸强度和弯曲强度。相容剂在共混体系中可以改善两相界面黏结状况，有利于实现微观多相体系的稳定，而宏观上是均匀的结构状态。反应型相容剂除具有一般相容剂的功效外，还能在共混过程中通过自身相容效果，显著提高共混材料性能。

表 2-18　均聚聚丙烯、聚丙烯无规共聚物、聚丙烯嵌段共聚物的性能

性　　能	均聚聚丙烯	聚丙烯无规共聚物	聚丙烯嵌段共聚物
热变形温度/℃	100～110	105	90
脆化温度/℃	−8～8	10～15	−25
悬臂梁冲击强度/(kJ/m^2)	0.01～0.02	0.02～0.05	0.05～0.1
落球冲击强度/(kJ/m^2)	0.05	0.1～0.15	1.4～1.6
拉伸强度/MPa	30～31	26～28	23～25
硬度(R)	90	80～85	60～70

　　随着反应挤出技术的不断发展和完善，国外更多地利用挤出机进行就地增容共混。应用反应挤出技术进行就地增容共混，能有效地降低聚合物与聚丙烯间的界面张力，提高其黏结强度，聚合物在聚丙烯基体中的分散效果更好，相态结构更趋于稳定。这不仅大大拓宽了聚丙烯的应用范围，而且所制备的接枝物可用作聚丙烯与极性高聚物共混的相容剂。因此，反应挤出共混技术将成为今后聚丙烯改性广泛采用的有效方法。

　　① 与高密度聚乙烯共混　聚丙烯与高密度聚乙烯共混主要是为了改善聚丙烯的韧性。聚丙烯与高密度聚乙烯的结构相似，可以以任何比例共混，一般是混入 10%～40% 的高密度聚乙烯，可以明显改善聚丙烯的韧性，例如可以使落球冲击强度提高 8 倍以上，并可以使成型流动性进一步提高。但随聚乙烯用量的增加，会使材料耐热性、拉伸强度等性能降低。

　　② 与乙丙橡胶、热塑性弹性体共混　聚丙烯与乙丙橡胶共混主要是为了改善韧性和耐寒性。加入 10% 乙丙橡胶就具有明显的增韧效果，但却使材料耐热性下降，耐候性也进一步下降，故一般采用乙丙橡胶-聚丙烯-二烯烃三元共聚物（EPDM）与聚丙烯共混，可以起到良好效果，可以得到综合性能良好的改性聚丙烯。常用于汽车保险杠和安全帽。

　　聚丙烯还可与热塑性弹性体共混，同样也可改善其冲击性能及耐寒性。表 2-19 为聚丙烯与常用的热塑性弹性体 SBS（即苯乙烯-丁二烯-苯乙烯三元共聚物）合金的一般性能。

表 2-19　聚丙烯/SBS 合金的一般性能

项　　目	性　能	项　　目	性　能
拉伸断裂强度/MPa	34～44	简支梁冲击强度(缺口)/(kJ/m^2)	24～29
拉伸屈服强度/MPa	21～25	熔体流动速率/(g/10min)	1.25
伸长率/%	800～1000	热变形温度/℃	100.5
低温脆性/℃	−20		

　　③ 聚丙烯与聚酰胺共混　聚丙烯与聚酰胺共混可以改善其耐热性、耐磨性、抗冲击性及染色性等。但是由于聚丙烯与聚酰胺的相容性较差，因此通常要在其中加入相容剂，一般为少量顺丁烯二酐与聚丙烯的接枝共聚物，因为顺丁烯二酐对聚酰胺有亲和性，酸酐基与聚酰胺的—NH$_2$ 端基发生反应，此接枝聚合物增加了聚丙烯与聚酰胺的相容性，使共混物的冲击韧性得到了极大的改善。表 2-20 为聚丙烯/聚酰胺合金的一般性能。

表 2-20　聚丙烯/聚酰胺合金的一般性能

项　目	性　能	项　目	性　能
相对密度	1.08～1.10	弯曲弹性模量/MPa	1860
熔融温度/℃	250～260	冲击强度/(kJ/m²)	
吸水率(50%相对湿度)/%	2.3	干,23℃,缺口	79.70
拉伸强度(干,23℃)/MPa	54.88	干,-40℃	15.97
断裂伸长率/%		热变形温度/℃	
干	40	1.82MPa	71
50%相对湿度	210	0.45MPa	227

（3）聚丙烯接枝改性　对聚丙烯进行接枝改性，是在其分子链上引入适当极性的支链，利用支链的极性和反应性，改善其性能上的不足，同时增加新的性质。因此接枝改性是扩大聚丙烯应用范围的一种简单易行的方法。聚丙烯接枝的方法主要有溶液接枝法、熔融接枝法、固相接枝法和悬浮接枝法等。溶液接枝是将聚丙烯溶解在合适的溶剂中，然后以一定的方式引发单体接枝。引发的方法可采用自由基、氧化或高能辐射等方法，但以自由基方法居多。溶液接枝的反应温度较低（100～140℃），副反应少，接枝率高，大分子降解程度小，操作简单。熔融接枝是在聚丙烯熔点以上，将单体和聚丙烯一起熔融，并在引发剂作用下进行接枝反应。该方法所用接枝单体的沸点较高，比较适宜的单体是马来酸酐及其酯类，丙烯酸及其酯类也可用于接枝聚丙烯。接枝反应以自由基机理进行。固相接枝的发展历史不长，是一种比较新的接枝反应技术。反应时将聚合物固体与适量的单体混合，在较低温度下（100～120℃）用引发剂接枝共聚。根据所接枝的聚丙烯形态可分为薄膜接枝、纤维接枝和粉末接枝。

通过对聚丙烯进行接枝改性，提高了聚丙烯与其他聚合物的相溶性，并改变了聚丙烯的分子结构，使其染色性、黏结性、抗静电性、力学性能得到改善。

（4）聚丙烯表面改性　聚合物材料存在大量的表面和界面问题。如表面的黏结、耐蚀、染色、吸附、耐老化、润滑、硬度、电阻以及对力学性能的影响等。为了改善聚丙烯的表面性质，通常需要解决以下几个问题：①在聚丙烯分子链上引入极性基团；②提高材料的表面能；③提高材料的表面粗糙度；④消除制品表面的弱边界层。

聚丙烯的表面改性方法通常可分为化学改性和物理改性。化学改性是指用化学试剂处理聚丙烯材料表面，使其表面性质得到改善的方法。化学改性包括酸洗、碱洗、过氧化物或臭氧处理等。物理改性是指用物理技术处理聚丙烯材料表面，使其表面性质得到改善的方法。物理改性目前应用最为广泛，包括等离子体表面处理、光辐射处理、火焰处理、涂覆处理和加入表面改性剂等。

（5）填充聚丙烯　用粉末状的碳酸钙、陶土、滑石粉及云母等对聚丙烯进行填充，可使聚丙烯的刚度、硬度、弹性模量、热变形温度、耐蠕变性、成型收缩率及线膨胀系数等方面都有所改善。一般在填充前要对填料进行偶联剂活化处理，以提高相容性。

采用碳酸钙作为填充剂，不仅可以降低产品成本，还可改善塑料制品性能。在聚丙烯中添加碳酸钙可以提高其刚度、硬度、耐热性、尺寸稳定性，适宜添加的碳酸钙粒度为 $3\mu m$ 左右，用量一般为 30%～40%。

陶土又称高岭土，作为塑料填料，陶土具有优良的电绝缘性能，可用于制造各种电线包皮。在聚丙烯中，陶土可用作结晶成核剂，改善材料的结晶均匀程度，提高制品透明性。陶土还具有一定的阻燃作用，可用作辅助阻燃改性。

滑石粉作为填料可提高塑料制品的刚性、硬度、阻燃性能、电绝缘性能、尺寸稳定性，并具有润滑作用。填充 20%～40%滑石粉的聚丙烯复合材料，不论是在室温还是在高温下，片状构型滑石粉的显著效果是提高聚丙烯的模量，而拉伸强度基本保持不变，冲击强度降低也不大。

云母粉经偶联剂等表面处理后易于与聚丙烯混合，加工性能良好。云母可提高聚丙烯的模量、耐热性，减少蠕变，防止制品翘曲，降低成型收缩率。

（6）增强聚丙烯　用于制作增强复合材料的增强剂主要是纤维。主要品种有玻璃纤维、碳纤维、涤纶纤维，此外还有尼龙、聚酯纤维以及硼纤维、晶须等。

玻璃纤维增强聚丙烯复合材料可分为物理结合型与化学结合型两大类。物理结合型玻璃纤维增强聚丙烯复合材料仅由聚丙烯与玻璃纤维之间的机械黏结力而得到较小的补强效果；化学结合型玻璃纤维增强聚丙烯由于在聚丙烯与玻璃纤维之间形成了坚固的化学和机械结合，因此效果显著，是目前玻璃纤维增强聚丙烯的主要发展方向。

在玻璃纤维增强聚丙烯中，玻璃纤维用量一般约为 $10\%\sim40\%$，增强不仅保留了聚丙烯原有的优良性能，还使拉伸强度、耐热性、刚性、硬度、耐蠕变性、线膨胀系数及成型收缩率等性能明显改善，如可使拉伸强度提高一倍，热变形温度提高 $50\sim60℃$，线膨胀系数降低一倍，但熔体流动速率和断裂伸长率会下降，具体性能见表 2-21。

表 2-21　聚丙烯与玻璃纤维增强聚丙烯的性能

性　能	聚丙烯	20%玻璃纤维增强聚丙烯	30%玻璃纤维增强聚丙烯
相对密度	0.9	1.04	1.13
成型收缩率/%	—	0.004	0.003
拉伸强度/MPa	29	52	55
断裂伸长率/%	$200\sim700$	2.2	2.1
弯曲强度/MPa	50	98	120
剪切强度/MPa	—	34.5	41.3
压缩强度/MPa	41.3	44.8	48.2
弹性模量/MPa	1378	5768	6201
缺口冲击强度/(kJ/m^2)	—	7	9
洛氏硬度(R)	$80\sim100$	107	110
热变形温度(1.82MPa)/℃	102	149	152
线膨胀系数/$\times10^{-5}K^{-1}$	$6\sim10$	2.4	2.4

用碳纤维增强的聚丙烯与用玻璃纤维增强的聚丙烯相比，具有力学性能好、在湿态下的力学性能保留率好、热导率大、导电性好、蠕变小、耐磨性好等优点，因此用量不断增长。

（7）茂金属聚丙烯　茂金属聚丙烯的合成与茂金属聚乙烯相似，都是以茂金属为催化剂，产品具有独特的间规立构规整性，其性能也与一般的聚丙烯不同。与普通的聚丙烯相比，茂金属聚丙烯的流动性能好、强度高、硬度大、耐热性好且熔点低，而且其透光率、光泽性及韧性都很优异。

普通聚丙烯的加工方法都适宜于茂金属聚丙烯，但料筒温度要比普通聚丙烯低 $25\sim40℃$。

茂金属聚丙烯的主要用途是用于包装薄膜、汽车保险杠、片材、瓶及复合纤维等。

表 2-22 为普通聚丙烯与茂金属聚丙烯的性能比较。

（8）聚丙烯的其他改性方法　由于聚丙烯本身属于易燃材料，其氧指数仅为 $17\%\sim18\%$，并且成炭率低，燃烧时产生熔滴，所以在很多应用场合都要求对其进行阻燃改性。阻燃改性的方法包括接枝和交联改性技术、抑制降解及氧化技术、催化阻燃技术、气相阻燃、隔热炭化技术、冷却降温技术等。而这些技术中最有实用价值并已获大规模工业应用的是在聚丙烯混配时，加入添加型阻燃剂或在合成聚丙烯时加入反应型阻燃剂。

防静电处理也是对聚丙烯的改性方法之一。目前对聚丙烯的防静电处理方法主要有两种：一是外用抗静电剂法，即用外部喷洒、浸渍和涂覆抗静电剂或材料表面改性使其接枝上抗静电剂；二是内用抗静电剂法，即将抗静电剂掺和到聚丙烯中或将聚丙烯与导电材料混用，使之成为具有抗静电性能的材料。

表 2-22　普通聚丙烯与茂金属聚丙烯的性能

性　　能	普通聚丙烯	茂金属聚丙烯	性　　能	普通聚丙烯	茂金属聚丙烯
熔体流动速率/(g/10min)	4.2	3.2	弯曲模量/MPa	1640	780
密度/(g/cm³)	0.903	0.866	热变形温度(1.82MPa)/℃	112	115
屈服强度/MPa		24.8	维卡软化点(5kg)/℃	153	139
断裂伸长率/%	618	402	洛氏硬度(R)	109	99
悬臂梁冲击强度/(J/m)			光泽(θ=60°)/%	88	93
23℃	35	不断	透光率/%	82	87
−10℃	—	35	雾度/%	88	47

2.3　其他聚烯烃

2.3.1　聚 1-丁烯

聚 1-丁烯的英文缩写为 PB。聚 1-丁烯的制备是把经过脱水脱氧的 1-丁烯，以齐格勒-纳塔催化剂在室温常压下进行聚合，得到等规结构的聚 1-丁烯。它有两种结晶态：刚从挤出机挤出的熔融物是第一种结晶态，熔点 124℃，密度为 0.89g/cm³，此时力学强度差，不稳定。放置 3～7d 后逐渐转变为稳定的第二种结晶态，其熔点为 135℃，密度为 0.95g/cm³，其分子式为

$$\begin{array}{c} \left[CH-CH_2 \right]_n \\ | \\ CH_2 \\ | \\ CH_3 \end{array}$$

聚 1-丁烯与其他聚烯烃相比，具有以下特点：①具有刚性；②较高的拉伸强度；③好的耐热性；④良好的抗化学腐蚀性及抗应力开裂性，在油、洗涤剂和其他溶剂中，不会像高密度聚乙烯等其他聚烯烃一样产生脆化，只有在 98% 浓硫酸、发烟硝酸、液体溴等强氧化剂的作用下，才会产生应力开裂；⑤优良的抗蠕变性，反复绕缠而不断，即使在提高温度时，也具有特别好的抗蠕变性；⑥具有与超高相对分子质量聚乙烯相媲美的非常好的耐磨性；⑦可容纳大量的填料。因此可用于生产管道、薄膜、板材和各种容器等，特别是它可在 90～100℃ 的温度下长期使用。

聚 1-丁烯的加工性能介于高密度聚乙烯和聚丙烯之间，加工温度为 160～240℃。

由于聚 1-丁烯具有突出的抗蠕变性、耐磨性，良好的耐热性能，因此主要用作热水系统的管材和管件、增压容器（如热水加热器、游泳池水泵和过滤外壳、水软化器和反渗透器、自动脉冲器等），塑料水管和管形材料（如可充空气的管道系统、有压力的饮料管、可回收管等），各种密封材料（如饮料密封、建筑密封、垫圈等），其他结构元件（如接合件、电缆接合、家具部件以及建筑上的网格），压缩的包装膜，地下采矿的电线电缆，可回收的绳缆系列，抗磨的胶带、薄膜和管套等。聚 1-丁烯还可以与其他聚烯烃原料混合使用而产出各类不同特性的聚烯烃塑料产品，由此而有效地扩大了聚烯烃混合物塑料制品的品种范围，如做易撕膜、热熔胶等。此外，聚 1-丁烯的抗热蠕变性能和耐环境应力开裂性能优异，可用作耐热管材、薄膜和薄板，特别是建筑用地热管材。

2.3.2　聚 4-甲基-1-戊烯

聚 4-甲基-1-戊烯的英文缩写为 P4MP。制备聚 4-甲基-1-戊烯的基本原料是丙烯，由丙烯首先制成 4-甲基-1-戊烯，再由它聚合而成等规的聚 4-甲基-1-戊烯。

$$CH_3-CH-CH_2-CH=CH_2 \xrightarrow[\text{常压}]{30\sim60℃} \{CH-CH_2\}_n$$

聚4-甲基-1-戊烯的密度为 $0.83g/cm^3$，是近年开发的一种新型热塑性树脂，是塑料中最轻的。结晶区与非结晶区折射率一致，故透明度极好（可见光透过率达90%），且不随制品厚度而变化。由于其分子主链上连有较大的侧异丁基，使分子链刚性增加，所以熔点为245℃，玻璃化温度为50～60℃，可以在150℃以下作透明的特殊材料使用。聚4-甲基-1-戊烯电绝缘性能优良，在很宽的温度和频率范围内其介电常数低而稳定。耐化学药品腐蚀、耐油，但不耐强氧化剂、芳香烃和氯化烃。由于有叔碳原子存在，比聚丙烯的耐老化性能更差，加工前必须加防老剂。一般最好不要在阳光下和高能辐射下连续使用，否则会降解老化后变黄。

聚4-甲基-1-戊烯是透明度高、耐热性及机械性能、电气性能与耐药性能都较优越的聚合物，是优良的膜材料。同时也是乙烯、丙烯等良好的共聚单体。它能改善这类聚烯烃制品的透明度和耐环境应力、龟裂等的性能，尤其是与乙烯共聚制得的线型低密度聚乙烯（LL-DPE）是性能优越的新型高聚物，具有较低的密度且由于没有能吸收紫外线的苯环或羧基这样的取代基，因此其紫外线的透过率也优于玻璃和其他的透明塑料。

聚4-甲基-1-戊烯用作医疗器具、光学和照明器材，理化实验器具、电子炉专用食器、烘烤盘、剥离纸、耐热电线涂层等。并可作为食品包装薄膜，它有高度的透氧和透潮气性能，适用于肉类和蔬菜的包装。也可以制成层压纸板，代替铝箔，包装食品。

聚4-甲基-1-戊烯可以注射成型，也可挤出和吹塑成型。注射成型温度在260～320℃之间。如制品要求具有一定的性能和透明性时，加工温度以取260～290℃为宜。

2.3.3　环烯烃共聚物

环烯烃共聚物，简称COC，生产COC的单体主要是降冰片烯（NB）或二聚环戊二烯（DCPD）及共聚单体乙烯和丙烯等。目前，关于COC方面的研究主要集中在聚合机理及其催化体系、产物结构及性能等。

由于COC树脂的高透明性、低介电常数、优良的耐热性、耐化学性、熔体流动性、阻隔性及尺寸稳定性等，并且焚烧时不产生有害气体，利用这些特性可开发用作光盘、机械用透镜等光学材料，药品容器、食品保护膜、收缩膜等膜用材料。其用作医用包装时，能满足透明性、耐湿性、灭菌性、无毒性及易进行废弃处理等要求，其透湿性仅为聚氯乙烯的10‰。在光学材料方面除了用作CD、DVD等光学记录介质用基盘及透镜以外，随着高记录密度化的要求，利用其低折射率，应用将会进一步扩大。COC材料可用注塑、挤出、吹塑、热成型等多种成型加工方法，尤其可进行结晶性聚烯烃难以采用的热成型方法，并且能很好吸收碳氢化合物类发泡剂而容易发泡。此外，因具有良好的涂改性、印刷性、黏结性等特点可进行二次加工以及金属沉积和热焊接，用于制备黏合剂、涂料、油漆、抗静电剂等。

2.3.4　聚烯烃对环境的影响

聚烯烃材料环境问题研究基于聚烯烃类塑料的普遍应用和性能提高以及环保回收的需求。众所周知，聚烯烃分子结构中不含卤素，是具有非极性、稳定性和综合性能好、易加工等许多优点的塑料，因此持续保持高的需求。它们的广泛应用给现代社会带来了很多益处。它们作为各种材料在商业、工业、建筑业、农业等方面被广泛应用。在所有的合成聚合物中，聚烯烃的应用尤为广泛，占有相当大的比重。由于聚烯烃对氧化剂、水、酸碱及微生物侵蚀都不敏感，十分耐用，因此被广泛应用于包装及农业方面。由于大多数轻质聚烯烃包装材料包括地膜为一次性应用，用完便被扔掉。这些材料以每年千万吨的速率在环境中积累，以废弃物形式存在于自然环境之中，给环境带来了不利的影响。传统的垃圾处理技术，比如回收、焚化，在处理聚烯烃塑料垃圾方面都有其局限性。对于废弃塑料来说，当前的垃圾回收仅限于高值小体积的特殊塑料。由于耗资大、释放腐蚀性和有毒气体，以及产生的高温，垃圾焚烧越来越不被人们认可。因此，迄今为止，对塑料垃圾的处理问题，世界各国也没有一个较好的解决方案。如果能通过改性而赋予其可控降解性，可期望成为最佳的方法之一。目前，以环境保护为目的，对聚烯烃进行改性有以下措施和途径：

① 聚烯烃与淀粉等天然可降解的高分子化合物进行共混；

② 聚烯烃与完全可生物降解塑料进行共混；

③ 在聚烯烃中添加适当助剂进行改性后，在光、热、化学等作用下的降解。

2.4　聚氯乙烯

聚氯乙烯是氯乙烯单体在过氧化物、偶氮化合物等引发剂的作用下，或在光、热作用下按自由基聚合反应的机理聚合而成的聚合物，英文名称为 polyvinychloride，简称 PVC。聚氯乙烯是最早工业化的塑料品种之一，目前产量仅次于聚乙烯之后，位居第二位。聚氯乙烯在工农业和日常生活中获得了广泛的应用。

聚氯乙烯是氯乙烯单体采用本体聚合、悬浮聚合、乳液聚合、微悬浮聚合等方法合成的。目前工业上是以悬浮聚合方法为主，约占聚氯乙烯含量的 $80\%\sim90\%$，其次为乳液聚合法。悬浮聚合的工艺成熟，后处理简单，产品纯度高，综合性能好，产品的用途也很广泛。悬浮法生产的聚氯乙烯颗粒粒径一般为 $50\sim250\mu m$，乳液法的聚氯乙烯颗粒粒径一般为 $30\sim70\mu m$。而聚氯乙烯的颗粒又由若干个初级粒子组成，悬浮法聚氯乙烯的初级粒子大小为 $1\sim2\mu m$，乳液法聚氯乙烯的初级粒子的大小为 $0.1\sim1\mu m$。聚氯乙烯在 160℃ 以前是以颗粒状态存在，在 160℃ 以后颗粒破碎成初级粒子。聚氯乙烯颗粒的形态、内部孔隙率、表面皮膜、颗粒大小及其分布等对聚氯乙烯树脂的诸多性能均有影响，当颗粒较大、粒径分布均匀、内部孔隙率高、外层皮膜较薄时，树脂具有吸收增塑剂快、塑化温度低、熔体均匀性好、热稳定性高等优点。这种树脂呈棉花团状，称为疏松型聚氯乙烯树脂。另外还有一种紧密型聚氯乙烯树脂，紧密型聚氯乙烯树脂性能与疏松型相反，吸收增塑剂能力低，呈乒乓球状，可用于聚氯乙烯硬制品。目前工业上以生产疏松型聚氯乙烯树脂为主。

中国生产的悬浮法聚氯乙烯树脂型号及用途如表 2-23 所示。

表 2-23　悬浮法聚氯乙烯树脂型号及用途

型　号	级　别	黏　度	平均聚合度 R	主　要　用　途
PVC-SG1	一级 A	$144\sim154$	$1650\sim1800$	高级电绝缘材料
PVC-SG2	一级 A 一级 B、二级	$136\sim143$	$1500\sim1650$	电绝缘材料、薄膜 一般软材料
PVC-SG3	一级 A 一级 B、二级	$127\sim135$	$1350\sim1500$	电绝缘材料、农用薄膜、人造革 全塑凉鞋
PVC-SG4	一级 A 一级 B、二级	$118\sim126$	$1200\sim1350$	工业和农用薄膜 软管、人造革、高强度管材
PVC-SG5	一级 A 一级 B、二级	$107\sim117$	$1000\sim1150$	透明制品 硬管、硬片、单丝、型材、套管
PVC-SG6	一级 A 一级 B、二级	$96\sim106$	$850\sim950$	唱片、透明制品 硬板、焊条、纤维
PVC-SG7	一级 A 一级 B、二级	$85\sim95$	$750\sim850$	瓶子、透明片 硬质注塑管件、过氯乙烯树脂

注：1. 黏度为 $100cm^3$ 环己酮中含 0.5g PVC 树脂溶液在 25℃ 时的测定值。

2. 表中的符号含义：S 为悬浮法；G 为通用型；A 和 B 为一级品的分档代号。

乳液聚合的优点是速度快、体系稳定、粒子规整、便于连续生产；缺点是聚合物后处理麻烦，不易将乳化剂等清除干净，含有金属杂质，会影响到聚合物的透明度、电绝缘性能以及热稳定性等。乳液聚合的聚氯乙烯一般为糊状形式，主要用于制造泡沫塑料、人造革、搪塑制品等。

聚氯乙烯的应用面极为广泛，从建筑材料到汽车制造业、儿童玩具，从工农业制品到日常生活用品，涉及各行各业，各个方面。例如可用于电气绝缘材料，如电线的绝缘层，目前几乎完全代替了橡胶，可作电气用耐热电线、电线电缆的衬套等。用于汽车方面，可作为方向盘、顶盖板、缓冲垫等。用于建筑方面，可用作各种型材，如管、棒、异型材、门窗框架、室内装饰材料、下水管道等。用作化工设备，可加工成各种耐化学药品的管道、容器和防腐材料。软质聚氯乙烯还可制成具有韧性、耐挠曲的各种管子、薄膜、薄片等制品。可用于制作包装材料、雨具、农用薄膜等。聚氯乙烯糊可涂附在棉布、纸张上，经加热在 $140\sim145℃$ 很快发生凝胶，成型为薄膜，再经滚筒压紧，即成人造革，可制成各种制品。聚氯乙烯泡沫塑料还常用作衬垫、拖鞋以及隔热、隔声材料。

2.4.1 聚氯乙烯的结构

聚氯乙烯树脂为无定形结构的热塑性树脂，结晶度最多不超过 10%，分子键中各单体基本上是头-尾相接，其分子式为

$$\left[\begin{array}{c} CH_2-CH \\ | \\ Cl \end{array}\right]_n$$

由于聚氯乙烯分子链中含有电负性较强的氯原子，增大了分子链间的相互吸引力，同时由于氯原子的体积较大，有明显的空间位阻效应，就使得聚氯乙烯分子链刚性增大，所以聚氯乙烯刚性、硬度、力学性能较聚乙烯都会提高；由于氯原子的存在，还赋予了聚氯乙烯优异的阻燃性能，但其介电常数和介电损耗比聚乙烯大。

聚氯乙烯树脂含有聚合反应中残留的少量双键、支链及引发剂残余基团，加上相邻碳原子之间会有氯原子和氢原子，易脱氯化氢，使聚氢乙烯在光、热作用下易发生降解反应。

2.4.2 聚氯乙烯的性能

聚氯乙烯树脂是白色或淡黄色的坚硬粉末，密度为 $1.35\sim1.45g/cm^3$，纯聚合物的透气性和透湿率都较低。

聚氯乙烯一般都加有多种助剂。不含增塑剂或含增塑剂不超过 10% 的聚氯乙烯称为硬聚氯乙烯，含增塑剂 40% 以上的聚氯乙烯称为软质聚氯乙烯，介于两者之间的为半硬质聚氯乙烯。助剂的品种和用量对聚氯乙烯物理机械性能影响很大。

(1) 力学性能　由于氯原子的存在增大了分子链间的作用力，不仅使分子链变刚，也使分子链间的距离变小，敛集密度增大。测试表明，聚乙烯的平均链间距是 $4.3\times10^{-1}m$，聚氯乙烯平均链间距是 $2.8\times10^{-10}m$，其结果使聚氯乙烯宏观上比聚乙烯具有较高的强度、刚度、硬度和较低的韧性，断裂伸长率和冲击强度均下降。与聚乙烯相比，聚氯乙烯的拉伸强度可提高到两倍以上，断裂伸长率下降约一个数量级。未增塑的聚氯乙烯拉伸曲线类型属于硬而较脆的类型。聚氯乙烯耐磨性一般，硬质聚氯乙烯摩擦系数为 $0.4\sim0.5$，动摩擦系数为 0.23。

(2) 热性能　聚氯乙烯玻璃化温度约为 $80℃$，$80\sim85℃$ 开始软化，完全熔融时的温度约为 $160℃$，$140℃$ 时聚合物已开始分解。在现有的塑料材料中，聚氯乙烯是热稳定性特别差的材料之一，在适宜的熔融加工温度 $170\sim180℃$ 下会加速分解释出氯化氢，在富氧气氛中会加剧分解。因此在聚氯乙烯生产时必须加有热稳定剂。聚氯乙烯的最高连续使用温度在 $65\sim80℃$ 之间。

(3) 电性能　聚氯乙烯具有比较好的电性能，但由于其具有一定的极性，因此电绝缘性能不如聚烯烃类塑料。聚氯乙烯的介电常数、介电损耗、体积电阻率较大，而且电性能受温

度和频率的影响较大，本身的耐电晕性也不好，一般适用于中低压及低频绝缘材料。聚氯乙烯的电性能与聚合方法有关，一般悬浮树脂较乳液树脂的电性能好，另外，还与加入的增塑剂、稳定剂等添加剂有关。

（4）化学性能　聚氯乙烯能耐许多化学药品，除了浓硫酸、浓硝酸对它有损害外，其他大多数的无机酸、碱、多数有机溶剂、无机盐类以及过氧化物对聚氯乙烯均无损害，因此，适合作为化工防腐材料。聚氯乙烯在酯、酮、芳烃及卤烃中会溶胀或溶解，环己酮和四氢呋喃是聚氯乙烯的良好溶剂。加入增塑剂的聚氯乙烯制品耐化学药品性一般都变差，而且随使用温度的增高其化学稳定性会降低。

（5）其他性能　聚氯乙烯的分子链组成中含有较多的氯原子，赋予了材料良好的阻燃性，其氧指数约为 47%。

聚氯乙烯对光、氧、热及机械作用都比较敏感，在其作用下易发生降解反应，脱出 HCl，使聚氯乙烯制品的颜色发生变化。因此，为改善这种状态，可加入稳定剂及采用改性的手段。

聚氯乙烯的综合性能见表 2-24。

表 2-24　聚氯乙烯的综合性能

性　能	硬聚氯乙烯	软聚氯乙烯	性　能	硬聚氯乙烯	软聚氯乙烯
密度/(g/cm)^3	1.40	1.24	热变形温度(1.82MPa)/℃	70	−22 (脆化温度)
邵氏硬度	D75~85	A50~95	体积电阻率/Ω·cm	>10^{16}	10^{13}
成型收缩率/%	0.3	1.0~1.5	介电常数(10^6Hz)	3.02	约4
拉伸屈服强度/MPa	65	—	透水率(25μm)[g/(m^2·24h)]	5	20
拉伸屈服伸长率/%	2	—	吸水率/%	0.1	0.4
拉伸断裂强度/MPa	45	23	热损失(120℃×120h)/%	<1	5
拉伸断裂伸长率/%	150	360	燃烧性		
拉伸弹性模量/MPa	3000	30	燃烧状态	自熄性	延迟燃烧性
弯曲强度/MPa	110	—	氧指数/%	47	26.5
悬臂梁冲击强度(缺口)/(kJ/m^2)	5	不断裂			

2.4.3　聚氯乙烯的成型加工

聚氯乙烯可以采用挤出、吹塑、注塑、压延、搪塑、发泡、压制、真空成型等方法进行加工。

由于聚氯乙烯热稳定性差，易受光和热的作用而脱去氯化氢，致使产品性能下降，因此加工成型时必须添加稳定剂以减少其热分解。另外，还应在加工中尽量避免一切不必要的受热现象，严格控制成型温度，避免物料在料筒中长时间停留。

另外，由于聚氯乙烯熔体黏度高，为改善其加工流动性，减少聚合物分子链间的内外摩擦力，在聚氯乙烯当中应加入适量的润滑剂以改善物料的加工性能。

聚氯乙烯的熔体强度比较低，易产生熔体破裂和制品表面粗糙等现象，为避免产生此种状况，在注射挤出时宜采用中速或低速，不宜采用高速。

聚氯乙烯的挤出成型可用于生产薄膜、片材、管材、板材、棒材、异型材及丝等制品。注射成型可用于生产阀门、管件、壳件、泵、电气插头、凉鞋等。压延成型可用于生产人造革、壁纸等。压制成型可用于生产硬板、鞋底等制品。

2.4.4　聚氯乙烯的添加剂

（1）稳定剂　生产聚氯乙烯需要加热稳定剂、抗氧剂和紫外线吸收剂，来减少加工成型时的热降解和以后在各种条件下长期使用的老化降解。

随温度升高，聚氯乙烯分解速率会加快。发生氧化断链、交联反应和放出 HCl。当聚氯乙烯分解量不到 0.1％时，塑料颜色就开始变黄，最后变成黑色。所以必须加入热稳定剂以减少树脂的分解不致变色。加入的热稳定剂要能与分解放出的 HCl 反应，达到清除 HCl 的效果；能与游离基及双键反应，同时起抗氧剂的效用。

常用的聚氯乙烯热稳定剂有铅化合物及盐化合物，能和放出的 HCl 反应，生成氯化铅。其中二碱式碳酸铅的成本低，缺点是有毒，不透明，会变黑，加工时放出 CO_2，造成制品多孔性。三碱式硫酸铅的耐热性和电绝缘性好，成本低，可用于硬质制品中。二碱式磷酸铅，光稳定性好，但成本高。二碱式邻苯二甲酸铅用于特殊用途，如 105℃ 使用的电线上，耐热性特别好。这类稳定剂成本低，效果及电性能好。但由于遇硫有着色污染性，而且毒性大，透明度不好，适用于电气、唱片等工业。

有机物系统：马来酸或月桂酸二丁基锡、马来酸二正辛基锡聚合物等。效率高，透明，不污染着色，光稳定性好，但成本高。适用于透明的特殊制品，如吹塑瓶子等。

钡、镉复合稳定剂耐紫外线，但有毒，透明度不够理想，容易渗析出来，压延制品、农田软管、薄膜和板材多用此种，是聚氯乙烯塑料中最重要的稳定剂。这类稳定剂与钙盐配合使用，会产生协同作用。可以较好地防止加热变色问题。

聚氯乙烯常用的热稳定剂见表 2-25。

表 2-25 聚氯乙烯常用的热稳定剂

种类	品 种	性 能	应 用
铅盐类	三碱式硫酸铅	热稳定性突出、电绝缘性好、不透明、有毒	硬板、硬管、电缆护套、人造革、注塑制品
	二碱式亚磷酸铅	热稳定性和电绝缘性优良、耐候性好、不透明、有毒	硬质挤出、注塑制品、电缆、人造革
金属皂类	硬脂酸铅	光热稳定性好、润滑性好、不透明、有毒、不单用	不透明的软、硬制品
	硬脂酸钡	热稳定性好、润滑性好、毒性低、不单用	软透明制品、硬板、管材
	硬脂酸镉	耐候性好、透明、润滑性好、有毒、不单用	软透明制品、人造革、硬板、硬管
	硬脂酸钙	长期热稳定性和润滑性好、无毒、不单用	无毒膜、板材、管材、透明制品
	硬脂酸锌	防初期变色、润滑性好、透明、无毒、不单用	无毒膜、片、人造革、农膜
有机锡类	二月桂酸二丁基锡	稳定性优良、透明、润滑性好	薄膜、管、人造革
	二月桂酸二辛基锡	稳定效果低些、无毒、润滑性好	食品包装容器
	马来酸二丁基锡	稳定性优、透明	透明、半透明制品

（2）增塑剂 在聚氯乙烯塑料中所选用的增塑剂要与聚氯乙烯有较好的相容性。可以选择两者溶解度参数相同的，必须在 150℃ 下混合，才能扩散到聚氯乙烯当中去。最常用的增塑剂是邻苯二甲酸二辛酯和邻苯二甲酸二异辛酯。邻苯二甲酸二异癸酯，在耐高温绝缘材料中使用，可赋予聚氯乙烯很好的电性能，它们还能和环氧油合用，有较低的水萃取性。邻苯二甲酸的正烷酯有耐寒性和高弹性的特点。

磷酸酯类增塑剂成本高，但阻火性和耐溶剂性优于邻苯二甲酸酯类。

脂肪酸酯类增塑剂，如癸二酸二丁酯和癸二酸二辛酯，具有良好的耐低温性和高弹性。但成本高。

软聚氯乙烯中增塑剂的含量为树脂的 40％～70％，硬聚氯乙烯中常加入小于 10％ 或不加入增塑剂。

聚氯乙烯常用的增塑剂如表 2-26 所示。

（3）润滑剂 由于聚氯乙烯的熔体黏度高以及熔体黏附金属的倾向大，熔体之间和熔体与加工设备之间的摩擦力大，就需要加入润滑剂来克服摩擦阻力，改善聚合物的加工流动性。常用的润滑剂有硬脂酸铅、硬脂酸钙或蜡等。表 2-27 列出聚氯乙烯常用的润滑剂。

表 2-26　聚氯乙烯常用的增塑剂

种　类	品　种	性　能	应　用
邻苯二甲酸酯类	邻苯二甲酸二辛酯（DOP）	相容性好、光稳定性好、电绝缘性好、耐低温、低毒	薄膜、板材、电绝缘料
	邻苯二甲酸二丁酯（DBP）	相容性好、柔软性好、价廉，不单用	薄膜、板材、电绝缘料
	邻苯二甲酸二异癸酯（DIDP）	耐热性好、电绝缘性好	薄膜、板材、电绝缘料
脂肪族二元酸类	己二酸二辛酯（DOA）	低温性好、相容性差	薄膜、板材、塑料糊
	壬二酸二辛酯（DOZ）	低温性好、相容性差	薄膜、板材、塑料糊
	癸二酸二辛酯（DOS）	低温性好、相容性差	薄膜、板材、塑料糊
环氧酯类	环氧大豆油（ESO）	热稳定性好、挥发性低、无毒	透明制品
	环氧硬脂酸辛酯（ED$_3$）	光稳定性好、耐低温性好	农用薄膜、塑料糊
含氯类	氯化石蜡（42%）	耐燃、电性能好、价廉，不单用	电缆、板材
磷酸酯类	磷酸三甲苯酯（TCP）	相容性好、阻燃性好、低温性差、有毒	板材、电缆、人造革
	磷酸三甲苯酯（TPP）	相容性好、阻燃性好、耐寒性差	电缆
	磷酸三辛酯（TOP）	相容性好、耐候性好、无毒	薄膜、板材
其他	石油磺酸苯酯（M-50）	辅增塑剂	通用塑料制品

表 2-27　聚氯乙烯常用的润滑剂

种　类	品　种	性　能	用　途
烃类	液体石蜡	无色、外润滑	挤出制品
	固体石蜡	外润滑，熔点 57～63℃	通用
	聚乙烯蜡	熔点 90～100℃，无毒	通用
金属皂类	硬质酸钡	熔点 200℃，兼热稳定性	通用
	硬质酸铅	熔点 110℃，兼热稳定性，有毒	不透明软硬制品
	硬质酸锌	熔点 120℃，无毒，透明	无毒透明膜、片
	硬质酸钙	熔点 150℃，无毒	无毒透明制品
脂肪酸	硬质酸	熔点 65℃，无毒	无毒硬制品
酯类	硬脂酸丁酯	熔点 24℃，内润滑，透明	透明、硬制品
	硬脂酸单甘油酯	透明，无毒，内润滑	无毒透明制品
脂肪酸酰胺类	硬脂酸酰胺	熔点 100℃，透明	硬制品
	亚乙基硬脂酸酰胺	熔点 140℃，内润滑	压延制品、透明制品

润滑剂的作用可分为内润滑剂和外润滑剂。前者与聚合物的相容性较好，因而可以降低其熔融黏度，防止由于摩擦热过大而引起树脂分解。后者可在加工机械的表面与聚合物熔体的界面处形成润滑膜的界面层，从而起到避免相互黏着和减少摩擦的作用。

（4）填料及其他添加剂　填料的加入，可提高制品的硬度、改善电性能、降低成本等。实际应用时，应按不同的制品要求而选用。常用的填料有碳酸钙、滑石粉、陶土、碳酸镁、重晶石粉等。

另外，为改善聚氯乙烯制品的其他性能，还可在其中加入抗静电剂、着色剂、防霉剂、紫外线吸收剂、荧光增白剂等。

2.4.5　改性聚氯乙烯

聚氯乙烯有许多优良的性能，应用也非常的广泛，但也存在明显的缺点，如软化点低、耐热耐寒性差、易分解、热稳定性差等。为改进其缺点，现生产了一些聚氯乙烯的改性品种。

（1）高聚合度聚氯乙烯　高聚合度聚氯乙烯是用途广泛的聚氯乙烯品种。高聚合度聚氯乙烯与普通聚氯乙烯结构基本相同，不同之处在于其相对分子质量大，平均聚合度为2000～3000，而且其分子链长、链的规整性及结晶度都会增加，分子链间的缠结点增多，具有类似于橡胶的结构。在常温条件下，高聚合度聚氯乙烯的大分子链间滑移困难，可防止一定的塑性变形，呈现出类似橡胶的弹性。

高聚合度聚氯乙烯制品比普通聚氯乙烯制品的力学性能好，拉伸强度和撕裂强度高，耐磨性比普通的聚氯乙烯高 2 倍以上；同时还具有更好的耐高低温、耐老化性能。高聚合度聚氯乙烯的压缩永久变形小（为 35%～60%），回弹性高（为 40%～50%），因此可替代橡胶制品。而且与橡胶相比，又具有加工工艺简单、成本低廉等优点。

高聚合度聚氯乙烯的生产可在普通聚氯乙烯生产装置上采用低温聚合方式进行，在聚合过程中可添加一些带有双烯键的反应性单体或反应性低聚物作为扩链剂来提高聚合度。

高聚合度聚氯乙烯现已应用生产耐热耐寒电缆、耐压管、汽车方向盘、密封条、建筑用防水材料、塑料玩具、高档人造革、土工膜等。

（2）氯化聚氯乙烯　氯化聚氯乙烯是由聚氯乙烯进一步氯化后制得的，英文简称CPVC。氯化聚氯乙烯的生产方法主要采用悬浮氯化法。氯化后的聚氯乙烯含氯量为 66%～68%，而普通聚氯乙烯的含氯量不超过 59%。氯含量的增加使得氯化聚氯乙烯的热变形温度和玻璃化温度都会有所提高。例如聚氯乙烯的连续使用温度不超过 80℃，而氯化聚氯乙烯的连续使用温度可达到 105℃。此外，氯化聚氯乙烯的拉伸强度、弯曲强度、耐磨蚀性、耐老化性比聚氯乙烯都有所提高，阻燃性能也会增加（氧指数可达 60%）。但是热稳定性、加工流动性和冲击性能会变差。

氯化聚氯乙烯可用普通聚氯乙烯的加工设备加工成管材、板材、型材等，但由于其熔融温度和熔体黏度高，热分解的倾向比聚氯乙烯大，因而其加工工艺稍复杂，加工设备需要镀铬或采用不锈钢材料，挤出机螺杆和机头的设计也需要特殊的技术。

（3）聚偏氯乙烯树脂　聚偏氯乙烯的英文简称为PVDC，结构式为 $+CH_2-\underset{\underset{Cl}{|}}{\overset{\overset{Cl}{|}}{C}}+_n$ 。由于偏氯乙烯的均聚物的加工温度范围非常窄，与一般增塑剂的相容性又差，因此成型加工较困难。所以工业上常见的聚偏氯乙烯都是偏氯乙烯与其他单体如氯乙烯、丙烯腈或丙烯酸酯的共聚物。现在所用的聚偏氯乙烯薄膜实际上是偏氯乙烯与氯乙烯的共聚物。其结构式为

$$+CH_2-\underset{\underset{Cl}{|}}{CH}+_x+CH_2-\underset{\underset{Cl}{|}}{\overset{\overset{Cl}{|}}{C}}+_y$$

聚偏聚乙烯的主要产品为薄膜、单丝、管材、容器等。其中最常使用的是薄膜制品，如肉类、食品及药品的包装膜。

（4）氯乙烯共聚物

① 氯乙烯-乙酸乙烯共聚物　共聚物中乙酸乙烯的含量在 10%～20%。由于乙酸乙烯的引入，降低了分子链的有序性，使共聚物熔体流动性增加，韧性和耐寒性得到改善，但力学性能、耐溶剂性会有所下降。乙酸乙烯在共聚物中起到内增塑的作用。这种共聚物可用作保护涂层、薄膜、模压制品等。

② 乙烯-乙酸乙烯-氯乙烯共聚物　将氯乙烯接枝到乙烯-乙酸乙烯共聚物上，可得到此种共聚物。这种接枝共聚物分为硬质、半硬质和软质三类。硬质和半硬质的接枝共聚物具有优良的抗冲击性能、耐候性和耐热性。主要用于建筑工业中的管子、窗框、薄板口及工业用各种机壳、零件等。软质接枝共聚物是不用增塑剂的，无毒，加工性能好，耐候性、耐热和弹性均优于 PVC 塑料。适用于皮革、薄膜、皮带、电线包覆材料等。

③ 氯乙烯-丙烯共聚物　此种共聚物中丙烯含量不超过 10%。这种共聚物与聚氯乙烯相比，它的流动性好，加入稳定剂为无毒的硬脂酸锌类，容易加工成型。特别在高温下伸展率

大，适合真空成型和复杂零件的吹塑成型。制品透明度好，无毒，可制造硬的瓶子和其他食品包装材料。

④ 氯乙烯-丙烯酸酯共聚物　这种共聚物的流动性、抗冲击性、耐寒性能都优于聚氯乙烯，成型加工也很方便。这种共聚物透明性好，可用来制取抗冲击的透明材料，用于飞机窗玻璃和仪表盘面板。

其他的还有氯乙烯-丙烯腈共聚物，主要用来制作合成纤维、X 射线底片等。用这种共聚物纤维制成的织物手感好、保温性优良、阻燃、耐酸碱、防虫蛀等。

氯乙烯共聚物的挠曲性好，特别在低温下的韧性很好。几乎所有共聚物的加工性能都有不同程度的改进，扩大了聚氯乙烯的用途。在产量上占聚氯乙烯聚合物总量的 1/4 左右。

（5）聚氯乙烯合金　聚氯乙烯也可以采用与其他聚合物共混的办法来改进其抗冲击性能。已投入工业生产的有聚氯乙烯丁腈胶、聚氯乙烯与氯化聚乙烯的共混物。这类共混物制成的产品冲击强度和耐磨性有显著提高，且加工容易。利用 ABS 改性的聚氯乙烯，可制成一种具有高冲击模量的硬度较大的制品，常制成建筑用安全帽和窗框等。

2.4.6　聚氯乙烯对环境的影响

聚氯乙烯在生产、加工、使用中的环境问题比较严重，在加工操作过程中，聚氯乙烯释放出的氯化氢气体会刺激人的呼吸系统。目前有观点认为，聚氯乙烯中氯乙烯单体对人体有害，并产生致癌物质。世界上发达国家对食品级聚氯乙烯中氯乙烯单体含量标准定为 0.01×10^{-6}。聚氯乙烯在焚化处理时产生的烟气还会严重破坏臭氧层，造成二次公害。另外，PVC 本身具有一种臭味，如包装食品或化妆品时，会破坏被包装物本身味道，影响产品质量与效果。

目前，有关聚氯乙烯环境问题及解决方案如表 2-28 所示。

表 2-28　PVC 的环境问题

项　　目	问　　题	解　决　方　案
制造过程	①聚合时产生大量含分散剂或表面活性剂的废水 ②残留单体（致癌物质）	用凝聚沉淀处理、活性污泥处理等除去 用气体除去，VCM 可小于 1mg/kg
添加剂	①使用含 Cd、Pb、Sn 等重金属的稳定剂 ②软质 PVC 大量使用增塑剂（特别是 DOP 有环境激素作用的指摘）	逐步用 Ca 类、Zn 类、有机物等替代 寻求 DOP 的替代品
燃烧性	①燃烧时产生大量烟及 HCl 气体 ②低温燃烧时（<900℃），有生成二噁英的可能性（尤其是软质 PVC）	应予特别注意 燃烧炉温度不能太低
回收再生	①必须推进回收 ②部分废料，如农用 PVC、废电线已再生利用 ③混有 PVC 的废塑料再生利用时，有产生 HCl 的可能	研究去除 HCl 的办法

此外，还可以采用一些其他的材料替代聚氯乙烯。

2.5　聚苯乙烯类树脂

聚苯乙烯类树脂是大分子链中包含苯乙烯的一类树脂，其中包括苯乙烯均聚物及其与其他单体的共聚物、合金等。其中，最主要的三大品种为聚苯乙烯、高抗冲聚苯乙烯、ABS 树脂。

2.5.1　聚苯乙烯

聚苯乙烯是由苯乙烯单体通过自由基聚合而成的，英文名称为 polystyrene，简称 PS。聚苯乙烯的聚合方法有本体聚合、悬浮聚合、溶液聚合和乳液聚合。其结构式为

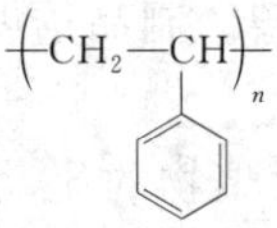

$$\{CH_2-CH\}_n$$

聚苯乙烯包括通用型聚苯乙烯（GPPS）和可发性聚苯乙烯（EPS）。可发性聚苯乙烯是苯乙烯单体通过悬浮聚合法制得的。发泡剂选用丁烷、戊烷以及石油醚等挥发性液体。发泡剂可以在聚合过程中加入，也可以在成型时加入。EPS的发泡倍率为 $50\sim70$ 倍。聚苯乙烯的优点是透明性高，加工流动性好，易着色，易印刷，电绝缘性、刚性都很好。聚苯乙烯的缺点是韧性差、耐热性低、耐溶剂性、耐化学试剂性、耐沸水性差，且易出现应力开裂的现象。

聚苯乙烯是通用塑料中最容易加工的品种之一，成型温度与分解温度相差大，可在很宽的温度范围内加工成型。同时，它具有成本低、刚性大、透明度好、电性能不受频率的影响等特点，因此可广泛地应用在仪表外壳、汽车灯罩、照明制品、各种容器、高频电容器、高频绝缘用品、光导纤维、包装材料等。可发性聚苯乙烯由于其质量轻、热导率低、吸水性小、抗冲击性好等优点，广泛地应用于建筑、运输、冷藏、化工设备的保温、绝热和减震材料等方面。

2.5.1.1 聚苯乙烯的结构

聚苯乙烯的分子链上交替连接着侧苯基。由于侧苯基的体积较大，有较大的位阻效应，而使聚苯乙烯的分子链变得刚硬，因此，玻璃化温度比聚乙烯、聚丙烯都高，且刚性、脆性较大，制品易产生内应力。由于侧苯基在空间的排列为无规结构，因此聚苯乙烯为无定形聚合物，具有很高的透明性。

侧苯基的存在使聚苯乙烯的化学活性要大一些，苯环所能进行的特征反应如氯化、硝化、磺化等聚苯乙烯都可以进行。此外，侧苯基可以使主链上 α-氢原子活化，在空气中易氧化生成过氧化物，并引起降解，因此制品长期在户外使用易变黄、变脆。但由于苯环为共轭体系，使得聚合物耐辐射性较好，在较强辐射的条件下，其性能变化较小。

2.5.1.2 聚苯乙烯的性能

聚苯乙烯为无色、无味的透明刚性固体，透光率可达 $88\%\sim90\%$，制品质硬，落地时会有金属般的响声。聚苯乙烯的相对密度在 $1.04\sim1.07$ 之间，尺寸稳定性好，收缩率低。聚苯乙烯容易燃烧，点燃后离开火源会继续燃烧，并伴有浓烟。

（1）力学性能　聚苯乙烯属于一种硬而脆的材料，无延伸性，拉伸时无屈服现象。聚苯乙烯的拉伸、弯曲等常规力学性能在通用塑料中是很高的，但其冲击强度很低。聚苯乙烯的力学性能与合成方式、相对分子质量大小、温度高低、杂质含量及测试方法有关。

（2）热性能　聚苯乙烯的耐热性能较差，热变形温度约为 $70\sim95℃$，最高使用温度为 $60\sim80℃$。聚苯乙烯的热导率较低，约为 $0.10\sim0.13W/(m\cdot K)$，基本不随温度的变化而变化，是良好的绝热保温材料。聚苯乙烯泡沫是目前广泛应用的绝热材料之一。聚苯乙烯的线膨胀系数较大，为 $(6\sim8)\times10^{-5}K^{-1}$，与金属相差悬殊甚大，故制品不易带有金属嵌件。此外，聚苯乙烯的许多力学性能都显著受到温度的影响。如图2-3和图2-4所示。

（3）电学性能　聚苯乙烯是非极性的聚合物，使用中也很少加入填料和助剂，因此具有良好的介电性能和绝缘性，其介电性能与频率无关。由于其吸湿率很低，电性能不受环境湿度的影响，但由于其表面电阻和体积电阻均较大，又不吸水，因此易产生静电，使用时需加入抗静电剂。

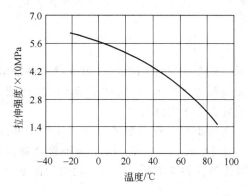

图 2-3　温度升高对聚苯乙烯拉伸强度的影响

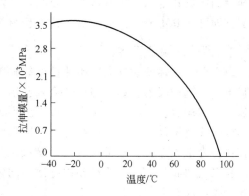

图 2-4　温度升高对聚苯乙烯拉伸弹性模量的影响

（4）化学性能　聚苯乙烯的化学稳定性比较好，可耐各种碱、一般的酸、盐、矿物油、低级醇及各种有机酸，但不耐氧化酸，如硝酸和氧化剂的侵蚀。聚苯乙烯还会受到许多烃类、酮类及高级脂肪酸的侵蚀，可溶于苯、甲苯、乙苯、苯乙烯、四氯化碳、氯仿、二氯甲烷以及酯类当中。此外，由于聚苯乙烯带有苯基，可使苯基 α 位置上的氢活化，因此聚苯乙烯的耐气候性不好，如果长期暴露在日光下会变色变脆，其耐光性、氧化性都较差，使用时应加入抗氧剂。但聚苯乙烯具有较优的耐辐射性。

2.5.1.3　聚苯乙烯的加工性能

聚苯乙烯是一种无定形的聚合物，没有明显的熔点，从开始熔融流动到分解的温度范围很宽，约在 120～180℃ 之间，且热稳定性较好，因此，成型加工可在很宽的范围内进行。

聚苯乙烯由于其成型温度范围宽且流动性、热稳定性好，所以可以用多种方法加工成型，如注射、挤出、发泡、吹塑、热成型等。

（1）由于聚苯乙烯的吸湿率很低，约为 0.01%～0.2%，因此加工前一般不需要干燥，如果需要制成透明度高的制品时，才需干燥。

（2）聚苯乙烯在成型过程中，分子链易取向，但在制品冷却定型时，取向的分子链尚未松弛完成，因此易使制品产生内应力。因此，加工时除了选择合适的工艺条件及合理的模具结构外，还应对制品进行热处理，热处理的条件一般为 60～80℃ 下处理 1～2h。聚苯乙烯的成型收缩率较低，一般为 0.2%～0.7%，有利于成型尺寸精度较高及尺寸稳定的制品。

（3）聚苯乙烯的主要成型方法为注射、挤出和发泡。注射成型是聚苯乙烯最常用的成型方法，可采用螺杆式注塑机及柱塞式注塑机。成型时，根据制品的形状和壁厚不同，可在较宽的范围内调整熔体温度，一般温度范围为 180～220℃。挤出成型可采用普通的挤出机，挤出成型的产品有板材、管材、棒材、片材、薄膜等。成型温度范围为 150～200℃。

2.5.2　聚苯乙烯泡沫塑料

聚苯乙烯还可通过发泡成型来制备包装材料及绝热保温材料。聚苯乙烯的泡沫制品也是其树脂的主要用途。其发泡方法主要有两种。第一种方法是首先把聚苯乙烯树脂制备成含有发泡剂的珠粒，称为可发性聚苯乙烯（EPS）。其方法是将聚苯乙烯珠粒在加热、加压条件下把戊烷、丁烷、石油醚等低沸点物理发泡剂渗入到珠粒中去，再使之溶胀即制得可发性聚苯乙烯珠粒。然后将可发性聚苯乙烯再通过预发泡、熟化处理，最终经过模压成型制得聚苯乙烯泡沫制品。EPS 质量轻，热导率低，吸水性小，介电性能优良，并能抗震和抗冲击，可广泛应用于运输、建筑、保温、隔热、防震材料以及包装材料等。第二种方法是直接将发泡剂（如偶氮化合物、碳酸铵等）及其他助剂与聚苯乙烯混合均匀，然后通过挤出发泡、冷却定型即可。其主要产品为片材、仿木型材等。

2.5.3 高抗冲聚苯乙烯

由于聚苯乙烯的脆性大、耐热性低等缺陷，因而限制了其应用范围。为改善这些缺陷，研制出了高抗冲聚苯乙烯。高抗冲聚苯乙烯的英文缩写为 HIPS。高抗冲聚苯乙烯的组成为聚苯乙烯和橡胶。其制备方法有两种，分别为机械共混法和接枝聚合法。

机械共混法是把聚苯乙烯和橡胶按比例配好，在挤出机、捏合机或双辊辊压机中共混。橡胶主要为丁苯橡胶、顺丁橡胶等。橡胶的用量一般为 $10\%\sim20\%$。由于两种聚合物的相容性有限，橡胶相在聚苯乙烯相中分散不均匀，因此增韧效果不显著，共混物的韧性不会大幅度提高，仅有某些改善。

接枝聚合法是把顺丁橡胶或丁苯橡胶溶解在苯乙烯单体中进行本体聚合或悬浮聚合。由接枝共聚法制备的高抗冲聚苯乙烯，其分子主链是由丁二烯、苯乙烯两种单体相嵌形成的嵌段共聚物，但又含有苯乙烯侧支链。由于共聚物中橡胶含量较少（一般为 $5\%\sim10\%$），因此分子链端以苯乙烯为主。这种共聚物可以克服机械共混法橡胶相分散不均匀的缺点，且分散相粒径为 $1\sim2\mu m$，韧性有大幅度的提高，目前已成为高抗冲聚苯乙烯的主要生产方法。近年来，采用丙烯酸酯橡胶代替顺丁橡胶，并使分散相粒径小于 $1\mu m$，可制得性能更为优异高光泽、高刚性的高抗冲聚苯乙烯，并在一些领域里替代了 ABS 树脂。

高抗冲聚苯乙烯的加工性能良好，与 ABS 树脂的成型性能相近，成型收缩率与 ABS 相近，因此，成型 ABS 的模具也适应于高抗冲聚苯乙烯。高抗冲聚苯乙烯的加工方法可以是注射、挤出、热成型、吹塑、泡沫成型等。

高抗冲聚苯乙烯除了冲击性能优异外，还具有聚苯乙烯的大多数优点，如尺寸稳定性好、刚性好、易于加工、制品光泽度高、易着色等，但其拉伸强度、光稳定性、氧渗透率较差。适于制造各种电气零件、设备罩壳、仪表零件、冰箱内衬、容器、食品包装及一次性用具等。高抗冲聚苯乙烯虽然价格略高于通用型聚苯乙烯，但由于性能的改善，目前已大量生产。专用级高抗冲聚苯乙烯已在许多应用中可代替工程塑料。

2.5.4 ABS 树脂

ABS 树脂是丙烯腈、丁二烯、苯乙烯的三元共聚物，英文名为 acrylonitrile-butadiene-styrene，简称 ABS。ABS 树脂是在对聚苯乙烯改性过程中开发出来的新型聚合物材料，它具有优异的综合性能，成为用途极为广泛的一种工程塑料。ABS 树脂的结构式为

$$+CH_2-CH\frac{}{x}+CH_2-CH=CH-CH_2\frac{}{y}+CH_2-CH\frac{}{z}$$

丙烯腈　　　　丁二烯　　　　　苯乙烯

ABS 树脂兼有三种组分的共同性能，成为具有"坚韧、质硬、刚性"的材料。丙烯腈能使聚合物耐化学腐蚀，且有一定的表面强度，丁二烯使聚合物呈现橡胶状韧性；苯乙烯使聚合物显现热塑性塑料的加工特性，即较好的流动性。ABS 树脂较聚苯乙烯具有耐热、抗冲击强度高、表面硬度高、尺寸稳定、耐化学药品性及电性能良好等特点。控制 A∶B∶S 的比例可以调节其性能，生产出不同型号、规格的 ABS 树脂，以适合各种应用的需要。例如增加组成中丙烯腈的含量时，其热稳定性、硬度及其他力学强度提高，而冲击强度和弹性降低。当树脂中丁二烯含量增加时，冲击强度提高了，而硬度、热稳定性、熔融流动性则降

低。目前生产的 ABS 树脂中单体含量一般为：丙烯腈 20％～40％，丁二烯 10％～30％，苯乙烯 30％～60％。

ABS 树脂优良的综合性能使其制品的应用范围很宽广。如应用在机械工业中可作为结构材料使用。可用来制造齿轮、轴承、泵叶轮、电机外壳、仪表盘、冰箱外壳、蓄电池槽等。在汽车工业中，可制作手柄、挡泥板、加热器、灯罩、热空气调节导管等。在航空工业中，可用来制作机舱装饰材料以及窗柜、隔声材料等。此外，ABS 还可用来制造纺织器材、计算机零部件、建筑用板材、管材以及生活日用品等。

2.5.4.1　ABS 的性能

ABS 树脂是无定形高分子材料，外观不透明，呈浅象牙色，无毒无味，相对密度为 1.05 左右。ABS 树脂具有很高的光泽度，与其他材料的结合性好，易于表面印刷、涂层。ABS 树脂还有很好的电镀性能，是极好的非金属电镀材料。ABS 树脂燃烧缓慢，氧指数约为 20％，火焰呈黄色有黑烟，有特殊气味，无熔融滴落，离火后仍然继续燃烧。

（1）力学性能　ABS 具有优良的力学性能，其突出特点见冲击强度高、可在极低的温度下使用，这主要是由于 ABS 中橡胶组分对外界冲击能的吸收和对银纹发展的抑制。ABS 树脂有良好的耐磨性、耐油性，尺寸稳定性好，可用于制作轴承。表 2-29 为各种品级 ABS 树脂的冲击强度。

表 2-29　各种品级 ABS 树脂的冲击强度（缺口）　　　　单位：J/m

型　　号	23℃	−20℃	−40℃
超高抗冲型	160.6～362.6	147～235.2	117.6～156.8
高抗冲型	284.2～333.2	117.6～147	98～117.6
抗冲型	186.2～215.6	68.6～78.4	39.2～58.8
自熄型	107.8	—	127.4
电镀型	254.8	117.6	73.5
挤出型	441	147	98

（2）热性能　ABS 树脂的热变形温度在 85～110℃，制品经退火处理后还可提高 10℃左右，但 ABS 树脂的最高连续使用温度并不高（为 60～80℃），但与某些聚合物混合后可使其最高连续使用温度提高。如与聚碳酸酯共混后，可提高至 95～105℃。ABS 树脂具有很好的耐寒性，在−40℃时仍能表现出一定的韧性。

（3）电性能　ABS 树脂具有良好的电绝缘性，温度、湿度和频率的变化对 ABS 树脂电性能没有显著的影响，因此可在大多数环境下使用。

（4）耐化学药品性　ABS 具有较良好的耐化学试剂性，除了浓的氧化性酸之外，对各种酸、碱、盐类都比较稳定，与各种食品、药物、香精油长期接触也不会引起什么变化。醇类、烃类对 ABS 无溶解作用，只能在长期接触中使它缓慢溶胀，醛、酮、酯、氯代烃等极性溶剂可以使它溶解或与之形成乳浊液，冰乙酸、植物油可引起应力开裂。

（5）环境性能　ABS 分子链中的丁二烯部分含有双键，使它的耐候性较差，在紫外线或热的作用下易氧化降解。特别对于波长不足 350nm 的紫外线部分更敏感。老化破坏的宏观表现是使材料变脆，例如经过半年户外暴露的 ABS 试样冲击强度可下降 50％。老化的脆化层起初增长较快，随后变慢。加入酚类抗氧剂或炭黑可在一定程度上改善老化性能。

ABS 树脂的综合性能见表 2-30。

表 2-30　ABS 树脂的综合性能

性　　　能	高抗冲型	耐　热　型	中抗冲型
相对密度	1.02～1.05	1.06～1.08	1.05～1.07
吸水率/%	0.2～0.45	0.2～0.45	0.2～0.45
成型收缩率/%	0.3～0.8	0.3～0.8	0.3～0.8
拉伸强度/MPa	35～44	44～57	42～62
断裂伸长率/%	5～60	3～20	5～25
弯曲强度/MPa	52～81	70～85	69～72
压缩强度/MPa	49～64	65～71	73～88
洛氏硬度(R)	65～109	105～115	108～115
热变形温度(1.82MPa)/℃	99～107	94～110	102～107
线膨胀系数/$\times 10^{-5} K^{-1}$	9.5～10.0	6.7～9.2	7.9～9.9
最高连续使用温度/℃	60～75	60～75	60～75
热导率/[W/(m・K)]	0.16～0.29	0.16～0.29	0.16～0.29
体积电阻率/Ω・cm	$(1～4.8)\times 10^{16}$	$(1～5)\times 10^{16}$	2.7×10^{16}
介电常数(10^6 Hz)	2.4～3.8	2.4～3.8	2.4～3.8
介电损耗角正切(10^6 Hz)	0.009	0.009	0.009
介电强度/(kV/mm)	13～20	13～20	13～20
耐电弧/s	66～82	66～82	66～82
氧指数/%	20	20	20

2.5.4.2　ABS 树脂的成型加工性

(1) 加工特性　ABS 是无定形聚合物，无明显熔点，熔融流动温度不太高，随所含三种单体比例不同，在 160～190℃ 范围即具有充分的流动性，且热稳定性较好，在约高于285℃时才出现分解现象，因此加工温度范围较宽。ABS 熔体具有较明显的非牛顿性，提高成型压力可以使熔体黏度明显减小，黏度随温度升高也会明显下降。ABS 吸湿性稍大于聚苯乙烯，吸水率约在 0.2%～0.45% 之间，但由于熔体黏度不太高，故对于要求不高的制品，可以不经干燥，但干燥可使制品具有更好的表面光泽并可改善内在质量。在 80～90℃下干燥 2～3h，可以满足一般成型要求。对于特殊要求的制品（如电镀）的干燥条件为 70～80℃，时间 8～18h。ABS 具有较小的成型收缩率，收缩率变化最大范围约为 0.3%～0.8%，在多数情况下，其变化小于该范围。

(2) 加工方法　ABS 的加工性能优良，可以用各种成型方法来加工。

注射成型是 ABS 最重要的成型方法。可采用螺杆式注塑机，也可采用柱塞式注塑机。选用柱塞式注塑机的成型温度为 180～230℃，而选用螺杆式注塑机的成型温度为160～220℃；对表面光泽度要求高的制品模具温度为 60～80℃，而一般制品模具温度为 50～60℃ 即可；对薄壁制品注射压力为 130～150MPa，而对厚壁制品注射压力则为60～70MPa。

挤出成型可选用通用型单螺杆挤出机。挤出机的长径比（L/D）一般为 18～22，压缩比为 2.5～3。以管材为例，挤出成型的工艺条件为料筒温度 160～180℃，机头温度为175～195℃。

ABS 树脂还可电镀成型。ABS 树脂是少数几种能采用电镀工艺的塑料品种之一。用于电镀的 ABS 是电镀级 ABS，其中含有丁二烯单体在 18%～23% 之间，并采用接枝共聚法制备，这样可使材料的电镀层最为牢固。制品电镀前要经过消除应力、除油、粗化、敏化、活化等工序，最后进行化学镀和电镀。

2.5.5　其他苯乙烯系树脂

2.5.5.1　AS 树脂

AS 树脂是苯乙烯-丙烯腈的共聚物，也称 SAN 树脂。其中丙烯腈的含量约为 25%。通常采用连续本体聚合法制备。将两种单体按比例混合，以过氧化苯甲酰或偶氮二异丁腈为引发剂进行共聚。AS 树脂是无定形线型高聚物，是具有高的耐热性、优异的光泽和耐化学药品性的透明塑料。AS 树脂还具有较高的硬度、刚性、尺寸稳定性和承载能力。

AS 树脂的热变形温度范围为 93～110℃，持续使用温度为 85℃，断裂强度为 30～84MPa，AS 具有高的弯曲强度和模量，缺口 Izod 冲击强度为 10.6～26.7J/m，与 ABS 相比，AS 的冲击强度较低，其他物理性能如耐化学药品性、耐热性、拉伸强度、弯曲强度等均优于通用 ABS，由于 AS 的透明性好，故有透明 ABS 之称。

表 2-31 为不同种类 AS 的性能。

表 2-31　不同种类 AS 的性能

项　目	高流动型	一般流动型	高耐热型	高流动、高耐热、高耐化学性型
拉伸强度/MPa	72	74	78	78
伸长率/%	3.2	3.2	3.4	3.4
拉伸弹性模量/MPa	2.6	2.6	2.7	2.7
冲击强度/(kJ/m²)	2.1	2.3	2.5	2.7
洛氏硬度(R)	76	76	77	80
热变形温度/℃	83	83	84	84
熔体流动速率/(g/10min)	2.2	1.4	1.4	3.3

AS 也可适用于多种方法成型加工，可以注塑、挤出、吹塑、旋转模塑、热成型、泡沫制品成型，但最常采用的是注塑和挤出。注射成型在 180～270℃ 范围内进行，模具温度范围 65～75℃；挤出成型在 180～230℃ 范围内进行。

AS 的应用扩大了原聚苯乙烯的应用范围，主要应用于制备餐具、杯、盘、牙刷柄等日用品、化妆品、包装容器、仪表面罩、仪表板、收录机及电视机旋钮、标尺、仪表透镜、耐油的机械零件、空调机零部件、照相机及汽车零部件（尾灯罩、仪表壳、仪表盘）、风扇叶片、文教用品、渔具、玩具、灯具等，也可用于制备耐热的强度较高的薄壁管材。

2.5.5.2　AAS 树脂

AAS 也称 ASA，是丙烯腈、丙烯酸酯和苯乙烯三种单体组成的热塑性塑料，它是将聚丙烯酸酯橡胶的微粒分散于 AS 中的接枝共聚物，橡胶含量约 30%。

AAS 制品具有高的光泽，良好的耐化学性和热性能、耐环境应力开裂性、耐蠕变性以及高的低温冲击强度。AAS 的成型方法和应用与 ABS 相近。由于用不含双键的聚丙烯酸酯橡胶代替了丁二烯，所以 AAS 的耐候性要比 ABS 高 8～10 倍。因此 AAS 在建筑、娱乐、交通运输方面获得广泛的应用。表 2-32 为 AAS 的主要性能。

2.5.5.3　ACS 树脂

ACS 是丙烯腈、氯化聚乙烯与苯乙烯的三元共聚物。ACS 具有成型收缩率小、尺寸稳定性好、阻燃性高等优点。ACS 具有很好的耐候性，而且随氯化聚乙烯含量增加，ACS 的耐老化性也会提高。ACS 的基本性能如表 2-33 所示。

表 2-32 AAS 的主要性能

性　能	数　值	性　能	数　值
热变形温度/℃	82～104	缺口 Izod 冲击强度/(J/m)	
拉伸强度/MPa	28～49	23℃	480～587
断裂伸长率/%	25～40	−40℃	214～320
弯曲模量/MPa	1547		

表 2-33 ACS 的基本性能

性　能	高刚性 ACS 树脂	耐热型 ACS 树脂	性　能	高刚性 ACS 树脂	耐热型 ACS 树脂
相对密度	1.16	1.16	伸长率/%	50	50
拉伸强度/MPa	45	36	缺口冲击强度/(J/m)	53.4	74.7
拉伸模量/MPa	2200	2046	洛氏硬度(R)	106	102
弯曲强度/MPa	58	48	热变形温度(1.85MPa)/℃	80	89
弯曲模量/MPa	2496	2109			

2.5.5.4 AES 树脂

AES 树脂是乙丙橡胶和丙烯腈、苯乙烯的接枝共聚物。热稳定性和耐热氧化性优于 ABS 树脂，耐候性比 ABS 树脂高 4～8 倍。在 88℃、336h 热老化后，AES 的冲击强度下降 5%～8%，而 ABS 下降 17%～40%；纯氧条件下，在 90℃、388h 老化后，AES 增重 4mg，ABS 增重 14mg。表 2-34 为 AES 的基本性能。

表 2-34 AES 的基本性能

性　能	数值		性　能	数值	
	挤出级	模压级		挤出级	模压级
相对密度	1.034	1.042	熔体流动速率/(g/10min)	0.2	1.8
冲击强度/(kJ/m²)			吸水率/%	0.20	0.19
23℃	49	33.3	燃烧性/(mm/min)	25.4	—
4℃	8.4	8.4	体积电阻率/Ω·m	10^{16}	10^{16}
落锤冲击强度/(J/cm²)	—	42.2	介电常数(10^3 Hz)	2.79	
洛氏硬度(R)	100	105	(10^6 Hz)	2.70	
拉伸强度/MPa	39	43	介电损耗角正切/×10^{-4}		
弯曲强度/MPa	68	78	(10^3 Hz)	60	
热变形温度/℃	89	86	(10^6 Hz)	80	

2.5.5.5 茂金属聚苯乙烯

茂金属聚苯乙烯为在茂金属催化剂作用下合成的间同结构聚苯乙烯树脂，它的苯环交替排列在大分子链的两侧，产品具有熔点高、耐水解、耐热、耐化学腐蚀、密度小、加工前不用干燥、收缩小及尺寸稳定性好等优点，具有与聚酰胺、聚苯硫醚类似的性能，是传统增强工程塑料的理想替代品。

茂金属聚苯乙烯的间规度约为 85%，熔点高达 270℃，类似于聚酰胺 66，比普通聚苯乙烯高 3 倍左右；具有优良的耐热性，其热变形温度为 25℃；耐化学药品、水及水蒸气性能好，冲击强度及刚性均优良。用玻璃纤维增强后，性能会进一步提高。

茂金属聚苯乙烯可用注塑方法成型加工。可用作注塑部件、磁带、绝缘薄膜、包装用板、纤维、汽车发动机部件、保险杠及燃油分配转子等。茂金属聚苯乙烯还可用于耐热塑料制品，在众多耐高温材料中，其用量排在聚苯硫醚之后，居第二位。

2.5.6 聚苯乙烯对环境的影响

聚苯乙烯塑料或聚苯乙烯泡沫塑料是世界上应用最广泛的塑料之一，产量在塑料中仅次于聚氯乙烯及聚乙烯，居第三位，聚苯乙烯广泛用作各种的包装材料、广告装潢、泡沫保温材料、家电和办公用品缓冲包装材料、容器及一次性餐具等，由于聚苯乙烯泡沫塑料多属一次应用，不仅造成资源浪费，由于聚苯乙烯泡沫塑料密度小（$0.02 \sim 0.04 \mathrm{g/cm^3}$），质量轻，废弃物所占体积大，不易降解，埋在地下则由于聚苯乙烯不易老化腐烂，也不易被微生物降解，就会破坏土壤结构，造成严重环境污染，成为全球性环境白色污染，因此，回收和再生利用废弃聚苯乙烯或开发出可替代聚苯乙烯的新型材料是很有必要的。

废弃聚苯乙烯的回收和再生利用方法主要有物理法和化学裂解法。物理法是用物理的方法回收聚苯乙烯泡沫塑料。包括废弃聚苯乙烯的再造粒、脱泡与熔融造粒、废弃聚苯乙烯再发泡等。化学裂解法是通过化学裂解得到的苯乙烯单体，经聚合后可得到与塑料一致的原料。其主要方法有溶液裂解法、催化裂解法、铅室裂解法、惰性气体裂解法等。

聚苯乙烯泡沫塑料是一种优良的材料，如果能再生循环利用，它的优势会很明显。聚苯乙烯泡沫塑料经回收后，被送往再生处理公司，经过分拣、粉碎熔融、造粒等工艺流程，可生成塑料再生粒子。在再生处理过程中，有污水处理设施，避免二次污染。这些再生粒子经过再加工后，可制成再生制品，可用于制作轻质建筑保温材料、涂料、黏结剂、防水材料等。据统计，1 吨一次性聚苯乙烯泡沫塑料经过再生处理，可以生成约 0.5 吨塑料再生粒子。据介绍，日本的聚苯乙烯再生资源利用率在 1998 年达 31%，2000 年已达 35%。美国及欧盟各国现在都在组织回收废弃聚苯乙烯，以完成可持续利用。

目前，也有研究用可降解材料来替代聚苯乙烯塑料，比如，美国 Purde 大学采用阴离子聚合开发的淀粉接枝聚苯乙烯共聚物能有效地控制共聚物的相对分子质量和物理性质。这种淀粉接枝聚苯乙烯共聚物为淀粉基降解材料，其中淀粉含量为 20%～30%，性质与聚苯乙烯相似，适合作瓶子等容器，又比如，日本研制的脂肪族聚酯——聚乙丙酯，为一种热塑性塑料，它的强度高，无毒，易成型，而且价格便宜，已在一次性快餐盒等领域中替代聚苯乙烯泡沫塑料得到了广泛的应用。

2.6 丙烯酸类树脂

丙烯酸类树脂是以丙烯酸及其酯类聚合所得到的聚合物。其中最具代表性的是聚甲基丙烯酸甲酯，其次是各种涂料、黏合剂、树脂改性剂等。

2.6.1 聚甲基丙烯酸甲酯

聚甲基丙烯酸甲酯俗称有机玻璃，缩写为 PMMA，于 1930 年开始工业化生产。聚甲基丙烯酸甲酯的聚合方法主要是悬浮聚合，其次是本体聚合、溶液聚合及乳液聚合。悬浮聚合适于制备模塑用的颗粒料或粉状料，本体聚合适于制备板材、棒材及管材等型材。溶液聚合与乳液聚合分别适用于制备黏合剂及涂料。

聚甲基丙烯酸甲酯具有高度的透光性、透光率是所有塑料材料中最高的，并且有良好的耐候性，因此在航空工业中得到了应用。如可用来制作飞机座舱玻璃、防弹玻璃的中间夹层材料。在汽车工业上可利用其光学性能、耐候性与绝缘性，制作窗玻璃、仪表玻璃、油标、仪器仪表的透光绝缘配件。也可利用其着色性能，用作装饰件标牌等。此外，还可用作光导纤维以及各种医用、军用、建筑用玻璃等。

2.6.1.1 聚甲基丙烯酸甲酯的结构

聚甲基丙烯酸甲酯的分子结构式为

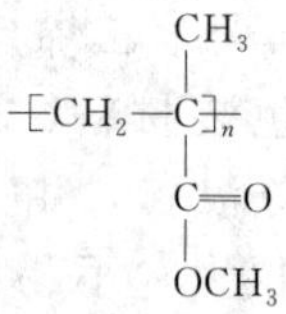

$$-[CH_2-C]_n-$$

聚甲基丙烯酸甲酯为无定形聚合物，其相对密度为 1.17～1.19。由于其分子链具有较大的侧基，因此玻璃化温度约为 104℃，流动温度约为 160℃，热分解温度约为 270℃，有较宽的加工温度范围。另外，因侧基带有极性，所以电性能不如聚烯烃类塑料。

2.6.1.2 聚甲基丙烯酸甲酯的性能

（1）光学性能 聚甲基丙烯酸甲酯为刚性无色透明材料，具有十分优异的光学性能，透光率可达 90%～92%，折射率为 1.49，并可透过大部分紫外线和红外线。由于对光线吸收率极小，因此可用作光线的全反射装置。

（2）力学性能 聚甲基丙烯酸甲酯具有较高的力学性能，在常温下具有优良的拉伸强度、弯曲强度和压缩强度；但冲击强度不高，悬臂梁冲击强度为 20J/m，但将折射率与聚甲基丙烯酸甲酯相近的丙烯酸酯橡胶微粒分散在其中形成的高分子共混物，在保持透明性的同时，悬臂梁冲击强度可提高到 50J/m。聚甲基丙烯酸甲酯的表面硬度比较低，容易擦伤。此外，其耐磨性和抗银纹的能力都比较低。

（3）电性能 由于聚甲基丙烯酸甲酯的侧甲酯基的极性不太大，所以它仍具有良好的介电性能和电绝缘性能。聚甲基丙烯酸甲酯具有很好的抗电弧性能，在电弧的作用下，表面不会产生碳化的导电通路和电弧径迹现象。此外，它的介电常数较大，可用作高频绝缘材料。

（4）热性能 聚甲基丙烯酸甲酯的耐热性不高，最高使用温度为 60～80℃，其氧指数为 17.3%，属于易燃塑料；热导率为 0.19W/(m·K)，在塑料材料中为中等水平。

（5）耐化学药品性 聚甲基丙烯酸甲酯由于有酯基的存在使其耐溶剂性一般，可耐碱及稀无机酸、水溶性无机盐、油脂、脂肪烃；不溶于水、甲醇、甘油等；但吸收醇类可溶胀，并产生应力开裂。不耐芳烃、氯代烃，可溶解于二氯乙烷、氯仿、甲苯等。

（6）环境性能 聚甲基丙烯酸甲酯具有很好的耐候性，可长期在户外使用，其试样经过 4 年的自然老化试验，性能下降也很小。并且对臭氧和二氧化硫等气体具有良好的抵抗能力。

2.6.1.3 聚甲基丙烯酸甲酯的成型加工性

（1）加工特性 聚甲基丙烯酸甲酯由于含有极性的侧酯基，因此吸湿性较大，吸水率一般为 0.3% 左右，所以加工前必须经过干燥处理，使其含水量在 0.02% 以下。干燥条件为 80～100℃条件下干燥 4～6h。

聚甲基丙烯酸甲酯属非牛顿流体，熔体黏度比较高，其黏度随温度的上升和剪切速率的增大都会明显降低，所以改变以上两种因素都可取得良好的加工流动性。但由于其熔体的黏度较大，冷却速率较快，因此成型过程中易产生内应力。因此加工过程中的工艺条件要严格控制，且制品成型后也必须进行退火处理。

此外，由于聚甲基丙烯酸甲酯的成型收缩率低且机械加工性能较好，所以有利于生产出各种尺寸要求及精度较高的制品。

（2）加工方法 聚甲基丙烯酸甲酯的成型方法可采用注塑、挤出、浇注、热成型等方法。

注射成型可选用普通的柱塞式或螺杆式注塑机。注射温度一般为 180～240℃，注射压力为 80～130MPa，模具温度为 40～60℃。注塑完成后，所得制品需要进行后处理来消除内应力，一般处理温度为 70～80℃，时间为 3～4h。

挤出成型可采用单阶或双阶排气式挤出机，螺杆长径比为 20～25，成型温度为 210～230℃。

浇注成型可用于生产板材、棒材、圆管等型材，制品也需进行后处理。

热成型的温度一般为 100～120℃。其加工方法是将聚甲基丙烯酸甲酯的板材或片材加热至高弹态，再采用真空加压或直接加压的方法成型。

2.6.2　聚甲基丙烯酸甲酯的改性品种

2.6.2.1　甲基丙烯酸甲酯共聚物

（1）甲基丙烯酸甲酯-苯乙烯共聚物　简称 MS，甲基丙烯酸甲酯-苯乙烯的共聚物是以甲基丙烯酸甲酯为主体，其韧性优于一般的聚甲基丙烯酸甲酯，而且流动性好、易加工、耐擦伤、成本低，其一般性能如表 2-35 所示。

表 2-35　甲基丙烯酸甲酯-苯乙烯共聚物的一般性能

项　目	性　能	项　目	性　能	项　目	性　能
密度/(g/cm³)	1.09～1.12	热变形温度/℃	78～89	洛氏硬度(M)	95
熔体流动速率/(g/10min)	2～4	成型收缩率/%	<0.5	透光率/%	92
拉伸强度/MPa	60.76～68.6	弯曲弹性模量/MPa	800～2610	吸水率/%	<0.2
弯曲强度/MPa	98～107.8	冲击强度/(kJ/m²)	18.3		

（2）甲基丙烯酸甲酯与丙烯酸甲酯共聚物　此种共聚物具有很高的冲击强度及耐磨性，而且透光率仍可与聚甲基丙烯酸甲酯相媲美。

（3）甲基丙烯酸甲酯-苯乙烯-顺丁橡胶共聚物　简称 MBS，此种共聚物为顺丁橡胶大分子链上接枝甲基丙烯酸甲酯和苯乙烯的接枝共聚物，具有高光泽度、高透明度和高韧性。同时其染色性很好，透光率和耐紫外线性能也较高，可用作透明材料，也可用于冲击改性剂。

2.6.2.2　其他丙烯酸类聚合物

其他丙烯酸类聚合物有聚 α-氟代丙烯酸甲酯、聚 α-氯代丙烯酸甲酯、聚 α-氰基丙烯酸甲酯等。聚 α-氟代丙烯酸甲酯的拉伸强度、冲击强度都较高，透明性也较好，同时还具有很好的耐热性。聚 α-氯代丙烯酸甲酯具有较好的耐热性、表面硬度，且耐擦伤，可以用来制作耐热的透明板材。聚 α-氰基丙烯酸甲酯是一种快速黏合剂，能够粘接复杂的零件，且有很好的耐热性和耐溶剂性，但耐老化性不好，在黏合部位不能经常与水接触。

2.7　酚醛树脂

凡酚类化合物与醛类化合物经缩聚反应制得的树脂统称为酚醛树脂，常见的酚类化合物有苯酚、甲酚、二甲酚、间苯二酚等；醛类化合物有甲醛、乙醛、糖醛。合成时所用的催化剂有氢氧化钠、氢氧化钡、氨水、盐酸、硫酸、对甲苯磺酸等。其中，最常使用的酚醛树脂是由苯酚和甲醛缩聚而成的产物，简称 PF。这种酚醛树脂是最早实现工业化的一类热固性树脂。

酚醛树脂虽然是最早的一类热固性树脂，但由于它原料易得、合成方便以及树脂固化后性能能够满足许多使用要求，因此在工业上仍得到广泛的应用。用酚醛树脂制得的复合材料耐热性高，能在 150～200℃ 范围内长期使用，并具有吸水性小、电绝缘性能好、耐腐蚀、尺寸精确和稳定等特点。它的耐烧蚀性能好，比环氧树脂、聚酯树脂及有机硅树脂胶都好。因此，酚醛树脂复合材料已广泛地在电机、电气及航空、航天工业中用作电绝缘材料和耐烧蚀材料。

在工业上生产酚醛树脂是通过控制原料苯酚和甲醛的摩尔比以及反应体系的 pH 值，就可以合成出两种性质不同的酚醛树脂：含有羟甲基结构、可以自固化的热固性酚醛树脂和酚基与亚甲基连接、不带羟甲基反应官能团的热塑性酚醛树脂。

2.7.1 酚醛树脂的合成

2.7.1.1 热塑性酚醛树脂的合成

热塑性酚醛树脂是在酸性条件下（pH<7）、甲醛与苯酚的摩尔比小于 1（如 0.80～0.86）时合成的一种热塑性线型树脂。它是可溶、可熔的，在分子内不含羟甲基的酚醛树脂，其反应过程如下。

首先是加成反应，生成邻位和对位的羟甲基苯酚。

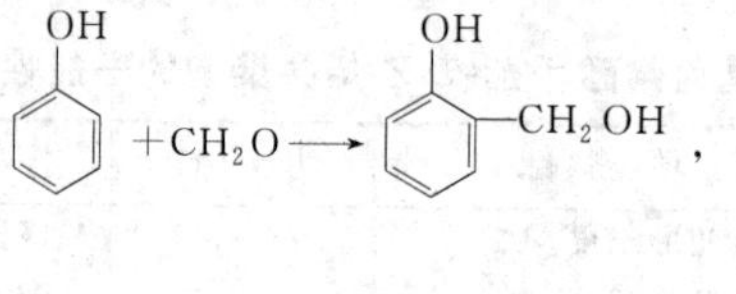

这些反应物很不稳定，会与苯酚发生缩合反应，生成二酚基甲烷的各种异构体。

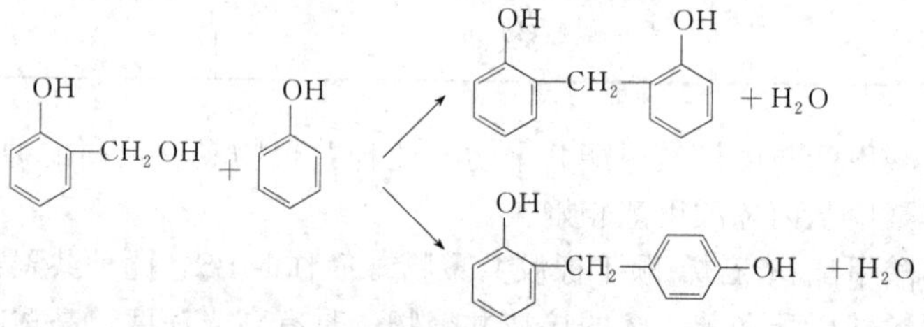

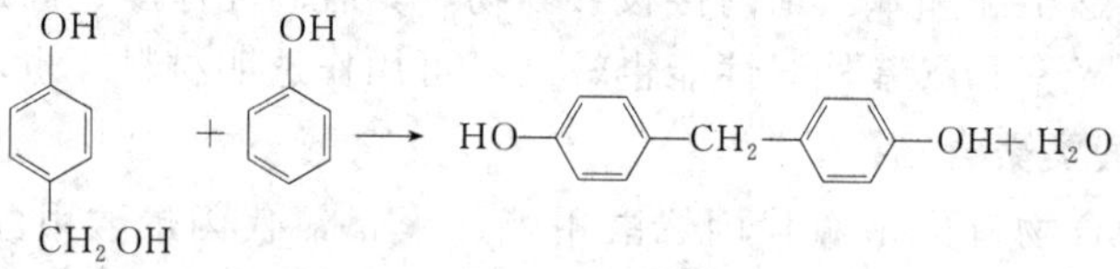

生成的二酚基甲烷异构体继续与甲醛反应，使缩聚产物的分子链进一步增长，最终得到线型酚醛树脂，其分子结构式如下。

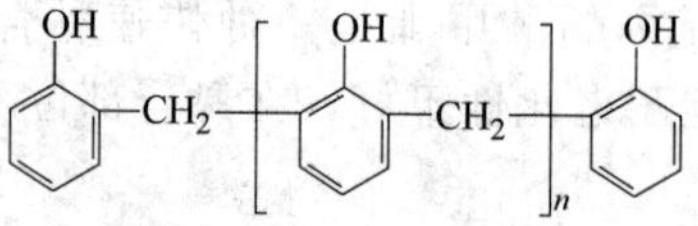

其聚合度 n 与苯酚用量有关，一般为 4～12。与热固性酚醛树脂相比，热塑性酚醛大分子上不存在羟甲基侧基，因此树脂受热时只能熔融而不会自行交联。由于在热塑性酚醛树脂大分子的酚基上存在一些未反应的活性点，在与甲醛或六亚甲基四胺相遇时，在一定的条件下会发生缩聚反应，固化交联为不溶不熔的体型结构。

热塑性酚醛树脂的缩聚反应依据 pH 值的大小，可得到两种分子结构酚醛树脂：通用型酚醛树脂和高邻位酚醛树脂。

通用型酚醛树脂是在强酸条件下（pH<3）合成的，此时缩聚反应主要通过酚羟基的对位来实现，在最终得到的酚醛树脂，酚基上所留下的活性位置邻位多而对位少，而酚羟基邻位的活性小，对位的活性大，所以这种酚醛树脂加入固化剂后继续进行缩聚反应的速率较慢。

高邻位酚醛树脂是用某些特殊的金属碱盐作催化剂（如含锰、钴、锌等的化合物），pH 为 4～7 时，通过反应制得的。由于此时的反应位置主要在酚羟基的邻位，保留了活性大的对位来参与反应，因此这种树脂加入固化剂后，可以快速固化。这种高邻位热塑性酚醛树脂的固化速度比通用型热塑性酚醛树脂快 2～3 倍，而且制得的模压制品热刚性也比较好。

2.7.1.2 热固性酚醛树脂的合成

热固性酚醛树脂的合成是用苯酚和过量的甲醛（摩尔比为 1.1～1.5）在碱性催化剂如氢氧化钠存在下（pH＝8～11）缩聚反应而成的。反应过程可分为以下两步。

首先是加成反应，苯酚和甲醛通过加成反应生成多种羟甲基酚。

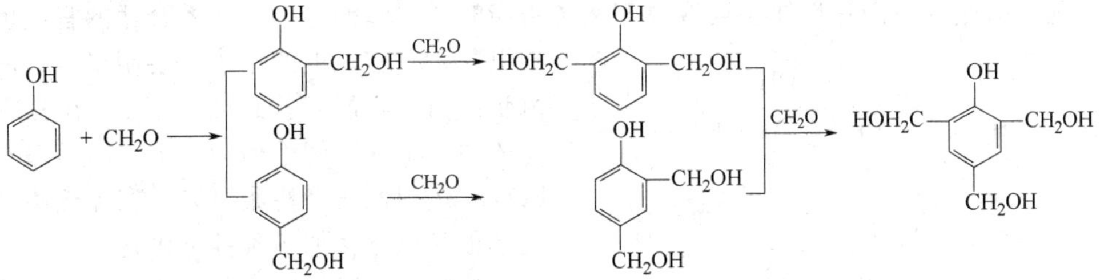

然后，羟甲基酚进一步进行缩聚反应，主要有以下两种形式的反应。

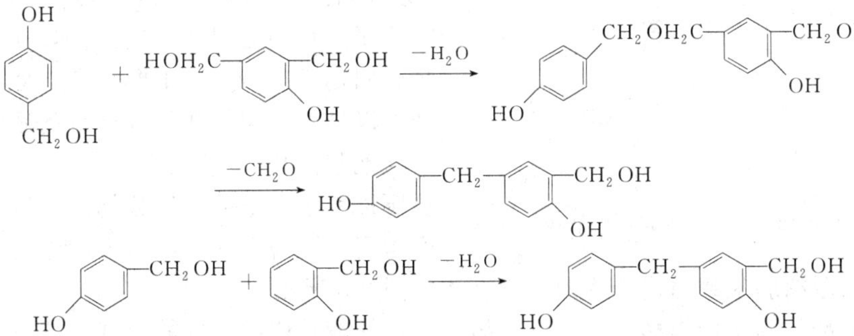

此时得到聚合物为线型结构，可溶于丙酮、乙醇中，称为甲阶酚醛树脂。由于甲阶酚醛树脂带有可反应的羟甲基和活泼的氢原子，所以在一定的条件下，它就可以继续进行缩聚反应成为一种部分溶解于丙酮或乙醇中的酚醛树脂，称为乙阶酚醛树脂。乙阶酚醛树脂的分子链上带有支链，有部分的交联，结构也较甲阶酚醛树脂复杂。这种树脂呈固态，有弹性，加热只能软化，不熔化。乙阶酚醛树脂中仍然带有可反应的羟甲基。如果对乙阶酚醛树脂继续加热，它就会继续反应，分子链交联成立体网状结构，形成了不溶不熔、完全硬化的固体，称为丙阶酚醛树脂。

由上述可知，热固性酚醛树脂在反应初期主要是加成反应，形成单羟甲基酚、多元羟甲基酚以及低聚体等。随着反应的不断进行，树脂相对分子质量逐渐增大，如果反应不加控制，最终将形成凝胶状交联物。若在交联点前使反应体系骤冷，则各种反应的速度均降低。通过控制反应程度，可以获得适合不同用途的树脂产物。例如，若使反应程度较低，则得到的是平均分子质量很低的水溶性酚醛树脂，可用作木材的黏结剂；当控制反应使产物脱水呈半固态树脂状时，这种产物可称为甲阶酚醛树脂，可溶于醇类等溶剂，适合作清漆以及复合材料的基体材料使用；若控制反应至脱水呈固体树脂，则可用作酚醛模塑料或特殊用途的黏结剂。

用乙醇将热固性酚醛树脂调制成树脂含量为 57％～62％、游离酚含量为 16％～18％ 的胶液，在浸胶机上浸渍纤维或片状模塑料，烘干后得到复合材料预浸料。预浸料经模压成型后可制成层合板材或者缠绕成型制成管材、型材等。也可采用湿法成型工艺，即边浸胶边成型固化，制成纤维或织物增强酚醛树脂材料。

2.7.2 酚醛树脂的固化

前面已经讲到，在酚醛树脂聚合的过程中，加入碱性催化剂或是加入酸性催化剂所得到的是不同种类的酚醛树脂。对于热固性酚醛树脂来说，它是一种含有可进一步反应的羟甲基活性基团的树脂，如果合成反应不加控制，则会使体型缩聚反应一直进行到形成不溶不熔的具有三维网络结构的固化树脂，因此这类树脂又称一阶树脂。对于热塑性酚醛树脂来说，它是线型树脂，进一步反应不会形成三维网状结构的树脂，要加入固化剂后才能进一步反应形成具有三维网状结构的固化树脂，这类树脂又称为二阶树脂。

2.7.2.1 热固性酚醛树脂的固化

热固性树脂的热固化性能主要取决于制备树脂时酚与醛的比例和体系合适的官能度。由于甲醛是二官能度的单体，要制得可以固化的树脂，酚的官能度就必须大于 2。在三官能度的酚中，苯酚、间甲酚和间苯二酚是最常用的原料。热固性酚醛树脂可以是在加热条件下固化，也可以是在加酸条件下固化。

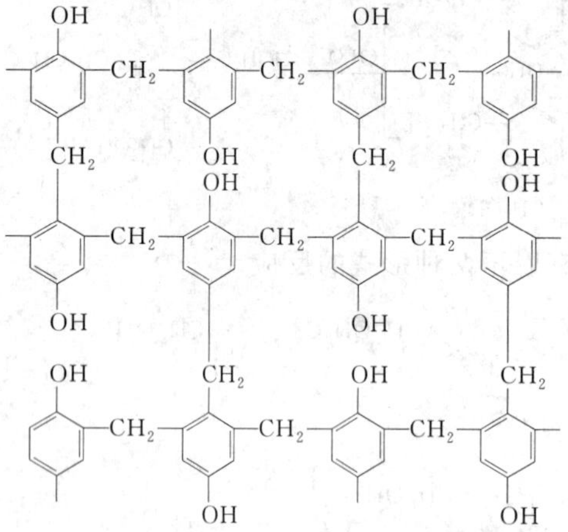

热固性酚醛树脂及其复合材料采用热压法使其固化时的加热温度一般为 $145\sim175℃$。在热压过程中会产生一些挥发分（如溶剂、水分和固化产物等），如果没有较大的成型压力来加以排除，就会在复合材料制品内形成大量的气泡和微孔，从而影响质量。一般来说，在热压过程中产生的挥发分越多，热压过程中温度越高，则所需的成型压力就越大。

图 2-5 热固性酚醛树脂最终固化产物的化学结构

热固性酚醛树脂最终固化产物的化学结构如图 2-5 所示。

热固性酚醛树脂在用作黏合剂及浇注树脂时，一般希望在较低的温度，甚至是在室温下固化。为了达到这一目的，这时就需要在树脂中加入合适的无机酸或有机酸，工业上把它们称为酸类固化剂。常用的酸类固化剂有盐酸或磷酸，也可用对甲苯磺酸、苯酚磺酸或其他的磺酸。一般来说，热固性树脂在 pH＝3～5 的范围内非常稳定，间苯二酚类型的树脂最稳定的 pH 值为 3，而苯酚类型的树脂最稳定的 pH 值约为 4 左右。

2.7.2.2 热塑性酚醛树脂的固化

对于热塑性酚醛树脂的固化来说，是需要加入聚甲醛、六亚甲基四胺等固化剂才能与树脂分子中酚环上的活性点反应，使树脂固化。热固性酚醛树脂也可用来使热塑性树脂固化，因为它们分子中的羟甲基可与热塑性酚醛树脂酚环上的活泼氢作用，交联成体型结构。

六亚甲基四胺是热塑性酚醛树脂最广泛采用的固化剂。热塑性酚醛树脂广泛用于酚醛模压料，大约 80％的模压料是用六亚甲基四胺固化的。用六亚甲基四胺固化的热塑性酚醛树脂还可用作黏合剂和浇注树脂。

由稍微过量的氨通入稳定的甲醛水溶液中进行加成反应，浓缩水溶液即可结晶出六亚甲基四胺。其分子式为 $(CH_2)_6N_4$，结构式为

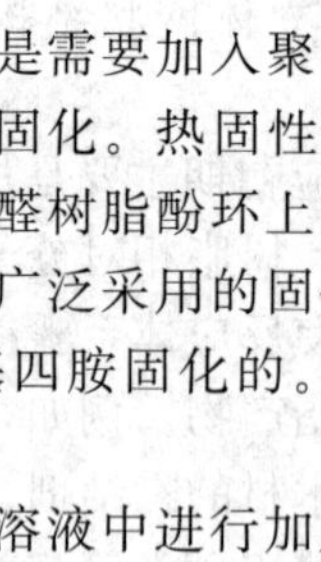

六亚甲基四胺固化热塑性酚醛树脂的机理目前仍不十分清楚，一般认为其固化反应如下。

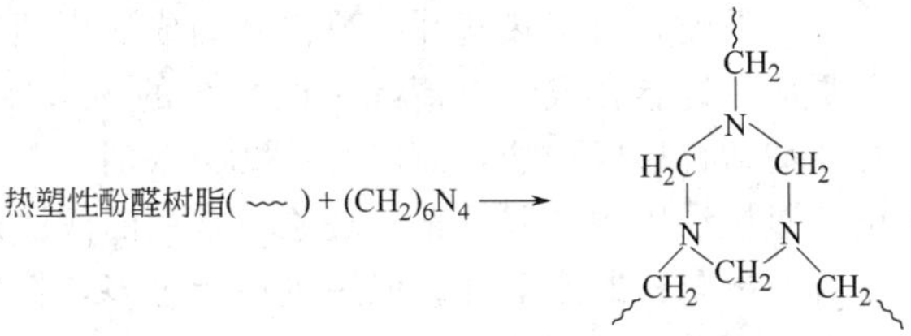

$$热塑性酚醛树脂(\sim) + (CH_2)_6N_4 \longrightarrow$$

六亚甲基四胺的用量一般为树脂量的 10%～15%，用量不足会使制品固化不完全或固化速率降低，同时耐热性下降。但用量太多时，成型中由于六亚甲基四胺的大量分解会产生气泡，固化物的耐热性、耐水性及电性能都会下降。

2.7.3　酚醛树脂的性能

酚醛树脂为无定形聚合物，根据合成原料与工艺的不同，可以得到不同种类的酚醛树脂，其性能差别也比较大。总的来说，酚醛树脂有如下共同的特点。

（1）强度及弹性模量都比较高，长期经受高温后的强度保持率高，使用温度高。但质脆，抗冲击性能差，需加入填充增强剂。加入有机填充物的使用温度为 140℃，无机填充物的使用温度为 160℃，玻璃纤维和石棉填充的最高使用温度可达 180℃。

（2）耐化学药品性能优良，可耐有机溶剂和弱酸弱碱，但不耐浓硫酸、硝酸、强碱及强氧化剂的腐蚀。

（3）电绝缘性能较好，有较高的绝缘电阻和介电强度，所以是一种优良的工频绝缘材料，但其介电常数和介电损耗比较大。此外，电性能会受到温度及湿度的影响，特别是含水量大于 5% 时，电性能会迅速下降。

（4）酚醛树脂的蠕变小，尺寸稳定性好，且阻燃性好，发烟量低。

（5）由于树脂结构中含有许多酚基，所以吸水性较大。吸湿后制品会膨胀，产生内应力，出现翘曲现象。随含水量的增加，拉伸强度和弯曲强度会下降，而冲击强度会上升。

2.7.4　酚醛树脂的成型加工

酚醛树脂的成型加工方法主要有模压成型、层压成型和泡沫成型等。

（1）酚醛模压塑料　模压成型中对树脂的基本要求是：对增强材料和填料要有良好的浸润性能，以提高树脂和它们之间的粘接强度，树脂要有适当的黏度，良好的流动性，以便在模压过程中树脂与填充材料能同时充满整个模具型腔的各个角落，树脂的固化温度低，工艺性好，并能满足模压制品的一些特定性能要求（如耐腐耐热）等。

酚醛树脂模压塑料一般是由树脂、填充材料、固化剂、固化促进剂、稀释剂、润滑剂、脱模剂、着色剂等组成，填充材料通常有粉状填料和纤维状填料。粉状填料常用的有硅酸盐类、碳酸盐类、硫酸盐类以及氧化物类。纤维状填料主要有玻璃纤维、棉纤维及玻璃纤维制品，也有少量使用高硅氧纤维、碳纤维等。在酚醛模压塑料中，常选碳酸钙、高岭土、滑石粉、云母粉以及石英粉等粉状填料。在选择填料时要注意以下几点：密度小，油吸附量低，孔隙小，不易腐蚀，成本低，易分散而不易结块，纯洁而无杂质，颗粒级分搭配适当，直径在 1～15μm 之间，平均值为 5μm 左右。

酚醛树脂的主要作用是对填充材料进行黏结，用量一般为 30%～50%。酚醛树脂的用量会影响模压塑料的压制工艺、性能和质量。

固化剂一般用于热塑性酚醛树脂。最常用的固化剂是六亚甲基四胺。而对于热固性酚醛树脂来说，为了加快其固化速度，也可向其中加入 2%～5% 的六亚甲基四胺。

固化促进剂一般是煅烧氧化镁。氧化镁的存在不直接起"架桥"交联作用，它只促进树脂本身反应基团的活性。如果在热固性酚醛模塑粉中加入氧化镁，就可以缩短制品的固化时间，提高制品的耐水性和力学强度。对于热塑性酚醛树脂制成的模塑粉，加入氧化镁可以中和游离酚和酸性物质（主要是在树脂合成时未清除掉的多余的酸），防止腐蚀模具；在压制过程中还可以与苯核上的羟基结合形成酚盐，而成为辅助交联剂。

润滑剂的作用是防止模塑粉在压制过程的粘模现象。常用的润滑剂有油酸、硬脂酸及其盐类。加入润滑剂还可以增加模塑粉的流动性。但用量不能过多，特别是酸类润滑剂，它会影响到热塑性酚醛树脂与固化剂的反应。

着色剂的作用主要是增加外观的鲜艳色泽，使制品美观大方。或者借以区别不同用途的制品。

稀释剂是用来降低树脂黏度，增加树脂对填充材料的浸润能力，改进树脂的工艺性能，某些稀释剂尚可参加化学反应，从而对制品性能有某种影响，凡能同时起到稀释作用及与树脂起化学反应的稀释剂称为活性稀释剂，仅起稀释作用的称为非活性稀释剂。酚醛树脂常用的稀释剂为丙酮、乙醇。

因为像酚醛树脂、环氧树脂、聚酯树脂等在成型时会黏附在模具上，故需使用脱模剂以改善模压制品的脱模性能，所以脱模剂的作用是阻止树脂和表面的黏合。有内脱模剂与外脱模剂两种。内脱模剂是加入到树脂中的，它应与液态树脂能很好地相容。当加热时，脱模剂从内部逸出到模压料与模具相接触的界面处，熔化后形成一层膜，阻止黏着。内脱模剂是一些熔点比普通模制温度稍低的化合物，如硬脂酸锌、硬脂酸钙以及磷酸酯等。当使用内脱模剂不够理想时，就要周期性地在模具表面喷涂外脱模剂。可供选用的外脱模剂有机油、硅油、氟塑料、蜡、聚乙烯醇等。

着色剂的作用主要是增加外观的鲜艳色泽，使制品美观大方；或者借以区别不同用途的制品。常用的着色剂有钛白粉、氧化铬、氧化铁红等。

酚醛模压塑料具有优良的力学性能、耐热性能、耐磨性能，可以用来制作电气绝缘件，如开关、插座、汽车电气等，还可用来制作制动零件、刹车片、摩擦片、耐高温摩擦制品等。特别是随着近年来无流道成型的塑料电镀技术的发展，它不仅可以代替金属零件，还能减轻结构件重量和降低成本。

（2）酚醛层压塑料　酚醛层压塑料是以甲阶热固性酚醛树脂为黏合剂，以石棉布、牛皮纸、玻璃布、木材片以及绝缘纸等片状填料为基材，放入到层压机内通过加热加压成层压板、管材、棒材或其他制品。

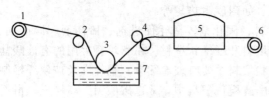

图 2-6　浸胶机

1—卷绕辊；2—导向辊；3—涂胶辊；4—挤液辊；
5—烘炉；6—卷取辊；7—浸槽

酚醛层压塑料的特点是力学性能好、吸水小、尺寸稳定性好、耐热性能优良、价格低廉且可根据不同的性能要求选择不同的填料和配方来满足不同用途的需要。

① 层压板的成型　层压成型分为浸渍和成型两个过程。现以玻璃布为基材来看一下层压板材的成型过程。

a. 浸渍　浸渍时（见图 2-6），玻璃布由卷绕辊 1 放出，通过导向辊 2 和涂胶辊 3 浸入装有树脂溶液的浸槽 7 内进行浸渍。浸过树脂的玻璃布在通过挤液辊 4 时使其所含树脂得到控制，随后进入烘炉 5 内干燥，再由卷取辊 6 收取。

在浸渍过程中，要求所浸的布含有规定数量的树脂。

规定数量视所用树脂种类而定，其一般为 25%～46%。浸渍时布必须为树脂浸透，避免夹入空气。

布的上胶，除用浸渍法外，还可采取喷射法、涂拭法等。

b. 板材的成型　成型工艺过程共分叠料、进模、热压、脱模、加工和热处理等。现分述如下。

ⓐ 叠料　首先是对所用附胶材料的选择。选用的附胶材料要浸胶均匀、无杂质、树脂含量符合规定要求（用酚醛树脂时其含量在 32%±3%），而且树脂的硬化程度也应达到规定的范围。接着是剪裁和层叠，即将附胶材料按制品预定尺寸（长宽均比制品要求的尺寸大出 70～80mm）裁切成片，并按预定的排列方向叠成成扎的板坯。制品的厚度初看是决定于板坯所用附胶材料的张数，但由于附胶材料质量的变化，往往不准确。因此一般是采用张数和质量相结合的方法来确定制品的厚度。

为了改善制品的表观质量，也有在板坯两面加用表面专用附胶材料的，每面约放 2～4 张。表面专用附胶材料不同于一般的附胶材料，它含有脱模剂，如硬脂酸锌，含胶量也比较大。这样制成的板材不仅美观，而且防潮性较好。

将附胶材料叠放成扎时，其排列方向可以按同一方向排列，也可以相互垂直排列，用前者制成的制品强度是各向异性的，而后者则是各向同性的。

叠好的板坯应按下列顺序集合压制单元：

金属板→衬纸（约 50～100 张）→单面钢板→板坯→双面钢板→板坯→单面钢板→衬纸→金属板。

对于金属板通用钢板，表面应力求平整。对于单面和双面钢板，凡与板坯接触的面均应十分光滑，否则，制品表面就不光滑。可以选用镀铬钢板，也可以选用不锈钢板。放置板坯前，钢板上均应涂润滑剂，以便脱模。施放衬纸是便于板坯均匀受热和受压。

ⓑ 进模　将多层压机的下压板放在最低位置，而后将装好的压制单元分层推入多层压机的热板中，再检查板料在热板中的位置是否合适，然后闭合压机，开始升温升压。

ⓒ 热压　开始热压时，温度和压力都不宜太高，否则树脂易流失。压制时，聚集在板坯边缘的树脂如已不能被拉成丝，即可按照工艺参数要求提高温度和压力。温度和压力是根据树脂的特性，用实验方法确定的。压制时温度控制一般分为五个阶段。

第一阶段是预热阶段。是指从室温到硬化反应开始的温度。预热阶段中，树脂发生熔化，并进一步浸透玻璃布，同时树脂还排除一些挥发分。施加的压力约为全压的 1/3～1/2。

第二阶段为保温阶段。树脂在较低的反应速率下进行硬化反应，直至板坯边缘流出的树脂不能拉成丝时为止。

第三阶段为升温阶段。这一阶段是自硬化开始的温度升至压制时规定的最高温度。升温不宜太快，否则会使硬化反应速率加快而引起成品分层或产生裂纹。

第四阶段是当温度达到规定的最高值后保持恒温的阶段。它的作用是保证树脂充分硬化，使成品的性能达到最佳值。保温时间取决于树脂的类型、品种和制品的厚度。

第五阶段为冷却阶段。当板坯中树脂已充分硬化后进行降温，准备脱模的阶段。降温一般是热板中通冷水，少数是自然冷却。冷却是应保持规定的压力直到冷却完毕。

五个阶段中温度与时间的变化情形如图 2-7 所示。五个阶段中所施的压力，随所用树脂的类型而定。酚醛层压板压力一般为（12±1）MPa。压力的作用是除去挥发分，增加树脂的流动性，使玻璃布进一步压缩，防止

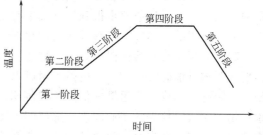

图 2-7　热压工艺五个阶段的升温曲线

增强塑料在冷却过程中的变形等。

ⓓ 脱模　当压制好的板材温度已降至 60℃时，即可依次推出压制单元进行脱模。

ⓔ 加工　加工是指去除压制好的板材的毛边。3mm 以下厚度的薄板可用切板机加工，3mm 以上的一般采用砂轮锯片加工。

这样即可制得酚醛层压板。

② 层压管、棒的成型　层压管材、棒材的成型是以卷绕的玻璃布、棉布、石棉布、牛皮纸等为基材，以甲阶热固性酚醛树脂为黏合剂，经过热卷、烘焙制成的，主要用于电气绝缘结构零件。表 2-36 为三种酚醛层压板的性能与用途。

表 2-36　三种酚醛层压板的性能与用途

性能与用途	纸基层压板	布基层压板	玻璃布基层压板
填料	绝缘纸	棉布	玻璃布
特性	绝缘性好,耐油脂和矿物油;耐强酸的稳定性不强	较高的抗压、抗冲、抗剪切能力;耐水性、绝缘性低	较高的力学强度和耐热性、良好的绝缘性;相对伸长率小
用途	各种盘、接线板、绝缘垫圈、垫板、盖板等	垫圈、轴瓦、轴承、皮带轮、无声齿轮、要求不高的绝缘件	用于飞机、汽车、船舶等制造业;电气工程、无线电工程中的结构材料

（3）酚醛泡沫塑料　酚醛泡沫塑料是热塑性或甲阶热固性酚醛树脂，加入发泡剂（如 NH_4SO_4、$CaHSO_3$ 等）固化剂等，经发泡固化后，即得到酚醛泡沫塑料。

酚醛泡沫塑料的优点是质量轻、刚性大、尺寸稳定性好、耐热性高、阻燃性好、价格低等，缺点是脆性较大。

酚醛泡沫塑料主要可用于耐热和隔热的建筑材料、救生材料（如救生圈、浮筒等）以及保存和运输鲜花的亲水性材料。

2.8　氨基树脂

氨基树脂是含有氨基或酰胺基团的化合物与醛类化合物缩聚的产物，英文名称为 amino resin，简称 AF。主要包括脲甲醛树脂（urea formaldehyde resin，简称 UF）、三聚氰胺甲醛（蜜胺）树脂（melamine formaldehyde resin，简称 MF）、苯胺甲醛树脂、脲-三聚氰胺甲醛树脂等。目前工业上主要以脲甲醛树脂和三聚氰胺树脂为主。

2.8.1　脲甲醛树脂

脲甲醛树脂是用脲（尿素）与甲醛缩聚制成的一种氨基树脂。脲甲醛树脂的合成反应分为两个步骤，即加成反应和缩聚反应。其合成与固化过程遵循体型缩聚反应的规律，即主要由加成反应和缩合反应两步得到线型或带有支链的聚合物，然后在成型过程中通过加热和加入草酸、苯甲酸、邻苯二甲酸等作为固化剂形成交联的结构。

脲甲醛树脂为水溶性树脂，容易固化。脲甲醛树脂具有表面硬度高、耐刮伤、易着色、耐弱酸弱碱及油脂等介质、耐电弧、耐燃以及固化后无毒、无臭、无味等特点，且本身呈透明状，因此可制成表面粗糙度低、色彩鲜明的制品。多用于餐具、把手、壳体、装饰品等。也可用于电气、仪表的工业配件。脲甲酯树脂的价格便宜，但它易于吸水，受潮气和水分的影响会发生变形及裂纹，耐热性较差，长期使用温度在 70℃以下。

脲甲醛树脂的用途很广泛，除可用作模塑料、层压塑料、泡沫塑料外，还大量用作层压板、纤维板的黏合剂、织物的防缩防皱处理剂、纸张的罩光漆、涂料等。

脲甲醛模塑粉又称为电玉粉，是由脲甲醛树脂、固化剂、填料、润滑剂、稳定剂、增塑剂、着色剂等组成。所选用的固化剂要有一定的潜伏性，常用的有草酸、邻苯二甲酸、苯甲酸、氨基磺酸胺等，加入量一般为树脂用量的 0.2%～2%。填料的目的是降低成本和改善性能，常用的填料是纸浆、木粉及无机填料等。填料的用量为总物料量的 25%～35%；用量过小，压缩粉流动性大；用量太大，制品表面不光滑、耐水性差。润滑剂是用于改善流动性能、易于脱模。润滑剂在压制产品时可提高物料的流动性，并可从制品中析出，在制品和模具间形成隔离层，使制品不易粘模。常用的润滑剂有硬脂酸盐及有机酸酯类。用量为物料总量的 0.1%～1.5%。稳定剂的作用是消耗少量分解的固化剂，保证模塑粉的长时间储存。常用的稳定剂为六亚甲基四胺或碳酸铵，用量为物料总量的 0.2%～2%。增塑剂只是在高聚合度树脂中加入，目的是提高物料的流动性和抗冲击性。常用的增塑剂有脲及硫脲。着色剂可赋予制品鲜艳的色彩，所选用的着色剂要能在物料中均匀分散，着色力强，在加工温度及日光照射下不变色，不析出。其用量一般为物料总用量的 0.01%～0.15%。

脲甲醛模塑料主要用于色泽鲜艳的日用品、装饰品及电气零件等，如纽扣、发卡、食具、电器插座、钟表外壳等。

脲甲醛层压塑料是用脲甲醛树脂的水溶液浸渍玻璃布或棉织品后，经干燥制成预浸料，然后将预浸料铺层，经热压机热压成型后，即可得到脲甲醛层压塑料。压层工艺条件一般是温度为 150℃，压力为 10～12MPa。

脲甲醛层压塑料常用于家具、贴面板、车厢、船舱、图板、收音机外壳及建筑装饰板材。

脲甲醛泡沫塑料的制造方法是将空气通入到脲甲醛水溶液中，采用机械搅拌使树脂发泡，然后固化将泡沫固定。

脲甲醛泡沫塑料的主要优点是质量轻（密度为 $0.01～0.02g/cm^3$）、耐腐蚀性好、热导率低、耐燃、价格便宜；但它的强度低，对水及水蒸气不稳定，冲击性能差。主要用途为建筑用隔声、隔热材料以及防震的包装材料。

2.8.2　三聚氰胺甲醛树脂

三聚氰胺甲醛树脂又称蜜胺树脂，它是在碱性条件下，三聚氰胺和甲醛通过缩聚反应而得到的产物。它的合成原理与脲甲醛相似，即第一步是由三聚氰胺和甲醛进行加成反应，生成以三羟甲基衍生物为主的产物，然后三羟甲基衍生物进一步缩聚形成树脂。

三聚氰胺甲醛树脂由于分子结构中具有三氮杂环结构及有较多的可进行交联反应的活性基团，因此其固化产物的耐热性、耐湿性及力学性能均优于脲甲醛树脂。

三聚氰胺甲醛树脂具有较好的耐碱性和介电性能，耐电弧性突出，耐热性能也较好，可在沸水条件下长期使用，短期使用温度可达 150～200℃。三聚氰胺甲醛制品表面硬度高，耐污染，因此可广泛地应用于餐具、医疗器械及耐电弧制品。三聚氰胺甲醛树脂色泽较浅，因此还可自由着色。

三聚氰胺甲醛树脂可用来制造模塑料、层压塑料黏合剂、清漆以及涂料等，用玻璃布或石棉增强的三聚氰胺甲醛树脂可制作耐热的电器及结构材料。

2.9　环氧树脂

环氧树脂是一类品种繁多、不断发展的合成树脂。环氧树脂的英文名称为 epoxy resin，简称 EP。它们的合成起始于 20 世纪 30 年代，而于 20 世纪 40 年代后期开始工业化，至 20

世纪 70 年代相继发展了许多新型的环氧树脂品种，近年品种、产量逐年增长。由于环氧树脂及其固化体系具有一系列优异的性能，可用于黏合剂、涂料、焊剂和纤维增强复合材料的基体树脂等，因此，广泛应用于机械、电机、化工、航空航天、船舶、汽车、建筑等工业部门。

环氧树脂是指分子中含有两个或两个以上环氧基团（ $-CH-CH-$ ）的线型有机高分子化合物。除了个别外，它们的相对分子质量都不高。环氧树脂可与多种类型的固化剂发生交联反应而形成具有不溶不熔性质的三维网状聚合物。由于环氧树脂具有较强的黏结性能、力学性能优良、耐化学药品性、耐候性、电绝缘性好以及尺寸稳定等特点，它已成为聚合物基复合材料的主要基体之一。

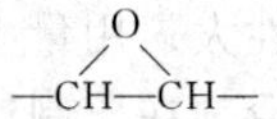

2.9.1 环氧树脂的特性

环氧树脂的固化体系主要由环氧树脂、固化剂、稀释剂、增塑剂、增韧剂、增强剂及填充剂等组成，并且有以下特性。

（1）具有多样化的形式　各种树脂、固化剂、改性剂体系几乎可以适应各种应用要求，其范围可以从极低的黏度到高熔点固体。

（2）黏附力强　由于环氧树脂中固有的极性羟基和醚键的存在，使其对各种物质具有突出的黏附力。

（3）收缩率低　环氧树脂和所用的固化剂的反应是通过直接加成来进行的，没有水或其他挥发性副产物放出。环氧树脂与酚醛树脂、聚酯树脂相比，在其固化过程中只显示出很低的收缩性（小于 2%）。

（4）力学性能　由于环氧树脂含有较多的极性基团，固化后分子结构较为紧密，所以固化后的环氧树脂体系具有优良的力学性能。

（5）化学稳定性　固化后的环氧树脂体系具有优良的耐碱性、耐酸性和耐溶剂性。

（6）电绝缘性能　固化后的环氧树脂体系在宽广的频率和温度范围内具有良好的电绝缘性能。它们是一种具有高介电性能、耐表面漏电、耐电弧的优良绝缘材料。

（7）尺寸稳定性　上述的许多性能的综合使固化的环氧树脂体系具有突出的尺寸稳定性和耐久性。

（8）耐霉菌　固化的环氧树脂体系耐大多数霉菌，可以在苛刻的热带条件下使用。

环氧树脂的主要缺点是它的成本要高于聚酯树脂和酚醛树脂，在使用某些树脂和固化剂时毒性较大。

2.9.2 环氧树脂的种类

环氧树脂的品种有很多，根据它的分子结构大体可以分为五大类型。

缩水甘油醚类：$R-OCH_2CH-CH_2$（O）

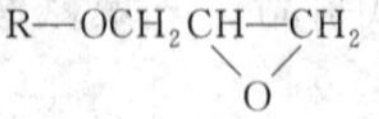

缩水甘油酯类：$R-COCH_2CH-CH_2$（O）

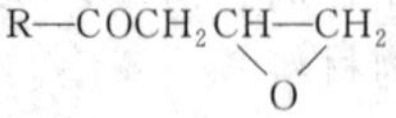

缩水甘油胺类：$R'-N-CH_2CH-CH_2$（R）（O）

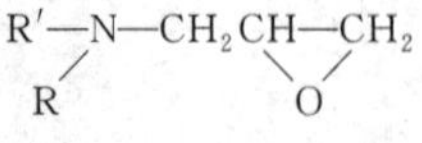

线型脂肪族类：$R-CH-CH-R'-CH-CH-R''$（O）（O）

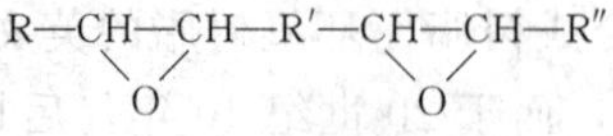

脂环族类：

$$CH \quad CH$$
$$O \diagdown \diagup O$$
$$R$$
$$CH \quad CH$$

上述前三类环氧树脂是由环氧氯丙烷与含有活泼氢原子的化合物，如酚类、醇类、有机羧酸类、胺类等缩聚而成。后两类环氧树脂是由带双键（ C=C ）的烯烃用过乙酸或在低温下用过氧化氢进行环氧化而成。

目前，工业上产量最大的环氧树脂品种是上述第一类缩水甘油醚型环氧树脂，而其中主要是由二酚基丙烷（简称双酚 A）与环氧氯丙烷缩聚而成的二酚基丙烷型环氧树脂（简称双酚 A 型环氧树脂）。近年来出现的脂环族环氧树脂也是一类重要的品种，这类环氧树脂不仅品种多，而且大多具有独特的性能，如黏度低、固化体系具有较高的热稳定性、较高的耐候性、较高的力学性能及电绝缘性。

2.9.2.1 缩水甘醚类环氧树脂

（1）双酚 A 型环氧树脂 双酚 A 型环氧树脂是由环氧氯丙烷与双酚 A（二酚基丙烷）在碱性催化剂作用下反应而生成的产物，其结构式如下。

$$CH_2-CH-CH_2 \left[O-\text{⬡}-\underset{CH_3}{\overset{CH_3}{C}}-\text{⬡}-O-CH_2-\underset{OH}{\overset{}{CH}}-CH_2 \right]_n O-\text{⬡}-\underset{CH_3}{\overset{CH_3}{C}}-\text{⬡}-O-CH_2-CH-CH_2$$

式中 $n=0 \sim 19$，平均相对分子质量为 $300 \sim 7000$；当 $n=0$ 时，树脂为琥珀色的低分子黏性液体；当 $n \geqslant 2$ 时，为高相对分子质量的脆性固体。相对分子质量在 $300 \sim 700$ 之间、软化点小于 $50 ℃$ 的称为低相对分子质量树脂（或软树脂）；相对分子质量在 1000 以上、软化点大于 $60 ℃$ 的称为高相对分子质量树脂（或硬树脂）。前者主要应用于胶接、层压、浇注等方面，而后者主要应用于油漆等方面。双酚 A 型环氧树脂的一般性能如表 2-37 所示。

表 2-37　双酚 A 型环氧树脂的一般性能

性　　能	无填料	玻璃纤维填料	性　　能	无填料	玻璃纤维填料
密度/(g/cm³)	1.15	1.8~2.0	体积电阻率/Ω·cm	$1.5×10^{13}$	$3.08×10^{15}$
伸长率/%	9.5	21.4	击穿强度/(kV/mm)	15.7~17.0	14.2
拉伸强度/kPa	215.6	392	介电损耗角正切(50Hz)	0.002~0.010	—
缺口冲击强度/(N/cm)	49~106.82	78.4~147			

这类环氧树脂的用量虽然很大，但是由于耐热性差，不能在较高的环境温度下使用。

（2）酚醛多环氧树脂 酚醛多环氧树脂包括苯酚甲醛型、邻甲酚甲醛型和三混甲酚甲醛型多环氧树脂，它与双酚 A 型环氧树脂相比，在线型分子中含有两个以上的环氧基，因此固化后产物的交联密度大，具有优良的热稳定性、力学强度、电绝缘性、耐水性和耐腐蚀性。它是由线型酚醛树脂与环氧氯丙烷缩聚而成。合成可分为一步法和二步法两种。一步法是在线型酚醛树脂生成后将树脂分离出，再和环氧氯丙烷进行环氧化反应。现以苯酚甲醛多环氧树脂为例，它的合成化学反应如下。

$$(n+2)\text{⬡OH} + (n+1)CH_2O \xrightarrow{H^+} \text{...} + (n+1)H_2O$$

$$\text{...} + (n+2)CH_2-CH-CH_2Cl + (n+2)NaOH \longrightarrow$$

$$+(n+2)\text{NaCl}+(n+2)\text{H}_2\text{O}$$

　　线型酚醛树脂的聚合度 n 约等于 1.6 左右，经环氧化后，线型树脂分子中大致含有 3.6 个环氧基。

　　（3）双酚 S 型环氧树脂　即 4,4′-二羟基二苯砜双缩水甘油醚，由环氧氯丙烷与 4,4′-二羟基二苯砜（双酚 S）反应而成，其结构式如下。

　　双酚 S 型环氧树脂有结晶和无定形两种形态。结晶型树脂的熔点为 167℃，无定形树脂的软化温度约 94℃。

　　（4）其他的多羟基酚类缩水甘油醚型环氧树脂

　　① 间苯二酚型环氧树脂　这类树脂黏度低，加工工艺性能好。它是由间苯二酚与环氧氯丙烷缩聚而成的具有 2 个环氧基的树脂。

　　② 间苯二酚-甲醛型环氧树脂　这类树脂具有四个环氧基，固化物的热变形温度可达 300℃，耐浓硝酸性优良。它是由低相对分子质量的间苯二酚-甲醛树脂与环氧氯丙烷缩聚而成的，其结构式如下。

　　③ 三羟苯基甲烷型环氧树脂　三羟苯基甲烷型环氧树脂具有以下的结构式。

　　这类树脂固化物的热变形温度可达 260℃ 以上，具有良好的韧性和湿热强度，可耐长期高温氧化。

　　④ 四溴二酚基丙烷型环氧树脂　四溴二酚基丙烷型环氧树脂是由四溴二酚基丙烷与环氧氯丙烷缩聚而成的，主要是用作于耐火环氧树脂，在常温下是固体，它常与二酚基丙烷型环氧树脂混合使用。

⑤ 四酚基乙烷型环氧树脂　这类树脂具有较高的热变形温度和良好的化学稳定性。它是由四酚基乙烷与环氧氯丙烷缩聚而成的具有四个环氧基团的树脂。

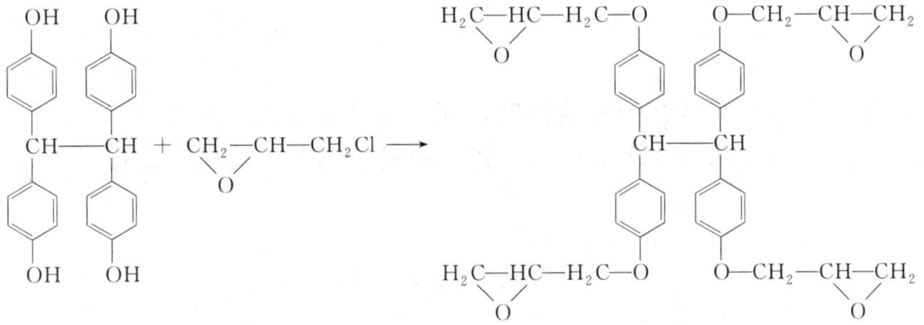

2.9.2.2　缩水甘油酯类环氧树脂

缩水甘油酯类环氧树脂是由环氧氯丙烷与有机酸在碱性催化剂存在下，生成的氯化醇脱去氯化氢所得的产物。

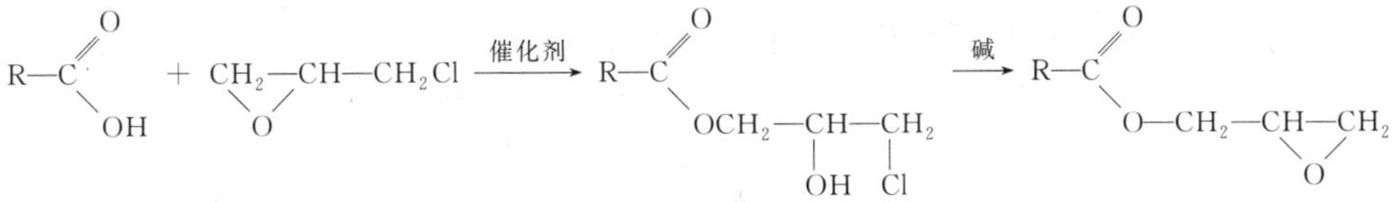

缩水甘油酯类环氧树脂与双酚 A 型环氧树脂相比，它具有较低的黏度，加工工艺性好；反应活性高；固化物的力学性能好，电绝缘性尤其是耐漏电痕迹性好；黏合力比通用环氧树脂高；具有良好的耐超低温性，在 $-253\sim-196$℃的超低温下仍具有比其他类型环氧树脂高的黏结强度；同时还具有较好的表面光泽度，透光性、耐候性也很好。

常见的缩水甘油酯类环氧树脂有邻苯二甲酸双缩水甘油酯，其分子结构式为

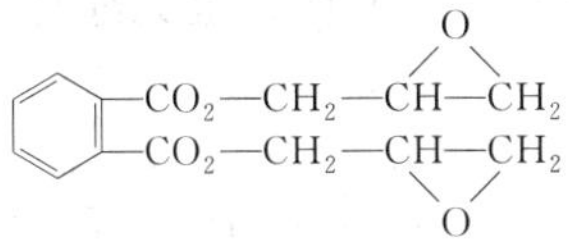

这种环氧树脂为浅色透明的液体，25℃时的黏度为 0.8Pa·s。

还有四氢邻苯二甲酸双缩水甘油酯的分子结构式为

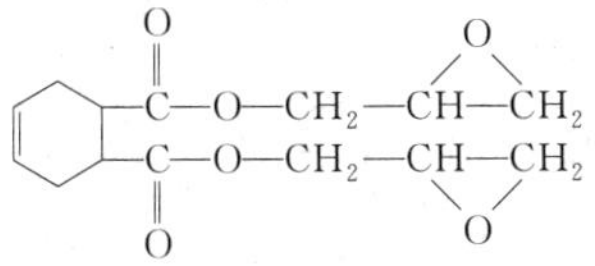

这种环氧树脂为黏稠液体。

缩水甘油酯类环氧树脂一般用胺类固化剂固化，与固化剂的反应类似于缩水甘油醚类环氧树脂。

2.9.2.3　缩水甘油胺类环氧树脂

缩水甘油胺类环氧树脂是由环氧氯丙烷与脂肪族或芳香族伯胺或仲胺类化合物反应而成的环氧树脂。这类树脂的特点是多官能度、环氧当量高、交联密度大、耐热性可显著提高。其主要缺点是脆性较大。常用的有以下几种。

（1）四缩水甘油甲基二苯胺环氧树脂　由 4,4′-二氨基二苯甲烷与环氧氯丙烷反应合成的，具有以下的结构式。

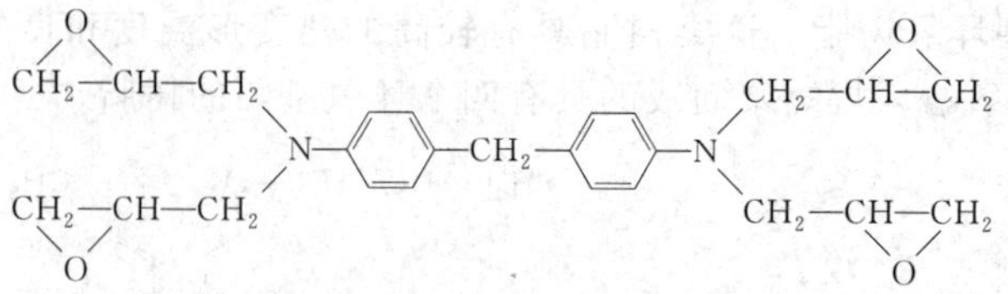

$$CH_2-CH-CH_2 \qquad CH_2-CH-CH_2$$

此树脂在室温及高温下均有良好的黏结强度，固化物具有较低的电阻。

（2）三缩水甘油对氨基苯酚环氧树脂　由双氨基苯酚与环氧氯丙烷反应而得的产物具有以下的结构式。

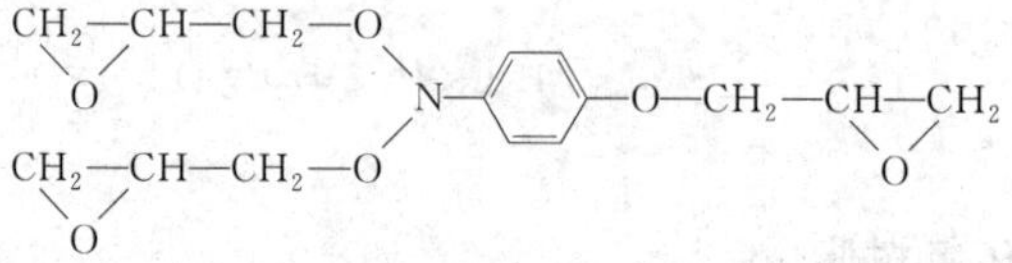

此树脂在常温下为棕色液体，黏度小，25℃时为 $1.6\sim2.3Pa\cdot s$，环氧值为 $0.85\sim0.95$。可作为高温碳化的烧蚀材料、耐 γ 射线的环氧玻璃纤维增强塑料。

（3）三聚氰酸环氧树脂　三聚氰酸环氧树脂是由三聚氰酸和环氧氯丙烷在催化剂存在下进行缩合，再以氢氧化钠进行闭环反应而得。其结构式为

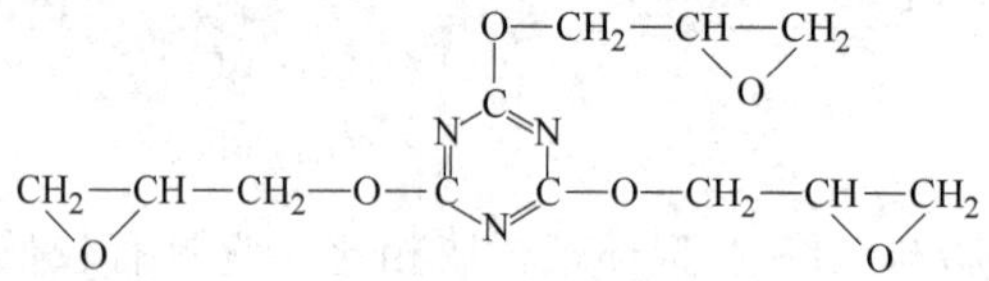

由于在三聚氰酸环氧树脂中含有 3 个环氧基团，所以固化后结构紧密，具有优异的耐高温性能。由于分子本体为三氮杂苯环，因此具有良好的化学稳定性，优良的耐紫外线、耐候性和耐油性。由于分子中含 14% 的氮，遇火有自熄性，并有良好的耐电弧性。

2.9.2.4　线型脂肪族环氧树脂

这类树脂的特点是在分子结构中既无苯环，也无酯环结构。仅有脂肪链，环氧基与脂肪链相连。通式为

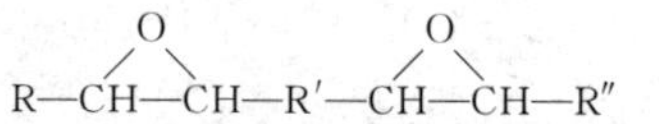

$$R-CH-CH-R'-CH-CH-R''$$

由于这类树脂的脂肪链是与环氧基直接相连的，所以柔韧性比较好，但耐热性较差。

（1）聚丁二烯环氧树脂　聚丁二烯环氧树脂是由低相对分子质量的聚丁二烯树脂分子中的双键经环氧化而得。在它的分子结构中，既有环氧基，也有双键、羟基和酯基侧链。其分子结构如下。

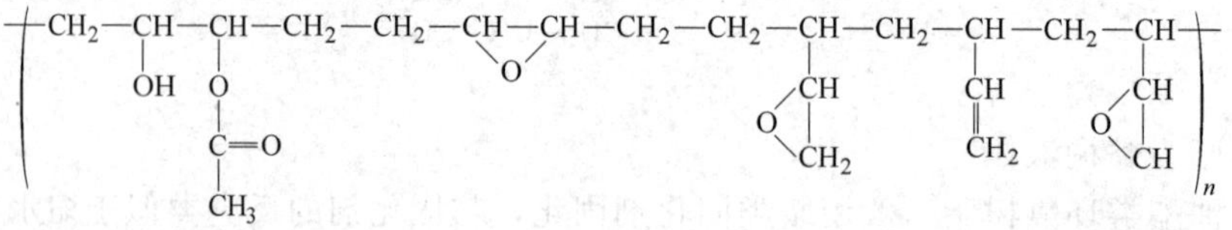

聚丁二烯环氧树脂是浅黄色黏稠液体，黏度为 $0.8\sim2.0Pa\cdot s$，环氧值 $0.162\sim0.186$。由于其分子具有长的脂肪链节，所以固化后产品具有很好的屈挠性。它采用酸酐类和胺类固化剂，对酸酐的反应活性稍大于脂肪胺类。同时又因分子结构中含有双键，可用过氧化物引发交联，以提高交联密度。选用不同的配方和固化条件，可得到具有韧性、高延伸率的弹性体或具有高热变形温度的刚性体。这种树脂的固化产物具有良好的电绝缘性，尤其在高温下电性能变化不大，具有良好的黏结性、耐候性以及高冲击韧性，但固化后产物收缩率较大。

（2）二缩水甘油醚　二缩水甘油醚由环氧氯丙烷按下述反应进行制备。

环氧氯丙烷水解制成一氯丙二醇。

$$CH_2\text{—}CH\text{—}CH_2Cl + H_2O \xrightarrow{[H^+]} CH_2\text{—}CH\text{—}CH_2Cl$$

一氯丙二醇与环氧氯丙烷进行开环醚化反应。

$$CH_2\text{—}CH\text{—}CH_2Cl + CH_2\text{—}CH\text{—}CH_2Cl \xrightarrow{BF_3 \cdot 乙醚} CH_2\text{—}CH\text{—}CH_2\text{—}O\text{—}CH_2\text{—}CH\text{—}CH_2$$

二（氯丙醇）醚脱氯化氢合环生成二缩水甘油醚。

$$CH_2\text{—}CH\text{—}CH_2\text{—}O\text{—}CH_2\text{—}CH\text{—}CH_2 + 2NaOH \longrightarrow CH_2\text{—}CH\text{—}CH_2\text{—}O\text{—}CH_2\text{—}CH\text{—}CH_2 + 2NaCl + 2H_2O$$

二缩水甘油醚又称 600 号稀释剂。在制备二缩水甘油醚的过程中，由于环氧氯丙烷过量，所以反应中会生成一部分高沸点的多缩水甘油醚，称为 630 号稀释剂。600 号稀释剂及 630 号稀释剂的特性见表 2-38。

表 2-38　二缩水甘油醚与多缩水甘油醚的特性

性　　能	600 号稀释剂	630 号稀释剂
外观	无色透明液体	深黄至棕色黏稠液体
相对密度	1.123～1.124	1.20～1.28
折射率	1.4489～1.4553	1.465～1.482
黏度(25℃)/Pa·s	$(4\sim6)\times10^{-3}$	$(0.4\sim1.2)\times10^{-1}$
环氧基含量	>50%	>50%

600 号稀释剂主要用来降低二酚基丙烷型环氧树脂黏度，延长适用期，用量较少时，不会降低树脂固化物的高温性能。630 号稀释剂稀释环氧树脂，在制造大型模具及大部件浇注时不仅能起到稀释剂作用，而且还能增加树脂的韧性。

2.9.2.5　脂环族环氧树脂

脂环族环氧树脂是由脂环族烯烃的双键经环氧化制得的，它们的分子结构和双酚 A 型环氧树脂及其他环氧树脂有很大差异。前者的环氧基都直接连接在脂环上，而后者的环氧基都是以环氧丙基醚连接在苯环或脂肪烃上。

脂环族环氧树脂的固化物具有下列一些特点：较高的拉伸强度和压缩强度；长期暴置在高温条件下仍能保持良好的力学性能和电性能；耐电弧性好；耐紫外线老化性能及耐候性较好。

(1) 二氧化双环戊二烯　二氧化双环戊二烯的国产牌号为 6207（或 R-122），它是由双环戊二烯用过乙酸氧化而制得的。

$$\text{（结构式）} + 2CH_3C\overset{O}{\underset{}{\diagdown}}OOH \longrightarrow \text{（结构式）} + 2CH_3C\overset{O}{\underset{}{\diagdown}}OH$$

二氧化双环戊二烯的相对分子质量为 164.2，是一种白色结晶粉末。相对密度为 1.33，熔点＞185℃，环氧当量 82。与双酚 A 型环氧树脂相比，它的环氧基直接连接在酯环上，因此固化后得到酯环紧密的刚性高分子结构，具有很高的耐热性，其热变形温度可达 300℃ 以上。此外，该树脂中不含苯环，不受紫外线影响，所以具有优越的耐候性。同时因不含有其他极性基团，故介电性能也非常优异。其缺点是固化物脆性较大，树脂的黏合力不够高。

通常这种树脂用胺类难以固化，因此，多采用酸酐类固化剂。由于树脂中无羟基存在，所以用酸酐固化时，必须加入少量的多元醇起引发作用。如用顺酐固化时，需加入少量的甘油作引发剂。

二氧化双环戊二烯虽然是高熔点的固体粉末，但它与固化剂混合加热到 60℃ 以下时，形成黏度只有 0.1Pa·s 左右的液体，不但使用期长、便于操作，而且与填料有很好的润湿性。由于存在这些工艺上的特点和优异的性能，使其得到广泛的应用。如作高温下使用的浇注料、胶黏剂和玻璃纤维增强复合材料等。

（2）二氧化双环戊基醚　二氧化双环戊基醚是由双环戊二烯为原料，经裂解、加氯化氢、水解醚化及环氧化反应过程制得，是三个异构体的混合物。

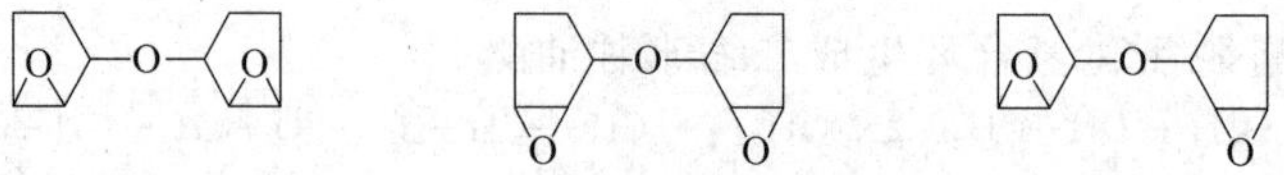

反式异构体　　　　　　顺式异构体　　　　　　顺反式异构体

由于这三种异构体的性能差别不大，因此一般在工业上不加分离，可直接应用。

二氧化双环戊基醚多采用二元酸酐（如顺酐、647 号酸酐等）和多元芳香胺类（如间苯二胺、4,4-二氨基二苯基甲烷等）进行固化。配制后的胶液黏度低，使用期长、工艺性能好。其固化产物的特点是强度高、耐老化性优良、韧性好（延伸率达 6%～7%）、耐热性高（热变形温度高达 235℃）。由于这些特点，二氧化双环戊基醚树脂特别适用于纤维增强结构材料、深水耐压和耐温结构（如潜艇、导弹等）、绝缘材料以及高温高压的缠绕、浇注、密封、胶接和耐腐蚀涂料等，其缺点是刺激性大。用间苯二胺（用量为树脂量的 28%）固化的二氧化双环戊基醚树脂/玻璃纤维复合材料的性能见表 2-39。

表 2-39　二氧化双环戊基醚树脂/玻璃纤维复合性能材料的性能

性　能	参　数	性　能	参　数
弯曲强度/MPa	487.0	冲击强度/(kg/cm)	125
拉伸强度/MPa	371.6	马丁耐热温度/℃	275

2.9.2.6　新型环氧树脂

用于宇航等高科技领域的先进材料应具有良好的耐热性。如何提高耐热性是开发高性能环氧树脂的重要课题。目前常用的方法如合成多官能度环氧树脂、在环氧骨架中引入萘环等刚性基团以及环氧树脂与其他耐热性树脂如双马来酰亚胺树脂混用等。例如四官能度环氧树脂（BPTGE）

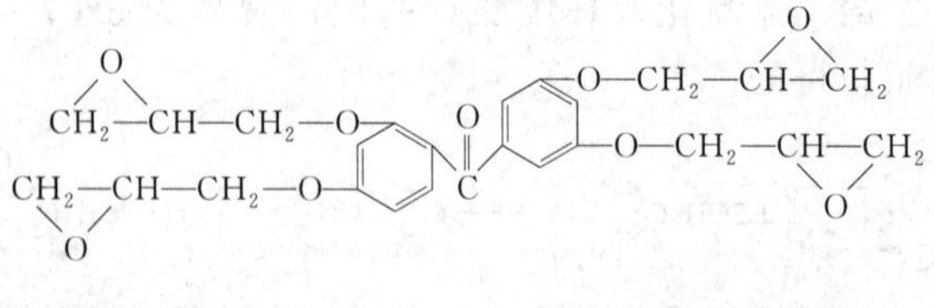

由于分子结构中不含亲水性的氮原子，因此吸水性低、耐热性好。

在环氧树脂分子主链或侧基上引入硅氧烷，对提高树脂的耐热性也有一定的效果。例如，用含羟基或烷氧基的聚甲基硅氧烷作改性剂，所得改性环氧树脂的热分解温度提高100℃左右，吸水率降低，耐腐蚀性显著增强。

提高环氧树脂的韧性也是研究热点之一。增韧的主要途径如使用增韧剂、改进固化剂、有机硅、橡胶改性、聚合物结构柔性化等。显然，单纯通过环氧树脂的分子设计很难使耐热性和强韧性同时得到提高，即环氧树脂增韧的同时往往给耐热性带来不良影响。随着高分子相容性理论与技术的进步，现在已经能够做到控制环氧树脂与热塑性树脂共混物的相界面形态，这样就有可能利用高分子共混技术来改进环氧树脂的脆性，提高固化产物的韧性和黏结强度。

2.9.3　环氧树脂的固化剂

环氧树脂本身是热塑性的线型结构，不能直接使用，必须再向树脂中加入第二组分，在一定的温度条件下进行交联固化反应，生成体型网状结构的高聚物之后才能使用。这个第二组分就叫做固化剂。用于环氧树脂的固化剂虽然种类繁多，但大体上可分为两类。一类是可与环氧树脂进行合成，并通过逐步聚合反应的历程使它交联成体型网状结构。这类固化剂又称反应性固化剂，一般都含有活泼的氢原子，在反应过程中伴有氢原子的转移，例如多元伯胺、多元羧酸、多元硫醇和多元酚等。另一类是催化性的固化剂，它可引发树脂分子中的环氧基按阳离子或阴离子聚合的历程进行固化反应，例如叔胺、三氟化硼络合物等。两类固化剂都是通过树脂分子结构中具有的环氧基或仲羟基的反应完成固化过程的。

由于环氧树脂固化剂的品种繁多，各有其特点。所以，采用不同的固化剂，将使环氧树脂的操作工艺性及固化产物的性能产生巨大的差别。因此充分地了解固化剂的特性，合理地选用固化剂是环氧树脂使用中十分重要的问题。选择固化剂应考虑制品的性能要求，更重要的应尽可能地满足操作工艺上的要求，如允许的固化温度、与树脂的互容性、胶液黏度与使用期以及毒性等。

（1）多元胺类固化剂　多元脂肪胺和芳香胺类固化剂用得比较普遍。伯胺与环氧树脂的反应一般认为是连接在伯胺氮原子上的氢原子和环氧基团反应，转变成仲胺，其反应如下。

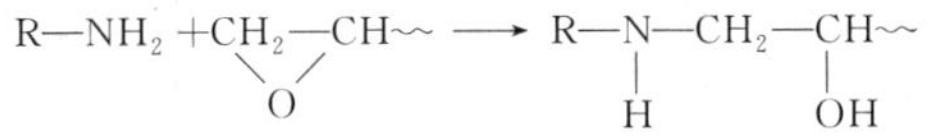

$$R—NH_2 + CH_2—CH\sim \longrightarrow R—N—CH_2—CH\sim$$

仲胺再与另一个环氧基反应生成叔胺。

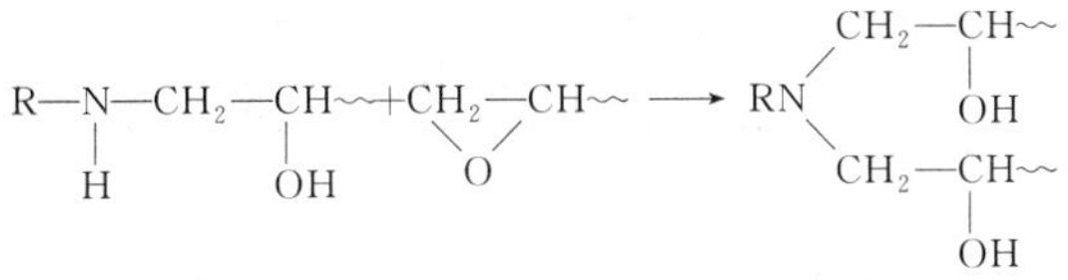

$$R—N—CH_2—CH\sim + CH_2—CH\sim \longrightarrow RN$$

伯胺与环氧树脂通过上述逐步聚合反应历程交联成复杂的体型高聚物。伯胺与仲胺类固化剂用量的计算，是根据氨基上的一个活泼氢和树脂的一个环氧基反应来考虑的。一般可以按下式计算。

$$每100g 树脂所需要胺的质量(g) = \frac{有机胺的相对分子质量}{有机胺的活泼氢数} \times 树脂的环氧值$$

环氧值是指每100g 树脂中所含环氧基的克当量数。例如，相对分子质量为340，每个分子含2个环氧基的环氧树脂，它的环氧值为 $2/340 \times 100 = 0.59$。环氧值的倒数乘以100就称之为环氧当量。环氧当量的含义是：含有1g当量环氧基的环氧树脂的质量（g）。例如，环氧值为0.59的环氧树脂，其环氧当量为170。

实际上，随着胺相对分子质量的大小、反应能力和挥发性的不同，计算结果往往比实际用量少，所以计算后应通过复合材料的性能测试进行修正，一般要高于计算量10%。

【例1】　环氧值为0.4的双酚A型环氧树脂，用乙二胺作为固化剂，求每100g 环氧树脂需要添加多少克固化剂？

解：乙二胺的相对分子质量为60，含四个活泼氢，所以，每100g 树脂所需要胺的质量（g）= $60/4 \times 0.4 = 6$，即每100g 环氧树脂需要添加6g乙二胺固化剂。

常用的胺类固化剂的性能、固化条件及参考用量见表2-40。

表 2-40　常用胺类固化剂

名　称	化学结构式	胺当量	固化条件	沸点/℃	性　能	参考用量/%
乙二胺	$H_2NCH_2CH_2NH_2$	15.0	25℃/7d；80℃/3h	116	有刺激性臭味，固化反应放热量大，适用期短，固化后树脂力学强度和热变形温度都较低	6～8
二亚乙基三胺	$H_2NCH_2CH_2NHCH_2CH_2NH_2$	20.6	25℃/7d；100℃/30min	208	有刺激性，反应热大，适用期短，固化后的树脂耐化学药品性较好	8～10
三亚乙基四胺	$H_2N(CH_2CH_2NH)_2CH_2CH_2NH_2$	24.6	25℃/7d；100℃/30min	266	毒性较二亚乙基三胺低	10～12
四亚乙基五胺	$H_2N(CH_2CH_2NH)_3CH_2CH_2NH_2$	27.6	25℃/7d；100℃/30min	340	性能近于三亚乙基四胺	12～15
多亚乙基多胺	$H_2N(CH_2CH_2NH)_nCH_2CH_2NH_2$		25℃/7d；100℃/30min			14～16
己二胺	$NH_2(CH_2)_6NH_2$	29	同乙二胺	39	有毒	15～16
双氰胺	$H_2N{-}C{-}NH{-}CN$ ∥ NH	21	145～165℃/2～4h		不加热使用寿命长达几年；加热，反应很快	6～7
间苯二胺	苯环${-}NH_2$、${-}NH_2$	50	80℃/3～4h；150℃/2h	63(熔点)	耐热，耐腐蚀性好，但要加热固化	14～16
间苯二甲胺	苯环${-}CH_2NH_2$、${-}CH_2NH_2$	34	25℃/14d；80～100℃/4h	12(熔点)	毒性小，用量大，可使树脂少用稀释剂	18～24
β-羟乙基乙二胺	$NH_2CH_2CH_2NHCH_2CH_2OH$	34.7	25℃/7d；80～100℃/3h	288	毒性低，易吸水	16～18
三乙醇胺	$(HOC_2H_4)_3N$		100～120℃/4h	188～190℃ 100mmHg	易吸水	10～13

注：1mmHg＝1.013×10^5Pa。

脂肪族胺类是较常用的室温固化剂，它的固化速度快，反应时放出的热量又能促进树脂与固化剂反应。但这类固化剂对人体有刺激作用，固化产物较脆而且耐热性差，在复合材料方面应用不多。

芳香族胺类固化剂的分子中含有稳定的苯环结构，反应活性较差，需要在加热条件下固化，但固化产物的热变形温度较高，耐化学药品性、电性能和力学性能等比较好。

叔胺类化合物除可单独作为固化剂使用外，还可用作多元胺、聚酰胺树脂及酸酐等固化剂的固化反应促进剂。叔胺对固化反应的促进作用与其分子结构中的电子云密度和分子长度有关。氮原子上的电子云密度越大，分子长度越短，其促进效果就越显著。

胺类固化剂多为液体，毒性和腐蚀性较大，目前有 β-羟乙基乙二胺等胺类低毒固化剂。脂肪族多胺与环氧乙烷、丙烯腈等反应制得的加成物，由于相对分子质量增大，挥发性降低，毒性变小。

（2）酸酐类固化剂　酸酐是环氧树脂加工工艺中仅次于胺类的最重要的一类固化剂。与胺类相比，酸酐固化的缩水甘油醚类环氧树脂具有色泽浅、良好的力学与电性能以及更高的热稳定性等优点。树脂-酸酐混合物具有黏度低、适用期长、低挥发性以及毒性较低的特点，加热固化时体系的收缩率和放热效应也较低。其不足之处是为了获得合适的性能，需要在较高温度下保持较长的固化周期，但这一缺点可借加入适当的催化剂来克服。

用酸酐固化的环氧树脂其热变形温度较高，耐辐射性和耐酸性均优于胺类固化剂的树脂。固化温度一般需要高于 150℃。

用酸酐类固化剂时，一对酸酐开环只能与一个环氧基反应。因此，100g 环氧树脂所需要的酸酐用量可用下式计算。

$$酸酐用量(g)＝K×环氧值×酸酐相对分子质量/酸酐基数$$
$$＝K×环氧值×酸酐当量$$

式中，K 为常数，依酸酐的种类不同而异，对一般的酸酐来说，$K＝0.8～0.9$；卤化了的酸酐 $K＝0.6$；使用叔胺作催化剂时，$K＝1.0$，酸酐当量＝酸酐相对分子质量/酸酐基数。

【例 2】 用邻苯二甲酸酐固化环氧当量为 190 的双酚 A 型环氧树脂 100g，求所需酸酐的用量。

解： 已知邻苯二甲酸酐（结构式如下）相对分子质量为 148，含有一个酸酐基。邻苯二甲酸酐当量＝148/1＝148，按其结构为一般酸酐，取 $K＝0.85$。酸酐用量＝0.85×148/190×100＝66.3。

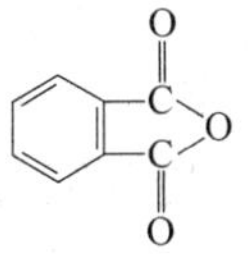

所以 100g 上述环氧树脂需要 66.3g 邻苯二甲酸酐。

由于酸酐的熔点较高，使用时需要加热熔融或将某些酸酐制成低熔点混合物。与多元胺类固化剂相比，用酸酐配制的环氧树脂适用期较长，热变形温度较高，力学性能也好。

酸酐类固化剂的品种很多，下面介绍几种在环氧树脂中比较常用的酸酐固化剂。

① 邻苯二甲酸酐（简称苯酐，PA）　苯酐是最早用于环氧树脂的固化剂，为一种白色固体，相对分子质量为 148，熔点 128℃。

作为固化剂时，其放热量少，放热温度低，适用期长，操作简便，固化产物的耐热性及耐老化性能都比较好，可用于大型浇注件、层压件等。一般用量为树脂质量的 30%～50%。这主要是考虑到配胶时苯酐易于析出和升华，因此用量要略高些。固化温度约 150～170℃，固化时间为 4～24h。其固化树脂的力学强度高，耐酸性强，耐碱性较差，热变形温度在 100℃以上。

② 顺丁烯二酸酐（简称顺酐，MA）　顺酐的结构式如下。其相对分子质量为 98.06，相对密度为 1.509，熔点为 53℃，是一种白色晶体。一般用量为树脂质量的 30%～40%，混合物的适用期长，室温下可放置 2～3d，固化放热温度低，固化产物的耐热性好，但是脆性较大，所以通常要和增韧剂一起使用，或与其他酸酐混合使用。

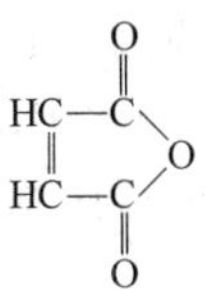

含有不饱和双键的顺丁烯二酸酐作为环氧化聚丁二烯树脂固化剂时，可以起到改善固化物耐热性的作用，如同时使用过氧化物能将热变形温度由 120℃提高到 200℃。

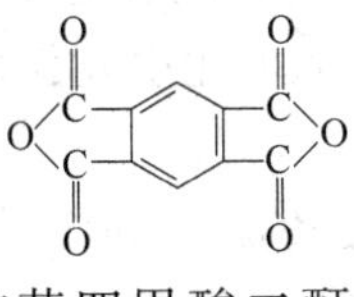

③ 均苯四甲酸二酐（PMDA）　均苯四甲酸二酐为白色结晶体，相对分子质量为 218，

熔点 286℃。结构式如上，均苯四甲酸二酐与环氧树脂的反应活性强，但因熔点高，在室温下不易与树脂混合。加入到环氧树脂中的方法有以下四种：a. 先把均苯四甲酸二酐在高温下溶于树脂，再用第二个酸酐（辅助酸酐）来降低其活性；b. 先将均苯四甲酸二酐溶于溶剂中（如丙酮），然后再混入环氧树脂；c. 将均苯四甲酸二酐在室温下悬浮于液体环氧树脂中，此时其颗粒大小必须小于 $10\mu m$；d. 将均苯四甲酸二酐与二元醇反应生成以下结构的酸酐，再混入环氧树脂。

此固化产物的交联密度大，压缩强度、耐化学药品性及热稳定性优良，热变形温度约 280℃，高于其他酸酐固化的树脂，但拉伸强度和弯曲强度较低。

④ 四氢苯酐（THPA） 四氢苯酐不易升华，价格比苯酐便宜，固化物的色泽比较浅。它与树脂混合时的温度必须在 80～100℃ 左右，低于 70℃ 时四氢苯酐就会析出，四氢苯酐的熔点在 102～103℃，是一种低毒固化剂，用量为树脂的 57%。

⑤ 六氢苯酐（HHPA） 六氢苯酐是低熔点（35～36℃）的蜡状固化，在 50℃ 时就易与环氧树脂相容，它与液体双酚 A 型环氧树脂混合后，混合物的黏度低，适用期长，固化时放热小，能在较短的时间内完成固化。固化物的色泽很浅，耐热性、电性能以及化学稳定性比较好。由于它的活性较低，常与催化剂苄基二甲胺或 2,4,6-三（二甲基甲基）酚（DMP-30）混合使用。

（3）阴离子及阳离子型固化剂 前面讲述的一类反应性固化剂主要通过逐步聚合的历程使环氧树脂固化，这类物质大多含有活泼氢，通过固化剂本身使各个树脂分子交联成体型结构的高聚物。而阴离子及阳离子型固化剂是催化性固化剂，它们仅仅起到固化反应的催化作用，这类物质主要是引发树脂分子中环氧基的开环聚合反应，从而交联成体型结构的高聚物。由于树脂分子间的直接相互反应，使固化后的体型结构高聚物基本具有聚醚的结构。这类固化剂的用量主要凭经验，由实验来决定。选择的依据主要是考虑获得最佳综合性能和工艺操作性能间的平衡。常用的是路易斯碱（按阴离子聚合反应的过程）和路易斯酸（按阳离子聚合反应的历程），它们可以单独用作固化剂，也可用作多元胺或聚酰胺类或酸酐类固化体系的催化剂。

① 阴离子型固化剂 这类固化剂中常用的是叔胺类，例如苄基二甲胺、DMP-10（邻羟基苄基二甲胺）和 DMP-30 [2,4,6-三（二甲氨基甲基）酚] 等。它们属于路易斯碱，氮原子的外层有一对未共享的电子对，因此具有亲核性质，是电子给予体。单官能团的仲胺（如咪唑类化合物）当它们的活泼氢和氧基反应后，也具有催化作用。

苄基二甲胺用量为 6%～10%，适用期 1～4h，室温固化约 6d；DMP-10 和 DMP-30 的酚羟基显著地加速树脂固化速率。用量 5%～10%，适用期 30min～1h，放热量高，体系固化速度快（25℃一昼夜）。

2-甲基咪唑和 2-乙基-4-甲基咪唑是近年来发展起来的一类固化剂。毒性小、配料容易，适用期长，黏度小，固化简便，固化物电性能和力学性能良好。用量 3%～4%，其交联反应可同时通过仲氨基上的活泼氢和叔胺的催化引发作用，较其他催化型固化剂有较快的固化速率和固化程度。

② 阳离子型固化剂 路易斯酸（$AlCl_3$、$ZnCl_2$、$SnCl_4$ 和 BF_3 等）是电子接受体。这类固化剂中用得最多的是三氟化硼，它是一种有腐蚀的气体，能使环氧树脂在室温下以极快

的速度聚合（仅数十秒钟）。三氟化硼不能单独用作固化剂，因为反应太剧烈，树脂凝胶太快，无法操作。为了获得在实际情况下可以操作的体系，常用三氟化硼和胺类（脂肪族胺或芳香族胺）或醚类（乙醚）的络合物，各种三氟化硼胺络合物的特性见表 2-41。工业上常用的是三氟化硼-乙胺络合物，又称 BF$_3$：400。它是结晶物质（熔点 87℃），在室温下非常稳定，离解温度约 90℃。BF$_3$：400 非常亲水，在湿空气中极易水解成不能再作固化剂的黏稠液体。它可以直接和热的树脂（约 85℃）相容。也可将它溶解在带羟基的载体中（如二元醇、糠醇等），再用这种溶液作为固化剂。在使用 BF$_3$：400 时要注意避免使用石棉、云母及某些碱性填料。

表 2-41　各种三氟化硼胺络合物的特性

三氟化硼-胺络合物中的胺类	外　观	熔点/℃	三氟化硼含量/%	室温下适用期[①]
苯胺	淡黄色	250	42.2	8h
邻甲苯胺	黄色	250	38.8	7～8d
N-甲基苯胺	淡绿色	85	38.8	5～6d
N-乙基苯胺	淡绿色	48	36.0	3～4d
N,N-二乙基苯胺	淡绿色		31.3	7～8d
乙胺	白色	87	59.5	数月
哌啶	黄色	78	44.4	数月
苄胺	白色	138～139	35.9	3～4 周

① 100g 二酚基丙烷二缩水甘油醚加 1g BF$_3$。

BF$_3$：400 的用量为 3%～4%，在室温下的适用期达 4 个月。加热到 100～120℃，络合物离解，使固化反应快速进行。温度对固化反应非常敏感，低于 100℃固化速率几乎可以忽略，在 120℃时快速反应，并释放出大量的热。

（4）树脂类固化剂　含有活性基团—NH—、—CH$_2$OH、—SH、$-\overset{\overset{\text{O}}{\|}}{\text{C}}-\text{OH}$、—OH 等的线型合成树脂低聚物都可作环氧树脂的固化剂。由于使用的合成树脂种类不同，可对环氧树脂固化物的一些性能起到改善作用。常用的是一些线型合成树脂低聚物，有苯胺甲醛树脂、酚醛树脂、聚酰胺树脂、聚硫橡胶、呋喃树脂和聚氨酯树脂等。

① 酚醛树脂　线型的酚醛树脂和热固性酚醛树脂都可作为环氧树脂的固化剂，固化时酚醛树脂中的酚羟基与环氧基反应。

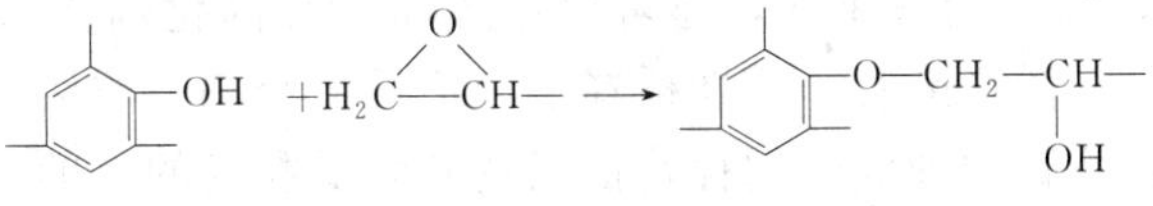

酚醛树脂中的羟甲基与环氧树脂中的羟基及环氧基反应。

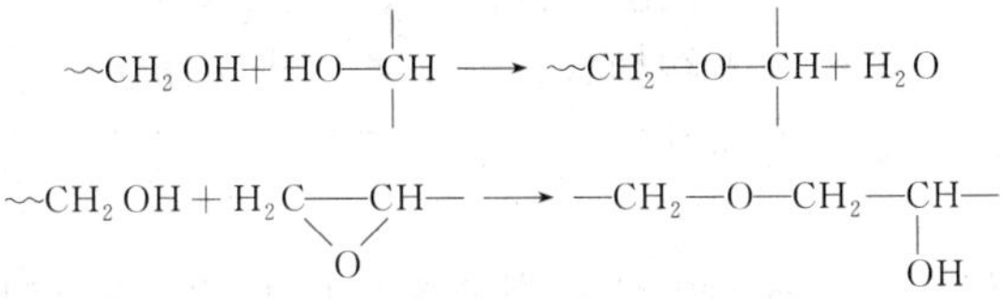

最后树脂体系交联成具有复杂三维网状结构的固化产物。

在线型的酚醛树脂与环氧树脂的复合物中，如果不添加促进剂，复合物在常温下有数月的适用期，但固化速率比较慢。添加促进剂就会大大加速固化反应的进行，复合物的适用期也缩短。由于有较长的适用期，并且固化物的电性能好，耐热冲击性能优良，在涂料、黏结、浇注及层压等方面得到广泛的应用。

热固性酚醛树脂与环氧树脂的相容性好，混合后适用期可达一周以上，刺激性小，易成型加工，所以普遍地应用于各种复合材料的成型工艺中，如缠绕、层压及模压等。热固性酚醛树脂的用量约为环氧树脂40%~50%，在160℃下固化约5h就能得到完全固化的产物。由于在加热条件下酚醛树脂本身也发生交联反应，并释放出低分子物质，所以其固化产物的致密性及力学性能不如酸酐固化体系。

② 聚酰胺树脂 与多元胺类化合物相似，低相对分子质量聚酰胺树脂中的氨基也可与环氧基反应形成交联结构。

目前国内生产用作环氧树脂固化剂的聚酰胺树脂有650（胺值200）、651（胺值400）等几种牌号。低相对分子质量聚酰胺在室温下黏度较大，为了降低其黏度，可以加入少量的活性稀释剂。聚酰胺作为固化剂的用量可以很大，一般为环氧树脂的40%~200%。这类固化剂的使用期短，它与脂肪族多胺一样，在低温下也容易进行反应，挥发性与毒性很小。固化物具有韧性，低温性能好，收缩小及尺寸稳定性好，但耐热性、耐湿热性及耐溶剂性能差。

（5）其他固化剂 除了以上介绍的固化剂之外，还有一些固化剂，它们使环氧树脂固化的过程可能不限于某一种反应历程，而真正的反应过程尚不清楚。属于这类固化剂的有双氰胺、含硼化合物、金属盐类和多异氰酸酯类等。

在这一类固化剂中最重要的是双氰胺，它对双酚A型环氧树脂特别适宜。由于它在高于145~165℃时快速分解，很难和环氧树脂相容，所以一般是先溶于溶剂中（如二甲基甲酰胺、二甲基乙酰胺、丙酮与水混合物等），再与树脂相容。用量约为4%，适用期6个月以上，超过145~165℃时就会快速固化。固化反应可为叔胺（如苄基二甲胺）等催化。固化产物具有优良的物理机械性能与电性能。

2.9.4　环氧树脂的其他辅助剂

为了改进环氧树脂的工艺性能和固化产物的物理机械性能以及降低成本，除了固化剂之外，往往还需要在树脂体系中加入适量的其他辅助剂，如稀释剂、增塑剂、增韧剂、增强剂及填充等。

稀释剂主要是用来降低环氧树脂黏度的，在浇注时使树脂有较好的渗透性，在黏合及层压时使树脂有较好的浸润性。此外，选择适当的稀释剂还有利于控制环氧树脂与固化剂的反应热，延长树脂-固化剂体系的适用期，还可以增加树脂与固化剂体系中填料的用量及改善树脂体系的工艺性能等。稀释剂有非活性稀释剂和活性稀释剂。非活性稀释剂不能与环氧树脂及固化剂进行反应，纯属物理混入过程，仅仅达到降低黏度的目的。活性稀释剂在其化合物分子结构里含有活性环氧基或其他活性基团，能与环氧树脂及固化剂反应。常用的非活性稀释剂有邻苯二甲酸二丁酯、甲苯、乙醇、丙酮等，它们不参与固化反应，并在树脂固化过程中挥发掉，所以容易使固化产物的结构致密性变差，影响质量。活性稀释剂如环氧丙烷丁基醚、环氧丙烷苯基醚、二缩水甘油醚等，它们直接参与树脂的固化反应，固化后成为产物的一部分。

另外，为了提高固化产物的抗冲击性、降低脆性以及改进抗弯曲性等，常常要向树脂-固化剂体系中加入被称为增韧剂的组分。增韧剂能够改善固化物的冲击强度及耐热冲击性能，提高黏合剂的剥离强度，减少固化时的反应热及收缩性。但是，随着增韧剂的加入，对固化物的某些力学性能、电性能、化学稳定性特别是耐溶剂性和耐热性会产生不良影响。增韧剂有两种：一种是与环氧树脂相容性良好，但不参加固化反应过程的非活性增韧剂；另一种是在分子链上含有活性基团，能参与固化反应的活性增韧剂。非活性增韧剂主要是聚氯乙烯用的增塑剂及磷酸、亚磷酸酯类的。它们不参与固化反应，只起减小交联密度、削弱固化树脂刚性的作用，但同时会影响固化产物的强度和耐热性。活性增韧剂多为含有活性基团的柔性高分子化合物，它们直接参与固化反应，可以改善产物的韧性，常用的如丁腈橡胶、聚硫橡胶、低相对分子质量聚酰胺等。

在环氧树脂中常加入的增塑剂有邻苯二甲酸酯类以及磷酸酯类，用量一般为5%～20%。

在环氧树脂中使用的增强剂一般为纤维类，主要为玻璃纤维及其织物，此外，还有碳纤维、芳纶纤维以及金属纤维等。填充剂一般为无机矿物粉类，如石英粉、滑石粉、碳酸钙、云母粉、高岭土、钛白粉等。

2.9.5 环氧树脂的加工性能

环氧树脂的成型方法很多，如压制、浇注、注塑、层压、浸渍、传递模塑成型等成型方法，也可进行涂装（溶液、水性、粉末）、黏结等二次加工。

环氧树脂的压制成型中常常要加入增强材料以及填充材料，充分混合均匀后，在热压机上成型。

浇注成型方法是先将树脂与固化剂、填充材料等按一定比例配好并搅拌均匀，然后浇注在涂有脱模剂的模具中进行固化成型。

注射成型对环氧树脂固化体系的要求是长期储存稳定、流动性好并可保持长时间塑化，高温下固化时间短。

环氧树脂的层压成型是以环氧树脂为黏合剂，以玻璃布、石棉布、牛皮纸等为基材，放入到层压机内通过加热加压成制品，其成型过程与酚醛层压塑料相类似。

其余成型方法不再一一叙述。

环氧树脂主要可应用于增强塑料、浇注塑料、泡沫塑料、黏合剂、涂料等。

玻璃纤维增强的环氧树脂又称为环氧玻璃钢，是环氧树脂的最大用途之一，它具有与基材黏结力强、形状稳定性好等特点，可用于大型壳体，如游船、汽车车身、飞机的升降舵、发动机罩、仪表盘、化工防腐槽等，还可大量用作电气开关装置、印制线路底盘，尤其是可作导弹部件，对国防工业具有特殊的重要意义。

环氧树脂的压制及注塑制品可用于汽车发动机部件、开关壳体、线圈架、电动机外壳等。

环氧树脂的浇注制品可用于各种电子元件的胶封和金属零件的固定，还可用来浇制宇宙飞船部件、地面通信设备等。

环氧树脂还可以发泡制成泡沫塑料。环氧泡沫塑料的长期使用温度可达200℃，可用作绝热材料、轻质高强夹心材料、减震包装材料、漂浮材料及飞机上的吸声材料。

2.10 不饱和聚酯

聚酯是主链上含有酯键的高分子化合物的总称，是由二元醇或多元醇与二元酸或多元酸缩合而成的，也可从同一分子内含有羟基和羧基的物质制得。目前已工业生产的主要品种有聚酯纤维（涤纶）、不饱和聚酯树脂和醇酸树脂。

不饱和聚酯的英文名称为 unsaturated polyester，简称 UP。不饱和聚酯是热固性的树脂，原因是具有引发交联的行为。是由不饱和二元羧酸（或酸酐）、饱和二元羧酸（或酸酐）

与多元醇缩聚而成的线型高分子化合物。在不饱和聚酯的分子主链中同时含有酯键

$\begin{smallmatrix}O\\\parallel\end{smallmatrix}$

+C-O+ 和不饱和双键 +CH=CH+ 。因此，它具有典型的酯键和不饱和双键的特性。

典型的不饱和聚酯具有下列结构。

$$H \text{+O-G-O-} \overset{O}{\overset{\parallel}{C}} \text{-R-} \overset{O}{\overset{\parallel}{C}} \text{+}_x \text{+O-G-O-} \overset{O}{\overset{\parallel}{C}} \text{-CH=CH-} \overset{O}{\overset{\parallel}{C}} \text{+}_y OH$$

式中，G 及 R 分别代表二元醇及饱和二元酸中的二价烷基或芳基；x 和 y 表示聚合度。

从上式可见，不饱和聚酯具有线型结构，因此也称为线型不饱和聚酯。

由于不饱和聚酯链中含有不饱和双键，因此可以在加热、光照、高能辐射以及引发剂作用下与交联单体（苯乙烯）进行共聚，并联固化成具有三向网络的体型结构。不饱和聚酯在交联前后的性质可以有广泛的多变性，这种多变性取决于以下两种因素：一是二元酸的类型及数量；二是二元醇的类型。

2.10.1 不饱和聚酯的合成原料

（1）二元酸 虽然不饱和聚酯链中的双键都是由不饱和二元酸提供的，但为了调节其中的双键含量，工业上合成不饱和聚酯时采用不饱和二元酸和饱和二元酸的混合酸组分。后者还能降低聚酯的结晶性，增加与交联单体苯乙烯的相容性。

① 不饱和二元酸 工业上用的不饱和酸是顺丁烯二酸酐（简称顺酐）和反丁烯二酸，主要是顺酐，这是因为顺酐熔点低，反应时缩水量少（较顺酸或反酸少 1/2 的缩聚水），而且价廉。

顺酐在缩聚过程中，它的顺式双键要逐渐转化为反式双键，但这种转化并不完全。而在不饱和聚酯树脂的固化过程中，反式双键较顺式双键活泼，这就有利于提高固化反应的程度，树脂固化后的性能随反式双键含量提高而有所差异。而顺式双键的异构化程度与缩聚反应的温度、二元醇的类型以及最终聚酯的酸值等因素有关。

反丁烯二酸由于分子中固有的反式双键，使不饱和聚酯不仅具有较快的固化速率和较高的固化程度，还使聚酯分子链排列较规整。因此，固化制品有较高的热变形温度，良好的物理、力学与耐腐蚀性能。

此外，还可以选用其他的不饱和二元酸，见表 2-42。

表 2-42 用于不饱和聚酯合成的其他不饱和二元酸

二 元 酸	分 子 式	相对分子质量	熔点/℃
顺丁烯二酸	HOOC—CH=CH—COOH	116	130.5
氯代顺丁烯二酸	HOOC—CCl=CH—COOH	150	
2-亚甲基丁二酸（衣康酸）	CH₂=C(COOH)CH₂COOH	130	161（分解）
顺式甲基丁烯二酸（柠康酸）	HOOC—C(CH₃)=CHCOOH	130	161（分解）
反式甲基丁烯二酸（中康酸）	HOOC—C(CH₃)=CHCOOH	130	

② 饱和二元酸 生产不饱和聚酯树脂时，加入饱和二元酸共缩聚可以调节双键的密度，增加树脂的韧性，降低不饱和聚酯的结晶倾向，改善它在乙烯基类交联单体中的溶解性。

常用的饱和二元酸是邻苯二甲酸酐（简称苯酐）。苯酐用于典型的刚性树脂中，并使树脂固化后具有一定的韧性。在混合酸组分中，苯酐还可以降低聚酯的结晶倾向以及由于芳环结构导致与交联单体苯乙烯有良好的相容性。

用间苯二甲酸可使树脂固化后具有更好的力学强度、韧性、耐热性以及耐腐蚀性。这种聚酯的黏度较高，允许比通常的苯酐型聚酯有较高的苯乙烯比例，但对固化树脂的性能无明

显影响。间苯二甲酸型不饱和聚酯树脂大部分用来制备胶衣（gel coat）树脂。

要求具有特殊性能的不饱和聚酯可选用其他的芳香族二元酸。例如用对苯二甲酸制得的不饱和聚酯固化后拉伸强度特别高。用内亚甲基四氢邻苯二甲酸酐可制得耐热性不饱和聚酯，树脂固化后的热稳定性和热变形温度均有提高。用四氢邻苯二甲酸制得的不饱和聚酯可使树脂固化后的表面发黏情况有所改善，而由六氯亚甲基四氢邻苯二甲酸（HET 酸）可得到自熄性不饱和聚酯。

如选用脂肪二元酸，例如己二酸、癸二酸等，则由于在聚酯的分子结构中引入较长的柔性脂肪链，使分子链中不饱和双键间的距离增大，导致固化树脂的韧性增加。

表 2-43 中列出常用的一些饱和二元酸。

表 2-43　常用的饱和二元酸

二元酸	分子式	相对分子质量	熔点/℃
苯酐	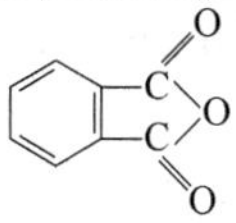 （结构式）	148	131
间苯二甲酸	 HOOC—〈〉—COOH	166	330
对苯二甲酸	 HOOC—〈〉—COOH	166	330
纳狄克酸酐（NA）	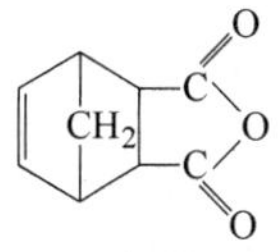 （结构式）	164	165
四氢苯酐（THPA）	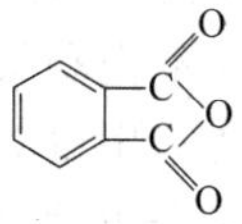 （结构式）	152	102～103
氯菌酸酐（HET 酸酐）	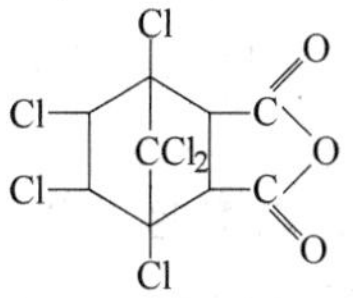 （结构式）	371	239
六氢苯酐（HPA）	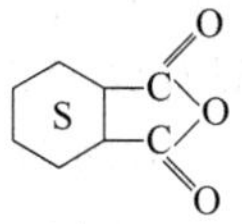 （结构式）	154	35～36
己二酸	$HOOC(CH_2)_4COOH$	145	152
癸二酸	$HOOC(CH_2)_8COOH$	202	133

③ 不饱和酸和饱和酸的比例　以由顺酐、苯酐和丙二醇缩聚而成的通用不饱和聚酯为例，其中顺酐和苯酐是等摩尔比投料的，若顺酐/苯酐的摩尔比增加，则会使最终树脂的凝胶时间、折射率和黏度下降，而固化树脂的耐热性提高，一般的耐溶剂、耐腐蚀性能也提高。若顺酐/苯酐的摩尔比降低，由此制成的聚酯树脂将最终固化不良，制品的力学强度下降。所以，为了合成特殊性能要求的聚酯，可以适当地增加顺酐/苯酐的比例。

（2）二元醇　合成不饱和聚酯主要用二元醇。一元醇用作分子链长控制剂，多元醇可得到高相对分子质量、高熔点的支化的聚酯。

最常用的二元醇是 1,2-丙二醇，由于丙二醇的分子结构中有不对称的甲基，因此得到的聚酯结晶倾向较少，与交联剂苯乙烯有良好的相容性。树脂固化后具有良好的物理与化学性能。

乙二醇具有对称结构，由乙二醇制得的不饱和聚酯有强烈的结晶倾向，与苯乙烯的相容性较差。为此，常要对不饱和聚酯的端羟基进行酰化，以降低结晶倾向，改善与苯乙烯的相容性，提高固化物的耐水性及电性能。如在乙二醇中添加一定量的丙二醇，亦能破坏其对称性，从而降低结晶倾向，使所得的聚酯和苯乙烯相容性良好，而且固化后的树脂在硬度及热变形温度方面也较单纯用乙二醇所制得的树脂为好。

分子链中带醚键的一缩二乙二醇或一缩二丙二醇可制备基本上无结晶的聚酯，并使不饱和聚酯的柔性增加。然而分子链中的醚键增加了不饱和聚酯的亲水性，固化树脂的耐水性降低。

在二元醇中加入少量的多元醇（例如季戊四醇），使制得的聚酯带有支链，从而可以提高固化树脂的耐热性与硬度。但加入百分之几的季戊四醇代替二元醇就使聚酯的黏度有很大增加，易于凝胶。

用 2,2'-二甲基丙二醇（新戊二醇）制得的不饱和聚酯具有较高的耐热性、耐腐蚀性及表面硬度。

由二酚基丙烷与环氧丙烷的加成物——二酚基丙烷二丙二醇醚（结构式如下）制得的不饱和聚酯具有良好的耐腐蚀性，特别是具有良好的耐碱性。但这种相对分子质量较高的二元醇必须同时与丙二醇或乙二醇混合使用，因为单独用它制得的不饱和聚酯固化速率太慢。

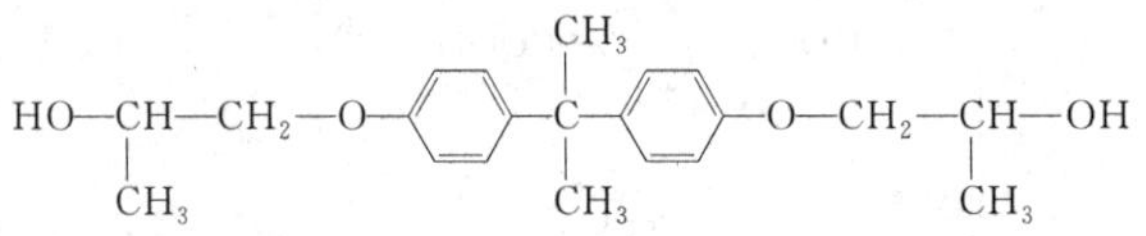

$$HO-CH-CH_2-O--C--O-CH_2-CH-OH$$

2.10.2 不饱和聚酯树脂的固化

（1）交联剂　不饱和聚酯分子中含有不饱和双键，在交联剂或热的作用下发生交联反应，成为具有不溶不熔体型结构的固化产物。不饱和聚酯树脂是由不饱和聚酯与烯类交联单体两部分组成的溶液，因此交联单体的种类及其用量对固化树脂的性能有很大的影响。烯类单体在这里既是交联剂，又是溶剂。已固化树脂的性能不仅与聚酯树脂本身的化学结构有关，而且与所选用的交联剂结构及用量有关。同时，交联剂的选择和用量还直接影响着树脂的工艺性能。

一般对交联剂有如下的要求：高沸点、低黏度，能溶解树脂呈均匀溶液，能溶解引发剂、促进剂及染料；无毒，反应活性大，能与树脂共聚成均匀的共聚物，共聚物反应能在室温或较低温度下进行。常用的烯类单体交联剂有以下几种。

① 苯乙烯　苯乙烯是一种低黏度液体，与不饱和聚酯具有良好的相容性，能很好地溶解引发剂及促进剂。苯乙烯的双键活性很大，容易与聚酯中的不饱和双键发生共聚，生成均匀的共聚物，苯乙烯是目前在不饱和聚酯中用量最大的一种交联剂。

苯乙烯的缺点是沸点低（145℃），易于挥发，有毒性，对人体有害。

苯乙烯用量一般为20%～50%，其用量对顺酐/苯酐不饱和聚酯树脂性能的影响见表2-44。

选择一定用量的苯乙烯是很重要的。苯乙烯的含量不能过多，也不能过少。过多则树脂溶液黏度太稀，不便应用；太少则黏度太大，不便于施工，同时由于苯乙烯含量太少，使树脂固化不够完全，影响树脂固化后的软化温度。

② 乙烯基甲苯　乙烯基甲苯是邻位占60%和对位占40%的异构混合物。它的工艺性能与苯乙烯类似，比苯乙烯固化时收缩率低。用乙烯基甲苯固化树脂时的体积收缩率比用苯乙烯固化树脂时的体积收缩率要低约4%。同时，由于乙烯基甲苯的沸点高，挥发性相应较低，对人体的危害性也较苯乙烯为小，产品的柔软性较好。

表 2-44　苯乙烯用量对不饱和聚酯树脂固化产物性能的影响

顺酐/苯酐/ (摩尔比)	苯乙烯 含量/%	固化时最高 放热温度/℃	弯曲强度 /MPa	拉伸强度 /MPa	热变形温度 /℃	伸长率 /%	25℃,14h 后 的吸水率/%
40/60	20	323	145	57.6	147	1.2	0.17
40/60	30	347	113	55.6	158	1.31	0.21
40/60	40	349	100	64.0	172	1.73	0.17
40/60	50	340	110	66.8	176	1.85	0.17
50/50	20	340	140	57.0	158	1.3	0.19
50/50	30	380	134	58.3	194	1.32	0.23
50/50	40	392	120	64.7	201	1.7	0.21
50/50	50	396	105	56.2	199	1.7	0.20
60/40	20	356	134	56.2	169		0.23
60/40	30	400	121	60.5	219	1.38	0.25
60/40	40	407	125	50.6	226	1.46	0.25
60/40	50	404	124	46.5	225	1.23	0.28

③ 二乙烯基苯　二乙烯基苯非常活泼，它与聚酯的混合物在室温时就易于聚合，常与等量的苯乙烯并用，可得到相对稳定的不饱和聚酯树脂，然而它比单独用苯乙烯的活性要大得多。

二乙烯基苯由于苯环上有两个乙烯取代基，因此用它交联固化的树脂有较高的交联密度，它的硬度与耐热性都比苯乙烯交联固化的树脂好，它同时还具有较好的耐酯类、氯代烃及酮类等溶剂的性能，缺点是固化物脆性大。

④ 甲基丙烯酸甲酯　甲基丙烯酸甲酯的特点是折射率较低，接近于玻璃纤维的折射率，因此具有较好的透光性及耐候性。同时，用甲基丙烯酸甲酯作交联剂的树脂黏度较小，有利于提高对玻璃纤维的浸润速率。其缺点是沸点低（100~101℃），挥发性大，有难闻的臭味，尤其是由于它与顺酐型不饱和聚酯共聚时，自聚倾向大，因而形成的固化产物网络结构疏松，交联度低，使制品不够刚硬，故一般应与苯乙烯混合使用为宜。

⑤ 邻苯二甲酸二丙烯酯　邻苯二甲酸二丙烯酯的优点是沸点高、挥发性小、毒性低；缺点是黏度较大。邻苯二甲酸二丙烯酯的反应活性比乙烯类单体及丙烯酸类单体要低，即使有催化剂存在的情况下，也不能使不饱和聚酯树脂室温固化。由于它的固化产物热变形温度高，介电性好，耐老化性能比用苯乙烯的好，所以可用于耐热性能要求高的制品。又因为用邻苯二甲酸二丙烯酯作交联剂，固化时放热少和体积收缩率小，因而又适于大型制件的成型。

⑥ 三聚氰酸三丙烯酯　三聚氰酸三丙烯酯的固化产物具有很高的耐热性（200℃以上）和力学强度。但这类单体的黏度太大，使用不便；同时操作时刺激性很大；而且固化时放出大量热，不利于厚制件的成型。

（2）引发剂　引发剂是能使单体分子或含双键的线型高分子活化而成为游离基并进行连锁聚合反应的物质。不饱和聚酯树脂的固化就是遵循游离基反应机理的。制备纤维增强复合材料时，通常是将不饱和聚酯树脂配以适当的有机过氧化物引发剂之后，浸渍纤维，经适当的温度加热和一定时间的作用，把树脂和纤维紧紧地黏结在一起，成为一个坚硬的复合材料整体。在这一过程中，纤维的物理状态前后没有变化，而树脂则从黏流态转变成为坚硬的固态。这种过程称为不饱和聚酯树脂的固化。显然，这个固化过程是服从游离基连锁反应历程的，它的固化除了温度条件以外，最重要的是正确选择适当的有机过氧化物引发剂。一般来讲，单靠加热也可以使不饱和聚酯树脂固化，但是存在两个缺点：一是反应诱导期长，而反应一旦开始则放热量大，难以控制；二是反应开始后速率很快，黏度突然增大，反应不易完全。因此，不饱和聚酯树脂的固化通常采用下列两种途径：一是加入引发剂并加热固化，可有效地控制反应速率，最终固化可趋于完全，固化产物性能稳定；二是同时加入引发剂和促进剂在室温下固化，并可满足各种固化工艺的要求。

引发剂一般为有机过氧化物。有机过氧化物的通式为：R—O—O—H 或 R—O—O—R，可以看作是具有不同有机取代基的过氧化氢的衍生物。R 基团可以是烷基、芳基、酰基、碳酸酯基等。目前在不饱和聚酯树脂中常用的有机过氧化物主要有以下几类。

① R—O—O—H 烷基（或芳基）过氧化氢　例如异丙苯过氧化氢。

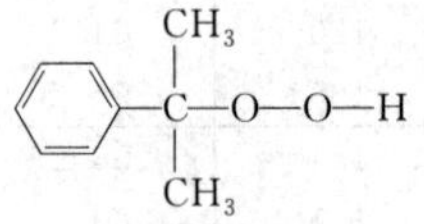

$$
\underset{CH_3}{\overset{CH_3}{C_6H_5\!-\!C}}\!-\!O\!-\!O\!-\!H
$$

② R—O—O—R 过氧化二烷基（或芳基）　例如过氧化叔丁基和过氧化二异丙苯。

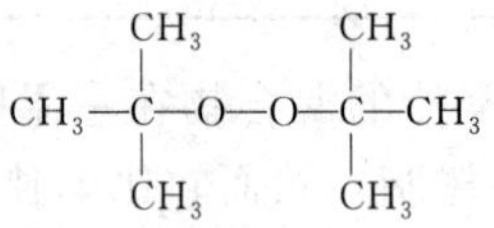

过氧化叔丁基 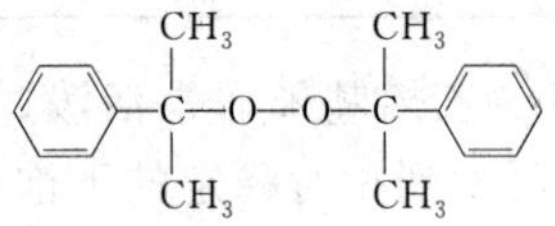　　　　　　　　过氧化二异丙苯

③ R—C(=O)—O—O—C(=O)—R 过氧化二酰基　例如过氧化二苯甲酰。

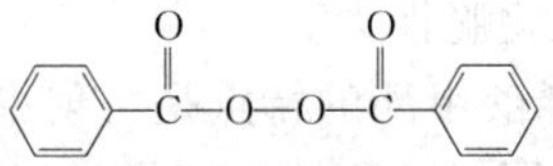

④ R—C(=O)—O—O—R′ 过酸酯　例如过苯甲酸叔丁酯。

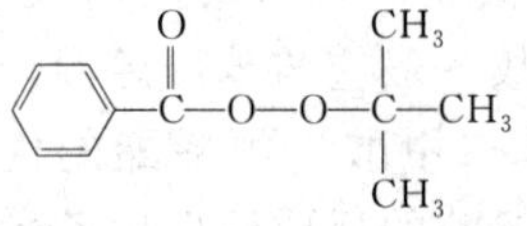

⑤ R—O—C(=O)—O—O—C(=O)—O—R 过碳酸二酯　例如过碳酸二异丙酯。

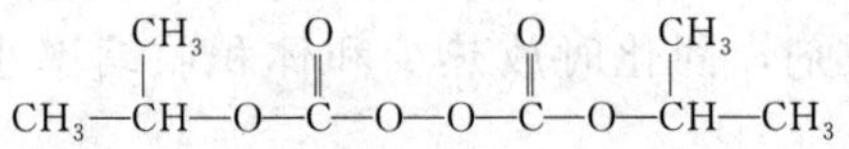

还有酮过氧化物，它实际上是一种过氧化物的混合物，其中包含有一羟基氢过氧化物、一羟基过氧化物、二羟基过氧化物。例如过氧化甲乙酮和过氧化环己酮等。

过氧化物的特性，通常用临界温度和半衰期来表示。临界温度是指有机过氧化物具有引发活性的最低温度。在此温度下过氧化物开始以可察觉的速率分解形成游离基，从而引发不饱和聚酯树脂以可以观察的速率进行固化。从理论上讲，温度的高低只决定有机过氧化物形成游离基的多少，而并不表示在临界温度以下不能形成游离基。但从工艺的角度来考虑，在临界温度以下，有机过氧化物的分解速率太慢，形成的游离基浓度太低，不足以引起游离基聚合反应，这在工艺上讲是毫无意义的。因此，只有超过某一温度后，有机过氧化物才具有引发活性，这一温度就是临界温度。一般，工艺上都是在有机过氧化物的临界温度以上的温度条件下使用的。

半衰期是指在给定温度条件下，有机过氧化物分解一半所需要的时间，常用来评价过氧化物活性的大小。表 2-45 为常用过氧化物的特性。

表 2-45　常用过氧化物的特性

名　称	物　态	有效成分/%	临界温度/℃	半 衰 期 温度/℃	时间/h	活化能/(kJ/mol)	活化氧/%
叔丁基过氧化氢	液	72	110	130 145 160 172	520 120 29 10	—	12.7
异丙苯过氧化氢	液	74	100	115 130 145 160	470 113 29 9	125.6	7.7
过氧化二叔丁基	液	98～99	100	100 115 126 130	218 34 10 6.4	146.3	10.8
过氧化二异丙苯	固	90～95	120	115 130 145	12 1.8 0.3	170.0	5.5
过氧化二苯甲酰	固 糊	96～98 50(二丁酯)	70	70 85 100	13 2.1 0.4	125.6	6.4 3.3
过氧化二月桂酰	固	98	60～70	60 70 85	13 3.4 0.5	128.5	3.9
过苯甲酸叔丁酯	液	98	90	100 115 130	18 3.1 0.55	145.3	8.1
过氧化环己酮(混合物)	固 糊	95 50(二丁酯)	88	85 100 115	20 3.8 1.0	—	12.0 7.0
过氧化甲乙酮(混合物)	液	60(二甲酯) 50(二甲酯)	80	85 100 115	81 16 3.6	119.3	11.0 9.1

　　为了安全和方便，通常用邻苯二甲酸二丁酯等增塑剂将有机过氧化物调制成一定浓度的糊状物，使用时再加到树脂中去。目前常用的引发剂牌号及组成见表 2-46。

表 2-46　常用引发剂牌号及组成

牌　号	组　成	用量[①]/份	适 用 条 件
1# 引发剂	50%过氧化二苯甲酰的邻苯二甲酸二丁酯糊	2～3	热固化 100～140℃/1～10min，与促进剂配合冷固化
2# 引发剂	50%过氧化环己酮的邻苯二甲酸二丁酯糊	4	与促进剂配合冷固化
3# 引发剂	60%过氧化甲乙酮的邻苯二甲酸二丁酯溶液	2	与促进剂配合冷固化

① 以 100 份树脂为基准。

　　(3) 促进剂　虽然有很多有机过氧化物的临界温度低于 60℃，但这些过氧化物由于本身的不稳定性而没有工业使用价值。目前，固化不饱和聚酯树脂用的有机过氧化物的临界温度都在 60℃以上，对于固化温度要求在室温时，这些过氧化物就不能满足此要求。加入促进剂后，就可使有机过氧化物的分解温度降到室温以下。促进剂的种类有很多，并各有其适用性。对过氧化物有效的促进剂有二甲基苯胺、二乙基苯胺、二甲基对甲苯胺等。对氢过氧化物有效的促进剂大都是具有变价的金属皂，如环烷酸钴、萘酸钴等。对过氧化物和氢过氧化物两者都有效的促进剂有十二烷基硫醇等。但这类促进剂目前还没有被应用于实际。

为了操作方便，计量准确，常用苯乙烯将促进剂配成较稀的溶液。目前，这种促进剂与引发剂和聚酯树脂配套供应，其牌号与组成见表 2-47。

表 2-47　促进剂的牌号与组成

牌　　号	组　　成	用量[①]/份	适 用 条 件
1# 促进剂	10%二甲苯胺的苯乙烯溶液	1~4	与 1# 引发剂配合使用有快速冷固化作用
2# 促进剂	8%~10%萘酸钴的苯乙烯溶液	1~2.5	与 2# 引发剂或 3# 引发剂配合，供冷固化使用

① 以 100 份树脂为基准。

通过引发剂-促进剂的品种及用量的选择，不仅可以使不饱和聚酯树脂在室温及高温下固化，而且可以根据不同工艺方法的具体要求以及制品的大小等条件，有效地控制树脂的各项工艺性能。如模压工艺用的模压料，要求在室温下长期存放，即树脂在室温条件下交联固化很慢。但在高温下，即成型温度下又要能很快地交联固化。对不饱和聚酯树脂来讲，这种要求容易解决，在树脂中只加过氧化二苯甲酰，不加促进剂就行了。又如凝胶时间的长短，对不同室温下复合材料制品的施工起着决定性的作用。凝胶化时间可用改变促进剂用量的办法来调节；但不允许用改变引发剂用量的办法来调节，否则会导致制品的固化不良。

配胶时，引发剂和促进剂不允许直接混合，以免引起爆炸。一般先将引发剂加到树脂中搅拌后，再加入促进剂搅拌均匀即可使用。

(4) 有机过氧化物的协同效应　近年来，不饱和聚酯树脂预浸料（prepreg）、料团模塑料（BMC）、片状模塑料（SMC）、连续生产管道和棒状等复合材料的出现，使不饱和聚酯树脂制品的生产由手工间歇式转向自动化、机械化和连续化生产，大大减轻了劳动强度，提高了劳动生产率和制品的性能。在这些成型工艺中，都要求不饱和聚酯树脂引发剂体系具有长的适用期，但能快速凝胶和固化，或能快速凝胶而有长的固化时间。这时候，单组分过氧化物引发剂体系就不能达到上述要求，必须采用由两种或两种以上引发剂组成的复合引发剂体系。

当由两种或两种以上的引发剂组成复合引发剂体系时，这种体系的引发活性大致出现下述三种情况。

① 复合引发剂体系中的各引发剂之间出现协同效应，使得引发剂的活性增加。常用的这类复合引发体系有以下几种。

$$\begin{bmatrix}\text{过氧化二辛酰}\\\text{过氧化二苯甲酰}\end{bmatrix}\quad\begin{bmatrix}\text{过异丁酸叔丁酯}\\\text{过氧化二苯甲酰}\end{bmatrix}\quad\begin{bmatrix}\text{过氧化甲乙酮}\\\text{过氧化二苯甲酰}\end{bmatrix}$$

$$\begin{bmatrix}\text{过氧化二乙酰}\\\text{过氧化甲乙酮}\end{bmatrix}\quad\begin{bmatrix}\text{叔丁基过氧化氢}\\\text{过氧化二叔丁基}\end{bmatrix}\quad\begin{bmatrix}\text{叔丁基过氧化氢}\\\text{过乙酸叔丁酯}\end{bmatrix}$$

② 复合引发剂体系中的各引发剂之间略具协同效应，而使引发体系具有一定的引发活性。常用的这类复合引发体系有以下几种。

$$\begin{bmatrix}\text{过氧化二苯甲酰}\\\text{过氧化二异丙苯}\end{bmatrix}\quad\begin{bmatrix}\text{过氧化二苯甲酰}\\\text{过苯甲酸叔丁酯}\end{bmatrix}\quad\begin{bmatrix}\text{过异丁酸叔丁酯}\\\text{过氧化二辛酰}\end{bmatrix}$$

$$\begin{bmatrix}\text{过异丁酸叔丁酯}\\\text{过氧化二月桂酰}\end{bmatrix}\quad\begin{bmatrix}\text{过氧化甲乙酮}\\\text{过乙酸叔丁酯}\end{bmatrix}\quad\begin{bmatrix}\text{过氧化环己酮}\\\text{过苯甲酸叔丁酯}\end{bmatrix}$$

$$
\begin{bmatrix} 过氧化二月桂酰 \\ 过乙酸叔丁酯 \\ 过氧化二叔丁基 \end{bmatrix} \qquad \begin{bmatrix} 过氧化二乙酰 \\ 过苯甲酸叔丁酯 \\ 叔丁基过氧化氢 \end{bmatrix}
$$

③ 复合体系中的一个组分对另一组分有抑制作用，使引发剂的引发活性降低。常用的这类引发剂有如下几种。

$$
\begin{bmatrix} 过氧化环己酮 \\ 2,5\text{-二甲基己烷-}2,5\text{-二过氧化氢} \end{bmatrix} \qquad \begin{bmatrix} 过氧化环己酮 \\ 过氧化二叔丁基 \end{bmatrix}
$$

$$
\begin{bmatrix} 过氧化二苯甲酰 \\ 2,5\text{-二甲基己烷-}2,5\text{-二过氧化氢} \end{bmatrix} \qquad \begin{bmatrix} 过氧化环己酮 \\ 叔丁基过氧化氢 \end{bmatrix}
$$

$$
\begin{bmatrix} 过氧化甲乙酮 \\ 叔丁基过氧化氢 \end{bmatrix} \qquad \begin{bmatrix} 过氧化甲乙酮 \\ 2,5\text{-二甲基己烷-}2,5\text{-二过氧化氢} \end{bmatrix}
$$

$$
\begin{bmatrix} 过氧化二辛酰 \\ 2,5\text{-二甲基己烷-}2,5\text{-二过氧化氢} \end{bmatrix} \qquad \begin{bmatrix} 过氧化二乙酰 \\ 叔丁基过氧化氢 \end{bmatrix}
$$

（5）不饱和聚酯固化的特点　黏流态树脂体系发生交联反应而转变成不溶不熔的具有体型网络的固态树脂的全过程称为树脂的固化。不饱和聚酯树脂的固化过程可以分为三个阶段。即凝胶阶段、硬化阶段和完全固化阶段。凝胶阶段是指从黏流态的树脂到失去流动性形成半固体的凝胶状态，这一阶段时间对于复合材料制品的成型工艺起着决定性的作用，是固化过程中最重要的阶段。影响凝胶时间的因素很多，大致归纳，主要有以下几点。

① 阻聚剂、引发剂和促进剂加入量的影响　微量的阻聚剂能阻止树脂的聚合反应发生，甚至会使树脂完全不固化。引发剂和促进剂加入量越少，凝胶时间就越长，若用量不足会导致固化不良。三者对凝胶时间的影响见表 2-48。

表 2-48　阻聚剂、引发剂与促进剂对凝胶时间的影响

温度/℃	单纯树脂	树脂+阻聚剂 （0.01 份对苯二酚）	树脂+0.01 份对苯二酚+ 1 份过氧化二苯甲酰	树脂+0.01 份对苯二酚+1 份 过氧化苯甲酰+0.5 份二甲基苯胺
20	14d	1d	7d	15min
100	30min	5h	5min	2min

② 环境温度和湿度的影响　一般来说，温度越低，凝胶时间就越长。湿度过高也会延长凝胶时间，甚至造成固化不良。

③ 树脂体积的影响　树脂体积越大越不容易散热，凝胶时间也就越短。

④ 交联剂蒸发损失的影响　在树脂中必须有足够数量的交联剂才能够使树脂固化完全。所以在薄制品成型时，为避免交联剂过多损失，最好使树脂的凝胶时间短一些。

以上四点就是在不饱和聚酯树脂固化过程中影响凝胶时间的主要因素。

而对于硬化阶段来说，是从树脂开始凝胶到一定硬度，能把制品从模具上取下为止的一段时间。

完全固化阶段如果是在室温下进行，这段时间可能要几天至几个星期。完全固化通常都是在室温下进行，并用后处理的方法来加速，比如说在 80℃ 的温度下保温 3h 等。但在后处理之前，在室温下至少要放置 24h，这段时间越长，制品吸水率越小，性能也越好。后处理的温度和时间关系如图 2-8 所示。

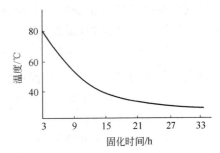

图 2-8　聚酯树脂后处理温度和时间曲线

2.10.3 不饱和聚酯树脂的加工性能

不饱和聚酯在固化过程中无挥发物逸出，因此能在常温常压下成型，具有很高的固化能力，施工方便，可采用手糊成型法、模压法、缠绕法、喷射法等工艺来成型加工玻璃钢制品（GFUP）。此外，还发展了预浸渍玻璃纤维毡片的片材成型法 SMC（sheet moulding compounding）和整体成型法 BMC（bulk moulding compounding），不饱和聚酯制件也可采用浇注、注射等成型方法。

表 2-49 为不饱和聚酯树脂各种成型方法的占有率。

表 2-49 不饱和聚酯树脂各种成型方法的占有率

成　型　方　法	占有率/%	成　型　方　法	占有率/%
手糊成型	18	单丝缠绕成型（FW 法）	5
喷射成型	21	连续成型	3
BMC、SMC	43	其他	6
其他压制成型	4	合计	100

表 2-50 为 SMC 和 BMC 的性能。

不饱和聚酯在性能上具有多变性，由于组成的变化，UP 可以是硬质的、有弹性的、柔软的、耐腐蚀的，耐候老化的或是耐燃的；UP 也可以按纯树脂、填充的、增强的或着色的形式被应用；根据用户的要求，UP 可以在室温或在高温下使用。这些性能上的变化形成了 UP 在应用上的多样化。

表 2-50 SMC 和 BMC 的性能

性　　　能	SMC	BMC	性　　　能	SMC	BMC
相对密度	1.75~1.95		介电损耗角正切(10^6Hz)	<0.015	
吸水率/%	0.5		耐电弧/s	>180	
成型收缩率/%	<0.15		阻燃性能	V-1	
热变形温度/℃	>240		简支梁无缺口冲击强度/(kJ/m²)	>90	>30
体积电阻率/Ω·cm	$>10^{13}$		弯曲强度/MPa	>170	>90
介电强度/(kV/mm)	>12		介电常数(10^6Hz)	4.5	4.8

不饱和聚酯的基本性能是坚硬、不溶、不熔的褐色半透明材料，它具有良好的刚性和电性能。它的缺点是易燃、不耐氧化、不耐腐蚀、冲击强度不高，通过改性可以加以克服。不饱和聚酯的主要用途是制作玻璃钢制品（约占整个树脂用量的80%），用作承载结构材料。它的比强度高于铝合金，接近钢材，因此常用来代替金属，用于汽车、造船、航空、建筑、化工等部门以及日常生活中。例如采用手糊和喷涂技术制造各种类型的船体，用 SMC 技术制造汽车外用部件，用 BMC 通过模压法生产电子元件、洗手盆等，用缠绕法制作化工容器和大口径管等，通过浇注成型可制作刀把、标本，用 UP 进行墙面、地面装饰，制作人造大理石、人造玛瑙，具有装饰性好、耐磨等特点。

2.10.4 其他类型的不饱和聚酯树脂

其他类型的不饱和聚酯树脂还有二酚基丙烷型不饱和聚酯树脂、乙烯基酯树脂、邻苯二甲酸二烯丙基酯树脂等。

二酚基丙烷型不饱和聚酯树脂是由二酚基丙烷与环氧丙烷的合成物（又称 D-33 单体）代替部分二元醇，再通过与二元酸的缩聚反应而合成的。由于在不饱和聚酯的分子链中引进了二酚基丙烷的链节，使这类树脂固化后具有优良的耐腐蚀性能及耐热性。

乙烯基酯树脂是20世纪60年代发展起来的一类新型热固性树脂，其特点是聚合物中具有端基或侧基不饱和双键。合成方法主要是通过不饱和酸与低相对分子质量聚合物分子链中的活性点进行反应，引进不饱和双键。常用的骨架聚合物为环氧树脂，常用的不饱和酸为丙烯酸、甲基丙烯酸或丁烯酸等。由于可选用一系列不同的低相对分子质量聚合物作为骨架与一系列不同类型的不饱和酸进行反应，因此可合成一系列不同类型的这类树脂。用环氧树脂作为骨架聚合物制得的乙烯基酯树脂，综合了环氧树脂与不饱和聚酯树脂两者的优点。树脂固化后的性能类似于环氧树脂，比聚酯树脂好得多。它的工艺性能与固化性能类似于聚酯树脂，改进了环氧树脂低温固化时的操作性。这类树脂的另一个突出的优点是耐腐蚀性能优良，耐酸性超过胺固化环氧树脂，耐碱性超过酸固化环氧树脂及不饱和聚酯树脂。它同时具有良好的韧性及对玻璃纤维的浸润性。

另外，在不饱和聚酯树脂中添加热塑性树脂以改善其固化收缩率，是一种新型的不饱和聚酯树脂。这种新型的不饱和聚酯树脂不仅可以减少片状模塑料成型时的裂纹，还可使制品表面光滑、尺寸稳定。常用的热塑性树脂有聚甲基丙烯酸甲酯、聚苯乙烯及其共聚物、聚己酸丙酯以及改性聚氨酯等。

在提高韧性方面，常常采用聚合物共混的方法。例如，用聚氨酯与不饱和聚酯共混，制成的产品强度高，韧性好，而且还可降低树脂中苯乙烯的含量，适合于多种成型方法；用末端含有羟基的不饱和聚酯与二异氰酸酯反应得到的树脂，其韧性比普通不饱和聚酯提高 2～3 倍，热变形温度提高 10～20℃。

提高不饱和聚酯树脂的耐热性一直是重要的研究课题。例如，日本昭和高分子公司研制的酚醛型乙烯酯树脂，固化产物的热变形温度达 220℃，用它制成的纤维复合材料在 170～180℃ 下仍能保持 60％ 以上的弯曲强度和弹性模量。

2.11　聚氨酯

聚氨酯是指分子结构中含有许多重复的氨基甲酸酯基团 $\left(\begin{array}{c}\text{O}\\ \|\\ -\text{NH}-\text{C}-\text{O}-\end{array}\right)$ 的一类聚合物，全称为聚氨基甲酸酯，英文名称为 polyurethane，简称为 PU。聚氨酯根据其组成的不同，可制成线型分子的热塑性聚氨酯，也可制成体型分子的热固性聚氨酯。前者主要用于弹性体、涂料、胶黏剂、合成革等，后者主要用于制造各种软质、半硬质、硬质泡沫塑料。

聚氨酯于 1937 年由德国科学家首先研制成功，于 1939 年开始工业化生产。其制造方法是异氰酸酯和含活泼氢的化合物（如醇、胺、羧酸、水等）反应，生成具有氨基甲酸酯基团的化合物。其中以异氰酸酯与多元醇的反应为制造 PU 的基本反应，其反应式为

$$n\,\text{OCN}-\text{R}-\text{NCO} + n\,\text{HO}-\text{R}'-\text{OH} \longrightarrow \left(\text{OCHN}-\text{R}-\text{NHCOO}-\text{R}'-\text{O}\right)_n$$

反应属逐步加成聚合，反应过程中没有低分子副产物生成。如异氰酸酯或多元醇之一具有三个以上的官能团，则生成立体网状结构。

异氰酸酯遇水会迅速反应并放出 CO_2，这是制造发泡材料的基本反应

$$\sim\sim\text{RNCO} + \text{H}_2\text{O} \longrightarrow \left[\,\sim\sim\text{RNH}-\text{COOH}\,\right] \longrightarrow \sim\sim\text{RNH}_2 + \text{CO}_2\uparrow$$

2.11.1　合成聚氨酯的基本原料

合成聚氨酯的基本原料为异氰酸酯、多元醇、催化剂及扩链剂等。

（1）异氰酸酯　异氰酸酯一般含有两个或两个以上的异氰酸基团，异氰酸基团很活泼，可以跟醇、胺、羧酸、水等发生反应。目前，聚氨酯产品中主要使用的异氰酸酯为甲苯二异氰酸酯（TDI）、二苯基甲烷二异氰酸酯（MDI）和多亚甲基对苯基多异氰酸酯（PAPI）。

TDI 主要用于软质泡沫塑料；MDI 可用于半硬质、硬质泡沫塑料及胶黏剂等；PAPI 由于含有三官能度，可用于热固性的硬质泡沫塑料、混炼及浇注制品。

（2）多元醇　多元醇构成聚氨酯结构中的弹性部分，常用的有聚醚多元醇和聚酯多元醇。多元醇在聚氨酯中的含量决定聚氨酯树脂的软硬程度、柔顺性和刚性。聚醚多元醇为多多元醇、多元胺或其他含有活泼氢的有机化合物与氧化烯烃开环聚合而成，具有弹性大、黏度低等优点。这类多元醇用得比较多，特别是应用于软质泡沫塑料和反应注射成型（RIM）产品中。聚酯多元醇是以各种有机多元酸和多元醇通过酯化反应而得到的。二元酸与二元醇合成的线型聚酯多元醇主要用于软质聚氨酯，二元酸与三元醇合成的支链型聚酯多元醇主要用于硬质聚氨酯。由于聚酯多元醇的黏度大，不如聚醚型应用得广泛。

（3）催化剂　在聚氨酯的聚合过程中还需加入催化剂，以加速聚合过程，一般有胺类和锡类两种，常用的胺类有三乙烯二胺、N-烷基吗啡啉等，锡类有二月桂酸二丁基锡、辛酸亚锡等。

（4）扩链剂　常用的扩链剂是低相对分子质量的二元醇和二元胺，它们与异氰酸酯反应生成聚合物中的硬段。常用的扩链剂有乙二醇、丙二醇、丁二醇、己二醇等。二元胺一般都采用芳香族二元胺，如二苯基甲烷二胺、二氯二苯基甲烷二胺等。由于乙二胺反应过快，一般不采用。

其他的添加剂还有发泡剂（如水、液态二氧化碳、戊烷、氢氟烃等）、泡沫稳定剂（用于泡沫制品，如水溶性聚醚硅氧烷等）、阻燃剂、增塑剂、表面活性剂、填充剂、脱模剂等。

聚氨酯树脂在具体制备时，要首先合成预聚体，然后再在使用时进行扩链反应，形成软泡、硬泡、弹性体、涂料、黏合剂和密封胶等。

表 2-51 为聚氨酯的主要合成原料。

表 2-51　聚氨酯的主要合成原料

种　　类	名　　称	主　要　用　途
异氰酸酯	TDI(甲苯二异氰酸酯)	软质泡沫材料
	MDI(4,4'-二苯基甲烷二异氰酸酯)	涂料、胶黏剂、RIM、半硬质泡沫塑料、硬质泡沫塑料
	PAPI(多苯基多亚甲基多异氰酸酯)	硬质泡沫材料、混炼、浇注制品
	HDI(六亚甲基二异氰酸酯)	非黄变聚氨酯
	NDI(萘二异氰酸酯)	弹性体
多元醇		
聚醚多元醇	PPG(聚丙二醇)	通用
	PTMG(聚四氢呋喃)	弹性体
聚酯多元醇	缩合型(二元酸与二元醇、三元醇缩合)	弹性体、涂料、胶黏剂
	内酯型(ε-己内酯与多元醇开环缩合)	弹性体、涂料
催化剂	如二月桂酸二丁基锡、辛酸亚锡	
	三乙烯二胺、N-烷基吗啡啉	
扩链剂	乙二醇、丙二醇、丁二醇、二苯基	
	甲烷二胺、二氯二苯基甲烷二胺	

2.11.2　聚氨酯泡沫塑料

聚氨酯泡沫塑料是聚氨酯树脂的主要产品，约占聚氨酯产品总量的 80% 以上。根据所用原料的不同，可分为聚醚型和聚酯型泡沫塑料，根据制品性能不同，可分为软质、半硬质、硬质泡沫塑料。

软质泡沫塑料就是通常所说的海绵，开孔率达 95%，密度约为 $0.02 \sim 0.04 \mathrm{g/cm^3}$，具有轻度交联结构，拉伸强度约为 0.15MPa，而且韧性好、回弹快、吸声性好。目前软质泡沫塑料的产品占所有泡沫塑料产品的 60% 以上。

软质泡沫塑料是以 TDI 和二官能团或三官能团的聚醚多元醇为主要原料，利用异氰酸酯与水反应生成的 CO_2 作为发泡剂，其生产方法有连续式块料法及模塑法。连续式块状法是将反应物料分别计量混合后在连续运转的运输带上进行反应、发泡，形成宽 2m、高 1m 的连续泡沫材料，熟化后切片即得制品。模塑法是把反应物料计量混合后冲模，发泡成型后即得产品。软质泡沫塑料主要用于家具用品、织物衬里、防震包装材料等。

半硬质泡沫塑料的主要原料为 TDI 或 MDI，以及 3～4 官能团的聚醚多元醇，发泡剂为水和物理发泡剂。半硬质泡沫塑料有普通型和结皮型两类，其交联密度大于软质泡沫塑料。普通型的开孔率为 90%，密度为 0.06～0.15g/cm³，回弹性较好。结皮型的在发泡时可形成 0.5～3mm 厚的表皮，密度为 0.55～0.80g/cm³，其耐磨性与橡胶相似，是较好的隔热、吸声、减震材料。

硬质泡沫塑料的主要原料为 MDI 以及 3～8 官能团的聚醚多元醇，发泡剂为水及物理发泡剂。硬质泡沫塑料具有高度交联结构，基本为闭孔结构，密度为 0.03～0.05g/cm³，并有良好的吸声性，热导率低，为 0.008～0.025W/(m・K)，为一种优质绝热保温材料。

硬质泡沫塑料的成型加工可采用预聚体法、半预聚体法和一步法。对绝热保温材料可用注射发泡成型和现场喷涂成型；对于结构材料则可用反应注射成型（RIM）或增强反应注射成型（RRIM）。

反应注射成型和增强反应注射成型是一种新型成型加工工艺。它是把多元醇、交联剂、催化剂、发泡剂等作为 A 组分，而 B 组分通常仅由 MDI 构成。A、B 两组分通过高压或低压反应浇注机，在很短时间内进行计量、混合、注入，在复杂的模具内发泡而成。若在 A 组分中加入增强材料，则称为增强反应注射成型（RRIM）。

增强反应注射成型中由于加入了增强材料如玻璃纤维、碳纤维、石棉纤维、晶须等，可以改善聚氨酯的耐热性、刚度、拉伸强度、尺寸稳定性等，提高了聚氨酯泡沫塑料的使用性能。例如，采用含 5%～10% 玻璃纤维增强的 RRIM 聚氨酯制造的汽车保险杠和仪表板，其制件质量和尺寸稳定性都得到了提高。

硬质泡沫塑料可用作绝热制冷材料，如冰箱、冷藏柜、保温材料；还可用于桌子、门框及窗框等，由于具有可刨、可锯、可钉等特点，还被称为聚氨酯合成木材。

2.11.3　聚氨酯弹性体

聚氨酯弹性体具有优异的弹性，其模量介于橡胶与塑料之间，具有耐油、耐磨耗、耐撕裂、耐化学腐蚀、耐射线辐射等优点，同时还具有黏结性好、吸振能力强等优异性能，所以近年来有很大的发展。

聚氨酯弹性体主要有混炼型（MPU）、浇注型（CPU）和热塑型（TPU）。

（1）混炼型聚氨酯弹性体　可采用与天然橡胶相同的加工方法制成各种制品。硫化是通过化学键进行交联的硫化成型工艺，硫化剂可以是过氧化物（如 DCP）、硫黄和多异氰酸酯；也可以是过氧化物和多异氰酸酯并用的硫化剂。可加填料降低成本，也可加增强剂提高力学性能，还可加入各种助剂来提高某些性能。

（2）浇注型聚氨酯弹性体　可进行浇注和灌注成型，可灌注各种复杂模型的制品。可加溶剂作聚氨酯涂料，进行涂刷或喷涂施工；加溶剂浸渍织物，再加工制成麂皮；可加溶剂喷涂在布匹上，作人造毛皮等。这些产品可用作室内、汽车、火车内的铺装材料，体育场地板漆；体育场跑道，建筑用防水材料，家具和墙的内外装饰漆等。聚氨酯浇注胶加入适当的催化剂，可以室温硫化制成各种制品；可加发泡剂加工成弹性泡沫橡胶。

（3）热塑型聚氨酯弹性体 可通过像塑料一样的加工方法，制成各种弹性制品，可采取压缩模塑、注塑、挤出、压延和吹塑成型的加工方法。配溶剂可制作涂料，还可制造 PU 革，应用在衣料、包装材料和鞋面革等。

在加工时可加入各种填料和助剂，以降低成本和提高某些物理性能，也可加入各种着色剂，使制品具有各种鲜艳的色泽。

聚氨酯弹性体具有很好的力学性能，其抗撕裂强度要优于一般的橡胶，硬度变化范围比较宽，而且还具有很好的耐磨耗性能（见表 2-52）。此外，聚氨酯弹性体还具有很好的减震性能，滞后时间长，阻尼性能好，因而在应力应变时吸收的能量大，减震的效果非常好，因此可在汽车保险杠、飞机起落架方面大量应用。

表 2-52 不同高分子材料的磨耗性能

材　　　料	磨耗量/mg	材　　　料	磨耗量/mg
聚氨酯	0.5～3.5	低密度聚乙烯	70
聚酯膜	18	天然橡胶	146
聚酰胺 11	24	丁苯橡胶	177
高密度聚乙烯	29	丁基橡胶	205
聚四氟乙烯	42	ABS	275
丁腈橡胶	44	氯丁橡胶	280
聚酰胺 66	49	聚苯乙烯	324

注：磨耗条件为 CS17 轮，1000g/轮，5000r/min，23℃。

聚氨酯弹性体还具有很好的耐油性、耐非极性及弱极性溶剂的能力，耐紫外线、耐臭氧、耐辐射性能都很好，并且有很好的生理相容性，因此，聚氨酯弹性体除了大量应用在耐磨、耐油、减震等方面，还可应用于人造血管、人造肾脏、人造心脏等方面。

除聚氨酯弹性体和泡沫塑料外，聚氨酯还可作黏合剂、涂料、合成革、纤维、橡胶等。聚氨酯黏合剂可对各种织物、塑料、橡胶、木材、金属玻璃、陶瓷及水泥制品进行黏合；聚氨酯涂料的耐油、耐磨、耐老化性、黏合性好，可应用于飞机、轮船、汽车等交通工具上；聚氨酯合成革具有许多聚氯乙烯合成革不能比拟的优点，是天然皮革的理想替代品；聚氨酯纤维的耐磨性好，可制成色彩鲜艳的各种织物；聚氨酯橡胶的弹性特别好，所以大量应用于沙发、座椅等方面。

思 考 题

1. 低密度聚乙烯（LDPE）、线型低密度聚乙烯（LLDPE）、高密度聚乙烯（HDPE）的分子结构和物理机械性能有何不同？

2. 聚丙烯有三种不同的立构体。试分析一下哪种结构能结晶，为什么？

3. 热固性酚醛树脂与热塑性酚醛树脂的合成条件及分子结构有何不同，热固性酚醛树脂的固化历程如何？

第3章 工程塑料

工程塑料是指物理机械性能及热性能比较好的、可以当作结构材料使用的且在较宽的温度范围内可承受一定的机械应力和较苛刻的化学、物理环境中使用的塑料材料。工程塑料具有优异的力学性能、化学性能、电性能、尺寸稳定性、耐热性、耐磨性、耐老化性能等。因此，通常可应用于电子、电气、机械、交通、航空航天等领域。

在工程塑料中，通常把使用量大、长期使用温度在100～150℃、可作为结构材料使用的塑料材料称为通用工程塑料，如聚酰胺、聚甲醛、聚碳酸酯、聚苯醚、热塑性聚酯及其改性制品等。而将使用量较小、价格高、长期使用温度在150℃以上的塑料材料称为特种工程塑料，如聚酰亚胺、聚砜、聚苯硫醚、聚芳醚酮、聚芳酯等。

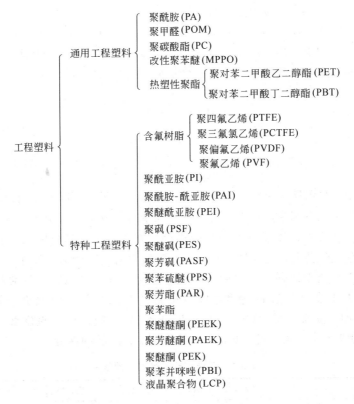

工程塑料作为新型的化工材料，以其独特的优异性能，成为其他材料所无法替代的材料。虽然工程塑料的发展时间不长，但其增长速度很快，目前各个工业部门对工程塑料的需求量都在迅速增长。本章将介绍几种重要的工程塑料。

3.1 聚酰胺

聚酰胺（polyamide）简称PA，俗称尼龙（nylon），是指分子主链上含有酰胺基团（—NHCO—）的高分子化合物。

聚酰胺可以由二元胺和二元酸通过缩聚反应制得，也可由 ω-氨基酸或内酰胺自聚而得。分子主要由一个酰氨基和若干个亚甲基或其他环烷基、芳香基构成。聚酰胺的命名是由二元胺和二元酸的碳原子数来决定的。例如，己二胺（六个碳原子）和己二酸（6 个碳原子）反应得到的缩聚物称为聚酰胺 66（或尼龙 66），其中第一个 6 表示二元胺的碳原子数，第二个 6 表示二元酸的碳原子数；由 ω-氨基己酸或己内酰胺聚合而得的产物就称为聚酰胺 6。

例如，由 ω-氨基己酸生成聚酰胺 6 的过程可以以下列反应式来表示。

$$CO(CH_2)_5 NH + H_2O \longrightarrow H_2N(CH_2)_5COOH$$

缩聚：

$$n\,H_2N(CH_2)_5COOH \longrightarrow H_2N[(CH_2)_5CONH]_{n-1}(CH_2)_5COOH + (n-1)H_2O$$

加聚：

$$H_2N(CH_2)_5COOH + n\,H_2N(CH_2)_5CO \longrightarrow H[NH(CH_2)_5CO]_{n+1}OH$$

由二元胺与二元酸反应获得聚酰胺的反应如下。

$$n\,HOOC(CH_2)_4COOH + n\,NH_2(CH_2)_6NH_2 \longrightarrow$$

$$H[NH(CH_2)_6NHCO(CH_2)_4CO]_nOH + (2n-1)H_2O \qquad \text{聚酰胺 66}$$

$$n\,HOOC(CH_2)_8COOH + n\,NH_2(CH_2)_6NH_2 \longrightarrow$$

$$H[NH(CH_2)_6NHCO(CH_2)_8CO]_nOH + (2n-1)H_2O \qquad \text{聚酰胺 610}$$

聚酰胺分子链段中重复出现的酰氨基是一个带极性的基团，这个基团上的氢，能够与另一个分子的酰胺基团链段上的羰基上的氧结合形成相当强大的氢键。

$$\begin{array}{c} O \\ \| \\ -CH_2-C-N-CH_2- \\ | \\ H \\ \vdots \\ H\quad O \\ | \quad \| \\ -CH_2-N-C-CH_2- \end{array}$$

氢键的形成使得聚酰胺的结构易发生结晶化。而且由于分子间的作用力较大，因而使得聚酰胺有较高的力学强度和高的熔点。另一方面在聚酰胺分子中由于亚甲基（—CH_2—）的存在使得分子链比较柔顺，因而具有较高的韧性。聚酰胺由于结构不同，其性能也有所差异。但耐磨性和耐化学药品性是共同的特点。聚酰胺具有良好的力学性能、耐油性、热稳定性。它的主要缺点是亲水性强，吸水后尺寸稳定性差。这主要原因就是酰胺基团具有吸水性，其吸水性的大小取决于酰胺基团之间亚甲基链节的长短。即取决于分子链中 CH_2/$CONH$ 的比值，如聚酰胺 6 的（CH_2/$CONH=5:1$）的吸水性比聚酰胺 1010 的（CH_2/$CONH=9/1$）的吸水性要大。表 3-1 表示了几种主要聚酰胺的性能。

表 3-1 几种主要聚酰胺的性能

性能	PA6	PA66	PA610	PA1010	PA11	PA12	浇注聚酰胺
密度/(g/cm³)	1.13~1.45	1.14~1.15	1.8	1.04~1.06	1.04	1.09	1.14
吸水率/%	1.9	1.5	0.4~0.5	0.39	0.4~1.0	0.6~1.5	—
拉伸强度/MPa	74~78	83	60	52~55	47~58	45~50	77.5~97
伸长率/%	150	60	85	100~250	60~230	230~240	—
弯曲强度/MPa	100	100~110	—	89	76	86~92	160
缺口冲击强度/(kJ/m²)	3.1	3.9	3.5~5.5	4~5	3.5~4.8	10~11.5	—
压缩强度/MPa	90	120	90	79	80~100	—	100
洛氏硬度(B)	114	118	111	—	108	106	—
熔点/℃	215	250~265	210~220	—	—	—	220
热变形温度(1.86MPa)/℃	55~58	66~68	51~56	—	55	51~55	—

续表

性　能	PA6	PA66	PA610	PA1010	PA11	PA12	浇注聚酰胺
脆化温度/℃	$-70\sim-30$	$-25\sim-30$	-20	-60	-60	-70	—
线膨胀系数/$\times10^{-5}$℃$^{-1}$	$7.9\sim8.7$	$9.0\sim10$	$9\sim12$	10.5	$11.4\sim12.4$	10.0	7.1
燃烧性	自熄	自熄	自熄	自熄	自熄	自熄至缓慢燃烧	自熄
介电常数(60Hz)	4.1	4.0	3.9	$2.5\sim3.6$	3.7	—	4.4
击穿强度/(kV/mm)	22	$15\sim19$	28.5	>20	29.5	$16\sim19$	19.1
介电损耗角正切(60Hz)	0.01	0.014	0.04	$0.020\sim0.026$	0.06	0.04	—

近些年来，聚酰胺的改性和新型品种不断涌现。其中的新品种主要有透明聚酰胺，高强、耐高温间位、对位芳酰胺聚合物等芳香族聚酰胺，高冲击聚酰胺等。改性品种中最重要的是碳纤维或玻璃纤维增强聚酰胺。例如，用 30%～40% 的玻璃纤维增强聚酰胺，其力学强度、尺寸稳定性、冲击强度及热变形温度都有了大幅度的提高。由于增强效果显著，所以受到各方面的重视。此外，单体浇注聚酰胺（MC 聚酰胺）、反应注射成型（RIM）聚酰胺、增强反应注射成型（RRIM）聚酰胺最近也得到了迅速发展。

3.1.1　聚酰胺的结构与性能

聚酰胺树脂的外观为白色至淡黄色的颗粒，其制品坚硬，表面有光泽。由于分子主链中重复出现的酰胺基团是一个带极性的基团，这个基团上的氢能与另一个酰胺基团上的羰基结合成牢固的氢键，使聚酰胺的结构发生结晶化，从而使其具有良好的力学性能、耐油性、耐溶剂性等。聚酰胺的吸水率比较大，酰胺键的比例越大，吸水率也越高，所以吸水率为聚酰胺 6＞聚酰胺 66＞聚酰胺 610＞聚酰胺 1010＞聚酰胺 11＞聚酰胺 12。

（1）力学性能　聚酰胺具有优良的力学性能。其拉伸强度、压缩强度、冲击强度、刚性及耐磨性都比较好。但是聚酰胺的力学性能会受到温度以及湿度的影响。它的拉伸强度、弯曲强度和压缩强度随温度与湿度的增加而减小。图 3-1 和图 3-2 分别为聚酰胺拉伸屈服强度与温度及吸水率的关系。

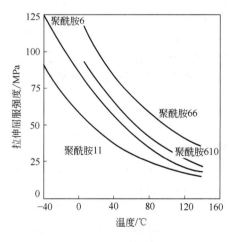

图 3-1　聚酰胺拉伸屈服强度与温度的关系

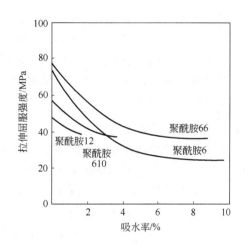

图 3-2　聚酰胺拉伸屈服强度与吸水率的关系

聚酰胺的冲击性能很好，而且温度及吸水率对聚酰胺的冲击强度有很大的影响。聚酰胺的冲击强度是随温度与含水率的增加而上升的。聚酰胺的硬度是随含水率的增加而直线下降的，如图 3-3 所示。

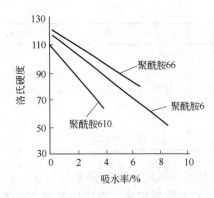

图 3-3 聚酰胺硬度与含水率的关系

聚酰胺具有很好的耐磨耗性能。它是一种自润滑材料，做成的轴承、齿轮等摩擦零件，在 PV 值不高的条件下，可以在无润滑的状态使用。各种聚酰胺的摩擦系数没有显著的差别，油润滑时摩擦系数小而稳定。此外，聚酰胺的结晶度越高，材料的硬度越大，耐磨性能也越好。耐磨性能还可通过加入二硫化钼、石墨等填料来进一步改善。

（2）电性能　由于聚酰胺分子链中含有极性的酰胺基团，就会影响到它的电绝缘性。聚酰胺在低温和干燥的条件下具有良好的电绝缘性，但在潮湿的条件下，体积电阻率和介电强度均会降低，介电常数和介质损耗也会明显增大。温度上升，电性能也会下降。

（3）热性能　由于聚酰胺分子链之间会形成氢键，因此聚酰胺的熔融温度比较高，而且熔融温度范围比较窄，有明显的熔点。聚酰胺的热变形温度不高，一般为 80℃ 以下，但用玻璃纤维增强后，其热变形温度可达到 200℃。

聚酰胺的热导率很低，约为 0.18～0.4W/(m·K)，相当于金属的几百分之一。因此在用聚酰胺做齿轮和轴承这一类的机械零件时，厚度应尽量减小。聚酰胺的线膨胀系数比较大，约为金属的 5～7 倍，而且会随温度的升高而增加。

（4）耐化学药品性　聚酰胺具有良好的化学稳定性，由于具有高的内聚能和结晶性，所以聚酰胺不溶于普通溶剂（如醇、酯、酮和烃类），能耐许多化学药品，它不受弱碱、弱酸、醇、酯、酮、润滑油、油脂、汽油及清洁剂等的影响。对盐水、细菌和霉菌都很稳定。

在常温下，聚酰胺溶解于强极性溶剂（如酚类、硫酸、甲酸）以及某些盐的溶液，如氯化钙饱和的甲醇溶液、硫氰酸钾等。

在高温下，聚酰胺溶解于乙二醇、冰乙酸、氯乙醇、丙二醇和氯化锌的甲醇溶液。

（5）其他性能　聚酰胺的耐候性能一般，如果长时间暴露在大气环境中，会变脆，力学性能明显下降。如果在聚酰胺中加入了炭黑和稳定剂后，可以明显地改善它的耐候性。常用的稳定剂有无机碱金属的溴盐和碘盐、铜和铜化合物以及亚磷酸酯类。

聚酰胺无臭、无味、无毒，多数具有自熄性，即使燃烧也很缓慢，且火焰传播速度很慢，离火后会慢慢熄灭。

3.1.2　聚酰胺的加工性能

聚酰胺是热塑性塑料，可以采用一般热塑性塑料的成型方法，如注射、挤压、模压、吹塑、浇注等。也可以采用特殊工艺方法，如烧结成型、单体聚合成型等。还可以喷涂于金属表面作为耐磨涂层及修复用。其中，最常用的加工方法是注射成型。

聚酰胺成型加工上有下列特点。

（1）原料吸水性大，高温时易氧化变色，因此粒料在加工前必须干燥，最好采用真空干燥以防止氧化。干燥温度为 80～90℃，时间为 10～12h，含水率＜0.1%。

（2）融化物黏度低，流动性大，因此必须采用自锁式喷嘴，以免漏料，模具应精确加工以防止溢边。因为融化温度范围狭窄，约在 10℃，所以喷嘴必须进行加热，以免堵塞。

（3）收缩率大，制造精密尺寸零件时，必须经过几次试加工，测量试制品尺寸，进行修模。在冷却时间上也需给予保证。

（4）热稳定性较差，易热分解而降低制品性能，特别是明显的外观性能，因此应避免采用过高的熔体温度，且不易过长。

（5）由于聚酰胺为一种结晶型聚合物，成型收缩率较大，且成型工艺条件对制品的结晶度、收缩率及性能的影响比较大。所以，合理控制成型条件可获得高质量的制品。

（6）从模中取出的聚酰胺塑料零件，如果吸收少量水分以后，其坚韧性、冲击强度和拉伸强度都会有所提高。如果制品需要提高这些性能，必须在使用之前进行调湿处理。调湿处理是将制件放于一定温度的水、熔化石蜡、矿物油、聚乙二醇中进行处理，使其达到吸湿平衡，这样的制件不但性能较好，其尺寸稳定不变，而且调湿温度高于使用温度 10～20℃即可。

3.1.3　其他聚酰胺品种

3.1.3.1　单体浇注聚酰胺

单体浇注聚酰胺又称为 MC(monomer cast) 聚酰胺（或 MC 聚酰胺），是目前工业上广泛应用的工程塑料之一。

MC 聚酰胺的主要原料是聚酰胺 6。其加工方法是将聚酰胺 6 单体直接浇注到模具内进行聚合并制成制品的一种方法。在聚合过程中，所采用的催化剂以氢氧化钠为主，助催化剂有 N-乙酰基己内酰胺和异氰酸苯酯两大类。MC 聚酰胺的相对分子质量可以高达 3.5 万～7 万，而一般聚酰胺 6 为 2 万～3 万，提高了 1 倍，因此各项物理机械性能都比一般聚酰胺 6 要高。目前，造船、动力机械、矿山机械、冶金、通用机械、汽车、造纸等工业部门，都广泛地应用 MC 聚酰胺。综合起来它具有下列优点。

① 只要简单的模具就能铸造各种大型机械零件，质量从几千克到几百千克。实际上可根据设备的生产能力，制得任意的制件。

② 工艺设备及模具都很简单，容易掌握。

③ MC 聚酰胺的各项物理机械性能，比一般聚酰胺优越。

④ 可以浇注成各种型材，并经切削加工成所需要的零件，因此适合多品种、小批量产品的试制。

MC 聚酰胺的基本特性与聚酰胺 6 相似，但由于相对分子质量的提高，使其物理机械性能也相应提高。突出表现在以下几个方面。

（1）物理性能　MC 聚酰胺的吸水性较一般聚酰胺 6 小，约为 0.9%，而一般聚酰胺 6 在 1.9%。

（2）力学性能　MC 聚酰胺的硬度比一般热塑性塑料高。它的拉伸强度达到 90MPa 以上，超过了大部分热塑性塑料，且弯曲强度和压缩强度均很高。它的冲击性能较聚酰胺 6、聚酰胺 1010、聚酰胺 66 等都要高些。用各种异氰酸酯作为助催化剂所得的聚合体，其冲击强度（无缺口）可达到 500kJ/m^2 以上，用 N-乙酰基己内酰胺为助催化剂时，其冲击强度也有 200kJ/m^2 以上。MC 聚酰胺的刚性也很突出，以 N-乙酰基己内酰胺作为助催化剂时，在室温下其拉伸模量达 3600MPa，弯曲模量达 4200MPa。它的摩擦、磨损性能可与聚甲醛媲美。同时，还具有良好的自润滑性能，当干摩擦时，它的摩擦系数较稳定，磨痕宽度只有 4.3mm。

（3）热性能　在 1.81MPa 的负荷下，MC 聚酰胺的热变形温度为 94℃。MC 聚酰胺的马丁耐热温度在 55℃，超过聚酰胺 6 和聚酰胺 66，与聚甲醛相接近。

MC 聚酰胺在耐各种化学药品性能上以及电性能上与其他聚酰胺相似。

表 3-2 为 MC 聚酰胺及填充 MC 聚酰胺的性能。

表 3-2　MC 聚酰胺及填充 MC 聚酰胺的一般性能

性　能	无　填　充	二硫化钼(1.5%)	石墨(0.5%)
密度/(g/cm³)	1.16	1.162	1.165
拉伸强度/MPa	91.6	89.0	90.4
伸长率/%	20	28	24
拉伸模量/MPa	3600	—	—
弯曲强度/MPa	158.6	154.7	160.8
压缩强度/MPa	106.8	111.5	112.5
无缺口冲击强度/(kJ/m²)	520～624	145	138
马丁耐热温度/℃	55	51	57
洛氏硬度	91	88	89
线膨胀系数/10⁻⁵K⁻¹	8.3	7.6	7.9
摩擦系数	0.45	0.50	0.45

3.1.3.2　芳香族聚酰胺

芳香族聚酰胺是 20 世纪 60 年代出现的、分子主链上含有芳香环的一种耐高温、耐辐射、耐腐蚀聚酰胺新品种。它是由芳香二元胺和芳香二元酸缩聚而成的。尽管品种可以很多，但目前应用的品种主要有聚间苯二甲酰间苯二胺和聚对苯酰胺。

芳香族聚酰胺具有很高的热稳定性和优良的物理机械性能及电绝缘性，特别是在高温下仍能保持这些优良的性能，而且还有很好的耐辐射、耐火焰性能。

（1）聚间苯二甲酰间苯二胺（nomex）　聚间苯二甲酰间苯二胺的结构式为

$$\left[-CO-\bigcirc-CO-CH-\bigcirc-NH-\right]_n$$

聚间苯二甲酰间苯二胺在高低温下都有很好的力学性能。例如，在 250℃ 的条件下，其拉伸强度为 63MPa，为常温的 60% 。此外，连续使用温度可达 200℃。

聚间苯二甲酰间苯二胺的熔点为 410℃，分解温度为 450℃，脆化温度为 -70℃；且具有优异的电绝缘性。它的电绝缘性受温度和湿度的影响很小，而且耐酸、耐碱、耐氧化性能优于一般聚酰胺，不易燃烧，并且有自熄性。其一般性能如表 3-3 所示。

表 3-3　聚间苯二甲酰间苯二胺的性能

性　能	数　值	性　能	数　值
密度/(g/cm³)	1.33～1.36	压缩模量/MPa	4400
维卡软化点/℃	270	缺口冲击强度/(kJ/m²)	20～35
拉伸强度/MPa	80～120	布氏硬度/MPa	340
压缩强度/MPa	320		

这种材料的主要用途是绝缘材料，如耐高温薄膜、绝缘层压板、耐辐射材料等。

（2）聚对苯酰胺（kevlar）　聚对苯酰胺的结构式为

$$\left[-NH-\bigcirc-CO-\right]_n$$

聚对苯酰胺的制备方式有两种，一种是由对苯二胺与对苯二甲酰氯缩聚而成；另一种是由对氨基苯甲酸自缩聚而成。

聚对苯酰胺纤维是近年来开发最快的一种纤维。它具有超高强度、超高模量、耐高温、耐腐蚀、阻燃、耐疲劳、线膨胀系数低、尺寸稳定性好等一系列优异的性能。主要用来制作高强力、耐高温的有机纤维，还可用来制作薄膜增强材料。

3.1.3.3　透明聚酰胺

透明聚酰胺是聚酰胺的一个新品种。由于通常的聚酰胺为一种结晶型的聚合物，因此材料为不透明状态。而透明聚酰胺为一种几乎不产生结晶或结晶速率非常慢的特殊聚酰胺。它是通过采用向分子链中引入侧基的方法来破坏分子链的规整性，抑制晶体的生成，从而获得透明聚酰胺。其具体品种为聚对苯二甲酰三甲基己二胺和 PACP 9/6。

透明聚酰胺的透光率可达 90％以上，而且同时具有很好的力学性能、热稳定性、刚性、尺寸稳定性、耐化学腐蚀性、耐划痕、表面硬度等特性。

透明聚酰胺的加工方法可以是注塑、挤出、吹塑等。

3.1.3.4　增强聚酰胺

增强聚酰胺主要采用玻璃纤维为增强材料。用玻璃纤维增强的聚酰胺，其力学性能、耐蠕变性、耐热性及尺寸稳定性在原有基础上可大幅度地提高，例如，用 30％玻璃纤维增强的聚酰胺 66，其拉伸强度可从未增强的 80MPa 增加到 189MPa；热变形温度从 60℃增加到 148℃；弯曲模量从 3000MPa 增加到 9100MPa。表 3-4 为玻璃纤维含量对聚酰胺 1010 性能的影响。

表 3-4　玻璃纤维含量对聚酰胺 1010 性能的影响

性　　能	未增强	增强 20％	增强 30％	增强 40％	性　　能	未增强	增强 20％	增强 30％	增强 40％
拉伸强度/MPa	50～55	103	>135	>135	马丁耐热温度/℃	42～45	103	151	168
弯曲强度/MPa	78～82	181	216	226	布氏硬度/MPa	—	110	121	126
缺口冲击强度/(J/m)	50	65	85	100					

作为增强材料，除了玻璃纤维外，还有金属纤维、陶瓷纤维、石墨纤维、碳纤维及晶须等。

3.1.3.5　反应注射成型（RIM）聚酰胺和增强反应注射成型（RRIM）聚酰胺

RIM 聚酰胺是在 MC 聚酰胺的基础上发展起来的。其方法是将具有高反应活性的原料（目前采用的多为己内酰胺）在高压下瞬间反应，再注入密封的模具中成型的一种液体注射成型的方法。

与聚酰胺 6 相比，RIM 聚酰胺具有更高的结晶性和刚性以及更低的吸湿性。

RRIM 聚酰胺是在 RIM 聚酰胺中加入了增强材料。常用的增强材料有纤维类、超细无机填料等。RRIM 聚酰胺与 RIM 聚酰胺相比，不仅保留了其优点，还可大幅度增加弯曲强度，减小热胀系数等。

3.1.4　聚酰胺的应用领域

由于聚酰胺具有优良的力学强度和耐磨性、较高的使用温度、自润滑性以及较好的耐腐蚀等性能，因此广泛地用作机械、化学及电器零件，例如轴承、齿轮、凸轮、滚子、辊轴、泵叶轮、风扇叶轮、涡轮、螺钉、螺帽、垫圈、高压密封圈、阀座、输油管、储油容器等；聚酰胺粉末还可喷涂于各种零件表面，以提高摩擦、磨损性能和密封性能。

例如，用玻璃纤维增强的聚酰胺 6 和聚酰胺 66，可用于汽车发动机部件，如汽缸盖、进气管、空气过滤器、冷却风扇等；阻燃聚酰胺可用于空调、彩电、复印机、程控交换机等。此外，聚酰胺薄膜可以很好地隔氧，并具有耐穿刺、耐低温、可印刷等特性，所以可用于食品冷藏、保鲜等。

近些年来，在汽车工业、交通运输业、机械工业、电子电气工业、包装业、体育器材以及家具制造业上也越来越广泛地使用聚酰胺塑料。

3.2 聚碳酸酯

聚碳酸酯是指分子主链中含有 $\left(\!\!\begin{array}{c}O\\O-R-O-C\end{array}\!\!\right)$ 链节的线型高聚物，英文名称为 polycarbonate，简称 PC。根据重复单元中 R 基团种类的不同，可以分为脂肪族、脂环族、芳香族等几个类型的聚碳酸酯。目前最具有工业价值的是芳香族聚碳酸酯，其中以双酚 A 型聚碳酸酯为主，其产量在工程塑料中仅次于聚酰胺。目前工业化生产中所采用的合成工艺为酯交换法和空气界面缩聚法。

聚碳酸酯是在 1959 年，由德国的 Bayer 公司开始工业化生产的，到目前，世界上生产能力已达到 235 万吨/年。

双酚 A 型聚碳酸酯的结构式为

式中，n 为 $100\sim500$。

聚碳酸酯可以看成是较为柔软的碳酸酯链与刚性的苯环相连接的一种结构，从而使它具有了许多优良的性能，是一种综合性能优良的热塑性工程塑料。聚碳酸酯具有较高的冲击强度、透明性、刚性、耐火焰性、优良的电绝缘性以及耐热性。它的尺寸稳定性高，可以替代金属和其他材料。缺点为容易产生应力开裂、耐溶剂性差、不耐碱、高温易水解、对缺口敏感性大、与其他树脂相容性差，摩擦系数大，无自润滑性。

用碳纤维、玻璃纤维、芳纶纤维等增强改性的聚碳酸酯，可以改善其耐热性、应力开裂性，提高拉伸强度及压缩强度。例如，聚碳酸酯的热变形温度为 $135\sim143℃$，若用玻璃纤维增强之后可提高到 $150\sim160℃$，特别是它的线膨胀系数在加了玻璃纤维后更可降低 2/3。但在加了纤维等增强材料之后其冲击强度则会有所下降。

目前，还可采用其他类型的高聚物对聚碳酸酯进行共混改性，生产聚碳酸酯合金，以改善聚碳酸酯的耐应力开裂性、耐溶剂性、流动性等。

3.2.1 聚碳酸酯的结构与性能

聚碳酸酯的分子主链是由柔顺的碳酸酯链与刚性的苯环相连接，从而赋予了聚碳酸酯许多优异的性能。

聚碳酸酯分子主链上的苯环使聚碳酸酯具有很好的力学性能、刚性、耐热性能，而醚键又使聚碳酸酯的分子链具有一定的柔顺性，所以聚碳酸酯为一种既刚又韧的材料。由于聚碳酸酯分子主链的刚性及苯环的体积效应，使它的结晶能力较差，基本属于无定形聚合物，具有优良的透明性。聚碳酸酯分子主链上的酯基对水很敏感，尤其在高温下易发生水解现象。

聚碳酸酯为一种透明、呈微黄色的坚韧固体。其密度为 $1.20g/cm^3$，透光率可达 90%，无毒、无味、无臭，并具有高度的尺寸稳定性、均匀的模塑收缩率以及自熄性。

（1）力学性能　聚碳酸酯为一种既刚又韧的材料，力学性能十分优良。其拉伸、弯曲、压缩强度都较高，且受温度的影响小。尤其是它的冲击性能十分突出，优于一般的工程塑料，抗蠕变性能也很好，要优于聚酰胺和聚甲醛，特别是用玻璃纤维增强改性的聚碳酸酯的耐蠕变性更优异，故在较高温度下能承受较高的载荷，并能保证尺寸的稳定性。

聚碳酸力学性能方面的主要缺点是易产生应力开裂、耐疲劳性差、缺口敏感性高、不耐磨损等。

（2）热性能　聚碳酸酯具有很好的耐高低温性能，120℃下具有良好的耐热性，热变形温度达 130～140℃。同时又具有良好的耐寒性，脆化温度为－100℃，长期使用温度为－70～120℃。而且它的热导率及比热容都不高，线膨胀系数也较小，阻燃性也好，并具有自熄性。

（3）电性能　聚碳酸酯是一种弱极性聚合物，虽然电绝缘性不如聚烯烃类，但仍然具有较好的电绝缘性。由于其玻璃化温度高、吸湿性小，因此可在很宽的温度和潮湿的条件下保持良好的电性能。特别是它的介电常数和介电损耗在 10～130℃ 的范围内接近常数，因此适合于制造电容器。

（4）耐化学药品性　聚碳酸酯具有一定的耐化学药品性。在室温下耐水、有机酸、稀无机酸、氧化剂、盐、油、脂肪烃、醇类。但它受碱、胺、酮、酯、芳香烃的侵蚀，并溶解在三氯甲烷、二氯乙烷、甲酚等溶剂中。长期浸在沸水中也会发生水解现象。在某些化学试剂（如四氯化碳）中聚碳酸酯可能会发生"应力开裂"的现象。一般说来，聚碳酸酯与润滑脂、油和酸是没有作用的，在纯汽油中也是稳定的。

（5）其他性能　聚碳酸酯的透光率很高，约为 87%～90%，折射率为 1.587，比丙烯酸酯等其他透明聚合物的折射率高，因此可以作透镜光学材料。聚碳酸酯还具有很好的耐候和耐热老化的能力，在户外暴露两年，性能基本不发生变化。

表 3-5 为聚碳酸酯的综合性能。

表 3-5　聚碳酸酯的综合性能

性　能	数　值	性　能	数　值
密度/(g/cm³)	1.20	布氏硬度/MPa	97～104
吸水率/%	0.15	流动温度/℃	220～230
断裂伸长率/%	70～120	热变形温度(1.82MPa)/℃	130～140
拉伸强度/MPa	66～70	维卡耐热温度/℃	165
拉伸弹性模量/MPa	2200～2500	脆化温度/℃	－100
弯曲强度/MPa	106	热导率/[W/(m·K)]	0.16～0.2
压缩强度/MPa	83～88	线膨胀系数/$10^{-5}K^{-1}$	6～7
剪切强度/MPa	35	燃烧性	自熄
冲击强度/(kJ/m²)		介电常数(10^6Hz)	2.9
无缺口	不断	介电损耗角正切(10^6Hz)	(6～7)×10^{-3}
缺口	45～60	介电强度/(kV/mm)	17～22
洛氏硬度	M75	体积电阻率/Ω·cm	3×10^{16}

3.2.2　聚碳酸酯的加工性能

聚碳酸酯可以采用注塑、挤出、吹塑、真空成型、热成型等方法成型，常采用的是注塑、挤出和吹塑。

聚碳酸酯的熔融黏度较一般热塑性塑料高，在加工温度的条件下黏度为 $10^4～10^5$Pa·s，而且对温度比较敏感，黏度随温度升高明显下降。聚碳酸酯的流动特性与剪切速率关系不大，近似于牛顿流体，因此在一般情况下是通过调节温度来改善其流动性。

由于聚碳酸酯有较高的熔融温度、大的熔融黏度，流动性差，所以成型时要求较高的温度和压力。同时制品易生成内应力，故成型后制品应进行后处理，否则会引起自然开裂现象，一般后处理的条件为 100～120℃，时间为 8～24h。

尽管聚碳酸酯的吸水性不大，但是在高温下对微量的水分十分敏感。虽然它在室温下，相对湿度 50% 时平衡吸水率仅 0.15%，但在熔融状态下，即使是如此微量的水分，也会使聚碳酸酯降解而放出二氧化碳等气体，树脂变色，相对分子质量急剧下降，性能变坏。

所以聚碳酸酯在加工前必须严格地进行干燥，成型时的料斗必须是可以加热的和密闭式的。粒料的干燥可在真空烘箱、鼓风烘箱和普通烘箱中进行。干燥温度 110～120℃，连续时间 4～6h，料层厚度不宜超过 20mm。真空烘箱干燥效果较好，它具有速度快、粒料干燥程度均匀、注射后相对分子质量下降很少等优点。现在较普遍采用此法。

聚碳酸酯为无定形的聚合物，其收缩率较低，约为 0.5%～0.8%，所以一般可以成型出精度较好的制品。

3.2.3 其他聚碳酸酯品种

由于聚碳酸酯的加工流动性差、制品残余内应力大、不耐溶剂、高温易水解、摩擦系数大、不耐磨损等缺陷，限制了它在工业上的应用，为改善这些缺点，就产生了各种改性的方法。其中最主要的是增强聚碳酸酯和聚碳酸酯合金两类。

（1）增强聚碳酸酯 聚碳酸酯中常用的增强材料有玻璃纤维、碳纤维、石棉纤维、硼纤维等，用纤维增强后的聚碳酸酯，其拉伸强度、弯曲强度、疲劳强度、耐热性及耐应力开裂性可以明显提高，同时可降低线膨胀系数、成型收缩率以及吸湿性。但冲击强度会下降，加工性能变差。例如未增强的聚碳酸酯其疲劳强度仅为 7～10MPa，而用 20%～40% 玻璃纤维增强的聚碳酸酯，其疲劳强度可达到 40～50MPa。表 3-6 为未增强和增强聚碳酸酯的性能比较。

表 3-6　未增强和增强聚碳酸酯的性能比较

性　　能	未增强	30%长玻璃纤维增强	30%短玻璃纤维增强
密度/(g/cm³)	1.2	1.45	1.45
拉伸强度/MPa	56～66	132	85～90
拉伸模量/MPa	$(2.1\sim2.4)\times10^3$	10^4	$(6.5\sim7.5)\times10^3$
断裂伸长率/%	60～120	<5	<5
弯曲强度/MPa	80～95	170	140～150
缺口冲击强度/(kJ/m²)	15～25	10～13	7～9
压缩强度/MPa	75～85	120～130	100～110
热变形温度(1.82MPa)/℃	130～135	146	140
线膨胀系数/10^{-5}K^{-1}	7.2	2.4	2.3
体积电阻率/Ω·cm	2.1×10^{16}	1.5×10^{15}	1.5×10^{15}
介电常数(10^6Hz)	2.9	3.45	3.42
介电损耗角正切(10^6Hz)	0.0083	0.0070	0.0060
吸水率/%	0.15	0.1	—
成型收缩率/%	0.5～0.7	0.2	0.2～0.5

玻璃纤维增强聚碳酸酯的力学性能已接近金属。而制件的变形量及应力开裂性等方面得到很大的改善，因此可用于金属镶嵌及某些电器零件等。

这种材料主要用于注射成型各种工程零件。机械方面可代替铝、锌压铸件，制作电动工具外壳。也可用作计算机、电视机及仪表上的精密零件。在电气方面经常用来制造插头、接线板、继电器、线卷骨架等耐热零件等。

（2）聚碳酸酯合金 聚碳酸酯合金就是把聚碳酸酯与某些高聚物共混改性，这已成为聚碳酸酯改性的一个重要途径，并取得了很好的效果。

① 聚碳酸酯/聚乙烯合金 聚碳酸酯与聚乙烯的共混物可以改善聚碳酸酯的加工流动性、耐应力开裂性及耐沸水性。同时，电绝缘性、耐磨性及加工工艺性都得到了改善，特别是冲击强度会进一步地提高，缺口冲击强度会在原来的基础上提高 4 倍，但耐热性会有所降

低。一般聚乙烯的用量不超过 10%。

②　聚碳酸酯/ABS 树脂合金　这种合金具有较高的热变形温度、表面硬度及弹性模量。随着 ABS 树脂的增加，加工流动性得到改善，成型温度会降低，但力学性能会有所下降。一般 ABS 树脂的用量<30%。

③　聚碳酸酯/聚甲醛合金　聚碳酸酯和聚甲醛可以按任意比例共混，当聚甲醛含量为 30% 时，共混物能保持优良的力学性能，而且耐溶剂性、耐应力开裂性显著提高。当聚甲醛含量为 50% 时，共混物耐热性及耐应力开裂性会进一步提高，但冲击性能会下降。

④　聚碳酸酯/聚四氟乙烯合金　聚碳酸酯与聚四氟乙烯的共混物可以提高聚碳酸酯的耐磨性，同时又保持其优良的综合性能。聚四氟乙烯的用量一般为 10%～40%，此共混物尺寸稳定性好、强度高，并可以方便地注射成型。可用来制造轴承、轴套、机械、电气设备等。

3.2.4　聚碳酸酯的应用领域

聚碳酸酯可以广泛地应用在交通运输、机械工业、电子电气、包装材料、光学材料、医疗器械、生活日用品等方面。

例如，可应用在大型灯罩、防护玻璃、照相器材、眼科用玻璃、飞机座舱玻璃等；还可应用在要求冲击性能高、耐热性好的电力工具、防护安全帽等；利用其透明性和耐热性还可用于纯净水和矿泉水的周转桶、热水杯、奶瓶、餐具等；在医疗器械方面，可用于齿科器材、药品容器、手术器械；在电子电气方面，聚碳酸酯属于 E 级绝缘材料，可用于制备线圈骨架、绝缘套管、接插件等，薄膜可用于电容器、录音带、录像带等。此外，近些年来，聚碳酸酯还广泛地用于光盘、储存器等方面。

3.3　聚甲醛

聚甲醛是 20 世纪 60 年代出现的一种工程塑料，英文名称为 polyoxymethylene，简称 POM，产量仅次于聚酰胺和聚碳酸酯，为第三大通用工程塑料。

聚甲醛的分子主链上具有 $+CH_2O+$ 重复单元，是一种无侧链、高密度、高结晶度的线型聚合物，具有优异的综合性能。例如，它具有较高的强度、模量、耐疲劳性、耐蠕变性、电绝缘性、耐溶剂性、加工性等。

聚甲醛可采用一般热塑性树脂的成型方法，如挤出、注射、压制等。由于聚甲醛具有良好的物理机械性能和化学稳定性，所以可以用来代替各种有色金属和合金。若用 20%～25% 玻璃纤维增强的聚甲醛，其强度和模量可分别提高 2～3 倍，在 1.86MPa 载荷下热变形温度可提高到 160℃；如用碳纤维增强改性的聚甲醛还具有良好的导电性和自润滑性。聚甲醛特别适合作为轴承使用，因为它具有良好的摩擦、磨损性能，尤其是具有优越的干摩擦性能，因此被广泛地应用于某些不允许有润滑油情况下使用的轴承、齿轮等。聚甲醛根据其分子链化学结构的不同，分为均聚甲醛和共聚甲醛两种。

3.3.1　聚甲醛的结构

聚甲醛是一种无侧链、高密度、高结晶度的线型聚合物，它具有优异的综合性能。聚甲醛根据其分子链化学结构的不同，分为均聚甲醛和共聚甲醛两种。

生产聚甲醛的单体，工业上一般采用三聚甲醛为原料，因为三聚甲醛比甲醛稳定，容易纯化，聚合反应容易控制。均聚甲醛是以三聚甲醛为原料，以三氟化硼-乙醚络合物为催化剂，在石油醚中聚合，再经端基封闭而得到的。其分子结构式为

$$CH_3 - \underset{O}{\overset{\parallel}{C}} - O - (CH_2O)_n - \underset{O}{\overset{\parallel}{C}} - CH_3$$

式中，n 为 $1000\sim1500$。

共聚甲醛是以三聚甲醛为原料，与二氧五环作用，在以三氟化硼-乙醚为催化剂的情况下共聚，再经后处理除去大分子链两端不稳定部分而成的。其分子结构式为

$$[(CH_2-O)_x(CH_2-O-CH_2-O-CH_2)_y]_n$$

式中，$x:y=95:5$ 或 $97:3$。

从上述两种化学结构式中可以看到，均聚物的大分子是由—C—O—键连续构成的，而共聚物则在聚合物分子主链上分布有—C—C—键，而—C—C—键较—C—O—键稳定，在聚合物降解反应中，—C—C—键是终止点。

均聚甲醛是一种高结晶度（75%以上）的热塑性聚合物，熔点约为175℃，并具有较高的力学强度、硬度和刚度，抗冲击性和抗蠕变性好，抗疲劳性也很好，耐磨性与聚酰胺很接近，并且耐油及过氧化物，但不耐酸和强碱，耐候性差，对紫外线敏感。对于共聚甲醛来说，由于在其分子主链上引入了少量的—C—C—键，可防止因半缩醛分解而产生的甲醛脱出，所以共聚甲醛的热稳定性较好，但大分子规整度变差，结晶性减弱。

均聚甲醛与共聚甲醛性能上的差异如表 3-7 所示。

表 3-7　共聚甲醛与均聚甲醛的性能差异

性　能	均聚甲醛	共聚甲醛	性　能	均聚甲醛	共聚甲醛
密度/(g/cm³)	1.43	1.41	热稳定性	较差，易分解	较好，不易分解
结晶度/%	75~85	70~75	成型加工温度范围	较窄，约10℃	较宽，约50℃
熔点/℃	175	165			
力学强度	较高	较低	化学稳定性	对酸碱稳定性略差	对酸碱稳定性较好

3.3.2　聚甲醛的性能

聚甲醛的外观为白色粉末或粒料，硬而质密，表面光滑且有光泽，着色性好。聚甲醛的吸湿性小，尺寸稳定性好，但热稳定性较差，容易燃烧，长期暴露在大气中易老化，表面会发生粉化及龟裂的现象。

（1）力学性能　聚甲醛具有较高的力学性能，其中最突出的是具有较高的弹性模量、硬度和刚性。此外，它的耐疲劳性、耐磨性以及耐蠕变性都很好。聚甲醛的力学性能随温度的变化小，其中，共聚甲醛比均聚甲醛要稍大一些。聚甲醛的冲击强度较高，但常规冲击强度比聚碳酸酯和 ABS 低，而多次反复冲击时的性能要优于聚碳酸酯和 ABS。聚甲醛对缺口比较敏感，无论是均聚甲醛还是共聚甲醛，有缺口时的冲击强度比无缺口时要下降 90%以上。

聚甲醛的摩擦系数和磨耗量都很小，动、静摩擦系数几乎相同，而极限 p_γ 值又很大，因此聚甲醛具有优异的耐磨性能。聚甲醛的耐蠕变性很好，在室温、21MPa 载荷的条件下，经 3000h 后蠕变值仅为 2.3%，而且其蠕变值随温度的变化较小，即在较高的温度下仍然保持较好的耐蠕变性。

（2）热性能　聚甲醛具有较高的热变形温度，均聚甲醛的热变形温度要高于共聚甲醛，但均聚甲醛的热稳定性不如共聚甲醛。在不受力的情况下，聚甲醛的短期使用温度可达140℃，长期使用温度不超过 100℃。

聚甲醛在成型温度下热稳定性差，易分解出带有刺激性的甲醛气体，应加入适当的稳定剂来改善其热稳定性。

（3）电性能　聚甲醛的电绝缘性能优良，它的介电损耗和介电系数在很宽的频率和温度

范围内变化很小。聚甲醛的电性能不随温度而变化，即使在水中浸泡或者在很高的湿度下，仍保持良好的耐电弧性能。

（4）耐化学药品性　在室温下，聚甲醛的耐化学药品性能非常好，特别是对有机溶剂。聚甲醛能耐醛、酯、醚、烃、弱酸、弱碱等。但是在高温下不耐强酸和氧化剂。

（5）其他性能　聚甲醛吸水率＜0.25％，湿度对尺寸无改变，尺寸稳定性好，即使长时间在热水中使用其力学性能也不下降，因此适合于制作精密制件。

聚甲醛的耐候性不好，如果长期暴露于强烈的紫外线辐射下，冲击强度会显著下降；在中等程度的紫外线辐射下，会导致表面粉化、龟裂和力学强度下降。在聚甲醛中加入炭黑和紫外线吸收剂后，能改善其耐环境气候性能。

表 3-8 为聚甲醛的综合性能。

表 3-8　聚甲醛的综合性能

性　能	均聚甲醛	共聚甲醛	性　能	均聚甲醛	共聚甲醛
密度/(g/cm³)	1.43	1.41	冲击强度/(kJ/m²)		
成型收缩率/%	2.0～2.5	2.5～3.0	无缺口	108	95
吸水率(24h)/%	0.25	0.22	缺口	7.6	6.5
拉伸强度/MPa	70	62	介电常数(10^6 Hz)	3.7	3.8
拉伸弹性模量/MPa	3160	2830	介电损耗角正切(10^6 Hz)	0.004	0.005
断裂伸长率/%	40	60	体积电阻率/Ω·cm	6×10^{14}	1×10^{14}
压缩强度/MPa	127	113	介电强度/(kV/mm)	18	18.6
压缩弹性模量/MPa	—	3200	线膨胀系数/10^{-5}K^{-1}	8.1	11
弯曲强度/MPa	98	91	马丁耐热温度/℃	60～64	57～62
弯曲弹性模量/MPa	2900	2600	连续使用温度(最高)/℃	85	104
			热变形温度(1.82MPa)/℃	124	110
			脆化温度/℃		−40

3.3.3　聚甲醛的加工性能

聚甲醛的加工方法可以是注塑、挤出、吹塑、模压、焊接等，其中最主要的是注塑。

（1）聚甲醛的吸水性较小，在室温及相对湿度 50％ 的条件下吸水率仅为 0.24％，因此水分对其性能影响较小，一般原料可不必干燥，但干燥可提高制品表面光泽度。干燥条件为 110℃，2h。

（2）聚甲醛的热稳定性差，且熔体黏度对温度不敏感，加工中在保证物料充分塑化的条件下，可提高注射速率来增加物料的充模能力。聚甲醛的加工温度一般应控制在 250℃ 以下，且物料不宜在料筒中停留时间过长。

（3）聚甲醛的结晶度高，成型收缩率大（约为 2.0％～3.0％），因此对于壁厚制件，要采用保压补料方式防止收缩。

（4）聚甲醛熔体的冷凝速率快，制品表面易产生缺陷，如出现斑纹、皱折、熔接痕等。因此可以采用提高模具温度的方法来减小缺陷。

聚甲醛制品易产生残余内应力，后收缩也比较明显，因此应进行后处理。一般来说，模温较低时，制品残余内应力较大，这时要采用较高温度或较长的时间进行后处理；模温较高时，残余内应力较小，这时可采用较低温度或较短的后处理时间。一般后处理温度为 100～130℃，时间不超过 6h。

3.3.4　其他聚甲醛品种

（1）增强聚甲醛　目前聚甲醛所使用的增强材料主要有玻璃纤维、碳纤维、玻璃球等。其中以玻璃纤维增强为主。采用玻璃纤维增强后，拉伸强度、耐热性能明显增加，而线膨胀系数、收缩率会明显下降。但同时耐磨性、冲击强度会下降。若采用碳纤维增强，同样可有明显的增强效果，而且还可以大大弥补玻璃纤维增强导致耐磨性下降的缺陷。由于碳纤维自身具有导电性，因此，碳纤维增强的聚甲醛，其表面电阻率和体积电阻率会大幅下降，利用这一特性，可作为防静电材料使用，但成本会有所增加。

（2）高润滑聚甲醛　在聚甲醛中加入润滑材料，如石墨、聚四氟乙烯、二硫化钼、机油、硅油等，可以明显提高聚甲醛的润滑性能。高润滑聚甲醛与纯聚甲醛相比，耐磨耗性及耐摩擦性能明显提高，在低滑动速度下的极限 pv 值也大幅度增加。例如，在聚甲醛中加入5份的聚四氟乙烯，可使摩擦系数降低60%，耐磨耗性能提高1～2倍。为提高油类在聚甲醛中的分散效果，还可加入表面活性剂以及炭黑、氢氧化铝、硫酸钡等吸油载体。表3-9为含油量对聚甲醛性能的影响。

表 3-9　含油量对聚甲醛性能的影响

性　　　能	纯聚甲醛	3%油	5%油＋1% 表面活性剂	7%油＋1.4% 表面活性剂	10%油＋2% 表面活性剂
拉伸强度/MPa	59	51.4	47.6	46.3	41.2
伸长率/%	90	72	66	51	31
弯曲强度/MPa	90	75.7	72.9	64.8	57.7
冲击强度/(kJ/m²)					
无缺口	98	105	81	44	32
缺口	10	9.5	8.2	6.8	6.3
热变形温度/℃	89	83	89	81	82
摩擦系数	0.33～0.56	0.26	0.22	0.23	0.23
磨痕宽度/mm	>12	4.9	4.7	3.4	5.6

3.3.5　聚甲醛的应用领域

聚甲醛具有十分优异的综合性能，比强度和比刚度与金属很接近，所以可替代有色金属制作各种结构零部件。聚甲醛特别适合于制造耐摩擦、磨损及承受高载荷的零件，如齿轮、滑轮、轴承等，并广泛地应用于汽车工业、精密仪器、机械工业、电子电气、建筑器材等方面。

在汽车工业方面，可利用其比强度高的优点，替代锌、铜、铝等金属，制作水泵叶轮、燃料油箱盖、汽化器壳体、油门踏板、风扇、组合式开关、方向盘零件、转向节轴承等。

在机械工业方面，由于聚甲醛耐疲劳、冲击强度高、具有自润滑性等特点，被大量地用于制造各种齿轮、轴承、凸轮、泵体、壳体、阀门、滑轮等。

在电子、电气、工业方面，由于聚甲醛介电损耗小、介电强度高、耐电弧性优良等特点，被用来制作继电器、线圈骨架、计算机控制部件、电动工具外壳以及电话、录音机、录像机的配件等。

此外，还可用于建筑器材，如水龙头、水箱、煤气表零件以及水管接头等；用于农业机械，如插种机的连接和联动部件、排灌水泵壳、喷雾器喷嘴等；由于聚甲醛无毒、无味，还可用于食品工业，如食品加工机上的零部件、齿轮、轴承支架等。

3.4　聚苯醚

聚苯醚又称为聚亚苯基氧，其分子主链中含有 ![链节结构式] 链节，英文名称为 polyphenyphenyleneoxide，简称 PPO。

聚苯醚是一种线型的、非结晶性的聚合物，于 1965 年开始工业化生产。聚苯醚具有许多优异的性能，它的综合性能优良，电绝缘性、耐蠕变性、耐水性、耐热性、尺寸稳定性优异，且具有很宽的使用温度范围。在很多性能上都优于聚甲醛、聚碳酸酯、聚酰胺等工程塑料，应用于国防工业、电子工业、航空航天、仪器仪表、纺织机械及医疗器材等方面。

3.4.1　聚苯醚的结构与性能

聚苯醚的结构式为

$$\left[\begin{array}{c}CH_3\\ \\O\\ \\CH_3\end{array}\right]_n$$

聚苯醚是由 2,6-二甲基苯酚以铜-胺络合物为催化剂，在氧气中缩聚反应而成的。其反应式如下。

$$n\;\overset{CH_3}{\underset{CH_3}{\bigcirc}}\!OH + \frac{n}{2}O_2 \longrightarrow \left[\overset{CH_3}{\underset{CH_3}{\bigcirc}}O\right]_n + nH_2O$$

其相对分子质量为 2.5 万～3 万。

聚苯醚为白色或微黄色粉末，在其中加入一定量的增塑剂、稳定剂、填料及其他添加剂，经挤出机挤出造粒后，即得到聚苯醚塑料。

聚苯醚分子主链中含有大量的酚基芳香环，使其分子链段内旋转困难，从而使得聚苯醚的熔点升高，熔体黏度增加，熔体流动性大，加工困难；分子链中的两个甲基封闭了酚基两个邻位的活性点，可使聚苯醚的刚性增加、稳定性增强、耐热性和耐化学腐蚀性提高。

由于聚苯醚分子链中无可水解的基团，因此其耐水性好、吸湿性低、尺寸稳定性好、电绝缘性好。

聚苯醚属于硬而坚韧的材料，其硬度比聚酰胺、聚碳酸酯、聚甲醛的高，而耐蠕变性却比它们好。例如，聚苯醚在 23℃、21MPa 的载荷下，经 300h 后的蠕变量仅为 0.75%。

聚苯醚由于分子链的端基为酚氧基，因而耐热氧化性能不好。可用异氰酸酯将端基封闭或加入抗氧剂等来提高热氧稳定性。

（1）力学性能　聚苯醚具有很高的拉伸强度、模量和抗冲击性能。硬度和刚性都比较大，其硬度高于聚甲醛、聚碳酸酯和聚酰胺，在 -40～140℃ 的温度范围内均具有优良的力学性能；而且耐磨性好，摩擦系数较低。但聚苯醚的耐疲劳性和耐应力开裂性不好。通过改性后，其耐应力开裂性可明显提高。

（2）热性能　聚苯醚具有很好的耐热性，热变形温度为 190℃，玻璃化温度为 210℃，熔融温度为 260℃，热分解温度为 350℃，脆化温度为 -170℃，长期使用温度为 -125～120℃。

聚苯醚具有很好的阻燃性能，不熔滴，具有自熄性，在 150℃ 的条件下经 150h 后，不会发生化学变化。聚苯醚的线膨胀系数在塑料中是最低的，与金属的接近，适合于金属嵌件的放置。

（3）电性能　聚苯醚具有优异的电绝缘性，它的介电常数和介电损耗都很小，在工程塑料中是最低的，在很宽的温度范围及频率内显示出优异的介电性能，而且不会受湿度的影响。

(4) 耐化学药品性　聚苯醚具优良的耐化学药品性，对稀酸、稀碱、盐及洗涤剂等的高、低温稳定性好。在受力状态下，酮类、酯类及矿物油会导致其产生应力开裂。在卤代脂肪烃和芳香烃中会发生溶胀，在氯化烃中可溶解。

聚苯醚的耐水性很好，而且耐沸水性能很突出，因此可在高温下作为耐水制品使用。

表 3-10 为聚苯醚和改性聚苯醚的性能。

表 3-10　聚苯醚和改性聚苯醚的性能

性　能	聚苯醚	30％玻纤增强聚苯醚	共混改性聚苯醚	接枝改性聚苯醚
密度/(g/cm^3)	1.06	1.27	1.10	1.09
吸水率/%	0.03	0.03	0.07	0.07
拉伸强度/MPa	87	102	62	54
弯曲强度/MPa	116	130	86	83
弯曲模量/GPa	2.55	7.7	2.45	2.16
冲击强度/(J/m)	127.4	—	176.4	147
线膨胀系数/10^{-5}K^{-1}	4	2.5	6	7.5
热变形温度/℃	173		128	120
体积电阻率/Ω·cm	7.9×10^{17}	1.2×10^{16}	10^{16}	10^{16}
介电损耗角正切(60Hz)	0.00035	—	0.0004	0.0004

3.4.2　聚苯醚的加工性能

聚苯醚可以用注塑、挤出、吹塑、发泡、真空成型及焊接成型的方法来加工，由于聚苯醚可溶解在氯化烃内，因此可用溶剂浇注以及挤压浇注的方法加工薄膜。其中最主要的是注射成型。

聚苯醚在加工上有如下特性。

(1) 聚苯醚在熔融状态下的熔体黏度很大，且接近于牛顿流体，但随熔体温度升高时会偏离牛顿流体，所以加工时应提高温度并适当增加注射压力，并以温度为主。

(2) 聚苯醚分子链的刚性比较大，玻璃化温度高，因此制品易产生内应力，可通过成型后的后处理来消除。后处理条件为：在 180℃ 的甘油中热处理 4h。

(3) 聚苯醚的吸水性小，但是为了避免在制品表面形成银丝、起泡，以得到较好的外观，在加工以前，可把聚苯醚置于烘箱内进行干燥，干燥温度为 140~150℃，约 3h，原料厚度不超过 50mm。

(4) 聚苯醚的成型收缩率较低，为 0.2%~0.6%，且废料可重复使用 3 次，可用于性能要求不高的制品中。

3.4.3　改性聚苯醚

聚苯醚虽然具有许多优异性能，但由于其加工流动性差、易应力开裂、价格昂贵，因此限制了它在工业上的应用。所以，目前工业上使用的聚苯醚主要是改性聚苯醚（MPPO）。

改性聚苯醚保留了大部分聚苯醚的优点，例如优良的抗蠕变性能、尺寸稳定性、电性能、自熄性、良好的成型工艺性能等，长期使用温度范围 -40~120℃，拉伸屈服强度略低于 PPO，但比聚碳酸酯和聚酰胺都高。在 100℃ 以下，其刚度和聚苯醚相近；在 -45~25℃ 范围内，缺口冲击强度不变；耐水蒸气性与聚苯醚相仿，可以反复蒸汽消毒。

改性聚苯醚的力学性能可与聚碳酸酯相近，其耐热性比聚苯醚低一些。改性聚苯醚耐水解性较好，耐酸、耐碱，但可溶于芳香烃和氯化烃中。它的电性能与聚苯醚一样优越，而且成本低，同时它还具有良好的成型加工性和耐应力开裂性。

改性聚苯醚最显著的应用是代替青铜或黄铜输水管道，其次是耐压管道；其他如电子电气零部件、继电器盒、无线电视机部件、计算机传动齿轮等；汽车工业中一些精密仪器部件、壳体、加热系统部件等；还可用来制造阀门水泵的零件、部件；医疗器械；在航空航天等其他工业部门也有着广阔的应用领域。

改性聚苯醚目前主要有以下几个品种。

① 聚苯醚/聚苯乙烯合金　聚苯醚和聚苯乙烯可以按任何比例混合。聚苯乙烯通常选用高抗冲聚苯乙烯（HIPS），这种合金具有良好的加工性能、物理性能、耐热性和阻燃性，而且已经商业化。聚苯醚与聚苯乙烯混合物的商品名为 Noryl，用苯乙烯接枝的聚苯醚商品名为 Xyron。

② 聚苯醚/ABS 合金　这种合金具有很好的抗冲击性、耐应力开裂性、耐热性和尺寸稳定性，可以电镀而使其表面金属化。

③ 聚苯醚/聚苯硫醚合金　可以更进一步提高聚苯醚的耐热性、加工性。

④ 聚苯醚/聚酰胺合金　这种合金具有高韧性、尺寸稳定性、耐热性、化学稳定性、低磨损性，可制作汽车挡板、加热器支架等。

⑤ 玻璃纤维增强聚苯醚　这种改性聚苯醚可以提高聚苯醚的力学性能、耐热性能等。

3.5　热塑性聚酯

由饱和二元酸和饱和二元醇缩聚得到的线型高聚物称为热塑性聚酯。热塑性聚酯品种很多，但目前最常使用的有两种：聚对苯二甲酸乙二醇酯和聚对苯二甲酸丁二醇酯。

3.5.1　聚对苯二甲酸乙二醇酯

聚对苯二甲酸乙二醇酯的英文名称为 polyethylene terephthalate，简称 PET。聚对苯二甲酸乙二醇酯是由对苯二甲酸或对苯二甲酸二甲酯与乙二醇缩聚的产物，其制备过程可以采用酯交换法和直接酯化法先制得对苯二甲酸双羟乙酯，再经缩聚后得到聚对苯二甲酸乙二醇酯。其分子结构式为

$$\left[\!\!\begin{array}{c} O \\ \| \\ C \end{array}\!\!-\!\!\bigcirc\!\!-\!\!\begin{array}{c} O \\ \| \\ C \end{array}\!\!-\!\!O\!-\!(CH_2)_2O\right]_n$$

聚对苯二甲酸乙二醇酯在 1947 年开始工业化生产，起初主要用于生产薄膜和纤维（俗称涤纶）。聚对苯二甲酸乙二醇酯在室温下具有优越的力学性能和摩擦、磨损性能。它的抗蠕变性能、刚性和硬度等都很好，而且它的吸水性低，线膨胀系数小，尺寸稳定性很高。其主要缺点是热力学性能与冲击性能很差。20 世纪 60 年代中期开发了用玻璃纤维增强聚对苯二甲酸乙二醇酯，既克服了它原有的缺点，又保留了其优点，并且又可以方便地挤出、注射成型和吹塑成型，因此其用量正迅速增长。

3.5.1.1　结构与性能

聚对苯二甲酸乙二醇酯的分子链由刚性的苯基、极性的酯基和柔性的脂肪烃基组成，所以其大分子链既刚硬，又有一定的柔顺性。聚对苯二甲酸乙二醇酯的支化程度很低，分子结构规整，属结晶型高聚物，但它的结晶速率很慢，结晶温度又高，所以结晶度不太高，为 40%，因此可制成透明度很高的无定形聚对苯二甲酸乙二醇酯。

聚对苯二甲酸乙二醇酯为无色透明（无定形）或乳白色半透明（结晶型）的固体，无定形的树脂密度为 $1.3 \sim 1.33 g/cm^3$，折射率为 1.655，透光率为 90%；结晶型的树脂密度为 $1.33 \sim 1.38 g/cm^3$。聚对苯二甲酸乙二醇酯的阻隔性能较好，对 O_2、H_2、CO_2 等都有较高

的阻隔性；吸水性较低，在25℃水中浸渍一周吸水率仅为0.6％，并能保持良好的尺寸稳定性。

(1) 力学性能　具有较高的拉伸强度、刚度和硬度，良好的耐磨性、耐蠕变性，并可以在较宽的温度范围内保持这种良好的力学性能。聚对苯二甲酸乙二醇酯的拉伸强度与铝膜相近，是聚乙烯薄膜的9倍，是聚碳酸酯薄膜和聚酰胺薄膜的3倍。

(2) 热性能　聚对苯二甲酸乙二醇酯的熔融温度为255～260℃，长期使用温度为120℃，短期使用温度为150℃。它的热变形温度（1.82MPa）为85℃，用玻璃纤维增强后可达220～240℃。而且其力学性能随温度变化很小。

(3) 电性能　虽然含有极性的酯基，但仍然具有优良的电绝缘性。随温度升高，电绝缘性有所降低，且电性能会受到湿度的影响。作为高电压材料使用时，薄膜的耐电晕性较差。

(4) 耐化学药品性　由于聚对苯二甲酸乙二醇酯含有酯基，不耐强酸强碱，在高温下强碱能使其表面发生水解，氨水的作用更强烈。在水蒸气的作用下也会发生水解。但在高温下可耐高浓度的氢氟酸、磷酸、甲酸、乙酸。

聚对苯二甲酸乙二醇酯在室温下对极性溶剂较稳定，不受氯仿、丙酮、甲醇、乙酸乙酯等的影响。在一些非极性溶剂中也很稳定，如汽油、烃类、煤油等。

聚对苯二甲酸乙二醇酯还具有优良的耐候性，在室外暴露6年，其力学性能仍可保持初始值的80％。

3.5.1.2　聚对苯二甲酸乙二醇酯的成型加工性能

聚对苯二甲酸乙二醇酯可采用注塑挤出、吹塑等方法来加工成型。其中吹塑成型主要用于生产聚酯瓶，其方法是首先制成型坯，然后进行双轴定向拉伸，使其从无定形变为具有结晶定向的中空容器。

聚对苯二甲酸乙二醇酯在加工上具有如下特性。

(1) 由于熔体具有较明显的假塑体特征，因而黏度对剪切速率的敏感性大而对温度的敏感性小。

(2) 虽然其吸水性较小，但在熔融状态下如果含水率超过0.03％时，就会发生水解而引起性能下降，因此成型加工前必须进行干燥。干燥条件为：温度130～140℃；时间为2～4h。

(3) 成型收缩率较大，而且制品不同方向收缩率的差别较大，经玻璃纤维增强改性后可明显降低，但生产尺寸精度要求高的制品时，还应进行后处理。

聚对苯二甲酸乙二醇酯的结晶速率慢，为了促进结晶，可采用高模温，一般为100～120℃；另外还可加入适量的结晶促进剂加快其结晶速率。常用的结晶促进剂有石墨、炭黑、高岭土、安息香酸钠等。

3.5.1.3　聚对苯二甲酸乙二醇酯的改性品种

(1) 纤维增强改性聚对苯二甲酸乙二醇酯　增强纤维有玻璃纤维、硼纤维、碳纤维等，其中最常用的是玻璃纤维。纤维增强聚对苯二甲酸乙二醇酯可以明显地改善其高温力学性能、耐热性、尺寸稳定性等。

玻璃纤维增强的聚对苯二甲酸乙二醇酯具有优异的力学性能，在100℃温度下，弯曲强度和模量仍能保持较高的水平，在-50℃的低温条件下，冲击强度与室温相比仅有少量的下降。而且，它的耐蠕变性、耐疲劳性也非常优异，同时还具有很好的耐磨耗性。由于玻璃纤维能够牢固地凝固在聚对苯二甲酸乙二醇酯的结晶上，因此它具有很高的热变形温度（可达220℃），此外，它还具有十分优异的耐热老化性能。在高温、高湿的条件下，仍能保持优良的电绝缘性等。表3-11列出PET和玻璃纤维增强PET的性能。

表 3-11　PET 和玻璃纤维增强 PET 的性能

性　能	PET	30％玻璃纤维增强PET	45％玻璃纤维增强PET	性　能	PET	30％玻璃纤维增强PET	45％玻璃纤维增强PET
密度/(g·cm^3)	1.37～1.38	1.56	1.69	缺口冲击强度/(kJ/m^2)	3.92	80	—
吸水率/％	0.26	0.05	0.04	热变形温度(1.82MPa)/℃	80	215	227
成型收缩率/％	1.8	0.2～0.9	—	线膨胀系数/10^{-5}K^{-1}	6.0	2.9	—
拉伸强度/MPa	80	140～160	196	介电常数(10^{6}Hz)	2.8	4.0	—
拉伸模量/MPa	2900	10400	14800	介电强度/(kV/mm)	30	29.6	—
弯曲强度/MPa	117	235	288	体积电阻率/Ω·m	>10^{14}	5×10^{14}	10^{13}
弯曲模量/MPa		9100	14000				

（2）聚对苯二甲酸乙二醇酯合金　采用共混的方法，制成聚合物合金，可以改善聚对苯二甲酸乙二醇酯的性能。例如，与聚碳酸酯共混可以改善它的冲击强度，与聚酰胺共混可以改善它的尺寸稳定性和冲击强度，和聚四氟乙烯共混可以改善它的耐磨性能等。

3.5.1.4　聚对苯二甲酸乙二醇酯的应用领域

聚对苯二甲酸乙二醇酯的应用领域主要有纤维、薄膜、聚酯瓶及工程塑料几个方面。其纤维的用量很大，目前世界上约有半数左右的合成纤维是由聚对苯二甲酸乙二醇酯制造的。对于没有增强改性的 PET 主要用来制作薄膜和聚酯瓶。薄膜可以用作电机、变压器、印刷电路、电线电缆的绝缘膜，还可用来制作食品、药品、纺织品、精密仪器的包装材料，也可用来制作磁带、磁盘、光盘、磁卡以及 X 射线和照相、录像底片。聚酯瓶具有良好的透明性、阻隔性、化学稳定性、韧性，且质轻，可以回收利用，因此可用于保鲜包装材料。如可用于饮料、酒类、食用油类、调味品、食品等的包装。

增强改性的聚对苯二甲酸乙二醇酯可用于变压器、电视机、连接器、集成电路外壳、继电器、开关等电子器件，还可用于配电盘、阀门、点火线圈架、排气零件等汽车零件，也可用于齿轮、泵壳、凸轮、皮带轮、叶片、电动机框架等机械零件。

3.5.2　聚对苯二甲酸丁二醇酯

聚对苯二甲酸丁二醇酯的英文名称为 polybutyleneterephthalate，简称 PBT。它是对苯二甲酸和丁二醇缩聚的产物。其制备方法可以采用直接酯化法以及酯交换法。这两种方法都是先制成对苯二甲酸双羟丁酯，然后再缩聚制得聚合物。其分子结构式为

$$\left[\cdots \right]_n$$

聚对苯二甲酸丁二醇酯在工程塑料中属一般性能，其力学性能和耐热性不高，但摩擦系数低，耐磨耗性较好。但是用玻璃纤维增强后，它的性能得到很大的改善。目前，聚对苯二甲酸丁二醇酯中 80％的品种都是改性品种。经过改性后的 PBT 具有优良的耐热性，长期使用温度为 120℃，短期使用温度为 200℃；力学性能优良，长时间高载荷的条件下形变量小；尺寸稳定性好，吸水率低，耐摩擦、磨耗性好；具有优良的电绝缘性、化学稳定性、阻燃性；成型加工性好。

3.5.2.1　聚对苯二甲酸丁二醇酯的结构与性能

聚对苯二甲酸丁二醇酯的分子结构与聚对苯二甲酸乙二醇酯的很接近，只不过脂肪烃的链节较长，所以前者的柔顺性要好一些，所以它的玻璃化温度、熔融温度都会低一些，刚性也会小一些。

聚对苯二甲酸丁二醇酯为乳白色结晶固体，无味、无臭、无毒，密度为 1.31g/cm^3，吸

水率为 0.07％，制品表面有光泽。由于其结晶速率快，因此只有薄膜制品为无定形态。

（1）力学性能 没有增强改性的聚对苯二甲酸乙二醇酯力学性能一般，但增强改性后其力学性能大幅度提高。例如未增强的聚对苯二甲酸丁二醇酯缺口冲击强度为 60J／m，拉伸强度为 55MPa；而用玻璃纤维增强后其缺口冲击强度为 100J／m，拉伸强度可达 130MPa，并且屈服强度和弯曲强度都会明显提高。

（2）热性能 聚对苯二甲酸丁二醇酯的玻璃化温度约为 51℃，熔融温度为 225～230℃，热变形温度在 55～70℃，在 1.85MPa 的应力下热扭变温度为 54.4℃；而经过增强改性后热变形温度可达到 210～220℃，1.85MPa 应力下的热扭变温度为 210℃。且增强后的聚对苯二甲酸丁二醇酯的线膨胀系数在热塑性工程塑料中是最小的。

（3）电性能 虽然聚对苯二甲酸丁二醇酯分子链中含有极性的酯基，但由于酯基分布密度不高，所以仍具有优良的电绝缘性。其电绝缘性受温度和湿度的影响小，即使在高频、潮湿及恶劣的环境中，也仍具有很好的电绝缘性。

（4）耐化学药品性 聚对苯二甲酸丁二醇酯能够耐弱酸、弱碱、醇类、脂肪烃类、高相对分子质量酯类和盐类，但不耐强酸、强碱以及苯酚类化学试剂，在芳烃、二氯乙烷、乙酸乙酯中会溶胀，在热水中，可引起水解而使力学性能下降。聚对苯二甲酸乙二醇酯对有机溶剂具有很好的耐应力开裂性。

表 3-12 为未增强和增强后的聚对苯二甲酸乙二醇酯以及几种增强工程塑料的性能比较。

表 3-12　未增强 PBT、30％玻纤增强 PBT、PPO、PA6、PC、POM 性能比较

性　能	未增强 PBT	增强 PBT	增强 PPO	增强 PA6	增强 PC	增强 POM
拉伸强度/MPa	55	119.5	100～117	150～170	130～140	126.6
拉伸模量/MPa	2200	9800	4000～6000	9100	10000	8400
弯曲强度/MPa	87	168.7	121～123	200～240	170	203.9
弯曲模量/MPa	2400	8400	5200～7600	5200	7700	9800
悬臂梁冲击强度(缺口)/(J/m)	60	98	123	109	202	76
最高连续使用温度/℃	120～140	138	115～129	116	127	96

3.5.2.2　聚对苯二甲酸丁二醇酯的成型加工性能

聚对苯二甲酸乙二醇酯的加工方法可以是注塑或挤出成型。其中主要是注射成型。聚对苯二甲酸乙二醇酯具有很好的加工流动性，增强型的加工流动性也很好，因此可以制备厚度较薄的制品，而且黏度随剪切速率的增加而明显下降。聚对苯二甲酸丁二醇酯虽然吸水性很小，但为防止在高温下产生水解的现象，成型加工前一般要进行干燥，干燥条件为 120℃ 干燥 3～5h。使含水率＜0.02％。聚对苯二甲酸丁二醇酯制品在不同方向上的成型收缩率差别较大，而且其成型收缩率不跟制品的几何形状、成型条件、储存时间及储存温度有关。

3.5.2.3　聚对苯二甲酸丁二醇酯的改性

（1）增强型聚对苯二甲酸丁二醇酯 目前，增强 PBT 的 97％ 以上都是用玻璃纤维增强的，而且具有优异的综合性能。例如，具有很好的力学性能、刚性、硬度、自润滑性、抗冲击性、电绝缘性、化学稳定性、尺寸稳定性、加工性和自熄性。但其缺点是制品容易产生各向异性，不能长期经受热水作用，会发生由于成型收缩不均而出现的翘曲现象等。

（2）聚对苯二甲酸丁二醇酯合金 把聚对苯二甲酸乙二醇酯和其他的高聚物进行共混改性，可以改善它的一些不足。比如 PBT/PET 合金，两者的化学结构相似，熔融温度接近，共混时的相容性也很好。这种合金可以有效地改善 PBT 制品的翘曲性及增加制品表面的光泽性，也可以提高 PBT 的热变形温度、提高 PBT 的冲击强度等。

3.5.2.4　聚对苯二甲酸丁二醇酯的应用领域

聚对苯二甲酸丁二醇酯由于性能优良，现已获得较为广泛的应用。主要应用于电子、电气、汽车、机械等方面。

在电子、电气方面，主要是利用它优良的耐热性、电绝缘性、阻燃性及成型加工性，加入 10％～30％玻璃纤维的聚对苯二甲酸乙二醇酯，其耐热温度可达 160～180℃，长期使用温度为 135℃，并且有优良的阻燃性、耐焊锡性和高温下的尺寸稳定性。因此可用来制作连接器、线圈架、电机零件、开关、插座、变压器骨架等。

在汽车工业方面，聚对苯二甲酸丁二醇酯也有很大的市场，尤其是抗冲击的 PBT 合金可用来制作汽车保险杠以及许多金属件的替代器，并且还可替代热固性树脂用来制作手柄、底座等。

在机械方面，增强改性的聚对苯二甲酸丁二醇酯主要应用在要求有耐热、阻燃的部位上，如视频磁带录音机的带式传动轴、烘烤机零件、齿轮、按钮等。

3.5.3　其他热塑性聚酯

（1）芳香族聚酯　芳香族聚酯又称为聚芳酯，是分子主链中带有芳香环和醚键的聚酯树脂，英文名称为 polyarylate，简称 PAR。聚芳酯与脂肪族聚酯相比，具有更好的耐热性以及其他综合性能。其分子结构式为

$$\left[\!-O-\overset{O}{\overset{\|}{C}}-\!\!\left\langle\!\!\bigcirc\!\!\right\rangle\!\!-\overset{O}{\overset{\|}{C}}-O-\!\!\left\langle\!\!\bigcirc\!\!\right\rangle\!\!-\overset{CH_3}{\underset{CH_3}{\overset{|}{\underset{|}{C}}}}-\!\!\left\langle\!\!\bigcirc\!\!\right\rangle\!\!-\right]_n$$

聚芳酯是一种非结晶型的热塑性工程塑料，于 1973 年开始工业化生产。聚芳酯具有很好的力学性能、电绝缘性、耐热性、成型加工性，因此得到了迅速的发展。

聚芳酯具有良好的抗冲击性、耐蠕变性、应变回复性、耐磨性以及较高的强度。在很宽的温度范围内可显示出很高的拉伸屈服强度，如图 3-4 所示。

聚芳酯分子主链上含有密集的苯环，因此具有优异的耐高温性，能经受 160℃ 的连续高温，在 1.86MPa 载荷下，聚芳酯的热变形温度可达 175℃。而且它的线膨胀系数小，尺寸稳定性好，热收缩率低，并且有很好的阻燃性。

聚芳酯的吸湿性小，其电性能受温度及湿度的影响小，耐电压性特别优良，具有很好的电绝缘性。

聚芳酯具有优异的透明性、耐紫外线照射性、气候稳定性。

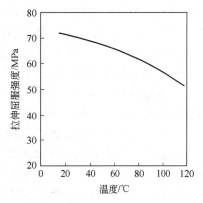

图 3-4　聚芳酯拉伸屈服强度
与温度的关系

聚芳酯的加工方法可以是注塑、挤出、吹塑等。由于加工中微量的水分会引起聚芳酯的分解，因此成型前的干燥十分重要。通常的干燥条件为：温度 110～140℃，时间为 4～6h。含水量应控制在 0.02％ 以下。聚苯酯还可进行二次加工。

目前对聚芳酯的改性工作也在积极开展并取得了有效的结果。例如，用玻璃纤维增强改性的聚芳酯可以很大程度地改善聚芳酯的耐应力开裂性，提高热变形温度、尺寸稳定性及力学性能；聚芳酯和聚四氟乙烯的共混物具有优良的耐磨性，很低的摩擦系数；用无机填料填充改性的聚芳酯具有高反射率，且耐热性好、遮光性强，易于加工成型，可用于发光二极管

的板用材料等。

聚芳酯目前已广泛应用于电子、电气、医疗器械、汽车工业、机械设备等各个方面。如电位器轴、开关、继电器、汽车灯座、塑料泵、机械罩壳、各种接头、齿轮等。表 3-13 为聚芳酯的一般性能。

表 3-13　聚芳酯的一般性能

性　能	通用级聚芳酯	耐热级聚芳酯	30%玻纤增强通用级聚芳酯	性　能	通用级聚芳酯	耐热级聚芳酯	30%玻纤增强通用级聚芳酯
密度/(g/cm³)	1.21	1.21	1.44	洛氏硬度(R)	125	125	122
吸水率/%	0.25	0.26	0.23	介电常数(10^6 Hz)	3.0	3.0	3.0
伸长率/%	62	50	2.5	介电损耗角正切/(10^6 Hz)	0.015	0.015	0.015
拉伸强度/MPa	75	71.5	138	体积电阻率/$\Omega \cdot cm$	2×10^{16}	2×10^{16}	4.6×10^{16}
弯曲强度/MPa	95	97	138	耐电弧性/s	129	129	120

聚苯酯又称为聚对羟基苯甲酸酯，也是一种聚芳酯，英文名称为 aromatic polyester，商品名称 Ekonol。其分子结构式为

聚苯酯具有优异的综合性能，它的热稳定性、自润滑性、硬度、电绝缘性、耐磨耗性是目前所有高分子材料中最好的，长期使用温度为 315℃，短期使用温度可在 370～425℃；同时具有极好的介电强度、很小的介电损耗，并且不溶于任何溶剂和酸中，作为一种耐高温工程塑料，聚苯酯越来越被重视。

聚苯酯在宽广的温度范围内具有很高的刚性，吸水率仅为 0.02%，还具有极高的耐压缩蠕变性及很高的承受载荷的能力，易于切削加工。聚苯酯还具有良好的自润滑性和极限 p_v 值。聚苯酯具有极好的热稳定性、很高的热导率（为一般塑料的 3～5 倍），很低的线膨胀系数和优异的耐焊性能。聚苯酯具有优异的电绝缘性能，由于具有很高的结晶性，因而使它具有较高的介电常数以及较低的介电损耗。而且其电性能受温度及频率的影响小，可在较大的范围内保持稳定。聚苯酯能够耐所有脂肪族、芳香族溶剂及油类，但会受到浓硫酸和氢氧化钠的侵蚀。它的耐辐射性能以及耐候性能也十分优良。

由于聚苯酯的结晶度高达 90%，熔体流动性较差，因而成型加工性较差。常用的加工方法为压制成型、等离子喷涂及分散体涂覆法等类似于金属或热固性塑料的成型加工方法。特殊的品种可采用注射成型方法加工，但要对工艺条件严格控制。

目前，还有聚苯酯的改性品种。如玻璃纤维增强改性聚苯酯可提高聚苯酯的热变形温度、耐热性、耐药品性、力学性能等；聚苯酯与聚四氟乙烯合金可改善聚苯酯的耐磨耗性、摩擦性能等。

聚苯酯属于一种耐热型工程塑料，可应用于电子、电气、机械设备等方面。还可用于精密电气零件、轴承、滑块、密封填料、耐磨材料等。

（2）聚 1,4-环己二甲基对苯二甲酸酯　聚 1,4-环己二甲基对苯二甲酸酯简称 PCT，是耐高温半结晶的热塑性聚酯，它是 1,4-环己烷二甲醇与对苯二甲酸二甲酯的缩聚产物。

聚 1,4-环己二甲基对苯二甲酸酯的最突出的性能是它的耐高温性。聚 1,4-环己二甲基对苯二甲酸酯的熔点为 290℃（PBT 为 225℃、PET 为 250℃），与聚苯硫醚（PPS）的熔点相近（PPS 为 285℃）。聚 1,4-环己二甲基对苯二甲酸酯的热变形温度（HDT）值也高于PET 和 PBT，例如玻纤增强的聚 1,4-环己二甲基对苯二甲酸酯在 1.86MPa 的应力下 HDT

为 260℃，与其相应，PBT 为 204℃，PET 为 224℃。聚 1,4 -环己二甲基对苯二甲酸酯的长期使用温度高达 149℃。

聚 1,4 -环己二甲基对苯二甲酸酯具有物理性能、热性能和电性能的最佳均衡，聚 1,4 -环己二甲基对苯二甲酸酯也显示低的吸湿性和突出的耐化学药品性能。聚 1,4 -环己二甲基对苯二甲酸酯及其共聚物与其他工程塑料例如 PC 的合金具有优异的光学透明性、韧性、耐化学药品性、高流动性和光泽度。

聚 1,4 -环己二甲基对苯二甲酸酯常以混合料、共聚物和共混物的形式在很宽广的应用领域内使用，包括电子、电气工业、医疗用品、仪器设备、光学用品等。

3.6　聚苯硫醚

聚苯硫醚是一类在分子主链上含有苯硫基的结晶性热塑性工程塑料。聚苯硫醚的全称是聚亚苯基硫醚，英文名称为 polyphenyl sulfone，简称 PPS。其分子结构式为

$$-\!\!\left(\!\!\bigcirc\!\!-\!\!S\right)_{\!n}$$

聚苯硫醚于 1968 年开始工业化生产，商品名称为 Ryton。

聚苯硫醚为一种线型结构，当在空气中被加热到 345℃ 以上时，它就会发生部分交联。固化的聚合物是坚韧的，且是非常难溶的。聚苯硫醚具有优异的综合性能。表现为突出的热稳定性、优良的化学稳定性、耐蠕变性、刚性、电绝缘性及加工成型性。它在 170℃ 以下不溶于所有的溶剂，如果温度过高除了强氧化性酸（如浓硫酸、氯磺酸、硝酸）外，不溶于烃、酮、醇，也不受盐酸及氢氧化钠的侵蚀，因此是一种比较理想的、仅次于聚四氟乙烯的防腐材料。另外，聚苯硫醚的熔体流动性比较好，若把它加入到难于加工成型的聚酰亚胺中去，就可改善聚酰亚胺的加工性。由于聚苯硫醚的脆性较大，因此，常常要加入玻璃纤维、碳纤维以及聚酯、聚碳酸酯等来改善不足之处。

3.6.1　聚苯硫醚的结构与性能

聚苯硫醚的分子主链是由苯环和硫原子交替排列，分子链的规整性强，大量的苯环可以提供刚性，大量的硫醚键可以提供柔顺性。由于分子主链具有刚柔兼备的特点，所以聚苯硫醚易于结晶，结晶度可达 75%，熔点为 285℃。

聚苯硫醚为一种白色、硬而脆的聚合物，吸湿率很低，只有 0.03%；阻燃性很好，氧指数高达 44%，热氧稳定性十分突出，且电绝缘性非常好。

（1）力学性能　聚苯硫醚的力学性能不高，其拉伸强度、弯曲强度属中等水平，冲击强度也很低，因此，常采用玻璃纤维、碳纤维及无机填料来改善聚苯硫醚的力学性能，并仍然可保持其耐热性、阻燃性、化学稳定性等。

聚苯硫醚的刚性很高，未改性的聚苯硫醚其弯曲模量可达 3.87GPa，而用碳纤维增强后更可高达 22GPa。经增强改性后的聚苯硫醚能在长期负荷和热负荷作用下保持高的力学性能、尺寸稳定性和耐蠕变性，因此可用于温度较高的受力环境中。此外，经过填充和共混改性的聚苯硫醚可以制造出摩擦系数和磨耗量都很小、耐高温的自润滑材料。

（2）热性能　聚苯硫醚具有优异的热稳定性，由于它的结晶度较高，因此力学性能随温度的升高下降较小。聚苯硫醚长期使用温度可达 240℃，短期使用温度可达 260℃，熔融温度为 285℃，在 500℃ 的高温下不分解，只有在 700℃ 的空气中才会完全降解。

聚苯硫醚由于分子结构中含有硫原子，因此阻燃性能非常突出，无需加入任何阻燃剂就是一种高阻燃材料，而且经反复加工也不会丧失阻燃能力。表 3-14 为几种常用塑料的极限

氧指数值。

表 3-14 几种常用塑料的极限氧指数值

名　　称	极限氧指数/%	名　　称	极限氧指数/%
聚氯乙烯	47	聚碳酸酯	25
聚砜	30	聚苯乙烯	18.3
聚酰胺 66	28.7	聚烯烃	17.4
聚苯醚	28	聚苯硫醚	＞44

（3）电性能　聚苯硫醚的电绝缘性非常优异，它的介电常数和介电损耗很低，表面电阻率和体积电阻率随温度、湿度及频率的变化不大；而且它的耐电弧性很好，可与热固性塑料相媲美。因此，30％的聚苯硫醚都用于电气绝缘材料。

（4）耐化学药品性　聚苯硫醚的耐化学腐蚀性能非常好，除了受强氧化性酸（浓硫酸、浓硝酸、王水等）侵蚀外，对大多数的酸、碱、盐、酯、酮、醛、酚及脂肪烃、芳香烃、氯代烃等都很稳定。205℃以下的任何已知溶剂都不能溶解它。

（5）其他性能　聚苯硫醚具有良好的耐候性。经过 2000h 风蚀，用 40％玻璃纤维增强聚苯硫醚的刚性基本不变。拉伸强度仅有少量下降。

聚苯硫醚的耐辐射性也十分优良。它对紫外线和 ^{60}Co 射线很稳定，即使在较强的 γ 射线、中子射线辐射下，也不会发生分解的现象。

此外，聚苯硫醚对玻璃、陶瓷、钢、铝等都有很好的黏合性能。

聚苯硫醚及其改性品种的性能见表 3-15 所示。

表 3-15 聚苯硫醚和改性聚苯硫醚的性能

性　　能	聚苯硫醚	40％玻璃纤维＋聚苯硫醚	25％玻璃纤维＋30％碳酸钙＋聚苯硫醚
密度/(g/cm³)	1.3	1.6	1.8
拉伸强度/MPa	67	137	99
弯曲强度/MPa	98	204	136
弯曲模量/GPa	3.87	11.95	12.60
压缩强度/MPa	112	148	—
伸长率/%	1.6	1.3	0.7
冲击强度/(J/m)			
无缺口	110	435	120
有缺口	27	76	27
洛氏硬度(R)	123	123	121
吸水率/%	＜0.02	＜0.05	＜0.03
线膨胀系数/10^{-5}K^{-1}	2.5	2.0	—
热变形温度/℃	135	＞260	＞260
介电常数(10^6Hz)	3.1	3.8	4.2
介电损耗角正切(10^6Hz)	0.00038	0.0013	0.016
介电强度/(kV/mm)	15	17.7	13.4
体积电阻率/Ω·cm	$4.5×10^{16}$	$4.5×10^{16}$	$3×10^{15}$

3.6.2　聚苯硫醚的加工性能

聚苯硫醚可以采用热塑性塑料的加工方法，如注塑、挤出、压制、喷涂等进行加工成型，有的牌号也可采用中空成型。

用于注射成型的聚苯硫醚，其熔体流动速率一般为 10～100g/min（温度为 343℃，载荷为 0.5MPa 下测出），而且大多数为加入纤维或填料填充增强改性的品种。由于聚苯硫醚的熔体流动性好，所以可选用柱塞式或螺杆式注塑机成型，目前较多采用螺杆式注塑机。要求加热温度能达到 350℃，注射压力达 150MPa。喷嘴宜选用自锁式，以防止流延现象。

聚苯硫醚在注射成型时会产生部分交联，但流动性和力学性能仅有少量下降，而且物料仍能回收并反复使用，如经过三次回收使用的物料成型后，拉伸强度仅下降10％左右。

模压成型可成型大型制品。模压成型时需先将树脂粉末（熔融指数为200以下）于250℃预烘2h，然后再按比例与填料均匀混合，再加入到模具中，在370℃下恒温30～40min。取出后置于冷压机上加压成型，压力为10MPa左右，自然冷却至150℃后进行脱模。再将制品于200～250℃下后处理，后处理时间依制品厚度而定。

喷涂成型一般采用悬浮喷涂法和悬浮喷涂与干粉热喷混合法，都是将聚苯硫醚喷涂到金属表面。喷涂前要将金属件进行除油、喷砂和化学处理，以提高金属件与聚苯硫醚的黏附力。一般每次喷涂不宜过厚，要反复操作3～4次，涂层的总厚度不超过0.5mm。聚苯硫醚涂层处理温度在300～370℃的范围内，时间约为30min。

PPS主要应用于耐高温黏合剂、耐高温玻璃钢、耐高温绝缘材料、防腐涂层以及模塑制品等。由于PPS的热变形温度高、阻燃、熔体流动长度较长，适宜制作长流程、薄壁的注塑制品，用作电气接插件和零件；由于它优越的耐热、耐药品、耐水解性能，故用来制造医疗及齿科器材，如超声波洗涤容器（其灭菌温度为190℃）；又因其高温蠕变小，尺寸稳定，耐汽油和润滑油脂，故可用于制造汽车和机械零部件。在进行烘涂膜时，PPS会发生交联，因而其涂膜的物理性能优异。

3.6.3 聚苯硫醚的改性品种

聚苯硫醚虽然综合性能优异，但也存在一些缺陷，如韧性较差、冲击强度低，成型过程中熔体黏度不够稳定等，因此近些年来出现了一些聚苯硫醚的改性品种。

（1）填充增强改性聚苯硫醚 由于PPS与无机物的亲和性极好，因此常用纤维以及其他无机填料进行填充，以进一步提高其物理机械性能。使用的纤维有玻璃纤维、碳纤维、芳纶纤维、陶瓷纤维等；无机填料有云母、碳酸钙等。用玻璃纤维、碳纤维、芳纶纤维、硼纤维增强的PPS树脂热塑性复合材料已在飞机、火箭、人造卫星、航空母舰、武器上得到广泛应用。

（2）聚苯硫醚合金 聚苯硫醚/聚酰胺共混物可以明显提高聚苯硫醚的抗冲击性。聚苯硫醚/聚四氟乙烯共混物，有突出的耐磨性、耐腐蚀性、韧性、耐蠕变性等，可用于制作耐磨耗部件及传动部件。

聚苯硫醚还可以跟聚苯乙烯共混改性。共混物可以降低聚苯硫醚的成本，并可改善加工性能。虽然两者都为脆性材料，但共混之后聚苯硫醚的冲击强度可得到大幅度的提高。聚苯硫醚还可以跟聚苯乙烯的各种共聚体（如苯乙烯-丙烯腈共聚体、苯乙烯-丁二烯-丙烯腈共聚体）共混，同样可获得良好的改性效果。

此外，聚苯硫醚还可以和聚酯、聚苯醚、聚碳酸酯、聚酰亚胺共混，以改善力学性能、电性能及加工性能等。这些改性物可在航空航天、电子工业、汽车制造业等各个领域中应用。

（3）化学结构改性 PPS的结构改性一般是在其主链上和苯环上引入改性基团。目前有代表性的产品是聚苯硫醚酮（PPSK）、聚苯硫醚砜（PPSF）、聚苯硫醚胺（PPSA）、聚苯腈硫醚（PPCS）等。前三者属于主链改性，后者为侧基改性。它们以各自独特的优点，可满足迅速发展的高技术对新型材料的需求，在航空航天、核工业、军工兵器、汽车工业等领域有广阔的应用前景。

3.7 聚酰亚胺

聚酰亚胺是分子主链中含有酰亚胺基团 的一类芳杂环聚合物，英文名称为 polyimide，简称 PI。

聚酰亚胺是芳杂环耐高温聚合物中最早工业化的品种，也是工程塑料中耐热性能最好的品种之一。它是由美国杜邦公司于 20 世纪 60 年代初开始工业化生产的。聚酰亚胺具有优异的综合性能，如在−200～260℃的温度下具有很好的力学性能、优良的电绝缘性、化学稳定性、耐辐射性、阻燃性等。

聚酰亚胺的制备方法首先是由芳香族二元酸酐和芳香族二元胺经缩聚反应生成聚酰胺酸，然后经热转化或化学转化环化脱水形成聚酰亚胺，其分子结构式为

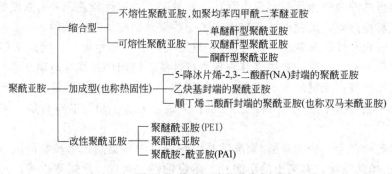

式中，Ar 为二酸酐的芳基；Ar′ 为二胺的芳基。

如果芳香族二酸酐和芳香族二胺采用不同的组合，则聚酰亚胺就可以为不同类型的品种。目前，聚酰亚胺的品种约有 20 多种。图 3-5 为聚酰亚胺的分类。

```
                    ┌─ 不熔性聚酰亚胺,如聚均苯四甲酰二苯醚亚胺
         ┌─ 缩合型 ─┤              ┌─ 单醚酐型聚酰亚胺
         │          └─ 可熔性聚酰亚胺 ┤─ 双醚酐型聚酰亚胺
         │                          └─ 酮酐型聚酰亚胺
         │                  ┌─ 5-降冰片烯-2,3-二酸酐(NA)封端的聚酰亚胺
聚酰亚胺 ─┤─ 加成型(也称热固性) ┤─ 乙炔基封端的聚酰亚胺
         │                  └─ 顺丁烯二酸酐封端的聚酰亚胺(也称双马来酰亚胺)
         │                  ┌─ 聚醚酰亚胺(PEI)
         └─ 改性聚酰亚胺 ────┤─ 聚酯酰亚胺
                            └─ 聚酰胺-酰亚胺(PAI)
```

图 3-5　聚酰亚胺的分类

3.7.1　聚酰亚胺的结构与性能

由于聚酰亚胺含有大量含氮的五元杂环及芳环，分子链的刚性大，分子间的作用力强，由于芳杂环的共轭效应，使其耐热性和热稳定性很高，力学性能也很高，特别是在高温下的力学性能保持率很高。此外，电绝缘性、耐溶剂性、耐辐射性也非常优异。不同品种的聚酰亚胺由于二酐和二胺的结构不同，其性能也会有所不同。例如，纯芳香族二胺合成的聚均苯四甲酰亚胺具有最高的热稳定性；而对苯二胺合成的聚均苯四甲酰亚胺热氧稳定性最高。

（1）力学性能　聚酰亚胺具有优良的力学性能，拉伸强度、弯曲强度以及压缩强度都比较高，而且还具有突出的抗蠕变性、尺寸稳定性，因此非常适于制作高温下尺寸精度要求高的制品。

（2）热性能　聚酰亚胺具有极其优异的耐热性，这是因为组成聚酰亚胺分子主链的键能大，不易断裂分解。例如，对于全芳香族聚酰亚胺，其热分解温度为 500℃，而对于由联苯二酐和对苯二胺合成的聚酰亚胺，其热分解温度达到 600℃，是聚合物中热稳定性最高的品

种之一。聚酰亚胺的耐低温性也很好，在 $-269℃$ 时液态氦中仍不会脆裂。聚酰亚胺还具有很低的热膨胀系数，约为 $2\times10^{-5}\sim3\times10^{-5}℃^{-1}$。表 3-16 为不同二胺的均苯型聚酰亚胺在 $325℃$ 热空气中的失重率。

表 3-16　不同二胺的均苯型聚酰亚胺在 325℃ 热空气中的失重率　　单位：%

二 胺 结 构	在 325℃ 空气中停留时间/h			
	100	200	300	400
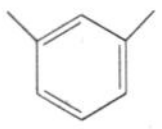 （间苯结构）	3.3	4.3	5.0	5.6
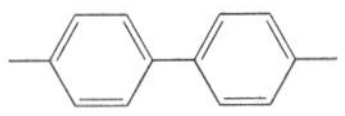 （联苯结构）	2.2	3.6	5.1	6.5
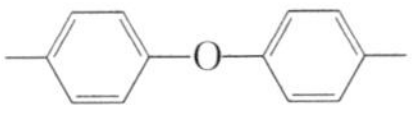 （对—O—对苯醚结构）	3.3	4.0	5.2	6.6
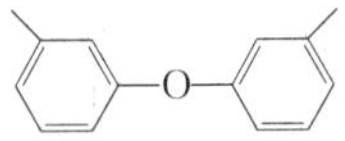 （间—O—间苯醚结构）	3.4	3.8	5.1	7.2
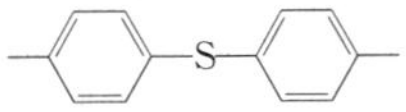 （—S—苯硫醚结构）	4.8	5.8	6.8	7.9
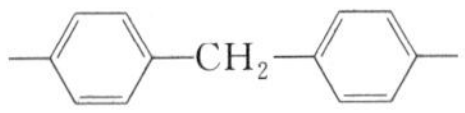 （—CH$_2$—）	9.4	12.9	14.7	16.8
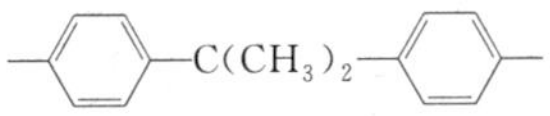 （—C(CH$_3$)$_2$—）	16.1	26.2	31.0	36.0

（3）电性能　聚酰亚胺分子结构中虽然含有相当数量的极性基团，如羰基、氨基、醚基、硫醚基等，但因结构对称、玻璃化温度高和刚性大而影响了极性基团的活动，因此聚酰亚胺仍然具有优良的电绝缘性能。在较宽的温度范围内偶极损耗小，而且耐电弧性突出，介电强度高，电性能随频率变化小。

（4）耐化学药品性　聚酰亚胺可以耐油、耐有机溶剂、耐酸，但在浓硫酸和发烟硝酸等强氧化剂作用下会发生氧化降解，且不耐碱。在碱和过热水蒸气作用下，聚酰亚胺会发生水解。

聚酰亚胺具有很好的耐辐射性，经 $4.28\times10^{7}Gy^{60}Co$ 射线照射后，强度下降很小。聚酰亚胺为一种自熄性聚合物，发烟率低。

3.7.2　聚酰亚胺的主要品种

（1）不熔性聚酰亚胺　不熔性聚酰亚胺的主要品种是聚均苯甲酰二苯醚亚胺，其分子结构式为

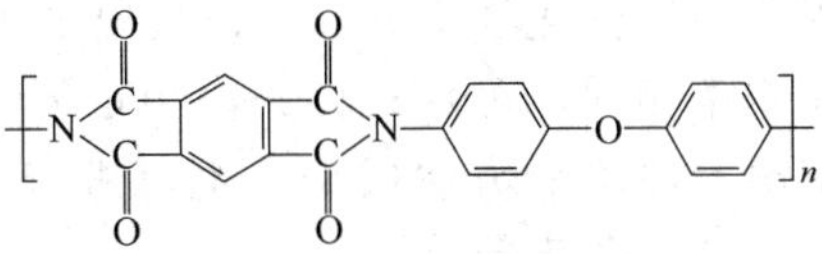

它是均苯四酸二酐和 $4,4'$-二氨基二苯醚的缩聚产物。合成反应为先缩聚成聚酰胺酸，再脱水环化成聚酰亚胺。

这种聚酰亚胺长期使用温度为260℃，具有优良的力学性能、耐蠕变性、电绝缘性、耐辐射性、耐磨性等。但对缺口敏感，不耐碱和强酸。由于它是热固性聚合物，通常采用连续浸渍法和流延法成型薄膜，或采用模压法生产模压制品。表3-17为均苯型聚酰亚胺模塑料的性能。

表 3-17　均苯型聚酰亚胺模塑料的性能

性　能	100%树脂	15%石墨	40%石墨	15%石墨＋10%PTFE	15%MoS$_2$
相对密度	1.43	1.51	1.65	1.55	1.60
吸水率/%	0.24	0.19	0.14	0.21	0.23
洛氏硬度(M)	92～102	82～94	68～78	69～79	—
拉伸强度/MPa					
23℃	89.6	62.1	52.4	41.4	81.4
250℃	45.5	41.4	29.0	20.7	44.8
316℃	35.9	34.5	24.1	17.2	34.5
伸长率/%					
23℃	7～9	4～6	2～3	3～4	6～8
250℃	6～8	3～5	1～2	2～3	5～7
弯曲强度/MPa					
73℃	117	103	89.6	70.3	131
316℃	62.1	55.3	48.3	27.6	—
弯曲模量/GPa					
23℃	3.1	3.72	5.17	3.17	3.45
250℃	2	2.55	3.65	1.86	—
316℃	1.79	2.24	3.17	1.59	—
压缩强度/MPa					
23℃	276	221	124	125	—
150℃	207	145	103	105	—
250℃	138	89.6	82.7	82.7	—
冲击强度/(J/m)	53.3	26.7	—	—	—
摩擦系数	0.29	0.24	0.03	0.12	0.25
线膨胀系数/10^{-6}K^{-1}	45～52	38～59	23～59	13～63	49～59

均苯型聚酰亚胺薄膜可用于电机、变压器的绝缘层、绝缘槽衬里等；模压料可制作精密零件、耐高温自润滑轴承、密封圈等。

（2）可熔性聚酰亚胺

① 单醚酐型聚酰亚胺　单醚酐型聚酰亚胺是带有酰亚氨基的线型聚合物，其分子结构式为

这种聚酰亚胺在成型过程中不发生化学交联，可以反复加工。除了耐热性稍低于均苯型外，其他物理性能、力学性能基本相同，可在-180～230℃条件下长期使用。

加工方法可采用模压、挤出、注塑等方法成型，也可进行二次加工，如车削、铣、刨、磨等。可制得轴承、齿轮、刹车片、薄膜等。

② 双醚酐型聚酰亚胺　双醚酐型聚酰亚胺的化学结构与单醚酐型的接近，也为可熔可溶的聚酰亚胺。其分子结构式为

双醚酐型聚酰亚胺具有良好的综合性能，长期使用温度在－250～230℃。可用模压、注射、挤出等方法加工。其产品可以是薄膜、油漆、层压板、胶黏剂等。

③ 酮酐型聚酰亚胺　酮酐型聚酰亚胺与醚酐型聚酰亚胺的不同之处是在二酐中间以酮

$\left(\begin{smallmatrix} O \\ \| \\ -C- \end{smallmatrix}\right)$替代了醚键（—O—），也是一种线型聚合物。其分子结构式为

这种聚酰亚胺具有优良的耐热性、耐磨性、阻燃性、电绝缘性、力学性能。其最高连续使用温度可达 260～300℃，短期使用温度达 400℃，与玻璃、金属有良好的粘接力，可溶于丙酮中。

酮酐型聚酰亚胺可以按照模压、层压、挤出、注射、烧结等方法成型各种制品。

酮酐型聚酰亚胺可用于薄膜、复合材料、层压制品、黏合剂、涂料等，还可制备飞机、火箭等的耐高温结构件。表 3-18 为可溶性聚酰亚胺的性能。

表 3-18　可溶性聚酰亚胺的性能

性　　能	单醚酐型	双醚酐型	酮酐型	性　　能	单醚酐型	双醚酐型	酮酐型
相对密度	1.38	1.36～1.37	—	维卡耐热温度/℃	＞270	232	—
吸水率/%	0.3	—	—			(1.82MPa)	
拉伸强度/MPa	100	110	120	长期使用温度/℃	－180～230	－250～230	—
断裂伸长率/%	50	—	10	线膨胀系数/$10^{-5}K^{-1}$	1～5	2.7	
弯曲强度/MPa	210	166～189	203	介电常数(10^6Hz)	3.2		
弯曲弹力模量/MPa	3300	—	2380	介电损耗角正切			
压缩强度/MPa	170	153	210	(10^6Hz)/$\times 10^{-4}$	10～50		
冲击强度/(kJ/m²)	70～120	＞155	32.7	体积电阻率/Ω·cm	10^{16}～10^{17}		

（3）热固性聚酰亚胺　热固性聚酰亚胺是指分子两端带有可反应活性基团（如乙烯基、乙炔基等）的低相对分子质量聚酰亚胺，在加热或有固化剂存在时依靠活性端基交联反应形成大分子结构的聚酰亚胺。常用的有以下三种。

① NA 基封端的聚酰亚胺　用 NA（5-降冰片烯-2,3-二羧酸单甲酯）进行封端的聚酰亚胺品种主要有 P105AC、P13N、PMR-15、LaRc-13、PMR-Ⅱ、LaRc-160 等牌号，其化学结构通式为

式中，Ar′ 为 或 ；Ar、Ar″ 为 、

、、、。

129

NA 基封端的聚酰亚胺中 P13N 具有固化时不产生低分子物、预浸渍工艺简单、预浸料储存期长、模压制品热稳定性好等优点。最高连续使用温度为 260～288℃，层压板的力学性能高，孔隙率低（＜2%）。缺点是溶剂毒性大，制品吸水率高且成本高。PMR-15 和 PMR-Ⅱ成本低，毒性小，PMR-15 的平均相对分子质量为 1500，最高连续使用温度为 288～300℃。PMR-Ⅱ的耐热性高于 PMR-15，短期耐热可达 316℃，层压制品具有很高的层间剪切强度。LaRc-160 为 PMR-15 的改进型，具有热熔性，该树脂的浸渍性很好，加工流动性也很好，可在中温和低压下成型，能用于制造复杂的结构件，可在 260～288℃的高温下连续使用。

NA 基封端的聚酰亚胺主要用于制作耐高温复合材料、层压板、结构件及耐高温绝缘件，用于飞机和电气等领域。

② 乙炔基封端的聚酰亚胺　乙炔基封端的聚酰亚胺的分子结构通式为

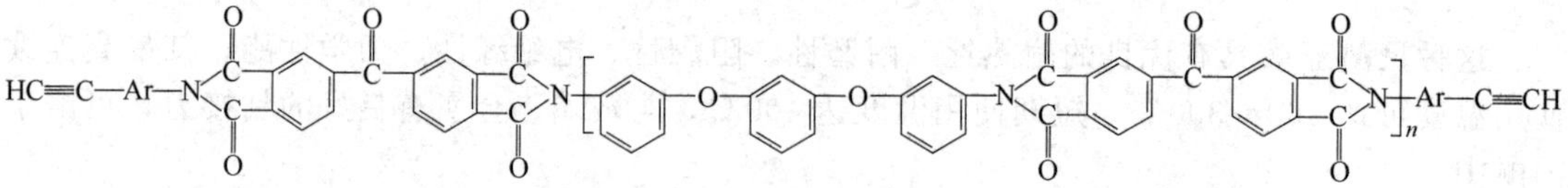

式中，Ar 为 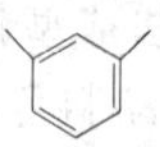 或 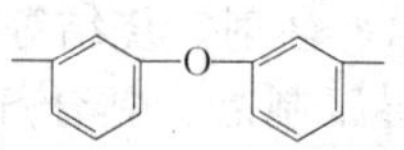 等。

乙炔基封端的聚酰亚胺具有突出的耐热性，最高连续使用温度为 300～370℃。固化过程中无低分子挥发物逸出，因而制品的孔隙率低。与纤维复合后制出的层压板或复合材料不仅具有突出的耐热性，还具有很高的强度、模量和硬度。它的缺点是加工性差、成本高。

乙炔基封端的聚酰亚胺主要用于制作玻璃纤维或石墨纤维增强的复合材料和模压塑料，也可添加 MoS_2 等制作固体自润滑材料和耐温、耐磨的部件，也用于航空航天领域中的耐高温结构部件，还可作为耐高温结构胶黏剂等。

③ 顺丁烯二酸酐封端的聚酰亚胺　这种类型的聚酰亚胺也称为双马来酰亚胺，简称 BMI。它是一类以马来酰亚胺为活性端基的低相对分子质量化合物，由二元胺和马来酸酐经缩合反应得到，其中最常用的产品为 4,4′-双马来酰亚胺二苯甲烷（BDM），其分子结构式为

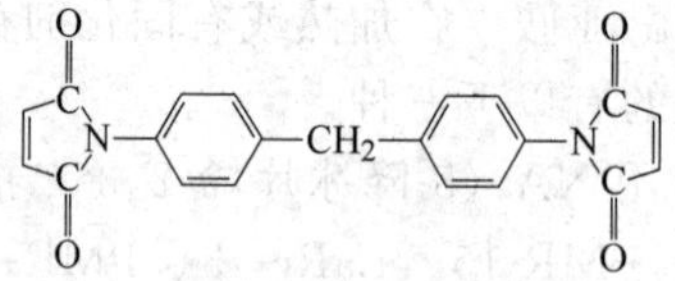

双马来酰亚胺的优点是具有高活性的双键，可进行均聚，也可进行共聚反应。它的固化反应属加成反应，无低分子物析出。其固化产物具有耐高温、耐湿热、耐辐照等特征，连续使用温度可达 204～230℃，分解温度大于 420℃。此外，还具有高模量、高强度、优异的电绝缘性、耐化学腐蚀性。

双马来酰亚胺均聚物脆性大，通常必须加入活性稀释剂和共聚单体来提高固化树脂的韧性及改善树脂的加工性能。

双马来酰亚胺目前作为新一代高性能复合材料的树脂基体，已应用在超音速战斗机和隐形飞机上，并也应用于电子、电气、国防工业、机械工程等领域中。

表 3-19 为热固性聚酰亚胺的性能。

表 3-19　热固性聚酰亚胺的性能

性　　能	NA 封端(PMR-15)	乙炔封端型(HR-600)		马来酸酐封端型 Kermid601/181E 玻璃布增强
		未增强	石墨增强	
密度/(g/cm³)	1.32			
拉伸强度/MPa	38.6	97	98	344
断裂伸长率/%	176	124~145	126	482(25℃)
弯曲强度/MPa	4000	4550~4480	4550	27600(25℃)
弯曲弹性模量/MPa	53.4	—	—	232
压缩强度/MPa	1.5	2.6	2.6	—
缺口冲击强度/(J/m²)	260	300~350	—	—
长期使用温度/℃	18.7	214	217	344

（4）改性聚酰亚胺　改性聚酰亚胺是在聚酰亚胺分子主链上引入醚键、酯键等柔性基团，以改善它的加工性能等。

① 聚醚酰亚胺　聚醚酰亚胺是一种琥珀色透明的热塑性塑料，其分子结构式为

由于在分子主链中引入了柔性的醚键和异丙基，因而聚醚酰亚胺熔体流动性得到很大的改善，可采用普通热塑性塑料的加工方法来加工，如注塑、挤出、热成型等。

聚醚酰亚胺具有良好的力学性能、热性能、耐辐射性、阻燃性能等，可应用于交通运输、航空、航天、医疗器械、电子、电气等领域。表 3-20 为聚醚酰亚胺的性能。

表 3-20　聚醚酰亚胺的性能

性　　能	未增强	20%玻纤增强	性　　能	未增强	20%玻纤增强
拉伸强度/MPa	105	140	热变形温度/℃		
拉伸模量/GPa	3	6.9	0.46MPa	210	210
伸长率/%	68~80	3	1.86MPa	200	209
弯曲强度/MPa	145	210	线膨胀系数/10⁻⁵K⁻¹	5.6	2.5
弯曲模量/GPa	3.3	6.2	密度/(g/cm³)	1.27	1.42
压缩强度/MPa	140	170	吸水率/%	0.25	0.26
压缩模量/GPa	2.9	3.5	氧指数/%	47	50
冲击强度/(J/m)			介电常数(10³Hz)	3.15	3.5
缺口	50	90	体积电阻率/Ω·m	6.7×10¹³	0.7×10¹³
无缺口	1300	480	成型收缩率/%	0.5~0.7	—
玻璃化温度/℃	217	—			

② 聚酯酰亚胺　聚酯酰亚胺的分子主链上带有柔性的酯键，目前工业上最常使用的聚酯酰亚胺的分子结构式为

聚酯酰亚胺具有芳香族聚酯优异的电性能、力学性能、耐热性能、耐溶剂性、耐辐射性，而且加工性能也很好，可以注塑、挤出、压制成型，尺寸稳定性好，成本低。

聚酯酰亚胺可用于绝缘漆、耐热薄膜、电线电缆包皮以及纤维等。

③ 聚酰胺-酰亚胺　聚酰胺-酰亚胺的化学结构式有以下两种。

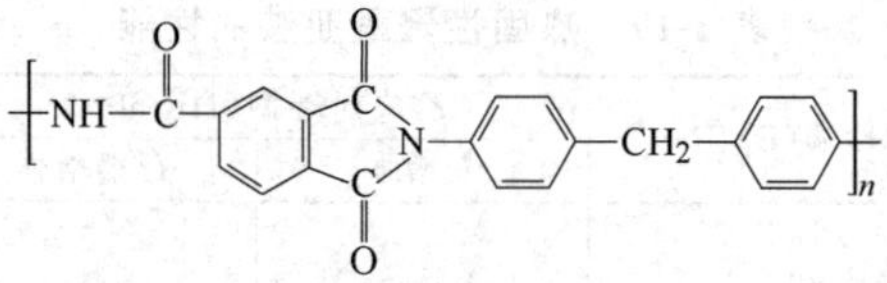

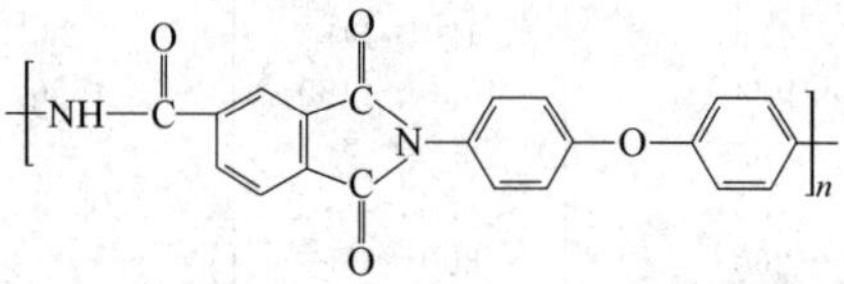

聚酰胺-酰亚胺具有优良的综合性能，可在 250℃ 的高温下连续使用，在室温下的拉伸强度可高达 200MPa；抗蠕变性能优异，阻燃性能好，具有自熄性，耐化学药品性优良，能耐绝大部分的化学药品，耐辐射性好。此外，它的粘接性、韧性、耐碱性、耐磨性均优于均苯型聚酰亚胺，并可进行填充、增强和共混改性。

聚酰胺-酰亚胺的加工方法有注塑、挤出、流延、模压等。

聚酰胺-酰亚胺可加工成复杂而精密的制件，而且其质量轻、比强度高，可替代金属制作飞机的结构件、罩壳，还可用来制作薄膜、层压板、齿轮、轴承、透波材料、发动机零部件等。

3.8 聚砜类塑料

聚砜是 20 世纪 60 年代出现的一类热塑性工程塑料，是在分子主链上含有芳香基和砜基的非结晶型热塑性工程塑料。目前主要有三种类型。

3.8.1 双酚 A 型聚砜

双酚 A 型聚砜（简称聚砜）的英文名称为 polysulfone，简称 PSU。分子结构式为

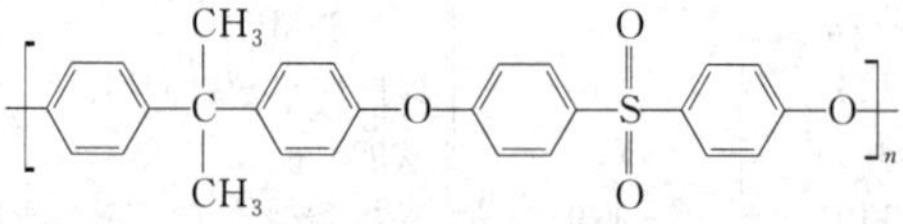

聚砜具有优异的力学性能，由于大分子链的刚性，使得它在高温下的拉伸性能好，抗蠕变性能突出，如在 100℃，20MPa 的载荷下，经一年之后的蠕变量仅为 1.5%～2%，所以它可以作为较高温度下的结构材料。聚砜最高使用温度可达 150～165℃，长期使用温度在 −100～150℃，即使在 −100℃ 时仍能保持 75% 的力学强度。聚砜还具有优良的电性能，表现在高频下电性能指标没有明显变化，即使在水、湿气或 190℃ 的高温下，仍可保持高的介电性能，这是其他工程塑料无法相比的。聚砜除了强溶剂、浓硫酸、硝酸外，对其他化学试剂都稳定，在无机酸、碱的水溶液、醇、脂肪烃中不受影响，但能溶于氯化烃和芳烃，并在酮和酯类中发生溶胀，且有部分溶解。聚砜的主要缺点是它的疲劳强度比较低，所以，在受振动负荷的情况下，不能选用聚砜作为结构材料。

（1）聚砜的结构与性能　聚砜可以看作是由异亚丙基 $\left(\begin{matrix}CH_3\\|\\C\\|\\CH_3\end{matrix}\right)$ 、醚基 —O— 、砜基 $\left(\begin{matrix}O\\\|\\S\\\|\\O\end{matrix}\right)$ 和亚苯基 —⟨⟩— 连接起来的线型高分子聚合物。

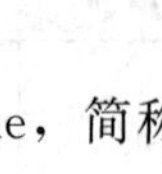

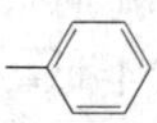

异亚丙基为脂肪基，有一定的空间体积，减少分子间相互作用力可赋予聚合物韧性和熔融加工性。醚基也可增加分子链的柔顺性，并且也可改善熔融加工性。砜基和亚苯基提供了

刚性、耐热性及抗氧化能力。聚砜在性能上主要具有以下几个方面的特点。

①　力学性能　聚砜具有优异的力学性能，其拉伸强度和弯曲强度都高于一般的工程塑料，如聚碳酸酯、聚甲醛、聚酰胺等，而且在高温下的力学性能保持率高，冲击强度在 $-60\sim120℃$ 范围内变化不大。聚砜的主要缺点是抗疲劳性差，疲劳强度及寿命不如聚甲醛和聚酰胺，此外还易出现内应力开裂现象。

②　热性能　聚砜具有优异的耐热性，其玻璃化温度为 190℃，脆化温度为 $-101℃$，热变形温度为 175℃，长期使用温度在 $-100\sim150℃$。聚砜在高温下的耐热老化性能极好，在 150℃ 经过 2 年的热老化后，其拉伸屈服强度和热变形温度反而有所提高，而冲击强度仍能保持 55％；聚砜还具有优良的耐氧老化性及自熄性。

③　电性能　聚砜在宽广的温度和频率范围内具有优异的电性能，在水及潮湿的空气中电性能的变化很小。其电性能如表 3-21 所示。

表 3-21　聚砜的电性能

性　能	数　值	性　能	数　值
介电常数		10^3 Hz	0.0010
60Hz	3.07	10^6 Hz	0.0034
10^3 Hz	3.06	表面电阻率/Ω	3×10^{16}
10^6 Hz	3.03	体积电阻率/Ω·cm	5×10^{16}
介电损耗角正切		介电强度/(kV/mm)	14.6
60Hz	0.0008	耐电弧性/s	122

④　耐化学药品性　聚砜的化学稳定性较好，对无机酸、碱、盐溶液都很稳定，但受某些极性有机溶剂如酮类、卤代烃、芳香烃等的作用会发生腐蚀的现象。

⑤　其他性能　聚砜的耐辐射性能优良，但耐候性和耐紫外线性较差。其吸水率为 0.22％，成型收缩为 0.7％，尺寸稳定性较好，在湿热的条件下其尺寸变化微小。见表 3-22。

表 3-22　聚砜在湿热条件下尺寸的变化

条　件	质量变化/％	尺寸变化/(mm/mm)
22℃,50％相对湿度,28d	+0.23	<0.001
22℃,水中,28d	+0.62	<0.001
100℃,水中,7d	+0.85	+0.001
150℃,空气中和60℃水中各4h为7d期,经7d后再在150℃经24h	-0.03	-0.001
150℃,空气中,28d	-0.10	-0.001

（2）聚砜的成型加工性能　聚砜的成型方法可按热塑性塑料的加工方法，如注塑、挤出、吹塑、热成型及二次加工。

聚砜的熔体黏度大，流体接近牛顿流体，黏度对温度敏感而受剪切速率的影响较小。

聚砜在高温及有负荷的条件下，水分会促使它应力开裂，还会造成制品表面银纹现象及水泡。因此在加工前应干燥，干燥条件为 $120\sim125℃$，时间为 5h，使其吸水率为 0.05％ 以下。

由于聚砜分子刚性大、冷凝温度高，因此制品内部易产生内应力，所以需要进行后处理，处理条件为 $150\sim160℃$，时间为 5h。

由于聚砜是无定形聚合物，因此成型收缩率低，制品的尺寸精度高。

（3）聚砜的应用领域　聚砜具有优异的综合性能，适宜制造各种高强度、高尺寸稳定性、低蠕变、耐蒸煮的制品，可应用于电子、电气、精密仪器、交通运输、医疗器械等方面。如可用来制造需蒸煮的医疗设备、食品加工设备；电子、电气方面的电池盒、衬板、接触器、印制线路板等；以及交通运输方面的仪表盘、汽车防护罩、电动齿轮等。

3.8.2　聚芳砜

聚芳砜是由双芳环磺酰氯和芳环进行缩聚得到的。它是一种非双酚 A 型聚芳砜，也可称为聚苯醚砜。它的英文名称为 polyarylsulphone，简称 PAS，其分子结构式为

$$\left[\begin{array}{c} \end{array}\right]_n$$

由于聚芳砜的分子链中不含有异亚丙基和脂肪族的 C—C 键，却含有大量的联苯结构，因此具有更为突出的耐热性和耐氧化降解性能。由于聚芳砜的刚性很大，因此有很高的熔融温度和熔体黏度，加工性能会变差，其加工要难于聚砜。

聚芳砜为一种透明琥珀色的坚硬固体，相对密度为 1.36，吸水率为 1.4%，收缩率为 0.8%。

聚芳砜由于熔体黏度大，流动温度高，虽然可采用一般的加工方法加工，但加工比较困难，因此一般要选用特殊的注塑机和挤出机才能加工，且加工温度要大于 400℃，模具温度范围为 230～280℃，聚芳砜在加工前进行干燥的条件为 150℃，10～16h。

表 3-23 为聚芳砜的综合性能。

表 3-23　聚芳砜的综合性能

性　能	数　据	性　能	数　据
相对密度	1.36	压缩弹性模量/GPa	2.4
吸水率/%	1.4	弯曲弹性模量/GPa	2.78
收缩率/%	0.8	伸长率/%	13
拉伸强度/MPa		缺口冲击强度/(J/m)	163
23℃	91	洛氏硬度(M)	110
260℃	30	玻璃化温度 T_g/℃	288
压缩强度/MPa		热变形温度(1.86MPa)/℃	274
23℃	126	最高连续工作温度/℃	260
260℃	52.8	线膨胀系数/K^{-1}	4.68×10^{-5}
弯曲强度/MPa		介电常数(60Hz)	3.94
23℃	121	介电损耗角正切(60Hz)	0.003
260℃	62.7	表面电阻率/Ω	6.2×10^{15}
拉伸弹性模量/GPa	2.6	体积电阻率/Ω·m	3.2×10^{14}

3.8.3　聚醚砜

聚醚砜也可称为聚芳醚砜，英文名称为 polyether sulfone，简称 PES。其分子结构式为

$$\left[\begin{array}{c} \end{array}\right]_n$$

聚醚砜的分子结构是由醚基、砜基和亚苯基组成，醚基可以赋予聚合物柔顺性及提高熔体流动性，而砜基可以赋予聚合物耐热性，所以聚醚砜是一种高耐热性、高抗冲击强度和优良成型加工性能的工程塑料。

聚醚砜为一种琥珀色透明的无定形聚合物，它的耐蠕变性极为突出，在较高的温度及较大的负荷下，抗蠕变性能仍然极其优异。聚醚砜在高温下长期使用仍然能保持良好的力学性能，在 150℃的温度下保持一年，其拉伸屈服强度保持不变。在 -100～200℃范围内可保持

良好的延展性和韧性，而且在高温下的弹性模量几乎没有变化。

聚醚砜的耐热性很好，其玻璃化温度为 225℃，热变形温度为 204℃，使用温度高达 200℃。

聚醚砜能够耐酸、碱、盐、油脂、润滑脂、脂肪烃和醇等，但不耐极性有机溶剂，如酮、酯、氯仿、二甲基亚砜等。它还具有良好的水解稳定性，耐环境应力开裂性优于许多无定形的热塑性聚合物。此外，还具有良好的阻燃性。聚醚砜的基本性能如表 3-24 所示。

表 3-24　聚醚砜的基本性能

性　能	数　据	性　能	数　据
相对密度/(g/cm^3)	1.37	维卡软化点/℃	
收缩率/%	0.6	0.1MPa	226
吸水率(24h)/%	0.43	0.5MPa	223
折射率	1.62	线膨胀系数/K^{-1}	5.5×10^{-5}
拉伸强度/MPa		热导率/[W/(m·K)]	0.18
20℃	83	比热容/[J/(kg·K)]	1.1×10^3
伸长率/%	40～80	燃烧性	自熄
拉伸弹性模量/GPa	2.4	介电常数	
弯曲强度/MPa	130	60Hz	3.5
弯曲弹性模量/GPa		10^{6}Hz	3.5
20℃	2.6	介电损耗角正切	
150℃	2.5	60Hz	1.0×10^{-3}
180℃	2.3	10^{6}Hz	3.5×10^{-3}
冲击强度/(J/m)		体积电阻率/Ω·m	7×10^{15}
缺口	87	介电强度/(kV/mm)	16
无缺口	不断	耐电弧时间/s	70
洛氏硬度(R)	120	极限氧指数/%	38
热变形温度/℃			
0.46MPa	210		
1.86MPa	204		

聚醚砜易于加工成型，可用一般热塑性塑料的方法进行成型加工，如注塑、挤出、模压、流延、吹塑、真空成型、溶液涂覆、粉末烧结等。它具有良好的加工流动性，但加工前要进行干燥，把水分控制在 0.12% 以下。

聚醚砜由于在很宽的温度范围内能保持良好的力学性能，而且它的耐热性、耐老化性能都很好，所以可广泛用于电子、电气、机械、医疗以及航空航天领域。它还可以跟纤维材料复合制成高性能复合材料，用于宇航、飞机、军事工业等领域。还可用来制造超滤膜、渗透膜、反渗透膜以及防腐涂料等。

3.8.4　聚砜的改性品种

(1) 玻璃纤维增强聚砜　在聚砜当中加入玻璃纤维增强后，可明显提高聚砜的强度、刚度、尺寸稳定性、阻燃性和应力开裂性等。

加入玻璃纤维后，可降低聚砜原已很低的成型收缩率和线膨胀系数，从而使聚砜制品的尺寸精度接近金属材料的水平。当玻璃纤维含量超过 30% 时，聚砜的拉伸强度和弯曲模量都会成倍增长，疲劳破坏应力可提高 2～3 倍，而蠕变量仅为未增强时的 1/5～1/3。但玻璃纤维加入后，会增加聚砜的脆性。

(2) 聚砜合金　聚砜合金品种有很多，其中最常见的是聚砜与 ABS 以及聚甲基丙烯酸甲酯的合金。这些合金可以改善聚砜的耐溶剂性、抗冲击性、成型加工性、耐应力开裂性等。与纯聚砜相比，耐溶剂性可大幅度提高，熔融流动性提高 4 倍，加工温度也可下降，一般为 260～340℃。

聚砜与 ABS 以及聚甲基丙烯酸甲酯的合金为白色不透明体，相对密度为 1.20～1.22，与纯聚砜相比，力学性能、模量、蠕变性能变化不大，但耐热性能有所下降，长期使用温度范围为 -143～120℃。

聚砜合金最常见的成型方法为注射成型。在加工前，要进行干燥，以避免在制品内部出现气泡，在制品表面出现银纹。干燥条件为 120～135℃，时间 2～3h。聚砜合金的废料可以循环使用，一般重复使用 6 次后，伸长率会略有上升，而冲击强度会略有下降。

此外，在聚砜当中还可加入聚四氟乙烯共混以改善聚砜的耐摩擦磨耗性能。这种聚砜合金的耐磨耗性能超过了耐磨耗很好的聚苯硫醚和聚甲醛。

3.9　聚芳醚酮类塑料

聚芳醚酮类塑料又称为聚醚酮类塑料，英文名称为 polyarylether ketones，简称 PAEK，是一类耐高温、结晶性的聚合物。它是在芳基上由一个或几个醚键和酮键连接而成的一类聚合物。醚键 $-\!\!\!\!(\!O\!)\!\!\!\!-$ 和酮基 $-\!\!\overset{\text{O}}{\underset{}{\text{C}}}\!\!-$ 通过亚苯基 $-\!\!\!\!(\!\!\bigcirc\!\!)\!\!\!\!-$ 以不同序列相连接，构成了各种类型的聚芳醚酮。

目前已开发出来的聚芳醚酮有聚醚醚酮（PEEK）、聚醚酮（PEK）、聚醚酮酮（PEKK）、聚醚酮醚酮酮（PEKEKK）等。

聚芳醚酮的强度和刚性要高于其他工程塑料，并且在很宽的温度范围内具有较好的韧性及疲劳强度，热氧化稳定性极好，连续使用温度大于 250℃。

聚芳醚酮还具有优良的高温力学性能、阻燃性、耐化学腐蚀性及耐辐射性，在航空航天、汽车、电子、电气等领域有广泛的应用。

3.9.1　聚醚醚酮

聚醚醚酮是指大分子主链由芳基、酮键和醚键组成的线型聚合物，它是目前可大批量生产的唯一的聚芳醚酮品种，英文名称为 polyetherether ketone，简称 PEEK，分子结构式为

聚醚醚酮具有热固性塑料的耐热性、化学稳定性和热塑性塑料的成型加工性。聚醚醚酮还具有优异的耐热性。其热变形温度为 160℃，当用 20%～30% 的玻璃纤维增强时，热变形温度可提高到 280～300℃。聚醚醚酮的热稳定性良好，在空气中 420℃、2h 情况下失重仅为 2%，500℃时为 2.5%，550℃时才产生显著的热失重。聚醚醚酮的长期使用温度约为 200℃，在此温度下，仍可保持较高的拉伸强度和弯曲模量，它还是一种非常坚固的材料，有优异的长期耐蠕变性和耐疲劳性能。

聚醚醚酮的电绝缘性能非常优异，体积电阻率约为 $10^{15}～10^{16}\Omega\cdot cm$。它在高频范围内仍具有较小的介电常数和介电损耗。例如，在 $10^{4}Hz$ 时，在室温的情况下，它的介电常数仅为 3.2，介电损耗角正切仅为 0.02。

聚醚醚酮的化学稳定性也非常好，除浓硫酸外，几乎对任何化学试剂都非常稳定，即使在较高的温度下，仍能保持良好的化学稳定性。另外，它还具有极佳的耐热水性和耐蒸汽性。在 200～250℃的蒸汽中可以长时间使用。

聚醚醚酮有很好的阻燃性，在通常的环境下很难燃烧，即使是燃烧，发烟量及有害气体的释放量也是很低的，甚至低于聚四氟乙烯等低发烟量的聚合物。此外，它还具有优良的耐辐射性。它对 α 射线、β 射线、γ 射线的抵抗能力是目前高分子材料中最好的。用它包覆的电线制品可耐 1.1×10^7 Gy 的 γ 射线。

聚醚醚酮在熔点以上有良好的熔融流动性和热稳定性，因而具有热塑性塑料的典型成型加工性能，因此可用注塑、挤出、吹塑、层压等成型方法，还可纺丝、制膜。虽然聚醚醚酮熔融加工温度范围为 360～400℃，但是由于它的热分解温度在 520℃以上，因而它仍具有很宽的加工温度范围。

尽管聚醚醚酮的发展历史仅为短短的二十几年，但是由于它具有突出的耐热性、耐化学腐蚀性、耐辐射性以及高强度、易加工性，使得它目前已在核工业、化学工业、电子电气、机械仪表、汽车工业和宇航领域中得到了广泛的应用。尤其是作为耐热性能优异的热塑性树脂，它可用作高性能复合材料的基体材料。表 3-25 为聚醚醚酮的力学性能。

表 3-25　聚醚醚酮的力学性能

性　　能	未增强	30%玻纤增强	30%碳纤增强	性　　能	未增强	30%玻纤增强	30%碳纤增强
拉伸强度/MPa				弯曲模量/GPa			
23℃	100	162	215	23℃	3.9	8.0	15.4
100℃	66	129	185	100℃	3.0	—	12.2
150℃	34	75	107	150℃	2.0	—	10.0
冲击强度/(J/m)				伸长率/%	150	3.0	3.0
缺口	41	65	—	弯曲强度/MPa	170	—	248
无缺口	不断	—	—				

3.9.2　聚芳醚酮的其他品种

近年来，英国的 ICI、美国的 Amoco、Du Pont、Hoechst 等公司在 PEEK 工作的基础上，又开发了 PEEK 同系物耐高温树脂 PEK、PEKK、PEEKK。PEK 的耐温性和力学强度比 PEEK 稍高，但成型加工稍困难些。PEKK 玻璃化温度为 165℃，熔点为 350℃，玻璃纤维增强后，连续使用温度为 240℃。PEEKK 尺寸稳定性好，玻璃化温度比 PEEK 高 20℃，韧性好。PEEKK 目前有 10%、20%、30%和 40%玻璃纤维增强级以及 30%碳纤维增强级产品，无机物增强级产品尚在开发之中。

3.10　氟塑料

氟塑料是含氟塑料的总称，它与其他塑料相比，具有更优越的耐高、低温，耐腐蚀，耐候性，电绝缘性能，不吸水以及低的摩擦系数等特性，其中尤以聚四氟乙烯最为突出。

由于氟塑料具有上述各方面的特性，因此已成为现代尖端科学技术、国防、航空、军工生产和各工业部门所不能缺少的新型材料之一，它的产量和品种都在不断地增长。从品种上来说，主要有聚四氟乙烯、聚三氟氯乙烯、聚全氟乙丙烯、聚偏氟乙烯、四氟乙烯与乙烯的共聚物、四氟乙烯与偏氟乙烯的共聚物以及三氟氯乙烯和偏氟乙烯的共聚物等。

3.10.1　聚四氟乙烯

氟塑料中最重要的产品是聚四氟乙烯，其总产量占氟塑料的 85%以上，用途非常广泛。

其英文名称为 polytetrafluoroethylene，简称 PTFE。其分子结构式为

$$\begin{array}{c} F \ \ F \\ | \ \ \ | \\ -(C-C)_n \\ | \ \ \ | \\ F \ \ F \end{array}$$

聚四氟乙烯具有优异的耐腐蚀性、自润滑性、耐热性、电绝缘性以及极低的摩擦系数，因此可广泛应用于化学工业的防腐材料、机械工业的摩擦材料、电气工业的绝缘材料以及防黏结材料、分离材料和医用高分子材料。

3.10.1.1 聚四氟乙烯的结构与性能

聚四氟乙烯的侧基全部为氟原子，分子链的规整性和对称性极好，大分子为线型结构，几乎没有支链，容易形成有序排列，所以聚四氟乙烯为一种结晶聚合物，结晶度一般为 55%～75%。氟原子对骨架碳原子有屏蔽作用，而且氟-碳键具有较高的键能，是很稳定的化学键，因此使分子链很难破坏，所以聚四氟乙烯具有非常好的耐腐蚀性和耐热性。由于聚四氟乙烯分子链上与碳原子连接的 2 个氟原子完全对称，因此它为非极性聚合物，具有优异的介电性能和电绝缘性能。此外，聚四氟乙烯分子是对称排列，分子没有极性，大分子间及与其他物质分子间相互吸引力都很小，其表面自由能很低，因此它具有高度的不黏附性和极低的摩擦系数。

聚四氟乙烯外表为白色不透明的蜡状粉体，密度为 2.14～2.20 g/cm^3，是塑料材料中密度最大的品种，结晶时在 19℃ 以上为六方晶形，19℃ 以下为三斜晶形，熔点为 320～345℃。

（1）力学性能　聚四氟乙烯在力学性能方面最为突出的优点是它具有极低的摩擦系数和极好的自润滑性。其摩擦系数是塑料材料中最低的，且动、静摩擦系数相等，对钢为 0.04，自身为 0.01～0.02。由于聚四氟乙烯的耐磨损性不好，可加入二硫化钼、石墨等耐磨材料改性。而聚四氟乙烯的其他力学性能，如拉伸强度、弯曲强度、冲击强度、刚性、硬度、耐疲劳性能都比较低。聚四氟乙烯在受到载荷时容易出现蠕变现象，是典型的具有冷流性的塑料。

（2）热性能　聚四氟乙烯具有优异的耐热性和耐寒性，长期使用温度为 −195～250℃，短期使用温度可达 300℃。聚四氟乙烯的线膨胀系数比较大，而且会随温度升高而明显增加。

（3）电性能　聚四氟乙烯的电性能十分优异，其介电性能和电绝缘性能基本上不受温度、湿度和频率变化的影响。在所有塑料中，体积电阻率最大（＞$18\Omega \cdot cm$），介电常数最小（1.8～2.2）。但聚四氟乙烯的耐电晕性不好，不能用作高压绝缘材料。

（4）耐化学药品性　聚四氟乙烯的耐化学药品性在所有塑料中是最好的，可耐浓酸、浓碱、强氧化剂以及盐类，对沸腾的王水也很稳定。只有氟元素或高温下熔融的碱金属才会对它有侵蚀作用。除了卤化胺类和芳烃对其有轻微溶胀外，其他所有有机溶剂对聚四氟乙烯都无作用。

（5）其他性能　聚四氟乙烯的耐候性能优良，通常耐候性可在 10 年以上，0.1mm 聚四氟乙烯薄膜在室外暴露 6 年，外观和力学性能均无明显变化。

聚四氟乙烯分子中无光敏基团，对光和臭氧的作用很稳定，因此具有很好的耐大气老化性能。但耐辐射性不好，经 γ 射线照射后会变脆。聚四氟乙烯还具有自熄性，不能燃烧，极限氧指数＞95%，是所有塑料中最大的。此外，聚四氟乙烯的表面自由能很低，几乎和所有材料都无法黏附。

表 3-26 为聚四氟乙烯及填充聚四氟乙烯的性能。

表 3-26　聚四氟乙烯及填充聚四氟乙烯的性能

性　　能	聚四氟乙烯	20％玻纤＋聚四氟乙烯	20％玻纤＋5％石墨＋聚四氟乙烯	60％锡青铜＋聚四氟乙烯
相对密度	2.14～2.20	2.26	2.24	3.92
吸水率/%　　　　　<	0.01	0.01	0.01	0.01
氧指数/%	>95	—	—	—
断裂伸长率/%	233	207	193	101
拉伸强度/MPa	27.6	17.5	15.2	12.7
压缩强度/MPa	13	17	16	21
弯曲强度/MPa	21	21	32.5	28
缺口冲击强度/(kJ/m^2)	2.4～3.1	1.8	7.6	6.8
无缺口冲击强度/(kJ/m^2)		5.4	1.77	1.66
布氏硬度(HB)	456	546	554	796
最高使用温度/℃	288	—	—	—
最低脆化温度/℃	−150			
线膨胀系数/10^{-5}K^{-1}	10～15	7.1	12	10.7
热导率/[W/(m·K)]	0.24	0.41	0.36	0.47
摩擦系数	0.04～0.13	0.2～0.4	0.18～0.20	0.18～0.20
磨痕宽度/mm	14.5	5.5～6.0	5.5～6	7.0～8.0
极限 p_V 值/(0.5m/s)	—	5.5	4.5	3
体积电阻率/Ω·cm	>10^{18}	—	—	—
介电强度/(kV/mm)	60～100	—	—	—
介电常数	1.8～2.2	—	—	—
介电损耗角正切	2×10^{-4}			
耐电弧时间/s	360			

3.10.1.2　聚四氟乙烯的成型加工性能

虽然聚四氟乙烯属于热塑性塑料，但由于其大分子碳链两侧具有电负性极强的氟原子，氟原子间的斥力很大，使大分子链内旋转困难，分子链段僵硬，这就使得聚四氟乙烯的熔体黏度极高，特别是结晶化温度 327℃后，仍不会出现熔融状态，黏度可达 10^{10}～10^{11}Pa·s，即使温度达到分解温度发生分解时，仍不能流动，因此聚四氟乙烯不能采用热塑性塑料熔融加工方法来加工，只能采用类似于粉末冶金的加工方法，即冷压成坯后再进行烧结。

聚四氟乙烯的烧结可采用模压烧结、挤压烧结、推压烧结等制备管材、棒材等。薄膜的制造方法是将模压的毛坯经过切削成薄片，然后再用双辊辊压机压延成薄膜。

聚四氟乙烯根据其聚合方法的不同，可分为悬浮聚合和分散聚合两种树脂，前者适用于一般模压成型和挤压成型，后者可供推压加工零件及小直径棒材。若制成分散乳液时，则可作为金属表面涂层、浸渍多孔性制品及纤维织物、拉丝和流延膜用。

表 3-27 列出了目前国产的各种牌号聚四氟乙烯及用途。

表 3-27　各种牌号聚四氟乙烯树脂及用途

牌　号	聚合方法	用　途	牌　号	聚合方法	用　途
SFX-1-M	悬浮聚合	成型薄膜,特殊薄板制品	SFF-1-G	分散聚合	成型薄板及电缆等制品
SFX-1-B	悬浮聚合	成型板、棒、管材大型制件	SFF-1-D	分散聚合	成型棒及非绝缘性密封带等
SFX-1-D	悬浮聚合	成型垫圈及一般制件			

3.10.1.3　聚四氟乙烯的应用领域

聚四氟乙烯具有优异的耐腐蚀性、耐热性、热稳定性、很宽的使用温度范围以及极低的摩擦系数、突出的阻燃性、良好的电绝缘性、不粘性和生理相容性，可广泛地应用于密封材料、滑动材料、绝缘材料、防腐材料及医用材料等。

在防腐材料方面，可用于制造各种化工容器和零件，如蒸馏塔、反应器、阀门、阀座、隔膜、反应釜、过滤材料和分离材料等；在摩擦、磨损方面，可用来制造各种活塞环、动密封环、静密封环、垫圈、轴承、轴瓦、支撑块、导向环等；在绝缘材料方面，可用来制作耐高温、耐电弧和高频电绝缘制品，如高频电缆、耐潮湿电缆、电容器线圈等。聚四氟乙烯还可用来制造医用材料，如人工心脏、人工食道、人工血管、人工腹膜等。此外，还可用于不粘材料，如各种不粘锅、食品加工机器等。

聚四氟乙烯的主要缺点是在常温下的力学强度、刚性和硬度都比其他塑料差些，在外力的作用下易发生"冷流"现象，此外，它的热导率低、热膨胀大且耐磨耗性能差。为改善这些缺点，近30多年来，人们在聚四氟乙烯中添加了各种类型的填充剂进行了改性研究，并逐渐形成了填充聚四氟乙烯产品系列。填充聚四氟乙烯改善了纯聚四氟乙烯的多种性能，大大扩充了聚四氟乙烯的应用，尤其是机械领域，其用量已占聚四氟乙烯的1/3。这类填充剂有石墨、二硫化钼、铅粉、玻璃纤维、玻璃微珠、陶瓷纤维、云母粉、碳纤维、二氧化硅等。如用玻璃纤维填充的聚四氟乙烯具有优良的耐磨性、电绝缘性和力学性能，而且容易与聚四氟乙烯混合。特别是近年来由于高分子液晶（LCP）的出现，为聚四氟乙烯提供了理想的耐摩擦、自润滑、耐开裂的改性材料。采用高性能的LCP与聚四氟乙烯制备的复合材料，其耐磨性与纯聚四氟乙烯相比提高了100多倍，而摩擦系数与聚四氟乙烯相当，所以，它已成为高新技术和军工领域的重要材料。

3.10.2 聚三氟氯乙烯

聚三氟氯乙烯的英文名称为 polychlorotrifluoroethylene，简称 PCTFE，是由三氟氯乙烯单体经过自由基引发聚合得到的线型聚合物。

聚三氟氯乙烯是一种重要的氟塑料，它的耐化学腐蚀性和耐热性能等虽然不如聚四氟乙烯，但是它可用热塑性塑料的加工方法成型，因此对于一些耐磨蚀性能要求不高、聚四氟乙烯又无法加工成型的制品，就可选用聚三氟氯乙烯。

3.10.2.1 聚三氟氯乙烯的结构与性能

聚三氟氯乙烯与聚四氟乙烯相比，分子链中由一个氯原子取代了一个氟原子，而氯原子的体积大于氟原子，破坏了原聚四氟乙烯分子结构的几何对称性，降低了其规整性，因此，聚三氟氯乙烯的结晶度要低于聚四氟乙烯，但仍然可以结晶。由于氯原子的引入，其分子间作用力会增大，因此聚三氟氯乙烯的拉伸强度、模量、硬度等均优于聚四氟乙烯。此外，由于氯原子和氟原子的体积均大于氢原子，对骨架碳原子均有良好的屏蔽作用，使得聚三氟氯乙烯仍具有优异的耐化学腐蚀性。由于碳-氯键不如碳-氟键稳定，因此，聚三氟氯乙烯的耐热性不如聚四氟乙烯。

（1）力学性能　聚三氟氯乙烯的力学性能要优于聚四氟乙烯，而且冷流性比聚四氟乙烯明显降低。聚三氟氯乙烯的力学性能受其结晶度的影响较大，随其结晶度增加，硬度、拉伸强度、弯曲强度等都会提高，而冲击强度和断裂伸长率会下降。表3-28和表3-29分别表示了聚三氟氯乙烯与聚四氟乙烯力学性能的比较以及结晶度对聚三氟氯乙烯性能的影响。

表3-28　聚三氟氯乙烯与聚四氟乙烯力学性能比较

力学性能	聚三氟氯乙烯	聚四氟乙烯
拉伸强度/MPa	30～40	14～35
拉伸模量/GPa	1.0～2.1	0.4
弯曲模量/GPa	1.7	0.42
冲击强度/(J/m)	180	163
伸长率/%	80～250	200～400

表 3-29　不同结晶度的聚三氟氯乙烯性能比较

性　能	中结晶度聚三氟氯乙烯	低结晶度聚三氟氯乙烯	性　能	中结晶度聚三氟氯乙烯	低结晶度聚三氟氯乙烯
相对密度	2.13	2.11	最高使用温度/℃	198	198
吸水率/%　　　<	0.01	0.01	体积电阻率/Ω·cm	10^{18}	10^{18}
氧指数/%　　　>	95	95	介电强度/(kV/mm)	13～15	13～15
洛氏硬度(R)	115	110	介电常数		
拉伸强度/MPa	35～40	30～35	60Hz	2.24～2.8	2.24～2.8
断裂伸长率/%	125	190	10^3 Hz	2.3～2.7	2.3～2.7
弯曲强度/MPa	70	55	10^6 Hz	2.5～2.7	2.5～2.7
压缩强度/MPa	14	12	介电损耗角正切		
剪切强度/MPa	38	42	60Hz	0.0012	0.0012
缺口冲击强度/(kJ/m²)	17	37	10^3 Hz	0.023～0.027	0.023～0.027
热变形温度(负荷0.46MPa)/℃	130	130	10^6 Hz	0.009～0.017	0.009～0.017
低温脆化温度/℃	-150	-150	耐电弧时间/s	360	360
线膨胀系数/$10^{-5}K^{-1}$	4.5～7	4.5～7			

（2）热性能　聚三氟氯乙烯的熔点为218℃，玻璃化温度为58℃，热分解温度为260℃。聚三氟氯乙烯具有十分突出的耐寒性能，可在-200℃的条件下使用，长期耐热温度达120℃。

（3）电性能　聚三氟氯乙烯具有较好的电绝缘性能，其体积电阻率和介电强度都很高，环境湿度对其电性能无影响。但由于氯原子破坏了其分子链的对称性，使介电常数和介电损耗增大，而且介电损耗会随频率和温度的升高而增大。

（4）耐化学药品性　聚三氟氯乙烯具有优良的化学稳定性，在室温下不受大多数反应性化学物质的作用，但乙醚、乙酸乙酯等能使它溶胀。在高温下，聚三氟氯乙烯能耐强酸、强碱、混合酸及氧化剂，但熔融的碱金属、氟、氨、氯气、氯磺酸、氢氟酸、浓硫酸、浓硝酸以及熔融的苛性碱可将其腐蚀。

（5）其他性能　聚三氟氯乙烯具有很好的耐候性，其耐辐射性是氟塑料中最好的；而且还具有优良的阻气性，聚三氟氯乙烯薄膜在所有透明塑料膜中水蒸气的透过率最低，是塑料中最好的阻水材料。此外，聚三氟氯乙烯还具有极优异的阻燃性能，其氧指数值高达95%。

3.10.2.2　聚三氟氯乙烯的成型加工性

聚三氟氯乙烯可采用一般热塑性塑料的成型加工方法，如注塑、压铸、压缩、模塑或挤出成型等。但由于它的熔体黏度高，必须采用较高的成型温度和压力。由于其加工温度为250～300℃，分解温度约为310℃，所以加工温度范围较窄，加工比较困难。聚三氟氯乙烯的加工腐蚀性强，分解后会放出腐蚀性气体，因此加工设备接触熔体部分要进行镀硬铬处理。聚三氟氯乙烯的热导率较小，传热慢，因此加工中升温和冷却速率不要太快。

3.10.2.3　聚三氟氯乙烯的应用领域

聚三氟氯乙烯由于其力学性能较好、耐腐蚀性好、冷流性小，且比聚四氟乙烯易于加工成型等特点，可用于制造一些形状复杂且聚四氟乙烯难以成型的耐腐蚀制品，如耐腐蚀的高压密封件、高压阀瓣、泵和管道的零件、高频真空管底座、插座等。利用其阻气性能，可用来制造高真空系统的密封材料；利用其涂覆性能，可对反应器、冷凝加热器、搅拌器、分馏塔、泵等进行防腐涂层；还可用来制造光学视窗，如导弹的红外窗。

3.10.3　聚偏氟乙烯

聚偏氟乙烯的英文名称为polyvinylidene fluoride，简称PVDF，其分子结构式为聚偏氟乙烯为一种结晶型聚合物，其结晶度约为 68％，比聚四氟乙烯具有更高的强度、耐腐蚀性和耐蠕变性。图 3-6 为聚偏氟乙烯的蠕变曲线。

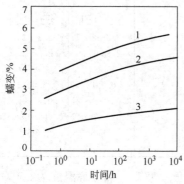

图 3-6　聚偏氟乙烯的蠕变曲线
1—低结晶度，14×10^9 MPa；
2—高结晶度，21×10^9 MPa；
3—高结晶度，14×10^9 MPa

聚偏氟乙烯的吸水性低（＜0.04％），长期使用温度为 150℃，玻璃化温度为－35℃，熔点为 165～185℃。聚偏氟乙烯能够耐大多数化学药品溶剂，但在较高的温度下不耐极性溶剂。

聚偏氟乙烯具有良好的耐辐射性，在空气中不燃烧。聚偏氟乙烯具有较大的极性，其介电常数和介电损耗都很大，比其他氟聚合物都高。

聚偏氟乙烯加工性能比较好，可采用注塑、挤出、模压及浇注方法加工，也可用作涂层。

聚偏氟乙烯具有很好的压电性能，可在传感器中作压电装置；还可用于麦克风设备，可产生连续而清晰的电信号，并可将信号记录在磁带上，并通过放大器传送出去。

3.10.4　聚氟乙烯

聚氟乙烯的英文名称为 polyvinyl floride，简称 PVF。其分子结构式为

聚氟乙烯是含氟塑料中氟含量最低的一种，是一种结晶型聚合物。

聚氟乙烯的拉伸强度高，在室温下可达 80～100MPa，耐磨性好，长期使用温度为－100～150℃，其介电常数、介电损耗角正切及介电强度都比较高。

聚氟乙烯的耐腐蚀性较好，但不如聚四氟乙烯，在室温下能耐大多数酸、碱及溶剂，但在高温下可溶于二甲基甲酰胺、二甲基乙酰胺中。

聚氟乙烯主要用于薄膜制品，其薄膜制品的耐折性能特别好，在室温下可折 7 万次。由于聚氟乙烯的加工温度和分解温度十分接近，其熔解温度高达 210℃，而通常在 220℃ 即开始分解，因此难以用熔融方法加工，一般必须加入增塑剂才可加工，使它的最低成膜温度降至熔点以下。常用的增塑剂有邻苯二甲酸二辛酯、磷酸三甲酚酯等。

聚氟乙烯除用于薄膜外，还可用于涂料，涂层与金属塑料的粘接性特别好，涂层可用于高层建筑物的耐候保护层，还可用作工厂、住宅、露天石油化工设备以及飞机、太阳能装置等的外层涂料覆层。

3.10.5　其他氟塑料

3.10.5.1　聚全氟乙丙烯

聚全氟乙丙烯是四氟乙烯与六氟丙烯两种单体的共聚物，其英文名称为 fluorinated ethylenepropylene，简称 FEP，其分子结构式为

$$-\!\!\left[\!CF_2\!-\!CF_2\right]_x\!\!\left(\!CF_2\!-\!CF\right)_y\!\!\right]_n$$
$$\underset{CF_3}{|}$$

聚全氟乙丙烯是一种线型聚合物，与聚四氟乙烯相比，由于分子链的对称性、规整性被破坏，使得分子链的刚性降低，柔顺性增加，流动性增加，耐热性降低，结晶度也会降低。

聚全氟乙丙烯的熔点为 290℃，密度为 $2.14\sim2.17g/cm^3$，吸水率 $<0.01\%$，其许多性能与聚四氟乙烯相似，具有优良的电性能、耐水性、不粘性、润滑性，力学性能与聚四氟乙烯接近，但冲击韧性和室温下的抗蠕变性优于聚四氟乙烯。它的摩擦系数低，可在 $-200\sim200℃$ 范围内使用，而且耐化学药品性和聚四氟乙烯相差不大，有极好的耐候性，室外寿命可达 20 年。

聚全氟乙丙烯具有较好的加工性能，而且还具有弹性记忆特性，温度越高，复原程度越大。

聚全氟乙丙烯可以通过挤出、注塑、模塑、涂覆等方法制成薄膜、片材、棒材、单丝等，用于管线、化工设备、电线电缆以及各种热收缩管膜。

3.10.5.2 全氟烷氧基树脂

全氟烷氧基树脂又可称为可熔性聚四氟乙烯，英文名称为 perfluoroalkoxy resins，简称 PFA，是一类新型的可熔融加工的氟塑料，其分子结构式为

$$-\!\!\left[\!CF_2\!-\!CF_2\right]_x\!\!\left(\!CF_2\!-\!CF\right)_y\!\!\right]_n$$
$$\underset{OC_3F_7}{|}$$

全氟烷氧基树脂的密度为 $2.13\sim2.16g/cm^3$，熔点约为 $302\sim315℃$，吸水率 $<0.03\%$。它的性能与聚四氟乙烯相似，如优良的耐化学腐蚀性、润滑性、电绝缘性、不粘性、低摩擦系数、不燃性、耐候性等。其耐高温力学性能优于聚四氟乙烯，最突出的优点是加工性能好，可进行熔融加工。而且全氟烷氧基树脂与聚四氟乙烯相比，在广泛的温度范围内具有更好的耐蠕变性，长期使用温度可达 260℃。

全氟烷氧基树脂可采用注塑、挤出、模压等方法成型。可用于高频及超高频绝缘材料、层压材料，还可用于耐腐蚀设备衬里和耐高温、耐油及阻燃材料等。

表 3-30 为全氟烷氧基树脂的性能。

表 3-30 全氟烷氧基树脂的性能

性　　能	全氟烷氧基树脂	性　　能	全氟烷氧基树脂
相对密度	$2.13\sim2.16$	体积电阻率/$\Omega\cdot cm$	10^{18}
吸水率/%	<0.03	介电强度/(kV/mm)	19
氧指数/%	>95	介电常数	
折射率	—	10^3 Hz	2.1
邵氏硬度(或洛氏硬度,D)	60	10^6 Hz	2.1
拉伸强度/MPa	$28\sim32$	介电损耗角正切	
弯曲强度/MPa	—	10^3 Hz	0.0003
长期使用温度/℃	260	10^6 Hz	0.003
线膨胀系数/$10^{-5}K^{-1}$	12	耐电弧时间/s	180

3.10.5.3 四氟乙烯-乙烯共聚物

四氟乙烯-乙烯共聚物是四氟乙烯单体与乙烯单体交替共聚的产物，英文名称为 ethylen tetrafluoroethylene copolymer，简称 ETFE。其分子结构式为

$$\text{—}[\text{CF}_2\text{—CF}_2\text{—CH}_2\text{—CH}_2]_n\text{—}$$

四氟乙烯-乙烯共聚物兼有聚乙烯的耐辐射性和聚四氟乙烯的耐腐蚀性。它具有良好的耐热性和耐磨性、优良的冲击强度、电绝缘性和耐化学药品性。连续使用温度为 150℃，短期使用温度可达 200℃。四氟乙烯-乙烯共聚物耐候性能优良，能耐高能辐射和紫外线照射，具有良好的水解稳定性。

四氟乙烯-乙烯共聚物的加工性能优良，熔体流动性较好，可以成型薄壁制件，但熔体对模具的黏合力大，加工时需加脱模剂，加工方法可以是挤出、注塑、模压、涂覆等。

四氟乙烯-乙烯共聚物可以采用玻璃纤维增强。增强后，可提高其强度、尺寸稳定性、耐蠕变性等，且电性能及化学性能变化不大。

3.10.5.4　三氟氯乙烯-乙烯共聚物

三氟氯乙烯-乙烯共聚物为三氟氯乙烯单体与乙烯单体交替共聚的产物，英文名称为 ethylene-chlorotrifluorothylene copolymer，简称 E-CTFE。其分子结构式为

$$\text{—}[\text{CF}_2\text{—CFCl—CH}_2\text{—CH}_2]_n\text{—}$$

三氟氯乙烯-乙烯共聚物具有聚四氟乙烯的耐腐蚀性和聚乙烯的加工性能。它在室温及高温下可耐一般的酸、碱、有机溶剂及王水的腐蚀，但在高温下会被苯胺和二甲基酰胺腐蚀，在热卤代烃中会溶胀。它的介电常数低，并能在很宽的温度和频率范围内保持恒定。三氟氯乙烯-乙烯的拉伸强度、硬度、抗冲击性、耐蠕变性以及耐磨蚀性能与聚酰胺 6 相近，长期使用温度为 -80～170℃，并且具有很好的耐辐射性。

三氟氯乙烯-乙烯可用普通热塑性塑料的加工方法，如挤出、注塑、模压等。其主要用途为化工管道、管件、泵、电线电缆的护层材料。

3.11　氯化聚醚

氯化聚醚又称为聚氯醚，其学名为聚 3,3′-双（氯甲基）氧杂环烷，英文名称为 chlorinated ployether，简称 CP。其分子结构式为

$$\left[\text{CH}_2\text{—}\overset{\overset{\displaystyle \text{CH}_2\text{Cl}}{\displaystyle |}}{\underset{\underset{\displaystyle \text{CH}_2\text{Cl}}{\displaystyle |}}{\text{C}}}\text{—CH}_2\text{—O}\right]_n$$

氯化聚醚为 3,3′-双（氯甲基）氧杂环丁烷单体在催化剂作用下开环聚合的产物。

氯化聚醚具有突出的耐化学腐蚀性。它的耐化学腐蚀性仅次于聚四氟乙烯，它的尺寸稳定性、耐磨性、电绝缘性、热稳定性能优良，吸水率低，因此是一种综合性能优良的工程塑料，主要可用于化工防腐、机械零件及潮湿状态下的绝缘材料。

3.11.1　氯化聚醚的结构与性能

氯化聚醚为一种线型聚合物，含氯量可达 45%，虽然分子链上的氯甲基为极性的，但由于其主链化学结构规整对称，不显示出极性，因此为一种非极性聚合物，且具有极低的吸水率和良好的电绝缘性。又由于分子链中含有醚键 —O—，因此可赋予大分子链良好的柔顺性。

由于氯化聚醚的大分子链结构规整，同时又具有良好的柔顺性，所以它为一种半结晶型聚合物，结晶度可达 40%。结晶使得它具有较高的密度、硬度、刚度和低的透气性。

（1）力学性能　氯化聚醚具有优异的耐磨性能，其耐磨性为聚酰胺 6 的 2 倍、聚酰胺 66 的 3 倍、环氧树脂的 5～6 倍，聚三氟氯乙烯的 17 倍。氯化聚醚除了冲击强度偏低外，其他力学性能与聚烯烃塑料、聚氯乙烯及 ABS 相当。

（2）热性能　氯化聚醚具有较好的耐热性，长期使用温度为 120℃，短期使用温度为 130～140℃，脆化温度为 -40℃。它的热导率很低，是一种优良的绝热材料，而且由于含氯量较高，因此具有很好的阻燃性能。

（3）电性能　氯化聚醚具有良好的电绝缘性，除介电损耗稍大外，基本与聚碳酸酯相当，特别适宜在潮湿、有腐蚀介质和温度较高的场合下使用。

（4）耐化学药品性　氯化聚醚具有十分优异的耐化学介质腐蚀性，其耐腐蚀性仅次于聚四氟乙烯，且价格比聚四氟乙烯低很多，一般的有机溶剂如烃类、醇类、醚类、酮类以及多种酸、碱都很稳定，只有少数几种强酸、强氧化剂以及强极性溶剂如浓硫酸、浓硝酸、液氯、四氢呋喃等可不同程度地腐蚀它。

（5）其他性能　氯化聚醚的吸水率很低，在室温下 24h 的吸水率仅为 0.01%，其成型收缩率为 0.4%～0.6%，特别适合在湿度变化大的场合使用。

氯化聚醚的综合性能如表 3-31 所示。

表 3-31　氯化聚醚的综合性能

性　能	数　据	性　能	数　据
相对密度	1.4	无缺口冲击强度/(kJ/m^2)	750
吸水率/%	0.01	缺口冲击强度/(kJ/m^2)	1.57～2.16
成型收缩率/%	0.4～0.6	热变形温度(1.86MPa)/℃	99
拉伸强度/MPa	43～55	体积电阻率/Ω·cm	(3～7)×10^{16}
断裂伸长率/%	60～130	介电强度/(kV/mm)	20～25
压缩强度/MPa	62～75	介电常数	3.2
弯曲强度/MPa	61～70	介电损耗角正切(50Hz)	0.01

3.11.2　氯化聚醚的加工性能

氯化聚醚具有与聚烯烃类相似的良好的成型加工性，可采用注塑、挤出、吹塑、模压、喷涂等方法成型。

氯化聚醚的熔体黏度低，加工流动性好，其流变性属于非牛顿流体，黏度对剪切速率非常敏感，基本与聚乙烯相似。

由于氯化聚醚的吸水率低，在空气中的吸水率更小，因此加工前原料可不必干燥，特殊情况下若需干燥，则干燥条件为 80～120℃，时间为 2h。

由于氯化聚醚在加工时易放出腐蚀性气体，因此料筒和螺杆要进行镀铬或防腐处理。

3.11.3　氯化聚醚的应用领域

氯化聚醚可应用于化工、机械、矿山、冶金、电气、医疗器械等各个方面。

例如，在化工防腐方面，氯化聚醚可用于 120℃ 以下的耐磨蚀环境中，主要用作防腐涂层及制品，如耐酸、碱及有机溶剂的壳体、阀门、化工管道及容器等。

在机械方面，由于其具有耐磨性好、蠕变小、尺寸稳定性好等优点，可用来制作轴承、导轨、齿轮、轴套、齿条等。

在电气方面，由于它在潮湿环境下具有优良的性能，因此可作为在潮湿环境、有盐雾环境中的电气绝缘材料。如海底电缆、化工电缆、亚热带和盐雾环境中工作的电气配件。

在医疗器械方面，由于对人体无生理副作用，所以可用于外科手术的医疗器械。

思 考 题

1. 比较聚酰胺、聚甲醛、聚碳酸酯、聚苯醚各自的特点和主要用途。
2. 分析聚酰胺加工前原料必须干燥的原因。
3. 在工程塑料中，哪些具有良好的自润滑性和摩擦系数？

第4章 合成纤维

4.1 概述

纤维是制造织物和绳线的原料。根据材料标准和检测学会（ASTM）定义，纤维长丝（filament）必须具有比其直径大 100 倍的长度，并不能小于 5mm，短纤维（staple）是小于 150mm 长度的纤维。合成纤维是用石油、天然气、煤或农副产品为原料合成的聚合物经加工制成的纤维，诞生于 20 世纪 30 年代。1931 年，美国化学家 W. Carothers 合成出聚酰胺（尼龙）66，尼龙 66 纤维于 1939 年投入工业化生产。1938 年，德国的 P. Schlack 合成出尼龙 6，此后，合成纤维工业开始蓬勃发展。1939 年聚氯乙烯纤维（氯纶）、1949 年聚对苯二甲酸乙二醇酯纤维（涤纶）、1950 年聚丙烯腈纤维（腈纶）和聚乙烯醇纤维、1958 年聚丙烯纤维（丙纶）和聚乙烯醇缩甲醛纤维（维纶）、1961 年聚对苯二甲酰对苯二胺纤维（芳纶）、1983 年聚苯并咪唑（PBI）和聚苯硫醚（PPS）纤维相继加入到纺织工业的行列。合成纤维不仅为人类提供了"衣"，而且也广泛应用到国民经济的各个领域。2002 年全球共生产了 6273 万吨纤维，合成纤维产量为 3380 万吨（54%），其中涤纶为 2096 万吨（33%），丙纶为 591 万吨（9%），锦纶为 391 万吨（6%），腈纶为 274 万吨（4%）。

合成纤维可分类为通用合成纤维、高性能合成纤维和功能合成纤维（图 4-1）。涤纶、锦纶、腈纶和丙纶是四大通用合成纤维，产量大，应用广。高性能合成纤维是指强度 >18 cN/dtex（1 cN/dtex = 91MPa）、模量 >440 cN/dtex 的纤维，可由刚性链聚合物（芳香聚酰胺、聚芳酯和芳杂环聚合物）和柔性链聚合物（聚烯烃）纺丝制造，不但能作为纺织品应用，也是先进复合材料的增强体。功能合成纤维是具有除力学和耐热性能（因为耐热性通常使用在高温时力学性能的保留率表征）外的特殊性能，如光、电、化学（耐腐蚀、阻燃）、高弹性和生物可降解性等的纤维，产量虽小，但附加值高。目前合成纤维的发展已经从仿天然纤维进入超天然纤维的阶段。

合成纤维的制造过程包括成纤聚合物的制备和纺丝。纺丝工艺可分类为熔体纺丝和溶液纺丝两大类（图 4-2）。熔体直接纺丝是将聚合所得的聚合物熔体直接进行纺丝。切片纺丝是将聚合物熔体先造粒（切片），然后再在纺丝机中重新熔融进行纺丝。熔体纺丝过程［图 4-3(a)］包括四个步骤：①纺丝熔体的制备；②熔体经喷丝板孔眼压出形成熔体细流；③熔体细流被拉长变细并冷却凝固（拉伸和热定型）；④固态纤维上油和卷绕。熔体纺丝所用喷丝板的孔径为 0.2~0.4mm，一般纺丝速率为 1000~2000m/min，高速纺丝速率为 4000~6000m/min。涤纶、锦纶、丙纶的生产采用熔融纺丝法。双组分纺丝是利用两种不同的成纤聚合物（熔体或溶液），通过不同的组合方式从同一喷丝孔挤出，得到复合纤维。一步法溶液纺丝是直接将聚合后得到的聚合物溶液作为纺丝液进行纺丝。二步法溶液纺丝是将固体聚合物配制成纺丝液，再进行溶液纺丝。在溶液纺丝过程中［图 4-3(b)］，根据凝固方式有干法和湿法两种工艺。湿法纺丝主要有四种成型方式：浅浴成型、深浴成型、漏斗浴成型、管浴成型。湿法纺丝过程包括四个步骤：①纺丝液的制备；②纺丝液经过纺丝泵计量进入喷丝头的毛细孔压出形成原液细流；③原液细流中的溶剂向凝固浴扩散，浴中的沉淀剂向

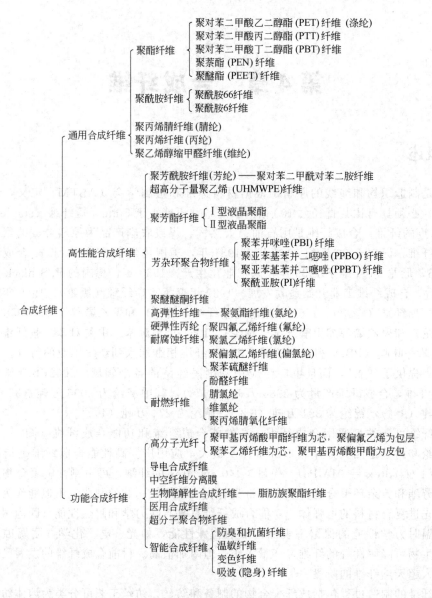

图 4-1　合成纤维的分类

细流扩散，聚合物在凝固浴中析出形成初生纤维；④纤维拉伸和热定型，上油和卷绕。湿法纺丝液的浓度为 12%～25%，纺丝速率为 1000～2000m/min。在干法纺丝中，原液细流不是进入凝固浴，而是进入纺丝甬道。由于通入甬道中的热空气流的作用，使原液细流中的溶剂挥发，原液细流凝固并伸长变细形成初生纤维。干法纺丝液的浓度为 25%～35%，一般纺丝速率为 200～500m/min，较高的纺丝速率为 700～1500m/min。溶液纺丝用的喷丝头孔径为 0.05～0.1mm。干湿法纺丝时，纺丝液从喷丝头压出后先经过一段空间（空气层），然后再进入凝固浴。干湿法纺丝的速率比湿法提高了 5～10 倍，喷丝孔径为 0.15～0.3mm。腈纶的生产采用溶液纺丝（干或湿）法。一些刚性棒状分子链结构的聚合物在溶液中呈现液晶态，可采用液晶纺丝工艺。芳纶的生产就是用液晶纺丝技术（干湿法）。凝胶纺丝法是针对高相对分子质量的聚合物发展的，超高相对分子质量聚乙烯纤维的生产采用凝胶纺丝法。电纺丝是通过施加到聚合物熔体或溶液外部电场制备具有纳米尺寸（直径）的连续纤维［图

4-3（c）〕。

　　控制合成纤维（包括初生纤维）的取向和结晶结构是非常重要的。纺丝工艺参数（纺丝速率、熔体温度、纺丝液浓度、热定型温度等）对合成纤维的结构和性能的影响很大，因为成纤聚合物经过纺丝过程后，不仅形成了纤维的外部形态（截面），也形成了纤维的结晶相取向和非晶相取向结构，导致纤维的力、光、电、声、热等性能的各相异性。对于无定形聚合物，取向系数（f）为：

$$f = \left(1 - \frac{2}{3}\sin^2\varphi\right)\frac{1 - \frac{3h}{l}}{\frac{Lh}{l}}$$

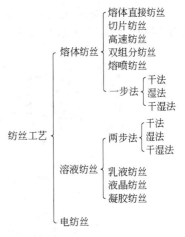

图 4-2　纺丝工艺分类

　　式中，h 为高分子链末端距；l 为伸直高分子链的长度；φ 为末端距矢量与纤维轴夹角；L^* 为反函数。对于刚性链聚合物和晶区取向：

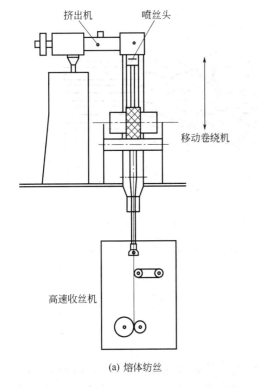

(a) 熔体纺丝

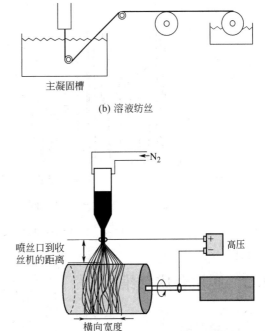

(b) 溶液纺丝

(c) 电纺丝

图 4-3　纺丝工艺原理

$$f = 1 - \frac{3}{2}\sin^2\varphi$$

　　用双折射（Δn）可表示结晶聚合物的取向度：

$$\Delta n = x f_c \Delta n_c^0 + (1-x) f_a \Delta n_a^0$$

　　式中，x 为晶区体积分数；f_c 和 f_a 分别为晶区和非晶区取向系数；Δn_c^0 和 Δn_a^0 分别为晶区和非晶区折射率。

　　聚合物在纺丝过程中遭受剪切和拉伸力。在剪切和拉伸力作用下聚合物的链结构见图

4-4(a)。一般无定形的合成纤维具有皮芯结构［图 4-4(b)］，结晶的合成纤维具有晶区、无定形区和界面区三相结构［图 4-4(c)］。

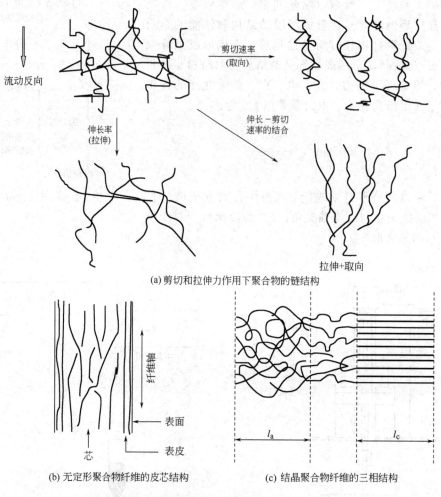

(a) 剪切和拉伸力作用下聚合物的链结构

(b) 无定形聚合物纤维的皮芯结构

(c) 结晶聚合物纤维的三相结构

图 4-4 聚合物的链结构、皮芯结构、三相结构对照

4.2 通用合成纤维

4.2.1 聚酰胺

聚酰胺是脂肪族和半芳香聚酰胺（PA，又称尼龙）经熔融纺丝制成的合成纤维。脂肪族聚酰胺 4、聚酰胺 46、聚酰胺 6、聚酰胺 66、聚酰胺 7、聚酰胺 9、聚酰胺 10、聚酰胺 11、聚酰胺 610、聚酰胺 612、聚酰胺 1010 等和半芳香聚酰胺 6T、半芳香聚酰胺 9T 等都可以纺丝制成纤维，其中聚酰胺 66 和聚酰胺 6 是最重要的两种聚酰胺前驱体（precursor）。聚酰胺和蚕丝（主要成分是氨基酸，也含酰胺基团）的结构相似，其特点是耐磨性好，有吸水性（图 4-5）。聚酰胺是制作运动服和休闲服的好材料。聚酰胺的主要工业用途是轮胎帘子线、降落伞、绳索、渔网和工业滤布。

4.2.1.1 聚酰胺 66

聚酰胺 66 制备时，其相对分子质量控制在 20000～30000，纺丝温度控制在 280～290℃

（聚酰胺 66 的熔点为 255～265℃）。聚酰胺 66 的性能见表 4-1。用 FTIR 二向色性比可测定聚酰胺 66 的拉伸比和链取向的关系（图 4-6）。

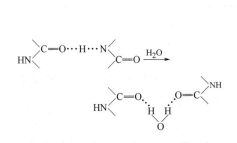

图 4-5　聚酰胺的吸水机理

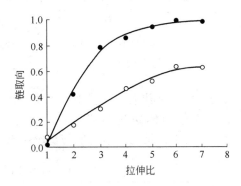

图 4-6　聚酰胺 66 拉伸比和链取向的关系

表 4-1　聚酰胺 66 的性能

性　能	普通型	高强型	性　能	普通型	高强型
断裂强度/(cN/dtex)			回弹率(伸长 3%时)/%	95～100	98～100
干	4.9～5.7	5.7～7.7	弹性模量/(GN/m²)	2.30～3.11	3.66～4.38
湿	4.0～5.3	4.9～6.9	吸湿性/%		
干湿强度比/%	90～95	85～90	湿度 65%时	3.4～3.8	3.4～3.8
伸长率/%			湿度 95%时	5.8～6.1	5.8～6.1
干	26～40	16～24			
湿	30～52	21～28			

注：1cN/dtex=91MPa。

4.2.1.2　聚酰胺 6

聚酰胺 6 制备时，其相对分子质量控制在 14000～20000，纺丝温度控制在 260～280℃（聚酰胺 6 的熔点为 215℃）。聚酰胺 6 的性能见表 4-2。通过原位宽角 X 散射研究发现，聚酰胺 6 纺丝过程的结晶指数、喷丝头距离和纺丝速率之间的关系见图 4-7，表明在刚出喷丝头时，聚酰胺 6 不结晶；结晶指数在一定喷丝头距离时突然增加且随纺丝速率提高而减小。

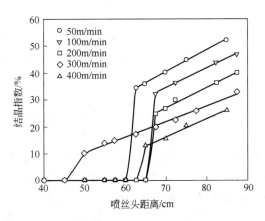

图 4-7　结晶指数、喷丝头距离和
纺丝速率之间的关系

表 4-2　聚酰胺 6 的性能

性　能	普通型	高强型
断裂强度/(cN/dtex)		
干	4.4～5.7	5.7～7.7
湿	3.7～5.2	5.2～6.5
干湿强度比/%	84～92	84～92
伸长率/%		
干	28～42	16～25
湿	36～52	20～30
回弹率(伸长 3%时)/%	98～100	98～100
弹性模量/(GN/m²)	1.96～4.41	2.75～5.00
吸湿性/%		
湿度 65%时	3.5～5.0	3.5～5.0
湿度 95%时	8.0～9.0	8.0～9.0

注：1cN/dtex=91MPa。

4.2.1.3　PA6T 和 PA 9T 纤维

半芳香聚酰胺 PA 6T 和 PA 9T 的结构分别为：

$$-NH(CH_2)_6 NHCO-\bigcirc-CO-、\quad [\overset{\overset{O}{\|}}{C}-\bigcirc-\overset{\overset{O}{\|}}{C}-\overset{\overset{}{N}}{H}-(CH_2)_9-\overset{}{N}H]$$

式中，6 和 9 代表二元胺中的碳原子数；T 代表对苯二酸。

PA 6T 经熔体纺丝制成的纤维的强度为 55 cN/tex，伸长率为 12%，耐热温度为 300℃。PA 9T 纤维的力学性能与纺丝速率的关系见表 4-3。

表 4-3　PA 9T 纤维的力学性能与纺丝速率的关系

纺丝速率 /(m/min)	双折射 /×1000	密度 /(g/cm³)	拉伸强度 /MPa	杨氏模量 /GPa	断裂伸长率 /%
100	32.8	1.1334	87	2.17	335
200	32.9	1.1341	99	2.19	292
500	36.1	1.1350	116	2.27	161
1000	63.1	1.1366	168	2.40	91
2000	74.7	1.1395	203	2.89	77

4.2.1.4　氢化芳香尼龙纤维

氢化芳香尼龙的合成路线是：

$$n\,\overset{CO}{\underset{NH}{\bigcirc}} \longrightarrow [-NH-\bigcirc-\overset{\overset{O}{\|}}{C}-]_n$$

所用单体为双环内酰胺（4-氨基环六烷羧酸内酰胺）。氢化芳香聚酰胺可在浓硫酸中纺丝制成纤维。纤维的强度为 40cN/tex，伸长率为 10%，在 300℃ 的强度保留率为 40%。

4.2.2　聚酯纤维

聚酯纤维是含芳香族取代羧酸酯结构的纤维，主要包括聚对苯二甲酸乙二醇酯（PET）、聚对苯二甲酸丙二醇酯（PTT）、对苯二甲酸丁二醇酯（PBT）、聚萘酯（PEN）等纤维。

4.2.2.1　涤纶

涤纶是聚对苯二甲酸乙二醇酯（PET）经熔融纺丝制成的合成纤维，相对分子质量为 15000～22000。PET 的纺丝温度控制在 275～295℃（PET 的熔点为 262℃，玻璃化温度为 80℃）。PET 成纤的结构见图 4-8，典型的纤维直径约为 5mm，由数百个直径约为 25μm 的单丝组成，而单丝由直径约为 10nm 的原纤组成。原纤由直径为 10nm 的片晶所堆砌而成，片晶间由无定形区域连接，片间的堆砌长度为 50nm。在拉伸过程中，堆砌的片晶沿纤维轴方向取向，而在松弛过程中，堆砌的片晶发生扭曲（图 4-9）。涤纶的力学性能见表 4-4。涤纶是最挺括的纤维，易洗、快干、免烫。但涤纶的透气性、吸湿性、染色性差限制了涤纶在时装行业的应用，需要通过化学接枝或等离子体表面处理改性以引入亲水性基团。

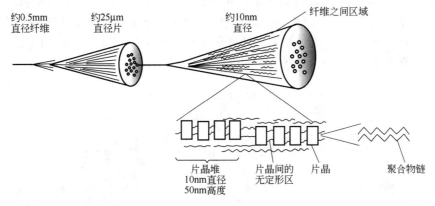

图 4-8　涤纶的结构

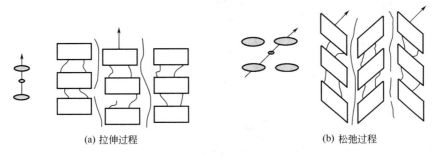

(a) 拉伸过程　　　　　　　　　　　　(b) 松弛过程

图 4-9　片晶结构的变化

表 4-4　涤纶的力学性能

性　　能	数　　值	性　　能	数　　值
强度/(cN/dtex)	36～48	弹性回复/%	
断裂伸长率/%	30～55	变形 4%～5%	98～100
吸湿性/%	0.3～0.9	变形 10%	60～65

注：1cN/dtex＝91MPa。

4.2.2.2　聚对苯二甲酸丙二醇酯（polytrimethylene terephthalate，PTT）纤维

PTT 纤维是由对苯二甲酸和 1,3-丙二醇的缩聚物经熔体纺丝制备的纤维，具有反-旁-反-旁式构象：

它是美国 Shell Chemical 公司于 1995 年研制成功的，商品名为 Corterra。PTT 的熔点为230℃，玻璃化温度为 46℃。纤维的结晶结构见图 4-10。由于 PTT 分子链比 PET 柔顺，结晶速率比 PET 大（图 4-11），故 PTT 纤维的主要物理性能指标都优于涤纶，具有比涤纶、聚酰胺更优异的柔软性和弹性回复性，优良的抗折皱性和尺寸稳定性，耐气候性、易染色性以及良好的屏障性能，能经受住 γ 射线消毒，并改进了抗水解稳定性，因而可提供开发高级服饰和功能性织物，被认为是最有发展前途的通用合成纤维新品种。由于在高于玻璃化温度时无定形相不会显示橡胶和液体行为，PTT 纤维的高弹性回复被认为是硬无定形相（rigid

153

amorphous phase，RAP）即取向的无定形相的存在所致。RAP 存在于晶相和非晶相的界面，其含量随结晶温度的增加而提高。纺丝速率对 PTT 纤维取向的影响见图 4-12，表明纺丝速率＜3000m/min 时，PTT 纤维的结晶度和取向因子很小。PTT 纤维取向度的突变发生在很窄的纺丝速率范围（3500～4000m/min）。

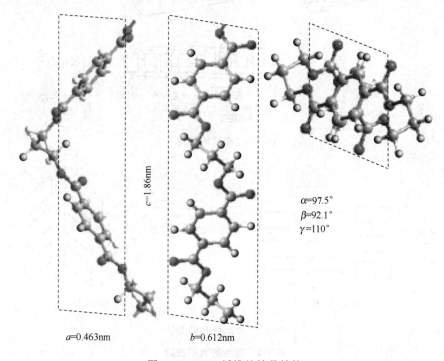

图 4-10 PTT 纤维的结晶结构

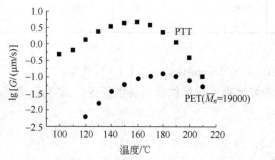

图 4-11 球晶生长速率与结晶温度的关系　　图 4-12 纺丝速率对晶区和非晶区取向度的影响

4.2.2.3 聚对苯二甲酸丁二醇酯（polybutylene terephthalate，PBT）纤维

PBT 纤维是由对苯二甲酸或对苯二酸二甲酯与 1,4-丁二醇经熔体纺丝制得的纤维。该纤维的强度为 30.91～35.32cN/tex，伸长率 30%～60%。由于 PBT 分子主链的柔性部分较 PET 长，因而使 PBT 纤维的熔点（228℃）和玻璃化温度（29℃）较涤纶低，其结晶化速率比聚对苯二甲酸乙二醇酯快 10 倍，有极好的伸长弹性回复率和柔软易染色的特点，特别适于制作游泳衣、连裤袜、训练服、体操服、健美服、网球服、舞蹈紧身衣、弹力牛仔服、滑雪裤、长统袜、医疗上应用的绷带等弹性纺织品。

和聚酰胺家族类似，聚酯系列也存在亚甲基单元的奇-偶效应（图 4-13）。PET 和 PBT

含偶数的亚甲基单元，PTT 含奇数的亚甲基单元。PET 和 PBT 分子链与苯连接的两个羰基处于相反方向，亚甲基键为反式构象，而 PTT 分子链与苯连接的两个羰基处于相同方向，亚甲基键为旁式构象。结晶速率次序为 PBT＞PTT＞PET。熔融温度次序为 PET＞PTT＞PBT。奇-偶效应也影响力学性能。

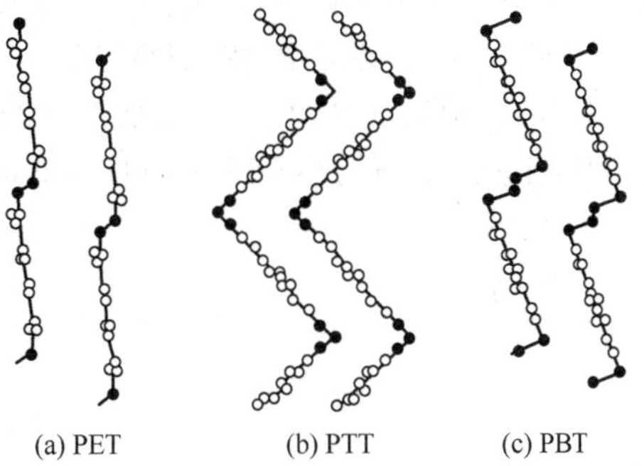

(a) PET　　(b) PTT　　(c) PBT

图 4-13　聚酯纤维亚甲基单元的奇-偶效应

4.2.2.4　聚萘酯（polyethylene-2,6-naphtalate，PEN）纤维

　　PEN 纤维是用 2,6-萘二甲酸二甲酯与乙二醇的缩聚物聚萘二甲酸乙二醇酯熔体纺丝制备的纤维。与涤纶相比，PEN 纤维的分子主链用萘基取代了苯基：

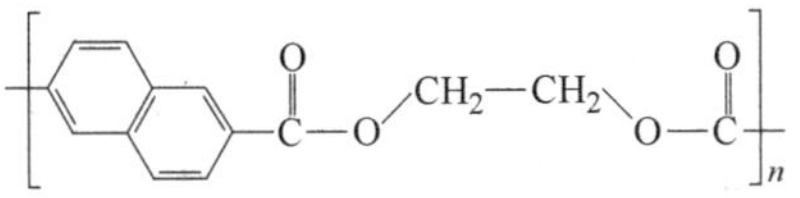

因此熔点（272℃）、玻璃化温度（124℃）和熔体黏度高于 PET 并具有高模量、高强度，抗拉伸性能好，伸长率可达 14%，尺寸稳定性好，热稳定性好，化学稳定性和抗水解性能优异等特点。PEN 属于慢结晶和多晶型（α 和 β 晶型）的聚合物。

4.2.3　腈纶

　　腈纶是由聚丙烯腈或含 85% 以上丙烯腈的共聚物制成的合成纤维。聚丙烯腈可以从丙烯腈自由基聚合反应所得到的聚丙烯腈均聚物或与丙烯酸甲酯（MA）、甲基丙烯酸（MAA）、衣康酸（IA）的二元或三元共聚物进行溶液纺丝制成纤维（图 4-14）。聚丙烯腈共聚物能明显改善纤维的染色性、阻燃性和力学性能。由于链内和链间强的相互作用，聚丙烯腈或聚丙烯腈共聚物低于熔点（320～330℃）发生环化、脱氢、交联和热分解反应。腈纶的制备主要采用湿纺工艺。湿纺工艺是将聚丙烯腈或聚丙烯腈共聚物溶解在溶剂中（纺丝液），纺丝液经喷丝板后在含凝固剂的凝固浴中凝固形成纤维。干纺工艺也使用聚丙烯腈或聚丙烯腈共聚物的纺丝原液，但凝固浴是气相（蒸气、热空气或惰性气体），起蒸发溶剂的作用。聚丙烯腈的内聚能较大（分子间作用力大），为 991.6J/cm³，需要选择内聚能大的溶

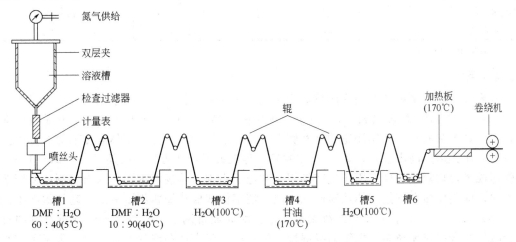

图 4-14　腈纶的干喷湿纺过程

剂或能与聚丙烯腈相互作用的溶剂配制聚丙烯腈纺丝液。用于聚丙烯腈的溶剂有二甲基甲酰胺（DMF）、二甲基乙酰胺（DMA）、二甲基亚砜（DMSO）、碳酸乙酯（EC）、硫氰酸钠（NaSCN）、硝酸（HNO_3）、氯化锌（$ZnCl_2$）。表 4-5 为使用不同纺丝液和凝固浴的工艺条件，所用聚丙烯腈的相对分子质量为 50000～80000。

MA： $CH_2=CH—COOCH_3$

MAA： $CH_2=C—COOH$
                                   CH_3

IA： $CH_2=C—CH_2—COOH$
                           $COOH$

表 4-5　聚丙烯腈纺丝液和凝固浴的工艺条件

溶　剂	纺丝液浓度/%	凝固浴组成	凝固浴温度/℃
100%DMF	40～60	DMF-H_2O	5～25
100%DMAC	40～55	DMAC-H_2O	20～30
100%DMSO	50	DMSO-H_2O	10～40
85～90%EC	20～40	EC-H_2O	40～90
50%NaSCN	10～15	NaSCN-H_2O	0～20
70%HNO_3	30	HNO_3-H_2O	3
54%$ZnCl_2$	14	$ZnCl_2$-H_2O	25

腈纶的力学性能见表 4-6。腈纶蓬松柔软，被誉为人造羊毛。腈纶分子结构中含氰基，有优良的耐晒性，可应用在户外使用的织物，如帐篷、窗帘、毛毯等。以腈纶为原料还可生产阻燃的聚丙烯腈基氧化纤维和高性能的碳纤维。

表 4-6　不同纤度腈纶的力学性能

性　能	纤度/dtex		
	1.7	3.17～3.50	7.4～8.2
强度(干)/(cN/dtex)	2.6～3.6	2.65～3.53	2.65～3.53
伸长率(干)/%	30～42	30～42	30～40
钩强度/(cN/dtex)		1.8～2.7	1.8～2.7
钩伸长率/%		20～30	20～30
卷曲数/(个/25mm)		9～13	8～12
卷曲度/%		15～25	15～25
残留卷曲度/%		10～20	15～25

注：1cN/dtex=91MPa。

4.2.4　丙纶

等规聚丙烯经熔体纺丝制成丙纶。用于成纤聚丙烯的相对分子质量为 10 万～30 万，熔点为 175℃。丙纶的性能见表 4-7。由于等规聚丙烯的分子链不含极性基团，为提高纤维强度，等规聚丙烯的分子量比涤纶和聚酰胺大，而分子量的增大导致熔体黏度的提高，因此纺丝温度需比其熔点高出很多，为 255～290℃。等规聚丙烯还可经膜裂纺丝法（图 4-15），即先吹塑成膜再切割成扁丝，用于生产编织袋和土工织物。等规聚丙烯无纺布的制造采用熔喷纺丝法，即用压缩空气把熔体从喷丝孔喷出，使熔体变成长短粗细不一致的超细短纤维，纤维直径为 0.5～10μm。若将短纤维聚集在多孔滚筒或帘网上形成纤维网，通过纤维的自我黏合或热黏合制成无纺布。丙纶的吸湿性、染色性、耐光性和耐热性都不好，限制了它在衣用纤维的市场发展。丙纶的主要应用是制成扁丝和无纺布。

表 4-7　丙纶的性能

性　能	数　值	性　能	数　值
强度/(cN/dtex)	3.1～4.5	回弹性(5%伸长时)/%	88～98
伸长率/%	15～35	沸水收缩率	0～3
模量(10%伸长时)/(cN/dtex)	61.6～79.2	回潮率	<0.03
韧度/(cN/dtex)	4.42～6.16		

注：1cN/dtex＝91MPa。

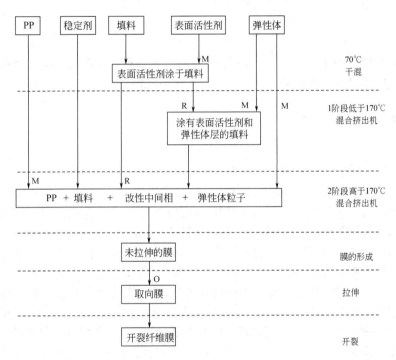

图 4-15　多组分聚丙烯的膜裂纺丝法
M—熔融；R—反应；O—取向

4.2.5　维纶

维纶是聚乙烯醇缩甲醛纤维的简称。它是乙酸乙烯（VAc）溶液聚合得到聚乙酸乙烯（PVAc），经醇解（皂化）得到聚乙烯醇（可用溶液纺丝法制造聚乙烯醇纤维，但不耐热水），再经缩醛化制造的纤维：

$$\text{┇CH}_2\text{—CH┇}_n\ (\text{OCOCH}_3) + n\text{CH}_3\text{ON} \xrightarrow{\text{NaOH}} \text{┇CH}_2\text{—CH┇}_n\ (\text{OH}) + n\text{CH}_3\text{COOCH}_3$$

$$\sim\!\!\!\sim\!\!\text{CH}_2\text{—CH—CH}_2\text{—CH}\sim\!\!\!\sim\ (\text{OH}\ \text{OH}) + \text{HCHO} \xrightarrow{\text{H}^+} \sim\!\!\!\sim\!\!\text{CH}_2\text{—CH—CH}_2\text{—CH}\sim\!\!\!\sim\ (\text{O}\ \text{O}\ \text{CH}_2) + \text{H}_2\text{O}$$

维纶的性能和外观近似于蚕丝，可织造绸缎衣料，吸湿性和耐日光性好，但弹性较差。维纶的性能见表4-8。

从聚乙酸乙烯制备的聚乙烯醇的结构是无规立构的，近来又采取了另一条合成路线从特戊酸乙烯（VPi）聚合：

表 4-8　维纶的性能

性　　能	普通型	强力型	性　　能	普通型	强力型
强度/(cN/dtex)			伸长率/%		
干	2.6~3.5	5.3~8.4	干	17~22	8~22
湿	1.8~2.8	4.4~7.5	湿	17~25	8~26
弹性模量/(cN/dtex)	53~79	62~220	回潮率/%	3.5~4.5	3.0~5.0
弹性回复率/%	70~90	70~90			

注：1cN/dtex＝91MPa。

$$CH_2=CH\ CH_3 \longrightarrow -(CH_2-CH)_n\ CH_3$$
$$| \quad | \qquad\qquad | \qquad |$$
$$OCOC-CH_3 \qquad\qquad OCOC-CH_3$$
$$| \qquad\qquad\qquad\qquad |$$
$$CH_3 \qquad\qquad\qquad\qquad CH_3$$

得到聚特戊酸乙烯（PVPi），经皂化得到聚乙烯醇。所得聚乙烯醇的结构是间规立构的，具有比乙酸乙烯路线得到的聚乙烯醇更高的熔点和热稳定性。

4.3　高性能合成纤维

4.3.1　超高分子量聚乙烯纤维

超高分子量聚乙烯纤维（商品名为 Deneema，荷兰 DSM 公司；Tekmilon，日本三井石化公司）是用超高分子量聚乙烯 UHMWPE 经凝胶纺丝制成的合成纤维，UHMWPE 的重均分子量可达百万数量级。UHMWPE 纤维的制备采用凝胶纺丝-超延伸技术，以十氢萘、石蜡、二甲苯或含硬脂酸铝的十氢萘为溶剂，配制成稀溶液（2%~10%），使高分子链处于解缠状态。然后经喷丝孔挤出后快速冷却成凝胶状纤维，通过超倍拉伸，纤维的结晶度和取向度提高，高分子折叠链转化成伸直链结构（图 4-16），因此具有高强度和高模量。以十氢萘为溶剂测定 UHMWPE 的凝胶点（温度）与质量分数的关系见图 4-17。凝胶点是通过黏度-温度曲线得到的（图 4-18）。UHMWPE 的性能见表 4-9。在所有的纤维中，UHMWPE纤维具有最低的相对密度（<1），但缺点是极限使用温度只有 100~130℃（天然纤维和通用合成纤维的耐热温度≤150℃）。UHMWPE 纤维的主要用途是制作头盔、装甲板、防弹衣和弓弦。UHMWPE 纤维作为先进复合材料的增强体应用时，因其具有非极性的链结构和伸直链的聚集态结构、化学惰性、疏水和低表面能特征，需要进行表面处理，以增加纤维表面的极性基团和表面积，提高其与树脂基体的界面黏合性。低温等离子体、铬酸化学刻蚀、电晕、光化学表面接枝反应都可用于 UHMWPE 纤维的表面处理。

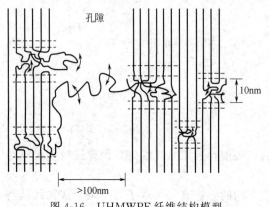

图 4-16　UHMWPE 纤维结构模型

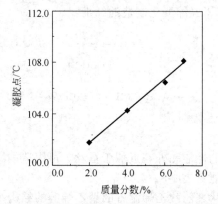

图 4-17　UHMWPE 的凝胶点（温度）与质量分数的关系

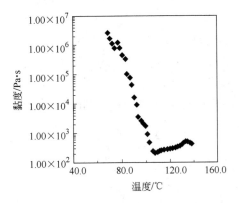

图 4-18 UHMWPE 的黏度-温度曲线

表 4-9 UHMWPE 纤维（Dyneema）的性能

性 能	SK60	SK76
强度/(cN/dtex)	28	37
模量/(cN/dtex)	902	1188
伸长率/%	3.5	3.8
密度	0.97	0.97

注：1cN/dtex=91MPa。

4.3.2 芳香聚酰胺纤维（芳纶）

4.3.2.1 聚对苯二甲酰对苯二胺（PPTA）纤维

聚对苯二甲酰对苯二胺（poly-p-phenylene terephthalamide，PPTA）纤维（商品名为 kevlar，美国杜邦公司；Twaron，日本 Teijin 公司；Technora，日本 Teijin 公司）是用 PP-TA 经溶液纺丝制成的纤维。PPTA 的合成采用低温溶液聚合，以 N-甲基吡咯烷酮（NMP）与六甲基磷酰胺（HMPA）的混合溶剂或添加 $LiCl_2$、$CaCl_2$ 的 NMP 为溶剂，其化学反应为：

$$NH_2-\!\!\bigcirc\!\!-NH_2 + ClCO-\!\!\bigcirc\!\!-COCl \longrightarrow [NH-\!\!\bigcirc\!\!-NH-CO-\!\!\bigcirc\!\!-CO] + 2HCl$$

相对分子质量为 20000～25000。PPTA 分子链中苯环之间是 1,4-位连接，呈线型刚性伸直链结构并具有高结晶度，属溶致液晶聚合物。PPTA 在硫酸中能形成向列型液晶，可采用液晶纺丝法，但溶液浓度存在临界浓度 c^*（≈8%～9%），即 PPTA 在溶液的质量分数＞c^*，溶液呈光学各向异性（液晶态）。PPTA 纺丝液的浓度＞14%。Kevlar 主要有三个品种：Kevlar29 是高韧性纤维，Kevlar49 是高模量纤维，Kevlar149 是超高模量纤维，其性能见表 4-10。Kevlar 的分子结构模型见图 4-19，具有分子间氢键面，Kevlar29 的取向角为 12.2°，Kevlar49 的取向角为 6.8°，Kevlar29 的取向角为 6.4°。芳纶具有沿径向梯度的皮芯结构（图 4-20），芯层中结晶体的排列接近各向同性，皮层中结晶体的排列接近各向异性。芳纶作为高性能的有机纤维和先进复合材料的增强体，主要应用于航空航天领域如火箭发动机壳体和飞机零部件，防弹领域如头盔、防弹运钞车和防穿甲弹坦克，土木建筑领域如混凝土、代钢筋材料和轮胎帘子线。芳纶在作为先进复合材料增强体应用时需要进行表面处理，常用的方法是用氨气氛的低温等离子体处理。

表 4-10 Kevlar 的性能

性 能	Kevlar29	Kevlar49	Kevlar149
模量/GPa	78	113	138
强度/GPa	2.58	2.40	2.15
伸长率/%	3.1	2.47	1.5

日本 Teijin 公司（前荷兰阿克苏公司）生产的 Twaron 的结构与 Kevlar 类似，开发的 Technora 的结构为：

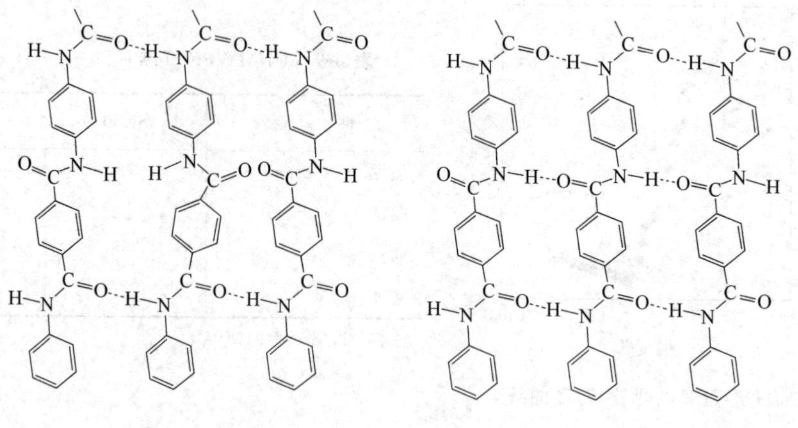

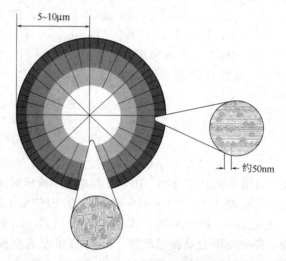

(a) Kevlar 29　　　　　　　　　　(b) Kevlar149

图 4-19　芳纶的分子结构模型

5~10μm

约50nm

图 4-20　芳纶的皮芯结构

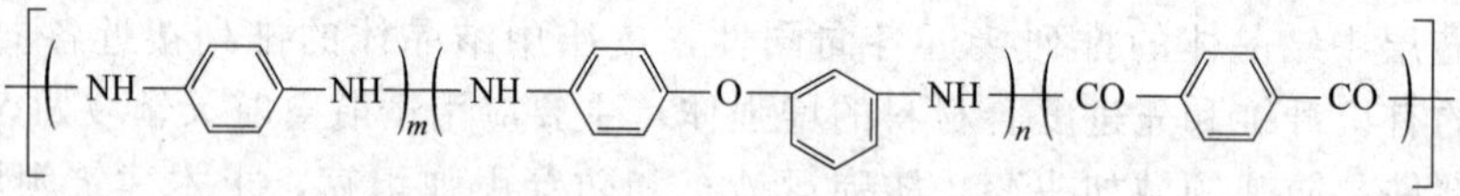

它是一种 $m = n$ 的共聚物，其模量为 73 GPa，强度为 3.4 GPa，伸长率为 4.6%。

4.3.2.2　聚间苯二甲酰间苯二胺纤维

　　聚间苯二甲酰间苯二胺采用间苯二甲酰氯和间苯二胺为原料在二甲基乙酰胺溶剂中进行低温溶液聚合：

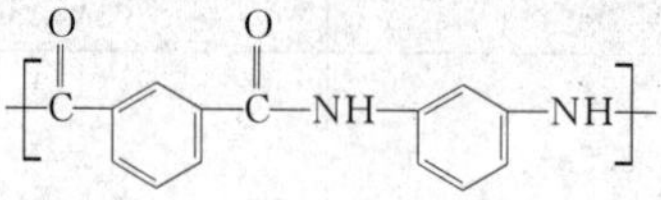

其分子中苯环之间全是 1,3-位链接，呈约 120°夹角，大分子为扭曲结构，在溶液中不能形成液晶态。聚间苯二甲酰间苯二胺纤维采用溶液纺丝法，商品名为 Nomex。Nomex 的力学性能见表 4-11。Nomex 可加工成绝缘纸在变压器和大功率电机应用，蜂窝结构材料在飞机

上应用；毡作为工业滤材和无纺布在印刷电路板应用。

表 4-11　Nomex 的力学性能

性　能	数　值	性　能	数　值
拉伸强度/MPa	720.4	干热收缩率/%	<1(265℃)
弹性模量/GPa	18.63	高温强度保持率/%	65(260℃,1000h)
断裂伸长率/%	17		

4.3.2.3　对/间芳纶

链结构单元中既含对位也含间位的芳纶（商品名为 Tverlana）：

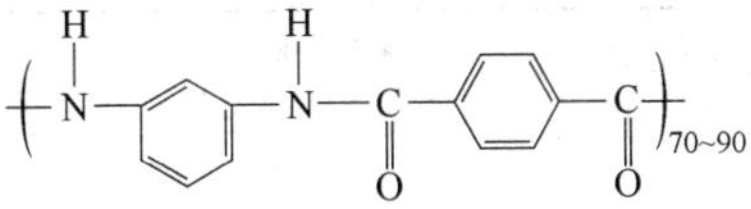

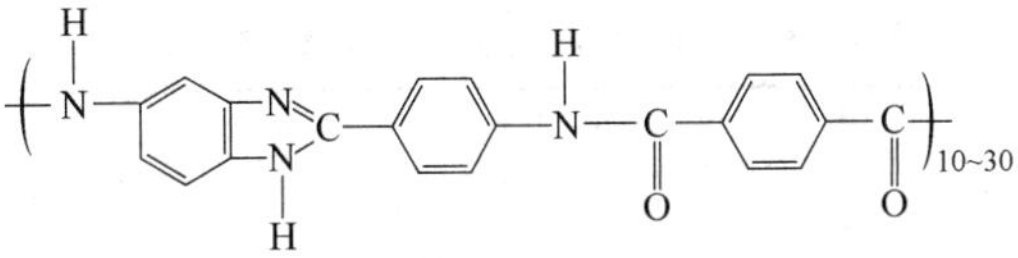

组合了间位芳纶的经济性、阻燃性和对位芳纶的耐热性，拉伸强度为 30～60cN/tex（1cN/tex＝9.1MPa），弹性模量为 14GPa。

4.3.2.4　芳砜纶

芳砜纶又称聚苯砜对苯二甲酰胺纤维（PSA），芳砜纶的化学结构为：

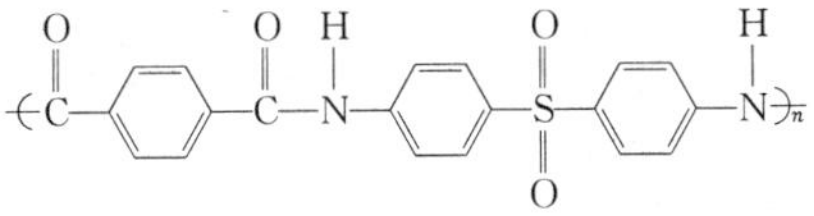

　　芳砜纶是我国自主研发并产业化的高性能纤维（商品名为特安纶），由 4,4-二氨基二苯砜、3,3-二氨基二苯砜和对苯二甲酰氯的缩聚物制成。芳砜纶的耐热性（图 4-21）、耐化学性和阻燃性都优于芳纶，价格也低于芳纶。

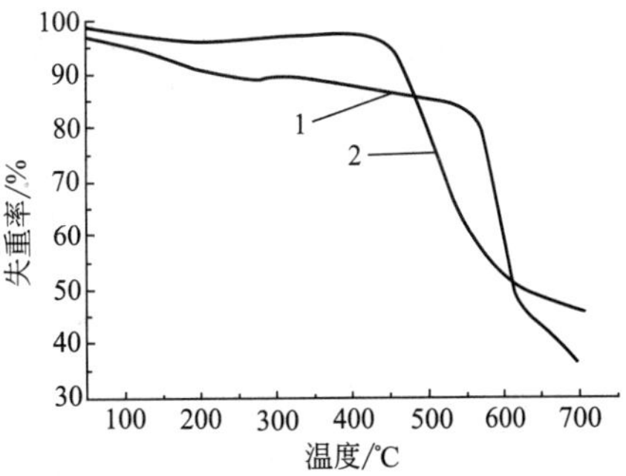

图 4-21　芳砜纶的热失重曲线
1—芳砜纶；2—芳纶

4.3.3　热致液晶聚酯纤维

　　热致液晶聚酯纤维是羟基苯甲酸、对苯二甲酸和一系列第三单体的缩聚物：

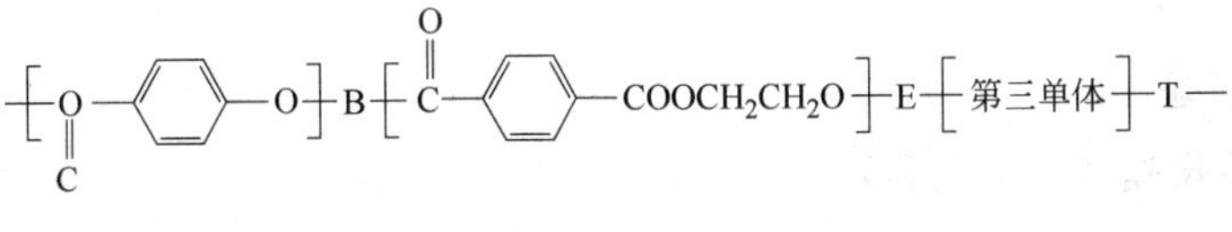

可熔体纺丝。第三单体及其对热致液晶聚酯可纺性和成纤性的影响见表 4-12。

　　对羟基苯甲酸和羟基萘甲酸的缩聚物：

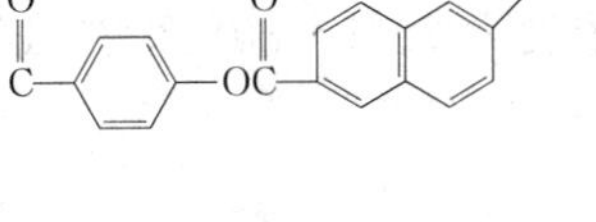

161

经熔体纺丝制成液晶聚酯纤维的性能见表 4-13。

表 4-12　第三单体对液晶聚酯可纺性和成纤性的影响

第三单体	缩合聚合时间[①]/h	$[\eta]$/(dL/g)	外　观	可纺性	纤维丝[②]
VA	4.1	0.76	乳白色,有光泽	很好	很强
PBA	5.3	0.67	金黄色	中等	强
MHB	6.5	0.5	淡黄色	中等	中等
HQ-TPA	5.5	0.71	淡黄色,没有光泽	好	强
BPA-TPA	7.0	0.38	乳白色,没有光泽	差	弱
DHAQ-TPA	7.5	0.35	褐色,没有光泽	好	弱
1,5-DHN-TPA	4.5	0.97	金黄色,有光泽	中等	强
2,7-DHN-TPA	4.6	0.81	淡褐色,没有光泽	中等	强
PHB/PET(60/40)	6.0	0.60	淡黄色,有光泽	中等	中等

　① 缩合聚合时间是指在真空中缩合聚合反应所经历的整个时间。

　② 纤维丝的强度是好是坏,取决于特定的情况。高取向的细纤维丝可以直接作为增强的短切纤维丝应用于纤维增强复合材料体系。

表 4-13　Ⅰ型和Ⅱ型液晶聚酯纤维的性能

性　能	Ⅰ型 (高强度型)	Ⅱ型 (高模量型)	性　能	Ⅰ型 (高强度型)	Ⅱ型 (高模量型)
相对密度	1.41	1.37	伸长率/%	3.8	2.4
熔点/℃	250	250	拉伸模量/(cN/dtex)	528	774
拉伸强度/(cN/dtex)	22.9	19.4	分解温度/℃	>400	>400
干湿强度比	98	98	最高使用温度/℃	150	150

　注:1cN/dtex＝91MPa。

溶液聚合的含环脂肪族间隔基的液晶聚酯:

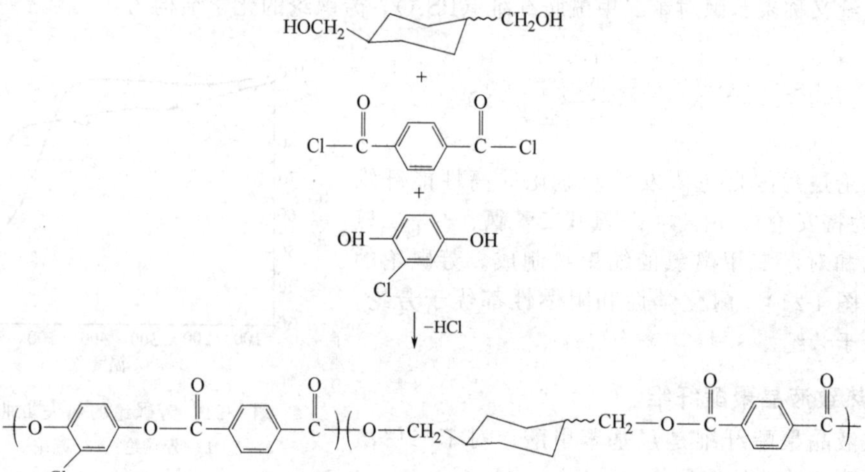

也可熔体纺丝成纤维。

4.3.4　芳杂环纤维

4.3.4.1　聚苯并咪唑(PBI)纤维

聚苯并咪唑(polybenzimidazole,PBI)是间苯二甲酸二苯酯和四氨联苯的缩聚物:

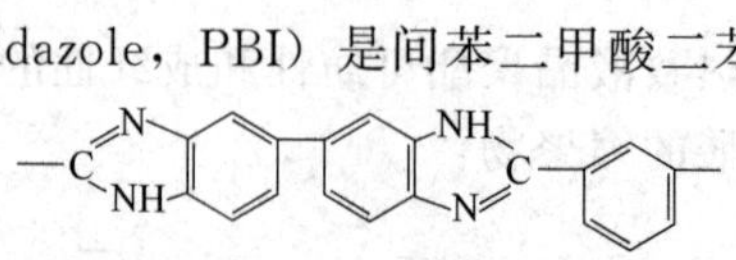

以二甲基乙酰胺为溶剂(纺丝液浓度为 20%～30%)在氮气下进行干纺得到 PBI 纤维,PBI 纤维可经酸处理,提高尺寸稳定性:

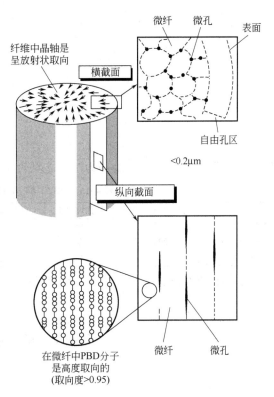

PBI 纤维具有优异的耐热性，在 600℃ 开始热分解，900℃ 的热失重为 30%。然而 PBI 纤维的吸水性大，限制了其工程应用的范围。PBI 纤维的物理机械性能见表 4-14。

表 4-14　PBI 纤维的物理机械性能

性　　能	经酸处理的纤维	未经酸处理的纤维	性　　能	经酸处理的纤维	未经酸处理的纤维
纤度/dtex	1.67	1.67	回潮率(25℃,65%湿度)/%	15	13
强度/(N/tex)	0.27	0.37	收缩率(263℃空气)/%	<1	>2
伸长率/%	30	30	相对密度	1.43	1.39
初始模量/(N/tex)	3.96	7.92			

注：1N/tex＝9.1MPa。

4.3.4.2　聚亚苯基苯并二噁唑（PBO）纤维

聚亚苯基苯并二噁唑（poly-*p*-phenylene benzobisoxazole，PPBO，通常称为 PBO）由 2,4-二氨基间苯二酚盐酸盐与对苯二甲酸缩聚而得的含苯环和苯杂环（苯并二噁唑）刚性棒状分子链：

具有溶致液晶性。采用干喷湿纺可获得高取向度、高强度、高模量、耐高温（N_2 下的热分解温度>650℃，330℃空气中加热 144h 失重<6%）、耐水和化学稳定的纤维，商品名为 Zylon（美国道化学公司）。PBO 纤维的结构模型见图 4-22，含许多似毛细管状的细孔，在横截面上分子链沿径向取向，在纵截面上伸直的分子链沿纤维轴取向，高强度 PBO 纤维的取向度因子>0.95，高模量 PBO 纤维的取向度因子为 0.99。PBO 纤维的强度超过碳纤维和芳纶（表 4-15），缺点是压缩性能差。

图 4-22　PBO 纤维的结构模型

表 4-15　PBO 纤维的性能

性　　能	高强度型(AS)	高模量型(HM)	性　　能	高强度型(AS)	高模量型(HM)
相对密度	1.5	1.5	伸长率/%	3.5	3.2
强度/GPa	5.8	5.8	吸水率/%	2.0	0.6
模量/GPa	180	280			

4.3.4.3　聚亚苯基苯并二噻唑（PBZT）和含单甲基（MePBZT）和四甲基（tMePBZT）侧基的聚亚苯基苯并二噻唑纤维

聚亚苯基苯并二噻唑（poly-*p*-phenylene benzobisthiazole，PPBT，或称为 PBZT）由 1,4-二氨基、2,5-苯二硫基（DADMB）与对苯二甲酸（TPA）在多聚磷酸（PPA）介质中

缩聚而得的含苯环和苯杂环（苯并二噻唑）刚性棒状分子链：

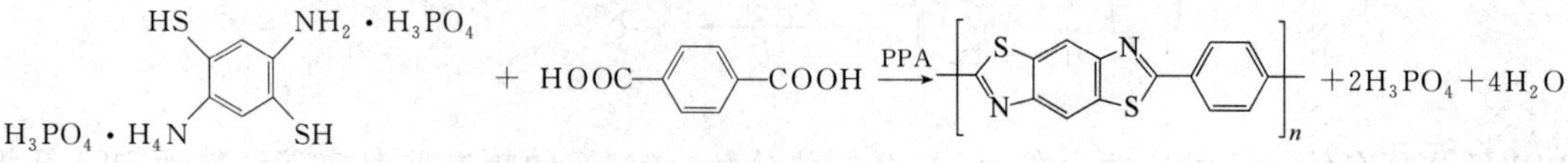

具有溶致液晶性。采用干喷湿纺可获得高取向度、高强度（1.2～3.2GPa）、高模量（170～283GPa）、耐高温（N_2 下的热分解温度＞600℃，330℃空气中加热144h失重＜5%）和化学稳定（耐强酸）的纤维。

含侧甲基的 PBZT 纤维可通过交联网络的形成来改善 PBZT 纤维的横向压缩性能。MePBZT 纤维在 450～550℃发生交联反应：

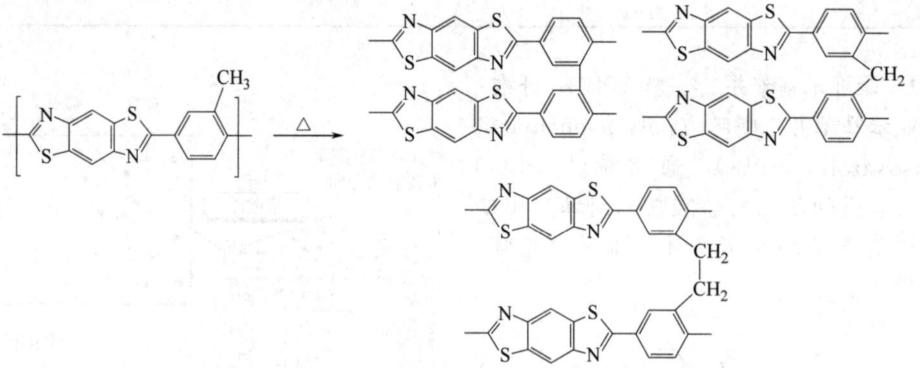

PBZT 纤维和 MePBZT 纤维的力学性能见表 4-16。MePBZT 纤维的韧性优于 PBZT 纤维。

表 4-16　PBZT 和 MePBZT 纤维的力学性能

种　类	拉伸模量/GPa	拉伸强度/GPa	伸长率/%	扭曲模量/GPa	钩接强度/GPa	屈服强度/MPa
PBZT(AS)	168	2.00	1.7	1.3	0.30	—
PBZT(HT)	224	2.85	1.3	1.4	0.25	37.6
MePBZT	102	2.20	5.0	1.7	0.52	—

TMePBZT 及其与 PBZT 共聚物的结构为：

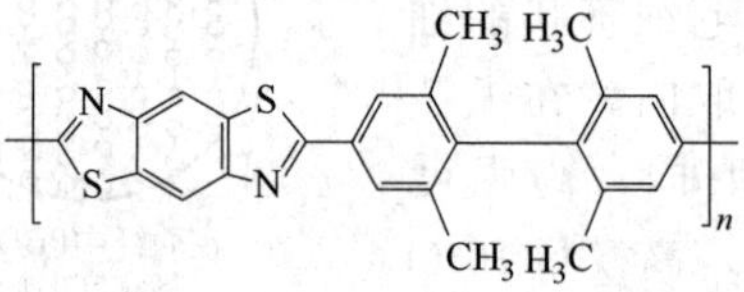

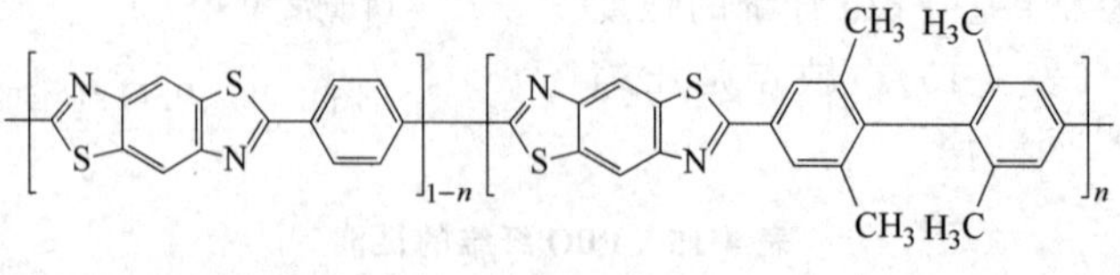

也具有很好的耐热性和横向压缩性。

4.3.4.4　M5 纤维

聚 1,6-二咪唑并 [4,5-b；4′5′e] 吡啶-1,4-(2,5-二羟基苯)（polypyridobisimidazole，PIPD）纤维（简称为 M5 纤维）的化学结构为：

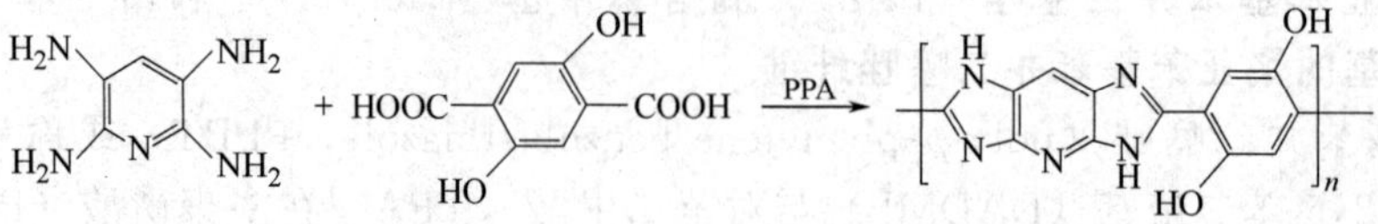

164

聚合物纤维的拉伸强度由主链的化学键决定，而压缩强度由链间二次作用力决定。PIPD 具有双向分子内和分子间氢键网络（图 4-23），提供的 M5 纤维不仅具有高强度和高模量（表 4-17），而且具有高压缩强度（表 4-18）。此外，M5 纤维还具有优异的耐燃性和自熄性，LOI≥50%。

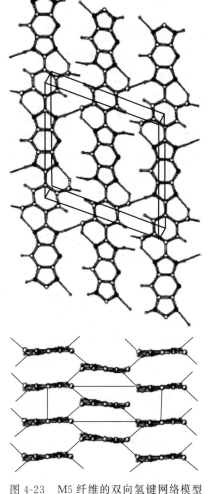

表 4-17　M5 纤维的力学性能

性　　能	AS	HT
模量/GPa	150	330
强度/GPa	2.5	5.5
伸长率/%	2.7	1.7

表 4-18　M5 纤维的压缩强度（与其他高性能有机纤维比较）

性　　能	M5	PBO	Kevlar
压缩强度/GPa	1.7	0.3	0.7

4.3.4.5　聚酰亚胺（PI）纤维

聚酰亚胺具有高耐热性、化学稳定性和力学性能，但溶解性差，造成加工困难。热固性聚酰亚胺（polyimide，PI）不能直接纺丝制成纤维。聚酰亚胺纤维的制造采用两步法，首先将聚酰亚胺中间体聚酰胺酸（polyamicacid，PAA）在溶液中纺丝（PAA 纤维），然后再热处理使聚酰胺酸脱水成聚酰亚胺纤维：

图 4-23　M5 纤维的双向氢键网络模型

具有优异耐热性的 BBB 纤维的合成路线为：

BBB 纤维的强度为 47cN/tex，伸长率为 3%～3.5%，600℃时强度可保留 50%。

4.3.4.6　聚 1,3,4-二噁唑（polyoxadiazole，POD）纤维

聚 1,3,4-二噁唑是利用便宜的原料对苯二甲酸和硫酸肼在发烟硫酸中一步合成的：

经湿纺得到的纤维的强度为 40～60cN/tex，伸长率为 4%～8%，在 300℃时强度可保留 50%～60%，耐热性与聚酰亚胺纤维相当。

4.4 功能合成纤维

4.4.1 高弹性合成纤维

氨纶是聚氨酯纤维的简称。聚氨酯纤维的分子链由软链段和硬链段两部分组成，其中软段由非晶性的脂肪族聚酯（相对分子质量1000～5000，末端含羟基）或聚醚（相对分子质量1500～3500的聚氧化乙烯、聚氧化丙烯或聚氧丁乙烯）组成，其玻璃化温度为$-70～-50℃$，在常温处于高弹态，硬段由结晶性的芳香族二异氰酸酯（2,4-甲苯二异氰酸酯，2,4-TDI或4,4-亚甲基二苯二异氰酸酯，MDI）组成，在应力作用下不变形。大多数氨纶采用干纺工艺，氨纶的突出特点是高弹性，其性能见表4-19。氨纶纤维通常有500%～800%的伸长；弹性回复性能也十分出众，在伸长200%时，回缩率为97%，在伸长50%时，回缩率超过99%。氨纶纤维之所以具有如此高的弹力，是因为它的高分子链是由低熔点、无定形的"软"链段为母体和嵌在其中的高熔点、结晶的"硬"链段所组成。柔性链段分子链间以一定的交联形成一定的网状结构，由于分子链间相互作用力小，可以自由伸缩，造成大的伸长性能。刚性链段分子链结合力比较大，分子链不会无限制地伸长，造成高的回弹性。

表4-19 氨纶的性能

性　能	聚醚型	聚酯型	性　能	聚醚型	聚酯型
强度/(cN/dtex)	0.618～0.794	0.485～0.574	弹性模量/(cN/dtex)	0.11	—
伸长率/%	480～550	650～700	回潮率/%	1.3	0.3
回弹率/%	95(伸长500%)	98(伸长600%)			

注：1cN/dtex=91MPa。

硬弹性纤维是指结晶性聚合物在大伸长变形后具有高弹性回复的纤维。硬弹性丙纶是在应变结晶（熔体在高应变场下结晶）和热结晶（热处理）过程中形成的。控制等规聚丙烯熔体纺丝（纺丝速率为1000～1500m/min）的初生纤维的取向度（初生纤维的双折射率$\Delta n = 16×10^{-3}～17×10^{-3}$）和热处理可制备出硬弹性丙纶，其弹性回复率＞90%。

4.4.2 耐腐蚀合成纤维

有两类氯纶：①用无规立构聚氯乙烯制备的氯纶（是通称的氯纶），聚氯乙烯的制备采用悬浮聚合法在45～60℃聚合，所得聚氯乙烯的玻璃化温度为75℃，成纤聚氯乙烯的相对分子质量为60000～100000，经溶液纺丝制成氯纶，其性能见表4-20。氯纶具有抗静电性、保暖性和耐腐蚀性好的特点。②用高间规度聚氯乙烯制备的氯纶（第二代氯纶，商品名为列维尔，Leavil），采用低温（$-30℃$）聚合得到高间规度的聚氯乙烯，玻璃化温度为100℃，经溶液纺丝制成列维尔。

表4-20 氯纶的性能

性　能	数　值	性　能	数　值
强度/(cN/dtex)	2.28～2.65	弹性模量/GPa	53.9～68.6
湿强/干强/%	100～101	3%伸长弹性回复/%	80～85
伸长率/%	18.4～21.2	沸水收缩率/%	50～61

注：1cN/dtex=91MPa。

聚四氟乙烯的制备采用乳液聚合法，凝聚后生成0.05～0.5μm的颗粒，相对分子质量为300万。氟纶的制造多采用乳液纺丝法（载体纺丝法），即把聚四氟乙烯分散在聚乙烯醇水溶液中（乳液），按照维纶纺丝的工艺条件纺丝，然后在380～400℃烧结，此时聚乙烯醇被烧掉，聚四氟乙烯则被烧结成丝条，在 350℃拉伸得到氟纶。氟纶的化学稳定性突出，能耐强酸和强碱。氟纶的力学性能见表 4-21。

表 4-21　氟纶的力学性能

性　能	数　值	性　能	数　值
强度/(cN/tex)	1.15～1.59	初始模量/(cN/tex)	14.21～17.66
伸长率/%	13～15	回潮率/%	0.01

注：1cN/tex=9.1MPa。

4.4.3　阻燃合成纤维

纤维的可燃性用极限氧指数表示。极限氧指数（limiting oxygen index，LOI）是纤维点燃后在氧-氮混合气体中维持燃烧所需的最低含氧量的体积分数：

$$LOI\% = \frac{O_2}{O_2 + N_2} \times 100\%$$

在空气中氧的体积分数为 0.21，故纤维的 LOI≤0.21 就意味着能在空气中继续燃烧，属于可燃纤维；LOI＞0.21 的纤维属于阻燃纤维。一些合成纤维的燃烧性见表 4-22，其中腈纶和丙纶易燃（容易着火，燃烧速率快），聚酰胺、涤纶和维纶可燃（能发烟燃烧，但较难着火，燃烧速率慢），氯纶、维氯纶、酚醛纤维等难燃（接触火焰时发烟着火，离开火焰自灭）。维氯纶是聚乙烯醇-聚氯乙烯的共聚物经缩醛化制备的纤维，具有好的阻燃性。制法是将氯乙烯和低分子量的聚乙烯醇一起进行乳液聚合，所得乳液与聚乙烯醇水溶液混合配制成纺丝液，用维纶湿纺工艺进行纺丝、热处理和缩醛化。丙烯腈-氯乙烯共聚物经溶液纺丝制备的纤维称为腈氯纶或阻燃腈纶。酚醛纤维是热塑性酚醛树脂经熔体纺丝制备的交联型热固性纤维，具有好的阻燃性。腈纶在张力、热（从 180～300℃分段加温）和空气进行热氧化处理发生环化、脱氢和氧化反应，可得到预氧化纤维（是碳纤维生产的中间产品），也具有优异的阻燃性。

表 4-22　合成纤维的燃烧性

纤　维	LOI/%	纤　维	LOI/%
耐燃纤维		阻燃涤纶	28～32
氟纶	95	阻燃腈纶	27～32
阻燃纤维		阻燃丙纶	27～31
酚醛纤维	32～34	可燃纤维	
偏氯纶	45～48	聚酰胺	20.1
氯纶	35～37	涤纶	20.6
维氯纶	30～33	维纶	19.7
腈氯纶	26～31	腈纶	18.2
PBI	41	丙纶	18.6
芳纶	33～34		

4.4.4　医用合成纤维

医用合成纤维要求纤维具有生物相容性，可分为生物可降解性和不可降解性纤维。可降解性合成纤维有脂肪族聚酯纤维，包括聚羟基乙酸（PGA）、聚乳酸（PLA）、聚己内酯（PCL）、聚羟基丁酸酯（PHB）、聚羟基戊酸酯（PHV）及其共聚物，纤维分子链中的酯键易水解或酶解，降解产物可转变为其他代谢物或消除。所以具有生物可降解性的脂肪族聚酯纤维可用于医学可吸收缝线、自增强人造骨复合材料（PGA 纤维增强 PGA）、无纺布。非降解性合成纤维有锦纶、涤纶、腈纶、丙纶等，它们也可医用，如丙纶、聚酰胺和涤纶用于非吸收性缝合线，涤纶和氟纶用于制造人工血管，聚丙烯腈中空纤维用于人工肾（血液透析器），聚丙烯中空纤维用于人工心脏，膨胀的氟纶用于韧带。

4.4.5　超细合成纤维-新合纤和差别化合成纤维

新合纤并不是指新的合成纤维，而是指采用超细合成纤维制备的具有新质感（新颖、独特且超过天然纤维的风格和感觉）的纤维织物。纤度（线密度）是表征纤维粗细的指标，用1000m 长纤维质量（g）的 1/10 表示，单位是分特（dtex）。纤维根据纤度的一般分类是：粗旦纤维（＞7.0dtex）、中旦纤维（7.0～2.4 dtex）、细旦纤维（＜2.4～1.0 dtex）、微细纤维（＜1.0～0.3 dtex）、超细纤维（＜0.3 dtex）。超细合成纤维的结构可分类为单一结构型和复合结构型两类。复合结构型的超细纤维可用两种不同的纤维通过复合纺丝工艺制备。

差别化合成纤维是指通过分子设计合成或通过化学和物理改性制备具有预想结构和性能的成纤聚合物或利用革新的纺丝工艺赋予纤维新的性能并与通用纤维有差别的纤维。通过对合成纤维分子链和表面的改性和复合化技术（图 4-24），可提高纤维染色性，制备抗静电纤维、阻燃性通用合成纤维纤维（阻燃涤纶、阻燃丙纶等）、抗起球纤维等。染色技术是纺织品后整理的一道工序，要求纤维的可染性好，具有染色均一性和坚牢度，直接影响纤维的光泽和色彩。合成纤维在加工和使用过程中产生的静电是有害的。合成纤维的带电性序列见图 4-25，即当前后两种纤维摩擦接触时，前者带正电，后者带负电。在纤维分子侧链中引入极性基团可有效的消除静电。用四溴双酚 A 双羟乙基醚作为阻燃共聚单体合成的涤纶具有很好的阻燃性。添加无机阻燃剂如氢氧化铝、氢氧化镁、红磷、氧化锡等或有机阻燃剂如磷系的磷酸三辛酯、磷酸丁乙醚酯、磷酸三(2,3-二氯丙基)酯、磷酸三(2,3-二溴丙基)酯、氯系的氯化石蜡、氯化聚乙烯、溴系的四溴双酚 A、十溴二苯醚等可制备阻燃性纤维。

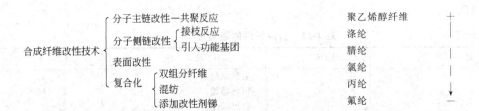

图 4-24　合成纤维改性和复合化技术　　　　图 4-25　合成纤维的带电性序列

为了改善聚酰胺和涤纶的表面性质，可在聚酰胺和涤纶表面接枝丙烯酸酯。在引发剂、分散剂和活化剂存在下，丙烯酸可接枝到聚酰胺 6 表面，丙烯酸的接枝率对聚酰胺 6 吸湿性和膨胀性的影响见表 4-23。丙烯酸也可接枝到涤纶表面，其结构为

$$\begin{array}{c} \left[\!\!\begin{array}{c} C_6H_4-\!\!\!\underset{\underset{O}{\|}}{C}-\!\!O-CH-CH_2\end{array}\!\!\right]_{\!\!m} + nCH_2\!\!=\!\!CH \longrightarrow \left[\!\!\begin{array}{c} C_6H_4-\!\!\!\underset{\underset{O}{\|}}{C}-\!\!O-CH-CH_2\end{array}\!\!\right]_{\!\!m} \\ \qquad\qquad\qquad\quad\ \ \underset{COOH}{|} \qquad\qquad\qquad\qquad\qquad\ \underset{(CH_2-CH)_n}{|} \\ \qquad\qquad\qquad\qquad\qquad\qquad\qquad\qquad\qquad\qquad\qquad\qquad\ \underset{COOH}{|} \end{array}$$

丙烯酸的接枝率对涤纶吸湿性和膨胀性的影响见表 4-24。

在盐酸或对甲苯磺酸溶液中，用过氧化硫酸盐为引发剂制备的聚酰胺 66 接枝聚苯胺的导电性能见表 4-25。

表 4-23 丙烯酸的接枝率对聚酰胺 6 吸湿性和膨胀性的影响

样品 X(质量分数)/%	湿度用质量分数表示/%				纤维丝的膨胀(质量分数)/%
	相对湿度 65%	相对湿度 100%	相对湿度 65%	相对湿度 100%	
	4h 后		同等条件,24h 后		
PA-未处理	1.50	4.75	3.37	8.12	15.00
PA-PAA(2.99)	2.36	4.78	3.43	9.06	16.50
(13.07)	3.06	5.48	3.79	10.33	18.10
(28.88)	3.82	5.96	3.92	13.01	29.90
(38.40)	3.92	6.90	3.97	15.32	33.32

表 4-24 丙烯酸的接枝率对涤纶吸湿性和膨胀性的影响

No.	接枝率(质量分数)/%	湿度用质量分数表示/%			纤维丝的膨胀(质量分数)/%
		相对湿度 65%	相对湿度 100%		
		4h 后	24h 后	48h 后	
PET	未处理	0.28	0.61	0.65	5.82
1	8.50	0.88	4.11	4.20	13.42
2	10.31	1.55	8.27	8.86	22.37
3	27.21	1.99	11.29	12.87	31.55
4	33.69	2.16	14.12	15.43	49.64
5	36.61	2.29	14.62	17.00	52.76

表 4-25 聚酰胺 66 接枝聚苯胺的导电性

聚 合 物	接枝比例/%	介　　质	导电性/[Ω/(m·cm)]
Nylon66	—	—	0.88×10^9
Nylon66-g-PAn	13.5	HCl	8.51×10^6
	15.2	HCl	10.3×10^6
Nylon66-g-PAn	15.0	PTSA	14.3×10^3
	28.2	PTSA	19.6×10^3

4.4.6 双组分纤维

双组分纤维由两种不同的纤维组成,其熔体纺丝工艺见图 4-26。双组分纤维有多种形态 (图 4-27):①皮芯结构 (core-shell),一种聚合物为皮,另一种聚合物为芯;②并列结构 (side by side);③橘瓣结构 (orange type),④带形结构 (fibers split into bands);⑤海岛结构 (islands in the sea),一种聚合物为连续相,另一种聚合物为分散相。

4.4.7 智能合成纤维

对合成纤维日益增多的要求是智能化,即能对环境具有感知能力并对人们的需求作出反应,智能合成纤维 (smart fibers) 和服装应运而生。服装设计师正在设计可以监测身体功能的服装,可以转发电子邮件和判断人的情绪的饰物以及可以改变颜色的服装。智能服装中装备有特殊的微

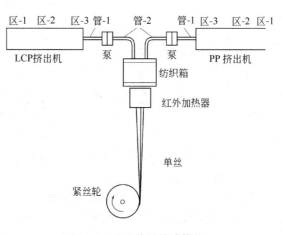

图 4-26 双组分纤维熔体纺丝

(a) 皮芯结构

(b) 并列结构

(c) 橘瓣结构

(d) 带形结构

(e) 海岛结构

图 4-27　双组分纤维的形态

型计算机和全球定位系统及通信装置，可以不断监视使用者的体温、饥饿和心脏跳动情况，当人体出现异常情况时可提醒使用者，如果发现使用者无反应则会提醒急救中心。该衣服上还安装有太阳能处理系统，可以不间断地满足衣服上各种仪器的电能需求。抗菌纤维可以防止细菌传染和减少细菌造成的气味，已经用于体育服装。自洗衣是在衣服纤维上植入不同种类的细菌，不但能除去衣服上的污垢、气味和汗味，还会排出芳香气味，使衣物爽洁怡人。智能泳衣参考了鲨鱼的游泳姿态、鲨鱼皮的纹理和飞机外形结构，采用新的高弹力织物可以对水产生排斥作用在水中游动时的阻力。具有救生功能的电子滑雪服的功能是当滑雪服内的温度测得滑雪者体温过低时，衣料便会自动加热。可根据环境条件调节温度（暖或凉）的服装也已经问世，如用形状记忆合金纤维制造的衬衫使用镍钛记忆合金纤维和聚酰胺混织而成，比例为五根尼龙丝配一根镍钛合金丝。当周围温度升高时，这件衬衣的袖子会立即自动卷起，让你凉快一下。一种可使医生及时了解人体能状况的生命衬衣已研制成功，它装有 6 个传感器，分别织入领口、腋下、胸骨及腹部等部位，与佩戴在腰带上的微型电脑连接，将使用病人的心跳、呼吸、心电图及胸、腹容积变化等指标，通过微型电脑，经互联网传至分析中心，再由分析中心将结果通知医生，对防止绞痛、睡眠性呼吸暂停等突发性衰竭的病人非常有效。微电路板中的导电聚合物纤维织物可以储藏信息。利用光子的智能纤维可以像含光敏性染料的纤维那样随环境变化而改变颜色。对雷达惰性的纤维可以用于隐身飞机、坦克和军服。

4.4.8　高分子光纤

　　电缆通信是将声音转变成电信号，通过电线把电信号传给对方。光纤通信是将记录的声音的电信号转变成光信号，通过光纤把信号传给对方，最后把光信号转变成电信号完成通话。高分子光纤（polymer or plastic optical fibers，POF）的构造见图 4-28，包括芯材、包层（20μm）和保护性外套。高分子光纤是因光在纤维界面上全反射或纤维的折射率梯度而使光在纤维内曲折反复传播把光约束在纤维内进行导光的材料，以聚甲基丙烯酸甲酯（PMMA）或聚苯乙烯（PS）为芯材，以氟聚合物如氟化聚甲基丙烯酸甲酯为包层的光纤，属于阶

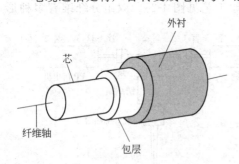
图 4-28　高分子光纤的构造

跃型光纤，即用折射率低的皮层包覆折射率高的芯，入射到芯层的光通过在芯和皮的界面反复全反射而传输光。对芯材的要求是光学各向同性，在可见光区不吸收、不散射，折射率高于包层。对包层的要求是其折射率要低于芯材。光损失是表征光纤透光程度和传输质量的指标，与入射和出射的光强度比值的常用对数值成正比。一些聚合物的光性能见表 4-26。目前聚甲基丙烯酸甲酯芯材的光损失可达到 55dB/km（567nm），氘代聚甲基丙烯酸甲酯芯材的光损失可达到 20dB/km（680nm），但仍比玻璃（硅）光纤的光损失（5～6dB/km，

820nm）大，影响了高分子光纤的竞争力。

表 4-26 一些聚合物的光性能

聚 合 物	光损失/(dB/km)	带宽/GHz·km	折射率比(芯/包层)	孔径(NA)	芯材直径/μm
PMMA	55(538nm)	0.003	1.492/1.417	0.47	250～1000
PS	330(570nm)	0.0015	1.592/1.416	0.73	500～1000
PC	600(670nm)	0.0015	1.582/1.305	0.78	500～1000
无定形氟聚合物(CYTOP)	16(1310nm)	0.59	1.353/1.34		125～500
包层硅(PCS)	5～6(820nm)	0.005	1.46/1.41	0.40	110～1000
硬芯硅(HCS)					

4.4.9 微胶囊技术在纺织品的应用

微胶囊是一类具有芯-壳结构的微容器，由具有特定功能的活性物质（芯）和保护性物质（壳）组成，球形微胶囊的直径为 50nm～2mm。活性物质可以是颗粒如染料、相变材料（石蜡、长链正烷烃和聚乙二醇等），液体如香料或气体。保护性物质常用天然或合成高分子材料。在外部条件的刺激下，体现出活性物质的功能。微胶囊的功能主要取决于芯材，而微胶囊的壳材则提供力学性能、可控缓释性、目标选择性、环保性和保护活性物质免受环境的影响。微胶囊的形态主要是球形，有单芯型、多芯型、单壳型和多壳型等，也有不规则形状的微胶囊。合成聚合物如聚氨酯、聚脲、蜜胺树脂等，天然聚合物如明胶、阿拉伯胶等，都适合用做微胶囊壳材。微胶囊技术在纺织行业的应用始于 20 世纪 80 年代，可将微胶囊涂层在纺织品表面或镶嵌在纤维内部（图 4-29），使纺织品具有特种功能，有分散染料和变色（光变色、热变色）、相变、阻燃和控制释放型等。这些微胶囊在纺织品的应用为人类提供了舒适、保健和智能化的服装，提高了人类生活的质量。

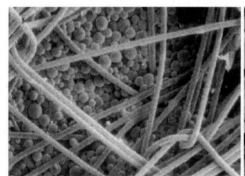 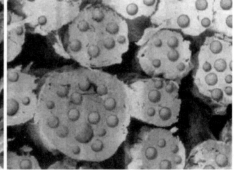

(a) 涂层在织物表面   (b) 镶嵌在纤维内部

图 4-29 微胶囊类型

为了使服装在穿着过程中更舒适，可自动调节服装的温度，相变微胶囊即把相变材料（可选择不同相变温度如 25℃或 30℃）包裹在聚合物中。利用相变材料在融化时吸热和凝固时放热的特征，当人体温度传递到服装的温度高于相变温度时，相变材料吸热而降低服装的温度，反之服装的温度低于相变温度时，相变材料放热可提高服装的温度。

变色微胶囊即把可变色材料如包裹在聚合物中，主要有两种类型：①温致（热）变色，通过温度的变化改变颜色；②光致变色，通过不同紫外线波长的照射改变颜色。温致变色材料有通过得失水变色的无机物、通过易进行电子得失的电子给体-受体复合物和变色高分子液晶。光致变色的机理是光致变色材料在不同紫外线波长的照射下发生异构体的变化，常用的光致变色材料有各种偶氮苯化合物。

控制释放型微胶囊是以香料、抗菌驱虫剂、抗静电剂、紫外线吸收剂等为芯，具有长期放香、抗菌杀虫、防止静电和抗紫外线的功能。芳香整理（将香料整理到纺织品）和芳香保健（利用芳香治病）相结合，可赋予纺织品驱蚊、消臭，使人舒适和医治疾病、催眠、提神等功能，通过改变香料的种类就可以生产不同香型和芳香功能的服装。由于直接在服装上喷洒的香料易挥发，留香时间短，采用粘接在纺织品上的微胶囊技术可以解决香料的长效缓释问题。国际香料有限公司开发的感官认知技术微胶囊（sensory perception technology micro-capsules，SP 微胶囊）可在纤维或织物中"焊接"大量芯为香料的微胶囊（约 100 万个/cm^2），使服装在穿着过程中不断释放香味。

思 考 题

1. 聚酰胺、涤纶、腈纶的主要用途是什么？
2. 干法、湿法、干湿法的纺丝工艺特征是什么？
3. 超高分子量聚乙烯纤维和芳纶的表面处理方法。

第5章 橡 胶

5.1 概述

橡胶具有独特的高弹性，用途十分广泛，应用领域包括人们的日常生活、医疗卫生、文体生活、交通运输、电子通信和航空航天等，是国民经济建设与社会发展不可缺少的高分子材料之一。

橡胶制品的种类繁多，大致可分为轮胎、胶管、胶带、鞋业制品和其他橡胶制品等，其中轮胎制品的橡胶消耗量最大，约占世界橡胶总消耗量的 $50\%\sim60\%$，全世界年橡胶用量约 2500 万吨。

5.1.1 橡胶材料的特征

根据 ASTM D1566 定义，橡胶是一种材料，它在大的形变下能迅速而有力恢复其形变，能够被改性。改性的橡胶实质上不溶于（但能溶胀于）沸腾的苯、甲乙酮、乙醇-甲苯等溶剂中。改性的橡胶在室温下（18～29℃）被拉伸到原长度的 2 倍并保持 1min 后除掉外力，它能够在 1min 内恢复到原长度的 1.5 倍以下。改性实质上是指硫化。

常温下的高弹性是橡胶材料的独有特征，因此橡胶也被称为弹性体。橡胶的高弹性本质是由大分子构象变化而来的熵弹性，这种高弹性表现为，在外力作用下具有较大的弹性变形，最高可达 1000%，除去外力后变形很快恢复，它截然不同于由键角变化而引起的普弹性。橡胶材料的弹性模量低。

橡胶也属于高分子材料，具有高分子材料的共性，如黏弹性、绝缘性、环境易老化性、密度低以及对流体的渗透性低等。此外，橡胶比较柔软，硬度低。

5.1.2 橡胶的发展历史

橡胶工业的发展大致可以分为两个发展阶段。

（1）天然橡胶的发现和利用时期（1900 年以前） 1493～1496 年哥伦布第二次航行发现新大陆到美洲时，发现当地人玩的球能从地上跳起来，经了解才知道球是由一种树流出的浆液制成的，此后欧洲人才知道橡胶这种物质。但直到 1823 年，英国人创办了第一个生产橡胶防水布工厂，这才是橡胶工业的开始。1826 年 Hancock 发明了开放式炼胶机，1839 年 Goodyear 发现了加入硫黄和碱式碳酸铝可以使橡胶硫化，这两项发明奠定了橡胶加工业的基础。1888 年 Dunlop 发明了充气轮胎，汽车工业的发展促进了橡胶工业真正的起飞。1904 年 S. C. Mote 用炭黑使天然橡胶的拉伸强度提高，找到了橡胶增强的有效途径。

（2）合成橡胶的发展和应用时期（1900 年以后） 在橡胶工业发展的同时，高分子化学家及物理学家研究证明天然橡胶是异戊二烯的聚合物，确定了链状分子结构，揭示了橡胶弹性的本质。1900 年人们了解天然橡胶的分子结构后，人类合成橡胶才真正成为可能。1932 年前苏联在工业生产丁钠橡胶后，相继生产了氯丁橡胶、丁腈橡胶和丁苯橡胶。20 世纪 50 年代 Zeigler-Natta 催化剂的发现，导致了合成橡胶工业的新飞跃，出现了顺丁橡胶、乙丙橡胶、异戊橡胶等新品种。1965～1973 间出现了热塑性弹性体，又称第三代橡胶。1984

年德国用苯乙烯、异戊二烯、丁二烯作为单体合成集成橡胶（SIBR）。1990 年 Goodyear 橡胶轮胎公司将 SIBR 作为生产轮胎的新型橡胶。茂金属催化剂的出现，给合成橡胶工业带来了新的革命，现在已合成了茂金属乙丙橡胶等新型橡胶品种。

近年来，橡胶工业新技术发展迅速，通过卤化、氢化、环氧化、接枝、共混、增容、动态硫化等方法开发了许多新橡胶材料，橡胶制品也向着高性能化、功能化、特种化方向发展，橡胶材料以其独有的特性发挥着重要的作用。

5.1.3 橡胶的分类

按照分类方法的不同，可以形成不同的橡胶类别。按照橡胶的来源和用途，可以分为天然橡胶和合成橡胶。最初橡胶工业使用的橡胶全是天然橡胶，它是从自然界的植物中采集出来的一种弹性体材料。合成橡胶是各种单体经聚合反应合成的高分子材料。此外，还可以按照橡胶的化学结构、形态和交联方式进行分类。见图 5-1。

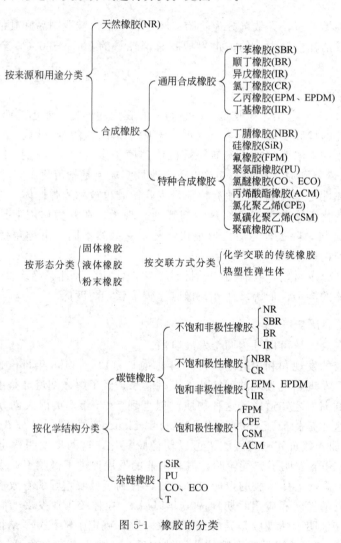

图 5-1 橡胶的分类

5.1.4 橡胶的配合与加工工艺

要使橡胶转变为具有特定性能、特定形状的橡胶制品，要进行配合设计和一系列复杂加工的过程。

5.1.4.1 橡胶的配合

橡胶的配合是指根据成品的性能要求，考虑加工工艺和成本诸因素，确定橡胶材料和各种配合剂的类型和用量，即"配方设计"。配方设计的意义就是通过合理的原材料组合，达到改善胶料加工工艺性能、提高制品的使用性能、延长制品的使用寿命、合理的使用原材料、降低成本等目的。一个完整的橡胶配合体系包括生胶体系、硫化体系、填充增强体系、软化增塑体系和防护体系，有时还包括其他配合体系。

(1) 生胶体系　生胶体系称母体材料或基体材料。包括天然橡胶和合成橡胶，以及生胶的替代材料，如再生胶、硫化胶胶粉和热塑性树脂等。

天然橡胶来源于自然界中含胶植物，有橡胶树、橡胶草和橡胶菊等，其中三叶橡胶树含胶量多，产量大，质量好。从橡胶树采集的天然胶乳经过一定的化学处理和加工，可制成浓缩胶乳和干胶，前者直接用于胶乳制品，后者即作为橡胶制品中的生胶。

合成橡胶是用人工合成的方法制得的高分子弹性材料。生产合成橡胶的原料主要是石油、天然气、煤以及农林产品。目前合成橡胶的品种已有三、四十种之多。

再生胶是废硫化橡胶经化学、热及机械加工处理后所制得的，具有一定可塑性、可重新硫化的橡胶材料。再生过程中主要反应称为"脱硫"，即利用热能、机械能及化学能（加入脱硫活化剂）使废硫化橡胶中的交联点与交联点间分子链发生断裂，从而破坏其网链结构，恢复一定的可塑性。再生胶可部分代替生胶使用，以节省生胶、降低成本。还可改善胶料的工艺性能，提高产品耐油、耐老化等性能。但传统的生产再生胶的工艺，如油法和水油法，存在着生产效率低、环境污染严重、能耗大等缺点，正在逐渐被淘汰。

硫化胶粉是将废旧橡胶制品直接粉碎后制成的，与再生胶生产相比，胶粉的生产工艺简单、节能、且减少了环境污染，最常用的生产方法是常温粉碎法和低温粉碎法。胶粉按废旧橡胶的来源可分为胎面胶粉和杂品胶粉；按胶粉的粒度可分为粗胶粉（$500\sim1500\mu m$）、细胶粉（$300\sim500\mu m$）、精细胶粉（$75\sim300\mu m$）、超细胶粉（$74\mu m$ 以下）。

(2) 硫化体系　与橡胶大分子起化学作用的，使橡胶线型大分子交联形成空间网络结构，提高性能，稳定形状。硫化体系包括硫化剂、硫化促进剂和硫化活性剂。

① 硫化剂　在一定条件下能使橡胶发生交联的物质统称为硫化剂。由于天然橡胶最早是采用硫黄交联，所以将橡胶的交联过程称为"硫化"。随着合成橡胶的大量出现，硫化剂的品种也不断增加。目前使用的硫化剂有硫黄、含硫化合物、过氧化物、醌类化合物、胺类化合物、树脂和金属化合物等。

② 硫化促进剂　凡能加快硫化速率、缩短硫化时间的物质称为硫化促进剂，简称促进剂。使用促进剂可减少硫化剂的用量，或降低硫化温度，并可提高硫化胶的物理机械性能。

促进剂可按化学结构、促进效果以及与硫化氢反应呈现的酸碱性进行分类。目前常用的是按化学结构分类，分为噻唑类、秋兰姆类、亚磺酰胺类、胍类、二硫代氨基甲酸盐类、醛胺类、黄原酸盐类和硫脲类八大类。其中常用的有硫醇基苯并噻唑，商品名为促进剂 M、二硫化二苯并噻唑（促进剂 DM）、N-环己基-2-苯并噻唑基亚磺酰胺（促进剂 CZ）、N-氧二亚乙基-2-苯并噻唑亚磺酰胺（促进剂 NOBS）、二硫化四甲基秋兰姆（促进剂 TMTD）等。根据促进效果分类，国际上是以促进剂 M 为标准，凡硫化速率快于 M 的促进剂为超速或超超速促进剂，相当或接近于 M 的促进剂为准超速促进剂，低于 M 的促进剂为中速或慢速促进剂。

③ 硫化活性剂　硫化活性剂简称活性剂，又称助促进剂，其作用是提高促进剂的活性。几乎所有的促进剂都必须在活性剂存在下，才能充分发挥其促进效能。活化剂多为金属氧化物，最常用的是氧化锌。由于金属氧化物在脂肪酸存在下，对促进剂才有较大活性，通常用

氧化锌与硬脂酸并用。

（3）填充增强体系　包括增强剂和填充剂，它们可以提高橡胶力学性能，改善加工工艺性能，降低成本。增强剂与填充剂之间无明显界限，凡在胶料中主要起增加容积作用的物质称为填充剂或增容剂。凡能提高橡胶物理机械性能的物质称增强剂，又称为活性填充剂。橡胶工业常用的增强剂有炭黑、白炭黑和其他矿物填料。其中最主要的品种是炭黑，用于轮胎胎面胶，具有优异的耐磨性。通常加入量为生胶的50%左右。白炭黑是水合二氧化硅（$SiO_2 \cdot nH_2O$），增强效果仅次于炭黑，白色，故称白炭黑，广泛用于白色和浅色橡胶制品。橡胶制品中常用的填充剂还有碳酸钙、陶土、高岭土、碳酸镁等。

（4）软化增塑体系　橡胶的软化增塑剂通常是一类分子量较低的化合物。加入橡胶后，能够降低橡胶分子链间的作用力，使粉末状配合剂与生胶很好地浸润，从而改善了混炼工艺，使配合剂分散均匀，混炼时间缩短，能耗降低，并能减小混炼过程中的生热现象，同时能增加胶料的可塑性、流动性和黏着性，便于压延、压出和成型等工艺操作，改善硫化胶的力学性能（如降低硫化的硬度和定伸应力，提高耐寒性等）。按来源，增塑剂可分为石油系增塑剂、煤焦油系增塑剂、松油系增塑剂、脂肪系增塑剂和合成增塑剂。

（5）防护体系　它能延缓橡胶老化，延长制品使用寿命。橡胶在长期储存或使用过程中，受氧、臭氧、光、热、高能辐射和应力作用，逐渐发黏、变硬、弹性降低的现象称为老化。凡能防止和延缓橡胶老化的化学物质称为防老剂。

防老剂品种很多，根据其作用可分为抗氧化剂、抗臭氧剂、有害金属离子作用抑制剂、抗疲劳老化剂、抗紫外线辐射防老剂等。按作用机理，防老剂可分为物理防老剂和化学防老剂两大类。物理防老剂如石蜡，加入胶料后会迁移到制品表面，形成一层保护性结晶膜，对静态使用的制品能有效地阻止臭氧老化，但不适于动态使用条件。化学防老剂可破坏橡胶氧化初期生成的过氧化物，从而迟缓氧化过程。品种主要有胺类和酚类防老剂两种，其中胺类防老剂防护效果较为突出，但污染、变色性大，不适于白色、浅色和透明性制品，常用的品种有防4010、防4010NA、防AW、防RD等。酚类防老剂常用的品种有防264、防2246等。

（6）其他配合体系　主要是指一些特殊的配合体系，如阻燃、导电、磁性、着色、发泡、香味等配合体系。

此外，很多橡胶制品必须用纤维材料或金属材料作骨架材料，以提高橡胶制品的机械强度，减小变形。骨架材料由纺织纤维（包括天然纤维和合成纤维）、钢丝、玻璃纤维等加工制成，主要有帘布、帆布、线绳以及针织品等各种类型。金属材料除钢丝和钢丝帘布等作为骨架材料外，还可作结构配件，如内胎气门嘴、胶辊铁芯等。骨架材料的用量因品种而异，如雨衣用骨架材料约占总量的80%～90%，输送带约占65%，轮胎类约占10%～15%。

同一橡胶配方可以用四种形式表示，如表5-1所示。

① 基本配方　又称质量份配方。以生胶的用量为100质量份，其他各种配合剂的用量都用相对质量份表示。这是配方设计的原始配方，其他形式配方皆由此换算而得出，故又叫基础配方。

② 质量分数配方　以胶料总质量为100%，各组分用量均以质量分数表示。

③ 体积分数配方　以胶料的总体积为100%，配方中各组分用量均以体积分数表示。

④ 生产配方　又称实用配方，即生产中实际使用的配方表示形式。其配方中各组分用量和配方总量均以千克表示，是由基本配方根据设备规格和容量换算得出来的。

表 5-1　四种配方表示形式

组分名称	基本配方/质量份	质量分数配方/%	体积分数配方/%	生产配方/kg
生胶	100	60.00	73.70	20.00
硫黄	2.6	1.57	0.86	0.52
促进剂 DM	0.70	0.43	0.32	0.14
氧化锌	5.00	3.00	0.16	1.00
硬脂酸	3.00	1.81	2.22	0.60
防老剂 D	2.50	1.51	1.40	0.50
炭黑	47.00	28.25	17.60	9.40
松焦油	5.70	3.43	3.65	0.14
合计	166.50	100.00	100.00	32.30

5.1.4.2　橡胶的加工工艺

对不同的制品，加工工艺过程不相同。橡胶制品的制备工艺过程复杂，一般包括塑炼、混炼、压延、压出、成型、硫化等加工工艺。

(1) 塑炼　塑炼是使生胶由弹性状态转变为具有可塑性状态的工艺过程。生胶具有很高的弹性，不便于加工成型。经塑炼后，分子量降低，黏度下降，可获得适宜的可塑性和流动性，有利于后面工序的正常进行，如混炼时配合剂易于均匀分散，压延时胶料易于渗入纤维织物等。塑炼过程实质上就是依靠机械力、热或氧的作用，使橡胶的大分子断裂，大分子链由长变短的过程。塑炼常用的设备有开炼机和密炼机。

(2) 混炼　将各种配合剂混入生胶中制成质量均匀的混炼胶的过程称为混炼。混炼是橡胶加工工艺中最基本和最重要的工序之一，混炼胶的质量对半成品的加工工艺性能和橡胶制品的质量具有决定性的作用。在生产中，每次的混炼胶料都要进行快速检验，检查的目的是为了判断混炼胶料中配合剂是否分散良好，有无漏加、错加，以及操作是否符合工艺要求等，以便及时发现问题和采取补救措施。混炼采用的设备有开炼机和密炼机，密炼机的混炼室是密闭的，混合过程中物料不会外泄，有效地改善了工作环境。

一般混炼过程中加料顺序的原则是：如用量少、难分散的配合剂，则先加；如用量大、易分散配合剂，则后加；为了防止焦烧，硫黄和超速促进剂一般最后加入。通常采用的加料顺序如图 5-2 所示。

塑炼胶、再生胶、母炼胶━━→促进剂、活性剂、防老剂━━→增强剂、填充剂━━→液体软化剂━━→硫黄、超速促进剂

图 5-2　混炼过程中通常采用的加料顺序

(3) 压延和压出　混炼胶通过压延和压出等工艺，可以制成一定形状的半成品。

① 压延　压延工艺是利用压延机辊筒之间的挤压力作用，使物料发生塑性流动变形，最终制成具有一定断面尺寸规格和规定断面几何形状的片状材料或薄膜状材料；或者将聚合物材料覆盖并附着于纺织物表面，制成具有一定断面厚度和断面几何形状要求的复合材料，如胶布。压延工艺能够完成的作业形式有胶片的制造，如胶料的压片、压型和胶片的贴合；胶布的压延，如纺织物的贴胶、擦胶和压力贴胶。压延机是压延工艺的主要设备，压延机的类型依据辊筒数目和排列方式不同而异。最普遍使用的类型为三辊压延机和四辊压延机。压延机的辊筒排列方式有 I 形、L 形、倒 L 形、Z 形和 S 形（或斜 Z 形）等，三辊压延机还有一种三角形排列方式。如图 5-3 所示。

压片是把混炼胶制成具有规定厚度、宽度和光滑表面的胶片。压型是将胶料制成表面有花纹并具有一定断面形状的带状胶片，主要用于制造胶鞋大底、轮胎胎面等。贴合是通过压延机使两层薄胶片合成一层胶片的作业，用于制造较厚而质量要求较高的胶片。在纺织物上

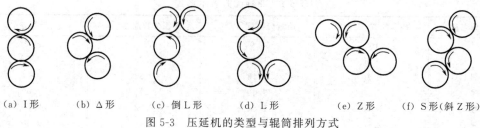

(a) I 形　　　(b) △形　　　(c) 倒 L 形　　　(d) L 形　　　(e) Z 形　　　(f) S 形（斜 Z 形）

图 5-3　压延机的类型与辊筒排列方式

的压延分为贴胶、压力贴胶和擦胶。贴胶是利用压延机辊筒的压力使胶片和织物贴合成为挂胶织物的作业，贴胶时两辊转速（$v_1＝v_2$）相等（图 5-4）。压力贴胶与贴胶的唯一差别是在纺织物引入压延机的辊隙处留有适量的积存胶料，借以增加胶料对织物的挤压和渗透，从而提高胶料对织物的附着力。擦胶则是利用压延机辊筒转速不同，把胶料擦入织物线缝和捻纹中。在三辊压延机中擦胶时，中辊转速大于上辊和下辊的转速（图 5-5）。

图 5-4　贴胶
1—胶料；2—纺织物；3—胶布

图 5-5　擦胶
1—胶料；2—纺织物；3—胶布

　　② 压出　压出工艺是胶料在压出机（或螺杆挤出机）机筒和螺杆间的挤压作用下，连续地通过一定形状的口型，制成各种复杂断面形状的半成品的工艺过程。用压出工艺可以制造轮胎胎面胶条、内胎胎筒、胶管、各种形状的门窗密封胶条等。

　　（4）成型　成型工艺是把构成制品的各部件，通过粘贴、压合等方法组合成具有一定形状的整体的过程。

　　不同类型的橡胶制品，其成型工艺也不同，全胶类制品，如各种模型制品，成型工艺较简单，即将压延或压出的胶片或胶条切割成一定形状，放入模型中经过硫化即可得到制品。含有纺织物或金属等骨架材料的制品，如胶管、胶带、轮胎、胶鞋等，则必须借助一定的模具，通过粘贴或压合方法将各零件组合而成型。粘贴通常是利用胶料的热黏性能，或使用溶剂、胶浆、胶乳等黏合剂粘接成型。

　　（5）硫化　硫化是胶料在一定的压力和温度下，橡胶大分子由线型结构变为网状结构的交联过程。在这个过程中，橡胶经过一系列复杂的化学变化，由塑性的混炼胶变为高弹性的或硬质的交联橡胶，从而获得更完善的物理机械性能和化学性能，提高和拓宽了橡胶材料的使用价值和应用范围。硫化是橡胶制品生产中的最后一个加工工序。硫化方法很多，按其使用的硫化条件不同，可分为冷硫化、室温硫化和热硫化三种。硫化采用的设备有平板硫化机、硫化罐、鼓式硫化机和自动定型硫化机等。

5.1.5　橡胶的性能指标

　　橡胶的性能指标，可帮助我们根据橡胶制品的使用要求选择相应的橡胶品种。

　　拉伸强度：试样在拉伸破坏时，原横截面上单位面积上所受的力，单位为 MPa。虽然橡胶很少在纯拉伸条件下使用，但是橡胶的很多其他性能与该性能密切相关，如耐磨性、弹性、应力松弛、蠕变、耐疲劳性等。

扯断伸长率：试样在拉伸破坏时，伸长部分的长度与原长度之比，通常以百分率（％）表示。

硬度：硬度是橡胶抵抗变形的能力指标之一。用硬度计来测试，最常用的是邵氏硬度计，其值的范围为 0～100。其值越大，橡胶越硬。

定伸应力：试样在一定伸长（通常 300％）时，原横截面上单位面积所受的力，单位为 MPa。

撕裂强度：表征橡胶耐撕裂性的好坏，试样在单位厚度上所承受的负荷，单位为 KN/m。

阿克隆磨耗：在阿克隆磨耗机上，使试样与砂轮呈 15°倾斜角和受到 2.72kg 的压力情况下，橡胶试样与砂轮磨耗 1.61km 时，用被磨损的体积来表征橡胶的耐磨性，单位为 $cm^3/1.61km$。

另外还有许多其他性能指标，如回弹性、生热、压缩永久变形、低温特性、耐老化特性等，可参考有关的文献。

5.2　天然橡胶

天然橡胶（natural rubber，NR）是指从植物中获得的橡胶，这些植物包括巴西橡胶树（也称三叶橡胶树）、银菊、橡胶草、杜仲草等。巴西橡胶树含胶量多，质最好，产量最高，采集最容易，目前世界天然橡胶总产量的 98％以上来自巴西橡胶树，巴西橡胶树适于生长在热带和亚热带的高温地区。全世界天然橡胶总产量的 90％以上产自东南亚地区，主要是马来西亚、印度尼西亚、斯里兰卡和泰国；其次是印度、中国南部、新加坡、菲律宾和越南等。由于天然橡胶具有很好的综合性能，至今天然橡胶的消耗量仍约占橡胶总消耗量的 40％。

5.2.1　天然橡胶的制备与分类

制备天然橡胶的主要原材料是新鲜胶乳，将从树上流出的新鲜胶乳经过一定的加工和处理可制成浓缩胶乳和干胶。浓缩胶乳中的总固体物含量在 60％以上，主要用于乳胶制品。干胶按制造方式的不同，又可分为不同的品种。制造烟片胶、绉片胶、风干片胶和颗粒胶的原则步骤基本相同，包括稀释、除杂质、凝固、脱水分、干燥、分级和包装几个步骤，但各步骤的实施工艺方法略有不同。图 5-6 是颗粒胶、烟片胶、风干片胶制造工艺流程。

固体天然橡胶可以分为通用固体天然橡胶、特制固体天然橡胶和改性天然橡胶及其衍生物。

（1）通用固体天然橡胶　通用固体天然橡胶传统的品种是烟胶片（烟片胶）、皱胶片和颗粒胶（标准胶）。

① 烟片胶　烟片胶是以新鲜胶乳为原料经加酸凝固、压片、熏烟等工序制成的表面带菱形花纹的棕色胶片。国产烟片胶按外观质量、化学成分和物理机械性能分为 1#、2#、3#、4#、5# 级和等外级，其质量依次降低；在国际上按外观质量分为特级（No. 1X RSS）、一级（No. 1 RSS）、二级（No. 2 RSS）、三级（No. 3 RSS）、四级（No. 4 RSS）、五级（No. 5 RSS）和等外级，其质量也按顺序降低。熏烟时干燥的烟气含有杂酚油，对橡胶有防老化和防腐作用，因此烟胶片综合性能好，保存期长，是天然橡胶中物理机械性能最好的品种，可用于轮胎和其他一般橡胶制品。

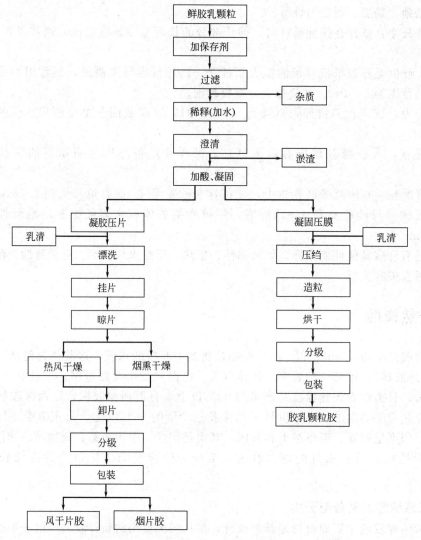

图 5-6　颗粒胶、烟片胶、风干片胶制造工艺流程

② 皱片胶　皱片胶制造方法与烟片胶基本相同，只是干燥时用热空气而不用熏烟，有白皱片和褐皱片两种。白皱片在胶乳凝固前加入亚硫酸钠漂白，因而颜色洁白，其质量比烟片胶略差，优于褐皱片，适于浅色和彩色制品。褐皱片只适宜作一般橡胶制品。

国内按外观质量、化学成分和物理机械性能将白皱片分为特一级、一级、二级、三级共四个等级；将褐皱片分为一级、二级、三级共三个等级。

国际上按外观质量将白皱片分为厚、薄两个品种各四个等级，即特级（No.1X）、一级（No.1）、二级（No.2）、三级（No.3）；将褐皱片也按厚、薄两个品种各分为三个等级（No.1X、No.2X、No.3X）。

③ 颗粒胶（标准胶）　颗粒胶是 20 世纪 60 年代发展的天然橡胶新品种，最早由马来西亚生产。它是把压皱的胶片先通过造粒机制成小颗粒橡胶，经空气干燥而制成。其颗粒大小约 1～5mm，易于干燥，生产周期大幅度缩短，产品质量易于控制。颗粒胶按生胶的物理化学性能标准进行分级，更能合理区分和判别生胶的内在质量，故又叫标准天然橡胶，各个产胶国家都有自己的技术标准。

标准天然橡胶的分级标准以机械杂质含量和橡胶经 140℃×30min 热处理以后的塑性保

持率（PRI）作为重要的技术指标，PRI值大，则橡胶的抗氧老化性能好，塑炼时塑性增加速率较慢，反之亦然。

（2）特制固体天然橡胶　特制固体天然橡胶是采用某些特殊的方法将普通的天然橡胶制成具有特殊操作性能或物理化学性能的生胶。主要品种有恒黏度橡胶、低黏度橡胶、易操作橡胶、纯化天然橡胶、散粒天然橡胶、轮胎橡胶、充油天然橡胶、炭黑共沉胶、黏土共沉胶和胶清橡胶等。

（3）改性天然橡胶和衍生物　天然橡胶经化学处理，改变了原来的化学结构和物理状态，或与其他高聚物接枝、掺混后，具有不同于普通天然橡胶的操作特性和用途。此类橡胶有难结晶橡胶、接枝天然橡胶、热塑性天然橡胶、环化天然橡胶、环氧化天然橡胶、液体天然橡胶、氯化橡胶、氢氯化橡胶等。

5.2.2　天然橡胶的组成和结构

5.2.2.1　天然橡胶的组成

天然橡胶的主要成分是橡胶烃，另外还含有5％～8％左右的非橡胶烃成分，如蛋白质、丙酮抽出物、灰分、水分等，通过对35种烟胶片和102种皱胶片的组成分析，其结果如表5-2所示。

表 5-2　天然橡胶的化学组成（平均值）　　　　　　　　　　　单位:％

品种	橡胶烃	丙酮抽出物	蛋白质	灰分	水分
烟胶片	93.30	2.89	2.82	0.39	0.61
皱胶片	93.58	2.88	2.82	0.30	0.42

天然橡胶中的非橡胶成分含量虽少，但对天然橡胶的加工和使用性能却有不可忽视的影响。蛋白质具有吸水性，会影响天然橡胶的电绝缘性和耐水性，但其分解产生的胺类物质又是天然橡胶的硫化促进剂和天然防老剂。丙酮抽出物主要是一些类酯物和分解物。类酯物主要由脂肪、蜡类、甾醇、甾醇酯和磷酯组成，这类物质均不溶于水，除磷酯之外均溶于丙酮。甾醇是一类以环戊氢化菲为碳架的化合物，通常在第10、13和17位置上有取代基，它在橡胶中有防老化作用。胶乳加氨后，类脂物分解会产生脂肪酸，脂肪酸、蜡在混炼时起分散剂的作用，脂肪酸在硫化时也起活性剂作用。灰分主要是无机盐类及很少量的铜、锰、铁等金属化合物。其中金属离子会加速天然橡胶的老化，必须严格控制其含量。水分过多易使生胶发霉，硫化时产生气泡，并降低电绝缘性能。1％以下的少量水分在加工的过程中可以挥发除去。

5.2.2.2　天然橡胶的结构

天然橡胶的主要成分橡胶烃是顺式-1,4-聚异戊二烯的线型高分子化合物，其结构式为：

$$\left[CH_2-\underset{}{\overset{CH_3}{C}}=\overset{H}{C}-CH_2 \right]_n$$

n 值平均为5000～10000左右，相对分子质量分布指数（M_w/M_n）很宽（2.8～10），呈双峰分布，相对分子质量在3万～3000万之间。因此，天然橡胶具有良好的物理机械性能和加工性能。

天然橡胶在常温下是无定形的高弹态物质，但在较低的温度（-50～10℃）下或应变条件下可以产生结晶。天然橡胶的结晶为单斜晶系，晶胞尺寸 $a=1.246nm$，$b=0.899nm$，$c=0.810nm$，$\alpha=\gamma=90°$，$\beta=92°$。在 0℃，天然橡胶结晶极慢，需几百个小时，在-25℃

结晶最快，天然橡胶结晶速率与温度关系如图 5-7 所示。天然橡胶在拉伸应力作用下容易发生结晶，拉伸结晶度最大可达 45％。软质硫化天然橡胶的伸长率与结晶程度的关系如图 5-8 所示。

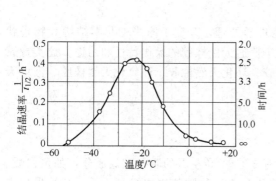

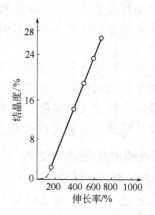

图 5-7　天然橡胶结晶速率与温度关系　　　图 5-8　硫化天然橡胶的伸长率与结晶程度的关系

5.2.3　天然橡胶的性能和应用

天然橡胶具有很好的弹性，在通用橡胶中仅次于顺丁橡胶。这是由于天然橡胶分子主链上与双键相邻的 σ 键容易旋转，分子链柔性好，在常温下呈无定形状态；分子链上的侧甲基体积小，数目少，位阻效应小；天然橡胶为非极性物质，分子间相互作用力小，对分子链内旋转约束和阻碍小。例如，天然橡胶的回弹率在 0～100℃ 范围内，可达 50％～85％ 以上，弹性模量为 2～4MPa，约为钢铁的 1/30000；伸长率可达 1000％ 以上，为钢铁的 300 倍。随着温度的升高，生胶会慢慢软化，到 130～140℃ 时完全软化，200℃ 开始分解；温度降低则逐渐变硬，0℃ 时弹性大幅度下降。天然橡胶的 $T_g = -72℃$，冷到 -72～-70℃ 以下时，弹性丧失变为脆性物质。受冷冻的生胶加热到常温，仍可恢复原状。

天然橡胶具有较高的力学强度。天然橡胶能在外力作用下拉伸结晶，是一种结晶性橡胶，具有自增强性，纯天然橡胶硫化胶的拉伸强度可达 17～25MPa，用炭黑增强后可达 25～35MPa。天然橡胶的撕裂强度也很高，可达 98kN/m。

天然橡胶具有良好的耐屈挠疲劳性能，滞后损失小，生热低，并具有良好的气密性、防水性、电绝缘性和隔热性。天然橡胶的加工性能好。天然橡胶良好的工艺加工性能，表现为容易进行塑炼、混炼、压延、压出等，但应防止过炼，降低力学性能。

天然橡胶的缺点是耐油性、耐臭氧老化和耐热氧老化性差。天然橡胶为非极性橡胶，易溶于汽油、苯等非极性有机溶剂；天然橡胶分子结构中含有大量的双键，化学性质活泼，容易与硫黄、卤素、卤化氢、氧、臭氧等反应，在空气中与氧进行自动催化的连锁反应，使分子断链或过度交联，使橡胶发生黏化或龟裂，即发生老化现象，与臭氧接触几秒钟内即发生裂口。

天然橡胶具有最好的综合力学性能和加工工艺性能，被广泛应用于轮胎、胶管、胶带以及桥梁支座等各种工业橡胶制品，是用途最广的橡胶品种。它可以单用制成各种橡胶制品，如胎面、胎侧、输送带等，也可与其他橡胶并用以改进其他橡胶或自身的性能。

聚异戊二烯橡胶（IR）的结构单元为异戊二烯，与天然橡胶相同，两者的结构、性质类似，但是也有差别：聚异戊二烯橡胶的顺式含量低于天然橡胶；结晶能力比天然橡胶差；

分子量分布窄，分布曲线为单峰。此外，聚异戊二烯橡胶中不含有天然橡胶那么多的蛋白质和丙酮抽出物等非橡胶烃成分。

与天然橡胶相比，聚异戊二烯橡胶具有塑炼时间短、混炼加工简便、膨胀和收缩小、流动性好等优点，并且聚异戊二烯橡胶的质量均一、纯度高，外观无色透明，适于制造浅色胶料和医用橡胶制品。但聚异戊二烯橡胶中不含脂肪酸和蛋白质等能在硫化中起活化作用的物质，其硫化速率比天然橡胶的慢。为获得与天然橡胶相同的硫化速率，一般是将聚异戊二烯橡胶的促进剂用量相应地增加 10 ％～20 ％。天然橡胶中的非橡胶烃物质具有一定的防老化作用，因此，聚异戊二烯橡胶的耐老化性能相对天然橡胶差。

5.3 通用合成橡胶

5.3.1 丁苯橡胶

5.3.1.1 丁苯橡胶的制备与品种

丁苯橡胶（styrene-butadiene rubber，SBR）是丁二烯和苯乙烯的共聚物，是最早工业化的合成橡胶。目前丁苯橡胶（包括胶乳）约占合成橡胶总产量的 55％，约占天然橡胶和合成橡胶总产量的 34％，是产量和消耗量最大的合成橡胶胶种。聚合方法有乳液聚合和溶液聚合两种，主要品种如图 5-9 所示。

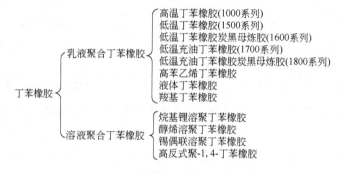

图 5-9　丁苯橡胶的主要品种

丁苯橡胶的分子结构式：

$$\{(CH_2-CH=CH-CH_2)_x(CH_2-CH)_y(CH_2-CH)_z\}_n$$

乳液聚合丁苯橡胶（简称乳聚丁苯）是通过自由基聚合得到的，在 20 世纪 50 年代以前，均是高温丁苯橡胶，之后才出现了性能优异的低温丁苯橡胶。目前所使用的乳液聚合丁苯橡胶基本上为低温乳液聚合丁苯橡胶。羧基丁苯橡胶是在丁苯橡胶聚合过程中加入少量（1％～3％）的丙烯酸类单体共聚而制成，其物理机械性能和耐老化性能等较丁苯橡胶好。但这种橡胶吸水后容易早期硫化，工艺上不易掌握。高苯乙烯丁苯橡胶是将苯乙烯含量为85％～87％的高苯乙烯树脂胶乳与丁苯橡胶（常用 SBR1500）胶乳以一定比例混合后经共絮凝得到的产品。

20 世纪 60 年代中期，由于阴离子聚合技术的发展，溶液聚合丁苯橡胶（简称溶聚丁苯）开始问世。它是采用阴离子型（丁基锂）催化剂，使丁二烯与苯乙烯进行溶液聚合的共聚物。根据聚合条件和所用催化剂的不同，可以分为无规型和无规-嵌段型两种。随着汽车工业的发展，溶液聚丁苯橡胶正日益受到重视，产量处在稳步增长阶段。

5.3.1.2 丁苯橡胶的结构、性能与应用

不同品种的丁苯橡胶分子的宏观、微观结构是不同的。宏观结构参数包括：单体比例、平均分子量、分子量分布、分子结构的线性或非线性、凝胶含量等。微观结构参数主要包括：丁二烯链段中顺式-1,4-结构、反式-1,4-结构和1,2-结构的比例，苯乙烯、丁二烯单元的分布等。丁苯橡胶的性能是由其宏观和微观结构共同决定的。

单体比例直接影响聚合物的性能。随着丁苯橡胶中结合苯乙烯含量的增加，其玻璃化温度升高（图5-10），模量增加，弹性下降，拉伸强度先升高后下降，在苯乙烯含量为50%时出现极值，热老化性能变好，耐低温性能下降，压出制品收缩率下降，表面光滑。此外，侧乙烯基含量对丁苯橡胶的性能也有很大的影响，如图5-11所示，随着侧乙烯基及苯乙烯含量的增加，溶聚丁苯橡胶的磨耗指数下降，加工性能和抗湿滑性能提高。乳聚丁苯橡胶中苯乙烯含量一般为23.5%，其综合性能最好。多数溶聚丁苯橡胶中苯乙烯含量为18%或23.5%～25%之间。

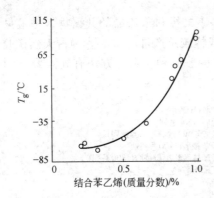

图5-10 结合苯乙烯含量对 T_g 的影响

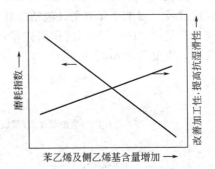

图5-11 苯乙烯及侧乙烯基含量对溶聚丁苯橡胶磨耗指数、抗湿滑性、加工性能的影响

高苯乙烯丁苯橡胶中苯乙烯含量一般为50%～70%，开始流动温度为70～80℃；高苯乙烯含量（80%）丁苯橡胶开始流动温度在110℃以上。高苯乙烯丁苯橡胶具有增强作用，可与天然橡胶、丁苯橡胶、丁腈橡胶及氯丁橡胶等二烯烃类橡胶共混，采用硫黄硫化，提高二烯烃类橡胶的硬度、耐老化性、耐磨性、电绝缘性、着色性，改善加工性能和成型流动性，但耐低温性差，永久变形大，适合制造色彩鲜艳、低密度高硬度、形状复杂的橡胶制品。在丁苯橡胶配合中，随着高苯乙烯橡胶用量的增加，硫化胶的定伸应力、拉伸强度、撕裂强度和耐磨耗性提高，抗压缩永久变形和抗屈挠龟裂性能降低。

低温乳聚丁苯与高温乳聚丁苯相比，反式-1,4-丁二烯含量较高，聚合度较大，凝胶含量较低，相对分子质量分布较窄，因而性能较好。

乳聚丁苯橡胶中顺式-1,4-丁二烯含量约为18%，反式-1,4-丁二烯含量为65%，乙烯基含量为17%，单体单元无规排列。乳聚丁苯橡胶的相对分子质量分布比溶聚丁苯橡胶宽，乳聚丁苯橡胶的分子量分布指数（M_w/M_n）约为4～6，而溶聚丁苯橡胶的 M_w/M_n 值均为1.5～2.0，因而乳聚丁苯橡胶的加工性能较好。

溶聚丁苯橡胶中顺式-1,4-丁二烯含量为34%～36%，乙烯基含量为8%～10%，与乳聚丁苯橡胶相比，顺式-1,4-丁二烯含量较高，反式-1,4-丁二烯及乙烯基含量较低；单体单元的排列方式可控，无规与部分嵌段并存，并且聚合链支化程度低，一般不含有凝胶。用于轮胎胎面胶时，与乳聚丁苯橡胶相比，溶聚丁苯橡胶具有较低的滚动阻力，较好的抗湿滑性

能和耐磨性。表 5-3 为溶聚丁苯橡胶轮胎性能试验结果，与乳聚丁苯橡胶轮胎相比较，其滚动阻力降低约 30％，抗湿滑性能约提高 3％，耐磨性提高约 10％。

表 5-3　轮胎性能（指数）对比

性　　　能	锡偶联丁苯橡胶轮胎	乳聚丁苯橡胶轮胎
滚动阻力指数	129	100
抗湿滑性能指数	103	100
磨耗指数	111	100

锡偶联溶聚丁苯橡胶是一种新型溶聚丁苯橡胶。它是以环己烷为溶剂，正丁基锂己烷溶液为引发剂，四氢呋喃为无规化剂，丁二烯和苯乙烯在恒温下聚合约 30min，转化率达到 99％以上后，向反应混合物加入少量丁二烯，得到一种含有丁二烯基阴离子的聚合物链端，再与四氯化锡偶联使线型聚合物链转化具有一定支化程度的聚合物。链末端的微观结构是丁二烯基阴离子与四氯化锡反应生成的锡-丁二烯基键，能够改善炭黑的分散，使胶料的滚动阻力降低，抗湿滑性能提高，因此，锡偶联溶聚丁苯橡胶是一种制造节能型和安全型轮胎的理想橡胶材料。

丁苯橡胶的分子结构不规整，属于不能结晶的非极性橡胶，分子链侧基（如苯基和乙烯基）的存在使大分子链柔性较差，分子内摩擦增大。因此，丁苯橡胶的生胶强度低，必须加入炭黑、白炭黑等增强剂增强，才具有实际使用价值。此外，丁苯橡胶的弹性、耐寒性较差，滞后损失大、生热高，耐屈挠龟裂性、耐撕裂性和黏着性能均较天然橡胶差。

丁苯橡胶的不饱和度（双键含量）比天然橡胶低，由于分子链侧基的弱吸电子效应和位阻效应，双键的反应活性也略低于天然橡胶，因此，丁苯橡胶的耐热性、耐老化性、耐磨性均优于天然橡胶，但高温撕裂强度较低。而且在加工过程中分子链不易断裂，硫化速率较慢，不容易发生焦烧和过硫现象。

丁苯橡胶的加工性能不如天然橡胶，不容易塑炼，对炭黑的润湿性差，混炼生热高，压延收缩率大等。丁苯橡胶的力学性能和加工性能的不足可以通过调整配方和工艺条件得到改善或克服。

丁苯橡胶的抗湿滑性能好，对路面的抓着力大，且具有一定的耐磨性，是轮胎胎面胶的好材料。目前，丁苯橡胶主要应用于轮胎工业，也应用于胶管、胶带、胶鞋以及其他橡胶制品。高苯乙烯丁苯橡胶适于制造高硬度、质轻的制品，如鞋底、硬质泡沫鞋底、硬质胶管、软质棒球、打字机用滚筒、滑冰轮、铺地材料、工业制品和微孔海绵制品等。

5.3.2　聚丁二烯橡胶

5.3.2.1　聚丁二烯橡胶的制备及品种

聚丁二烯橡胶（butadiene rubber，BR）的聚合方法有乳液聚合和溶液聚合两种，以溶液聚合方法为主。溶聚丁二烯橡胶是丁二烯单体在有机溶剂（如庚烷、加氢汽油、苯、甲苯、抽余油等）中，利用齐格勒-纳塔催化剂、碱金属或其有机化合物催化聚合的产物。聚合过程中单体丁二烯的加成方式既可以是 1,2-加成，也可以是 1,4-加成，1,4-加成中又存在顺式结构和反式结构。聚丁二烯橡胶的品种如图 5-12 所示。

聚丁二烯橡胶的分子结构式：

$$\left(\!\!-CH_2-CH=CH-CH\right)_m\!\!\left(CH_2-CH\right)_n$$
$$\underset{\underset{CH_2}{\overset{\|}{CH}}}{}$$

$$
聚丁二烯橡胶
\begin{cases}
溶液聚合
\begin{cases}
超高顺式聚丁二烯橡胶(顺式98\%以上)\\
高顺式聚丁二烯橡胶(顺式96\%\sim98\%,镍、钴、稀土催化剂)\\
低顺式聚丁二烯橡胶(顺式35\%\sim40\%,锂催化剂)\\
高乙烯基聚丁二烯橡胶(乙烯基70\%以上)\\
中乙烯基聚丁二烯橡胶(乙烯基35\%\sim55\%)\\
低反式聚丁二烯橡胶(反式9\%,顺式90\%)\\
反式聚丁二烯橡胶(反式95\%以上,室温为非橡胶态)
\end{cases}\\
乳液聚合聚丁二烯橡胶\\
本体聚合:丁钠橡胶(已淘汰)
\end{cases}
$$

图 5-12 聚丁二烯橡胶的品种

5.3.2.2 聚丁二烯橡胶的结构、性能及应用

丁二烯聚合时，1,4-键合（顺式和反式结构）、1,2-键合（全同、间同和无规结构）的含量和分布是通过选择不同的催化体系加以控制，聚丁二烯橡胶是由上述几种结构组成的无规共聚物。例如，镍系高顺式聚丁二烯橡胶（也称顺丁橡胶）中含顺式-1,4-结构 97％，反式-1,4-结构 1％，1,2-结构 2％。

聚丁二烯橡胶的玻璃化温度 T_g 主要决定于分子中乙烯基的含量。当乙烯基含量为 10％时，T_g 为 $-95℃$，乙烯基含量为 95％时，T_g 为 $-15℃$，两者几乎呈线性关系。随着乙烯基含量的增加，耐磨性、弹性、耐寒性能变差，抗湿滑性能变好。乙烯基质量分数为 35％～55％的中乙烯基聚丁二烯橡胶具有较好的综合性能。

聚丁二烯橡胶的结晶性能因分子结构中顺式、反式、乙烯基结构含量的不同而存在差异。高顺式含量的顺丁橡胶的结晶温度约为 $-40℃$，室温下伸长率超过 200％时也能结晶。反式含量为 70％～80％的聚丁二烯橡胶，在很宽的范围内都能结晶。与顺式聚异戊二烯橡胶相比，顺丁橡胶的结晶对应变的敏感性低，对温度的敏感性高。图 5-13 表示结晶速率与温度的关系。这种敏感性的差异也是顺丁橡胶的自增强性比天然橡胶低得多的原因之一，使用时必须加入增强剂增强。

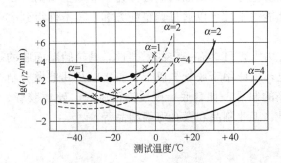

图 5-13 在各种拉伸比下半结晶时间与温度的关系

●●● 高顺式聚异戊二烯实验值；—— 高顺式聚异戊二烯计算值；
× 高顺式聚丁二烯实验值；--- 高顺式聚丁二烯计算值

顺丁橡胶的结构式为 $\pm CH_2-CH=CH-CH_2 \mapsto_n$。在顺丁橡胶中，顺式-1,4-聚丁二烯质量分数高达 96％～98％，分子结构比较规整，主链上无取代基，分子间作用力小，分子中有大量容易发生内旋转的 C—C 键，分子链非常柔顺。与天然橡胶、丁苯橡胶相比，顺丁橡胶具有以下特性。

（1）优点

① 具有优异的弹性和耐低温性能 顺丁橡胶是通用橡胶中弹性和耐寒性最好的一种，T_g 为 $-105℃$，所以在很低的温度下，分子链段都能自由运动，在很宽的温度范围内显示高弹性。顺丁橡胶与天然橡胶或丁苯橡胶并用时，能改善后两者的低温性能。所以并用顺丁橡胶的轮胎胎面在寒带地区仍可保持较好的使用性能。

② 滞后损失和生热小 由于顺丁橡胶中分子链段的运动所需要克服周围分子链的阻力和作用力小，内摩擦小，当作用于分子的外力去掉后，分子能较快回复至原状，因此滞后损失小，生热小。这一性能对于使用时反复变形，且传热性差的轮胎的使用寿命是十分有利的。

③ 耐磨性能优异 顺丁橡胶的耐磨耗性能优于天然橡胶和丁苯橡胶，这是因为它与路

面具有低的摩擦系数。特别适合要求耐磨性的橡胶制品，如轮胎、鞋底、鞋后跟等。

④ 耐屈挠性优异　顺丁橡胶制品耐动态裂口生成性能良好。

⑤ 填充性好　顺丁橡胶可以填充更多的操作油和增强填料，对炭黑的润湿能力强，可使炭黑较好地分散，有利于降低成本。

⑥ 混炼时抗破碎能力强　在混炼过程中，顺丁橡胶的门尼黏度下降的幅度比天然橡胶小得多，因此在需要延长混炼时间时，对胶料的口型膨胀及压出速率几乎无影响。

⑦ 模腔内流动性好　顺丁橡胶制造的制品缺胶情况少。

⑧ 吸水性低　顺丁橡胶的吸水性低于天然橡胶和丁苯橡胶，可应用于绝缘电线等要求耐水的橡胶制品。

（2）缺点

① 拉伸强度与撕裂强度低　均低于天然橡胶和丁苯橡胶，因而在轮胎胎面中掺用量较高时，不耐刺扎和切割。

② 抗湿滑性能差　在车速高、路面平滑或湿路面上使用时，易造成轮胎打滑，降低行驶安全性。

③ 生胶的冷流性大　生胶或未硫化的顺丁橡胶存储时会因自重发生流动（冷流），因此在生胶的包装、储存及半成品存放过程中，需对这一问题引起注意。

④ 顺丁橡胶的加工性能和黏合性能较差　采用开炼机混炼时胶料的包辊性差，在辊筒上的加工性能对温度较敏感，温度高时易产生脱辊现象。采用密炼机密炼时胶料的自黏性和成团性差。

顺丁橡胶一般很少单用，通过与其他通用橡胶并用，改善顺丁橡胶在拉伸强度、抗湿滑性、黏合性能及加工性能方面所存在的不足。与天然橡胶、丁苯橡胶并用作轮胎胶料时，其中顺丁橡胶用量为 25%～35%，用量超过 50% 时，混炼和加工时会发生困难。顺丁橡胶的硫化速率接近于丁苯橡胶，比天然橡胶慢，与天然橡胶并用时，硫黄的用量相应降低，促进剂的用量相应增加。顺丁橡胶还常用于其他要求弹性、耐寒性、耐磨性较高的橡胶制品。

充油顺丁橡胶和乙烯基聚丁二烯橡胶并用也可改善其抗湿滑性能，特别是中乙烯基聚丁二烯橡胶可实现滚动阻力、抗湿滑性和耐磨性的综合平衡，兼具 BR 和 SBR 的优点，可作为一种通用胶种单独地应用于汽车轮胎和各种橡胶制品，如鞋底、输送带覆盖胶、电线电缆、吸引胶管、高尔夫球等。

反式-1,4-聚丁二烯橡胶室温下呈树脂状，其特点是：定伸应力高、硬度高、耐磨性能极好。其拉伸强度、伸长率、弹性与丁苯橡胶 1500 相似，具有耐酸、碱和各种溶剂的特点，加工性能较好。反式-1,4-聚丁二烯橡胶可用于制造鞋底、地板、垫圈、电气制品等。

超高顺式聚丁二烯橡胶，受应力拉伸时，结晶速率快，结晶度高，聚合时不易生成凝胶，而且相对分子质量分布宽，使胶料的黏着性、强度和压延性均得到改善。带支链的聚丁二烯橡胶是含有三官能团支化的大分子，相对分子质量分布较宽，通过控制聚合条件，可使支化部分的数量控制在 7%～45%。其加工性能比通常的聚丁二烯橡胶有较大程度的改善，硫化胶的定伸应力、生热、弹性等性能也有所改善。

稀土顺丁橡胶是不同催化体系顺丁橡胶系列中最具特色且性能全面的品种，其线型结构度高，相对分子质量高且分布宽，除挤出流变性稍逊于镍系顺丁橡胶外，其他加工性能和硫化胶的力学性能均明显占优势。应用试验表明，掺用 50 份稀土顺丁橡胶的轮胎胎面胶，其里程指数和磨耗指数分别比掺用 50 份镍系顺丁橡胶的轮胎高 5.6% 和 16.6%；此外，稀土顺丁橡胶在力车胎、自行车胎和输送带上的应用效果也优于镍系顺丁橡胶。

低顺式丁二烯橡胶（乙烯基含量在 10% 以下）色泽好、透明、质量均匀且不含有过渡金属元素，具有一系列优异的物理机械性能，如低温压缩变形小、耐磨性能和抗撕裂性好，抗切口增长、耐老化性均优于天然橡胶等，但因其较窄的相对分子质量分布，会产生明显的冷流倾向，不过星形低顺式丁二烯橡胶已经克服此缺点。由于出色的物理机械性能，低顺式丁二烯橡胶已被广泛应用在轮胎、输送带等橡胶制品中，低顺式丁二烯橡胶是目前子午线轮胎和斜交胎胎圈护胶的主要并用胶种之一，当其与 NR 或 SBR 并用时，所得混炼胶具有优良的加工性能，同时使耐磨性、拉伸强度和撕裂强度等优点得到充分发挥。

中乙烯基丁二烯橡胶（乙烯基含量在 35% ～55%）的抗湿滑性能及热氧老化性能优于高顺式丁二烯橡胶，强度、伸长率和耐磨性能稍有下降。同样存在因相对分子质量分布窄引起的工艺性能差（黏合力低、包辊性差）的缺点，当与 NR 或 SBR 并用时脱辊现象会得到改善，能满足混炼要求。中乙烯基丁二烯橡胶可单独用于乘用车胎面，在保证一定的耐磨性的同时可改善抗湿滑性能。大多数情况下是与 NR、SBR 并用，可以用作卡车轮胎胎面胶、卡车轮胎胎侧胶、防水胶管外层胶、自行车胎面胶和浅色鞋底等。

高乙烯基丁二烯橡胶（乙烯基含量在 70% 以上）最重要的性能之一就是具有高抗湿滑性，同时也具有良好的耐磨性、高耐热和热氧老化性。在顺丁橡胶中，随着乙烯基含量的增加，抗湿滑性逐渐上升，当乙烯基含量超过 50% 后，抗湿滑性提升尤为明显。原来高乙烯基丁二烯橡胶的生产主要与软管、油毡、船型器皿等非轮胎制品有关，然而近期人们发现高乙烯基丁二烯橡胶与 NR 和 E-SBR 共混能获得较佳的总体均衡性能。

5.3.3　集成橡胶

集成橡胶概念是德国的 Nordsiek 等在 1984 年提出的。同年，德国的 Hüls 公司用苯乙烯（St）、异戊二烯（Ip）、丁二烯（Bd）作为单体合成了集成橡胶（SIBR）。SIBR 的概念提出以后不久，美国 Goodyear 橡胶轮胎公司开始研究 SIBR，并将 SIBR 确定作为生产轮胎的新型橡胶，1991 年便推出了商品名为 Cyber 的 SIBR 胎面胶，应用于该公司生产的 S 速度级 Aquatred 乘用轮胎及防水滑轮胎等新型轮胎，1997 年，Goodyear 公司又试制出低滚动阻力子午线轮胎用 Sibrflex2550 型 SIBR，2000 年又推出了第三代轮胎产品 Aquatred Ⅲ 型。与天然橡胶和丁苯橡胶相比，集成橡胶在降低轮胎滚动阻力的同时，增加湿抓着力，改善抗湿滑性能。

5.3.3.1　集成橡胶的结构

（1）共聚组成　集成橡胶一般使用苯乙烯（St）、异戊二烯（Ip）和丁二烯（Bd）为单体，其共聚组成一般为：St 含量 0～40%，Ip 含量 15% ～45%，Bd 含量 40% ～70%。当然，由于各个国家的资源分布不同，这些组分的含量也有不同。例如，在俄罗斯研制开发的 SIBR 中，异戊二烯含量较高，达到 40% ～90%，这是由俄罗斯的异戊二烯资源较为丰富所决定的。

（2）序列结构　集成橡胶 SIBR 的序列结构分为完全无规型和嵌段-无规型两种，生产实际中，以后者居多。完全无规型集成橡胶 SIBR 中，三种单体无规地分布于分子链上，其生产方式是将苯乙烯、异戊二烯和丁二烯三种单体一次投料聚合。嵌段-无规型集成橡胶 SI-BR 是指分子链一端为丁二烯或异戊二烯均聚嵌段，一端为丁二烯、苯乙烯、异戊二烯无规共聚的聚合物。这种聚合物一般通过多步加料方法获得。集成橡胶的序列结构可为两段排列和三段排列两种，如 PB-(SIB 无规共聚)、PI-(SB 无规共聚)、$PB_{1,4}$-$PB_{1,2}$-(BI 无规共聚) 等。

（3）微观结构　各种结构在各嵌段中的含量影响产物的性能。为使均聚嵌段 PB 或 PI 能提供良好的低温性能，要求其中的 1,2-结构和 3,4-结构含量低，一般不超过 15%；为使无规共聚段提供优异的抓着性能，要求 1,2-结构和 3,4-结构含量比较高，一般在 70％～90％。

（4）分子链结构　SIBR 的分子链可以是线型结构，也可以是星型结构。偶联剂用量较少时，产物主要为线型结构，门尼值在 40～90 之间，通常为 50～70，相对分子质量分布为 2.0～2.4 之间；偶联剂用量较大时，产物主要为星型结构，门尼值在 55～65 之间，相对分子质量分布在 2.0～3.6 之间。

（5）微观相态　同其他嵌段共聚物一样，由于集成橡胶的链段结构不同，各链段间彼此相容性不好，会出现球状、柱状、层状等微观相分离。

5.3.3.2　集成橡胶的性能

集成橡胶 SIBR 中，既有顺丁橡胶（或天然橡胶）链段，又有丁苯橡胶链段（或丁二烯、苯乙烯、异戊二烯三元共聚链段）。这种橡胶的 tanδ 曲线为一宽峰，如图 5-14 所示。

与各种通用橡胶相比较可以看出，它的玻璃化温度与顺丁橡胶相近（－100℃ 左右），因而低温性能优异，即使在严寒地带的冬季仍可正常使用；其 0～30℃ 的 tanδ 值与丁苯橡胶 SBR1516 相近，说明轮胎可以在湿滑路面上安全行驶；其 60℃ 的 tanδ 值低于各种通用胶，用这种橡胶制造的轮胎滚动摩擦阻力小，能量损耗少。因此，集成橡胶综合了各种橡胶的优点而弥补了各种橡胶的缺点，同时满足了轮胎胎面胶的低温性能、抗湿滑性及安全性的要求，这是各种通用胶种无法相比的。

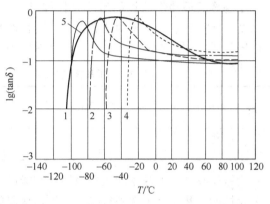

图 5-14　集成橡胶和各通用橡胶的 tanδ 曲线
1—BR；2—NR；3—SBR1500；4—SBR1516；5—SIBR

集成橡胶的优异低温性能来源于丁二烯或异戊二烯的均聚段；优异的湿滑性能来源于分子链中的 S-I-B 或 S-B 共聚段，共聚段中的乙烯基、烯丙基和苯侧基有利于提高聚合物的抓着性能；集成橡胶的低滚动阻力来源于分子链的偶联，偶联反应减少了分子链的末端数目，因此可以大幅度降低滚动阻力。

集成橡胶不仅具有优异的动态力学性能，同时还具有很好的力学性能。其 ML＝70～90，拉伸强度 16～20MPa，断裂伸长率 450％～600％，邵氏硬度 70～90，是一种很好的胎面胶用胶。

5.3.4　丁基橡胶

5.3.4.1　丁基橡胶的制备与品种

丁基橡胶（butyl rubber or isobutylene and isoprene copolymer，IIR）是异丁烯与少量异戊二烯（0.5％～3％）的共聚物，以 CH_3Cl 为溶剂，以三氯化铝（或三氟化硼）为催化剂，在低温（－100～－90℃）通过阳离子溶液聚合而制得。1943 年实现丁基橡胶的工业化生产，1960 年和 1971 年先后实现氯化丁基橡胶和溴化丁基橡胶的工业化生产。通常按所含硫化点单体异戊二烯的数量（不饱和度）和是否卤化来分

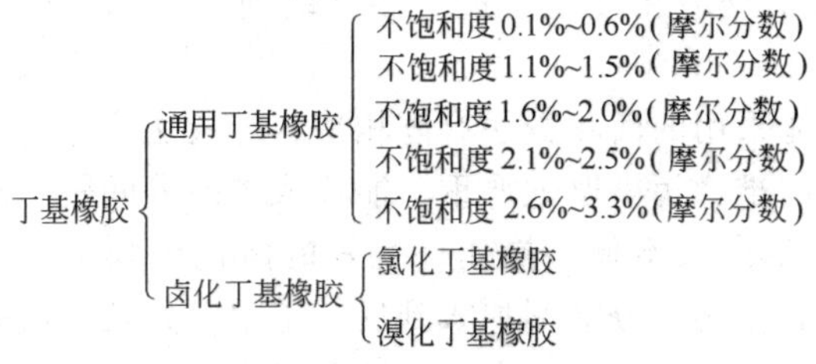

丁基橡胶
　├ 通用丁基橡胶
　│　├ 不饱和度 0.1%～0.6%（摩尔分数）
　│　├ 不饱和度 1.1%～1.5%（摩尔分数）
　│　├ 不饱和度 1.6%～2.0%（摩尔分数）
　│　├ 不饱和度 2.1%～2.5%（摩尔分数）
　│　└ 不饱和度 2.6%～3.3%（摩尔分数）
　└ 卤化丁基橡胶
　　　├ 氯化丁基橡胶
　　　└ 溴化丁基橡胶

图 5-15　丁基橡胶的分类

类。如图 5-15 所示。

5.3.4.2　丁基橡胶的结构、性能与应用

丁基橡胶的结构式为：

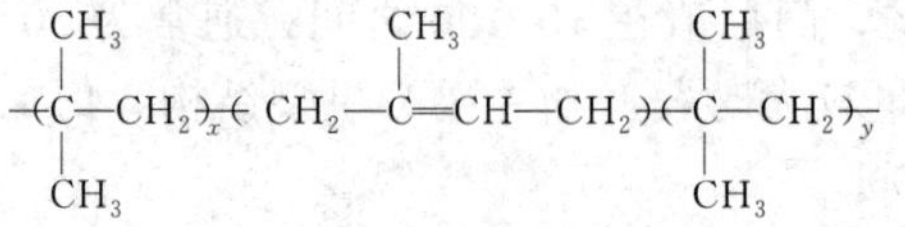

$$\text{-}\!\left[\text{CH}_2\text{-}\overset{\displaystyle \text{CH}_3}{\underset{\displaystyle \text{CH}_3}{\text{C}}}\right]_x\!\!\left[\text{CH}_2\text{-}\overset{\displaystyle \text{CH}_3}{\text{C}}\text{=CH-CH}_2\right]\!\!\left[\text{-C}\overset{\displaystyle \text{CH}_3}{\underset{\displaystyle \text{CH}_3}{}}\text{-CH}_2\right]_y$$

丁基橡胶的分子主链上含有极少量的异戊二烯，双键含量少，不饱和度极低，大约主链上平均有 100 个碳原子仅含有一个双键。分子主链的周围含有数目多而密集的侧甲基。丁基橡胶的分子排列比较规整，X 射线衍射仪发现 IIR 有部分结晶，熔点 T_m 为 45℃。丁基橡胶在低温下不易结晶，高拉伸状态下出现结晶。在低于 −40℃ 下拉伸，结晶较快。因此，丁基橡胶是一种非极性的结晶橡胶。未增强的丁基橡胶拉伸强度可达 14～21MPa。

丁基橡胶最独特的性能是气密性非常好，气透性是 SBR 的 1/8，EPDM 的 1/13，NR 的 1/20，BR 的 1/30，特别适合制作气密性产品，如内胎、球胆、瓶塞等，作充气制品时有长时间保压作用，不必经常打气。丁基橡胶内胎与天然橡胶内胎的保压情况见表 5-4。

表 5-4　丁基橡胶内胎与天然橡胶内胎对空气气密性对比

内胎胶料	原始压力/MPa	压降/MPa		
		1 周	2 周	1 个月
NR	0.193	0.028	0.056	0.114
IIR	0.193	0.003	0.007	0.014

丁基橡胶和乙丙橡胶同属非极性饱和橡胶，具有很好的耐热性、耐天候老化性能、耐臭氧老化性能、化学稳定性和绝缘性。丁基橡胶的水渗透率极低，耐水性能优异，在常温下的吸水速率比其他橡胶低 10～15 倍，丁基橡胶适合应用于高耐热、电绝缘制品。

丁基橡胶的滞后损失大，吸震波能力强，在 −30～50℃ 的温度范围内具有优异的阻尼性能，在玻璃化温度（−73℃）时仍具有屈挠性。在用于缓冲或冲击隔离的防震时，能很快使自由振动衰减，特别适用于对缓冲性能要求高的产品（如发动机座、减震器等）。

丁基橡胶的硫化速率慢，与天然橡胶等高不饱和度的二烯烃类橡胶相比，其硫化速率慢 3 倍左右，需要高温或长时间硫化。但不能采用过氧化物硫化，因为过氧化物会降解丁基橡胶分子链。丁基橡胶的自粘性和互粘性差，与天然橡胶、其他通用合成橡胶的相容性差，不宜并用，仅能与乙丙橡胶和聚乙烯等并用。丁基橡胶的包辊性差，不易混炼，生热高，加工时容易焦烧。

丁基橡胶主要用于充气轮胎的内胎。此外，丁基橡胶还应用于胶管、防水卷材、防腐蚀制品、电气制品、耐热运输带等。一般电气制品选不饱和度低的丁基橡胶。耐热制品选不饱和度高的丁基橡胶，因为丁基橡胶热老化后交联密度下降，制品变软、发黏，而不饱和度偏高的丁基橡胶硫化胶起始交联密度大，热老化后交联密度也较高，制品的硬度下降幅度较小，因此制品性能仍较好。

丁基橡胶经卤化后，制得卤化丁基橡胶，能采用的卤化方法有固相法、乳液法、溶剂法和水相悬浮法。其中前三种方法分别存在散热困难、污染腐蚀严重、能耗成本高等问题。水相悬浮法是一种工艺流程简单、设备投资少、生产成本低、操作环境好的卤化橡胶生产方法，它是将待卤化的橡胶、去离子水、相应的乳化剂、分散剂加入到反应釜中，先处理成稳定的乳液，再加入盐酸水溶液进行酸化处理，在表面活性剂存在下，调配成橡胶水溶液。然后在一定的温度、压力下，通过紫外线或游离基引发剂引发，通氯气进行氯化反应。待反应

物含氯量达到要求后，经过滤分离出固体粒子，用水洗干净后在减压条件下进行干燥，制得氯化橡胶产品。

卤化丁基橡胶与丁基橡胶相比具有反应活性高，硫化速率快；交联结构热稳定性好，制品耐热性更优良；可单独用氧化锌硫化，硫化方式多样化；具有共硫化性，容易与其他橡胶共混等特点，因而得到了长足的发展，拓宽了丁基橡胶的应用范围。

5.3.5　乙丙橡胶

5.3.5.1　乙丙橡胶的制备与品种

乙丙橡胶是在齐格勒-纳塔立体有规催化体系开发后发展起来的一种通用合成橡胶，增长速率在合成橡胶中最快。乙丙橡胶是以乙烯、丙烯为主要单体，采用过渡金属钒或钛的氯化物与烷基铝构成的催化剂共聚而成，主要生产方法为悬浮法或溶液法。根据是否加入非共轭二烯单体作为第三单体，乙丙橡胶分为二元乙丙橡胶（ethylene-propylene copolymer，EPM）和三元乙丙橡胶（ethylene-propylene-diene copolymer，EPDM）两大类。最早开始生产的二元乙丙橡胶，由于其分子链没有可以发生交联反应点的双键，不能用硫黄硫化，与通用二烯烃类橡胶不能很好的共混并用，因此应用受到限制，后来开发了三元乙丙橡胶，目前使用最广泛的也是三元乙丙橡胶。三元乙丙橡胶和其他橡胶特性的比较如表 5-5 所示。三元乙丙橡胶使用的第三单体主要有三种：降冰片烯（ENB）、双环戊二烯（DCPD）、1,4-己二烯（HD）。此外，近年来还出现了各种商品牌号的改性乙丙橡胶和热塑性乙丙橡胶。乙丙橡胶的主要品种如图 5-16 所示。

表 5-5　三元乙丙橡胶和其他橡胶特性的比较

性　能		EPDM	IR/NR	SBR	BR	IIR	CR
相对密度		0.86	0.93	0.94	0.91	0.92	1.23
抵抗性能	耐候性	极优	好	好	差	优	优
	耐臭氧性	极优	差	差	差	优	优
	耐热性	极优	好	好～优	优	极优	优
	耐寒性	优	优	好～优	极优	好	好
	耐酸性	极优	优	优	优	优	好
	耐碱性	极优	优	优	优	优	好
	耐油性	差	差	差	差	差	优
	耐磨性	优	优	优	极优	好	优
	抗撕裂性	好	极优	好	好	优	优
	耐蒸汽性	极优	优	优	优好	极优	好
气密性		好	差～好	好	差	极优	优
黏合性		差	优	优	好	好	极优
绝缘性		极优	优	优	优	极优	差～好
色稳定性		极优	优～极优	优	优	优～极优	差
动态特性		优	极优	优	极优	差	好
阻燃性		差	差	差	差	差	优
压缩变形		优	极优	极优	优	好	优
同帘布黏合性		差	极优	优	优	差～好	优
充油性		极优	优	好～优	优～好	差	好
炭黑填充性		极优	优～极优	优	优	差	好～优

5.3.5.2　乙丙橡胶的结构、性能与应用

乙丙橡胶的化学结构式如下：

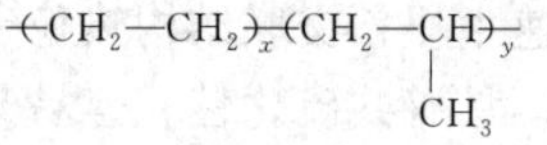

$$\left.\!\!-\!\!\left(CH_2\!-\!CH_2\right)_{\!x}\!\!\left(CH_2\!-\!CH\right)_{\!y}\!\!-\right.$$
$$|$$
$$CH_3$$

EPM

$$\left.\!\!-\!\!\left(CH_2\!-\!CH_2\right)_{\!x}\!\!\left(CH_2\!-\!CH\right)_{\!y}\!\!-\right.$$

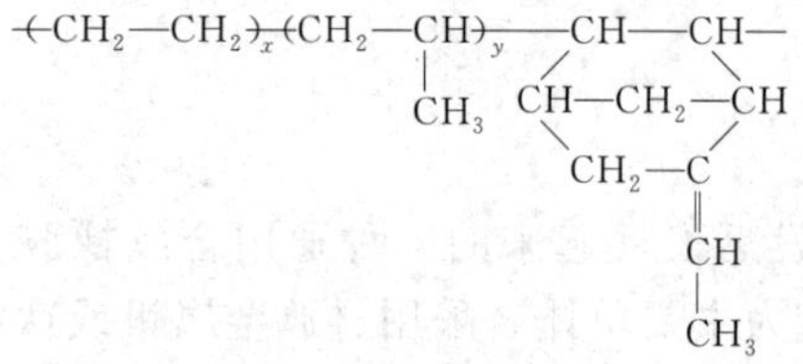

EPDM, E 型

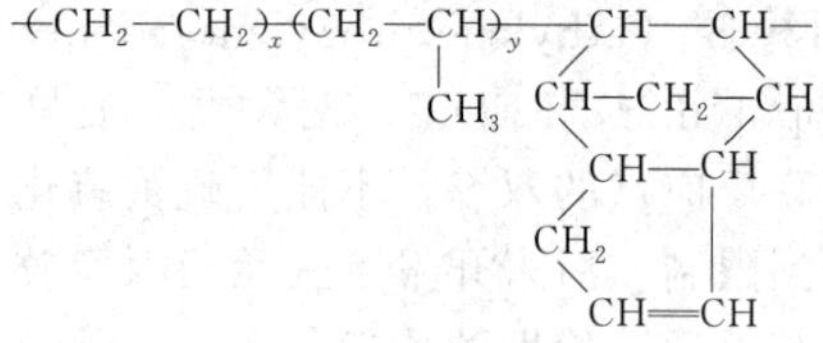

EPDM, D 型

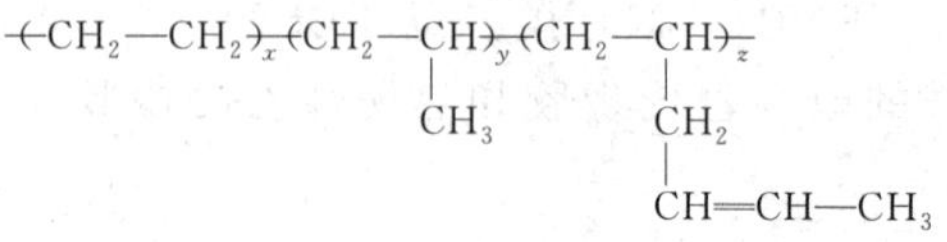

EPDM, H 型

图 5-16　乙丙橡胶的主要品种

二元乙丙橡胶是完全饱和的橡胶，三元乙丙橡胶分子主链是完全饱和的，侧基仅为 $1\%\sim2\%$（摩尔分数）的不饱和第三单体，不饱和度低，所以 EPM 和 EPDM 同属非极性饱和橡胶。三元乙丙橡胶既保持了二元乙丙橡胶的各种优良特性，又实现了用硫黄硫化的目的。乙丙橡胶分子结构中丙烯的引入，破坏了乙烯的结晶，分子主链的乙烯与丙烯单体单元呈无规排列，常用的乙丙橡胶是一种无定形橡胶。乙丙橡胶的内聚能密度低，无庞大的侧基阻碍分子链运动，因而能在较宽的温度范围内保持分子链的柔性和弹性。

乙丙橡胶分子结构中乙烯与丙烯的组成比、相对分子质量及相对分子质量分布和第三单体类型、含量和分布对乙丙橡胶的加工行为和力学性能均有直接影响。随着乙烯含量增加，其生胶混炼胶和硫化胶的拉伸强度提高，永久变形增大，弹性下降。当丙烯含量在 $20\%\sim40\%$（摩尔分数）范围时，乙丙橡胶的玻璃化温度（T_g）约为 $-60\,^\circ\!C$，其低温性能、压缩变形、弹性等均较好，但耐热性能较差。通常为避免形成丙烯嵌段以保证其在乙丙橡胶分子中的无规分布，要求乙烯含量必须大于 50%（摩尔分数）；但乙烯含量超过 70%（摩尔分数）时，乙烯链段出现结晶，玻璃化温度（T_g）升高，耐寒性能下降，加工性能变差。一般认为乙烯含量在 60%（摩尔分数）左右的乙丙橡胶的加工性能和硫化胶物理机械性能均较好，所以大部分乙丙橡胶的乙烯含量均控制在这个范围内。具体应用时，为了在性能上取长补短，以获得好的综合性能，也可以并用两种或三种不同乙烯/丙烯比的乙丙橡胶，以满足橡胶制品性能的要求。

三元乙丙橡胶所用第三单体为非共轭二烯烃类，其类型、用量和分布对硫化速率和硫化胶的物理机械性能均有直接的影响，第三单体类型对 EPDM 性能的影响如表 5-6 所示。第三单体含量的高低，通常用碘值表示。第三单体含量高则碘值高，硫化速率快，硫化胶的力学性能如定伸应力、生热、压缩永久变形等均有所改善，但焦烧时间缩短，耐热性能稍有下降，如表 5-7 所示。乙丙橡胶的碘值范围为 $6\sim30g$ 碘$/100g$ 胶，大多数则是在 $15g$ 碘$/100g$ 胶左右。碘值为 $6\sim10g$ 碘$/100g$ 胶的乙丙橡胶硫化速率较慢，可与丁基橡胶并用，但不能

与高不饱和橡胶并用；碘值为 15g 碘/100g 胶左右的为快速硫化型乙丙橡胶；碘值为 20g 碘/100g 胶左右的为高速硫化型；碘值为 25～30g 碘/100g 胶为超高速硫化型，它可以任何比例与高不饱和二烯烃类橡胶并用。使用时应根据制品的性能要求加以选择，与其他橡胶并用时，应特别注意选用具有适合碘值的乙丙橡胶，以实现同步硫化。

表 5-6　第三单体类型对三元乙丙橡胶的性能影响

性　　能	次　　序	性　　能	次　　序
硫黄硫化体系硫化速率	E＞H＞D	压缩永久变形	D 低
有机过氧化物硫化速率	D＞E＞H	臭味	D 有
耐臭氧性能	D＞E＞H	成本	D 低
拉伸强度	E 高	支化	E 少量，H 无，D 高

表 5-7　第三单体含量的增加对物理性能和加工性能的影响

对物理性能的首要影响	对物理和加工性能的次要影响	对物理性能的首要影响	对物理和加工性能的次要影响
二烯，升高 交联密度，升高	硫化速率，升高 焦烧安全性，下降 模量，升高	交联密度，升高	伸长率，下降 回弹性，升高 压缩变形，下降

乙丙橡胶的重均相对分子质量（M_w）与门尼黏度密切相关。门尼黏度通常受聚合物中等长度分子链的数目控制，它可以显示出弹性体相对分子质量的大小。乙丙橡胶的门尼黏度值（$ML_{1+4}100℃$）在 25～90 范围内，个别品种会更高（105～110）。相对分子质量对三元乙丙橡胶的性能影响如表 5-8 所示。对于加工性能而言，相对分子质量分布宽的乙丙橡胶具有较好的开炼机混炼特性和压延性能。相对分子质量分布变窄，则加工性能下降，这样与填料的混合性、填料在胶料中的分散性等都会下降，但相对分子质量分布窄的乙丙橡胶具有较好的力学性能，如生胶强度、回弹性、压缩性能等都会增加。在相对分子质量分布中，如增加低相对分子质量的比例，其混炼胶的包辊性能较好，但导致硫化胶的交联密度降低，力学性能下降。

表 5-8　相对分子质量增高对三元乙丙橡胶的性能影响

对物理性能的首要影响	对物理和加工性能的次要影响	对物理性能的首要影响	对物理和加工性能的次要影响
门尼黏度，升高 交联密度，升高	生胶强度，升高 加工和分散性，下降 填充量，升高	交联密度，升高	模量，升高 伸长率，下降 压缩变形，下降

乙丙橡胶的非极性、饱和分子主链赋予它一系列独特性能。

① 乙丙橡胶具有优异的热稳定性和耐老化性能，是现有通用橡胶中最好的，主要表现在：可在 120℃ 的环境中长期使用，在 150℃ 或更高温度下可间断或短期使用。从图 5-17 看出，天然橡胶开始失重的温度为 315℃，丁苯橡胶开始失重的温度为 391℃，三元乙丙橡胶开始失重的温度为 485℃。如图 5-18 所示，二元乙丙橡胶的耐热老化性能优于三元乙丙橡胶，前者老化时裂解与交联之间有平衡现象，后者交联占优势。H 型 EPDM 在 150℃ 的耐热老化性能优于 E 型和 D 型 EPDM。耐天候老化性能好，能长期在阳光、潮湿、寒冷的自然环境中使用，如含炭黑的乙丙橡胶硫化胶在日光

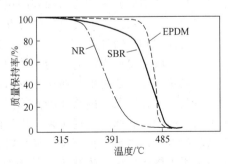

图 5-17　几种橡胶在氮气中的热失重曲线

下曝晒 3 年不发生龟裂，具有突出的耐臭氧性能，优于 IIR、CR，如图 5-19 所示。

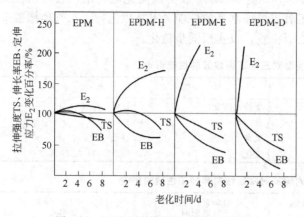

图 5-18　二元乙丙橡胶和三元乙丙橡胶
在 150℃ 的热老化性能对比

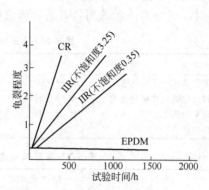

图 5-19　乙丙橡胶、丁基橡胶、氯丁
橡胶耐臭氧性能的对比

② 耐化学腐蚀性能好，乙丙橡胶对各种极性的化学药品和酸、碱有较强的抗耐性，长时间接触后其性能变化不大。

③ 具有较好的弹性和低温性能，在通用橡胶中弹性仅次于天然橡胶和顺丁橡胶，在低温下仍能保持较好的弹性，其最低极限使用温度可达－50℃ 或更低。

④ 电绝缘性能优良，尤其是耐电晕性能极好。另外，乙丙橡胶的吸水性小，故浸水后的电绝缘性能变化不大。乙丙橡胶的体积电阻率在 $10^{16}\Omega\cdot cm$ 数量级，击穿电压为 30～40MV/m，介电常数也较低。

⑤ 乙丙橡胶具有优异的耐水、耐热水和水蒸气性能。从表 5-9 看出，在四种橡胶中，EPDM 耐热水性能是最突出的。

表 5-9　160℃ 过热水中 EPDM 与其他橡胶的性能对比

橡胶类型	拉伸强度下降 80%的时间 /h	5 天拉伸强度下降 /%	橡胶类型	拉伸强度下降 80%的时间 /h	5 天拉伸强度下降 /%
EPDM	10000	0	NBR	600	10
IIR	3600	0	MVQ	480	58

⑥ 乙丙橡胶密度为 $0.86g/cm^3$，在所有橡胶中最低，具有高填充性，可大量填充油和填料，有利于降低成本。

乙丙橡胶也存在一些缺点：采用硫黄体系硫化速率慢，难以与不饱和橡胶共硫化，因而难以与不饱和橡胶并用。乙丙橡胶的包辊性差，不易混入炭黑，硫化时需采用超速促进剂，用量多会喷霜。乙丙橡胶的自粘性与互粘性较差，往往给加工工艺带来很大困难。此外，耐燃性、耐油性和气密性差。

乙丙橡胶主要用于制造除轮胎外的汽车部件，其中用途最大的是车窗密封条、散热器软管等水系统软管。乙丙橡胶在轮胎方面的应用主要是三元乙丙橡胶与其他二烯类橡胶并用，用于轮胎侧覆盖胶条、内胎和胎侧等部位，但因乙丙橡胶料的自粘性和互粘性太差，尚不能用于轮胎的胎体和胎面。近年来，用于防水卷材的乙丙橡胶消耗量正在增加，还广泛用于电气制品如电线、电缆的护套及绝缘材料、耐热物料输送带、耐化学腐蚀的工业制品，另一大用途是用于树脂的增韧改性剂。低相对分子质量的乙丙橡胶主要用于润滑油的黏度指数改性剂。

　　乙丙橡胶通过改性可以弥补其存在的不足，或是得到具有特殊性能的乙丙橡胶，扩大其应用范围。常见的改性乙丙橡胶有卤化乙丙橡胶、氯磺化乙丙橡胶、丙烯腈改性乙丙橡胶、丙烯酸酯改性乙丙橡胶等。经卤化改性的乙丙橡胶由于分子链上引入了活性较高的卤元素极性基团，与乙丙橡胶相比，它的硫化速率更快，定伸应力、撕裂强度较高，黏着性能较好，与不饱和橡胶的相容性得到改善，耐燃性、耐油性也得到一定程度的提高；乙丙橡胶经磺化后的产品具有优异耐候性、耐臭氧性、低韧性，还具有形状记忆特性；丙烯腈改性乙丙橡胶随丙烯腈接枝量的增加，硫化胶的定伸应力和硬度提高，伸长率和弹性降低。接枝 25% 丙烯腈的改性三元乙丙橡胶的综合性能和加工性能均较优，物理机械性能也较好，可用于制造耐水、耐油和耐化学腐蚀性介质、耐高低温的工业橡胶制品。

　　茂金属催化剂合成乙丙橡胶标志着乙丙橡胶进入一个崭新的发展阶段，茂金属催化乙丙橡胶与传统乙丙橡胶相比，其产物相对分子质量分布较窄，产品纯净、颜色透亮、聚合结构均匀，尤其是通过改变茂金属结构可以准确地调节乙烯、丙烯和二烯烃的组成，在很大范围内调控聚合物的微观结构，从而合成具有新型链结构、不同用途的产品。5-乙烯基-2-降冰片烯（VNB）作为第三单体或第四单体与乙烯、丙烯发生共聚合反应，生成 EPDM-VNB 三元共聚物或四元共聚物，与普通 EPDM 相比，它具有更低的黏度、更快和更全面的硫化性能，耐热性和耐热老化性方面也得到了很好的改善。EPDM-VNB 通常与普通 EPDM 并用，制造特殊用途的制品。如由 $VOCl_3$-Et_2AlCl-$Et_3Al_2Cl_3$ 组成的催化剂体系合成的 EPDM-VNB 与 EPDM-ENB 并用，制品显示出极好的共硫化性。目前，茂金属乙丙橡胶主要应用在聚合物改性、电缆电线绝缘材料、汽车部件等方面。

5.3.6 　氯丁橡胶

5.3.6.1　氯丁橡胶的制备与品种

　　氯丁橡胶（chloroprene or neoprene rubber，CR）最早由美国杜邦公司在 1931 年生产。全世界年产约 70 万吨。氯丁橡胶是利用 2-氯-1,3-丁二烯单体采用自由基乳液聚合制备的。氯丁橡胶按其特性和用途可分为通用型、专用型和氯丁胶乳三大类，如图 5-20 所示。通用型氯丁橡胶大致可分为两类：即采用硫黄作调节剂，用秋兰姆作稳定剂的硫黄调节型，以及不含这些化合物的非硫黄调节型。硫调型氯丁橡胶的聚合温度约 40℃，非硫调型氯丁橡胶的聚合温度在 10℃ 以下。

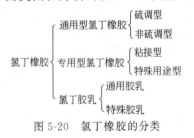

图 5-20　氯丁橡胶的分类

5.3.6.2　氯丁橡胶的结构、性能与应用

　　氯丁橡胶的结构式如下：

硫调型　　$+CH_2-\underset{\underset{Cl}{|}}{C}=CH-CH_2\frac{}{n}S_x-$　　$x=2\sim6$；$n=80\sim110$

非硫调型　　$+CH_2-\underset{\underset{Cl}{|}}{C}=CH-CH_2\frac{}{n}$

　　分子结构中反式-1,4-加成结构占 88%～92%，顺式-1,4-结构占 7%～12%，约 1%～5% 的 1,2-结构和 3,4-结构，属结晶不饱和极性橡胶。氯丁橡胶的大分子键上主要含有反式-1,4-加成结构，易于结晶，且其结晶能力高于天然橡胶、顺丁橡胶和丁基橡胶，结晶温度范围为 $-35\sim+50℃$，最大结晶速率的温度为 $-12℃$。氯丁橡胶大分子链中 95% 以上的氯原子直接地连在有双键的碳原子上，即 —CH=CCl— 结构，氯原子的 p 电子与 π 键形成 p-π 共轭，氯原子又具有吸电子效应，综合作用的结果使 C—Cl 键的电子云密度增加，氯原子

不易被取代，双键的电子云密度降低，也不易发生反应，所以氯丁橡胶的硫化反应活性和氧化反应活性均比天然橡胶、丁苯橡胶、丁腈橡胶和顺丁橡胶低，不能采用硫黄硫化体系硫化，耐老化性能、耐臭氧老化性能比一般的不饱和橡胶好得多。

硫黄调节型氯丁橡胶（简称为 G 型）采用硫黄和秋兰姆作调节剂，结构比较规整，分子链中含有多链键。由于多硫键的键能远低于 C—C 键或 C—S 键的键能，在一定条件下（如热、氧、光的作用）容易断裂，生成新的活性基团，导致发生交联，生成不同结构的聚合物，所以储存稳定性较差。正是由于存在多硫键，在塑炼时才使其分子在多硫键处断裂，形成硫氢化合物（—SH），使相对分子质量降低，故塑炼效果与天然橡胶近似。G 型氯丁橡胶硫化时必须使用金属氧化物（MgO 和 ZnO）。

非硫黄调节型氯丁橡胶（简称为 W 型）采用硫醇（或调节剂丁）作调节剂。与 G 型氯丁橡胶相比，储存稳定性好，加工性好，加工过程中不容易焦烧，也不容易粘辊，操作条件容易掌握，制得的硫化胶有良好的耐热性和较低的压缩变形；但硫化速率慢，结晶性较大。W 型氯丁橡胶硫化时不仅要使用金属氧化物，而且还要使用硫化促进剂。

专用型氯丁橡胶系指用作黏合剂及其他特殊用途的氯丁橡胶。这些橡胶多为结晶性很大的均聚物或共聚物，具有专门的性质和特殊用途。可分为粘接型和其他特殊用途型。

氯丁橡胶是所有合成橡胶中相对密度最大的，约为 1.23~1.25。由于氯丁橡胶的结晶性和氯原子的存在，使它具有良好的力学性能和极性橡胶的特点。氯丁橡胶属于自增强橡胶，生胶具有较高的强度，硫化胶具有优异的耐燃性能和黏合性能，耐热氧化、耐臭氧老化和耐天候老化较好，仅次于乙丙橡胶和丁基橡胶，耐油性仅次于丁腈橡胶。氯丁橡胶的低温性能和电绝缘性较差。氯丁橡胶的最低使用温度是 $-30℃$，体积电阻率为 $10^{10}~10^{12}\Omega\cdot$ cm，击穿电压为 16~24MV/m，只能用于电压低于 600V 的场合。

氯丁橡胶主要应用在阻燃制品、耐油制品、耐天候制品、黏合剂等领域，如广泛用于耐热、耐燃输送带，耐油、耐化学腐蚀的胶管，电线电缆外包皮、门窗密封条、公路填缝材料和桥梁支座垫片等，用作胶黏剂，其粘接强度高。耐热胶黏剂的标准配方如表 5-10 所示。

表 5-10　氯丁橡胶耐热胶黏剂标准配方

物　　质	成分/份	物　　质	成分/份
CR	100	叔丁基苯酚树脂	45
MgO	4	MgO	4
ZnO	5	水	1
防老剂	2	溶剂	适量（固体 20%~30%）

5.4　特种合成橡胶

特种橡胶是指用途特殊、用量较少的一类橡胶，多属饱和橡胶（丁腈橡胶除外），分子主链有的是碳链，有的是杂链，除硅橡胶外都是极性橡胶。由于这些橡胶结构上的多样性，所以性能上各独具特色，也正是这些独特的性能才能满足那些独特的要求。因此，这些橡胶尽管用量很少，在国防、军事和民用领域却发挥着十分重要的作用。

5.4.1　丁腈橡胶

5.4.1.1　丁腈橡胶制备与品种

丁腈橡胶是目前用量最大的一种特种合成橡胶，以丁二烯和丙烯腈为单体经乳液共聚而制得的高分子弹性体，于 1937 年工业化生产。聚合方法包括高温乳液聚合（25～50℃）和低温乳液聚合（5～10℃）。目前主要采取低温乳液聚合。丙烯腈的含量是影响丁腈橡胶性能的重要指标，其含量一般在 15%～50% 范围内。丁腈橡胶的分类如图 5-21 所示。

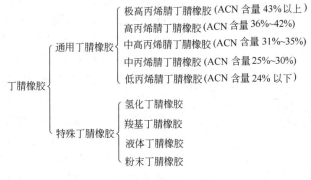

$$丁腈橡胶 \begin{cases} 通用丁腈橡胶 \begin{cases} 极高丙烯腈丁腈橡胶（ACN 含量 43\% 以上） \\ 高丙烯腈丁腈橡胶（ACN 含量 36\%\sim42\%） \\ 中高丙烯腈丁腈橡胶（ACN 含量 31\%\sim35\%） \\ 中丙烯腈丁腈橡胶（ACN 含量 25\%\sim30\%） \\ 低丙烯腈丁腈橡胶（ACN 含量 24\% 以下） \end{cases} \\ 特殊丁腈橡胶 \begin{cases} 氢化丁腈橡胶 \\ 羧基丁腈橡胶 \\ 液体丁腈橡胶 \\ 粉末丁腈橡胶 \end{cases} \end{cases}$$

图 5-21　丁腈橡胶的分类

5.4.1.2　丁腈橡胶的结构、性能与应用

丁腈橡胶的化学结构式：

$$\sim(\!\!-CH_2-CH=CH-CH_2\!\!-)_x(\!\!-CH_2-\underset{\underset{CN}{|}}{CH}\!\!-)_y(\!\!-CH_2-\underset{\underset{\underset{CH_2}{\|}}{CH}}{CH}\!\!-)_z\sim$$

通用型丁腈橡胶的分子结构包括共聚物组成（用丙烯腈含量表示）、组成分布、相对分子质量、相对分子质量分布、支化度、凝胶含量、丁二烯链段的微观结构、链段分布等。丁腈橡胶中丙烯腈的存在使分子具有强的极性。丙烯腈含量增加，大分子极性增加，内聚能密度迅速增高，溶度参数迅速增加，从而引起一系列性能上的变化。如表 5-11 所示，丙烯腈含量对丁腈橡胶的性能影响很大。图 5-22 进一步表明了 ACN 含量的变化对硬度、弹性、压缩永久变形和脆性温度的影响程度。随着丙烯腈含量增加，加工性能变好，硫化速率加快，耐热性能、耐磨性能、气密性提高，但弹性降低，永久变形增大。不同类型的丁腈橡胶都存在一个丙烯腈含量分布范围，范围若较宽，则硫化胶的物理机械性能和耐油性较差，因此在聚合时设法使其分布范围变窄。通常所说丙烯腈含量是指平均含量。

表 5-11　共聚物组成（丙烯腈含量）对丁腈橡胶性能的影响

ACN 含量	耐热性	耐臭氧老化	溶度参数	玻璃化温度	耐油性	气密性	抗静电性	强度	耐磨性	密度	常温硬度	加工生热量	耐压缩变形	弹性	低温性能	绝缘性	包辊性
高↑低	↑	↑	↑	↑	↑	↑	↑	↑	↑	↑	↑	↑	↓	↓	↓	↓	↓

丁腈橡胶分子中，丁二烯的加成方式有以下三种：顺式-1,4-加成、反式-1,4-加成和 1,2-加成。不同加成方式对橡胶的性能也有一定的影响，丁腈橡胶分子中丁二烯链节大多数以 1,4-加成的方式与丙烯腈结合。顺式-1,4-加成增加有利于提高橡胶的弹性，降低玻璃化温度。反式-1,4-加成增加，拉伸强度提高，热塑性好，但弹性降低。1,2-加成增加时，导致支化度和交联度提高，凝胶含量较高，使加工性不好，低温性能变差，并降低力学性能和弹性。冷聚丁腈橡胶比热聚丁腈橡胶具有较高的反-1,4-含量，其工艺性能和硫化胶的力学性能较好。

丁腈橡胶的相对分子质量可由几千到几十万，相对分子质量低的为液体丁腈橡胶，相对

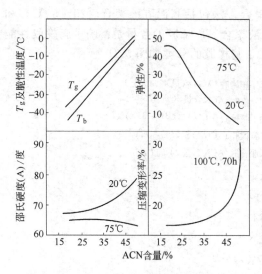

图 5-22 ACN 含量对丁腈橡胶的压缩永久
变形、脆性温度、弹性和硬度的影响

分子质量较高的为固体丁腈橡胶。工业生产中常用门尼黏度来表示相对分子质量的大小，通用型丁腈橡胶的门尼黏度（$ML_{1+4}100℃$）一般在 $30\sim130$ 之间，其中门尼黏度在 45 左右称为低门尼黏度，门尼黏度在 60 左右称为中门尼黏度，门尼黏度在 80 以上称为高门尼黏度。相对分子质量和相对分子质量分布对橡胶性能有一定的影响。当相对分子质量大时，由于分子间作用力增大，大分子链不易移动，拉伸强度和弹性等力学性能提高，可塑性降低，加工性变差。当相对分子质量分布较宽时，由于低分子级分的存在，使分子间作用力相对减弱，分子易于移动，故改进了可塑性，加工性较好。但相对分子质量分布过宽时，因为低分子级分过多而影响硫化交联，反而会使拉伸强度和弹性等力学性能受到损害。因此，聚合时必须控制适当的相对分子质量和相对分子质量分布范围。

丁腈橡胶属于非结晶性的极性不饱和橡胶，具有优异的耐非极性油和非极性溶剂的性能，耐油性仅次于聚硫橡胶、氟橡胶和丙烯酸酯橡胶，并随着丙烯腈含量的增加而提高，同时耐寒性却降低，因此应注意两者之间的平衡。根据美国汽车工程师学会（SAE）对橡胶材料的分类（J200/ASTM D2000），将各种橡胶按耐油性和耐热性分为不同的等级，如图 5-23 所示。丁腈橡胶的耐热性不高，仅达 B 级，但耐油性很好，达到了 J 级。图 5-24 是丙烯腈含量与丁腈橡胶在 ASTM No.2 油中的溶胀及 T_g 的关系。

丁腈橡胶属于非自增橡胶，需加入炭黑、白炭黑等增强性填料增强后才具有较好的力学

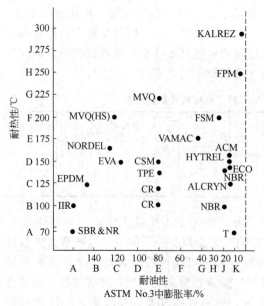

图 5-23 橡胶密封材料的耐热性和耐油性

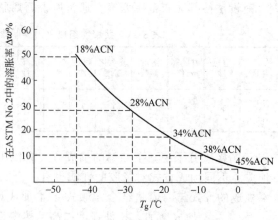

图 5-24 ACN 含量与丁腈橡胶在 ASTM No.2
油中的溶胀及 T_g 的关系

性能和耐磨性。丁腈橡胶的耐臭氧性能优于通用的二烯烃类不饱和橡胶，逊于氯丁橡胶；耐热性好于 NR、SBR 和 BR，长时间使用温度为 $100℃$，可在 $120～150℃$ 短期或间断使用；ACN 含量为 40% 的丁腈橡胶的气密性与丁基橡胶相当；丁腈橡胶的体积电阻率为 $10^9～10^{10}Ω\cdot cm$，具有良好的抗静电性能。总体上讲，丁腈橡胶易于加工，但由于 ACN 单元会使硫黄溶解度下降，所以混炼时硫黄应先加为宜。此外，丁腈橡胶的自粘性较低，混炼生热量较大，包辊性不够好，加工中应予注意。

丁腈橡胶广泛用于耐油制品，如接触油类的胶管、胶辊、密封垫圈、储槽衬里、飞机油箱衬里以及大型油囊等以及抗静电制品。

5.4.1.3　丁腈橡胶的改性与特种丁腈橡胶

NBR 的极性非常强，与氯丁橡胶、改性酚醛树脂和 PVC 等极性强的聚合物，与含氯的聚合物具有较好的相容性，常进行并用，NBR 与悬浮法 PVC 并用胶的门尼黏度值高达 90；耐臭氧和耐天候老化性能比通常 NBR 显著提高；耐燃性提高；耐磨性、耐油性、耐化学药品性能等比通常 NBR 有所改善；挤出压延工艺性能改善；但低温性能和弹性降低，压缩永久变形增大。

NBR 与酚醛树脂的相容性随着 NBR 中丙烯腈含量的增加而提高，当酚醛树脂作为增强硬化剂掺用于 NBR 中时，可提高硫化胶的拉伸强度、撕裂强度、耐磨性和硬度，改进耐热、耐屈挠、电绝缘性及耐化学腐蚀性，而且加工成型性能良好。在 NBR 中加入 $50～100$份酚醛树脂，可用硫黄/促进剂 DM 进行硫化。当树脂用量增至 100 份时，不用硫黄和促进剂也可使胶料发生交联。为了改进通用型丁腈橡胶的性能，各国开发了一些特种丁腈橡胶，下面就介绍几种特种丁腈橡胶。

(1) 羧基丁腈橡胶　它是由含羧基单体（丙烯酸或甲基丙烯酸）和丁二烯、丙烯腈三元共聚制得的。由于引进了羧基，增加了橡胶的极性，可进一步提高耐油性，同时羧基丁腈橡胶还具有突出的高强度，因此又称为高强度型橡胶。该橡胶还具有良好的黏着性和耐老化性能，但因羧基的活性较高，胶料容易焦烧。羧基丁腈橡胶可用硫黄硫化，也可用多价金属氧化物硫化。

(2) 部分交联型丁腈橡胶　它是丙烯腈、丁二烯和二乙烯基苯（用量 $1～3$ 份）的三元共聚物。由于引进第三单体产生部分交联，故加工性较好，但力学性能较差，只宜作加工助剂使用。当这种橡胶以 $20\%～30\%$ 的比例并用于通用型丁腈橡胶中时，可大大改善胶料的压延、压出性能，而且包辊性好，胶片表面光滑，收缩小，半成品尺寸稳定，压出速率快。部分交联型丁腈橡胶常与极性树脂并用，以改进树脂的性能，是一种有效的非挥发性、非迁移性、非抽出性高分子增塑剂。部分交联型丁腈橡胶的另一个特点是在用直接蒸汽硫化时，可防止制品产生下垂变形，这一特征是其他丁腈橡胶所不具备的。

(3) 液体丁腈橡胶　分为两种类型，一类是低相对分子质量（$600～7000$）的丁二烯和丙烯腈共聚物；另一类是含有端基的低相对分子质量液体丁腈橡胶。后者根据所含端基的种类不同，又分为含羧基和含硫醇基液体丁腈橡胶两种。

液体丁腈橡胶主要用途是作固体丁腈橡胶的增塑剂。它和任何丁腈橡胶都能完全互溶，用量不受限制。用于耐油制品中时，这种增塑剂不会被油抽出迁移而影响制品性能。另外，它还可和树脂并用，对树脂进行改性，也可用来配制胶黏剂等。

(4) 高饱和丁腈橡胶　这种橡胶也叫氢化丁腈橡胶（hydrogenated nitrile rubber，HNBR），它是将丁腈橡胶溶于适当的溶剂中，催化加氢得到的。加氢反应的关键是控制腈基不发生氢化，仅使双键氢化，饱和度为 $80\%～99\%$ 以上；随着饱和度的增加，胶料的门尼黏度有所增加，力学性能变化不大，耐热、耐臭氧、耐化学药品性能提高。玻璃化温度随着氢化度的增加变窄，在 $-40 \sim -15{}^\circ\!C$ 之间。

高饱和丁腈橡胶硫化胶比氯丁橡胶、氯磺化聚乙烯、丙烯酸酯橡胶具有更优异的耐油性能，而耐热性能介于氯磺化聚乙烯、氯醚橡胶和三元乙丙橡胶之间，优于普通丁腈橡胶（约高 $40{}^\circ\!C$）；低温性能优于丙烯酸酯橡胶。耐胺性和耐蒸汽性优于氟橡胶，与三元乙丙橡胶相似；压缩永久变形接近乙丙橡胶；压出性能优于氟橡胶。

氢化丁腈橡胶主要用于油气井和汽车工业方面。在油井深处的高温、高压下，丁腈橡胶和氟橡胶受盐酸、氢氟酸、硫化氢、二氧化碳、甲醇、蒸汽等的作用很快破坏，而氢化丁腈橡胶在上述环境中，综合性能优于丁腈橡胶和氟橡胶。

氢化丁腈橡胶用于汽车配件，如输油软管、传动带等。输油软管要求橡胶有较好的耐酸性汽油性能，传动带要求橡胶在较宽的温度范围内有稳定的硬度、模量和动态性能以及良好的耐油性能，氢化丁腈橡胶的上述综合性能优于丁腈橡胶和氯醚橡胶。氢化丁腈橡胶还适于制造汽车润湿油系统的零件以及核电装置的零部件（耐辐射）。

5.4.2 硅橡胶

5.4.2.1 硅橡胶制备与品种

硅橡胶是由硅氧烷与其他有机硅单体共聚的聚合物。硅橡胶是一种分子链兼具有无机和有机性质的高分子弹性体，按其硫化机理分为三大类：有机过氧化物引发自由基交联型（也称热硫化型）、缩聚反应型（也称室温硫化型）和加成反应型三大类。

热硫化型硅橡胶是指相对分子质量为 40 万～60 万的硅橡胶。采用有机过氧化物作硫化剂，经加热产生自由基使橡胶交联，从而获得硫化胶，是最早应用的一大类橡胶，品种很多。按化学组成的不同，主要有以下几种：二甲基硅橡胶、甲基乙烯基硅橡胶、甲基乙烯基苯基硅橡胶、甲基乙烯基三氟丙基硅橡胶、亚苯基硅橡胶和亚苯醚硅橡胶等。

室温硫化型（缩合硫化型）硅橡胶相对分子质量较低，通常为黏稠状液体，按其硫化机理和使用工艺性能分为单组分室温硫化硅橡胶和双组分室温硫化硅橡胶。它的分子结构特点是在分子主链的两端含有羟基或乙酰氧基等活性官能团，在一定条件下，这些官能团发生缩合反应，形成交联结构而成为弹性体。

加成硫化型硅橡胶是指官能度为 2 的含乙烯基端基的聚二甲基硅氧烷在铂化合物的催化作用下，与多官能度的含氢硅烷加成反应，从而发生链增长和链交联的一种硅橡胶。生胶一般为液态，聚合度为 1000 以上，通常称液态硅橡胶。例如，采用官能度为 4 的含氢硅烷，液态硅橡胶的链增长过程如下：

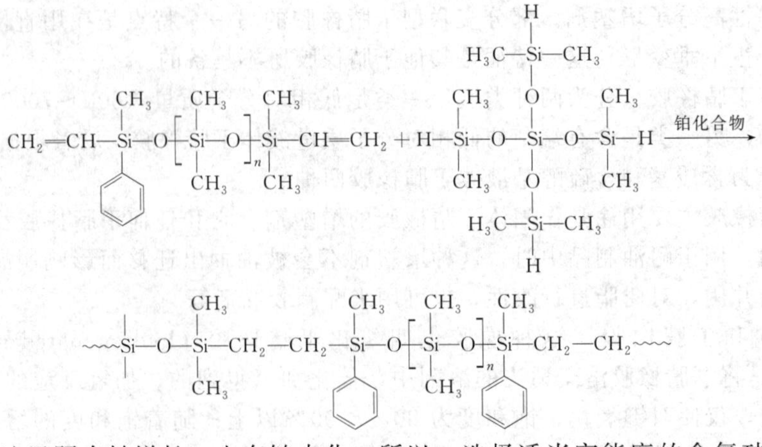

无疑地，这里既有链增长，也有链支化，所以，选择适当官能度的含氢硅烷是重要的。

这种反应又叫氢硅化反应。

5.4.2.2 结构、性能及应用

硅橡胶的分子结构式：

$$\left[\underset{R}{\overset{R}{\underset{|}{\overset{|}{Si}}}}-O\right]_m\left[\underset{R''}{\overset{R'}{\underset{|}{\overset{|}{Si}}}}-O\right]_n$$

式中，R、R′、R″为甲基、乙烯基、氟基、氰基、苯基等有机基团。

甲基乙烯基硅橡胶是一种典型产品，乙烯基单元含量为 0.1%～0.3%（摩尔分数），提供反应交联点。

硅橡胶的分子主链由硅原子和氧原子交替组成（—Si—O—Si—），主链高度饱和，Si—O 键的键能为 165kJ/mol，比 C—C 键的键能（84kJ/mol）要大得多，Si—O 柔顺性好，分子内、分子间的作用力较弱，硅橡胶属于一种半无机的饱和、杂链、非极性弹性体。通用型硅橡胶具有优异的耐高、低温性能，在所有的橡胶中具有最宽广的工作温度范围（－100～350℃）；优异的耐热氧老化、耐天候老化及耐臭氧老化性能；极好的疏水性，使之具有优良的电绝缘性能、耐电晕性和耐电弧性；低的表面张力和表面能，使其具有特殊的表面性能和生理惰性以及高透气性，适于做生物医学材料和保鲜材料。硅橡胶不耐酸碱，遇酸或碱发生解聚。硅橡胶的生胶强度很低，仅有 0.3MPa 左右，必须用增强剂增强。最有效的增强剂是气相法白炭黑，同时需配合结构控制剂和耐热配合剂。常用的耐热配合剂为金属氧化物，一般用 Fe_2O_3 3～5 份。常用的结构控制剂如二苯基硅二醇、硅氮烷等。采用有机过氧化物作交联剂，如过氧化苯甲酰（BPO）、过氧化二异丙苯（DCP）等。硅橡胶一般需要二段硫化，使低分子物挥发，进一步提高交联程度，从而提高硫化胶的性能。

氟硅橡胶具有优良的耐油、耐溶剂性能，对脂肪族、芳香族和氯化烃类溶剂、石油基的各种燃料油、润滑油、液压油以及某些合成油（如二酯类润滑油和硅酸酯类液压油）等在常温和高温下的稳定性都很好，其使用温度范围为－50～250℃；亚苯基或亚苯醚硅橡胶具有优良的耐高温辐射性能，但耐寒性较差。

单组分室温硫化型硅橡胶是以羟基封端的低相对分子质量硅橡胶与增强剂混合后干燥去水，然后加入交联剂（含有能水解的多官能团硅氧烷），此时，混炼胶已成为含有多官能团端基的聚合物，封装于密闭容器内。使用时挤出与空气中水分接触，官能团水解形成不稳定羟基，然后缩合交联成弹性体。由于单组分室温硫化硅橡胶依赖空气中的水分进行硫化，故在使用前应密闭储存。

单组分室温硫化硅橡胶对多种材料，例如金属、玻璃、陶瓷等有良好的黏结性，使用时特别方便，一般不需称量、拌匀、除泡等操作。其硫化速率取决于环境的相对湿度、温度以及胶层厚度。厚制品的深部硫化困难，因为硫化是从表面开始，逐渐向深处进行，胶层越厚，硫化越慢，如果内层胶料硫化不完全，高温使用时会变软、发黏，一般采用分层浇注的方法来解决。单组分室温硫化硅橡胶主要用作胶黏剂，在建筑工业中作为密封填缝材料。

双组分室温硫化硅橡胶是由生胶的羟基在催化剂（有机锡盐，如二丁基二月桂酸锡或辛酸亚锡等）作用下与交联剂（烷氧基硅烷，如正硅酸乙酯或其部分水解物）的烷氧基缩合反应而成。双组分室温硫化硅橡胶通常是将生胶、填料与交联剂混为一个组分，生胶、填料与催化剂混成另一组分，使用时再将两个组分经过计量进行混合。双组分的硫化时间主要取决于催化剂用量，用量越多，硫化速率越快；此外，环境温度越高，硫化速率也越快；硫化时无内应力，不收缩，不膨胀；硫化时缩合反应在内部和表面同时进行，不存在厚制品深部硫化困难问题。它对其他材料无粘接性，与其他材料粘接时，需采用表面处理剂作底涂。双组

分室温硫化硅橡胶可用于制造模具、灌封材料等。

液态硅橡胶主要应用于制造注压制品、压出制品和涂覆制品。压出制品如电线、电缆，涂覆制品是以各种材料为底衬的硅橡胶布或以纺织品增强的薄膜，注压制品为各种模型制品。由于液态硅橡胶的流动性好，强度高，更适宜制作模具和浇注仿古艺术品。因为硫化时没有交联剂等产生的副产物逸出，生胶的纯度很高和生产过程中环境的洁净，液态硅橡胶尤其适合制造要求高的医用制品。

硅橡胶的力学性能较低，室温硫化硅橡胶的机械强度低于高温硫化和加成硫化型硅橡胶。

硅橡胶具有卓越的耐高低温性能、优异的耐候性、电绝缘性能以及特殊的表面性能，广泛应用于宇航工业、电子、电气工业的防震、防潮灌封材料、建筑工业的密封剂、汽车工业的密封件（氟硅胶）以及医疗卫生制品等。

5.4.3 氟橡胶

5.4.3.1 氟橡胶的种类

氟橡胶是指主链或侧链的碳原子上含有氟原子的一类高分子弹性体，主要分为四大类：①含氟烯烃类氟橡胶；②亚硝基类氟橡胶；③全氟醚类氟橡胶；④氟化磷腈类氟橡胶。其中最常用的一类是含氟烯烃类氟橡胶，是偏氟乙烯与全氟丙烯或再加上四氟乙烯的共聚物，主要品种有：偏氟乙烯（VDF）-六氟丙烯（HFP）共聚物（26型氟橡胶）、偏氟乙烯（VDF）-四氟乙烯（TFE）-六氟丙烯（HFP）共聚物（246型氟橡胶）、偏氟乙烯-四氟乙烯-六氟丙烯-可硫化单体共聚物（改进性能的G型氟橡胶）、偏氟乙烯-三氟氯乙烯的共聚物（23型氟橡胶）以及四氟乙烯（TFE）-丙烯（PP）共聚物（四丙氟胶）。26型氟橡胶用量最大。

5.4.3.2 结构、性能与应用

26型氟橡胶（Viton A）的结构式：

$$\{CH_2-CF_2\}_x\{CF_2-CF\}_y$$
$$\overset{|}{\underset{CF_3}{}}$$

氟橡胶的分子主链高度饱和，氟原子的原子半径小，极性非常大，分子间作用力大，属于碳链饱和极性橡胶。氟橡胶中氟原子的存在赋予氟橡胶优异的耐化学品特性和热稳定性，耐化学药品和腐蚀性在所有橡胶中最好，可以在250℃下长期使用，燃烧后放出氟化氢具有一定的阻燃性，但弹性小，低温性能差，不易加工。氟橡胶中的氟含量直接影响其性能，氟含量提高，耐化学品性能提高（表5-12），但低温性能下降。

表5-12　氟含量对氟橡胶耐溶剂性能的影响

氟橡胶种类	氟含量	体积溶胀度/%	
		苯（21℃）	飞机液压油（121℃）
VDF-HFP	65	20	171
VDF-HFP-TFE	67	15	127
VDF-HFP-TFE-CSM	69	7	45
TFE-PMVE-CSM	71	3	10

26型氟橡胶具有优异的耐燃料油、润滑油以及脂肪族和芳香族烃类溶剂的能力，但由于偏氟乙烯单元的存在，易脱去氟化氢，形成双链，对低相对分子质量的脂类、醚类、酮类、胺类等亲核性的化学品抗耐性较差，这些化学品会使氟橡胶的交联度增加，发生脆化。如油品中有抗氧添加剂胺类物质，燃料油中的甲醇、叔丁基醚以及脂类和酮溶剂易使氟橡胶

受到破坏。四丙氟橡胶的氟含量相对较低，然而由于分子链中没有偏氟乙烯单元，通常采用过氧化物硫化，因而对丙酮类、胺类、蒸汽、热酸等极性物质的抗耐性较强，但对芳烃类、氯代烃及乙酸等物质的抗耐性较差。23 型氟橡胶对含氯、氟烃类溶剂的抗耐能力较 26 型氟橡胶和氟醚强。

氟醚橡胶除对液压油（尤其是含磷酸三乙酯）、二乙胺、发烟硝酸、氟代烃类溶剂的抗耐力较差外，对各种级别的化学品均有较强的抗耐性。

氟橡胶常用的硫化体系有三种：过氧化物硫化体系、二胺类硫化体系和双酚硫化体系。不同的硫化体系硫化的氟橡胶对化学品的抗耐能力也有所差别，如过氧化物硫化的氟橡胶比双酚硫化体系具有更好的耐酸、耐水蒸气的能力，二胺类硫化体系形成的亚胺交联键易水解。值得注意的是，双酚硫化体系对混合过程中的污染物较为敏感，即极少量的硫就能完全阻碍硫化。与硅橡胶一样，氟橡胶在硫化过程中会产生低分子物质（如 HF、HCl、H_2O 以及过氧化物的分解产物等），因此尚需在高温敞开系统中进行二段硫化，以使低分子物质充分逸出，提高硫化胶的交联密度，提高硫化胶的定伸应力，降低压缩永久变形。

常用氟橡胶的使用温度范围如下：

26 型（VDF-HFP）	−20～210℃
246 型（VDF-HFP-TFE）	−15～230℃
全氟醚（VDF-PMVE-TFE）	−30～230℃
四丙氟（TFE-PP）	5～200℃
四氟乙烯-全氟甲基乙烯基醚-氯磺化乙烯共聚物（TFE-PMVE-CSM） 0～260℃
氟硅	−65～175℃
氟化磷腈	−65～175℃

氟硅橡胶由于分子主链上氧原子的存在使之具有高度柔顺性，因而其低温性能优异；在高低温下，均具有较小的压缩永久变形。但由于氟含量较低，耐溶剂性能和高温性能因此受到影响。氟化磷腈橡胶的耐高、低温性能与氟硅橡胶相当，在使用温度范围内还具有优异的阻尼特性和耐弯曲疲劳性，适于制造在动态条件下使用的制品。

氟橡胶的最主要用途是密封制品，因而压缩永久变形、伸长率、热膨胀特性等是重要的性能指标。选择高相对分子质量氟橡胶和双酚硫化体系硫化，硫化胶的耐压缩永久变形性能优异，过氧化物硫化体系的硫化胶在高温下具有良好的耐压缩永久变形特性；压缩永久变形对填料的类型也具有较强的依赖性，常用的填料为热裂法炭黑（MT）、半补强炭黑（SRF）、硅藻土、硫酸钡和粉煤灰等。使用粉煤灰时，硫化胶的拉伸强度和伸长率较低。氟橡胶中的全氟橡胶的热膨胀系数最大。

氟橡胶具有优异的耐高温以及耐化学品性能，但价格昂贵，主要用于现代航空、导弹、火箭、宇宙航行等尖端科学技术部门，以及其他工业部门的特殊场合下的防护、密封材料以及特种胶管等。

氟橡胶种类繁多，不同牌号的氟橡胶进行共混可以降低胶料的硬度、拉伸强度，提高断裂伸长率，改善氟橡胶的加工性能，如在氟橡胶 2601 中掺混氟橡胶 2605，能使胶料更容易挤出，并且不会影响氟橡胶 2601 的耐热性。氟橡胶/丙烯酸酯橡胶的共混体系一直是一个研究的热点，丙烯酸酯橡胶价格较低，约为氟橡胶的 1/10，两者共混制造的耐油、耐高温、低成本制品在某些场合可以取代氟橡胶。氟橡胶与乙丙橡胶共混，能提高材料的弹性、耐低温性能并且降低成本。氟橡胶中添加丁腈胶则会改善氟橡胶的加工性能，制得低硬度的氟橡胶产品，提高氟橡胶的耐疲劳性能，并在耐热性和耐化学介质性方面处于中间状态。

5.4.4 丙烯酸酯橡胶

5.4.4.1 丙烯酸酯橡胶的制备与品种

丙烯酸酯橡胶（acrylate rubber）是由丙烯酸酯（$CH_2 = CHCOOR$），通常是烷基酯为主要单体，与少量带有可提供交联反应的活性基团的单体共聚而成的一类弹性体，丙烯酸酯一般采用丙烯酸乙酯和丙烯酸丁酯。含有不同的交联单体的丙烯酸酯橡胶，加工性能和硫化特性也不相同，较早使用的交联单体为 2-氯乙基乙烯醚和丙烯腈。由于硫化活性低，近年来逐步开发了一些反应活性高的交联单体，主要有以下四种类型。

（1）烯烃环氧化物 烯丙基缩水甘油醚、缩水甘油丙烯酸酯、缩水甘油甲基丙烯酸酯等。

（2）含活性氯原子的化合物 氯乙酸乙烯酯、氯乙酸丙烯酸酯（其氯原子被羧基活化）等。

（3）酰胺类化合物 N-烷氧基丙烯酰胺、羟甲基丙烯酰胺。

（4）含非轭双烯烃单体 二环戊二烯、甲基环戊二烯及其二聚体、亚乙基降冰片烯等。

如前所述，含有不同的交联单体的丙烯酸酯橡胶，硫化体系亦不相同，由此可将丙烯酸酯橡胶划分为含氯多胺交联型、不含氯多胺交联型、自交联型、羧酸铵盐交联型、皂交联型等五类，此外，还有特种丙烯酸酯橡胶，见表 5-13。

表 5-13 丙烯酸酯橡胶品种和性能特点

丙烯酸酯橡胶品种	交 联 单 体	主 要 特 性
含氯多胺交联型	2-氯乙基乙烯基醚	耐高温老化、耐热油性最好，加工性及耐寒性能差
不含氯多胺交联型	丙烯腈	耐寒、耐水性好，耐热、耐油及工艺性能差
自交联型	酰胺类化合物	加工性能好，腐蚀性小
羧酸铵盐交联型	烯烃环氧化物	强度高、工艺性能好、硫化速率快，耐热性较含氯多胺交联型差
皂交联型	含活性氯原子的化合物	交联速率快、加工性能好、耐热性能差
特种丙烯酸酯橡胶		
含氟型		耐油、耐热、耐溶剂性良好
含锡聚合物		耐热、耐化学药品性能良好
丙烯酸乙酯-乙烯共聚物		热塑性、耐寒性能良好

5.4.4.2 结构、性能及应用

丙烯酸酯橡胶分子主链的饱和性以及含有的极性酯基侧链决定了它的主要性能。饱和的分子主链结构使丙烯酸酯橡胶具有良好的耐热氧老化和耐臭氧老化性能，且耐热性优于乙丙橡胶。含有的极性酯基侧链，使其溶度参数与多种油的溶度参数，特别是矿物油相差甚远，因而表现出良好的耐油性。在室温下，丙烯酸酯橡胶的耐油性能与中高丙烯腈含量的丁腈橡胶接近，但在热油中，其性能远优于丁腈橡胶。在低于 150℃ 温度的油中，丙烯酸酯橡胶具有近似氟橡胶的耐油性能；在更高温度的油中，仅次于氟橡胶。此外，耐动植物油、合成润滑油、硅酸酯类液压油性能良好。对含有氯、硫、磷化合物为主的极压剂的各种油和含胺类添加剂的油类也十分稳定，使用温度可达 150℃。应该指出，丙烯酸酯橡胶耐芳烃油的性能较差，也不适于在与磷酸酯型液压油、非石油基制动油接触的场合使用。

丙烯酸酯橡胶的酯基侧链损害了其低温性能，耐寒性差，酯基易于水解，耐热水、耐蒸汽性能差，耐极性溶剂能力差，在酸碱中不稳定。丙烯酸酯橡胶自身的强度较低，经增强后拉伸强度可达 12.8～17.3MPa。丙烯酸酯橡胶广泛用于耐高温、耐热油的制品中，尤其是作各类汽车密封配件。在美国，80% 以上的丙烯酸酯橡胶消耗在这一方面，常被人们称为车

用橡胶。汽车上用量最大的是变速箱密封和活塞杆密封。此外，在电气工业和航空工业中也有应用。

丙烯酸酯橡胶耐高温、耐油性能优异，但是耐寒性差，通过在丙烯酸酯橡胶中添加硅橡胶，可有效地提高丙烯酸酯橡胶的耐寒性，获得耐热性、耐低温性和耐油性之间的平衡。丙烯酸酯橡胶适量并用丁腈橡胶，可在保持机械强度、耐油性能基本不变的情况下，降低材料的成本，但随着丁腈橡胶用量的增多，热老化性能会受到影响。此外，丙烯酸酯橡胶还可以与氯醚橡胶并用，扩大氯醚橡胶的使用温度范围。

5.4.5 其他合成橡胶

除上述典型品种外，还有一些特种合成橡胶，具体简介如下。

（1）聚氨酯橡胶 聚氨酯是以多元醇、多异氰酸酯和扩链剂为原料在催化剂作用下经缩聚而成，因其分子中含有氨基甲酸酯（—NH—COO—）基本结构单元，所以称为聚氨基甲酸酯（简称聚氨酯）。根据分子链的刚性、结晶性、交联度及支化度等，聚氨酯可以制成橡胶、塑料、纤维及涂料等，如图 5-25 所示。聚氨酯橡胶（PU）是聚氨基甲酸酯橡胶的简称，由聚酯（或聚醚）二元醇与二异氰酸酯类化合物缩聚而成。通常，聚氨酯橡胶分为浇铸型（CPU）、混炼型（MPU）和热塑性（TPU）三类。CPU 又派生出具有泡孔结构的橡胶，称为微孔 PU。

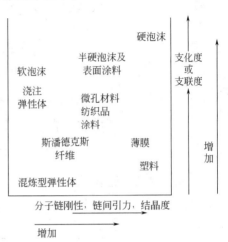

图 5-25 聚氨酯的结构与性能的关系

浇注型聚氨酯橡胶（CPU）的生产方法有两步法和一步法。前者最常用，后者即反应注射成型法（RIM）。浇注型聚氨酯橡胶的基本工艺按以下步骤进行。采用二胺类或二醇类扩链剂。

聚醚（或聚酯）二元醇 ——→ 预聚体 ——→ 液体聚氨酯 ——→ 浇注成型 ——→ 加热硫化

扩链剂   最终产品

混炼型聚氨酯橡胶采用原料与浇注型聚氨酯橡胶相同，它是一种相对分子质量较低的聚合物，大约在 2 万～3 万之间，分子链是直链，支链很少，不能加入扩链剂形成三维空间结构。在分子链中带有双键的 MPU 可用硫黄硫化，若分子链中不含双键的 MPU 可用过氧化物硫化，不含双键但分子链端基为羟基的 MPU 可用异氰酸酯硫化。

聚氨酯橡胶通过改变原料的组成和相对分子质量以及原料配比来调节橡胶的弹性、耐寒性、模量、硬度和拉伸、撕裂强度等力学性能。该橡胶最大的优点是具有优异的耐磨性、拉伸强度和撕裂强度。耐磨性约为 NR 的 3～5 倍，在静态拉伸条件下，最高拉伸强度可达 80MPa。硬度变化范围为任何其他橡胶所不及，可从邵氏硬度（A）10 度变到邵氏硬度（D）80 度，在高硬度下仍具有良好的弹性和伸长率，这使得它比其他橡胶有更高的承载能力，如用它做实芯轮胎，在相同规格情况下，PU 轮胎的承载能力为 NR 轮胎的 7 倍。PU 是耐辐射性能最好的橡胶。另外，还具有优异的耐油、耐氧和臭氧性能，但耐热性差，滞后损失大，生热量高，导致动态疲劳强度低，这就是 PU 制品在多次弯曲和高速滚动条件下，经常出现损坏的原因。即使在静态条件下，对绝大多数 PU 来说，其最高使用温度也不能超过 80℃，因为在 70～80℃温度时，其撕裂强度仅为室温时的 50%，在 110℃温度时，撕裂强度会下降到室温时的 20%，拉伸强度和耐磨耗性具有同样的变化规律。在高温下 PU 性能迅速下降，除与物理键的削弱有关外，也与分子主链中酯键和醚键的氧化断裂有关。PU 不耐酸碱，耐水解性能差。故主要用于高强度、高耐磨和耐油制品，如胶辊、胶带、耐辐射制品等。

（2）氯化聚乙烯　氯化聚乙烯（chlorinated polyethylene，CPE）是聚乙烯通过氯取代反应而制备的一种高分子材料。主要的生产方法有溶液法、气相法以及水相悬浮法三种，氯化的温度不同（高于或低于聚乙烯的熔点），将得到不同构型的嵌段氯化聚乙烯。

① 在聚乙烯熔点以上温度进行溶液或水相悬浮氯化，则氯在聚乙烯分子中呈无规分布：

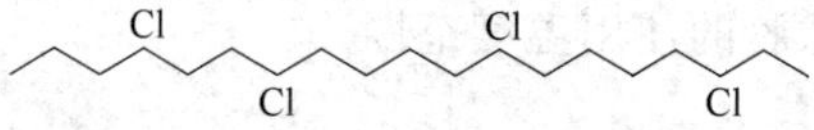

② 在聚乙烯熔点以下水相悬浮氯化，氯在聚乙烯分子中分布如下：

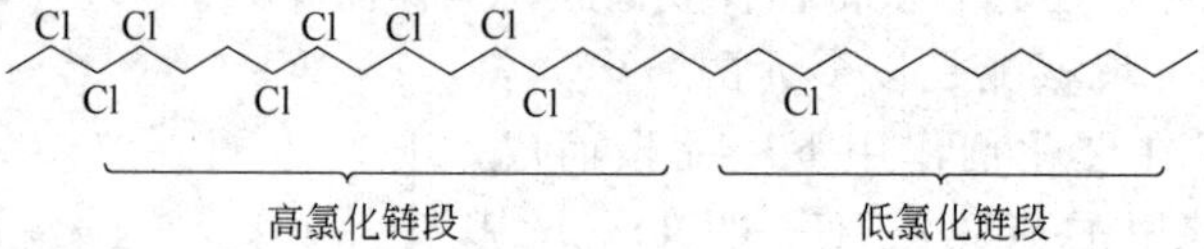

③ 先在聚乙烯熔点以下水相悬浮氯化，然后在熔点以下氯化，氯在聚乙烯分子中分布如下：

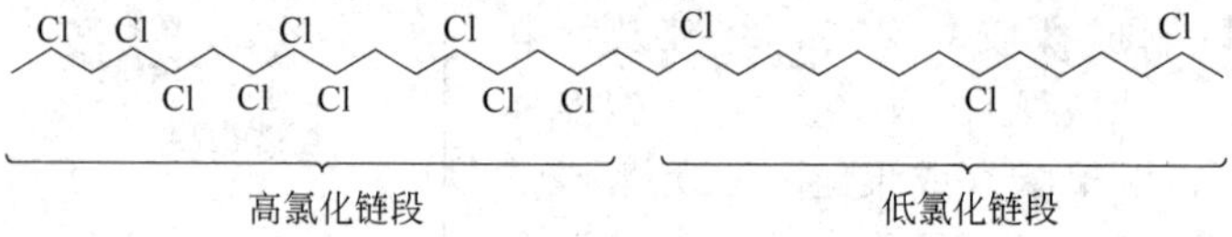

④ 先在聚乙烯熔点以上溶液氯化，再在熔点以下氯化，氯在聚乙烯分子中的分布为：

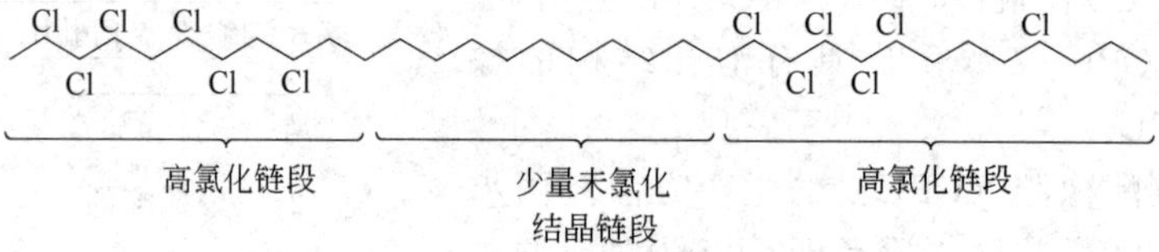

因此，氯化聚乙烯可根据氯化工艺的不同，通过改变反应条件下来控制氯的分布，尽管氯含量相同，但会得到非结晶性的橡胶状弹性体及适度结晶的不同性能的氯化聚乙烯。

氯化聚乙烯的性能决定于原料聚乙烯的品种、氯含量及其分布状态。在聚乙烯分子链中引入氯原子，破坏了分子排列的规整性，影响了聚乙烯的结晶程度。一般地，氯含量低于 15% 为塑料，在 16%～24% 时为热塑性弹性体，在 25%～48% 时为橡胶状弹性体，在 49%～58% 时为皮革状的半弹性硬聚合物，在 73% 时为脆性树脂。氯化聚乙烯橡胶中氯原子的存在使它具有较好的耐油性、阻燃性，可以用非硫黄硫化体系硫化，饱和主链使它具有良好的耐热老化和耐臭氧老化性能。一般随着氯含量增加，氯化聚乙烯橡胶的耐油、耐透气性、阻燃性能改善，而耐寒性、弹性、抗压弯曲性能降低。主要应用于电缆护套、耐热输送带、胶辊、耐油胶管、建筑防水材料等。

（3）氯磺化聚乙烯　氯磺化聚乙烯（chlorosufonted polyethylene，CSM）是聚乙烯经氯化及磺化的产物。一般氯含量在 27%～45%，最佳含量为 37%，此时弹性体弹性最好。硫含量为 1%～5%，一般含量在 1.5% 以下，以亚磺酰氯形式存在于分子中，提供化学交联点。典型的结构式如下：

$$\{(CH_2-CH_2-CH_2-CH_2-CH_2-CH_2-CH)_{12}CH\}_n$$

氯磺化聚乙烯与氯化聚乙烯一样，性能主要受原料聚乙烯的品种、氯含量及其分布状态和硫含量的影响。由于大分子主链高度饱和，氯磺化聚乙烯具有优良的耐热老化、耐臭氧老化、耐油和阻燃性能，但分子极性大，低温性能较差，价格较高。氯磺化聚乙烯主要用于轮胎的胎侧、胶带、胶辊、胶管、电绝缘制品、胶布制品和建筑材料等。

（4）氯醚橡胶 又称氯醇橡胶，系指侧基上含有氯原子、主链上含有醚键的饱和极性杂链高分子弹性体，氯醚橡胶（epichlorohrdrin rubber，CO，ECO）是由环氧氯丙烷均聚或环氧氯丙烷与环氧乙烷共聚的高分子弹性体，前者为均聚氯醚橡胶（CO），后者为共聚氯醚橡胶（ECO）。其结构式如下：

CO 的结构式：
$$\left[\!\!\begin{array}{c} CH_2-CH-O \\ | \\ CH_2Cl \end{array}\!\!\right]_n$$

ECO 的结构式：
$$\left[\!\!\begin{array}{c} CH_2-CH-O \\ | \\ CH_2Cl \end{array}\!\!\right]_n\left[CH_2-CH_2-O\right]_m$$

氯醚橡胶的分子主链上含有醚键 $\left[\!-C-C-O-\!\right]_n$，使之具有良好的耐低温性、耐热老化性和耐臭氧性，侧基含极性的氯甲基，使之具有优良的耐燃性、耐油性和耐气透性，具有良好耐油性和耐寒性的平衡，特别耐制冷剂氟利昂。氯醚橡胶的耐热性能大致上与氯磺化聚乙烯相当，介于丙烯酸酯与中高丙烯腈含量的丁腈橡胶之间，热老化变软，但耐压缩永久变形性较大，可用三嗪类交联或者通过二段硫化改进，黏着性与氯丁橡胶相当。共聚氯醚橡胶由于是与环氧乙烷共聚，醚键的数量约为氯甲基的两倍，因此具有更好的低温性能。氯醚橡胶可用作汽车飞机等垫圈、密封圈，也可用于印刷胶辊、耐油胶管等。

（5）聚硫橡胶 聚硫橡胶是分子主链中含有硫原子的一种杂链极性橡胶，它是以二氯化物和碱金属的多硫化物缩聚而得。品种包括固态橡胶、液态橡胶和胶乳三种，其中以液态橡胶产量最大。其典型的结构如下：

$$HS\left[(CH_2)_2-O-CH_2-O-(CH_2)_2-S_2\right]_n(CH_2)_2-O-CH_2-O\left[CH_2\right]_2SH$$

由于饱和分子主链上含有硫原子，聚硫橡胶具有良好的耐油、耐非极性溶剂和耐老化性。聚硫橡胶具有低气透性、良好的低温屈挠性和对其他材料的粘接性，但聚硫橡胶的耐热性差，压缩永久变形较大，使用温度范围窄。聚硫橡胶主要用用密封材料和防腐蚀涂层等。液态聚硫橡胶还可作固体火箭推进剂的胶黏剂（固体火箭推进剂是为火箭提供高速向前运动能源的高能固态推进剂，它是用胶黏剂将氧化剂和金属燃料等固体颗粒结合形成的）。

5.5 热塑性弹性体

热塑性弹性体指在常温下具有橡胶的弹性，高温下具有可塑化成型的一类弹性体材料。热塑性弹性体是一类既具有类似橡胶的力学性能及使用性能、又能按热塑性塑料进行加工和回收的材料。它在塑料和橡胶之间架起了一座桥梁。例如热塑性弹性体的硬度，可以用图5-26 表示。

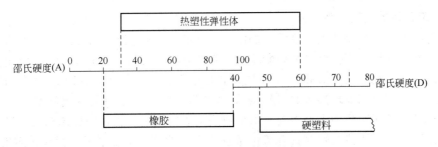

图 5-26 热塑性弹性体的硬度

最早商业化的热塑性弹性体是 20 世纪 50 年代开发出的聚氨酯热塑性弹性体，20 世纪

60 年代早期出现了丁二烯-苯乙烯共聚型热塑性弹性体（SBS），从 20 世纪 70 年代到 90 年代，热塑性弹性体呈现迅速增长的趋势，现阶段正处于热塑性弹性体发展接近成熟的时期。热塑性弹性体已成为材料领域中不可忽视的一族。

与橡胶相比，热塑性弹性体具有以下优点：

① 取消了传统橡胶的硫化工艺过程，可像塑料那样采用注压、挤出、吹塑、模压等方法成型，加工工艺简单，成型周期短，生产效率高，节省加工费用，最终降低产品的成本；

② 加工助剂和配合剂较少，可节省产品质量控制和检测的费用；

③ 材料可反复使用，有利于资源回收和保护环境；

④ 产品尺寸精度高，质量轻。

不过，热塑性弹性体也有自身的缺点，限制了其应用：

① 对于橡胶加工厂来说，须添置新的设备才能进行热塑性弹性体的加工；

② 热塑性弹性体加工前须干燥，这也是一般橡胶加工厂所不熟悉的；

③ 热塑性弹性体适合于大批量的生产，小批量生产时，加工成本偏高。

热塑性弹性体的性能是由其结构决定的。一般为多相结构，至少两相组成，各相的性能及它们之间的相互作用将决定热塑性弹性体的最终性能。

热塑性弹性体按照制备方法分为共聚型和共混型两大类。共聚型热塑性弹性体是采用嵌段共聚的方式将柔性链（软段）同刚性链（硬段）交替连接成大分子，在常温下软段呈橡胶态，硬段呈玻璃态或结晶态聚集在一起，形成物理交联点，材料具有橡胶的许多特性；在熔融状态，刚性链呈黏流态，物理交联点被解开，大分子间能相对滑移，因而材料可用热塑性方式加工。共聚型热塑性弹性体按照化学结构可以分为苯乙烯嵌段共聚类（S-D-S）、聚氨酯类（TPU）、聚酯类（TPEE）、聚酰胺类和聚烯烃类等。

共混型热塑性弹性体是采用机械共混方式使橡胶与塑料在熔融共混时形成两相结构。采用共混技术制备热塑性弹性体（TPE）的发展可以分为三个阶段。第一阶段为简单的橡塑共混。如 PP 和非硫化的乙丙胶掺混制备的共混型热塑性弹性体，也称 TPO，一般塑料为连续相，橡胶为分散相。第二阶段为部分动态硫化阶段。这类 TPE 由于橡胶有少量的交联结构存在，一般塑料相为连续相，或者为双连续相。第三阶段为动态全硫化阶段。采用独特的动态全硫化技术制备了完全交联的 EPDM 和 PP 的共混热塑性弹性体，也称热塑性硫化胶（TPV，thermoplastic vulcanizate），TPV 中塑料为连续相，交联的橡胶为分散相。TPV 同共聚型热塑性弹性体相比，具有品种牌号多、性能范围宽广、耐热温度高、耐老化性能优异、高温压缩永久变形小、尺寸稳定性更为优异、性能更接近传统硫化橡胶的特点。

5.5.1　共聚型热塑性弹性体

5.5.1.1　苯乙烯类热塑性弹性体

苯乙烯类嵌段共聚型热塑性弹性体的结构为 S-D-S。S 是聚苯乙烯或聚苯乙烯衍生物的硬段；D 为聚二烯烃或氢化聚二烯烃的软段，主要有聚丁二烯、聚异戊二烯或氢化聚丁二烯烃。这种结构与无规共聚物 SBR 完全不同，它是一个相分离体系，在图 5-27 中的相态结构中，聚苯乙烯相为分离的球形区域（相畴），每个聚二烯烃分子链的两端被聚苯乙烯链段封端，硬的聚苯乙烯相畴作为多功能连接点形成了交联的网络结构，但此结构属物理交联，不稳定。室温下，此类嵌段共聚物具有硫化橡胶的许多性能，但受热后，聚苯乙烯相畴软化，交联网络的强度下降，最终嵌段共聚物可以流动，再冷却，聚苯乙烯相畴又重新变硬，原有的性能恢复。三种常见苯乙烯类热塑性弹性体的化学结构见图 5-28。

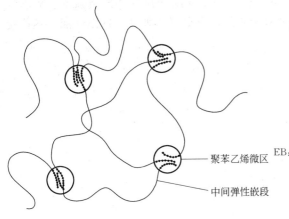

图 5-27　S-D-S 的相态结构

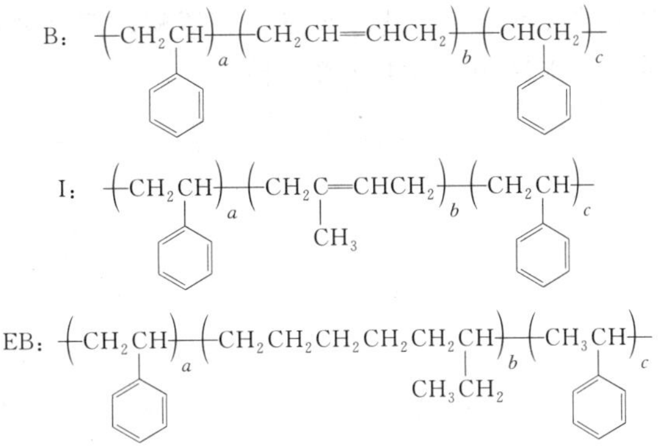

图 5-28　三种常见苯乙烯类热塑性弹性体的化学结构（a，$c = 50 \sim 80$，$b = 20 \sim 100$）

SBS 是苯乙烯和丁二烯的嵌段共聚型热塑性弹性体。SBS 的性能依赖于苯乙烯与二烯烃的比例、单体的化学结构和序列分布，低苯乙烯含量的热塑性弹性体比较柔软、拉伸强度低，随着苯乙烯含量的增加，材料的硬度增加，最终变成一种类似于冲击改性的聚苯乙烯材料。SBS 的某些物理化学性能与 SBR 类似，由于本身的自增强性，配合加工时不需要增强剂和硫化剂。SBS 中的二烯烃上存在的双键易氧化降解，而氢化 SBS 即 SEBS 具有较强的耐热氧化性能。

SEBS 是由 SBS 在一定的温度和压力下进行加氢反应制得。由于 SEBS 主链上无不饱和双键，与 SBS 相比，它的耐热性、抗氧和臭氧、耐紫外线照射的能力有很大提高，同时耐磨性和柔韧性也得到改善。SEBS 产品具有常温下橡胶的高弹性，又具有非氢化产品的热塑性，高温下表现出填料的流动性，可以直接加工成型，广泛用于生产高档弹性体、塑料改性、胶黏剂、润滑油、增黏剂、电线电缆的填充料和护套料等。

苯乙烯类热塑性弹性体的模量与单位体积内聚二烯烃软段的数量以及长度有关，长度越长，模量越低。它具有较宽的使用温度范围：$-70 \sim 100℃$，耐水和其他极性溶剂，邵氏硬度为 A20 ~ D60，但不耐油和其他非极性溶剂。温度高于 70℃ 时，压缩永久变形明显增大。

苯乙烯类热塑性弹性体是目前用量最大的一类热塑性弹性体，主要用于使用温度低于 70℃、要求有较好的力学性能或非耐油的场合，最大的用途是替代 PVC 和硫化橡胶制作鞋底，此外，还应用于塑料改性、橡胶改性、沥青改性、密封剂、胶黏剂等，特别是用作无溶剂的热熔胶胶黏剂。

5.5.1.2　聚氨酯类热塑性弹性体（TPU）

热塑性聚氨酯通常由二异氰酸酯和聚醚或聚酯多元醇以及低相对分子质量二元醇类扩链剂反应而得。聚醚或聚酯链段为软段，而氨基甲酸酯链段为硬段。其结构如图 5-29 所示。

热塑性聚氨酯的性能主要由所使用的单体、硬段与软段的比例、硬段和软段的长度及其长度分布、硬段的结晶性以及共聚物的形态等因素决定。硬段可以形成分子内或分子间氢键，提高其结晶性，对弹性体的硬度、模量、撕裂强度等力学性能具有直接的影响，软段决定弹性体的弹性和低温性能。热塑性聚氨酯具有优异的力学性能，根据其化学结构和硬度不同，拉伸强度从 25 ~ 70MPa，具有优异的耐磨性、抗撕裂性和耐非极性溶剂性能，使用温度大多在－40～80℃，短期使用温度可达120℃。聚酯型聚氨酯的拉伸和撕裂强度、耐磨性和耐非极性溶剂性优于聚醚型聚氨酯，而聚醚型聚氨酯具有更好的弹性、低温性能、热稳定性、耐水性和耐微生物降解性。

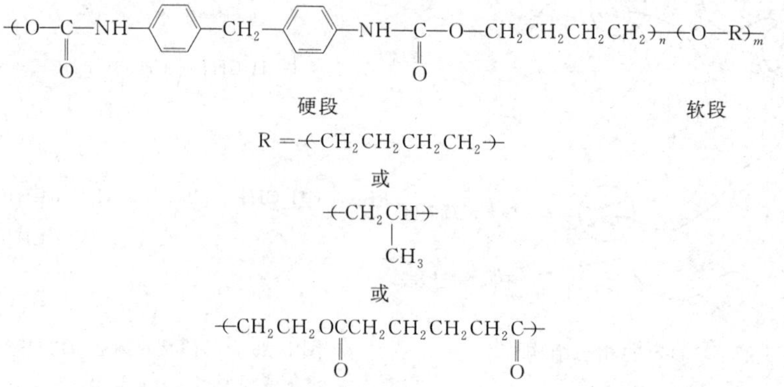

图 5-29　TPU 的一般结构（$n＝30～120$，$m＝8～50$）

热塑性聚氨酯主要用于耐磨制品、高强度耐油制品及高强度高模量制品等，如脚轮、鞋底、汽车仪表盘等，此外，还可挤出成型制作薄膜、片材和管材，由于低摩擦系数导致牵引力低，而不适合制造轮胎。

5.5.1.3　聚酯类热塑性弹性体

聚酯型热塑弹性体是二元羧酸及其衍生物、长链二醇及低相对分子质量二醇混合物通过熔融酯交换反应制得。其中常用的单体为对苯二甲酸、间苯二甲酸、1,4-丁二醇、聚环氧丁烷二醇等，图 5-30 是一种商业化的聚酯型热塑性弹性体的化学结构。

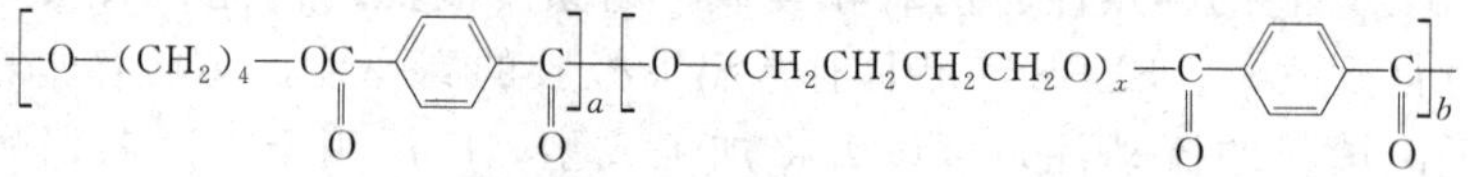

图 5-30　聚酯类热塑性弹性体的化学结构（a，$b＝16～40$，$x＝10～50$）

聚酯类热塑性弹性体的硬段是由对苯二甲酸与 1,4-丁二醇缩合生成，软段是由对苯二甲酸与聚丁二醇醚缩合而成。硬段的熔点约 200℃，软段的 T_g 约 -50℃。

聚酯类热塑性弹性体的邵氏硬度（D）通常在 40～63 范围内，使用温度为 -40～150℃，抗冲击性能和弹性较好，优异的耐弯曲疲劳性，不易蠕变，良好的耐极性有机溶剂及烃类溶剂的能力。但不耐酸、碱，易水解。

聚酯类热塑性弹性体价格较高，主要用于要求硬度较高、弹性好的制品，如液压软管、小型浇注轮胎、传动带等。

5.5.1.4　聚酰胺类热塑性弹性体

聚酰胺类热塑性弹性体是最新发展起来的、性能最好的一类弹性体，硬段是聚酰胺，软段是脂肪族聚酯或聚醚，硬段和软段之间以酰胺键连接，典型的化学结构如图 5-31 所示。

聚酰胺类热塑性弹性体的性能决定于软、硬段的化学组成、相对分子质量和软/硬段的质量比。表 5-14 可以看出这类热塑性弹性体的结构参数与性能之间的一般规律。硬段的相对分子质量越低，硬段的结晶度越大，熔点越高，耐化学品性越好。软段在聚酰胺类热塑性弹性体中所占比例较高，其化学结构和组成对热氧稳定性和 T_g 影响很大。酰胺键比酯键和氨基酯键有更好的耐化学品性能，因此，聚酰胺类热塑性弹性体比热塑性聚氨酯和聚酯型热塑性弹性体具有更好的热稳定性和耐化学品腐蚀性能，但价格也较高。

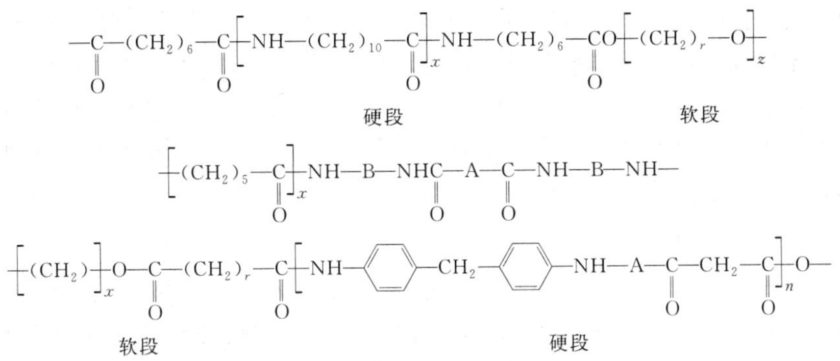

A：C_{19}～C_{21} 的二元羧酸；

B：$—(CH_2)_3—O\!\!\!\left[(CH_2)_4—O\right]_b\!(CH_2)_3$

图 5-31　聚酰胺类热塑性弹性体的典型的化学结构

聚酰胺类热塑性弹性体的邵氏硬度范围为 A60～D65，使用温度范围为－40～170 ℃，具有良好的耐油性能、耐磨性、耐老化性和抗撕裂性。耐磨性可与相同硬度的热塑性聚氨酯相媲美；当温度高于 135℃时，其力学性能和化学稳定性可与硅橡胶和氟橡胶媲美。加工温度较高（220～290℃），加工前须在 80～110℃下干燥 4～6h。主要用于耐热、耐化学品条件下的软管、密封圈及保护性材料等。

表 5-14　聚酰胺热塑性弹性体的结构参数与性能之间的关系

性　　能	硬段组成	软段组成	硬段含量	性　　能	硬段组成	软段组成	硬段含量
硬度	√		√	热氧稳定性		√	√
相分离程度	√	√	√	耐化学品性	√	√	√
T_m	√			水解稳定性		√	√
拉伸性能	√		√	低温性能		√	√

5.5.1.5　乙烯-辛烯共聚热塑性弹性体

它是近年来使用茂金属催化剂合成的一种新型的聚烯烃热塑性弹性体，是乙烯和辛烯的嵌段共聚物，其中辛烯单体的质量分数超过 20%。通过调整共聚组分配比及其对相对分子质量控制，可合成一系列具有不同密度、不同熔融温度、不同黏度、不同硬度的 POE。商品牌号为 Engage 的乙烯-辛烯共聚热塑性弹性体热塑性弹性体（POE）的主要力学性能如表 5-15 所示。POE 中聚乙烯段结晶区提供物理交联点的作用；一定量的辛烯引入削弱了聚乙烯的微晶区，形成了表现出橡胶弹性的无定形区。POE 的相对分子质量分布很窄（小于 2），但由于茂金属催化剂在聚合过程中能在聚合物线型短链支化结构中引入长支化链，高度规整的乙烯短链和一定量的长的辛烯侧链使 POE 既有优良的力学性能，又有良好的加工性能。

表 5-15　Engage POE 热塑性弹性体的主要力学性能

牌号	密度 /(g/cm³)	辛烯含量 /%	ML_{1+4} 121℃	MI /(dg/min)	DSC /℃	邵氏硬度 (A)	拉伸强度 /MPa	伸长率 /%	建议应用
8180	0.863	28	35	0.5	49	66	10.1	＞800	通用品
8150	0.868	25	35	0.5	55	75	15.4	750	通用品
8100	0.870	24	23	1.0	60	75	16.3	750	通用品
8200	0.870	24	8	5.0	60	75	9.3	＞1000	通用品
8400	0.870	24	1.5	30	60	72	4.1	＞1000	柔性模制品
8452	0.875	22	11	3.0	67	79	17.5	＞1000	通用品
8411①	0.880	20	3	18	78	76	10.6	1000	柔性模制品

① 内含润滑剂，主要用于注模制品。

由于 POE 的分子主链是饱和的，因而具有优异的耐天候老化和抗紫外线性能。POE 还具有良好的力学性能、绝缘性和耐化学介质稳定性，但耐热性较差，永久变形大。交联（用过氧化物）后的 POE 在耐热性和永久变形方面有一定程度的改善。用 POE 可制成性能价格比极佳的各种防水、鞋的中底、绝缘、减震等材料，POE 还可作 PP 树脂的增韧剂。

5.5.2 热塑性硫化橡胶

5.5.2.1 热塑性硫化橡胶的制备

制造热塑性硫化橡胶（TPV）的关键是动态全硫化技术。动态全硫化技术，是在热塑性树脂基体中混入橡胶，在与交联剂一起混炼的同时，能够使橡胶就地完全产生化学交联，并在高速混合和高剪切力作用下，交联的橡胶被破碎成大量的微米级颗粒（$<2\mu m$），分散在连续的热塑性树脂基体中，从而形成 TPV。全硫化是指橡胶的交联密度至少为 $7\times10^{-5}\,mol/mL$（溶胀法测定）或 97% 的橡胶被交联。这一过程涉及共混物中相界面作用热力学参数控制和动力学过程、动态交联反应、橡胶的剪切分散、橡胶/塑料共混物的相反转问题。

制备工艺是先将一些配合剂与橡胶在常温下制成母胶，再在高温密炼机中与树脂共混进行动态硫化。对于制备橡胶含量较高的 TPV，可采用二阶二段共混法，即首先在橡塑并用比较小的情况下共混，形成互锁结构，然后再补加剩余橡胶进行二次动态硫化与共混，这样可使橡胶相粒径降低，从而改善 TPV 的力学性能。混合温度高于树脂的熔点 $20\sim30℃$ 为好，若温度过高，则硫化剂可能在与其他组分混合均匀之前分解而失效。

5.5.2.2 热塑性硫化橡胶性能的影响因素

（1）形态　典型硫化橡胶的弹性是由硫化反应形成的交联网络结构提供。TPV 具有两相结构，交联的橡胶粒子作为分散相，赋予 TPV 优异的高弹性和低压缩永久变形性能，热塑性树脂为连续相，为 TPV 提供了热塑性加工性能（图 5-32）。白色为交联的三元乙丙橡胶（EPDM）粒子，黑色为聚丙烯（PP）。橡胶相粒径对 TPV 力学性能和加工性能有重要的影响，橡胶的粒径越小，拉伸强度越高，伸长率越大，其加工性能也越好，最佳的橡胶粒径应该在 $1\sim2\mu m$。

(a) 101-55　　　　　(b) 101-64　　　　　(c) 101-73

图 5-32　表示不同硬度 EPDM/PP TPV 的扫描照片

（2）橡塑的选择与共混比　要制备力学性能优良的 TPV，需要合理选择橡胶和塑料，要求橡塑溶度参数（δ）相近、树脂的结晶度（W_C）高、橡胶大分子的临界缠结间距（N_C）小。随着树脂用量的增加，TPV 性能越接近塑料，表现为模量、硬度、永久变形随之增大；反之，TPV 性能更也表现出橡胶特性。

（3）交联体系及交联密度　交联体系的选择，除了要根据橡胶的品种，在熔融共混温度下，既能使橡胶充分硫化，又不产生硫化返原或树脂降解外，还应考虑橡胶相的硫化速率与分散程度的匹配，即应保证在橡胶充分混匀后才起硫。TPV 的强度随橡胶相交联密度的提高呈线性增加，拉伸或压缩永久变形降低，耐化学品性提高，加工成型性好。

（4）增塑剂及填料　为了改善 TPV 的加工流动性和弹性，需加入一定量与橡胶相容性好的增塑剂。增塑剂在熔融温度下是加工助剂，改善流动性，而在使用温度下增塑剂转移到橡胶相（一部分仍残留在树脂相的无定形区）起软化剂作用，赋予 TPV 弹性和柔软性。通常在传统橡胶中能起增强作用的炭黑与白炭黑，一般对 TPV 没有明显的增强效果。填充剂的加入利于降低成本。

5.5.2.3　热塑性硫化橡胶的种类

制备热塑性硫化橡胶（TPV）可选择的橡胶至少 14 种，塑料至少有 22 种，但实际上的研究只选择了 11 种常用橡胶和 9 种常用塑料，可以制备 99 种橡塑共混物。按照 ASTM1566 和 ASTM D42，作为弹性体，材料的伸长率应大于 100%，100% 拉伸后拉伸永久变形不超过 50%。

（1）非极性橡胶与非极性塑料　非极性塑料一般选择 PE 或 PP，它们与碳氢链橡胶具有类似的分子结构、极性，无氢键，相容性好，此外原材料来源广泛，具有密度低、耐化学药品性、绝缘性好等特点。

① EPDM/PP TPV　根据 EPDM/PP（20/80～80/20）比例的不同，TPV 的邵氏硬度从 A35～D50 可调。随着 EPDM 含量的增加，TPV 的硬度降低，性能更接近于橡胶。

用硫黄硫化体系制备的 TPV 具有较好的力学性能，但加工性能较差，因为硫黄硫化体系生成的多硫键是可逆的，导致橡胶粒子重新聚集，从而增大橡胶粒子分散相的尺寸。过氧化物体系制备的 TPV 力学性能较差，这是因为过氧化物对连续相的 PP 有严重降解作用。而用酚醛树脂体系制备的 TPV 具有较好的力学性能和流变加工性能的平衡性。制备 EPDM/PP TPV 一般在 180～200℃时混合 5min 即可。

EPDM/PP TPV 具有优异的耐臭氧、耐天候、耐热老化性能、优良的加工性能和弹性，比热固性 EPDM 具有更好的抗压缩变形性（对低硬度级 TPV）、耐油性、耐热性以及更优异的耐动态疲劳性能。

② NR/聚乙烯（PE）、NR/PP TPV　NR 高度不饱和，高温时易氧化降解，且 NR 中蛋白质易分解产生臭味。制备 TPV 时一般采用过氧化物或有效硫黄硫化体系，以防止 NR 硫化返原。一般在 150℃混合 4min 即可。用硫黄硫化体系制得的 NR/PE TPV 具有更好的力学性能。若加入少量 EPDM、CPE、CSPE、PE-g-MAH 或 ENR 可以大大提高 NR/PE TPV 的力学性能。NR/PE TPV 具有比热固性 NR 更好的耐热、耐老化性能。

制备 NR/PP TPV 要求 NR 初始黏度较低，不含有凝胶，并需要在交联剂存在下被破碎以降低黏度，在 165～185℃混合 5min 即可。硫化体系可用硫黄硫化体系、酚醛树脂、过氧化物等，尽管 NR/PP TPV 强度低于热固性 NR 的最大值，但压缩变形性相当，并且耐溶剂、耐热氧老化。

③ IIR/PP TPV　丁基橡胶、氯化丁基橡胶具有优异的阻气性和阻水性，IIR/PP TPV 具有热固性 IIR 类似的低气体渗透性。制备 IIR/PP TPV 的硫化体系有硫黄、酚醛树脂等，国外大多采用酚醛树脂硫化，但制备的 TPV 会变黄。所以也可采用马来酰亚胺（HVA-2）体系硫化，制备的 TPV 具有较好的力学性能和流动性能。

（2）极性橡胶和非极性塑料　采用极性橡胶与非极性塑料制备 TPV，由于分子结构和极性不同，需要加入一定量的增容剂以改善两相的界面张力，减少表面能的差异，以使硫化前橡胶达到精细分散。另一方面，增容剂能增强两相界面的相互作用，从而提高 TPV 的性能。

① NBR/PP TPV　NBR 是综合性能良好的耐油橡胶。为了制得耐油、耐热、耐老化和

较高力学性能的 TPV 材料，先将 PP 改性官能化。如可用羟甲基酚醛树脂（MP）改性 PP（MP-PP），也可用马来酸（酐）（MA）改性 PP（MA-PP），或用羟甲基马来酰胺（CM-MA）改性 PP（CMMA-PP），使之与 NBR 就地生成 NBR-PP 嵌段共聚物，提高共混物的相容性。同时为了提高改性 PP 与 NBR 的化学反应活性，在 NBR 中使用部分活性较大的端氨基液体 NBR（ATBN）。这种接枝嵌段共聚物可预先合成，然后加至 NBR/PP 共混物中。

美国 Monsanto 公司（现为 AES 公司）生产的热塑性丁腈橡胶 Geolast 系列商品就是采用这种增容技术开发的。Geolast 具有良好的力学性能、耐酸、碱性、耐热氧、臭氧性和低温性，耐油性能与热固性 NBR、CR、ECO 相当。

② 丙烯酸酯橡胶/PP TPV 丙烯酸酯橡胶和 PP 的相容性很差，制备丙烯酸酯橡胶/PP TPV 需要增容化技术，一般采用马来酸酐改性 PP 提高丙烯酸酯橡胶和聚丙烯的相容性。增容体系中 PP-g-MAH 的质量分数应低于 5%，过多的 PP-g-MAH 可能与交联剂中的氨基反应，在两相间产生强的化学键形成互穿网络结构，导致 TPV 热塑性下降；同时由于消耗交联剂，使橡胶相交联不完全，TPV 力学性能下降。

（3）非极性橡胶与极性塑料

① EPDM/PA6 TPV 聚酰胺用弹性体改性可以提高冲击强度，但由于聚合物之间不相容，其力学性能较差。采用 EPDM 马来酸酐化或环氧化与 PA6 共混，利用酸酐与聚酰胺中氨基的反应性制备 TPV。这种 TPV 具有优异的耐溶剂性和耐化学腐蚀性。共混温度必须高于尼龙 6 的软化点，通常的动态硫化温度为 190～300℃。

② EPDM/PBT TPV 制备 EPDM/PBT TPV 时，需对 EPDM 接枝 3% 丙烯酸单体（或丁基丙烯酸、甘油丙烯酸），以降低 EPDM 与 PBT 的界面张力，减小 EPDM 分散相尺寸，用过氧化物交联制备的 TPV 具有优良的拉伸性能。

（4）极性橡胶与极性塑料

① 丙烯酸酯橡胶/聚酯 TPV 丙烯酸酯橡胶和聚酯塑料可以制备耐烃类溶剂的 TPV，在烃类溶剂中具有低的吸收率和性能损失。热塑性塑料可选用 PET、PBT 或 PC，丙烯酸酯橡胶能给予柔软性和低的 T_g，若橡胶含有—COOH 或环氧官能团有利于提高橡胶与塑料的相容性。

② NBR/PA TPV 这种 TPV 具有优异的耐高温、耐油性、耐溶剂及力学性能。制备 TPV 时，如用高熔点 PA，可预先用双马来酰亚胺或酚醛树脂将橡胶硫化；若用低熔点 PA，则用硫黄硫化体系最有效。

5.6 橡胶材料的再生利用

2007 年我国橡胶消耗量超 500 万吨，生产出橡胶制品近 1000 万吨，均居世界第一，橡胶消耗量自给率约 50%，仍大量依赖进口。另一方面，我国每年产生废旧轮胎上亿条，产生大量的废橡胶材料，形成所谓"黑色污染"，严重污染环境，浪费石油资源（如合成 1kg 三元乙丙橡胶，需要约 2.5kg 原油炼制单体）。发展废旧橡胶循环利用产业，充分利用废旧橡胶资源，对于改变中国橡胶对外依存度过高的局面，保障产业安全具有战略意义。

废旧轮胎再利用主要途径有：①原型改造废旧轮胎。原型改造是一种非常有价值的回收方法，但是该方法消耗的废旧轮胎量并不大，仅占废旧轮胎量的 1%，所以只能作为一种辅助途径。②热解废轮胎。废轮胎经高温裂解可提取具有高热值的燃气、富含芳烃的油和炭黑等，但是该方法技术复杂、成本高，易造成二次污染，且回收物质质量欠佳又不稳定。③翻新旧轮胎。轮胎翻新不仅延长了汽车轮胎使用寿命、促进了旧轮胎的减量化，而且减少环境污染，是循环经济的重要产业。④利用废轮胎生产再生橡胶。但再生胶生产存在着利润低、劳动强度大、生产流程长、能源消耗大、环境污染严重等缺点。⑤利用废轮胎生产硫化橡胶粉。与传统的再生胶相比，胶粉生产没有二次污染，废轮胎利用率100％，可以延伸成高附加值且能够循环使用的新型产品。因此这是集环保与资源再生利用为一体的循环利用方式，也是发展循环经济最佳的利用途径。20世纪90年代初，美国、德国相继发明了低温液氮法生产精细胶粉的工业化技术，80～120目精细胶粉的产率约为25％，最大的缺点是一次性投资大，生产成本高。我国开发出适合国情的常温粉碎胶粉生产技术，大大降低成本。

思 考 题

1.橡胶高弹性的定义是什么？试从分子链结构、聚集态结构分析橡胶具有高弹性的本质原因？

2.试从分子链结构、聚集态结构比较分析天然橡胶、丁苯橡胶、顺丁橡胶的性能各有哪些优缺点？

3.热塑性弹性体的定义是什么？相比传统热固性橡胶，热塑性弹性体在性能上有什么优缺点？

第6章 涂料和黏合剂

6.1 涂料

6.1.1 概述

涂料是指涂布在物体表面而形成的具有保护和装饰作用的膜层材料。最早的涂料是采用植物油和天然树脂熬炼而成，其作用与我国的大漆相近，因此被称为"油漆"。随着石油化工和合成聚合物工业的发展，植物油和天然树脂已逐渐被合成聚合物改性和取代，涂料所包括的范围已远远超过"油漆"原来的狭义范围。

6.1.1.1 涂料的组成和作用

涂料是多组分体系，主要有成膜物质、颜料和溶剂三种组分，此外还包括催干剂、填充剂、增塑剂、增稠剂和稀释剂等。

成膜物质也称基料，它是涂料最主要的成分，其性质对涂料的性能（如保护性能、力学性能等）起主要作用。作为成膜物质应能溶解于适当的溶剂，具有明显结晶作用的聚合物一般不适合作为成膜物质。结晶的聚合物一般不溶解于溶剂，聚合物结晶后会使软化温度提高，软化温度范围变窄，且会使漆膜失去透明性，从涂料的角度来看，这些都是不利的。作为成膜物质还必须与物体表面和颜料具有良好的结合力。为了得到合适的成膜物质，可用物理方法和化学方法对聚合物进行改性。原则上，各种天然和合成的聚合物都可作为成膜物质。与塑料、橡胶和纤维等所用聚合物的最大差别是，涂料所用聚合物的平均相对分子质量一般较低。

成膜物质分为两大类，一类是转化型或反应性成膜物质，另一类是非转换型或挥发型（非反应性）成膜物质。植物油或具有反应活性的低聚物、单体等所构成的成膜物质称为反应性成膜物质，将它涂覆在物体表面后，在一定条件下进行聚合或缩聚反应，从而形成坚韧的膜层。由于在成膜过程中伴有化学反应，形成网状交联结构，因此，此类成膜物质相当于热固性聚合物，如环氧树脂、天然树脂、氨基树脂和醇酸树脂等。非反应性成膜物质是由溶解或分散于液体介质中的线型聚合物构成，涂布后，由于液体介质的挥发而形成聚合物膜层，由于在成膜过程未发生任何化学反应，成膜仅是溶剂挥发，成膜物质为热塑性聚合物，如纤维素衍生物、氯丁橡胶、乙烯基聚合物和热塑性丙烯酸树脂等。

颜料主要起遮盖、赋色和装饰作用，并对表面起抗腐蚀的保护作用。颜料一般粒径为 $0.2 \sim 10 \mu m$ 的无机或有机粉末，无机颜料如铅铬黄、铁黄、镉黄、铁红、钛白粉、氧化锌和铁黑等，有机颜料如炭黑、酞菁蓝、耐光黄和大红粉等。有些颜料除了具有遮盖和赋色作用外，还有增强、赋予特殊性能、改善流变性能、降低成本的作用，如锌铬黄、红丹（铅丹）、磷酸锌和铝粉具有防锈功能。

溶剂通常是用以溶解成膜物质的易挥发性有机液体。涂料涂覆在物体表面后，溶剂基本上应尽快挥发，不是一种永久性的组分，但溶剂对成膜物质的溶解能力决定了所形成的树脂溶液的均匀性、漆液的黏度和漆液的储存稳定性，溶剂的挥发性会极大地影响涂膜的干燥速率、涂膜的结构和涂膜外观的完美性。为了获得满意的溶解和挥发成膜效果，在产品中常用的溶剂有甲苯、二甲苯、丁醇、丁酮和乙酸乙酯等。溶剂的挥发是涂料对大气污染的主要根源，溶剂的安全性、对人体的毒性也是涂料工作者选择溶剂时应该考虑的。

涂料的上述三组分中溶剂和颜料有时可被除去，没有颜料的涂料被称为清漆，而含颜料的涂料被称为色漆。粉末涂料和光敏涂料（或称光固化涂料）则属于无溶剂的涂料。

填充剂又称增量剂，在涂料工业中也称为体质颜料，它不具有遮盖力和着色力，而是起改进涂料的流动性能、提高膜层的力学性能和耐久性、光泽，并可降低成本。常用的填充剂有重晶石粉、碳酸钙、滑石粉、云母粉、石棉粉和石英粉等。

增塑剂是为提高漆膜柔性而加入的有机添加剂。常用的有氯化石蜡、邻苯二甲酸二丁酯（DBP）和邻苯二甲酸二辛酯等。

对聚合物膜层的聚合或交联称为漆膜的干燥。催干剂就是促使聚合或交联的催化剂。常用的催干剂有环烷酯、辛酸、松香酸及亚油酸铝盐、钴盐和锰盐，其次是有机酸的铅盐和锆盐。

增稠剂是为提高涂料的黏度而加入的添加剂，常用的有纤维素醚类、细粒径的二氧化硅和黏土等。稀释剂是为降低黏度，便于施工而加入的添加剂，常用的有乙醇和丙酮等。

涂料中的其他添加成分还有杀菌剂、颜料分散剂以及为延长储存而加入的阻聚剂和防结皮剂等。

6.1.1.2　涂料的分类

涂料的品种繁多，可从不同的角度分类，如根据成膜物质、溶剂、施工方法、功能和用途等的不同进行分类。

既然成膜物质的性能是决定涂料性能的主要因素，按成膜物质的种类，一般将涂料分为17 大类，详见表 6-1。

表 6-1　涂料按成膜物质分类

涂料类别	主要成膜物质
油脂漆	天然植物油、动物油、合成油等
天然树脂漆	松香及其衍生物、虫胶、乳酪素、动物胶、大漆及其衍生物等
酚醛树脂漆	酚醛树脂、改性酚醛树脂、甲苯树脂
沥青漆	天然沥青、（煤）焦油沥青、石油沥青等
醇酸树脂漆	醇酸树脂及改性醇酸树脂
氨基树脂漆	脲醛树脂、三聚氰胺甲醛树脂
硝基漆	硝基纤维素、改性硝基纤维素
纤维素漆	苄基纤维、乙基纤维、羟甲基纤维、乙酸纤维、乙酸丁酸纤维
过氯乙烯漆	过氯乙烯树脂(氯化聚乙烯)、改性过氯乙烯树脂
乙烯树脂漆	氯乙烯共聚树脂、聚乙酸乙烯及其衍生物、聚乙烯醇缩醛树脂含氯树脂、氯化聚丙烯、石油树脂等
丙烯酸树脂漆	热塑性丙烯酸树脂、热固性丙烯酸树脂等
聚酯树脂漆	不饱和聚酯、聚酯
环氧树脂漆	环氧树脂、改性环氧树脂
聚氨酯漆	聚氨酯
元素有机漆	有机硅树脂、有机氟树脂
橡胶漆	天然橡胶、合成橡胶及其衍生物
其他漆类	聚酰亚胺树脂、无机高分子材料等

按涂料的使用层次分为底漆、腻子、二道底漆和面漆。按涂料的外观分类，如按涂膜的透明状况分为清漆（清澈透明）和色漆（带有颜色）；按涂膜的光泽状况分为光漆、半光漆和无光漆。

按涂料的形态分为固态涂料（即粉末涂料）和液态涂料，后者包括溶剂涂料与无溶剂涂料。有溶剂涂料又可分为水性涂料和溶剂型涂料，溶剂含量低的又称高固体份涂料。无溶剂涂料主要包括通称的无溶剂涂料和增塑剂分散型涂料（即塑性溶胶）等。

水性涂料分为两大类，一是乳胶（或乳液），二是水性树脂体系。水性树脂体系可分为水溶性体系和水分散性体系，水溶性体系的成膜物质有两种：①成膜物质具有强极性结构，可在水中溶解；②成膜物质通过化学反应形成水溶性的盐，此类成膜物质一般含有酸性基团或者碱性基团，可与氨或酸反应，其中氨和酸是挥发性的，在涂料干燥的过程中能够逸出。为保证成膜物质的水溶性，成膜物质的相对分子质量相对较低，从 $1000\sim6000$，极少数情况可达到 20000。水分散性成膜物质的相对分子质量较高，一般为 30000 左右。

水性涂料中作为溶剂和分散介质的水与通常的有机溶剂的性质有很大的差异，如表 6-2 所示，因而水性涂料的性质与溶剂型涂料的性质也有很大的不同，主要表现在：水的凝固点为 0℃，因而水性涂料必须在 0℃ 以上保存。水的沸点 100℃，虽比溶剂低，但气化蒸发热为 2300J/g，远远高于一般溶剂，因而干燥时耗能多，蒸发慢，在涂装时易产生流挂，影响表面质量，这也是水性涂料涂装技术上的难点之一。水的表面张力为 73.0mN/m，比一般溶剂高许多，因而水性涂料在涂装时易产生下列缺陷和漆膜弊病：①不易渗入被涂物质表面的细缝中；②易产生缩孔；③展平性不良；④易流性；⑤不易消泡；⑥浸渍涂装时易产生下沉、流迹等。一般需加入助溶剂来降低表面张力，提高表面质量。另外，水分散体系的水性涂料对于剪切力、热、pH 值等较敏感，因而在制造、输送水性涂料过程中应加以考虑。水性树脂分子在颜料表面吸附性差，乳胶涂料的光泽低，不鲜艳，在装饰性上欠佳。即使初期的光泽鲜艳性好，在室外曝露后光泽保持率差。现在，水性涂料在人工老化试验 3000h 后，光泽保持率能维持在 85％ 以上已是最好的。

表 6-2 水和溶剂的性质比较

性　质	水	有机溶剂（二甲苯）	性　质	水	有机溶剂（二甲苯）
沸点/℃	100.0	144.0	比热容/[J/(g·℃)]	4.2	1.7
凝固点/℃	0.0	−25.0	蒸发热/(J/g)	2300	390.0
氢键指数	39.0	4.5	热传导率/[×10³W/(m²·℃)]	5.8	1.6
表面张力/(mN/m)	73.0	30.0	相对密度 d_4^{20}	1.0	0.9
黏度/mPa·s	1.0	0.8	折射率 n_D^{20}	1.3	1.5
相对挥发性(乙醚=1)	80.0	14.0	闪点/℃	—	23
蒸汽压(25℃)/kPa	2.38	0.7	低爆炸极限(体积分数)/%	—	1.1

6.1.1.3　膜的形成

用涂料的目的是在被涂物的表面形成一层坚韧的薄膜。涂料的成膜包括将涂料施工在被涂物表面和使其形成固态的连续涂膜两个过程，成膜方式包括物理成膜方式和化学成膜方式。物理成膜方式又分为溶剂或分散介质的挥发成膜和聚合物粒子凝聚两种形式，主要用于热塑性涂料的成膜。

（1）溶剂或分散介质的挥发成膜　这是溶液型或分散型液态涂料在成膜过程中必须经过的一种形式。液态涂料涂在被涂物上形成"湿膜"，其中所含有的溶剂或分散介质挥发到大气中，涂膜黏度逐步加大至一定程度而形成固态涂膜。涂料品种中硝酸纤维素漆、过氯化乙烯漆、沥青漆、热塑性乙烯树脂漆、热塑性丙烯酸树脂漆和橡胶漆都以溶剂挥发方式成膜。

（2）聚合物粒子凝聚成膜　这种成膜方式是涂料依靠其中作为成膜物质的高聚物粒子在

一定的条件下互相凝聚而成为连续的固态膜。含有挥发性分散介质的分散型涂料，如水乳胶涂料、非水分散型涂料和有机溶胶等，在分散介质挥发的同时产生高聚合物粒子的接近、接触、挤压变形而聚集起来，最后由粒子状态的聚集变为分子状态的聚集而形成连续的涂膜。含有不挥发的分散介质的涂料如塑性溶胶，由分散在介质中的高聚物粒子溶胀、凝聚成膜。热塑性的固态粉末涂料在受热的条件下通过高聚物热熔、凝聚而成膜。

化学成膜是指先将可溶的（或可熔的）低相对分子质量的聚合物涂覆在基材表面以后，在加温或其他条件下，分子间发生反应而使相对分子质量进一步增加或发生交联而成坚韧薄膜的过程。这种成膜方式是一种特殊形式的高聚物合成方式，它完全遵循高分子合成反应机理，是热固性涂料包括光敏涂料、粉末涂料、电泳漆等的共同成膜方式。

6.1.1.4　涂装技术

将涂料均匀地涂在基材表面的施工工艺称为涂装。为了使涂料达到应有的效果，涂装施工非常重要，俗话说"三分油漆，七分施工"，虽然夸张一点，但也说明施工的重要性。涂料的施工首先要对被涂物的表面进行处理，然后才可进行涂装。

表面处理有两方面的作用，一方面是消除被涂物表面的污垢、灰尘、氧化物、水分、锈渣、油污等；另一方面是对表面进行适当改造，包括进行化学处理或机械处理，以消除缺陷或提高附着力。不同的基质有不同的处理方法。

金属的表面处理主要包括除锈、除油、除旧漆、磷化处理和钝化处理等。

木材施工前要先晾干或低温烘干（70～80℃），控制含水量在 7%～12%，还要除去未完全脱离的毛束（如木质纤维）。表面的污物要用砂纸或其他方法除去，并要挖去或用有机溶剂溶解木材中的树脂。有时为了美观，在涂漆前还需漂白和染色。

塑料一般为低能表面，为了增加塑料表面的极性，可用化学氧化处理，例如用酪酸、火焰、电晕或等离子体等进行处理；另一方面为了增加涂料中成膜物质在塑料表面的扩散速度，也可用溶剂如三氯乙烯蒸汽进行侵蚀处理。另外，在塑料表面上往往残留有脱模剂和渗出的增塑剂，必须预先进行清洗。

涂装的方法很多，一般要根据涂料的特性、被涂物的性质、形状及质量要求而定。关于涂装技术已有不少专著可供参考，这里只作简要的介绍。

（1）手工涂装　手工涂装包括刷涂、滚涂和刮涂等。其中刷涂是最常见的手工涂装法，适用于多种形状的被涂物。滚涂主要用于乳胶涂料的涂装，刮涂是用于黏度高的厚膜涂装方法，一般用来涂覆腻子和填孔剂。

（2）浸涂和淋涂　将被涂物浸入涂料中，然后吊起，滴尽多余的涂料，经过干燥而达到涂装目的方法称为浸涂。淋涂则是用喷嘴将涂料淋在被涂物上以形成涂层，它和浸涂方法一样适用于大批量流水线生产方式。对于这两种涂装方法最重要的是要控制好黏度，因为黏度直接影响漆膜的外观和厚度。

（3）空气喷涂　空气喷涂是通过喷枪使涂料雾化成雾状液滴，在气流带动下，喷到被涂物表面的方法。这种方法效率高，作业性好。

（4）无空气喷涂　无空气喷涂法是靠高压泵将涂料增压至 5～35MPa，然后从特制的喷嘴小孔（口径为 0.2～1mm）喷出，由于速度高（100m/s），随着冲击空气和压力的急速下降，涂料中的溶剂急速挥发，体积骤然膨胀而分散雾化，并高速地涂着在被涂物上。这种方法大大减少了漆雾飞扬，生产效率高，适用于高黏度的涂料。

（5）静电喷涂　静电喷涂是利用被涂物为阳极，涂料雾化器或电栅为阴极，形成高压静电场，喷出的漆滴由于阴极的电晕放电而带上负电荷，它们在电场作用下，沿电力线高效地被吸附在被涂物上。这种方法易实现机械化和自动化，生产效率高，适用于流水线生产，且漆膜均匀，质量好。

（6）电泳涂装　电泳涂装是水稀释性涂料特有的一种涂装方式。通常把电泳施工的水溶性涂料称为电泳漆。电泳涂装是在一个电泳槽中进行的，涂料置于槽中，由于水稀释性漆是一个分散体系，水稀释性树脂的聚集体作为黏合剂，将颜料、交联剂和其他添加剂包覆于微粒内，微粒表面带有电荷，在电场的作用下，带电荷微粒向着与所带电荷相反的电极移动，并在电极表面失去电荷，沉积在电极表面上，此电极为被涂物。将被涂物取出冲洗后加温烘干，便可得到交联固化的漆膜。电泳涂装广泛用于汽车、电器、仪表等的底漆涂装。

另外还有粉末涂料的涂装方法。粉末涂料涂装的两个要点是：一是如何使粉末分散和附着在被涂物的表面；二是如何使它成膜。粉末涂料的涂装方法近年发展很快，方法很多，常用的涂装方法有火焰喷涂法、流化床法和静电涂装法三种。

涂装技术正在日新月异的发展，新的涂装方法不断涌现，此处不再一一介绍。

6.1.2　醇酸树脂涂料

1927 年，通用电器公司的 Kienle 对多元醇与多元酸合成的聚酯作了重大的改进，即在聚酯的成分中增加了脂肪酸，这种聚酯取名为醇酸树脂。在国外，醇酸树脂约占涂料用合成树脂的 40% 以上。因此，醇酸树脂漆在涂料工业中占有极重要的地位。

6.1.2.1　醇酸树脂的制备

邻苯二甲酸酐与甘油缩聚，产物是不溶、不熔的硬脆聚合物，不能用作涂料。采用脂肪酸来改性可以提高其在溶剂中的溶解性能，因此，改性的醇酸树脂已成为涂料工业的骨干材料。用作涂料的醇酸树脂是由多元醇、多元酸及脂肪酸通过缩聚反应制得。通过调节各组分的比例，可以制备出性能优良适用于表面涂层的树脂。

多元醇：主要是甘油，也可以是季戊四醇、山梨醇、三羟甲基丙烷及各种二甘醇。

多元酸：主要是邻苯二甲酸及酸酐（苯酐）、间苯二甲酸、己二酸、马来酸等二元酸，也可用三元酸如偏苯三酸等。

一元酸：主要是亚麻油、豆油、桐油等植物油中所含的酸（以油的形式使用，或以酸的形式使用），也可用苯甲酸和合成脂肪酸。

醇酸树脂是用脂肪酸改性的，所以脂肪酸的种类和含量（油度）决定醇酸树脂的性质。脂肪酸组分可由脂肪酸直接引入或油通过醇解引入。

油类主要是植物油，植物油主要成分为甘油三脂肪酸酯（简称甘油三酸酯）。自然界中的甘油三酸酯不是由一种脂肪酸所构成的简单酯，而是不同的脂肪酸形成的混合酸酯。其分子式可简单表示为

$$
\begin{array}{c}
\mathrm{CH_2-O-\overset{\displaystyle O}{\overset{\|}{C}}-R'} \\
| \\
\mathrm{CH-O-\overset{\displaystyle O}{\overset{\|}{C}}-R''} \\
| \\
\mathrm{CH_2-O-\overset{\displaystyle O}{\overset{\|}{C}}-R'''}
\end{array}
$$

式中，R'、R''、R''' 是脂肪酸基，是体现油类性质的主要部分。

脂肪酸大多是十八碳酸，其通式为 $C_{17}H_{35-x}COOH$，但也有其他碳数的酸，主要的脂肪酸有：硬脂酸$[CH_3(CH_2)_{16}COOH]$、油酸$[CH_3(CH_2)_7CH=CH(CH_2)_7COOH]$、亚油酸$[CH_3(CH_2)_4CH=CHCH_2CH=CH(CH_2)_7COOH]$、亚麻酸$[CH_3CH_2CH=CHCH_2CH=$

$CHCH_2CH \Longrightarrow CH(CH_2)_7COOH]$。它们中所含双键的数目和位置不同，其性能差异很大。

油一般分为干性油、半干性油和非干性油。通常用碘值来鉴定。碘值是指为饱和100g油的双键所需碘的克数。碘值大于140为干性油，碘值在125～140为半干性油，低于125为非干性油。碘值只是不饱和度的量度，不能反映脂肪酸中双键的分布情况。油在空气中固化的实质是油中活泼亚甲基与氧反应而产生的交联。所谓活泼亚甲基，主要是指在两个双键之间的亚甲基。所以更为严格和科学的方法是按油中含有多少活泼亚甲基来直接地反映油的性质。

根据醇酸树脂中的油含量的不同，醇酸树脂可以分为长油度（60%）、中油度（40%～60%）和短油度（40%以下）三种。

在常温氧化干燥的醇酸树脂中，希望有尽可能多的活泼亚甲基，也希望有尽可能多的苯环结构，因为苯环结构可以提高聚合物的玻璃化温度，有助于"干燥"，特别是迅速达到触干，使室温固化速率加快；含少量的羟基有助于附着力的提高；油量多，柔韧性增强，在脂肪族溶剂中溶解度增加，刷涂性好，但耐候性差。聚酯部分可提供较高的硬度和良好的韧性及耐磨性。综合考虑一般用50%的油度。油度从60%到40%时，表干变快，硬度也增加，但耐溶剂的能力变差。温度升高，醇酸树脂中氧化干燥速率加快，短油醇酸树脂常用于烘干型醇酸树脂涂料。

醇酸树脂按改性脂肪酸的性质主要分为两类，一类是干性油醇酸树脂，是采用不饱和脂肪酸改性制成的，在室温与氧存在下能直接固化成膜，用于制自干的涂料。另一类是不干性油醇酸树脂，改性脂肪酸是不干性油如蓖麻油、椰子油、月桂酸等，碘值较低，不能在空气中氧化交联，因而它不能直接用作涂料，需与其他树脂混合使用。

（1）水性醇酸树脂　醇酸树脂是通过缩聚反应本体聚合制备成的，第一代水性醇酸树脂是用乳化剂乳化来制备的，为获得满意的性能，要求醇酸树脂的直径尽可能小而且粒径分布窄。第二代水性醇酸树脂具有较高的酸值（高于40mgKOH/g），同时需加入大量的助溶剂。醇酸树脂水性化的方法有：①在醇酸树脂中引入偏苯三酸、均苯四酸等多元酸，制造高酸值醇酸树脂，用胺中和；②用顺丁烯二酸与醇酸树脂中的双键加成，引入羧基，然后以胺中和增容。水溶性醇酸树脂的关键在于控制醇酸树脂的酸值和相对分子质量，酸值高、相对分子质量小的醇酸树脂水溶性好。第三代水性醇酸树脂是用氨基甲酸酯和丙烯酸改性，酸值较低（通常小于20mgKOH/g），挥发性溶剂和氨的总含量小于5%。

（2）高固体分醇酸树脂　为了减少挥发性有机溶剂在涂料中的含量，人们对高固体分醇酸树脂作了许多研究。制备高固体分醇酸树脂的关键是黏度，最主要的是树脂本身的黏度和溶剂选择。选择溶剂时，特别是在醇酸树脂中使用一些氢键接受体溶剂（如酮），可以使固含量有所增加（在黏度不变的情况下），但最重要的方法是降低相对分子质量和使相对分子质量分布变窄。醇酸树脂的平均相对分子质量不能低于一定水平，否则要影响漆膜的性能。相对分子质量分布窄的醇酸树脂尽管可以达到固含量高、干燥速率快的目的，但漆膜的性能，特别是抗冲击性能可能比相对分子质量分布宽（在相同的平均相对分子质量条件下）的醇酸树脂差。采用活性稀释剂如多丙烯酸酯等，也可以降低挥发性有机溶剂的含量。

（3）触变型醇酸树脂　"触变"是用来描述由于剪切（如搅拌）而产生的黏度可逆的"溶液-溶冻"变化的现象，触变型醇酸树脂是由醇酸树脂与聚酰胺树脂反应制得的。聚酰胺树脂是不饱和脂肪酸的二聚酸与二元胺的缩合物。二聚酸的结构为：

$$CH_3(CH_2)_5-CH-CH-CH \Longrightarrow CH-(CH_2)_7COOH$$
$$CH_3(CH_2)_5-CH \quad CH-(CH_2)_7COOH$$
$$HC \Longrightarrow CH$$

　　一般聚酰胺树脂用量为 5% 左右，增加聚酰胺树脂用量可提高触变强度，用量增加一倍，触变强度增加 3～4 倍。一般生产上采用 190～230℃ 反应，聚酰胺树脂分子的酰氨基与醇酸树脂发生交换反应，将聚酰胺分子分解成链段而连接到醇酸树脂上。产生触变性的原因是酰胺上的氮原子容易在分子之间形成氢键，产生了物理交联，使黏度上升。在外力作用下，氢键被破坏，黏度下降；在外力撤销后，又可逐步形成氢键，重新恢复高黏度。

6.1.2.2　醇酸树脂涂料的特点

　　醇酸树脂涂料品种很多，根据使用情况，醇酸树脂可分为外用醇酸树脂涂料、通用醇酸树脂涂料、醇酸树脂底漆和防锈漆、水溶性醇酸树脂涂料以及其他具有特殊性能的醇酸树脂涂料。

　　醇酸树脂涂料在涂料产品中应用最广泛，可制成清漆、磁漆、底漆和腻子，它具有以下优点：

　　① 漆膜干燥以后，形成高度网状结构，不易老化，耐候性好，光泽持久；

　　② 附着力好，漆膜柔韧、耐磨；

　　③ 抗矿物油性、抗醇类溶剂性好，烘烤后的漆膜耐水性、耐油性、绝缘性大大提高；

　　④ 施工方便，刷涂、喷涂、浸涂均可，既能自干，又可烘干。

　　醇酸树脂的主要缺点是完全干透时间长，漆膜较软，耐热、防霉菌性较差等。

6.1.3　丙烯酸涂料

6.1.3.1　丙烯酸树脂的制备

　　丙烯酸树脂是由丙烯酸及丙烯酸酯或甲基丙烯酸及甲基丙烯酸酯单体通过加聚反应生成的聚丙烯酸或聚丙酸酯树脂。以丙烯酸树脂为成膜物质的涂料称为丙烯酸涂料。在生产过程中为了改进丙烯酸树脂的性能和降低成本，常常按比例加入烯类单体如丙烯腈、甲基丙烯酰胺、甲基丙烯酸、乙酸乙烯、苯乙烯等与之共聚。表 6-3 简单地列出了一些共聚单体的作用。

表 6-3　各种单体对漆膜性能的影响

膜的性质	单　体　的　贡　献
室外耐久性	甲基丙烯酸酯和丙烯酸酯
硬度	甲基丙烯酸酯、苯乙烯、甲基丙烯酸和丙烯酸
柔韧性	丙烯酸乙酯、丙烯酸正丁酯、丙烯酸-2-乙基己酯
抗水性	甲基丙烯酸甲酯、苯乙烯
抗撕裂	甲基丙烯酰胺、丙烯腈
耐溶剂	丙烯腈、氯乙烯、偏氯乙烯、甲基丙烯酰胺、甲基丙烯酸
光泽	苯乙烯、含芳香族的单体
引入反应性基团	丙烯酸羟乙酯、丙烯酸羟丙酯、N-羟甲基丙烯酰胺、丙烯酸缩水甘油酯、丙烯酸、甲基丙烯酸、丙烯酰胺、丙烯酸烯丙酯、氯乙烯、偏氯乙烯

　　根据所用单体不同，丙烯酸树脂分为热塑性丙烯酸树脂和热固性丙烯酸树脂。溶剂型丙烯酸涂料最早使用的是热塑性丙烯酸涂料，主要组分是聚甲基丙烯酸酯。由于热塑性丙烯酸涂料的固体含量太低，大量溶剂逸入大气中，为增加固含量，必须降低丙烯酸树脂的相对分子质量，但这必然影响漆膜的各种性能，为此发展了热固性丙烯酸树脂涂料。热固性丙烯酸树脂涂料是使相对分子质量较低的丙烯酸树脂在涂布以后经分子间反应而构成的体型分子。热固性丙烯酸树脂一般通过侧链的羟基、羧基、氨基、环氧基和交联剂（如氨基树脂、多异氰酸酯及环氧树脂等）反应。这类涂料除了具有较高的固体分以外，它还有更好的光泽和表观、更好的耐化学、耐溶剂及耐碱、耐热性等。

（1）水溶性丙烯酸树脂　水溶性丙烯酸树脂涂料都是热固性的，很少有热塑性的水溶性聚合物用于涂料，因为它的抗水性太差。水溶性丙烯酸酯采用具有活性可交联官能团的共聚树脂制成。在使用时外加或不加交联树脂，使活性官能团间在成膜时交联而形成体型结构。用于交联的活性官能团基本与溶剂型相同，以羟基或羧基与氨基树脂交联的体系为主。共聚树脂的单体中选用适量的不饱和羧酸，如丙烯酸、甲基丙烯酸、顺丁烯二酸酐、亚甲基丁二酸等，使树脂中的侧链带有羧基，再用有机胺或氨水中和成盐而获得水溶性。此外，树脂中的侧链还可通过选用适当单体以引入羟基、酰氨基或醚键等亲水基团而增加树脂的水溶性。中和成盐的丙烯酸树脂的水溶性并不很强，使用过程中还必须加入一定比例的亲水性助溶剂来增加树脂的水溶性，其组成可归纳于表 6-4 中。

表 6-4　水溶性丙烯酸树脂的组成

组　成		常 用 品 种	作　　用
单体	组成单体	甲基丙烯酸甲酯、苯乙烯、丙烯酸乙酯、丁酯、乙基己酯等	调整基础树脂的硬度、柔韧性及耐大气老化等性能
	官能单体	甲基丙烯酸羟乙酯、甲基丙烯酸羟丙酯、丙烯酸羟乙酯、丙烯酸羟丙酯、甲基丙烯酸、丙烯酸、顺丁烯二酸酐等	提供亲水基团及水溶性，并为树脂固化提供交联反应基团
中和剂		氨水、二甲基乙醇胺、N-乙基吗啉、2-二甲氨基-2-甲基丙醇、2-氨基-2-甲基丙醇等	中和树脂上的羧基，成盐，提供树脂水溶性
助溶剂		乙二醇乙醚、乙二醇丁醚、丙二醇乙醚、丙二醇丁醚、仲丁醇、异丙醇等	提高偶联效率，起增容作用，调整黏度、流平性等施工性能

水溶性丙烯酸树脂合成及制造工艺：混合单体（质量份）为甲基丙烯酸甲酯：丙烯酸丁酯：甲基丙烯酸羟乙酯：丙烯酸＝40.8：40.8：10：8.4，加有 1.2％偶氮二异丁腈为引发剂，在氮气保护下将混合单体于 2.5h 内慢慢滴入丙二醇醚类溶剂（UCC 公司的 Propasol P），此时反应物中单体：溶剂的质量比为 2：1，继续在（101±3）℃下保温 1h，再加入总质量 20％的 Propasol P，然后升温进行蒸馏。

与缩聚型树脂相比，水性丙烯酸树脂的独特之处在于它有较好的水解稳定性，制备方法的灵活多样性。

（2）高固体分丙烯酸树脂　制备用于高固体分涂料的丙烯酸树脂是非常困难的，多数是依靠侧链带羟基的热固型树脂与高固体含量的甲醚化三聚氰胺甲醛树脂制成。含羟基单体是树脂发生交联反应的关键，每个树脂分子中至少要有 2 个以上的羟基才能与氨基树脂交联成体型大分子。由于这里所用的热固性丙烯酸树脂与常规的热固性丙烯酸树脂不同，分子质量极小，必须具有极窄的相对分子质量分布并且有足够的羟基酯单体参加聚合，才能确保每个树脂分子上都有两个以上的羟基，为了使每个聚合物分子中有两个以上羟基，常采用下列措施。

① 引发剂必须使用偶氮化合物，如 AIBN，不能用 BPO；

② 活性官能团单体的用量较高；

③ 严格控制聚合温度，单体、引发剂的加入速率；

④ 选用适当的链转移剂，使用羟基硫醇作链转移剂来调节相对分子质量，使相对分子质量分布变窄的同时，还使聚合物末端带一个羟基。

目前高固体丙烯酸树脂可以有 70％（体积分数）或 76％（质量分数）的固含量，已解决在闪光漆上使用的问题，并开始应用于汽车面漆，其发展前途是广阔的。

另外，还有辐射固化的丙烯酸树脂和丙烯酸乳胶。丙烯酸酯乳胶可以是热塑性的，也可以是热固性的。

6.1.3.2 丙烯酸涂料的特点及用途

用丙烯酸酯及甲基丙烯酸酯单体共聚合制成的丙烯酸树脂对光的主吸收峰处在太阳光谱范围之外，所以用它制成的丙烯酸酯漆具有特别优良的耐光性及耐户外老化性能，其很多特点都是其他树脂所不能及的。

① 色浅、透明；

② 耐光、耐候性好，户外曝晒耐久性强，在紫外线照射下不易分解或变黄，能长期保持原有的光泽及色泽；

③ 耐热、耐过热烘烤，在 170℃ 温度下不分解、不变色，在 230℃ 左右或更高的温度下仍不变色；

④ 耐腐蚀，有较好的耐酸、碱、盐、油脂、洗涤剂等化学品的沾污及腐蚀性能。

通过变换不同的共聚合单体，调整不同的相对分子质量及交联体系等一系列措施，可以变化涂料的各方面性能，制成多种不同性能及应用的涂料。基于其卓越的耐光性能及耐户外老化性能，丙烯酸酯漆最大的市场为轿车漆。此外，在轻工、家用电器、金属家具、铝制品、卷材工业、仪器仪表、建筑、纺织品、塑料制品、木制品、造纸等工业均有广泛应用。

6.1.4 聚氨酯涂料

聚氨酯涂料即聚氨基甲酸酯涂料。凡用异氰酸酯或其反应产物为原料的涂料统称聚氨酯涂料。聚氨酯涂料中除含有相当数量的氨基甲酸酯键（—NHCO—）外，还含有酯键、醚键、脲键、脲基甲酸酯键等，综合性能优良，是一种用途广泛的高级涂料。

6.1.4.1 异氰酸酯的反应

异氰酸酯是制备聚氨酯涂料的原料，有很高的活性，可以和含活泼氢的化合物反应。涂料中所涉及的反应和简单的单官能度的异氰酸酯反应类似。异氰酸酯的电荷分布情况为 R—N=C=O ，碳原子是正电性，易受亲核试剂进攻，下面介绍一些典型的反应。

（1）与羟基反应生成氨基甲酸酯：

$$R-N=C=O+R'OH \longrightarrow R-NH-\overset{\overset{\displaystyle O}{\|}}{C}-OR'$$

（2）与水反应，先生成胺，生成的胺进一步与异氰酸反应，生成取代脲基团：

$$R-N=C=O+HOH \longrightarrow R-NH-\overset{\overset{\displaystyle O}{\|}}{C}-OH \longrightarrow RNH_2+CO_2 \xrightarrow{R-NCO} R-NH-\overset{\overset{\displaystyle O}{\|}}{C}-NH-R+CO_2$$

（3）与胺类反应生成取代脲：

$$R-N=C=O+R'NH_2 \longrightarrow R-NH-\overset{\overset{\displaystyle O}{\|}}{C}-NH-R'$$

（4）与羧酸反应生成酰胺基团：

$$R-N=C=O+R'COOH \longrightarrow R-NH-\overset{\overset{\displaystyle O}{\|}}{C}-O-\overset{\overset{\displaystyle O}{\|}}{C}-R' \longrightarrow R-NH-\overset{\overset{\displaystyle O}{\|}}{C}-R'+CO_2$$

（5）与脲反应生成缩二脲：

$$R-N=C=O+R'NHCONHR'' \longrightarrow RNH-\overset{\overset{\displaystyle O}{\|}}{C}-\overset{\overset{\displaystyle R'}{|}}{N}-\overset{\overset{\displaystyle O}{\|}}{C}-NHR''$$

（6）与氨基甲酸酯反应生成脲基甲酸酯：

$$R-N=C=O+R'NHCOOR'' \longrightarrow R-NH-\overset{\overset{\displaystyle O}{\|}}{C}-\overset{\overset{\displaystyle R'}{|}}{N}-\overset{\overset{\displaystyle O}{\|}}{C}-OR''$$

（7）自聚反应：

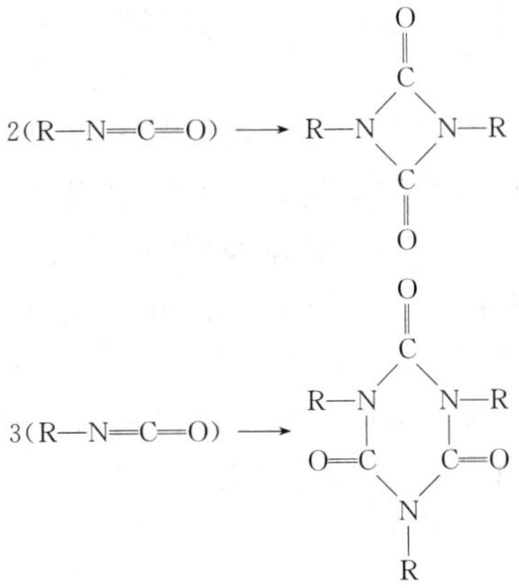

$$2(R\!-\!N\!=\!C\!=\!O) \longrightarrow \overset{\displaystyle O}{\underset{\displaystyle O}{R\!-\!N \diamond N\!-\!R}}$$

$$3(R\!-\!N\!=\!C\!=\!O) \longrightarrow$$

上述反应的快慢主要与反应物和异氰酸酯的结构有关。因为发生的反应是亲核反应，因此反应物的亲核性越高，反应速率越快，一般有如下顺序：

伯胺＞伯醇＞水＞脲＞仲醇和叔醇＞羧酸＞氨基甲酸酯＞羧酸的酰胺

异氰酸酯与伯胺在室温下就可以迅速反应，与伯醇的反应速率较为适中。如果异氰酸酯（—RNCO）中的 R 基是吸电子，则有利于反应。

6.1.4.2　聚氨酯涂料的特点和分类

聚氨酯涂料含有多种化学键结构，决定了它兼有多种优异性能。

① 力学性能优异，涂膜坚硬、柔韧、光亮、耐磨、附着力强。氨酯键的特点是在高聚物分子之间能形成非环或环形的氢键，这种氢键的形成与破坏是可逆的，因此具有良好的机械强度和高的断裂伸长率，以及良好的耐磨性和韧性，广泛用作地板漆和甲板漆等。

② 具备耐腐蚀性，涂膜耐油、酸、碱、盐液、化学药品及工业废气，因而可作钻井平台、船舶、化工厂的维护涂料、石油储罐的内壁衬里等。

③ 聚氨酯的电绝缘性好，聚氨酯涂覆的电磁线，可以不需刮漆，能在熔融的焊锡中自动上锡，特别适用于电信器材和仪表的装配。聚氨酯漆制成耐高温绝缘漆，性能接近于聚酰亚胺漆。

④ 聚氨酯漆附着力强，兼具保护和装饰性，可用于高级木器、钢琴等的涂装。

⑤ 可采用多种方式固化，能在高温固化，也能在低温固化，有利于施工应用和节能。因为它在常温能迅速固化，所以对大型工程如大型油罐、大型飞机等可以常温施工而获得优于普通烘烤漆的效果。

⑥ 能和聚酯、聚醚、环氧、醇酸、聚丙烯酸酯、乙酸丁酸纤维素、氯乙烯乙酸乙烯共聚树脂、沥青和干油性等配合制漆，可在宽广的范围内调节硬度，以满足不同的使用要求。

⑦ 可制成溶剂型、液态无溶剂型、粉末、水性、单罐装、两罐装等多种形态，以满足不同需要。

（1）氨酯油和氨酯醇酸　由含有羟基的油（如蓖麻油）或多元醇部分醇解的油与二异氰酸酯反应所得的聚合油称为氨酯油，氨酯油中不含自由的异氰酸酯。

氨酯醇酸和醇酸树脂相似，只是将苯酐改为二异氰酸酯，它不含有自由的异氰酸酯基团，制备方法也与醇酸树脂的制备方法相似，即首先由植物油与多元醇（如甘油）进行交换得到甘油二酯或甘油单酯，甘油酯中的自由羟基与二异氰酸酯反应，即得氨酯醇酸。反应后加入过量的醇（如甲醇）以保证无自由的异氰酸酯，与醇酸树脂相比，由于没有邻苯二甲酸酯结构，树脂易泛黄。

氨酯油和氨酯醇酸有时都被称为氨酯油，它们都是气干型涂料，即通过脂肪酸中的活泼亚甲基反应固化，须加催干剂。

（2）湿固化的聚氨酯涂料　湿固化的聚氨酯涂料的原理是利用空气中的水和含异氰酸酯基团的预聚物反应成膜，其特点是使用方便，可在室温固化，而且漆膜耐摩擦、耐油、耐水解。由端羟基聚酯或丙烯酸树脂与脂肪族异氰酸酯制备的预聚物，可用于飞机上的涂料。

相对分子质量较高的含羟基的聚酯、聚醚、蓖麻油或丙烯酸树脂等和异氰酸酯反应时，NCO/OH 之比大于 2，使端羟基转变为端异氰酸酯；若用相对分子质量较低的羟基组分，NCO/OH 之比降至 $1.2\sim1.8$，这样可以就地扩链得到相对分子质量较大的预聚物，预聚物和水反应生成胺和 CO_2，胺再和异氰酸酯反应迅速生成脲：

$$\sim\!\sim\!\text{NCO} + H_2O \longrightarrow \sim\!\sim\!\text{NH}_2 + CO_2$$

$$\sim\!\sim\!\text{NH}_2 + \sim\!\sim\!\text{NCO} \longrightarrow \sim\!\sim\!\text{NH}\!-\!\overset{\displaystyle O}{\overset{\|}{C}}\!-\!\text{NH}\!\sim\!\sim$$

潮气固化聚氨酯涂料的缺点在于固化时有 CO_2 放出，漆膜不能太厚，固化速率与空气湿度关系很大，冬天湿度低，对固化不利，它对颜料要求严格，吸附在颜料上的水分会与异氰酸酯反应，因此需将颜料脱水。

（3）封闭型异氰酸酯烘干涂料　封闭型异氰酸酯和羟基组分可以合装，在室温下是稳定的，是典型的单组分聚氨酯，封闭型异氰酸酯主要有以下三种：

① 加成物型　如苯酚封闭的 TDI 与三羟基甲基丙烷的加成物（用于电线磁漆和一般烘烤漆）；

② 三聚体型　如苯酚封闭的 TDI 三聚体（用于耐热电线漆）；

③ 缩二脲型　如封闭的 HDI 缩二脲（用于轿车烘漆等）。

封闭型单组分聚氨酯涂料大量用于绝缘漆，它有优良的绝缘性能、耐水性、耐溶剂性和力学性能。在粉末涂料中普遍采用己内酰胺封闭的异氰酸酯，在阴极电泳漆中，用异辛醇或丁醇封闭的甲苯二异氰酸酯，它和"水溶性"树脂混合在一起，能够被结合在聚集体微粒内。

（4）催化固化聚氨酯涂料　催化固化聚氨酯涂料的结构基体上与前述潮气固化型相似，与潮气固化型差别之处是其本身干燥较慢，施工时需加入胺等催干剂以促进干燥，典型的是加入少量甲基二乙醇胺，它的两个羟基均能与预聚物的—NCO 官能团交联，而氮原子具有催干作用。

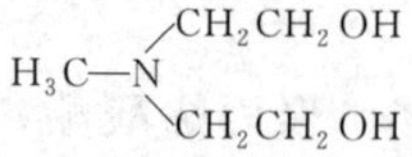

$$H_3C\!-\!N\!\underset{\displaystyle CH_2CH_2OH}{\overset{\displaystyle CH_2CH_2OH}{\diagdown}}$$

（5）羟基固化型双组分聚氨酯涂料　羟基固化型双组分聚氨酯涂料分甲乙二组分，使用前混合。甲组分为多异氰酸酯，乙组分为含羟基的低聚物及催化剂、颜料等。这类双组分聚氨酯涂料是所有聚氨酯涂料中应用最广、最具有代表性的品种，其调节适应性宽。

多异氰酸酯组分一般不直接使用挥发性的二异氰酸酯，而是使用其加成物、缩二脲或三聚体。含羟基的组分一般不用低相对分子质量的多元醇，其原因是极性太强、混溶性不好、易吸水、交联密度大、内应力大。一般用的羟基组分是含羟基的聚酯（或醇酸）、聚醚、环氧树脂、丙烯酸树脂及蓖麻油等。树脂中的羟基有伯羟基和仲羟基。仲羟基反应性较低，为了增加反应速率，可以加入催化剂，一般以锡类催化剂为好。采用不同的树脂，所得聚氨酯的性能和用途也不同，聚酯型是最通用的品种，漆膜干性较聚醚型快；用蓖麻油醇酸树脂制成的聚氨酯涂膜耐候性好；用环氧树脂中含羟基化合物制成的聚氨酯涂膜耐化学品性强。丙烯酸树脂固化的聚氨酯涂膜户外耐候性好，不泛黄，特别是和脂肪族二异氰酸酯配合时性能更为全面。

（6）水性聚氨酯涂料　水性聚氨酯涂料分为两类，一类是热塑性的，其—NCO 基团已完全反应；另一类是热固性的，是近几年发展起来的，即涂料分为两个组分，其一含活泼氢的组分，另一含—NCO 基团的组分，可在常温或加温下交联固化成膜。

热塑性水性聚氨酯制法有丙酮法、熔融分散法、预聚体混合法和酮亚胺法。上述方法的共同点是第一步先合成常规的聚氨酯树脂，即将二元醇（二羟基聚酯低聚物）与二异氰酸酯反应；第二步是将反应产物分散在水中。为了便于在水中分散，需降低聚氨酯树脂的黏度，采用的方法有：①先制成低相对分子质量的聚氨酯预聚物，然后在水相中用酮亚胺或以预聚物混合方法扩链；②将聚氨酯树脂溶解于丙酮中，降低黏度，然后分散于水中，再抽除丙酮；③将聚氨酯树脂加热熔融以降低黏度，便于分散于水中。

热塑性水性聚氨酯虽使用方便，也有满意的力学性能，但耐溶剂、耐化学品性能欠佳。因此，近年开发了双组分热固性的水性聚氨酯，它是利用脂肪族异氰酸与水反应缓慢的特性而开发成功的，其制备方法如下。

① 羟基组分　先将二异氰酸酯与羟基二元醇及扩链剂二羟甲基丙酸（DMPA）反应，制成含羧基的预聚物，再用叔胺中和，分散于水中，然后再用能与—NCO 端基反应而含羟基的封端剂（例如二乙醇胺等）封端，制得可水分散的而且具有端羟基的组分。

② 多异氰酸酯组分　将 HDI 三聚体与聚乙二醇单丁醚反应制成能够在水中分散的多异氰酸酯组分。

（7）高固体分聚氨酯涂料　当异氰酸酯基和羟基之比低于 1 时，二异氰酸酯与二元醇反应可得到端羟基的聚氨酯。这种聚氨酯二元醇和含羟基的丙烯酸树脂一样可作为高固体分涂料的低聚物，它和交联剂（如氨基树脂）反应形成交联的漆膜。与丙烯酸树脂涂料相比，聚氨酯不仅有较好的耐磨性，而且固体分含量相当或更高，这是因为聚氨酯低聚物的相对分子质量易于控制，容易得到带有两个端羟基的低聚物，而丙烯酸树脂的相对分子质量一般较高，因此，尽管聚氨酯有严重的分子间氢键，妨碍了固体分的提高，但由于相对分子质量低，抵消了这一不利影响。

6.1.5　其他涂料

（1）环氧树脂涂料　环氧树脂中最重要的是由双酚 A 与环氧丙烷在碱作用下制备的双酚 A 型树脂，相对分子质量在 400～4000 之间。由于环氧树脂的相对分子质量太低，不具有成膜性质，必须通过化学交联方法成膜，常用的固化剂有胺、酸酐和聚酰胺等，还可与其他带有活性基团的涂料树脂如酚醛树脂、氨基树脂等并用，经高温烘烤成膜。

环氧树脂涂料对金属（钢、铝等）、陶瓷、玻璃、混凝土等极性底材，均有优良的附着力，且固化时体积收缩率低。环氧树脂漆的耐化学品性能优良，耐碱性尤其突出，因而大量用作防腐蚀底漆。环氧树脂对湿表面有一定的润湿力，尤其在使用聚酰胺树脂作固化剂时，可制成水下施工涂料，用于水下结构的检修和水下结构的防腐蚀施工。环氧树脂本身的相对分子质量不高，能与各种固化剂、配合剂等一起制成无溶剂、高固体分涂料、粉末涂料和水性涂料。环氧树脂还具有优良的电绝缘性质，用于浇注密封、浸渍漆等。环氧树脂含有环氧基和羟基两种活泼基团，能与多元胺、酚醛树脂、氨基树脂、聚酰胺树脂和多异氰酸酯等配合制成多种涂料，既可常温干燥，也可高温烘烤，以满足不同的施工要求。不过，环氧树脂的耐光老化性差，因为环氧树脂含有芳香醚键，漆膜经日光照射后易降解断链，不宜做户外的面漆；低温固化性差，固化温度一般在 10℃ 以上，不宜在寒季施工。

（2）氨基树脂涂料　以含有氨基官能团的化合物（主要为尿素、三聚氰胺、苯代三聚氰胺）与醛类（主要是甲醛）缩聚反应制得的热固性树脂称为氨基树脂。用于涂料的氨基树脂需用醇类改性，使它能溶于有机溶剂，并与主要成膜树脂有良好的混溶性和反应性。在涂料中，由氨基树脂单独加热固化所得的涂膜硬而脆，且附着力差，因此通常与基体树脂如醇酸树脂、聚酯树脂、环氧树脂等配合，组成氨基树脂漆。氨基树脂漆中氨基树脂作为交联剂，它提高了基体树脂的硬度、光泽、耐化学品性以及烘干速率，而基体树脂则克服了氨基树脂的脆性，改善了附着力。与醇酸树脂漆相比，氨基树脂漆的特点是：清漆色泽浅、光泽高、硬度高、良好的电绝缘性；色漆外观丰满、色彩鲜艳、附着力强、耐老化性好、干燥时间短、施工方便、有利于涂漆的连续化操作。

尤其值得一提的是三聚氰胺甲醛树脂，它与不干性醇酸树脂、热固性丙烯酸树脂、聚酯树脂配合，可制得保光和保色性极佳的高级白色或浅色烘漆。这类涂料目前在车辆、家用电器、轻工产品、机床等方面得到了广泛的应用。

（3）不饱和聚酯漆　不饱和聚酯漆是一种无溶剂漆。它是由不饱和二元酸与二元醇缩聚反应制成的直链型的聚酯树脂，再以单体稀释而组成的。这种涂料在引发剂和促进剂存在下，能交联转化成不熔不溶的漆膜。其中，不饱和单体同时起着成膜物质及溶剂的双重作用，因此也可称为无溶剂漆。在不饱和聚酯树脂漆料中，加入一些光敏物质，或直接将光敏物质与不饱和聚酯树脂聚合，这样所得的涂料能够感光。光聚合漆的优点是在短时间内可以完全固化，储存方便。它可以涂覆在胶合板、塑料、纸张和其他材料上。

不饱和聚酯树脂作为无溶剂漆，已广泛应用于各领域，不饱和聚酯漆用作金属储槽内壁的防腐蚀涂料，效果很好；它对食品无污染、无毒，啤酒厂已广泛采用。在不饱和聚酯树脂中适当地加入填料制成聚酯腻子，解决了溶剂型树脂腻子（如醇酸树脂腻子、过氯乙烯树脂腻子等）里外干燥速率不一样的问题，但存在固化速率慢、打磨性差等缺点。

（4）有机硅涂料　有机硅聚合物简称有机硅，广义指分子结构中含有 Si—C 键的有机聚合物。有机硅涂料是以有机硅聚合物或有机硅改性聚合物为主要成膜物质的涂料。有机硅由于以 Si—O 键为主链，因而有机硅涂料具有优良的耐热性、电绝缘性、耐高低温、耐电晕、耐潮湿和抗水性；对臭氧、紫外线和大气的稳定性良好，对一般化学药品的抗耐力好。有机硅涂料多用于耐热涂料、电绝缘涂料和耐候涂料等。

另外，还有各种功能性涂料，即除具有一般涂料的防护和装饰等性能外，还具有如导电、示温、防火、伪装等特殊功能的表面涂装材料。在功能性材料当中，功能性涂料以其成本低廉、效果显著、施工方便的特点获得了飞速的发展，已成为机械、电子、化工、国防等各个科技领域不可缺少的材料。

6.2　黏合剂

6.2.1　概述

6.2.1.1　黏合剂的特点、分类和组成

黏合剂又称胶黏剂，是通过黏附作用使被粘物相互结合在一起的物质。近年来，黏合技术发展迅速，应用十分广泛，与焊接、铆接、榫接、钉接、缝合等连接方法相比具有以下的特点。

① 可以黏合不同性质的材料，对被黏接材料的适用范围较宽。如对两种不同性质的金属或脆性陶瓷材料很难焊接、铆接和钉接，但采用黏合方法可以获得事半功倍的效果。

②　可以黏合异型、复杂结构和大型薄板的结构部件。采用黏合方法可以避免焊接时产生的热变形和铆接时产生的机械变形。大型薄板结构件不采用黏合方法是难以制造的。

③　黏合件外形平滑美观，有利于提高空气动力学性能。这一特点对航空飞机、导弹和火箭等高速运载工具尤其重要。

④　黏合是面粘接，不易产生应力集中，接头有良好的疲劳强度，同时具有优异的密封、绝缘和耐腐蚀等性能。

但是，黏合技术对被粘物的表面处理和黏合工艺要求很严格，对黏合质量目前也没有简便可行的无损检验方法。

黏合剂品种繁多，可按多种方法进行分类。

按照黏合剂基体材料的来源可分为无机黏合剂和有机黏合剂（图 6-1）。无机黏合剂虽然具有较好的耐热性，但受冲击容易脆裂，用量很少。有机黏合剂包括天然黏合剂和合成黏合剂。天然黏合剂来源丰富，价格低廉，毒性低，但耐水、耐潮和耐微生物作用较差，主要在家具、包装、木材综合加工和工艺品制造中有广泛的应用。合成黏合剂具有良好的电绝缘性、隔热性、抗震性、耐腐蚀性、耐微生物作用和良好的黏合强度，而且能根据不同用途的要求方便地配制不同的黏合剂。合成黏合剂的品种多、用量大，约占总量的 $60\%\sim70\%$。

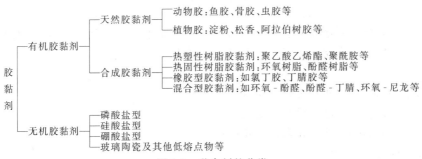

图 6-1　黏合剂的分类

按粘接处受力的要求可分为结构型黏合剂和非结构型黏合剂。结构型黏合剂用于能承受载荷或受力结构件的粘接，黏合接头具有较高的粘接强度。如用于汽车、飞机上的结构部件的连接。一般热固性黏合剂和合金型黏合剂适合于做结构型黏合剂。非结构型黏合剂用于不受力或受力不大的各种应用场合，通常为橡胶型黏合剂和热塑性黏合剂，常以压敏、密封剂和热熔胶的形式使用。

按固化方式的不同，黏合剂可分为水基蒸发型、溶剂挥发型、化学反应型、热熔型和压敏型等。

黏合剂一般是以聚合物为主要成分的多组分体系。除主要成分（基料）外，还有许多辅助成分，可对主要成分起到一定的改性或提高品质的作用。仔细选择辅助成分的品种和数量，可使黏合剂的性能达到最佳。根据配方及用途的不同，包含以下辅料中的一种或数种。

（1）固化剂　用以使黏合剂交联固化，提高黏合剂的黏合强度、化学稳定性、耐热性等，是热固性树脂为主要成分的黏合剂所必不可少的成分。不同的树脂要针对其分子链上的反应基团而选用合适的固化剂。

（2）硫化剂　与固化剂的作用类似，是使橡胶为主要成分的黏合剂产生交联的物质。

（3）促进剂　可加速固化剂或硫化剂的固化反应或硫化反应的物质。

（4）增韧剂及增塑剂　能改进黏合剂的脆性、抗冲击性和伸长率。

（5）填料　具有降低固化时的收缩率、提高尺寸稳定性、耐热性和机械强度、降低成本等作用。

（6）溶剂　溶解主料以及调节黏度，便于施工，溶剂的种类和用量与粘接工艺密切相关。

（7）其他辅料　如稀释剂、偶联剂、防老剂等。

6.2.1.2　粘接及其粘接工艺

粘接（胶接）是用黏合剂将被粘物表面连接在一起的过程。要达到良好的粘接，必须具备两个条件：①黏合剂要能很好地润湿被粘物表面；②黏合剂与被粘物之间要有较强的相互作用。

液体对固体表面的润湿情况可用接触角来描述，如图6-2所示。接触角θ是液滴曲面的切线与固体表面的夹角。

接触角$\theta < 90°$时的状况为润湿，$\theta > 90°$时润湿不良，$\theta = 180°$不润湿，$\theta = 0°$时液体在固体的表面铺展。一般将θ趋于零时液体的表面张力称为临界

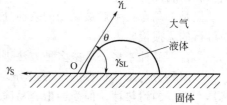

图6-2　液体与固体表面的接触角

表面张力。液体对固体的润湿程度主要取决于它们的表面张力大小。当一个液滴在固体表面达到热力学平衡时，应满足如下方程式。

$$\gamma_{SA} = \gamma_{SL} + \gamma_{LA}\cos\theta$$

如果三个力的合力使接触点上液滴向左拉，则液滴扩大，θ变小，固体润湿程度变大；若向右拉，则产生相反现象。这里，向左方拉的力是γ_{SA}，向右方拉的力是$\gamma_{SL} + \gamma_{LA}\cos\theta$，由此可以得出：

$\gamma_{SA} > \gamma_{SL} + \gamma_{LA}\cos\theta$时，润湿程度增大；

$\gamma_{SA} < \gamma_{SL} + \gamma_{LA}\cos\theta$时，润湿程度减小；

$\gamma_{SA} = \gamma_{SL} + \gamma_{LA}\cos\theta$时，液滴处于静止状态。

因此可以得出：

$$\cos\theta = \frac{\gamma_{SA} - \gamma_{SL}}{\gamma_{LA}}$$

因此，表面张力小的物质能够很好地润湿表面张力大的物质，而表面张力大的物质不能润湿表面张力小的物质。一般金属、金属氧化物和其他无机物的表面张力较大，远大于黏合剂的表面张力，很容易被黏合剂湿润，为形成良好的黏合力创造了先决条件。有机高分子材料的表面张力较低，不容易被黏合，特别是含氟聚合物和非极性的聚烯烃类聚合物等难粘性材料，更不容易黏合，此时可以在黏合剂中加入适量表面活性剂以降低黏合剂的表面张力，提高黏合剂对被粘材料的润湿能力。玻璃、陶瓷介于上述二者之间。另外，木材、纤维、织物、纸张、皮革等属于多孔物质，容易润湿，只需进行脱脂处理，即可以黏合。

黏合剂与被粘物之间的结合力，大致有以下几种：①由于吸附以及相互扩散而形成的次价结合；②由于化学吸附或表面化学反应形成的化学键；③配价键，如金属原子与黏合剂分子中的N、O等原子形成的配价键；④被粘物表面与黏合剂由于带有异种电荷而产生的静电吸引力；⑤由于黏合剂分子渗进被粘物表面微孔中以及凹凸不平处而形成的机械啮合力。

不同情况下，这些力所占的相对比例不同，因而就产生了不同的粘接理论，如吸附理论、扩散理论、化学键理论及静电吸引理论等。

粘接接头（图6-3）在外力的作用下被破坏的形式分三种基本情况：①内聚破坏，黏合剂或被粘物中发生的目视可见破坏；②黏附破坏，黏合剂和被粘物界面处发生的目视可见破坏；③混合破坏，兼有①和②两种情况的破坏。因此，要想获得良好的黏合接头，黏合剂与

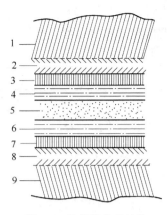

图 6-3 粘接接头的结构

1,9—被粘物;2,8—被粘物表面层;
4,6—受界面影响的胶黏剂层;
3,7—被粘物与胶黏剂界面;
5—胶黏剂本体

被粘物的界面粘接强度、胶层的内聚强度都必须加以考虑,黏合接头的机械强度是黏合剂的主要性能指标之一。按实际的受力方式可分为拉伸强度、剪切强度、冲击强度、剥离强度和弯曲强度等。

黏合接头的机械强度除受黏合剂分子结构的影响外,粘接工艺也是一个很重要的影响因素,合理的粘接工艺可创造最适应的外部条件来提高黏合接头的强度。

粘接工艺一般可分为初清洗、粘接接头机械加工、表面处理、上胶、固化及修整等步骤。初清洗是将被粘物件表面的油污、锈迹、附着物等清洗掉。然后根据接头的形式和形状对接头进行机械加工,如通过对被粘物表面机械处理以形成适当的粗糙度等。胶接的表面处理是胶接好坏的关键。常用的表面处理方法有溶剂清洗、表面喷砂、打毛、化学处理等,或使某些较活泼的金属"钝化",以获得牢固的胶接层。上胶的厚度一般以 0.05~0.15mm 为宜,不宜过厚,厚度越厚产生缺陷和裂纹的可能性越大,越不利胶接强度的提高。另外,固化时应掌握适当的温度,固化时施加压力有利胶接强度的提高。

6.2.1.3 黏合剂的选择

不同的材料、不同的用途以及价格等方面的因素常常是我们选择黏合剂的基础。其中材料是决定选用黏合剂的主要因素,下面就介绍几类材料所适用的黏合剂。

(1) 金属材料 用于粘接金属的常用结构型黏合剂的性能如表 6-5 所示。利用此表可对黏合剂的种类进行初步筛选。

表 6-5 金属材料用结构型黏合剂的性能

黏合剂	使用温度范围/℃	剪切强度/MPa	剥离强度	冲击强度	抗蠕变性能	耐溶剂性	耐潮湿性	接头特性
环氧-胺	−46~66	21~35	差	差	好	好	好	刚性
环氧-聚酰胺	−51~66	14~28	一般	好	好	好	一般	柔韧
环氧-酸酐	−51~150	21~35	差	一般	好	好	好	刚性
环氧-尼龙	−253~82	45.5	很好	好	一般	好	差	韧
环氧-酚醛	−253~177	22.5	差	好	好	好	好	硬
环氧-聚硫	−73~66	21	一般	一般	一般	好	好	韧
丁腈-酚醛	−73~150	21	好	好	好	好	好	柔韧
乙基-酚醛	−51~107	14~35	很好	好	一般	一般	好	柔韧
氯丁-酚醛	−57~93	21	好	好	好	好	好	柔韧
聚酰亚胺	−253~316	21	差	差	好	好	一般	硬
聚苯并咪唑	−253~260	14~21	差	差	好	好	好	硬
聚氨酯	−253~66	35	好	好	一般	好	差	韧
丙烯酸酯	−51~93	14~28	差	一般	好	差	差	硬
氰基丙烯酸酯	−51~66	14	差	差	好	差	差	硬
聚苯醚	−57~82	17.5	一般	好	好	差	好	柔韧
热固性丙烯酸	−51~121	21~28	差	差	好	好	好	硬

(2) 塑料用黏合剂 塑料基体和黏合剂的物理化学性质都会影响粘接接头的强度,塑料和黏合剂的玻璃化温度及热膨胀系数是要考虑的主要因素。结构型黏合剂应有比使用温度高的玻璃化温度以避免蠕变等问题。如果黏合剂在远低于其玻璃化温度下使用,会导致脆化而使冲击强度下降。塑料与黏合剂的热膨胀系数如果相差较大,则胶接接头在使用过程中容易

产生应力。另外，聚合物表面在老化过程中的变化也不可忽视。

表 6-6 列出了粘接各种塑料的黏合剂类型，可供参考，表中注有"表面处理"的塑料，指的是经化学方法处理。其他塑料也要经溶剂擦洗或砂纸打磨处理。

表 6-6　塑料用黏合剂的选择

塑　料	黏合剂编号	塑　料	黏合剂编号
热塑性塑料		聚偏二氯乙烯	[10]
聚甲基丙烯酸甲酯	[15][14][17]	聚苯乙烯	[17][2][14][3][5]
乙酸纤维素	[1][14][2]	聚氨酯	[14][15][5]
乙酸-丁酸纤维素	[1][14][2]	聚甲醛	[8][14][17][5]
硝酸纤维素	[1][14][2]	聚甲醛（表面处理）	[5][3][14][17]
乙基纤维素	[3][10][8][1]	氯化聚醚	[14][17][5]
聚乙烯	[16][13]	氯化聚醚（表面处理）	[14][17][5]
聚乙烯（表面处理）	[3][5][10]	尼龙	[15][3][10][8]
聚丙烯	[16]	热固性塑料	
聚丙烯（表面处理）	[3][5][10]	邻苯二甲酸二烯丙酯	[3][5][6][17]
聚三氟氯乙烯	[16]	聚对苯二甲酸乙二醇酯	[10][8][16][17]
聚三氟氯乙烯（表面处理）	[3][5][12]	环氧树脂	[3][17][15][6][12]
聚四氟乙烯	[16]	不饱和聚酯	[10][4][3][17][14]
聚四氟乙烯（表面处理）	[3][5][12]	呋喃树脂	[6][3][4][14]
聚碳酸酯	[17][14][5][2]	蜜胺树脂	[3][4][14]
硬聚氯乙烯	[14][17][3][5]	酚醛树脂	[3][4][10][12][14][15][17]
软聚氯乙烯	[10][11][7][9]		[18]

注：[1] 硝酸纤维素；[2] 氰基丙烯酸酯；[3] 环氧树脂；[4] 酚醛-环氧树脂；[5] 环氧-聚硫树脂或环氧-聚酰胺树脂；[6] 呋喃树脂；[7] 丁苯橡胶系（溶剂型）；[8] 氯丁系（溶剂型）；[9] 氯丁系（胶乳）；[10] 丁腈-酚醛树脂；[11] 丁腈橡胶系（胶乳）；[12] 酚醛树脂；[13] 聚丁二烯树脂；[14] 聚氨酯树脂；[15] 间苯二酚甲醛树脂；[16] 硅树脂（二甲苯溶液）；[17] 不饱和聚酯-苯乙烯树脂；[18] 脲醛树脂。

（3）橡胶用黏合剂　对于大多数橡胶与橡胶的粘接，氯丁橡胶、环氧-聚酰胺和聚氨酯黏合剂等能提供优异的粘接强度，不过橡胶中的填料、增塑剂、抗氧剂等配合剂容易迁移至表面，影响粘接强度，使用过程时应注意。橡胶与其他非金属材料的粘接，可视另一种材料的情况而定。橡胶-皮革可用氯丁胶和聚氨酯黏合剂；橡胶-塑料、橡胶-玻璃和橡胶-陶瓷可用硅橡胶黏合剂；橡胶-玻璃钢、橡胶-酚醛塑料可用氰基丙烯酸酯和丙烯酸酯等黏合剂；橡胶-混凝土、橡胶-石材可用氯丁橡胶、环氧胶和氰基丙烯酸酯等黏合剂。橡胶-金属的粘接一般可选用改性的橡胶黏合剂，如氯丁-酚醛树脂黏合剂和氰基丙烯酸酯等黏合剂。

（4）复合材料用黏合剂　环氧、丙烯酸酯以及聚氨酯黏合剂常用于复合材料的粘接。

（5）玻璃　用于粘接玻璃的黏合剂，除考虑强度外还要考虑透明性以及与玻璃热胀系数的匹配性。常用的黏合剂包括环氧树脂、聚乙酸乙烯酯、聚乙烯醇缩丁醛和氰基丙烯酸酯等黏合剂。

（6）混凝土　建筑结构主要是钢筋混凝土结构，建筑结构胶的主要粘接对象是金属、混凝土及其他水泥制品，既要求室温固化，又要有高的粘接强度。迄今为止，绝大部分采用环氧树脂黏合剂，对载荷不大的非结构件也可用聚氨酯黏合剂。现在世界各国已有多种牌号，如法国的西卡杜尔 31#、32#，前苏联的 EP-150#、EP-151#，日本的 E-206、10# 胶，中国科学院大连化学物理所于 1983 年研制成功 JGN 型系列建筑结构胶。

6.2.2　环氧树脂黏合剂

以环氧树脂为基料的黏合剂统称为环氧树脂黏合剂，它是当前应用最广泛的黏合剂之一。因环氧树脂分子中含有环氧基、羟基、氨基或其他极性基团，对大部分材料有良好的粘接能力，故有"万能胶"之称。与金属的粘接强度可达 2×10^7 Pa 以上。

环氧树脂黏合剂的拉伸强度、剪切强度高，耐酸、碱和耐油、醇、酮、酯等多种有机溶剂，抗蠕变，固化收缩率小，电绝缘性能良好，通常被用作结构型黏合剂。但未改性环氧树脂性脆，冲击性能较差，常用增韧剂改性提高其冲击韧性。另外，配制后的环氧黏合剂一般使用期较短，有的体系虽用的是潜伏性固化剂，但仍需在低温下储藏，以免生成凝胶。

6.2.2.1　环氧树脂黏合剂的组成及其作用

环氧树脂黏合剂主要由环氧树脂和固化剂两大组分组成。为改善某些性能，满足不同用途，还可加入增韧剂、稀释剂、填料等。

（1）环氧树脂　环氧树脂种类很多，用作黏合剂的环氧树脂的相对分子质量一般为 $300\sim7000$，黏度为 $15\sim44$Pa·s。主要品种为缩水甘油基型环氧树脂和环氧化烯烃。前者包括双酚 A 型环氧树脂、环氧化酚醛、丁二醇双缩水甘油醚环氧树脂等。后者如环氧化聚丁二烯等。环氧树脂的性能指标主要是黏度、外观、环氧当量和环氧值等。环氧当量是指含 1g 环氧基的树脂克数，环氧值是 100g 环氧树脂所含环氧基的份数。为改进环氧树脂黏合剂的某些性能，多官能环氧树脂、缩水甘油酯型环氧树脂和酚醛环氧树脂等也用于黏合剂。

（2）固化剂　环氧树脂本身是热塑性线型结构的化合物，不能直接作黏合剂，必须加入固化剂并在一定条件下进行固化交联反应，生成不熔、不溶的体型网状结构后，才有实际使用价值。因此，固化剂是环氧树脂黏合剂中必不可少的组分。固化剂种类很多，按照固化机理分为反应型固化剂和催化型固化剂。反应型固化剂是通过其分子中的极性基团与环氧树脂分子中的环氧基、羟基等发生化学反应生成网状结构高分子化合物的固化剂。由于固化剂在环氧树脂固化后成为整个产物分子的组成部分，所以固化剂的性质对环氧树脂固化产物的性质有决定性的影响。催化型固化剂的作用主要是促使环氧树脂的环氧基开环，催化环氧树脂本身均聚，生成以醚键为主的网状高分子化合物。催化型固化剂比反应型固化剂的用量少。由于硼化物、双氰胺固化剂在室温与环氧树脂混合后适用期长，而在高温（100℃以上）下，它可迅速固化环氧树脂，故称之为"潜伏"型固化剂。固化剂中以胺类固化剂的使用最广泛。由于固化剂的性能对黏合剂的性能起着决定性的作用，因此选择不同的固化剂可得到不同性能的黏合剂。另外，固化剂用量对黏合剂的性能也有很大影响，以胺类固化剂为例，如用量过多，游离的低分子胺会残存在胶层中，影响胶接强度和耐热性。尤其使耐水性大大下降。用量过少影响交联密度，也会降低黏合剂的物理机械性能。

环氧树脂的固化剂可分为有机胺类固化剂、改性胺类固化剂、有机酸酐类固化剂等。有机胺类又分为脂肪胺和芳香胺固化剂，常用的有乙二胺、二乙烯三胺、三乙烯四胺、多乙烯多胺、己二胺、间苯二胺、苯二甲胺、三乙醇胺和双氰胺等。伯胺固化环氧树脂时反应分三个阶段：第一个阶段主要是胺基与环氧基加成，使环氧树脂相对分子质量提高，同时伯胺基转变成仲胺基；第二个阶是仲胺基与环氧基以及羟基与环氧基反应生成支化大分子；第三个阶段是余下的环氧基、胺基和羟基之间的反应，最终生成交联结构。叔胺类固化剂固化机理则不同，固化剂并不参与反应，而是起催化作用，使环氧树脂本身聚合并交联。叔胺固化剂用量一般为环氧树脂的 5%～15%。伯、仲胺固化剂直接参与反应，胺基上的一个氢和一个环氧基反应，每 100g 环氧树脂应加入的伯、仲胺固化剂（克）＝环氧值×胺的相对分子质量/胺中活泼氢的原子数。

改性胺固化剂可改进环氧树脂的混溶性，提高韧性和耐候性等。常用的改性胺固化剂有 591 固化剂（二乙烯三胺与丙烯腈的加成物）、703 固化剂（乙二胺、苯酚和甲醛缩合物）等。

有机酸酐固化剂有马来酸酐、均苯四酐等。与胺类固化剂相比，酸酐固化剂的固化速率较慢，固化温度较高，但酸酐固化的环氧树脂具有较好的耐热性和电性能。

其他类型固化剂还有咪唑类固化剂、低相对分子质量聚酰胺树脂、线型酚醛树脂、脲醛树脂和聚氨酯等。此外尚有潜伏性固化剂，如双氰双胺、胺-硼酸盐络合物等。

（3）增韧剂　为改善环氧树脂黏合剂的脆性，提高冲击性能和剥离强度，常加入增韧剂。但增韧剂的加入会降低胶黏层的耐热性和耐介质性能。

增韧剂分活性和非活性两大类。非活性增韧剂不参与固化反应，只是以游离状态存在于固化的胶黏层中，并有从胶黏层中迁移出来的倾向，一般用量为环氧树脂的10%～20%，用量太大会严重降低胶黏层的各种性能。常用的有邻苯二甲酸二丁酯、邻苯二甲酸二辛酯、亚磷酸三苯酯。

活性增韧剂参与固化反应，增韧效果比非活性的显著，用量也可大些。常用的有低分子聚硫、液体丁腈、液体羧基丁腈等橡胶，聚氨酯及低分子聚酰胺等树脂。

（4）稀释剂　稀释剂可降低黏合剂的黏度，改善工艺性，增加黏合剂对被粘物的浸润性，从而提高粘接强度，还可增加填料用量，延长黏合剂的适用期。

稀释剂也分活性和非活性两大类。非活性稀释剂有丙酮、甲苯、乙酸乙酯等溶剂，它们不参与固化反应，在黏合剂固化过程中部分逸出，部分残留在胶黏层中，严重影响黏合剂的性能，一般很少采用。活性稀释剂一般是含有一个或两个环氧基的低分子化合物，它们参与固化反应，用量一般不超过环氧树脂的20%，用量太大也影响黏合剂性能。常用的有环氧丙烷丁基醚、环氧丙烷苯基醚、二缩水甘油醚、乙二醇二缩水甘油醚、甘油环氧树脂等。

（5）填料　填料不仅可降低成本，还可改善黏合剂的许多性能，如延长适用期，降低热膨胀系数和收缩率，提高胶接强度、硬度、耐热和耐磨性。同时还可增加胶黏剂的黏稠度，改善淌胶性能。常用的填料有石棉纤维、玻璃纤维、云母粉、铝粉、滑石粉、二氧化钛、石英粉、瓷粉等。

另外，为提高胶接性能，可加入偶联剂；为提高黏合剂的固化速率，降低固化温度，可加入固化促进剂；为提高黏合剂耐老化性能，还可加入稳定剂等。

6.2.2.2　环氧树脂黏合剂的种类及用途

根据固化剂的类型不同，环氧树脂黏合剂可室温固化和高温固化。固化时间具有明显的温度依赖性。不同的固化剂对粘接强度的影响如表6-7所示。

表6-7　不同的固化剂对粘接强度的影响

固化剂	用量[①]（树脂量100份）	固化周期	拉伸-剪切强度/MPa				
			聚酯玻璃布	冷轧钢	铝	黄铜	紫铜
三乙胺	6	24℃时24h,66℃时4h	14.5	16.8	12.4	12.1	4.5
三甲胺	6	24℃时24h,66℃时4h	10	9.5	10.6	10.5	12.0
三乙烯四胺	12	24℃时24h,66℃时4h	11.2	9.8	11.5	11.1	9.1
吡咯烷	5	24℃时24h,66℃时4h	11.6	8.9	11.9	11.2	9.7
间苯二胺	12.5	177℃时4h	4.4	14.7	15.5	14.7	11.3
二乙烯三胺	11	24℃时24h,66℃时4h	7.7	9.3	9.7	7.8	8.5
BF₃-乙胺络合物	3	191℃时3h	—	11.9	12.9	10.5	11.2
双氰双胺	—	177℃时4h	3.0	18.4	19.1	18.1	17.5
酸酐	85	177℃时6h	5.2	15.6	14.9	13.4	12.6
聚酰胺(胺当量210～230)	35～65	24℃时24h,66℃时4h	9.9	16.1	21.4	13.8	12.9

① 环氧树脂是双酚A与环氧氯丙烷缩合而成的，环氧当量为180～195。

大多数环氧黏合剂的环氧树脂是双酚A与环氧氯丙烷缩聚而成的，这种树脂的室温固化体系采用胺类和聚酰胺类固化剂，酸酐类的固化剂固化温度高，双氰胺、三氟化硼的络合物一般用作"潜伏"型固化剂。大多数通用环氧黏合剂采用聚酰胺类固化剂，可室温固化，对橡胶、塑料、玻璃等具有很好的粘接强度，粘接接头有一定的韧性，耐水性优于脂肪族多胺，不过剥离强度一般。

为了提高环氧黏合剂的性能，可对环氧树脂进行增韧和使用环氧树脂合金，下面分别加以介绍。

(1) 增韧环氧树脂黏合剂　常用的增韧方法是加入橡胶进行增韧，用丁腈橡胶、液体丁腈橡胶或端羧基液体丁腈橡胶增韧的环氧树脂是一类粘接强度高、韧性好、适于在 $-60 \sim 100℃$ 下工作的结构型黏合剂。国产 DG-2 黏合剂是以双酚 A 环氧树脂和液态羧基丁腈橡胶反应复合而成的。它是一种高强韧、耐高温、可室温固化的环氧丁腈黏合剂，可粘接铝及铝合金、紫铜、黄铜、不锈钢、碳钢、聚酰胺及聚四氟乙烯等。还有一种同系列的 DG-3S 黏合剂可在 $-55 \sim 150℃$ 下长期使用。

(2) 环氧-酚醛黏合剂　由高相对分子质量双酚 A 型环氧树脂及低相对分子质量酚醛树脂复合而成，是一种耐热性黏合剂。耐油、耐溶剂、耐潮湿性能良好，不过剥离强度较低。一般可在 177℃ 以下长期使用，短期可耐 260℃，最高使用温度可达 315℃。其耐热性除与树脂的品种和配比有关外，还与加入的添加剂（如填料、增强剂、抗氧剂）有关，耐热性仅次于杂环聚合物黏合剂，主要用于粘接高温下使用的金属接头。代表性的牌号国外有 Epon422（玻璃布基）、Epon422J、Metlbond302、Metlbond600、FPL-878、Bloomingdale HT424；国产的有 KH509、FHJ-12、I-1、CG-I-1 等。缺点是冲击韧性差，室温下储存期限较短，一般需冷冻储运。

(3) 环氧-聚酰胺　它是用可溶性聚酰胺作为环氧树脂的改性剂，可溶性聚酰胺与纤维用或塑料用聚酰胺不一样，它能溶解在脂肪族醇类或混合溶剂中，又称醇溶性聚酰胺，与环氧树脂都有相当好的相容性，包括有 N-甲基甲氧基聚酰胺，聚酰胺 6、聚酰胺 66 和聚酰胺 610 的三元共聚物等。

在配制黏合剂时，是在热的聚酰胺醇溶液中，加入环氧树脂，混合均匀，然后冷却至室温，加入双氰胺或多胺类固化剂，可直接浇注成薄膜，或将它浸涂在玻璃布或聚酰胺布上制成胶带。环氧-聚酰胺黏合剂有优异的剪切和剥离强度，而且在超低温下仍能保持其力学性能，但因为聚酰胺分子中的酰胺键易水解，耐湿热老化性极差。主要用于飞机上蜂窝夹层结构的粘接，也可用于需要高剥离强度及冲击性能好的金属-金属黏合。

(4) 环氧-聚硫　环氧-聚硫是由环氧树脂和聚硫橡胶组成的双包装型黏合剂。改性环氧树脂用的聚硫橡胶一般为低相对分子质量黏稠液体，其相对分子质量为 $800 \sim 3000$。

聚硫橡胶的硫醇基（—SH）可以和环氧树脂的环氧基发生化学反应。但在室温下这种反应进行得极慢，所以混合物中必须引入固化催化剂，如多乙烯多胺、叔胺等，才有显著的效果，加热固化可使反应更加完全。由于固化物中有聚硫橡胶的柔性链段，因而使环氧-聚硫黏合剂的强度（如剪切、剥离等）及耐介质性能比未改性环氧胶有明显的改进，但高温性能较差。

环氧-聚硫体系主要在土木、建筑工程中应用，如新旧混凝土的粘接、高速公路、桥梁、楼房、水坝、机场跑道、人行道、地板等密封与维修。此外，也用于高层建筑内墙装饰品粘接，以及汽车防风玻璃和机车窗条等的粘接。

另外，还有环氧-聚砜、环氧-有机硅、耐超低温环氧胶、水下固化环氧树脂黏合剂等。

6.2.3　聚氨酯黏合剂

聚氨酯黏合剂是分子链中含有异氰酸酯基（—NCO）及氨基甲酸酯基（—NH—COO—），具有很强的极性和活泼性的一类黏合剂。由于—NCO 可以与多种含有活泼氢的化合物发生化学反应，所以对多种材料具有极高的黏附性，在国民经济中得到广泛应用，是合成黏合剂中的重要品种之一。

6.2.3.1　聚氨酯黏合剂的原料

聚氨酯黏合剂的合成原料主要有多异氰酸酯、多元醇、扩链剂、催化剂、溶剂和其他助剂。

（1）二异氰酸酯类　甲苯二异氰酸酯（TDI）、二苯基甲烷 4,4'-二异氰酸酯（MDI）、多亚甲基多苯基多异氰酸酯（PAPI）、1,6-己二异氰酸酯（HDI）、异佛尔酮二异氰酸酯（IPDI）、苯二亚甲基二异氰酸酯（XDI）、萘-1,5-二异氰酸酯（NDI）、甲苯环己基二异氰酸酯（HTDI）、二环己基甲烷二异氰酸酯（HMDI）、四甲基苯二亚甲基二异氰酸酯（TMXDI）等。最广泛使用的是 TDI 和 MDI 以及它们的改性产物。在使用过程中应注意异氰酸酯的毒性和自聚反应。

（2）多异氰酸酯　三苯基甲烷-4,4',4"-二异氰酸酯（TTI）、硫代磷酸三(4-异氰酸酯基苯酯)（TPTI）、二甲基三苯基甲烷四异氰酸酯、三羟甲基丙烷(TMP)-TDI 加成物。

制造 TMP-TDI 加成物的控制条件是 TDI 与 TMP 之间的摩尔比。TDI/TMP 比例高，则产品的相对分子质量低，相对分子质量分布均匀，与其他树脂的混容性较好，黏度低，储存稳定性也较好；但比例太高时，除去游离 TDI 的工作较麻烦，方法主要有薄膜蒸发法、溶剂萃取法和三聚法等。

（3）聚酯多元醇　聚酯多元醇主要有聚酯多元醇、聚-ε-己内酯和聚碳酸酯二醇三类。

聚酯多元醇是由二元羧酸与二元醇（或二元醇与三元醇的混合物）脱水缩聚而成。通常二元醇过量，端基为羟基。

聚-ε-己内酯由 ε-己内酯开环聚合而成：

$$(m+n)CH_2(CH_2)_4CO + HOROH \longrightarrow HO\text{-}CH_2\text{-}_5COO\text{-}_m R\text{-}OOC(CH_2)_5\text{-}_n OH$$

聚碳酸酯二醇，由 1,6-己二醇和二苯基碳酸酯在氮气保护下加热，经酯交换、高真空下缩聚而成：

$$(n+1)HO(CH_2)_6OH + \text{（二苯基碳酸酯）} \longrightarrow HO\text{---}(CH_2)_6\text{---}O\text{---}\overset{O}{\underset{\|}{C}}\text{---}O\text{---}(CH_2)_6\text{---}O\text{-}_n H + 2n \text{（苯酚）}OH$$

（4）聚醚多元醇　聚醚多元醇是以低相对分子质量多元醇、多元胺或含活泼氢的化合物为起始剂，与氧化烯烃在催化剂作用下开环聚合而成，主链上的烃基由醚键连在一起。

$$YH_x + nCH_2\text{---}CH \longrightarrow Y\text{-}CH_2\text{---}\overset{R}{\underset{}{CH}}\text{---}O\text{-}_n H\text{-}_x$$

式中，n 为聚合度；x 为官能度；YH 为起始剂的主链；R 为烷基或氢。

氧化烯烃主要是环氧丙烷（氧化丙烯）和环氧乙烷（氧化乙烯）。其中环氧丙烷最重要，多元醇起始剂有丙二醇、乙二醇等二元醇，甘油、三羟甲基丙烷等三元醇，季戊四醇，木糖醇等五元醇，山梨醇等六元醇，蔗糖等八元醇。胺类起始剂为二乙胺、二乙烯三胺等。

最常用的聚醚多元醇是聚氧化丙烯二醇（聚丙二醇 PPO）、聚氧化丙烯三醇。

（5）溶剂　溶剂用于调整黏合剂的黏度，便于工艺操作。聚氨酯黏合剂采用的溶剂有酮类（如甲乙酮、丙酮）、芳香烃（如甲苯）、二甲基甲酰胺、四氢呋喃等，溶剂中的水、醇等是易与异氰酸酯反应的活泼氢物质，应尽量除去，溶剂的纯度的要求比一般工业品高。

（6）催化剂　主要用于催化 NCO/OH 和 NCO/H$_2$O 之间的反应。

① 有机锡类催化剂　二月桂酸二丁基锡（DBTDL），毒性较大。2-乙基己酸亚锡（辛酸亚锡），无毒性与腐蚀性，对 NCO/OH 反应的催化作用较强。

② 叔胺类催化剂　主要品种有三亚乙基二胺、三乙醇胺和三乙胺等，此类催化剂对促进异氰酸酯与水的反应特别有效，用于发泡型、低温固化型以及潮气固化型聚氨酯黏合剂。

（7）扩链剂与交联剂　含羟基或含氨基的低相对分子质量多官能团化合物与异氰酸酯共同使用时起扩链剂和交联剂的作用，主要有醇类和胺类。醇类有 1,4-丁二醇、2,3-丁二醇、二甘醇、甘油、三羟甲基丙烷和山梨醇等；胺类有 3,3′-二氯-4,4′-二氨基二苯基甲烷（MOCA）和甲醛改性 MOCA 制成的液体等。

（8）其他助剂　如抗氧剂、光稳定剂、水解稳定剂、填料、增黏剂、增塑剂和着色剂等。

6.2.3.2　聚氨酯黏合剂的分类

聚氨酯黏合剂的品种很多，其分类方法也较多。根据反应和组成分为四大类。

（1）多异氰酸酯黏合剂　多异氰酸酯黏合剂是专指多异氰酸酯小分子本身作为黏合剂使用的，是聚氨酯黏合剂中最原始的一种黏合剂。常用的多异氰酸酯黏合剂包括三苯基甲烷三异氰酸酯、多苯基多异氰酸酯、二苯基甲烷二异氰酸酯等。因为这类多异氰酸酯的毒性较大，而且柔韧性差，现较少单独使用。一般将其混入橡胶类黏合剂，或混入聚乙烯醇溶液制成乙烯类聚氨酯黏合剂使用，也可用作聚氨酯黏合剂的交联剂。

（2）端异氰酸酯基聚氨酯预聚体黏合剂　它的主要组成是含异氰酸酯基（—NCO）的氨酯预聚物，它是多异氰酸酯和多羟基化合物（聚酯或聚醚多元醇）的反应生成物。预聚物可以在胺类固化剂，如 MOCA（3,3′-二氯-4,4′-二氨基二苯基甲烷）存在下，在室温或加温条件下固化成黏合强度高的粘接层，也可在室温下遇空气中的潮气固化。该类黏合剂是聚氨酯黏合剂最重要的一种，特点是弹性好，低温粘接性能好，可制成单组分、双组分、溶剂型、低溶剂型和无溶剂型等不同的类型。

（3）端羟基聚氨酯黏合剂　它是由二异氰酸酯与二官能度的聚酯或聚醚醇反应生成的含羟基的线型氨酯结构的聚合物。该类黏合剂既可作热塑性树脂黏合剂使用，又可通过分子两端羟基的化学反应固化成热固性树脂黏合剂使用。热固性黏合剂与热塑性黏合剂相比，黏合强度、耐热性、耐溶剂性、抗蠕变性提高，但柔软性和耐冲击性下降。该类黏合剂一般为双组分，用溶剂涂覆使用。

（4）聚氨酯树脂黏合剂　它是由多异氰酯与多羟基化合物充分反应而成，可制成溶液、乳液、薄膜、压敏胶和粉末等不同品种黏合剂。过量的异氰酸酯与多羟基化合物反应生成的预聚体，其端基的异氰酸酯基被含单官能团的活性氢原子化合物（如苯酚）封闭，制成的封闭型聚氨酯黏合剂也属此类。

从聚氨酯黏合剂的使用形态来分，包括单组分和双组分两种。

（1）单组分聚氨酯黏合剂　单组分聚氨酯黏合剂的优点是可直接使用，无双组分黏合剂使用前需要调胶的麻烦。单组分聚氨酯黏合剂主要有下述两种类型。

以含—NCO 端基的聚氨酯预聚物为主体的湿固化聚氨酯黏合剂。它利用空气中微量水分及基材表面微量吸附水而固化，还可与基材表面活性的氢反应形成牢固的化学键。这类聚氨酯黏合剂一般为无溶剂型，由于为了便于涂胶，黏度不能太大。单组分湿固化聚氨酯黏合剂多为聚醚型，即主要为含—OH 的原料，如聚醚多元醇。此类黏合剂中游离—NCO 含量为多少为宜，应根据胶的黏度（影响可损伤性）、涂胶方式、涂胶厚度及被粘物质类型等而定，并要考虑胶的储存稳定性。

以热塑性聚氨酯弹性体为基础的单组分溶剂型聚氨酯黏合剂，主要成分为高相对分子质量的端羟基线型聚氨酯，羟基数量很小。当溶剂开始挥发时，胶的黏度迅速增加，产生初黏力。当溶剂基本上完全挥发后，就产生了足够的粘接力，经过室温放置，大多数该类型聚氨酯弹性体中含结晶的链段，以进一步提高粘接强度。这种类型的单组分聚氨酯胶一般以结晶性聚酯作为聚氨酯的主要原料。

单组分聚氨酯黏合剂另外包括聚氨酯热熔胶、封闭型聚氨酯黏合剂、放射线固化型聚氨酯黏合剂、压敏型聚氨酯黏合剂和单组分水性聚氨酯黏合剂等类型。

（2）双组分聚氨酯黏合剂　双组分聚氨酯黏合剂是聚氨酯黏合剂最重要的一个大类，用途最广，用量最大。通常由甲、乙两个组分组成，两个组分是分开包装的，使用前按一定比例配制即可。甲组分（主剂）为羟基组分，乙组分（固化剂）为含游离的异氰酸酯基团组分，也有的双组分聚氨酯黏合剂中主剂为含—NCO 端基的聚氨酯预聚体，固化剂为低相对分子质量多元醇或多元胺，甲组分和乙组分按一定比例混合生成聚氨酯树脂。同一种双组分聚氨酯黏合剂中，两组分配比允许控制在一定的范围，以调节固化物的性能。

双组分聚氨酯黏合剂通过选择制备黏合剂的原料或加入催化剂来调节固化速率，可室温固化也可加热固化，有较大的初黏合力，其最终黏合强度比单组分黏合剂大，可以满足结构黏合剂的要求。制备时，可以调节两组分的原料组成和相对分子质量，使之在室温下有合适的黏度，制成高固含量或无溶剂的双组分黏合剂。对于无溶剂双组分聚氨酯黏合剂来说，因各组分起始相对分子质量不大，一般来说 NCO/OH 摩尔比等于或稍大于 1，有利于固化完全，特别在黏合密封件时，注意 NCO 组分不能过量太多。而对于溶剂型双组分黏合剂来说，其主剂相对分子质量较大，初黏性能较好，两组分的用量可以在较大范围内调节，NCO/OH 的摩尔比可为小于 1 或大于 1 的数倍。当 NCO 组分（固化剂）过量较多的场合，多异氰酸酯自聚形成坚韧的胶黏层，适合于硬材料的粘接；在 NCO 组分用量少的场合，则胶黏层较柔软，用于皮革、织物等软材料的粘接。

双组分聚氨酯黏合剂有结构型聚氨酯黏合剂、超低温聚氨酯黏合剂、无溶剂复合薄膜黏合剂等。结构型聚氨酯黏合剂通常的制备方法是，先将多元醇与过量的多异氰酸酯反应制成异氰酸酯基封端的预聚体，然后加入二元胺类扩链剂进行扩链和交联，在扩链和交联过程中形成脲键和缩二脲结构。典型的品种有聚氨酯-聚脲黏合剂、聚氨酯-环氧树脂-聚脲黏合剂等。超低温聚氨酯黏合剂的品种有发泡型和 DW 系列等。无溶剂复合薄膜聚氨酯黏合剂的主要原料为聚醚多元醇，一般不采用聚酯多元醇，主要是因为聚醚多元醇的黏度较低，异氰酸酯改性后其黏度也较低。

水性乙烯基聚氨酯黏合剂也是双组分型黏合剂，它是以水性乙烯基树脂、填料和表面活性剂的混合物为主剂，以多异氰酸酯（最常用的是多亚甲基多苯基多异氰酸酯）、溶剂以及稳定剂的混合物为交联剂。在使用前，先将异氰酸酯溶液搅拌分散于主剂中。异氰酸酯化合物及其预聚体在水中几乎没有溶解性，但它们能溶于有机溶剂，无需再外加乳化剂，异氰酸酯溶液在 PVA 水溶液或乙烯基合成树脂乳液中能很好地分散。在水分挥发过程干燥后，交联剂中的异氰酸酯基团与水性高分子及木材等基材中所含的活性氢基团反应，可以得到牢固的粘接层。

　　水性乙烯基聚氨酯黏合剂可在常温下固化，但为了使异氰酸酯基团反应完全，并产生交联键，以提高粘接力和耐水性，最好是热压处理。

　　水性聚氨酯黏合剂是指聚氨酯溶于水或分散于水中形成的黏合剂，有人也称水性聚氨酯为水系聚氨酯或水基聚氨酯。根据外观和粒径，水性聚氨酯分为三类：聚氨酯水溶液（粒径<0.001μm，外观透明）、聚氨酯分散液（粒径 0.001~0.1μm，外观半透明）、聚氨酯乳液（粒径>0.1μm，外观白浊）。但习惯上后两类在有关文献资料中又统称为聚氨酯乳液或聚氨酯分散液，区分并不严格。实际应用中，水性聚氨酯以聚氨酯乳液或分散液居多，水溶液很少。

　　阴离子型聚氨酯乳液是最常见的水性聚氨酯，主要有羧酸型和磺酸型聚氨酯乳液。

　　制备羧酸型聚氨酯乳液的方法可使用含羧基扩链剂，如二羟甲基丙酸（DMPA）、二氨基羧酸、酒石酸和柠檬酸等。采用低相对分子质量三元醇（如甘油、重均相对分子量 M_W 为几百的聚醚三醇）和二元酸酐（如顺丁烯二酸酐、丁二酸酐）制备含一个羧基和两个羟基的半酯化合物，用二元醇与二元酸酐制成的单羧基单羟基半酯等。也可用相对分子质量 1000~3000 的聚醚三醇和二元酸酐制成含长侧链的半酯低聚物二醇，再直接与二异氰酸酯反应制备含羧基预聚体，并制成水性聚氨酯。还可在聚醚分子链上，采用接枝的办法引入侧羧基等。

　　含磺酸基团的阴离子型水性聚氨酯的制备方法还有以下几种。

　　① 采用含磺酸基团的扩链剂。含磺酸基团的扩链剂有二氨基烷基磺酸盐（如乙二氨基乙磺酸钠）、不饱和二元醇与亚硫酸氢钠的加成物（如 2-磺酸钠-1,4-丁二醇）、2,4 二氨基苯磺酸等。

　　② 聚氨酯分子中的活泼氢使磺内酯开环。如利用乙二胺扩链剂在聚氨酯链中引入—NH—，并在碱性条件下使 1,3-丙磺酸内酯开环，接到分子链上。

　　③ 磺化预聚体法。使疏水性聚醚多元醇与芳香族二异氰酸酯制得的聚氨酯预聚体中的芳环磺化，再采用叔胺中和，然后与水反应，得到阴离子型自乳化的水性聚氨酯。

　　④ 采用亚硫酸氢盐封闭法。以亚硫酸氢钠或亚硫酸氢铵等亚硫酸氢盐为封闭剂，与聚氨酯预聚体反应，制得稳定的含磺酸盐基团的聚氨酯。

　　⑤ 磺甲基化方法等。

6.2.3.3　聚氨酯黏合剂的性能及应用

　　聚氨酯黏合剂具有以下性能特点。

　　① 聚氨酯黏合剂对多种材料有良好的粘接强度。聚氨酯黏合剂中含有很强极性和化学活性的异氰酸酯基（—NCO）和氨基甲酸酯基（—NH—COO—），能与含活泼氢的物质发生反应，粘接强度较高，可用于金属、玻璃、陶瓷、橡胶、塑料、织物、木材、纸张等各种材料的黏合。

　　② 有良好的耐超低温性能，而且粘接强度随着温度的降低而提高，黏合层可在−196℃（液氮温度），甚至在−253℃（液氢温度）下使用，是超低温环境下理想的粘接材料和密封材料。

　　③ 具有良好的耐磨、耐油、耐溶剂、耐老化等性能。

　　④ 通过改变羟基化合物的种类、相对分子质量、异氰酸酯的种类、聚酯多元醇、聚醚多元醇与异氰酸酯的比例等，可调节分子链中软段和硬段的比例结构，制成满足各种行业、各种性能要求的高性能黏合剂。

　　聚氨酯黏合剂的缺点是高温、高湿下容易水解，从而降低黏合强度，影响使用寿命。

　　由于聚氨酯黏合剂具有许多优异性能，广泛地应用于制鞋、食品包装复合膜、纺织、木材和土木建筑等方面。

6.2.4　酚醛树脂黏合剂

6.2.4.1　分类

酚醛树脂是最早用于黏合剂工业的合成树脂品种之一，是由苯酚及其衍生物和甲醛在酸性或碱性催化剂存在下缩聚而成。随着苯酚与甲醛用量配比和催化剂的不同，可生成热固性酚醛树脂和热塑性酚醛树脂两大类，可参照酚醛树脂一节。

酚醛树脂黏合剂按其组成可分为以下几类。

① 未改性酚醛树脂黏合剂：甲阶酚醛胶、热塑性酚醛胶。

② 酚醛-热塑性树脂黏合剂：酚醛-缩醛胶、酚醛-聚酰胺胶。

③ 酚醛-热固性树脂黏合剂：酚醛-环氧胶、酚醛-有机硅胶。

④ 酚醛-橡胶黏合剂：酚醛-氯丁胶、酚醛-丁腈黏合剂。

⑤ 间苯二酚甲醛树脂黏合剂。

6.2.4.2　组成、特点及用途

（1）未改性酚醛树脂黏合剂　它按所用的溶剂分为水溶性和醇溶性两种。

水溶性酚醛树脂黏合剂是苯酚与甲醛在氢氧化钠催化剂作用下缩聚而制成的，外观为深棕色透明黏稠液体，固体含量为 $45\%\sim50\%$，$20℃$的黏度为 $0.4\sim1.0Pa \cdot s$。其特点是以水为溶剂，使用方便，成本低于其他几种酚醛树脂，游离醛的含量也较低，污染性小，使用时不需加入固化剂，加热即可固化，主要用于生产耐水胶合板、船舶板、航空板、碎料板和纤维板等。

醇溶性酚醛树脂黏合剂是苯酚与甲醛在氨水或有机胺催化剂作用下进行缩聚反应之后，经减压脱水再用适量酒精溶解而制成的。外观为棕色透明液体，不溶于水，遇水则浑浊并出现分层现象，固体含量 $50\%\sim55\%$，$20℃$的黏度为 $15\sim30mPa \cdot s$。其特点是树脂的相对分子质量较大，而黏度很小，储存稳定性好，加热即可固化，胶层的耐水性极好，但游离酚的含量高，成本比水溶性的高，主要用于纸张或单板的浸渍，以及生产高级耐水胶合板、船舶板、层压塑料等。

（2）酚醛-缩醛黏合剂　酚醛-缩醛黏合剂主要是以氨催化的甲阶酚醛树脂和聚乙烯醇缩醛等按一定比例溶于溶剂（如酒精等）配制而成。由于聚乙烯醇缩醛柔性链的引入，大大改善了酚醛树脂的脆性，同时保留了酚醛树脂的粘接力和耐热性。选用不同的缩醛类型和酚醛/缩醛的配比，可以制备多种黏合剂。缩醛用量越多，其韧性越好，低温粘接强度高，但耐热性降低。

一般来说，酚醛-缩丁醛黏合剂具有较好的综合性能和突出的耐老化性，但粘接强度和耐热性较低，可在 $-60\sim60℃$ 温度范围内使用，适用于对织物、塑料等柔性材料的粘接，也可以用于粘接金属、陶瓷和玻璃等刚性材料。而酚醛-缩甲醛和酚醛-缩糠丁醛-有机硅黏合剂，具有较好的耐热性和机械强度，可以作为结构型黏合剂使用，用于对金属和非金属材料的粘接。

（3）酚醛-环氧黏合剂　酚醛-环氧黏合剂是将甲阶酚醛树脂与环氧树脂按一定比例混合（一般使用前混合），并加入乙醇与酯类或酮类溶剂稀释而成，酚醛树脂与环氧树脂的质量比一般为 $1:(0.5\sim2)$，通常在配方中还要加入大量的铝粉，对改进黏合剂的粘接强度和耐热性都有明显作用。该黏合剂的特点是耐热性好，主要用于宇航工业。

（4）酚醛-丁腈黏合剂　酚醛-丁腈黏合剂除主要成分酚醛树脂和丁腈橡胶以外，还有其他的配合剂，如树脂固化剂、橡胶硫化剂、硫化促进剂、填充剂、稳定剂、增黏剂和橡胶软

化剂等。该黏合剂在比较宽广的温度范围内，具有较高的力学性能，以及良好的耐介质、耐疲劳、耐热老化、湿热老化和大气老化性能等特点，广泛应用于航空和汽车工业各种结构件的粘接，如机翼和壁板的有孔蜂窝制造、整体油箱的粘接和密封、粘接刹车带和离合器片等。

（5）间苯二酚甲醛树脂黏合剂　间苯二酚甲醛树脂是由间苯二酚与甲醛在少量酸性或碱性催化剂作用下缩聚而成。由于间苯二酚甲醛树脂较脆，所以常用缩醛树脂进行改性。间苯二酚甲醛树脂可在中性或接近中性的条件下，室温迅速固化，这是优于需要强酸催化才能室温固化的甲阶酚醛树脂黏合剂的地方。然而价格较贵，为降低成本，可用苯酚代替部分间苯二酚。间苯二酚甲醛树脂是强力人造丝帘子布、尼龙帘子布与橡胶黏合时一种不可缺少的黏合剂，同时用于木材黏合时有出色的黏合强度，且具有耐水性、耐久性及耐热性等特点。因此在具有耐水要求的木材加工及木器黏合方面（如耐水胶合板、耐水木屑板、木船龙骨及高级滑雪板等）具有十分重要的地位。

6.2.5　其他类型的黏合剂

（1）丙烯酸酯类黏合剂　丙烯酸酯类黏合剂有溶液型黏合剂、乳液型黏合剂和无溶剂型黏合剂等。无溶剂型丙烯酸酯类黏合剂是以单体或预聚体为主要原料的黏合剂，通过聚合而固化，有 α-氰基丙烯酸酯黏合剂、厌氧性黏合剂和丙烯酸结构黏合剂等。

① α-氰基丙烯酸酯黏合剂　α-氰基丙烯酸酯黏合剂是由 α-氰基丙烯酸酯单体、增稠剂、增塑剂、稳定剂等配制而成。因为 α-氰基丙烯酸酯单体十分活泼，很容易在弱碱和水的催化下进行阴离子聚合，并且反应速率很快，所以胶黏层很脆，必须加入其他组分。稳定剂是为防止储存中单体发生阴离子聚合，常用的是二氧化硫。增稠剂是为了提高黏度，便于涂胶，常用的是 PMMA，用量为 $5\%\sim10\%$。增塑剂如邻苯二甲酸二丁酯和磷酸三甲酚等，提高胶膜的韧性。阻聚剂是为防止单体存放时发生自由基聚合反应，常用的是对苯二酚。市售的"501"胶和"502"胶就是这类黏合剂。

α-氰基丙烯酸酯黏合剂具有透明性好、固化速率快、使用方便、气密性好的优点，广泛应用于粘接金属、玻璃、宝石、有机玻璃、橡皮和硬质塑料等，缺点是不耐水、性脆、耐温性差、有气味等。

② 厌氧性黏合剂　厌氧性黏合剂是一种单组分液体黏合剂，它能够在氧气存在下以液体状态长期储存，但一旦与空气隔绝就很快固化而起到粘接或密封作用，因此称为厌氧胶。厌氧胶主要由三部分组成：可聚合的单体、引发剂和促进剂。用作厌氧胶的单体都是甲基丙烯酸酯类，常用的有甲基丙烯酸二缩三乙二醇双酯、甲基丙烯酸羟丙酯、甲基丙烯酸环氧酯和聚氨酯-甲基丙烯酸酯等。常用的引发剂有异丙苯过氧化氢和过氧化苯甲酰等。常用的促进剂有 N,N-二甲基苯胺和三乙胺等。厌氧胶主要应用于螺栓紧固防松、密封防漏、固定轴承以及各种机件的胶接。

③ 丙烯酸酯结构黏合剂　20 世纪 70 年代中期，国外开发了新型改性丙烯酸酯结构黏合剂，又名第二代丙烯酸酯黏合剂。第二代丙烯酸酯黏合剂是反应型双包装黏合剂，由丙烯酸酯类单体或低聚物、引发剂、弹性体和促进剂等组成。组分需要分装，可将单体、弹性体、引发剂装在一起，促进剂另装。当这两包装组分混合后即发生固化反应，使单体（如MMA）与弹性体（如氯磺化聚乙烯）产生接枝聚合，从而得到很高的粘接强度。

第二代丙烯酸酯黏合剂具有室温快速固化、粘接强度高和粘接范围广等优点，用于粘接钢、铝和青铜等金属，以及 ABS、PVC、玻璃钢、PMMA 等塑料、橡胶、木材、玻璃和混凝土等，特别是适于异种材料的粘接。但目前尚存在有气味、耐水和耐热性差、储存稳定性差等缺点。

（2）呋喃树脂黏合剂　呋喃树脂黏合剂分为糠醇树脂黏合剂、糠醛丙酮树脂黏合剂、糠醇丙酮树脂黏合剂和糠醛糠醇黏合剂四种。其特点是耐热、耐腐蚀、有较好的机械强度和电性能，主要用来粘接木材、橡胶、塑料和陶瓷等。

（3）氨基树脂黏合剂　氨基树脂黏合剂主要有脲甲醛树脂黏合剂和三聚氰胺甲醛树脂黏合剂，具有色浅、耐光性好、毒性小和不发霉等特点。另外，三聚氰胺甲醛树脂还具有良好的耐水、耐油、耐热性和优良的电绝缘性能，主要用于木材加工，如制造胶合板、泡花板等。三聚氰胺甲醛树脂除了用于高级木材加工外，主要用于粘接玻璃纤维，制造玻璃钢。

（4）有机硅黏合剂　有机硅黏合剂分为以硅树脂为基的黏合剂和以有机硅弹性体为基的黏合剂两种；此外，尚有各种改性的有机硅黏合剂。有机硅黏合剂具有耐高温、低温、耐蚀、耐辐射、防水性和耐候性好等特点，广泛用于宇航、飞机制造、电子工业、建筑、医疗等方面。

（5）橡胶黏合剂　以氯丁橡胶、丁腈橡胶、丁基橡胶、聚硫橡胶、天然橡胶等为基本组分配制成的黏合剂称为橡胶类黏合剂。这类黏合剂强度较低、耐热性不高，但具有良好的弹性，适用于粘接柔软材料和热膨胀系数相差悬殊的材料，各种橡胶黏合剂的性能比较如表6-8所示。橡胶黏合剂分为溶液型和乳液型两类，按是否硫化又分为非硫化型和硫化型橡胶黏合剂。硫化型黏合剂在配方中加入了硫化剂和增强剂等，因而强度较高，应用更为广泛。橡胶类黏合剂中氯丁黏合剂最为重要。通用的氯丁黏合剂主要有填料型、树脂改性型和室温硫化型等，配方中除氯丁胶、填料、硫化剂之外还有其他配合剂。例如国产氯丁胶 XY-403 的配方为：氯丁橡胶 100 份、氧化镁 10 份及氧化锌 1 份（硫化剂），防老剂 D2 份，促进剂 DM1 份，松香 5 份。制备工艺：先将氯丁橡胶在开炼机上塑炼，依次加入各种配合剂，再将混炼均匀的胶料切碎并投入预先按比例配好的溶剂中，搅拌溶解即成。如用汽油调配，汽油与橡胶用量比为橡胶：汽油＝1：2。

表 6-8　各种橡胶黏合剂的性能比较

胶黏剂类型	性　　　能						
	黏附性	弹性	内聚强度	耐热性	抗氧性	耐水性	耐溶剂性
氯丁橡胶	良	中	优	良	中	中	中
丁腈橡胶	中	可	中	优	中	中	良
丁苯橡胶	可	可	可	可	可	优	较差
天然橡胶	中	优	中	可	可	中	较差
丁基橡胶及聚异丁烯	较差	可	可	较差	良	中	较差
聚硫橡胶	良	较差	较差	较差	良	良	优
硅橡胶	可	可	较差	优	良	可	可
氟橡胶	可	可	良	优	良	良	优

（6）热熔型黏合剂　它是以热塑性聚合物为基体的多组分混合物，室温下呈固态，受热后软化、熔融而有流动性，涂覆、润湿被粘物质后，经压合、冷却固化，在几秒钟内完成粘接的黏合剂，也称为热熔胶。热熔胶有天然热熔胶（石蜡、松香）和合成热熔胶。其中以后者最为重要，包括 EVA 热熔胶、无规丙烯热熔胶、聚酰胺热熔胶、聚氨酯热熔胶和聚酯热熔胶、SDS 等。EVA 热熔胶是乙烯-乙酸乙烯的共聚物配制成的热熔胶中目前用得最多的一类热熔胶。除热熔性聚合物外，热熔胶配方中还包括增黏剂、增塑剂和填料等。热熔胶可粘接金属、塑料、皮革、织物、材料等，在印刷、制鞋、包装、装饰、电子、家具等行业深受欢迎。

　　(7) 压敏黏合剂　压敏黏合剂就是对压力敏感，它是一类无需借助于溶剂或热，只需施加轻度指压，常温下即能与被粘物黏合牢固的黏合剂。压敏黏合剂需具有适当的黏性和耐抗剥离应力的弹性，通常以长链聚合物为基料，加入增黏剂、软化剂、填料、防老剂和溶剂等配制而成的，压敏胶可分为橡胶系压敏胶和树脂系压敏胶两类。树脂系压敏胶最重要的品种是丙烯酸酯类压敏胶。压敏胶黏带是使用最广泛的压敏黏合剂，它是将压敏胶涂于塑料薄膜、织物、纸张或金属箔上制成胶带，有单面和双面两种。最常见的品种是橡皮膏。压敏胶主要用于制造压敏胶黏带、胶黏片和压敏标签等，用于包装、绝缘包覆、医用和标签等。

　　另外，还有各种特种黏合剂，如聚酰亚胺黏合剂、聚苯并咪唑黏合剂等耐高温结构黏合剂，导电、导热、导磁黏合剂，液态密封黏合剂及制动黏合剂等，在此不再详述，可参考有关文献。

思　考　题

1.试述涂料的成膜机理？有哪些涂装工艺？

2.试分别举出至少2种有机溶剂性涂料和水溶性涂料？两种涂料的性能有何区别？

3.黏合剂按固化方式如何分类？黏合剂的主要组成及作用是什么？

第7章 功能高分子材料

7.1 概述

塑料、橡胶、纤维、高分子共混合复合材料属于具有力学性能和部分热学功能的结构高分子材料。涂料和黏合剂属于具有表面和界面功能的高分子材料。功能高分子材料是除了力学功能、表面和界面功能和部分热学功能如耐高温塑料的高分子材料，主要包括物理功能、化学功能、生物功能（医用）和功能转换型高分子材料，其分类见图7-1。物理功能高分子

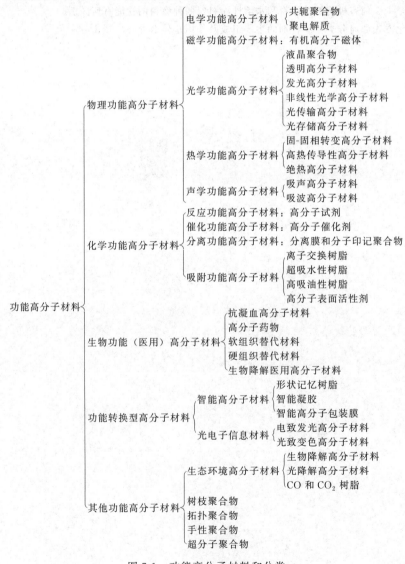

图 7-1　功能高分子材料和分类

材料包括具有电、磁、光、声、热功能的高分子材料，是信息和能源等高技术领域的物质基础。化学功能高分子材料包括具有化学反应、催化、分离、吸附功能的高分子材料，在基础工业领域有广泛的应用。生物功能高分子材料就是医用高分子材料，是组织工程的重要组成部分。功能转换型高分子材料是具有光-电转换、电-磁转换、热-电转换等功能和多功能的高分子材料。生态环境（绿色材料）、智能和具有特殊结构及分子识别功能的高分子材料如树枝聚合物、超分子聚合物、拓扑聚合物、手性聚合物等是近年来发展起来的新型功能高分子材料。功能高分子材料的多样化结构和新颖性功能不仅丰富了高分子材料研究的内容，而且扩大了高分子材料的应用领域。

7.2　物理功能高分子材料

7.2.1　导电高分子材料

物质的导电性是由于物质内部存在的载流子（带电粒子）包括正离子、负离子、电子或空穴的移动引起的，可用电导率或电阻表示。电导率定义为单位截面积上单位长度电阻（Ω）的倒数。电导率的单位是 S/cm，$S = \Omega^{-1}$。根据物质的电导率，可将材料分为导体、绝缘体、半导体（界于金属导体和绝缘体之间）和超导体（表 7-1）。铜、铁等金属材料和石墨是导体；聚乙烯、聚酰胺、环氧树脂等高分子材料和石英是绝缘材料；硅、锗等和聚乙炔等是半导体；经掺杂的聚乙炔等是导体。超导体定义为在一定温度下具有零电阻超导电现象的材料。C_{60} 掺杂物，经注入电荷载体聚噻吩膜和一些金属氧化物具有超导性。就高分子材料的导电性而言，覆盖了绝缘体、半导体、导体和超导体。

表 7-1　材料的电导率

材　料	电导率/$\Omega^{-1} \cdot cm^{-1}$	材　料	电导率/$\Omega^{-1} \cdot cm^{-1}$
绝缘体	$< 10^{-10}$	导体	$10^2 \sim 10^6$
半导体	$10^{-10} \sim 10^2$	超导体	$\rightarrow \infty$

导电高分子材料可以分为两类：结构型和填充型。结构型导电高分子材料包括共轭高分子、电荷转移高分子、有机金属高分子和高分子电解质。在结构型导电高分子中又可以分为电子导电型和离子导电型高分子材料。大多数结构型导电高分子属于电子导电的高分子。高分子电解质属于离子导电的高分子。填充型导电高分子材料是在高分子材料中添加导电性的物质如金属、石墨后具有导电性。导电高分子材料在电池、传感器、吸波材料、电致变色材料、电磁屏蔽材料、抗静电材料和超导体等许多领域有广泛应用。

7.2.1.1　共轭高分子导电材料

电子导电型高分子材料导电过程的载流子是高分子中的自由电子或空穴，要求高分子链存在定向迁移能力的自由电子或空穴。高分子的基本链结构是由碳-碳键组成的，包括单键（—C—C—）、双键（C=C）和三键（—C≡C—）。高分子中的电子以四种形式存在：①内层电子，这种电子处在紧靠原子核的原子内层，在正常电场作用下没有迁移能力；②σ 电子，是形成碳-碳单键的电子，处在成键原子的中间，被称为定域电子；③n 电子，这种电子和杂原子（O、N、S、P 等）结合在一起，当孤立时没有离域性；④π 电子，由两个成键原子中 p 电子相互重叠后产生的，当 π 电子孤立存在时具有有限离域性，电子可在两个原子核周围运动，随着共轭 π 电子体系增大，离域性增加。所以大多数由 σ 键和独立 π 键组成的高分子材料是绝缘体。只有具有共轭 π 电子体系，高分子才可能具有导电性（图 7-2）。

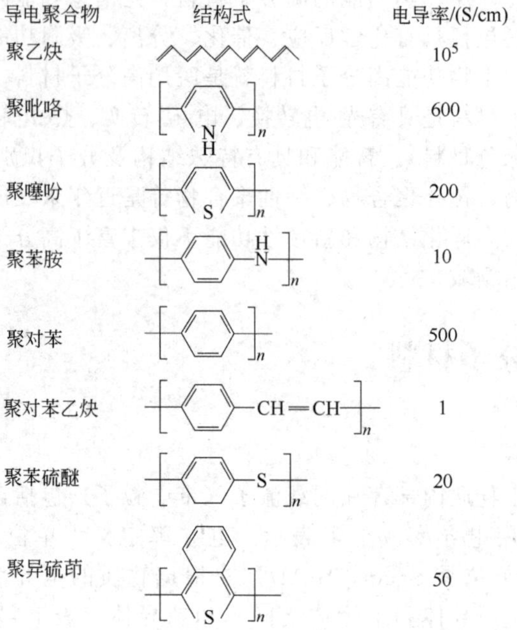

导电聚合物	结构式	电导率/(S/cm)
聚乙炔		10^5
聚吡咯		600
聚噻吩		200
聚苯胺		10
聚对苯		500
聚对苯乙炔	—CH=CH—	1
聚苯硫醚	—S—	20
聚异硫茚		50

图 7-2　共轭高分子材料的导电性

如图 7-3(a) 所示，仅具有共轭 π 电子结构的高分子还不是导体，而是有机半导体，因为共轭高分子存在带隙（E_g）。共轭高分子的能带起源于主链重复单元 π 轨道的相互作用。最高占据轨道（HOMO）称为价带（完全占据的 π 带），最低空轨道（LUMO）称为导带（空 π^* 带），两个轨道的能级差（E_g）称为带隙［图 7-3(b)］。具有零带隙的材料是导体。带隙工程（band gap engineering）是通过控制共轭高分子的结构，减小带隙，把共轭高分子转变成为导体。为了减小带隙，需要在共轭高分子主链导入电荷，有很多方法。常用的方法有掺杂、减小键长交替作用和电子给体-受体重复单元。所谓掺杂，就是在具有共轭 π 电子体系的高分子中发生电荷转移或氧化还原反应。根据与高分子的相对氧化能力，掺杂剂分为氧化型（p 型）和还原型（n 型）两类。典型的 p 型掺杂剂有碘、溴、三氯化铁和五氟化砷，它们在掺杂反应中为电子受体。典型的 n 型掺杂剂为碱金属，是电子给体。掺杂后的共轭高分子的电导率见表 7-2。

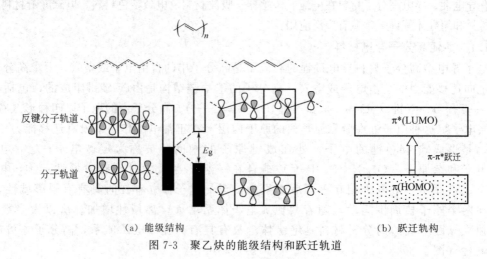

（a）能级结构　　　　　　　　　　（b）跃迁轨构

图 7-3　聚乙炔的能级结构和跃迁轨道

表 7-2　掺杂共轭高分子的导电性

聚合物	搀　杂　剂	电导率/(S/cm)
聚乙炔	I_2、Br_2、Li、Na、AsF_5	10^4
聚吡咯	BF_4^-、ClO_4^-、甲苯磺酸盐	$500 \sim 7.5 \times 10^3$
聚噻吩	BF_4^-、ClO_4^-、甲苯磺酸盐、$FeCl_4^-$	10^3
聚 3-烷基噻吩	BF_4^-、ClO_4^-、$FeCl_4^-$	$10^3 \sim 10^4$
聚苯硫醚	AsF_5	500
聚对苯乙炔	AsF_5	10^4
聚噻吩乙炔	AsF_5	2.7×10^3
聚对苯	AsF_5、Li、K	10^3
聚异硫茚	BF_4^-、ClO_4^-	50
聚甘菊环	BF_4^-、ClO_4^-	1
聚呋喃	BF_4^-、ClO_4^-	100
聚苯胺	HCl	200

聚乙炔（polyacetylene）是线型共轭高分子，$E_g = 1.5 \text{eV}$，其结构如下。

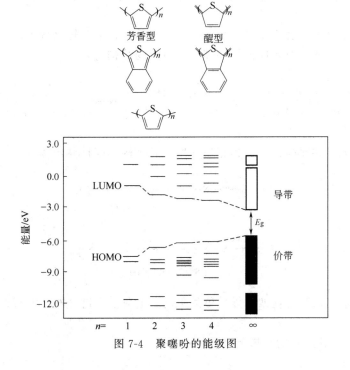

顺式　　　　反式

低温聚合（$-78 ^\circ\text{C}$）生成顺式聚乙炔，高温聚合（$150 ^\circ\text{C}$）生成反式聚乙炔。顺式聚乙炔可在 $180 ^\circ\text{C}$ 热处理转变成反式聚乙炔。反式聚乙炔稳定，不能转变成顺式聚乙炔。顺式聚乙炔薄膜的电导率为 10^{-7}S/cm，反式聚乙炔为 10^{-3}S/cm。聚乙炔可经 p-掺杂和 n-掺杂。掺杂 AsF_5、I_2、Br_2 后，聚乙炔的电导率可高达 10^5S/cm。如果聚乙炔中所有的碳原子是等距离的，成键轨道和反键轨道的能隙为 0，电子可以自由运动，聚乙炔是导体。若聚乙炔中 C—C 单键的长度大于 C=C 双键，则聚乙炔是半导体 [图 7-2(a)]。此为键长交替作用（bond length alternation），对导电性不利。

聚噻吩（polythiophene）的能级图见图 7-4。聚噻吩存在键长交替作用 [图 7-3(a)]，其 E_g 约为 2eV。为了减小聚噻吩的键长交替作用，需要增加双键的特征。聚异萘噻吩（polyisothianaphthene，PITN）的 E_g 约为 1eV，其结构为：

芳香型　　　　醌型

图 7-4　聚噻吩的能级图

可视为对聚噻吩键长交替作用的改善。

聚噻吩经 p-掺杂后的结构变化如下。

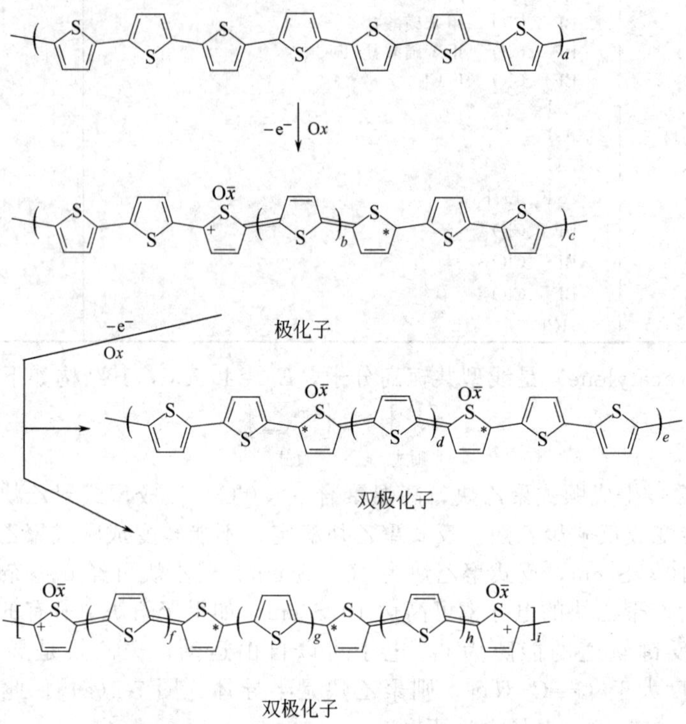

极化子

双极化子

双极化子

掺杂的作用是导入电荷。从聚噻吩主链中除去一个电子后，产生一个流动电荷称为游离基阳离子或极化子（polaron）。正电荷倾向于诱导局部原子位移，导致进一步氧化，可转变极化子为双极化子（bipolaron）或引入另一个极化子。实际上，这两种情况在引入阳离子的同时也引入了阴离子。

芳香化是减小键长交替作用的方法之一。聚对苯是梯形共轭高分子，可视为两个稠合反式聚乙炔链，计算表明聚对苯应该是导体。聚对苯的结构为：

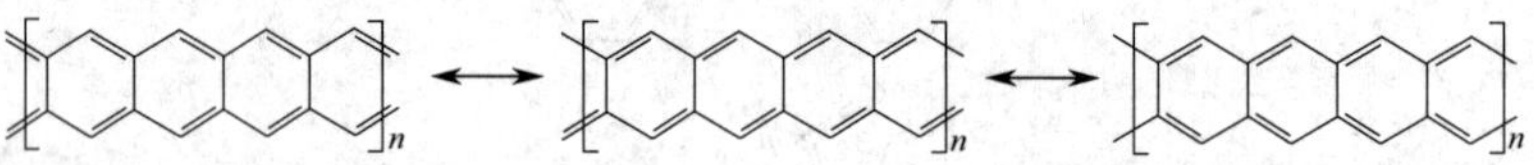

聚氮化硫是无机共轭高分子，具有超导性，其结构有四种异构体。

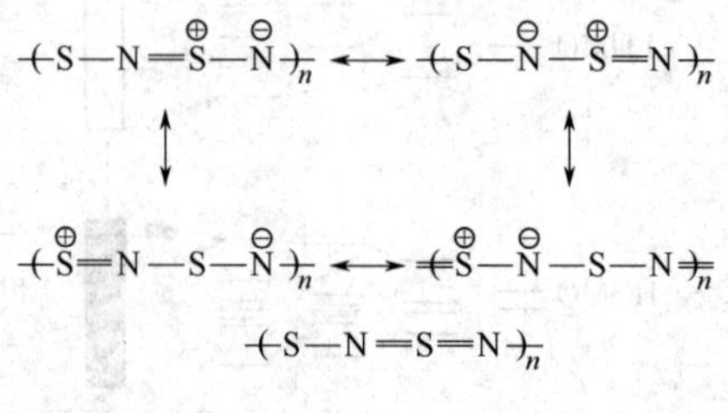

聚氮化硫的基态认为是这四种异构体的平均，电荷沿主链分布，没有键长交替作用，期望它的带隙为 0。

聚苯胺（polyaniline）的酸掺杂过程为：

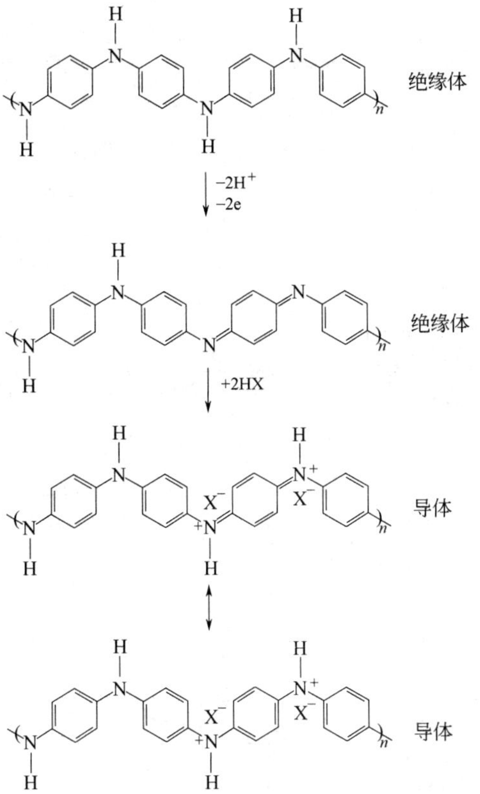

只有经过足够的酸处理，引入酰亚胺氮原子和相应的阴离子聚苯胺才具有导电性。聚苯胺的自掺杂即磺化聚苯胺是一种离子导电型高分子材料。

　　强电子给体（D）-受体（A）相互作用也是增加双键特征的有效方法，因为它们可以接纳电荷，因此在共轭高分子主链引入电子给体-受体单元也可减小带隙，如含邻二羟环戊烯三酮的聚合物：

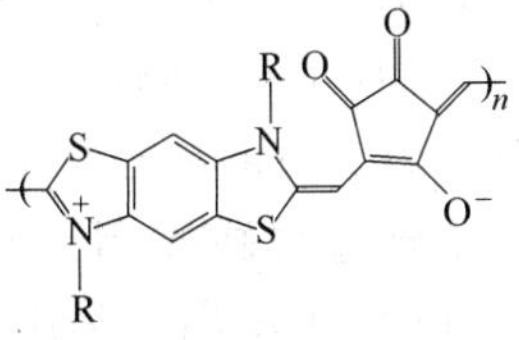

的 E_g 约为 0.45eV，电导率为 10^{-5} S/cm。

7.2.1.2　高分子电解质（聚电解质）

　　电解质的作用是在电池内部正负极间形成良好的离子导电通道。高分子电解质是指在高分子链上带有可离子化基团的物质，属于离子导电型高分子材料。在离子导电型高分子材料中导电的载流子为离子。离子导电与电子导电不同。离子的体积比电子大得多，因此不能在固体的晶格间自由移动，而在液态离子就比较容易以扩散的方式定向移动，因此大多数离子导电介质是液态的（电解液）。离子可以带正电荷，也可以带负电荷，在电场作用下正负电荷的移动方向相反。按形态高分子电解质可分为固体、凝胶和多孔三类。按离子类型高分子电解质可分为阳离子型（聚甲基丙烯酸酯季铵盐、聚丙烯酰胺季铵盐、聚硫盐、聚磷盐等）、阴离子型（聚丙烯酸盐、聚苯乙烯磺酸盐、聚磷酸盐等）和两亲型（内盐聚合物或高分子胺内酯）三类。聚苯乙烯接枝聚苯乙烯磺酸盐是一种以离子接枝聚合物为基础的固体高分子电解质，其合成路线为：

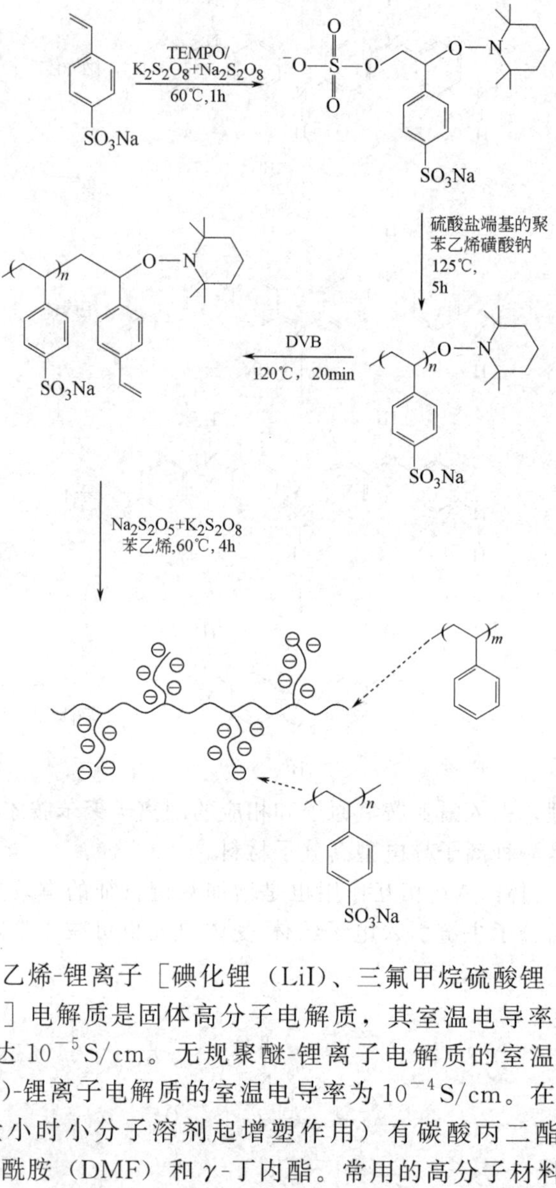

TEMPO/
$K_2S_2O_8+Na_2S_2O_8$
60℃,1h

SO_3Na

SO_3Na

硫酸盐端基的聚
苯乙烯磺酸钠
125℃,
5h

DVB
120℃,20min

SO_3Na

SO_3Na

SO_3Na

$Na_2S_2O_5+K_2S_2O_8$
苯乙烯,60℃,4h

SO_3Na

聚乙二醇或聚氧化乙烯-锂离子〔碘化锂（LiI）、三氟甲烷硫酸锂（LiTF）、三氟甲烷硫酸酰亚胺锂（LiTFSi）〕电解质是固体高分子电解质，其室温电导率仅为$<10^{-8}$ S/cm，高温（100℃）电导率可达10^{-5} S/cm。无规聚醚-锂离子电解质的室温电导率为10^{-5} S/cm。无规梳状聚醚（长侧链）-锂离子电解质的室温电导率为10^{-4} S/cm。在凝胶高分子电解质中，常用的增塑剂（添加量小时小分子溶剂起增塑作用）有碳酸丙二酯（PC）、碳酸乙二酯（EC）、N,N-二甲基甲酰胺（DMF）和γ-丁内酯。常用的高分子材料有聚丙烯腈、聚甲基丙烯酸甲酯和聚偏氟乙烯。聚丙烯腈-EC/PC-锂离子组成的凝胶电解质的室温电导率为10^{-3} S/cm，60℃的电导率为10^{-2} S/cm。偏氟乙烯-六氟丙烯共聚物的锂离子凝胶电解质已经应用于锂二次电池。在锂二次电池中，锂离子是载流子，高分子电解质负责离子迁移。能形成薄膜是高分子电解质的优点，可使电池具有高能量密度。

过氟磺化离子交换聚合物膜（nafion）：

$$[(CF_2CF_2)_n(CF_2CF)]_x$$
$$(OCF_2CF)_m OCF_2CF_2SO_3H$$
$$CF_3$$

式中，$m=1,2,3$；$n=6\sim7$；$x=230\sim1000$。具有质子交换功能，可用于燃料电池。

7.2.2 有机高分子磁体

物质的磁性分为抗磁性（磁化率 $\chi=-10^{-8}\sim-10^{-5}$）、顺磁性（$\chi=-10^{-6}\sim$

-10^{-3}）、反铁磁性（$\chi = -10^{-5} \sim -10^{-3}$）、亚铁磁性（$\chi = 1 \sim 10^4$）和铁磁性（$\chi = 1 \sim$
10^5），由组成材料的原子中电子的磁矩引起的，取决于电子壳层结构。抗磁性物质表现为抗
磁、顺磁性和反铁磁性物质表现为弱磁、亚铁磁性和铁磁性物质表现为强磁。居里温度
（T_c）是表征材料磁性的一个临界温度，高于此温度材料的铁磁性消失变成抗磁性。一般磁
性材料是指在常温下表现为铁磁性的材料。典型磁性材料的电子自旋源于金属或金属离子的
d 或 f 电子轨道。天然磁石的主要成分为四氧化三铁，磁带用磁记录材料是 γ-三氧化二铁，
铁在 3d 轨道含未填满的电子。有机小分子磁体是含自由基的分子晶体如硝基氧化物或电荷
转移盐如四氰基乙烯（TCNE）和四氰基二亚基苯醌（TCNQ）盐。有机高分子磁体可分为
两类：①纯有机高分子磁体（不含金属的有机磁体）；②金属络合型有机高分子磁体。由
于组成有机高分子的碳、氢、氮、氧等原子和共价键为满层结构，电子成对出现且自
旋反平行排列，因此没有净自旋，表现为抗磁性。使有机高分子具有铁（ferro-）或亚
铁（ferri-）磁性必须满足两个条件：一是获得高自旋，二是使高自旋分子间产生铁磁
性自旋耦合排列。1,3-亚苯基和 3,3′-二亚苯基双自由基的铁磁性（fCU）和抗磁性
（aCU）耦合单元见图 7-5。

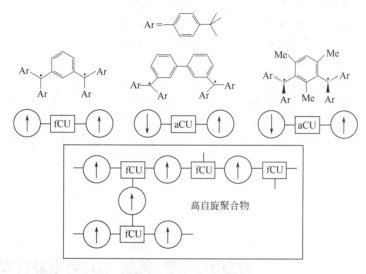

图 7-5　1,3-亚苯基和 3,3′-二亚苯基双自由基的铁磁性
（fCU）和抗磁性（aCU）耦合单元

7.2.3　光学功能高分子材料

可见光谱的波长 $\lambda = 1 \sim 0.1 \mu m$，是电磁波谱的一部分。材料的光学性能包括光的透过、
光的吸收、光的散射、光的传输和发光。材料的透光性可用透光率（光通过材料后剩余光能
所占的百分比）表征。大多数无定形高分子的透光率都大于 80%，是透明材料。聚甲基丙
烯酸甲酯的透光率为 92%，被称为有机玻璃。聚碳酸酯、聚苯乙烯、苯乙烯-丙烯腈共聚
物、苯乙烯-甲基丙烯酸甲酯共聚物和无定形聚烯烃的透光率都达到 90%。聚 4-甲基-1-戊
烯虽然是结晶性高分子，但它的晶区和非晶区的折射率相近，也是透明材料，透光率为
90%。透明高分子材料可应用于透镜、光纤等。光在真空中的传输速率（c）与在材料中的
传输速率（v）之比为折射率（$n = c/v$）。光通过均质材料时只有一个折射率。光通过非均
质材料时有两个折射率，称为双折射。光通过材料时光能的衰减为光的吸收，用光损失表
征。光损失以 dB/km 度量，光损失 $= (10/L) \lg (l_0/l)$，l_0 是入射光的强度，l 是光通过

距离 L 后的强度。当材料的原子或分子从激发态（外部接受能量）回到基态时会发光（放出接受的能量）。而材料在强光场作用下将产生非线性光学效应。光学功能高分子材料包括透明高分子材料、光纤通信用高分子材料、光数据存储高分子材料、非线性光学高分子材料、发光高分子材料、液晶高分子材料和感光树脂。

7.2.3.1　光数据存储高分子材料

只读存储光盘（read only memory，CD-ROM）的容量为 650MBytes，相当于存储 75min 的音乐。CD-ROM 的基盘材料为聚甲基丙烯酸甲酯、聚碳酸酯或无定形聚烯烃，记录层为光刻胶或金属膜。光盘表面有很多长短不一的凹坑，凹坑的端部（正沿和负沿）代表二进制的 1，凹坑和非凹坑的平坦部位代表 0，0 的个数取决于它们的长度。可重复擦写光盘（recordable，CD-R 和 rewriteable，CD-RW）的记录层为具有光活性的有机染料（偶氮苯乙烯、酞菁）或无机合金（Te-Se-Sn）。DVD 的容量为 4.7Gbytes，相当于 135min 的电影。高密度盘（HD-DVD）的容量为 22Gbytes。光存储高分子材料可用于 DVD 和 HD-DVD 的记录层。

光存储高分子材料是以聚甲基丙烯酸甲酯或聚丙二酸酯等为主链，分别含两类侧链的无定形共聚物：第一类是侧链含对光敏感的偶氮苯和菁基联苯等生色团分子（chromophore）。信息储藏机理是光化学激发偶氮苯的顺-反异构体变化（图 7-6）诱导双折射。偶氮苯受光激发后从反式变为顺式，利用光致异构化可逆反应实现信息的记录和擦除。第二类是侧链含液晶基元。液晶基元的作用是提高生色团的分子运动和稳定生色团吸收偏振光的取向。液晶基元和生色团在吸收偏振光后均倾向于取向（图 7-7），可实现数据的存储和擦除。

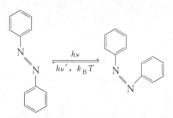

图 7-6　偶氮苯的顺-反异构体转变

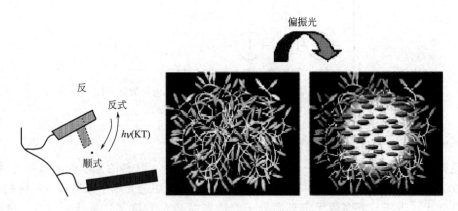

图 7-7　侧链含偶氮苯和液晶基元的光存储高分子材料

7.2.3.2　非线性光学高分子材料

非线性光学高分子材料（non-linear optical polymers，NLO-高分子材料）介质的电极化强度（P）与光波电场（E）的关系为：

$$P = \varepsilon_0 \left[\chi^{(1)} E + \chi^{(2)} E^2 + \chi^{(3)} E^3 + \cdots \right]$$

式中，ε_0 为真空的介电常数；$\chi^{(1)}$ 为线性光学极化率；$\chi^{(2)}$ 和 $\chi^{(3)}$ 分别为第二阶和

第三阶非线性光学极化率。当光强很弱时（$E^2 \rightarrow 0$），P 和 E 为线性关系。而当高能量的光波（如激光）辐射材料时会产生与光强有关的光学效应，即非线性光学效应，因为材料的极化响应与 E 不再为线性关系。非线性极化引起材料光学性质的变化，导致不同频率光波之间的能量偶合，其中最重要的是 $\chi^{(2)}$ 和 $\chi^{(3)}$，它们分别与二阶和三阶非线性光学效应相联系。二阶非线性极化将产生光倍频（入射光频率增大一倍）。三阶非线性极化将产生三倍频。

分子的电极化强度（p）与光波电场（E）的关系为：

$$p = \alpha E + \beta E^2 + \gamma E^3 + \cdots$$

式中，α 为线性极化系数；β 和 γ 分别为分子的二阶和三阶非线性极化率。

二阶非线性光学高分子材料的非线性光学性质是由于受到入射光波作用后分子产生的电荷分布不对称性而导致的二阶极化。有效的二阶非线性光学高分子材料是含有杂环共轭单元或多烯 π 桥与具有电子给体和受体基团或非中心对称性结构的生色团分子（表 7-3 和图 7-8）组合的高分子材料如聚甲基丙烯酸甲酯和聚碳酸酯，其中具有电子给体和受体基团的生色团分子包括金属络合物可表示为 D-π-A 结构：

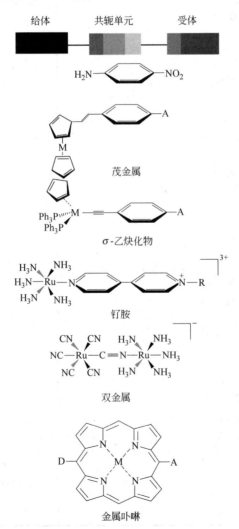

表 7-3　一维生色团分子（μ 是偶极矩）

NLO 生色团	$\mu\beta$(1907nm) $/\times10^{-48}$esu	$\mu\beta/M_w$
	580	2.1
	r_{33}(1330nm)$=13$pm/V [在 PMMA 中占 30%（质量分数）]	
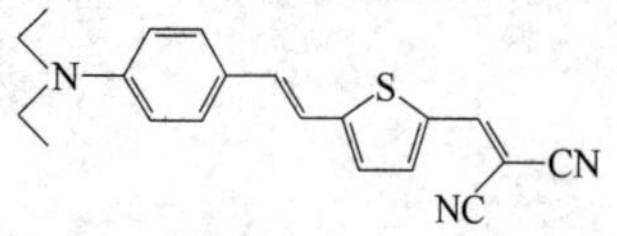	1300	3.9
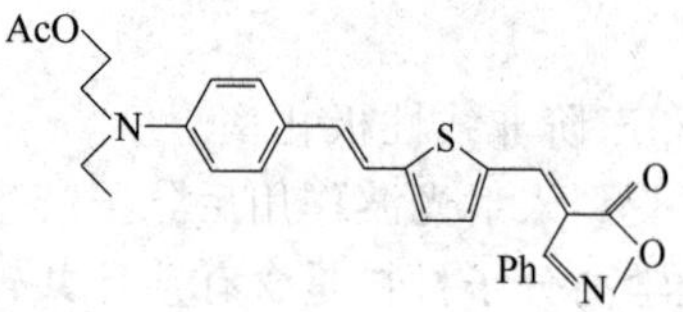	2000	4.1
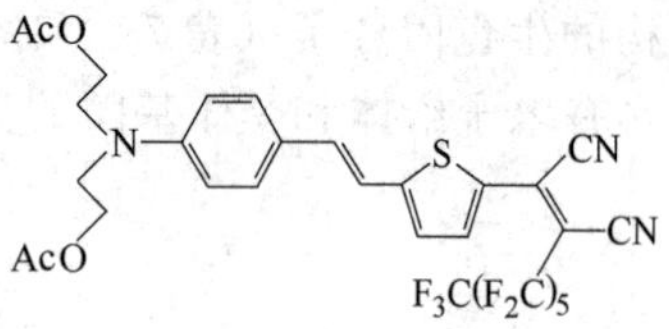	3300	4.3
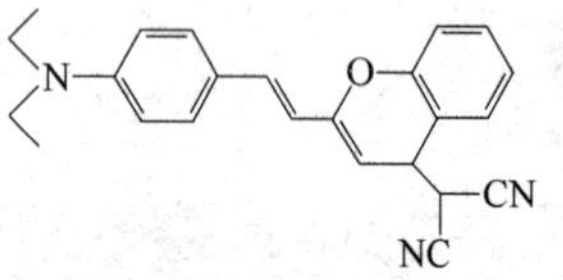	1720	4.7
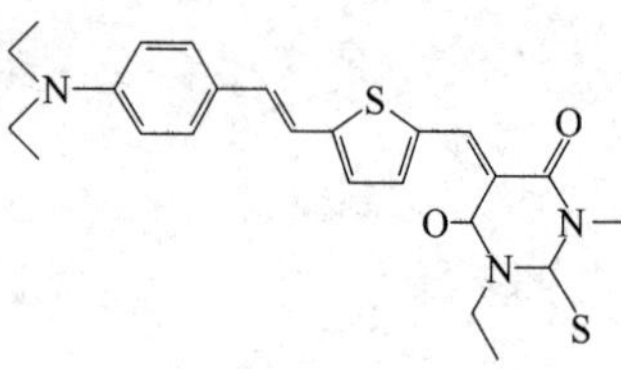	2400	5.1
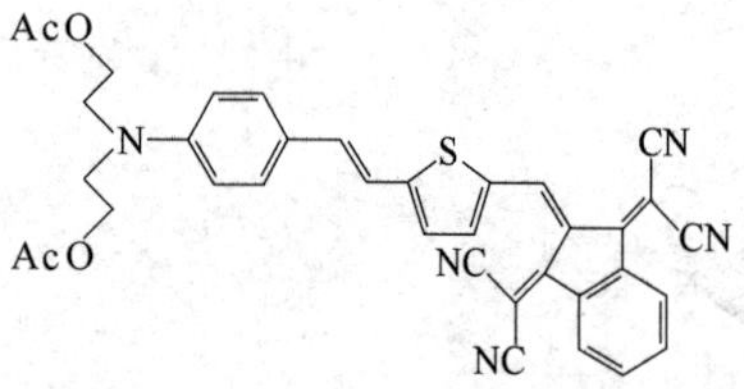	6100	9.7
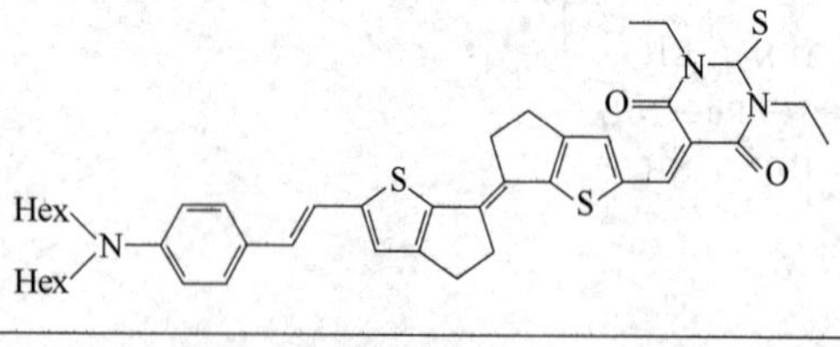	10400	14.1
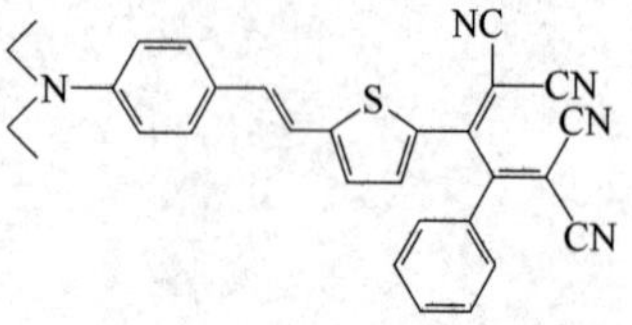	r_{33}(1330nm)$=36$pm/V [在 PQ-100 中占 25%（质量分数）]	

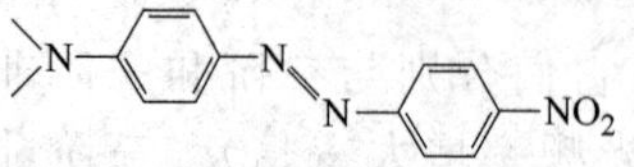

续表

NLO 生色团	$\mu\beta(1907\mathrm{nm})$ $/\times10^{-48}\mathrm{esu}$	$\mu\beta/M_{\mathrm{w}}$
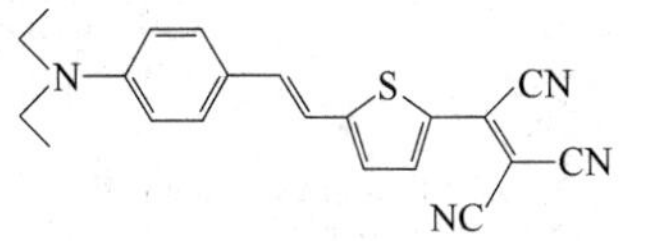	6200	17.3
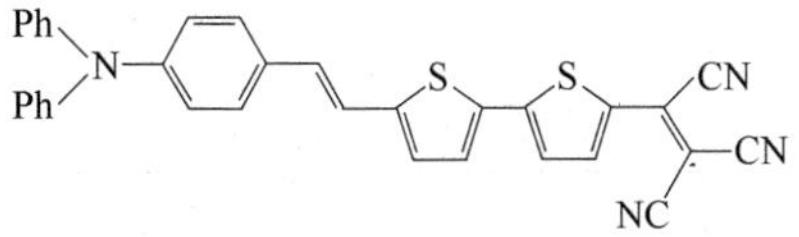	10600	19.8
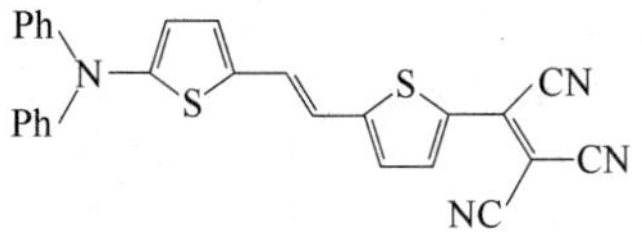	10200	22.1
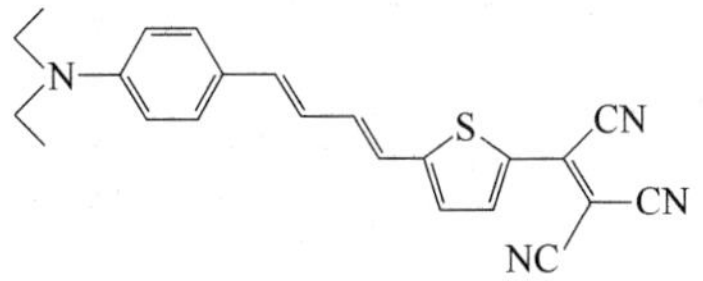	9800	25.5
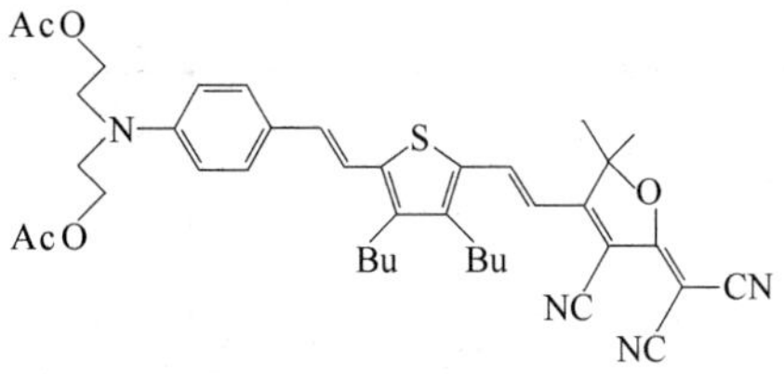	18000	25.9
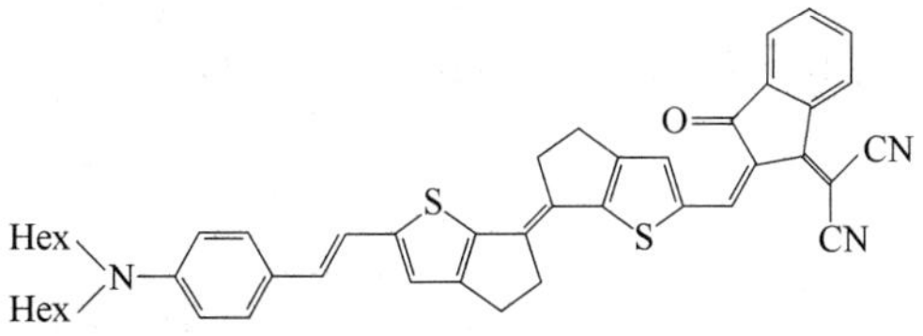	19400	26.4
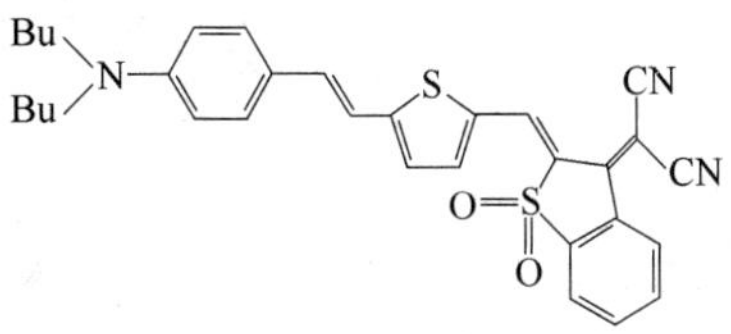	15000	27.1
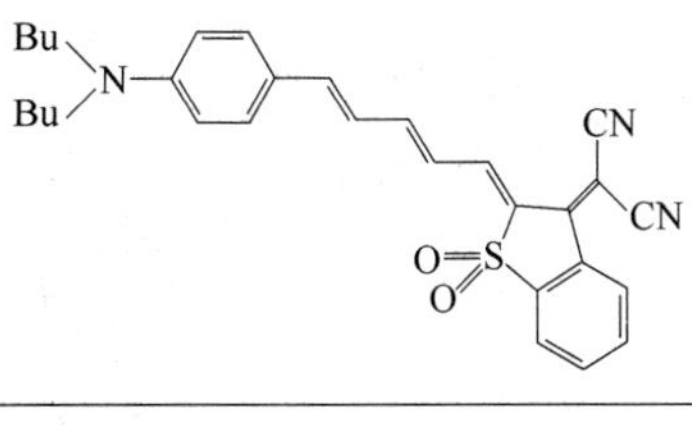	13500	27.1
	$r_{33}(1330\mathrm{nm})=55\mathrm{pm/V}$ [在 PC 中占 25%(质量分数)]	
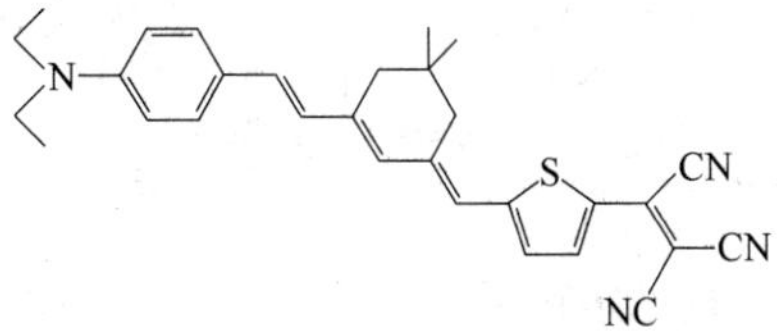	13000	27.2

255

续表

NLO 生色团	$\mu\beta(1907\text{nm})$ $/\times 10^{-48}\text{esu}$	$\mu\beta/M_w$
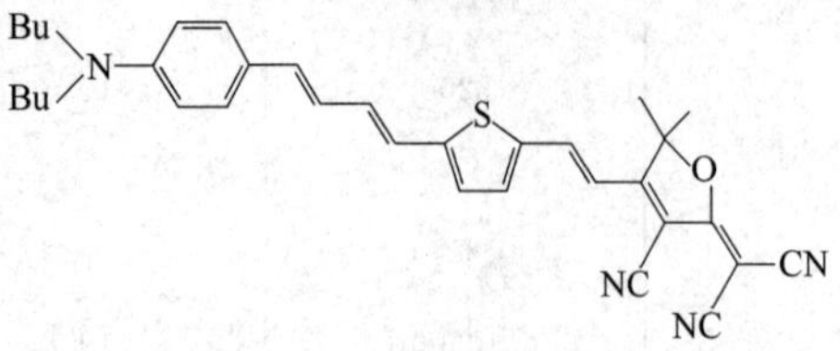	$r_{33}(1330\text{nm})=65\text{pm/V}$ [在 PMMA 中占 20%(质量分数)]	
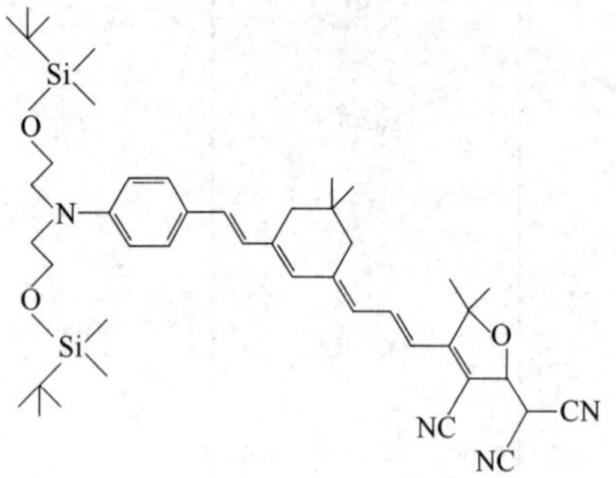	35000	45.7
	$r_{33}(1330\text{nm})>60\text{pm/V}$ [在 PMMA 中占 30%(质量分数)] $V\pi=0.8\text{V}$	

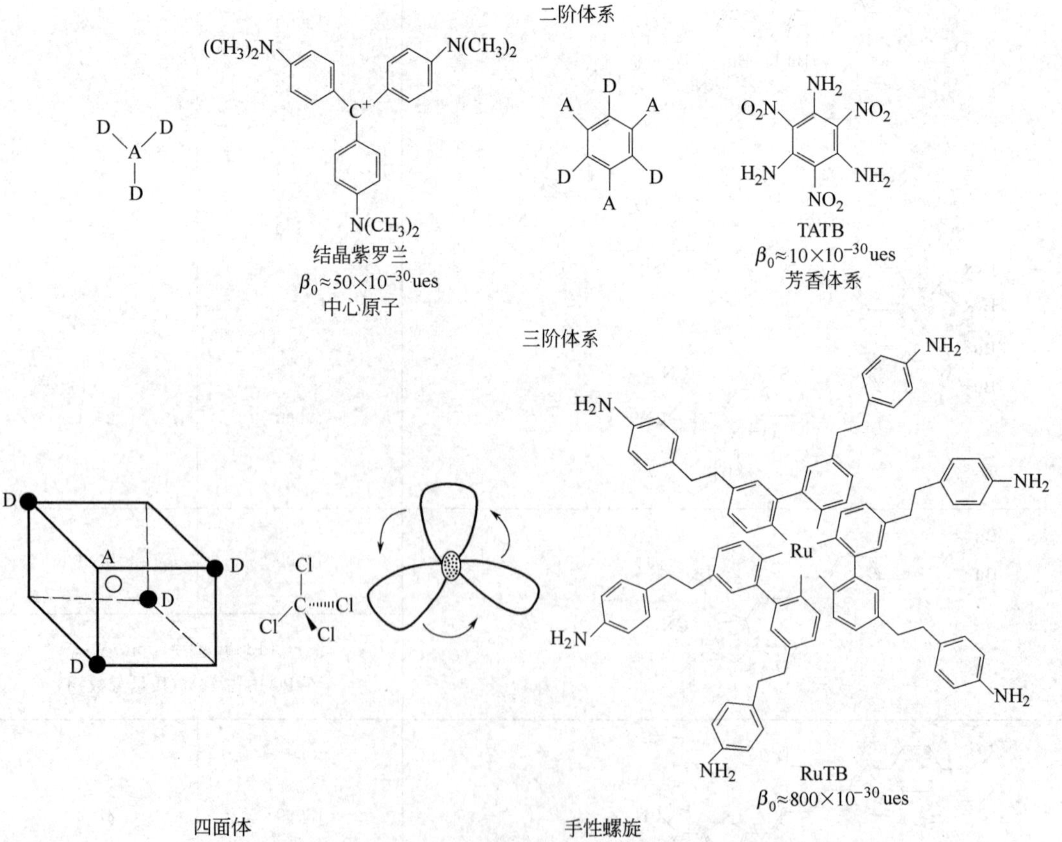

二阶体系

结晶紫罗兰
$\beta_0\approx 50\times10^{-30}\text{ues}$
中心原子

TATB
$\beta_0\approx 10\times10^{-30}\text{ues}$
芳香体系

三阶体系

四面体　　　　手性螺旋

RuTB
$\beta_0\approx 800\times10^{-30}\text{ues}$

图 7-8　二阶体系和三阶体系生色团分子

解决二阶非线性光学高分子材料在高温条件下具有稳定非线性光学响应和低光损失的途径主要有两个：①在刚性主链结构高分子材料如聚酰亚胺、氟聚合物的基础上接枝具有高玻璃化温度的生色团分子侧链；②引入交联的生色团分子键。

三阶非线性光学高分子材料不要求分子具有非中心对称性，但具有共轭 π 键和电子给体-受体结构是有利的。双光子吸收（two-photon absorption，TPA）定义在介质中经虚拟态同时吸收两个光子是最重要的三阶非线性光学效应。含 TPA 生色团的树枝聚合物（图 7-9）具有三阶非线性光学性质。

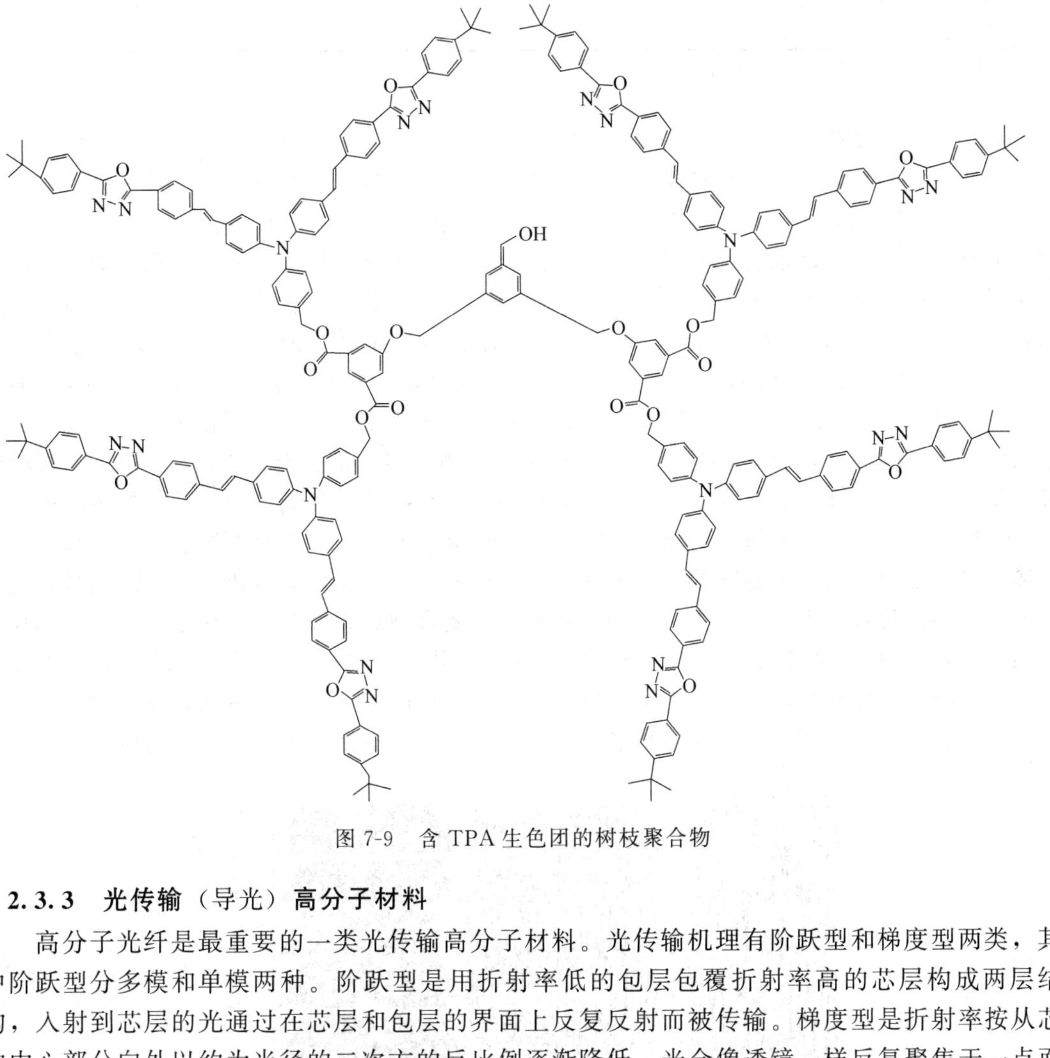

图 7-9　含 TPA 生色团的树枝聚合物

7.2.3.3　光传输（导光）高分子材料

高分子光纤是最重要的一类光传输高分子材料。光传输机理有阶跃型和梯度型两类，其中阶跃型分多模和单模两种。阶跃型是用折射率低的包层包覆折射率高的芯层构成两层结构，入射到芯层的光通过在芯层和包层的界面上反复反射而被传输。梯度型是折射率按从芯的中心部分向外以约为半径的二次方的反比例逐渐降低，光会像透镜一样反复聚焦于一点而传输。光传输的速度和材料的折射率有关，折射率越大，光传输的速度越慢。传统和新发展的光传输高分子材料的折射率或双折射和光损失分别见表 7-4 和表 7-5。

表 7-4　光传输高分子材料的折射率和光损失

材　料	折射率	T_g/℃	光损失/(dB/cm)	材　料	折射率	T_g/℃	光损失/(dB/cm)
PMMA	1.49	105	0.2(850nm)	聚氨酯(PU)	1.56		0.8(633,1064nm)
PS	1.59	100		环氧树脂	1.58		0.3(633nm),0.8(1064nm)
聚碳酸酯(PC)	1.58	145					

表 7-5　光传输高分子材料的光损失和双折射率

材　　料	光损失/(dB/cm)	双折射率
丙烯酸酯	0.18(800nm),0.2(1300nm),0.6(1550nm)	0.0002(1550nm)
卤代丙烯酸酯	0.01(840nm),0.06(1300nm),0.2(1500nm)	0.000001(1550nm)
氘代聚硅烷	0.17(1310nm),0.43(1550nm)	
氟化聚酰亚胺	0.4(1300nm),1.0(1550nm)	0.009(1300nm)
聚醚酰亚胺	0.24(830nm)	
氟化聚芳醚硫		0.0003(1550nm)
PMMA-生色团分子[①]	5.0(1300nm)	
PC-生色团分子[①]	1.8(1550nm)	
PU-生色团分子[①]	2.0(1330nm)	
PMMA 共聚物	1.0(1330nm)	

① 也可作为非线性光学高分子材料。

7.2.4　液晶聚合物

液晶态是物质存在的凝聚态结构之一。液晶态与晶态的区别是部分或全部失去结构的平移有序性，而与液态的区别是存在取向有序性。因此液晶既具有液体的流动性，又具有晶体的各向异性。小分子液晶已经发展了很长时间，大量液晶显示器件已经在信息工业得到广泛应用。液晶高分子材料（liguid crystal polymers）是在一定条件下以液晶态存在的高分子材料，依其生成条件可分为热致液晶聚合物（即通过加热而呈现液晶态）、溶致液晶聚合物（即通过加入溶剂而生成液晶态）和场致液晶聚合物（即通过压力场、电场、磁场等而显示液晶态）。根据液晶相态有序性的不同，又可分为向列型（nematic）、近晶型（smectic）和胆甾型（cholesteric），见图 7-10。大多数液晶聚合物的结构都含有液晶基元和柔性间隔基。液晶基元具有刚性和有利于取向的外形，如长棒状和盘碟状。常见的液晶基元的核心成分是1,4-亚苯基。以 1,4-亚苯基为基础的二联苯、三联苯、苯甲酰氧基苯、苯甲酰氨基苯、二苯乙烯、二苯乙炔、苯甲亚氨基苯、二苯并噻唑等构成了液晶基元的骨架。根据液晶基元在高分子链结构的位置，主要可分为主链型、侧链型、复合型和树枝型（即在主链和侧链都存在液晶基元）。一些主链型的液晶高分子材料显示了高强度、高模量的特点，既可以作为结构材料如纤维增强体和自增强塑料，也可以作为功能材料应用。侧链型液晶高分子材料显示了特殊的光、电、磁性能，可作为信息显示、信息存储、非线性光学等功能材料应用。

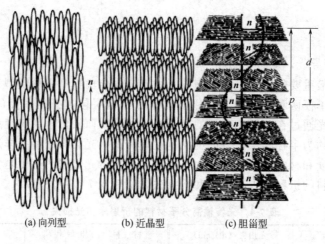

(a) 向列型　　　　(b) 近晶型　　　　(c) 胆甾型

图 7-10　液晶相态

（1）主链型液晶聚合物　主链型液晶聚合物由液晶基元和间隔基组成。聚对苯二甲酰对苯二胺是主链型溶致性液晶高分子材料，通过液晶溶液可纺出高强度高模量的纤维。液晶聚酯是主链型热致性液晶聚合物。已商品化了的液晶聚酯有：

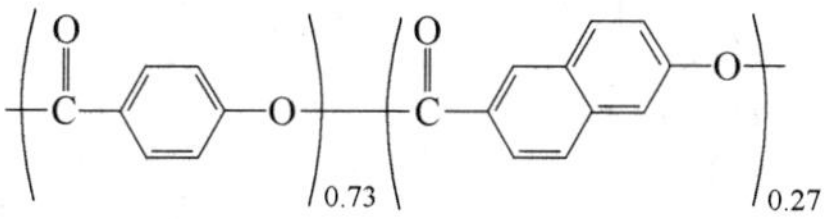

HBA HNA

Vectra A950 (Vectra-A)

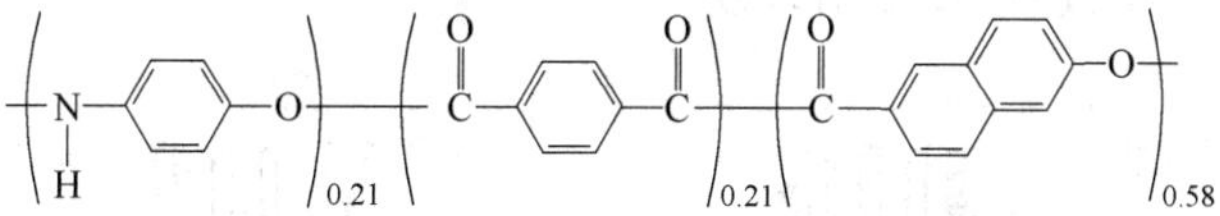

AP TA HNA

Vectra B950 (Vectra-B)

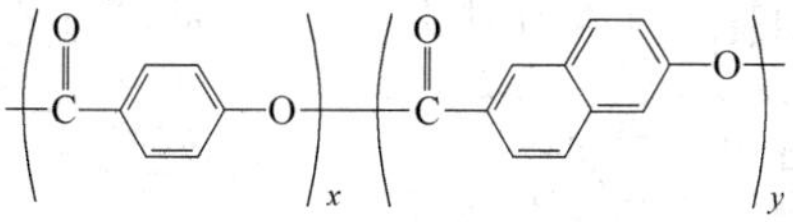

HBA HNA

Vectra C950 (Vectra-C)(x=0.85)

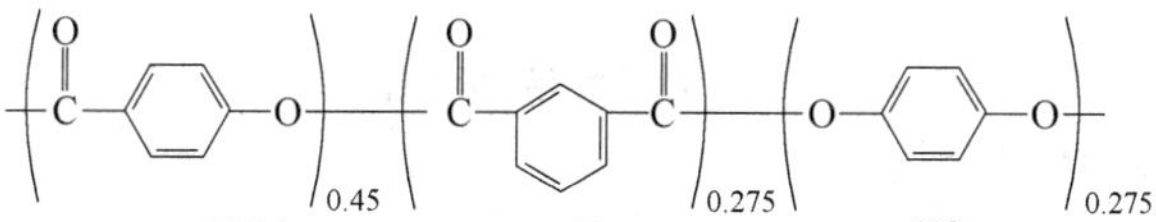

HBA IA HQ

HIQ45

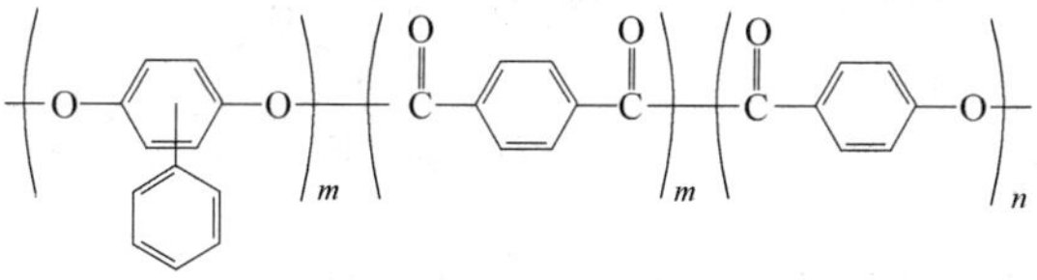

PhHQ TA HBA

HX2000

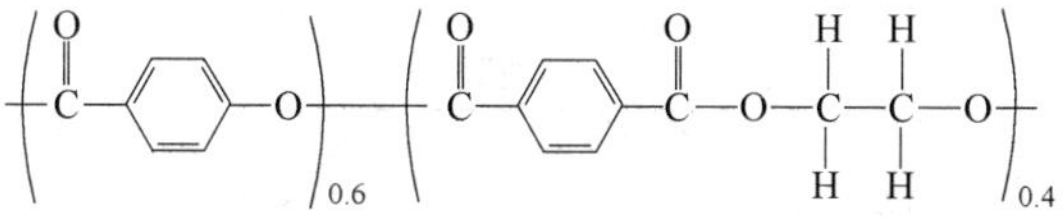

HBA PET

Rodrun LC3000 (LC3000)

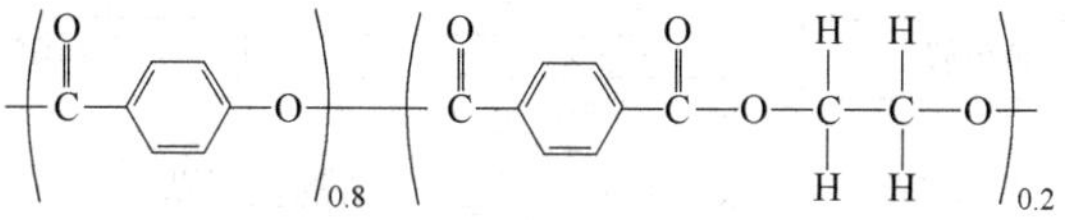

HBA PET

Rodrun LC5000 (LC5000)

（2）侧链型液晶聚合物　侧链型液晶聚合物由高分子主链、液晶基元和间隔基组成，如聚丙烯酸酯和聚甲基丙烯酸酯类侧链型液晶聚合物（X=H，CH_3；R=OCH_3，OC_4H_9）：

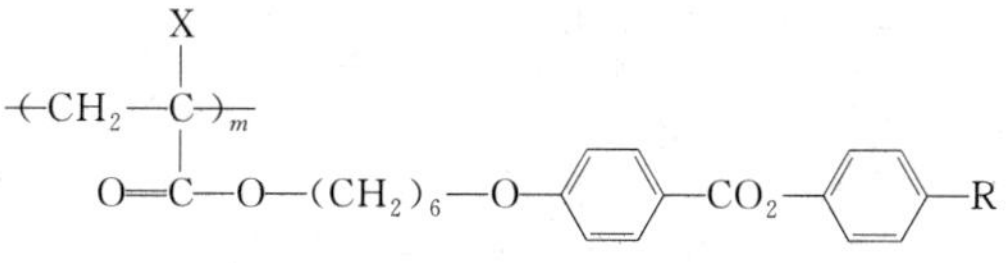

在聚酯侧链引入偶氮苯或 NLO 生色团可得具有光活性和 NLO 液晶聚合物：

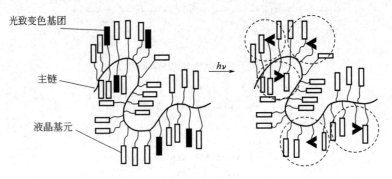

光照下，偶氮苯发生反-顺式异构转变（图 7-11）。

光致变色基团

主链

液晶基元

$h\nu$

图 7-11　光活性液晶聚合物

侧链含螺环吡喃的液晶聚合物：

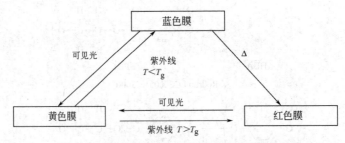

在光、热作用下具有光致变色性（图 7-12）。

```
                    ┌─────────┐
                    │ 蓝色膜  │
                    └─────────┘
          可见光        紫外线          Δ
                      T<Tg
       ┌─────────┐          可见光        ┌─────────┐
       │ 黄色膜  │  ─────────────────────  │ 红色膜  │
       └─────────┘    紫外线  T>Tg        └─────────┘
```

图 7-12　光致变色性含螺环吡喃的液晶聚合物

（3）盘状液晶聚合物　盘状液晶聚合物是含盘状液晶基元的聚合物：

R′

R

R″

R

R′

R

R

（4）手性液晶聚合物　手性分子（chiral molecule）是一个分子的镜像结构不能与这个分子本身重合。手性液晶聚合物是含不对称碳原子的液晶聚合物：

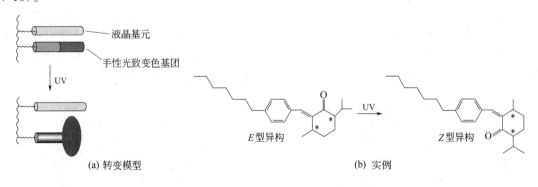

其中含薄荷酮（menthone）基团的手性液晶聚合物在光照下可发生 E-Z 异构转变（图 7-13）。

图 7-13　手性液晶聚合物 E-Z 异构转变模型和实例

7.3　化学功能高分子材料

7.3.1　高分子试剂和高分子催化剂

高分子试剂是通过官能基化把有机合成反应中的试剂或反应底物（D）键合到高分子（●），上并用该高分子支载的试剂或反应底物进行有机化学反应（从 A 到 B 或 C）：

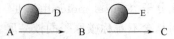

因此高分子试剂可分为以下几类。

（1）高分子支载的反应底物 将反应底物通过化学反应结合到高分子载体上得到高分子支载的底物，然后与小分子试剂反应得到高分子支载的产物。

（2）高分子支载的小分子试剂 根据用途，高分子试剂可分为以下几类。

① 氧化还原试剂 既有氧化作用又有还原功能，主要有醌型、硫醇型、吡啶型、聚合二茂铁型和聚合多核杂芳环型。

② 氧化试剂 主要有聚苯乙烯过氧酸和高分子硒。

③ 还原试剂 主要有聚苯乙烯金属锂化合物和聚苯乙烯磺酸肼。

④ 卤代试剂 主要有二卤化磷型、N-卤代亚胺型和三价碘型。

⑤ 酰基化试剂 可对有机化合物的氨基、羟基和羧基发生酰化反应，即形成酰胺、酯和酸酐。高分子酰基化试剂主要有高分子活性酯和高分子酸酐。

⑥ 烷基化试剂 用于碳-碳键生成和碳链增长，主要有硫甲基锂型、高分子金属络合物和叠氮型。

⑦ 亲核试剂 指在化学反应中试剂的多电部位（邻近有给电子基团）进攻反应物的缺电部位（邻近有吸电子基团），多为阴离子或带孤对电子和多电子基团的化合物。阴离子交换树脂可用做亲核试剂。

高分子催化剂是将具有催化活性的功能基或小分子通过共价键、配位键或离子键结合到高分子载体上形成的固体催化剂，其作用是降低化学反应的活化能，加快反应速率，主要有四类。

（1）离子交换树脂（高分子酸碱催化剂） 许多有机合成反应可用酸或碱作催化剂。利用离子交换树脂带有的酸或碱性，在需要酸碱催化的化学反应中取代小分子酸碱而得到应用，所以用作催化剂的离子交换树脂也称为高分子酸碱催化剂。

（2）高分子金属催化剂 许多金属、金属氧化物、金属络合物和稀土金属在有机和高分子合成中具有催化作用，将具有催化作用的金属物质以物理方式（吸附或包埋）固定到高分子上得到的高分子金属催化剂称为高分子负载催化剂，将具有催化作用的金属物质以化学键合方式（共价键、离子键）固定到高分子上得到的高分子金属催化剂称为高分子键合催化剂。若将具有催化性能的金属引入到树枝高分子的表面、支化单元或芯上称为树枝高分子催化剂，如含 54 个茂铁的树枝高分子（图 7-14）具有氧化和还原催化活性。

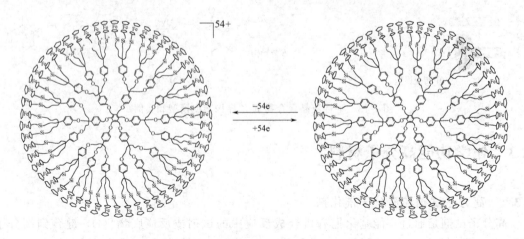

图 7-14 树枝高分子茂金属催化剂

（3）有机-水相转移催化剂　指在反应中能与阴离子形成离子对或与阳离子形成络合物，从而增加这些离子化合物在有机相的溶解度使反应速率提高。含亲脂性的季铵盐、磷鎓盐和非离子型的冠醚类化合物可用做相转移催化剂。

（4）手性催化剂　是合成手性物质的催化剂。

7.3.2　高分子分离膜和膜反应器

膜分离是利用薄膜对混合物组分的选择性透过使混合物分离。高分子分离膜就是能起到膜分离作用的膜材料。有两个重要指标来判断高分子分离膜的效率：一是膜的透过性（透过速率）；二是膜的选择性（分离系数）。透过性是指测定物质在单位时间和单位压力差下透过单位面积分离膜的绝对量，用摩尔或毫升表示：

$$透过速率 = \frac{透过系数}{膜的有效厚度} \times 透过推动力 \times 膜面积$$

式中，透过推动力是压力或浓度。

选择性是指在同等条件下测定物质（B）透过量与参考物质（A）透过量之比，可表示为：

$$\alpha_B^A = \frac{B_p/A_p}{B_f/A_f}$$

式中，α_B^A 是 B 相对于 A 的分离系数；A_f 和 B_f 是膜分离前 A 和 B 的浓度；A_p 和 B_p 是膜分离后 A 和 B 的浓度。

分离膜按照化学组成可分类为无机分离膜和高分子分离膜。膜分离过程主要有四种形式。

① 过滤式分离　由于组分分子的大小和性质不同，它们透过膜的速度不同，因而透过部分和留下部分的组成不同，实现组分的分离。微滤、超滤、反渗透和气体分离属于过滤式分离。

② 渗析式分离　料液中的某些溶质或离子在浓度差或电位差的推动下，透过膜进入接受液中而被分离。渗析、电渗析和离子交换膜属于此类分离。

③ 液膜分离　液膜与料液和接受液互不混溶，液-液两相间的传质分离类似于萃取和反萃取，溶质从料液进入液膜相当于萃取，溶质再从液膜进入接受液相当于反萃取。

④ 蒸发分离　利用料液两组分的沸点不同，当通过分离膜时组分 1 从液相变为气相而组分 2 维持液相得到分离（图 7-15）。

（1）液体分离膜　用于微滤的高分子分离膜有乙酸纤维素类、聚氯乙烯、聚酰胺、聚四氟乙烯、聚丙烯和聚碳酸酯。微滤膜是孔径为 $0.1 \sim 10\mu m$ 的多孔膜。多孔膜可用高分子/溶剂/沉淀剂（成孔剂）相分离法、拉伸致孔法、核径迹法（辐照）制备。乙酸纤维素膜的制备采用丙酮作溶剂，甘油作成孔剂。聚丙烯膜在拉伸时，其无定形区在拉伸方向出现狭缝状细孔。经双向拉伸和高温定

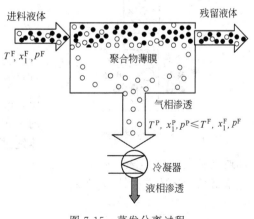

图 7-15　蒸发分离过程

型可制备聚丙烯多孔膜。

　　用于超滤的高分子分离膜有聚砜、聚酰胺、聚丙烯腈和乙酸纤维素。超滤膜或中空纤维膜是非对称膜，由致密的皮层和多孔的支撑层组成。皮层的厚度为 $0.1\sim1.5\mu m$，孔径为 $1\sim20nm$，支撑层提供机械强度。中空纤维膜的外径为 $0.5\sim2mm$。膜分离功能主要取决于皮层。

　　反渗透膜主要用于海水的水盐分离。如果将水和盐水用只能通过水不能通过盐水的半透膜隔开，水会自动通过半透膜进入盐水侧，这种现象为渗透。该过程的推动力是水与盐水的化学位差或水的渗透压。随着水的渗透，盐水侧水位升高，压力增大。当水位通过到渗透压为 0 时，水不再渗透。如果向盐水侧加压，则盐水中的水将通过半透膜流向水侧，这个过程为反渗透。

　　非对称多孔膜和复合膜可用作反渗透膜。反渗透膜的透过性用单位膜面积及单位时间的流速（J）表示：

$$J=A(\Delta P-\Delta\pi)$$

　　式中，A 为反渗透膜的特性参数，与膜的透过系数和膜厚度有关；ΔP 为膜两侧的压力差；$\Delta\pi$ 为渗透压差。反渗透膜的选择性用溶质的排除率（R）表示：

$$R(\%)=\frac{料液中溶质浓度-滤液中溶质浓度}{料液中溶质浓度}\times100\%$$

　　溶质通过分离膜的机理有三种：①扩散移动，通常溶质（S）通过分离膜是从高浓度侧向低浓度侧的扩散移动；②促进输送，为了提高 S 的移动速率，可在分离膜中埋入输送促进载体；③移动，促进 S 从低浓度侧向高浓度侧移动。

　　（2）气体分离膜　用于气体分离和富集的聚合物气体分离膜根据分离机理（图 7-16）可分为致密（dense）膜、多孔（porous）膜和非对称膜。致密膜（无孔膜）对混合气体的分离属于溶液扩散机理，有三个步骤：①吸附；②活化扩散（溶解）；③在膜的另一面解吸附。致密膜的气体透过量 $q(\mathrm{cm^3/s})$ 为：

$$q=\frac{SD(p_1-p_2)A}{d}$$

　　式中，S 是溶度系数，$\mathrm{cm^3/(cm^3\cdot cmHg)}$；$D$ 是扩散系数，$\mathrm{cm^2/s}$；p_1，p_2 分别是两侧气体的分压，cmHg；A 是面积，$\mathrm{cm^2}$；d 是厚度，cm。S 和 D 的乘积为气体透过系数（P），是评价气体分离膜的气体透过性的重要指标。不同的高分子材料具有不同的

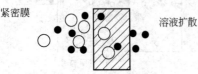

图 7-16　膜分离机理

气体透过系数（P）（表 7-6）。
　　致密膜的气体选择性（α）为：

$$\alpha=\frac{q_a}{q_b}$$

表 7-6　高分子材料的气体透过性

单位：$\times 10^{10} \text{cm}^3 \cdot \text{cm}/(\text{cm}^2 \cdot \text{s} \cdot \text{cmHg})$

高分子材料	温度/℃	H_2	He	CO_2	O_2	N_2	P_{H_2}/P_{N_2}
天然橡胶	25	49.2	—	154	3.4	9.5	5.18
乙烯-乙酸乙烯共聚物	25	22.8	16.5	57	8.0	2.9	7.86
低密度聚乙烯	25	13.5	4.93	12.6	2.89	0.97	13.9
高密度聚乙烯	25	—	1.14	3.62	0.41	0.143	—
聚苯乙烯	20	—	16.7	10.0	2.01	0.315	—
聚酰胺 6	30	—	—	0.16	0.038	0.010	—
聚氯乙烯	20	—	0.109	0.0014	0.00046	0.00012	—
聚碳酸酯	25	12.0	19.0	8.0	1.4	0.3	40.0
乙酸纤维素	22	3.80	13.6	—	0.43	0.14	27.1

注：1cmHg＝1333.22Pa。

例如对于空气中氧气（O_2）和氮气（N_2）分离，各气体的透过量为：

$$q_{O_2} = \frac{P_{O_2}(p_{1,O_2} - p_{2,O_2})A}{d}$$

$$q_{N_2} = \frac{P_{O_2}(p_{1,N_2} - p_{2,N_2})A}{d}$$

膜的气体选择性为：

$$\alpha = \frac{q_{O_2}}{q_{N_2}} = \frac{P_{O_2}(p_{1,O_2} - p_{2,O_2})}{P_{O_2}(p_{1,N_2} - p_{2,N_2})}$$

多孔膜对混合气体的分离有三种机理：①Knudsen 扩散和 Poiseuille 流动，对分离的气体几乎没有选择性；②分子筛机理（孔径和透过的分子直径相同）；③对流（通过一种气体在孔壁的吸附或凝结而对另一种气体的分离）。多孔膜的气体选择性为两种气体相对分子质量之比：

$$\alpha = \left(\frac{M_a}{M_b}\right)^{1/2}$$

例如氧气的相对分子质量为 32，氮气的相对分子质量为 28，则 $\alpha = 0.9354$。

非对称膜由两个结构不同的膜层组成，一层是薄的致密的皮层，一层是厚的多孔的内层。

7.3.3　离子交换树脂

离子交换树脂由网状结构的高分子骨架和连接在骨架上的官能团组成。离子交换树脂具有离子交换功能，即在一定条件下树脂上的离子可以交换成另一种离子，在另一条件下又可以发生逆向交换，使树脂恢复到原来的离子。因此离子交换树脂可以再生重复使用。离子交换树脂的作用机理主要如下（R 代表高分子骨架）。

（1）中性盐分解反应

$$R\text{—}SO^-H^+ + Na^+Cl^- \Longleftrightarrow R\text{—}SO^-Na^+ + H^+Cl^-$$

$$R\text{—}N^+(CH_3)_3OH^- + Na^+Cl^- \Longleftrightarrow R\text{—}N^+(CH_3)_3Cl^- + Na^+OH^-$$

（2）中和反应

$$R{-}SO^-H^+ + Na^+OH^- \Longrightarrow R{-}SO^-Na^+ + H_2O$$

$$R{-}COO^-H^+ + Na^+OH^- \Longrightarrow R{-}COO^-Na^+ + H_2O$$

$$R{-}N^+(CH_3)_3OH^- + H^+Cl^- \Longrightarrow R{-}N^+(CH_3)_3Cl^- + H_2O$$

$$R{-}N^+HOH^- + H^+Cl^- \Longrightarrow R{-}N^+HCl^- + H_2O$$

（3）复分解反应

$$2R{-}SO_3^-Na^+ + Ca^{2+}Cl_2^- \Longrightarrow (R{-}SO_3^-)_2Ca^{2+} + 2Na^+Cl^-$$

$$2R{-}COO^-Na^+ + Ca^{2+}Cl_2^- \Longrightarrow (R{-}COO^-)_2Ca^{2+} + 2Na^+Cl^-$$

$$R{-}N^+(CH_3)_3Cl^- + Na^+Br^- \Longrightarrow R{-}N^+(CH_3)_3Br^- + Na^+Cl^-$$

$$R{-}N^+Cl^- + Na^+Br^- \Longrightarrow R{-}N^+Br^- + Na^+Cl^-$$

离子交换树脂按交换基团的性质可分为阳离子交换树脂、阴离子交换树脂和两性离子交换树脂。阳离子交换树脂有强酸型和弱酸型两类，阴离子交换树脂有强碱型和弱碱型两类，见表7-7。离子交换树脂按高分子骨架可分为凝胶型和大孔型。可作为高分子骨架材料的有聚苯乙烯（苯乙烯/二乙烯苯共聚物）、丙烯酸树脂（丙烯酸/二乙烯苯共聚物）、酚醛树脂、环氧树脂、聚乙烯吡啶和聚氯乙烯。离子交换树脂的发展经历了磺化酚醛树脂、凝胶型离子交换树脂、螯合树脂、大孔离子交换树脂、热再生树脂到大网均孔树脂。

表7-7 离子交换树脂的种类

类　型	官　能　团
强酸型	磺酸基（—SO₃H）
弱酸型	羧酸基（—COOH）、磷酸基（—PO₃H₃）
强碱型	季铵盐[—N⁺(CH₃)₃]，—N⁺(CH₃)₂(CH₂CH₂OH)
弱碱型	伯胺基、仲胺基、叔胺基（—NH₂，—NHR，—NR₂）
螯合型	胺羧基[—CH₂N(CH₂COOH)₂]，[—CHN(CH₃)C₆H₈(OH)₅]
两性	强碱-弱酸[—N⁺(CH₃)₃，—COOH]
	弱碱-弱酸（—NH₂，—COOH）
氧化还原型	硫醇基（—CH₂SH）、对苯二酚基[—C₆H₅(OH)₂]

强酸型聚苯乙烯系阳离子交换树脂的制备是在苯乙烯和二乙烯苯在水相进行自由基悬浮共聚合得到的珠体上引入磺酸基团；弱酸型丙烯酸系阳离子交换树脂的制备是用丙烯酸或丙烯酸酯和二乙烯苯在聚乙烯醇的水溶液中聚合，然后水解而成。强碱型聚苯乙烯系阴离子交换树脂的制备是用苯乙烯和二乙烯苯悬浮聚合珠体进行氯甲基化，然后再氨基化。弱碱型丙烯酸系阴离子交换树脂的制备是用交联的聚丙烯酸甲酯在二乙苯或苯乙酮中溶胀后与乙烯多胺反应制成多胺树脂，再用甲醛或甲酸进行甲基化反应得到叔胺树脂。

螯合树脂的主要功能是分离重金属和贵金属。在分析化学中常利用络合物既有离子键又有配价键的特点来鉴定特定的金属离子。将这些络合物以基团的形式连接到高分子链上就得到螯合树脂。螯合树脂的结构有侧链型和主链型两类。在高分子载体上引入大环结构是制备螯合树脂的新途径。螯合树脂聚苯乙烯基的环芳烃氧肟酸的两条合成路线为：

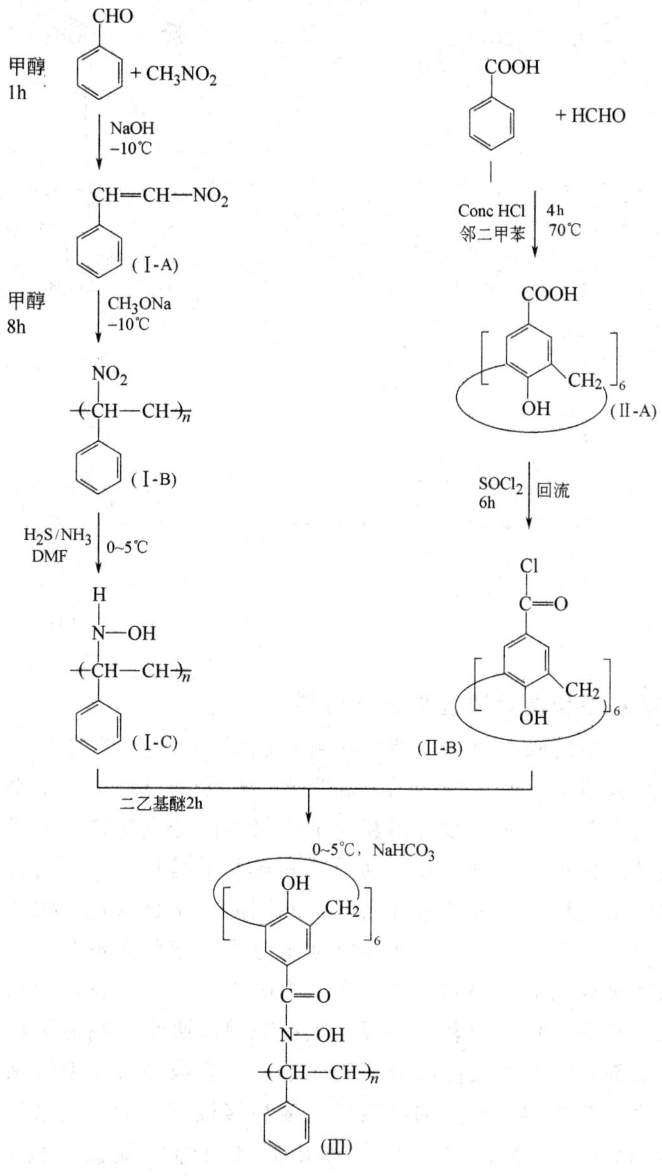

它的阳离子交换能力为 4.46mmol/g。

离子交换树脂不仅可起吸附分离的功能，还可作为酸碱指示剂应用。珠状苯乙烯（70）和丙烯酸甲酯（30）共聚物（离子交换树脂）经磺化后的结构为：

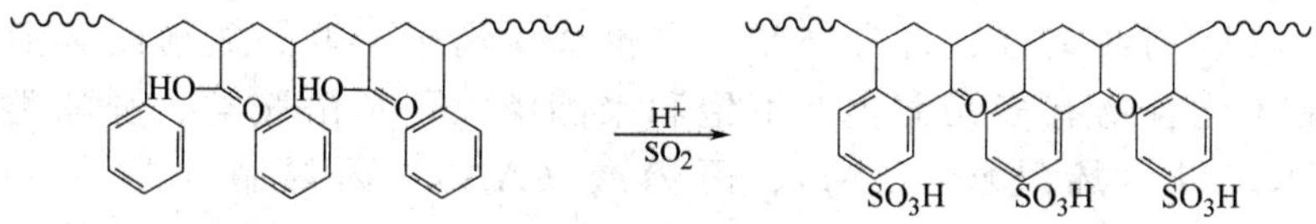

可以显示 pH 指示剂的功能。在酸性条件下苯乙烯-丙烯酸甲酯共聚物显示黄色，在碱性条件下显示红色，并发生下列反应：

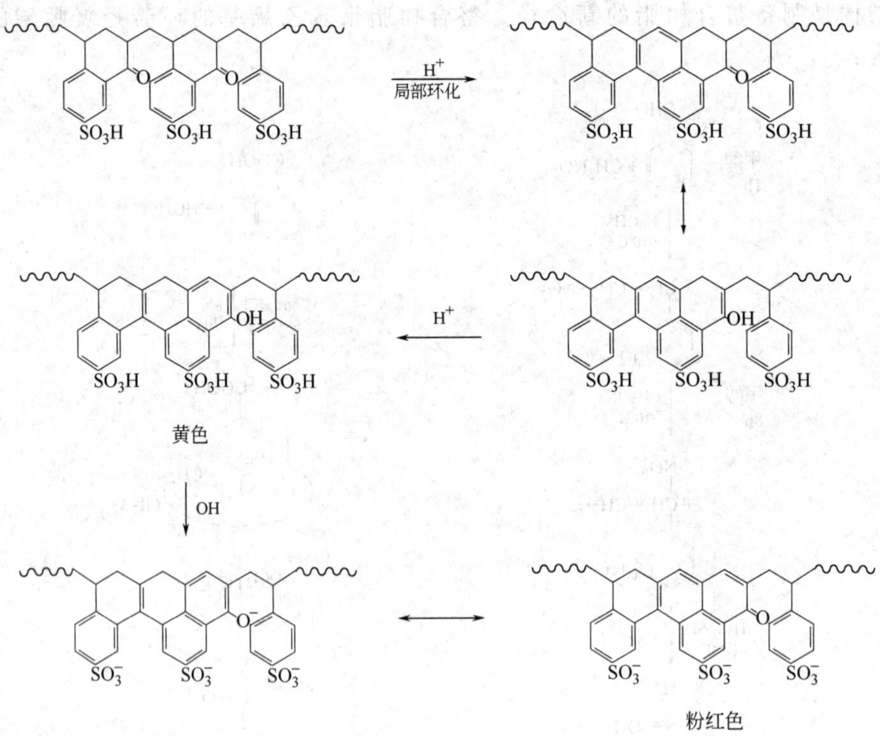

黄色

粉红色

7.3.4 高（超）吸水性和高吸油性高分子材料

棉花、纸、布是常用的吸水材料，能吸收自身质量 10～20 倍的水。亲水性高分子也是吸水材料，能吸收自身质量 1～30 倍的水。高吸水性高分子材料是在亲水性高分子的基础上发展的，能迅速吸收高于自身质量数百倍甚至上千倍的高分子材料。高吸水性高分子材料在具有大量强吸水性基团如羟基、酰氨基、磺酸基和羧基上是和亲水性高分子相同的，但在具有低交联度的三维网络结构上是和亲水性高分子不同的。正是这种结构特征，一方面高吸水性高分子材料具有强的吸水性，另一方面能够使水分子只溶胀而不溶解。吸水机理是由于水分子被封闭在吸水性聚合物的网络结构中所致。高吸水性高分子材料的制备主要包括亲水性基团的引入（羧化）和不溶化（交联）处理。根据原料高吸水性高分子材料可分类为：①淀粉接枝型高分子吸水剂；②纤维素型高分子吸水剂；③合成高分子型吸水剂包括聚丙烯酸盐型、聚乙烯醇型、聚乙二醇型和聚丙烯酰胺型。淀粉接枝型高分子吸水剂的合成是先将淀粉水解糊化，用铈盐（Ce^{4+}）或 Fe/H_2O_2 为催化剂将丙烯酸或盐接枝到淀粉上。也可将丙烯腈接枝到淀粉上，用碱水解将腈基转化成酰氨基并进一步转化成羧基，制备高吸水性高分子材料。纤维素型高分子吸水剂的制备方法是将纤维素羧化，将丙烯酸接枝到纤维素上并经过适当交联。聚丙烯酸盐、聚乙烯醇、聚乙二醇和聚丙烯酰胺都是水溶性高分子，经过适度交联可制备高吸水性高分子材料。交联方法有：多官能团化合物交联法、与交联剂共聚合、自身交联、多价金属离子交联、放射线辐照、引入结晶结构。多官能团化合物有多元醇类、不饱和聚酯类、丙烯酰胺类、脲酯类、烯丙酸类和二乙烯基苯。以丙烯酰胺（AM）、丙烯酸（AA）、丙烯腈（AN）、甲基丙烯酸（MAA）、丙烯酸钠（SA）、2-羟乙基丙烯酸甲酯（HEMA）为共聚单体，过硫化氨为引发剂，N,N-亚甲基双丙烯酰胺为交联剂，合成的一系列超吸水性共聚物（superabsorbent polymers，SAPs）的吸水性能见表 7-8。

表 7-8　超吸水性共聚物的性能

样品号	单体	单体浓度/(mol/L)	吸水性/(g/g H₂O)	吸水性(1% NaCl 中)/%	样品号	单体	单体浓度/(mol/L)	吸水性/(g/g H₂O)	吸水性(1% NaCl 中)/%
1	AM	0.5	400	112		MAA	0.30		
	SA	0.2			5	AA	0.50	95	35
	HEMA	0.3				SA	0.25		
2	AM	0.38	272	86		HEMA	0.25		
	AA	0.33			6	AM	0.75	80	31
	SA	0.22				HEMA	0.25		
3	AM	0.33	170	75	7	AM	0.25	70	28
	AA	0.23				AN	0.25		
	HEMA	0.12				AA	0.12		
4	AM	0.60	152	71	8	AM	0.50	50	17
	AA	0.30				AN	0.50		

　　和高吸水性高分子材料的结构相似，高吸油性高分子材料也含有低交联度的三维网络。但高吸油性高分子材料需要引入吸油性基团，主要有苯乙烯/二苯乙烯基和甲基丙烯酸酯两类，吸油率为自身质量的 10～20 倍。

7.4　生物功能（医用）高分子材料

7.4.1　生物相容性

　　生物医学材料定义为以医疗为目的，用于与生物体物质（主要是人体）接触以形成功能并相互作用的无生命材料。生物功能高分子材料就是指医用高分子材料。这种材料可以构成医疗装置或部件，用于诊断治疗或代替人体的组织和器官。医用高分子材料按照用途可分为硬组织（骨、齿）相容性的高分子材料、软组织（肌肉、皮肤、血管）相容性的高分子材料、血液相容性的高分子材料和高分子药物。生物相容性是生物医用材料在特定环境中与生物体之间的相互作用或反应，包括人工材料与硬组织的相容性，与软组织的相容性和与血液的相容性。当生物医用材料与生物体接触后将发生宿主反应和材料反应。宿主反应是生物体组织和机体对人工材料的反应。材料反应是人工材料对生物体组织和机体的反应。这些反应的结果一方面人工材料要受到生理环境的作用引起降解或性能改变，另一方面人工材料也将对周围组织和机体发生作用引起炎症或毒性，因此生物相容性是发展生物医用高分子材料的关键。

　　医用高分子材料按性能可分为生物可降解型和非降解型两类。可生物降解型的医用高分子材料有可吸收缝线、黏接剂、缓释药物等，当它们降解成小分子后可被生物体吸收或通过代谢而排出体外。非降解型的医用高分子材料有接触镜、人造血管等，它们与生物体接触后具有长期稳定性。医用高分子材料按使用性能分为植入性和非植入性两类。植入性医用高分子材料有人工血管、人工骨和软骨等。非植入性医用高分子材料有人工肝等。对于植入性医用高分子材料要求它们不但要有生物相容性，还要求其弹性形变和植入部位的组织的弹性形变相匹配，既具有力学相容性。此外，生物体还存在于复杂的环境，例如胃液呈酸性、肠液呈碱性、血液呈弱碱性。血液和体液含有大量的 Na^+、K^+、Ca^{2+}、Mg^{2+}、Cl^-、HCO_3^-、PO_4^{3-}、SO_4^{2-} 等离子以及 O_2、CO_2、H_2O、类脂质、类固醇、蛋白质、生物酶等物质，这就要求医用高分子材料要化学惰性，与生物体接触时不发生反应。

7.4.2　抗凝血高分子材料

　　高分子表面的血液相容性指高分子材料与血液接触时不发生凝血或溶血。凝血的机理复杂，一般认为当异物与血液接触时，异物将吸附血浆内蛋白质，然后黏附血小板，血小板崩坏放出血小板因子而在异物表面凝结。人工血管、人工心脏、人工肾等医用高分子材料是同血液循环直接相关的，必然与血液接触，所以要求所用材料必须具有优异的抗凝血性。抗凝血高分子材料主要有三类：①具有微相分离结构的高分子材料，如由软段和硬段组成的聚氨酯嵌段共聚物，其中软段为聚醚、聚丁二烯、聚二甲基硅氧烷等，形成连续相，而硬段有氨基甲酸酯基、脲基等，形成分散相；②高分子材料表面接枝改性；③高分子材料肝素化，肝素是一种硫酸化的多糖类物质，是天然的抗凝血剂，把肝素固定在高分子材料表面就能具有较好的抗凝血性能。

7.4.3 生物可降解的医用高分子材料

生物可降解的医用高分子材料指能在生物体内生理环境中逐步降解或溶解并被机体吸收代谢的高分子材料。由于植入体内的材料主要接触组织和体液，因此水解（包括酸、碱和酶的催化作用）和酶解是造成降解的主要原因。根据结构和水解性的关系，与杂原子（氧、氮硫）相连的羰基是易水解基团，按在中性水介质中的降解难易程度排列为：聚酸酐＞聚原酸酯＞聚羧酸酯＞聚氨酯＞聚碳酸酯＞聚醚＞聚烯烃。常用的可生物降解高分子材料有聚羟基乙酸（PGA 或称为聚乙交酯）、聚乳酸（PLA 或称为聚丙交酯）、聚羟基丁酸酯（PHB）、聚己内酯（PCL）、聚酸酐、聚磷腈（polyphosphazene）、聚氨基酸和聚氧化乙烯。聚羟基乙酸是最早应用的缝合线，由于它的亲水性，植入的缝合线在 2～4 周失去力学性能。羟基乙酸-乳酸共聚物制成的纤维既具有比聚羟基乙酸更快生物降解性，又具有较高的力学性能。聚己内酯比聚羟基乙酸和聚乳酸的降解速率低，适于做长期植入装置。聚磷腈是以磷和氮为骨架的无机高分子，磷原子上有两个有机化合物侧链，水解时形成磷酸和氨盐，具有较好的血液相容性。酶是一种蛋白质，起生物催化剂的作用。生物体系的化学反应主要由酶来催化。生物降解高分子材料的水解过程不需要酶参加，但水解生成的低相对分子质量聚合物片段需要通过酶作用转化成小分子代谢产物。酶还可以催化水解反应和氧化反应。

7.4.4 组织器官替代的高分子材料

皮肤、肌肉、韧带、软骨和血管都是软组织，主要由胶原组成。胶原是哺乳动物体内结缔组织的主要成分，构成人体约 30% 的蛋白质，共有 16 种类型，最丰富的是 Ⅰ 型胶原。在肌腱和韧带中存在的是 Ⅰ 型胶原，在透明软骨中存在的是 Ⅱ 型胶原。Ⅰ 和 Ⅱ 型胶原都是以交错缠结排列的纤维网络的形式在体内连接组织。胶原的分子结构是由三股螺旋多肽链组成，每一个链含 1050 个氨基酸。骨和齿都是硬组织。骨是由 40% 的有机物质和 60% 的磷酸钙、碳酸钙等无机物质所组成。其中在有机物质中，90%～96% 是胶原，其余是钙磷灰石和羟基磷灰石 $[Ca_{10}(PO_4)(OH)_2]$ 等矿物质。所有的组织结构都异常复杂。高分子材料作为软组织和硬组织替代材料是组织工程[❶]的重要任务。组织或器官替代的高分子材料需要从材料方面考虑的因素有力学性能、表面性能、孔度、降解速率和加工成型性。需要从生物和医学方面考虑的因素有生物活性和生物相容性、如何与血管连接、营养、生长因子、细胞黏合性和免疫性。

在软组织的修复和再生中，编织的聚酯纤维管是常用的人工血管（直径＞6mm）材料，当直径＜4mm 时用嵌段聚氨酯。人工皮肤的制备过程是将人体成纤维细胞种植在尼龙网上，铺在薄的硅橡胶膜上，尼龙网起三维支架作用，硅橡胶膜保持供给营养液。随着细胞的生长

---

❶ 组织工程是应用生命科学与工程的原理和方法构建的生物装置，维护和增进人体细胞和组织的生长，以恢复受损组织或器官的功能。

释放出蛋白和生长因子，长成皮组织。软骨仅由软骨细胞组成，没有血管，一旦损坏不易修复。聚氧化乙烯可制成凝胶作为人工软骨应用。

骨是一种密实的具有特殊连通性的硬组织，由Ⅰ型胶原和以羟基磷灰石形式的磷酸钙组成。骨包括外层的长干骨和内层填充的骨松质。长干骨具有很高的力学性能，人工长干骨需要用连续纤维的复合材料制备。人工骨松质除了生物相容性（支持细胞黏合和生长和可生物降解）的要求外，也需要具有与骨松质有相近的力学性能（压缩强度 5MPa，压缩模量 50MPa）。一些高分子替代骨松质的性能见表 7-9。

神经细胞不能分裂但可以修复。受损神经的两个断端可用高分子材料制成的人工神经导管修复（表 7-10）。在导管内植入许旺细胞和控制神经营养因子的装置应用于人工神经。电荷对神经细胞修复具有促进功能，驻极体聚偏氟乙烯和压电体聚四氟乙烯制成的人工神经导管对细胞修复也具有促进功能，但它们是非生物降解性的高分子材料，不能长期植入在体内。

表 7-9　人工骨松质的性能

材　　料	可降解性	压缩强度/MPa	压缩模量/MPa	孔径/μm	细胞黏合性	可成型性
骨	是	5	50	有	有	不
骨	是	—	50～100	有	有	不
PLA	是	—	—	100～500	有	是
PLGA	是	60±20	2.4	150～710	有	是
邻位聚酯	是	4～16	—	—	有	—
聚磷酸盐	是	—	—	160～200	有	—
聚酐	是	—	140～1400	—	有	是
PET	不	—	—	—	无	—
PET/HA	不	320±60	—	—	有	—
PLGA/磷酸钙	是	—	0.25	100～500	有	是
PLA/磷酸钙	是	—	5	100～500	有	是
PLA/HA	是	6～9	—	—	—	—

表 7-10　人工神经导管的高分子材料种类

分　　类	材　　料
惰性材料导管	硅橡胶、聚乙烯、聚氯乙烯、聚四氟乙烯
选择性导管	硝化纤维素、丙烯腈-氯乙烯共聚物
可降解导管	聚羟基乙酸、聚乳酸、聚原酸酯
带电荷导管	聚偏氟乙烯、聚四氟乙烯
生长或营养素释放导管	乙烯-乙酸乙烯共聚物

7.4.5　释放控制的高分子药物

药物服用后通过与机体的相互作用而产生疗效。以口服药为例，药物服用经黏膜或肠道吸收进入血液，然后经肝脏代谢，再由血液输送到体内需药的部位。要使药物具有疗效，必须使血液的药物浓度高于临界有效浓度，而过量服用药物又会中毒，因此血液的药物浓度又要低于临界中毒浓度。为使血药浓度变化均匀，发展了释放控制的高分子药物，包括生物降解性高分子（聚羟基乙酸、聚乳酸）和亲水性高分子（聚乙二醇）作为药物载体（微胶囊化）和将药物接枝到高分子链上，通过相结合的基团性质来调节药物释放速率。

7.5 功能转换型功能高分子材料

7.5.1 智能高分子材料

智能材料是集功能材料、复合材料和仿生材料于一体的新材料，具有以下特征。

（1）传感功能 能从自身的表层或内部获取关于环境条件及其变化的信息，如负载、应力、应变、热、光、电、磁、声、振动、辐射和化学等信号的强度及变化。

（2）反馈功能 可通过传感网络对系统的输入和输出信号进行对比，并将结果提供给控制系统。

（3）识别和处理功能 能识别从传感网络得到的信息并作出判断。

（4）响应功能 根据外界环境变化和内部条件变化作出反应，以改变自身的结构与功能使之与外界协调。

（5）自诊断功能 能分析比较系统目前的状况和过去的情况，对系统故障和判断失误等问题进行自诊断并予以校正。

（6）自修复功能 通过自繁殖、自生长、原位复合等再生机制来修补系统局部损伤或破坏。

（7）自适应功能 对不断变化的外部环境和条件，能及时调整自身的结构与功能，并相应地改变自身的状态和行为，从而使系统始终保持最优化的方式对外界作出响应。

智能材料按金属、陶瓷、高分子和复合材料类型而分类为智能金属材料、智能陶瓷材料、智能高分子材料和智能复合材料。目前开发成功的智能高分子材料主要有形状记忆树脂、智能凝胶、智能包装膜等。聚偏氯乙烯（PVDC）膜具有压电性，用 PVDC 制备的传感器用于汽车的警报装置。液晶高分子具有随温度改变颜色的特性，可用于温度指示计。

7.5.1.1 形状记忆树脂

形状记忆树脂（shape memory resins）是在温度的影响下可恢复到它们最初制造的形状的一类智能材料（图 7-17），其记忆功能可描述为：①聚合物在高于玻璃化温度（T_g）的温度下变形；②在低于 T_g 的温度下固定变形的聚合物；③除去固定；④在高于 T_g 的温度，聚合物恢复原始的形状。形状记忆树脂可应用在不同管径的接口、医疗用紧固件、感温装置、便携容器等。形状记忆树脂具有两相结构：记忆起始形状的固定相和随温度能可逆固化或软化的可逆相组成。可逆相为物理交联结构，如熔点较低的结晶态或玻璃化温度较低的玻璃态。固定相可分为化学交联（热固性）和物理交联（热塑性）两类。形状记忆树脂的结构组成特征见表 7-11。聚降冰片烯、反-1,4-聚异戊二烯、苯乙烯-丁二烯共聚物和聚氨酯是四种已商品化的形状记忆树脂。

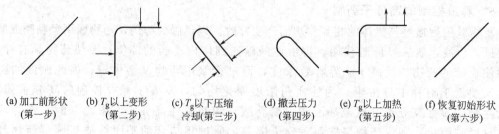

(a) 加工前形状　　(b) T_g 以上变形　　(c) T_g 以下压缩　　(d) 撤去压力　　(e) T_g 以上加热　　(f) 恢复初始形状
（第一步）　　　（第二步）　　　冷却(第三步)　　（第四步）　　（第五步）　　　（第六步）

图 7-17 形状记忆树脂的形状记忆机理

表 7-11　形状记忆树脂的分类

分　类	固定点(冻结相)	可　逆　相
热固性	交联	结晶、玻璃化转变区
热塑性	结晶、玻璃态、金属交联、分子链的缠结或硬段	结晶、玻璃化转变区

7.5.1.2　智能高分子凝胶（刺激-响应高分子凝胶）

高分子凝胶（polymer gels）是由液体（溶胀剂）和高分子网络组成的，高分子网络可吸收液体而溶胀。有两个重要参数决定高分子凝胶的性质：交联密度（ν＝每单位体积交联链的数量）和交联点间的相对分子质量（M_c）且 $\nu \propto M_c^{-1}$。根据溶剂的不同，高分子凝胶可分为高分子水凝胶（hydrogels）和高分子有机凝胶。高分子凝胶对外界的刺激（温度、压力、光、电或磁场、液体组成、pH）具有敏感性。根据刺激信号的不同，高分子凝胶可分为温敏性凝胶、压敏性凝胶、光敏性凝胶、电活性凝胶、磁活性凝胶、pH 响应性凝胶等。能随外界环境而改变结构、物理和化学性质的高分子凝胶称为智能高分子凝胶或刺激-响应高分子凝胶。例如丙烯酸和 N-异丙基丙烯酰胺共聚物是温敏性凝胶，在小于 37℃ 溶胀，当加热至 50℃ 时突然凝聚。智能高分子凝胶中含四种作用力，即离子、氢键、疏水和范德华力，控制刺激-响应能力：当环境条件造成较强的吸引力，凝胶凝聚排斥溶剂；当环境条件造成较强的排斥力，凝胶膨胀吸收溶剂。

凝胶的膨胀和收缩可将化学能或电能转换为机械能（人工肌肉）。当 1Hz 电场施加到聚二甲基硅氧烷和电流变体（聚环氧乙烷基）组成的弹性凝胶上时，凝胶立即变硬。当施加的电场为 0 时，硬凝胶立即变弹性。

除了具有对外部的刺激作出响应，智能高分子凝胶还能对内部的刺激作出响应（自震荡反应）。一种透明的自震荡凝胶是含温敏性的 N-异丙基丙烯酰胺（NIPA），它是可聚合的乙烯基取代三-2,2'-二砒啶铷 II［Ru(bpy)$_3$］和交联剂三种单体的共聚物。［Ru(bpy)$_3$］是经典震荡反应（Belousov-Zhabotinsky 反应）的催化剂。当自震荡凝胶浸入 B-Z 试剂，［Ru(bpy)$_3$］周期性的显示＋2 价和＋3 价氧化态。从＋2 价氧化到＋3 价，由于增加了电荷凝胶变得更亲水而溶胀。而从＋3 价还原到＋2 价，凝胶变得疏水而凝聚。

形状记忆凝胶是由两种凝胶（聚丙烯酰胺和聚 N-异丙基丙烯酰胺）组成的。聚 N-异丙基丙烯酰胺在 37℃ 溶胀，而聚丙烯酰胺在 37℃ 稳定。在水中当丙酮浓度增加到 34％ 时，聚丙烯酰胺比聚 N-异丙基丙烯酰胺更收缩。利用两种凝胶具有不同的刺激-响应功能，调节温度和水中丙酮浓度，形状记忆凝胶可显示不同的形状。

7.5.2　光致发光和电致发光高分子材料

材料吸收了光能所产生的发光现象为光致发光（photoluminescence）。具有 π 共轭结构的高分子材料除了具有导电性能外，还具有发光性能：光致荧光（材料接受能量后立即引起发光，中断能量后立即停止发光，这种发光称为荧光）和光致磷光（材料不仅接受能量后发光，而且中断能量后的一段时间仍能发光）。共轭高分子材料具有荧光现象。当光照射共轭高分子时，能量与共轭高分子的成键-反键能隙相同的光子被吸收，发出荧光。在实际应用中，材料的荧光性质比磷光性质重要。能够显示强荧光物质需要具备大的 π 共轭结构，刚性平面结构和取代基团有较多的给电子基团，如—NR$_2$、—OH、—OR。

材料在电场下被电能激发而产生的发光现象为电致发光（electroluminescence）。电致发光是一个能量转换过程，即电能转变成光能，经历阶段如下。

（1）载流子的注入　在外电场下电子和空穴分别从阳极和阴极向夹在电极中间的高分子膜注入。

（2）载流子的迁移　注入的电子和空穴分别从电子传输层和空穴传输层向发光层迁移。

（3）载流子的复合　电子和空穴结合产生激子。

（4）激子的迁移　激子在电场作用下迁移，将能量传递给发光分子，并激发电子从基态跃迁到激发态。

（5）电致发光　激发态能量通过辐射失活，产生光子，释放出光能。

聚乙炔（PAc）、聚对苯（PPP）、聚苯胺（PAn）、聚噻吩（PTh）、聚对苯乙炔（PPV）等共轭高分子和聚乙烯基咔唑（PVK）具有光致或电致发光性能。

电致发光高分子材料的重要应用是聚合物发光二极管（polymer light-emitting diodes，PLED）。发光二极管是低电压下发光的器件。单层结构的发光二极管由玻璃基质、铟锡氧化物（ITO）阴极、共轭高分子（如PPV）膜和金属阳极组成（图7-18）。多层结构的发光二极管是在共轭高分子膜的两面分别增加正负载流子传输层。从正负极分别注入正负载流子，它们在电场作用下相对运动，相遇形成激发子，发生辐射跃迁而发光。共轭高分子膜具有吸收光子、形成激子、激子迁移和重组从而发射光子的能力（图7-19）。

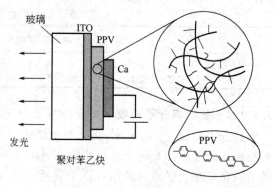

图 7-18　聚合物发光二极管

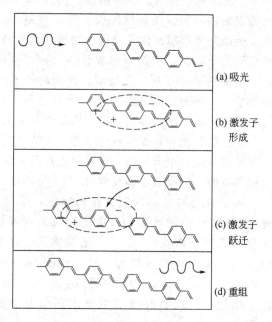

图 7-19　共轭高分子膜的发光机理

7.5.3　光致变色高分子材料

光致变色（photochromism）是指物质在光能辐照下，在反应的一个或两个方向上具有明显不同的两种颜色间的可逆变化。光致变色高分子材料是含光致变色化合物或基团的材料，根据光致变色化合物或基团可分类如下。

（1）甲亚胺结构型　主链含邻羟基苯甲亚氨基团的高分子具有光致变色功能，光致变色机理是在光照下甲亚氨基邻位羟基上的氢发生分子内迁移，使顺式烯醇变为反式酮，导致吸收光谱变化。

（2）硫卡巴腙结构型　由对（甲基丙烯酰氨基）苯基二硫腙络合物与苯乙烯、甲基丙烯酸甲酯、丙烯酸丁酯或丙烯酰胺的共聚物制备的光致变色高分子，在光照下可变色。

（3）偶氮苯型　在高分子主链或侧链引入偶氮苯，可制备光致变色高分子材料，光致变色机理由偶氮苯的顺反异构引起，偶氮苯在光照下可从反式转为顺式，顺式是不稳定的，在暗条件下回复到反式。

（4）聚联吡啶型　在光照下发生氧化-还原反应而变色。

（5）噻嗪结构型　噻嗪是含硫和氮杂原子的杂环化合物，光致变色机理是通过氧化-还原反应，其氧化态是有色的，还原态是无色的。

（6）螺结构型　螺苯并吡喃和螺噁嗪具有光致变色功能，螺苯吡喃和甲基丙烯酸甲酯共聚或接枝到高分子侧链上可制备此类光致变色高分子材料。

7.5.4　环境中可降解高分子材料

高分子材料按体积计算是应用最广泛的材料，但废弃的高分子材料也造成了"白色污染"。垃圾场的市政固体废物（municipal solid waste，MSW）按体积计算高分子材料占 18%（质量占 6.5%），仅次于纸张（体积占 38%，质量占 40%）处于第二位。体积分数对于掩埋市政固体废物所需要的空间是最重要的指标，而质量分数对于输运市政固体废物是最重要的指标。环境中可降解高分子材料包括生物降解和光降解高分子材料的开发是解决"白色污染"的途径之一。

生物降解高分子材料指能在分泌酵素的微生物（细菌、真菌）作用下降解的高分子材料，主要种类如下。

（1）微生物聚酯　用微生物通过各种碳源发酵合成的脂肪族共聚酯，如 3-羟基丁酸酯和 3-羟基戊酸酯的共聚物。

（2）脂肪族聚酯　用乙二醇和脂肪族二元酸合成的聚酯和聚己内酯，一些脂肪族聚酯的生物降解性能见表 7-12。

表 7-12　一些脂肪族聚酯的生物降解性能

性　能	聚羟基乙酸	聚左旋羟基丙酸	聚右旋羟基丙酸	聚己内酯
熔点/℃	225～230	173～178	非晶态	58～63
T_g/℃	35～40	60～65	55～60	−65～−60
拉伸强度/MPa	140	107	40	60
拉伸模量/GPa	7.0	2.7	1.9	0.4
完全降解时间/月	6～12	>24	12～16	>24

（3）聚乳酸　用玉米经乳酸菌发酵得到的 L-乳酸的聚合物。

（4）全淀粉塑料　是热塑性的，可在<1 年内完全生物降解。

光降解高分子材料指能在阳光（紫外线）照射下主链断裂、失去强度并破碎成碎片的高分子材料。大多数高分子材料在阳光下会发生光降解，但降解速率极慢，需要在高分子主链上引入易光降解的基团：—N＝N—、—CH＝N—、—CH＝CH—、—NH—NH—、—S—、—NH—、—O—、C＝O 等或加入 1%～3% 的光敏剂，如 N,N-二丁基二硫代氨基甲酸铁、二苯乙酮、乙酰苯酚等。主链型光降解高分子材料主要有乙烯--氧化碳共聚物、乙烯-甲基乙烯基酮共聚物和苯基-苯基乙烯基酮共聚物。

7.5.5　CO 和 CO_2 树脂

CO 和 CO_2 是自然界存在的碳资源，其储量比天然气、石油和煤的总和还多。CO 和氮丙啶在钴催化剂和高压下可生成聚酰胺：

CO 和甲基氧丙环在钴或钴-钌复合催化剂下可生成聚酯：

$$\text{（环氧化物）} + CO \xrightarrow[\text{THF,75℃}]{\begin{array}{c} Co_2(CO)_8Ru_3(CO)_{12} \\ (Ru:Co=1:3) \end{array}} \text{（聚酯结构）}_n$$

CO 和苯乙烯在稀土催化剂下可生成苯乙烯--氧化碳共聚物。

CO_2 是惰性的，但它也是一个弱酸性氧化物，能在一些碱性化合物存在下发生反应，而且它还是一个较强的配位体，可与金属形成络合物。通过催化剂激活，CO_2 可参与共聚合，因此可利用 CO_2 制备新的高分子共聚物。目前已经制备了聚脲（CO_2＋二元胺缩聚、高温、高压或以磷化合物、吡啶为催化剂）、脂肪族聚碳酸酯（CO_2＋环氧化物开环聚合、阴离子催化剂）等。系列脂肪族聚碳酸酯的结构为：

$$n\ \overset{\displaystyle |}{\underset{\displaystyle H}{C}}H - \overset{\displaystyle |}{\underset{\displaystyle R}{C}}H + nCO_2 \longrightarrow \left[\overset{\displaystyle |}{\underset{\displaystyle H}{C}}H - \overset{\displaystyle |}{\underset{\displaystyle R}{C}}H - O - \overset{\displaystyle O}{\overset{\displaystyle \|}{C}} - O \right]_n$$

它们的力学性能见表 7-13。

表 7-13　系列脂肪族聚碳酸酯的力学性能

力学性能	强度/MPa	模量/MPa	伸长率/%	力学性能	强度/MPa	模量/MPa	伸长率/%
聚碳酸乙酯	—	3～8	>600	聚碳酸酯	11.8	2460	0.5
聚碳酸丙酯	9	212	8				

7.6　其他功能高分子材料

7.6.1　树枝聚合物

根据结构和形状，聚合物可分为线型、支化、交联和树枝四种类型，其中树枝聚合物（dendritic polymers）可分为树枝体（dendrimers）、线型-树枝混杂体（linear-dendritic hybrid）、树枝化（dendrigraft polymers）、超支化（hyperbranched polymers）、多臂星形（multi-arm star polymers）和超接枝（hypergrafted polymers）六个子类（图 7-20）。树枝体由芯、支化单元和表面组成（图 7-21）。与线型高分子材料比较，树枝聚合物具有高支化的三维分级结构和纳米尺寸，因此具有独特的光、电、热、力学和流变性能（表 7-14）。树枝聚合物可在芯、支化单元和表面引入相同的或不同的官能团并进行功能化设计（图 7-22），使之具有催化、分子识别、能量和电子转移、氧化还原、吸热或放热受体等功能，可控制的溶液、热等性能和液晶态，广泛应用于胶束和胶囊、液晶、超薄膜（层）、电活性和电致发光器件、传感器、导电聚合物、光化学分子器件（能量和电子转移、非线性光学）催化剂、生物医用和药用、分离和分析等领域。

树枝聚合物的合成主要有发散生长（divergent growth）途径即从芯向空间发展［图 7-23(a)］、收敛生长（convergent growth）途径即从表面向芯发展［图 7-23(b)］以及两种方法的组合［图 7-23(c)］。

根据结构和功能，树枝聚合物可分为共轭和导电树枝聚合物、光活性树枝聚合物、磁性树枝聚合物、生物可降解树枝聚合物、手性树枝聚合物、液晶树枝聚合物、含金属树枝聚合物、拓扑树枝聚合物、超分子树枝聚合物、两亲性树枝聚合物等。

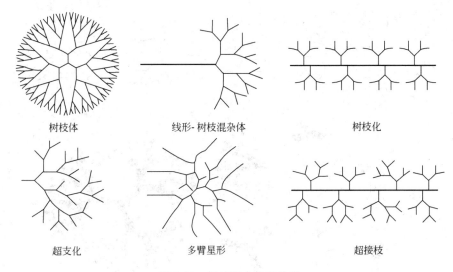

图 7-20　树枝聚合物的分类

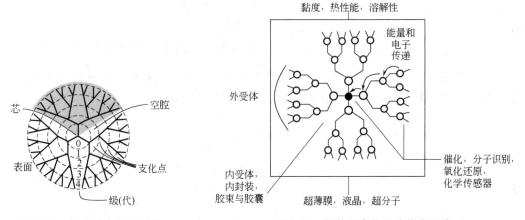

图 7-21　树枝聚合物的结构

图 7-22　树枝聚合物的功能化设计

表 7-14　树枝聚合物与线型聚合物

性　质	线型聚合物	树枝聚合物	性　质	线型聚合物	树枝聚合物
形状	无规线圈	球状	反应性	低	高
熔体黏度	高	低	结构控制性	低	很高
特性黏度	高	低	相容性	低	高
溶解性	低	高	可压缩性	高	低
结晶性	高	无定形			

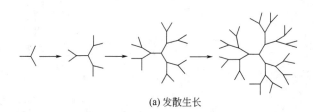

(a) 发散生长

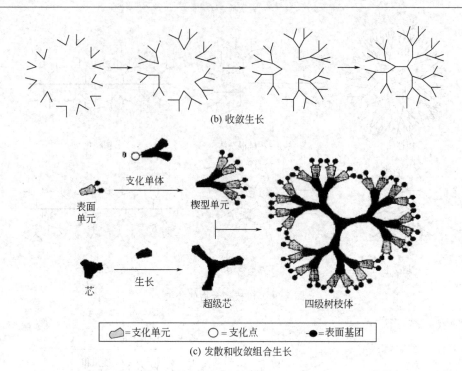

(b) 收敛生长

支化单体

表面
单元

楔型单元

芯

生长

超级芯

四级树枝体

◇=支化单元　　○=支化点　　●=表面基团

(c) 发散和收敛组合生长

图 7-23　发散生长、收敛生长以及发散和收敛组合生长合成树枝聚合物

（1）共轭和电化学活性树枝聚合物　共轭树枝聚合物是由共轭的芯、支化单元和表面组成的，如具有能量转移的含芘发光体的苯乙炔基树枝聚合物：

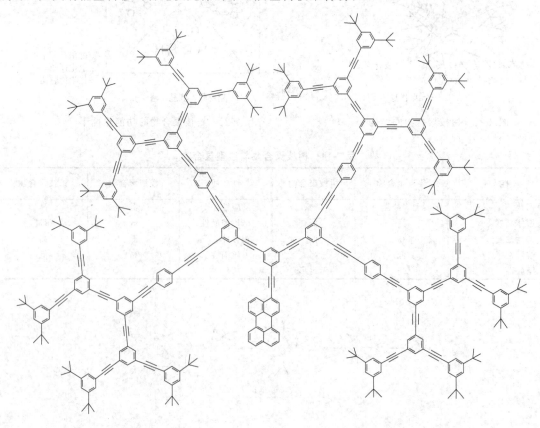

该种聚合物具有导电性和光活性。

(2) 光化学活性树枝聚合物 偶氮苯在光照下发生反-顺式异构转变是常用的生色团而受到重视。除了偶氮苯和芘，含萘衍生物、联吡啶、聚苯等发光团的树枝聚合物也具有光活性。下述含三种类型共 64 个生色团（8 个双官能团萘衍生物、24 个甲氧基苯和 32 个萘）的树枝聚合物：

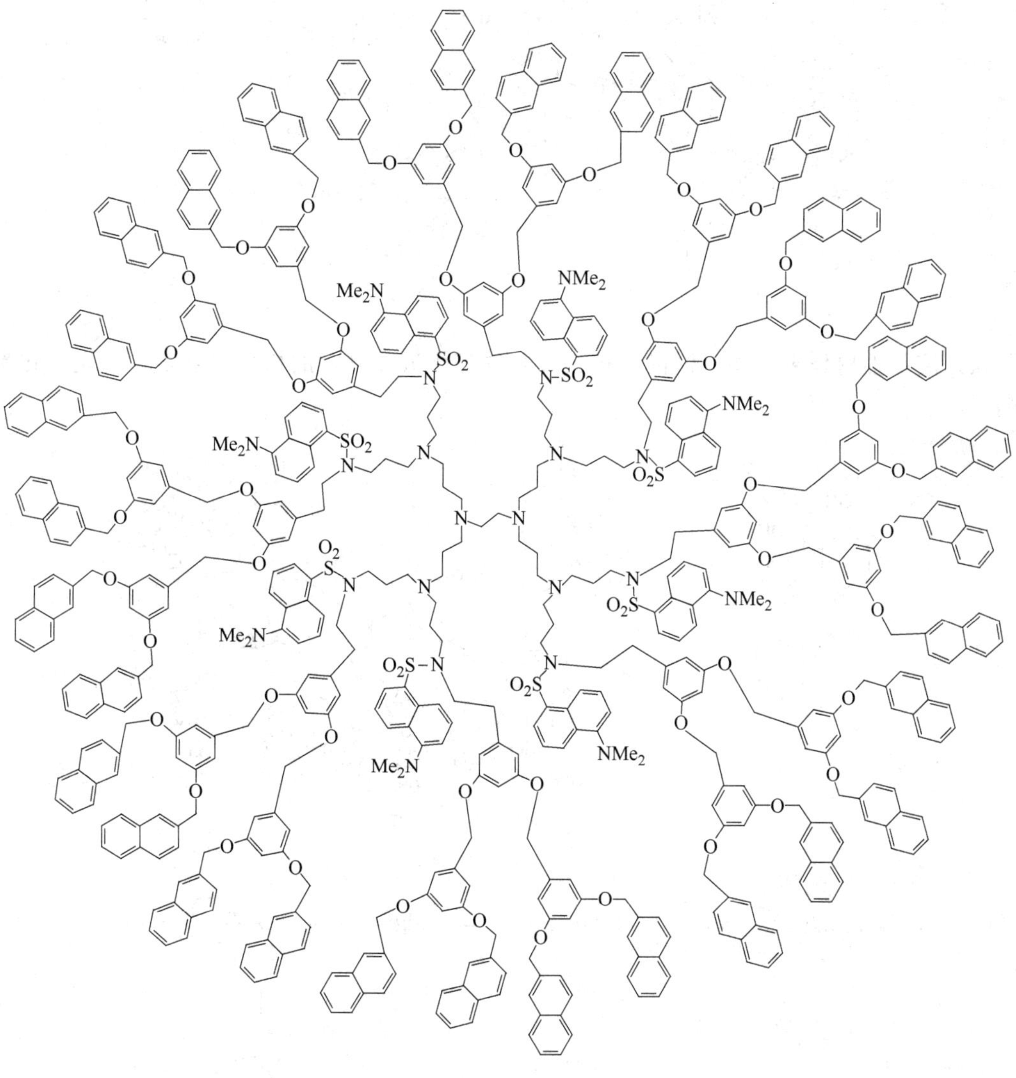

它的 CH_2Cl_2 溶液显示了三种生色团的加合吸收光谱和强的双官能团萘衍生物的特征发光谱。从表面萘和甲氧基向双官能团萘衍生物的能量转移非常有效（＞95％）。在芯、支化单元和表面含非线性光学（NLO）生色团的树枝聚合物在光作用下发生球-柱体转变而具有 NLO 效应。

(3) 磁性树枝聚合物 磁性树枝聚合物的典型代表是具有磁性的树枝聚自由基（·）：

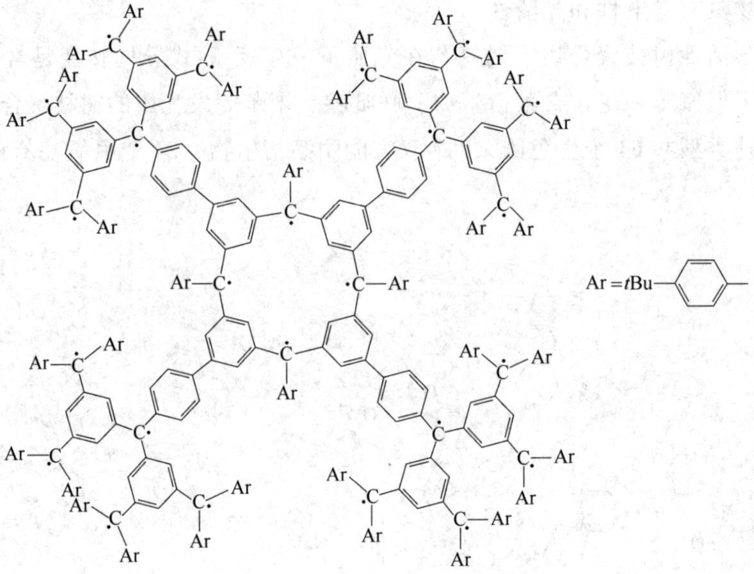

$Ar = t\text{Bu}\text{—}\bigcirc\text{—}$

（4）**液晶性树枝聚合物**　液晶性树枝聚合物是含液晶基元的树枝聚合物，如超支化聚酯液晶：

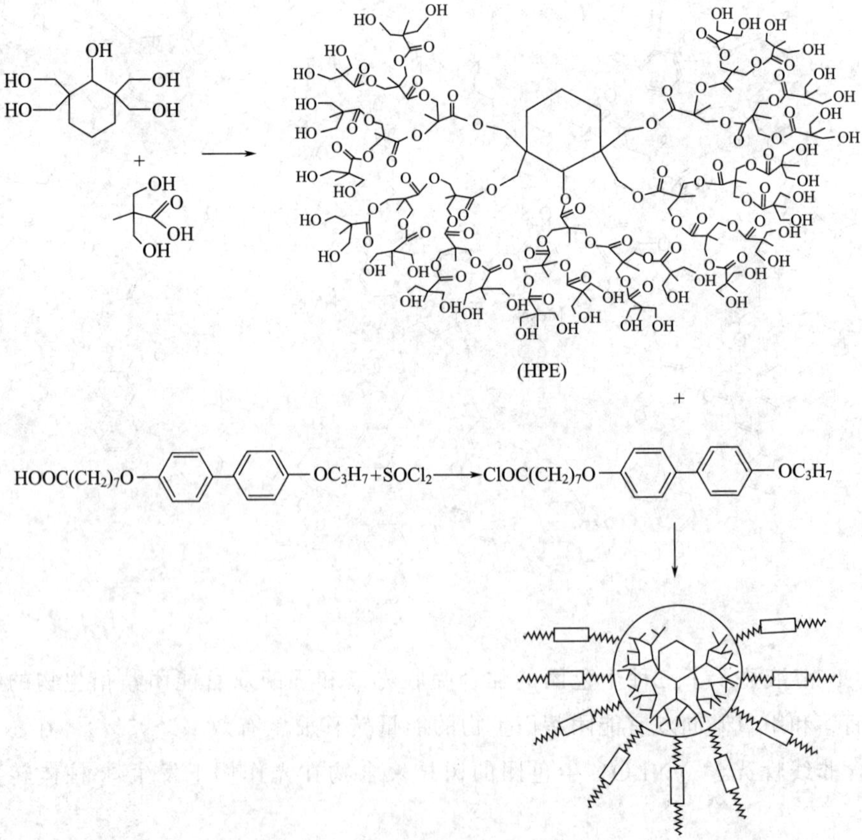

(HPE)

$HOOC(CH_2)_7O\text{—}\bigcirc\text{—}\bigcirc\text{—}OC_3H_7 + SOCl_2 \longrightarrow ClOC(CH_2)_7O\text{—}\bigcirc\text{—}\bigcirc\text{—}OC_3H_7$

HPE-LC

由其偏光显微照片可知，该物质具有液晶性（图 7-24）。

7.6.2　拓扑聚合物

聚合物拓扑学研究聚合物分子链中单体单元的几何排列。几种物质的拓扑链结构见图 7-25。聚轮烷和聚环等拓扑聚合物也称为机械互锁的聚合物（mechanically interlocked polymers），对研究和开发分子开关、分子马达、分子制动等分子和超分子机器和器件具有重要意义。

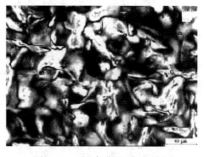

图 7-24　超支化聚酯液晶的偏光显微照片

7.6.2.1　聚轮烷（polyrotaxanes）和聚准轮烷

准轮烷（pseudo-rotaxanes）是由一个链状分子（L）穿过另一个环状分子（C）组成的具有拓扑结构的超分子组装体。轮烷（rotaxanes）则是把链状分子的两端用大基团（stoppers，S）封住，使环状分子不会脱落。它们的特征是组分 L 和 C 之间没有共价键。聚轮烷和聚准轮烷可分类为主链和侧链型两类（图 7-26）。含偶氮苯的丙烯酸聚醚与四阳离子苯环受体（tetracationic cyclophane）复合的聚准轮烷在 CD_3CN 溶液中解复合并在不同光照条件下发生反-顺异构转变（图 7-27）。以轮烷为芯的树枝聚合物的结构见图 7-28。

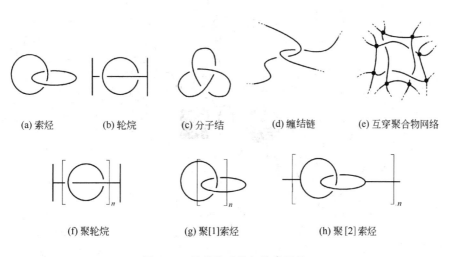

(a) 索烃　　　　(b) 轮烷　　　　(c) 分子结　　　　(d) 缠结链　　　　(e) 互穿聚合物网络

(f) 聚轮烷　　　　　　(g) 聚[1]索烃　　　　　　(h) 聚[2]索烃

图 7-25　几种物质的拓扑链结构

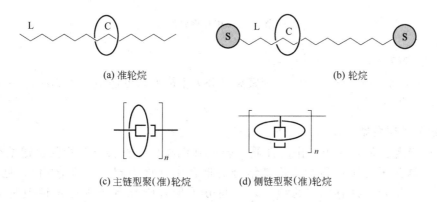

(a) 准轮烷　　　　　　　　　　　　　　　(b) 轮烷

(c) 主链型聚(准)轮烷　　　　　(d) 侧链型聚(准)轮烷

图 7-26　准轮烷和轮烷的不同形式

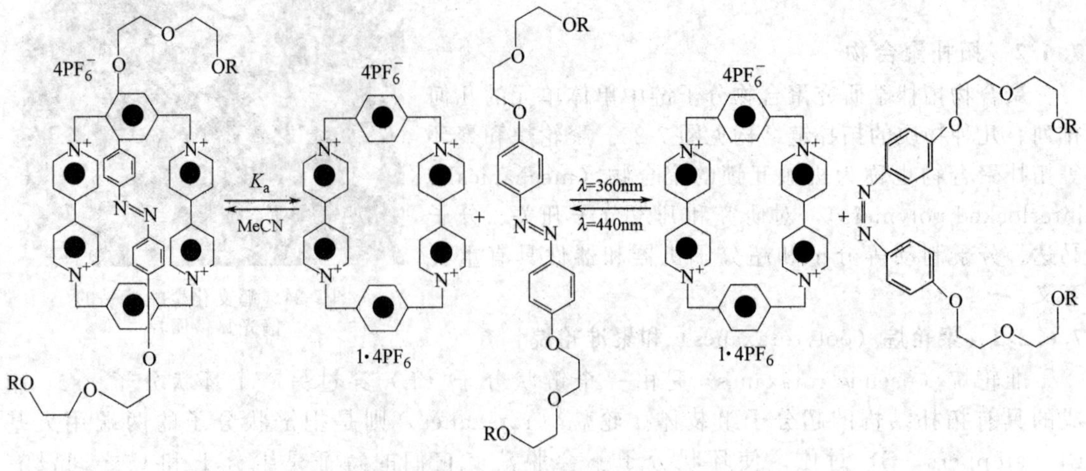

图 7-27　含偶氮苯的丙烯酸聚醚与四阳离子芳环化合物复合与解复合

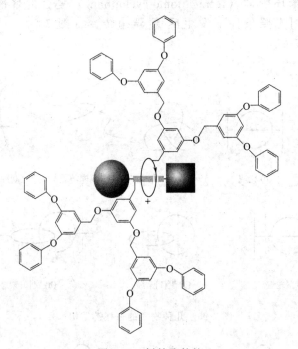

图 7-28　树枝聚轮烷

7.6.2.2　聚索烃（polycatenanes）

由互索环组成的分子称为索烃。聚索烃可分为主链型和侧链型（图 7-29）。一种以索烃为芯的树枝聚合物见图 7-30。

7.6.3　超分子聚合物

根据连接重复单元的相互作用性质，合成有机高分子材料可分为共价键结合的聚合物（传统的高分子材料）和非共价键结合的聚合物（称为超分子聚合物），见图 7-31。共价键结合的聚合物具有稳定的结构，而超分子聚合物具有较少稳定性但是动态（可逆）的结构。

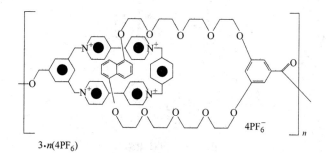

(a) 主链型聚索烃

(b) 侧链型聚索烃

图 7-29 主链型聚索烃和侧链型聚索烃

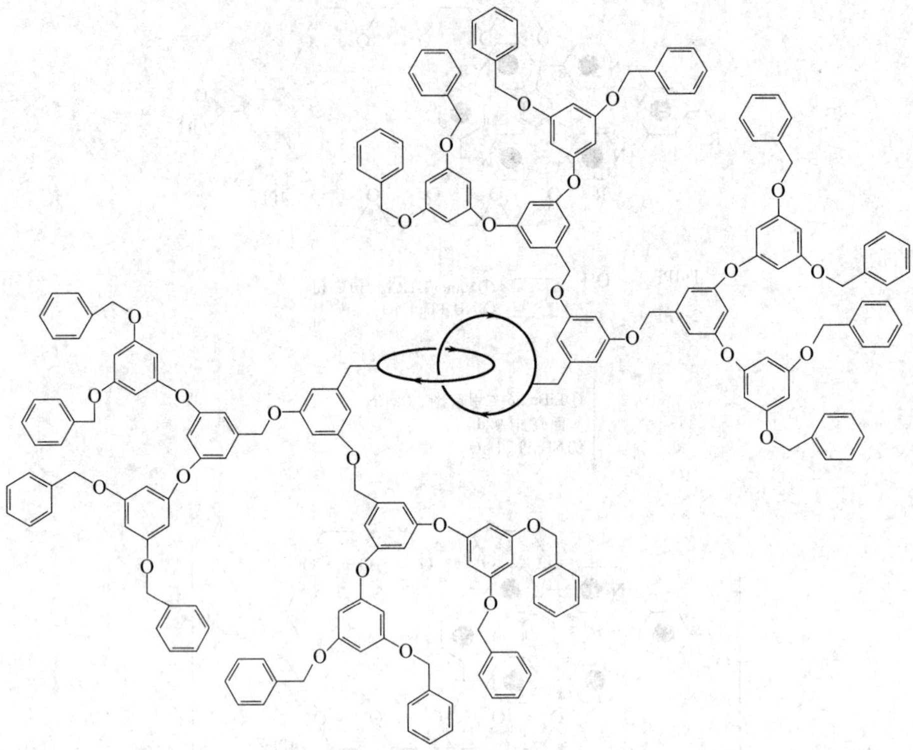

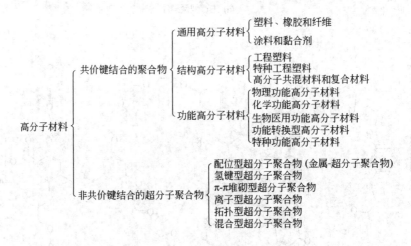

图 7-30　树枝聚索烃

高分子材料 {
共价键结合的聚合物 {
通用高分子材料 { 塑料、橡胶和纤维 / 涂料和黏合剂
结构高分子材料 { 工程塑料 / 特种工程塑料 / 高分子共混材料和复合材料
功能高分子材料 { 物理功能高分子材料 / 化学功能高分子材料 / 生物医用功能高分子材料 / 功能转换型高分子材料 / 特种功能高分子材料
}
非共价键结合的超分子聚合物 { 配位型超分子聚合物（金属-超分子聚合物） / 氢键型超分子聚合物 / π-π堆砌型超分子聚合物 / 离子型超分子聚合物 / 拓扑型超分子聚合物 / 混合型超分子聚合物
}

图 7-31　高分子材料分类

　　超分子聚合物的诞生和发展起源于超分子化学。超分子化学的奠基人——1987 年诺贝尔化学奖得主 Jean-Marie Lehn 为超分子化学和超分子聚合物化学的发展作出了重要贡献。超分子化学的定义可描述为通过分子间非共价键相互作用产生实体的化学，正如基于共价键存在分子化学、基于分子有序体和分子间非共价键存在超分子化学。所谓超分子，是两个或两个以上的化学物种通过分子间作用力缔合在一起而形成的具有更高复杂性的有组织实体，是继基本粒子、原子核、原子、分子之后的下一个层次的物质。在超分子化学中，非共价键相互作用、分子识别和自组装是三个最重要的概念。非共价键包括静电作用力、氢键、范德

华力、给体-受体相互作用和金属离子配价键等（表 7-15）。非共价键的键能远小于共价键，但通过非共价键的自组装能生成稳定的超分子和超分子聚合物。分子识别是主体（底物）对客体（受体）的选择性结合（靠共价键结合生成化合物，靠非共价键结合生成超分子）。分子识别的本质是分子间的相互作用。自组装是通过一些或许多组分的自发连接而朝空间限制的方向发展，形成在超分子（非共价键）层次上分立或连续的实体的过程。

表 7-15　非共价键的强度和特征

相互作用类型	键能/(kJ/mol)	范　围	特　征
范德华力	51	短程	无选择性,无方向性
氢键	5～65	短程	选择性,方向性
配位键	50～200	短程	方向性
锁-钥匙立体效应	10～100	短程	强选择性
两亲性相互作用	5～50	短程	无选择性
离子键	50～250(取决于溶剂)	长程	无选择性
共价键	350	短程	不可逆性

当高分子科学的奠基人之一 H. Staudinger 于 1932 年提出高分子是由大量重复单元经共价键连接成长链时，许多人曾认为高分子是小分子的聚集。到了 20 世纪 80 年代末，超分子聚合物（supramolecular polymers）的诞生实现了小分子定向聚集的设想（图 7-32）。超分子聚合物的定义是重复单元经可逆的和方向性的非共价键相互作用连接成的阵列。重复单元以共价键连接的主链高分子在侧链也可显示由超分子相互作用控制的高度有序结构。由于超分子聚合物与传统的高分子聚合物在制备方法和结构上有很大不同，形成了高分子材料科学与工程的一个新的分支：超分子聚合物科学与工程包括超分子聚合物化学（合成与机理）、超分子聚合物物理（结构和性能）和超分子聚合物工程（加工与应用）。

(a) 胶体聚集体　　　　　(b) 聚合物　　　　　(c) 超分子聚合物

图 7-32　胶体聚集体、聚合物和超分子聚合物

7.6.3.1　超分子聚合物化学

超分子聚合采用自组装技术，即小分子或大分子经非共价键同时形成有序的聚集体。自组装是不同于化学合成的又一材料制备方法。在超分子聚合物化学中的单体组分应具有许多互补和识别的“位点”（sites），这些位点（即基本相互作用点包括一个或多个结合点，如官能团）用 A 或 B 表示，可以自组装形成非共价键连接的长链。单体组分可以是小分子也可以是高分子（用 P 表示）。单体组分根据其位点结构可分类为：单位点（如金属离子）、双位点（ditopic）[包括异位点（heterotopic）型 AB(⊃-•)、APB(⊃-P-•) 和同位点（homotopic）型 AA(⊃-⊂)、APA(⊃-P-⊂)]、多位点（polytopic）包括异位点型和同位点型。异位点型的双位点单体组分可自组装生成超分子聚合物 (-⊃-•⊃-•⊃-•-)。一种同位点型的双位点单体组分（⊃-⊂）需要和另一个同位点型的双位点单体组分（•-•）相互作用生成超分子聚合物(-⊃-⊂•-•⊃-⊂•-•-)。在自组装中经历分级自组装的组分称为建筑模块（building blocks），包括一维、二维和三维分子和高分子。利用这些建筑模块，通

过非共价键的连接，可以得到结构更复杂的有序聚集体。超分子聚合的过程就是自组装的过程。超分子聚合物化学涉及有计划地对分子相互作用和识别过程进行操纵，通过自组装互补单体或建筑模块（或通过非共价键键合到侧基上）来产生主链或侧链型超分子聚合物。单体组分的位点也可以表面存在，生成线性、平面和立体的超分子聚合物。两个单体组分结合时将具有两个表面。若两个表面一样，视为同位点型；若两个表面不一样，视为异位点型。若两个表面互补，称为互补型（pleromer）。此外，单体或建筑模块还应具有许多互补和识别的形状，可生成具有复杂构型和拓扑结构（轮烷、准轮烷、索烃、绳结、螺旋、盘碟、柱、管道、胶束）的超分子聚合物。

单体或建筑模块之间非共价键连接的结构单元（-•⊃-）称为合成子（synthon，图7-33）。根据合成子是有机的（氢键作用、给体-受体、范德华力等）或无机的（金属离子-配体）相互作用，超分子聚合物可分为：①配位型超分子聚合物（supramolecular coordination polymers），或称为金属-超分子聚合物（metallo-supramolecular polymers）；②π-π堆叠（stacking）型超分子聚合物；③氢键型超分子聚合物；④离子型超分子聚合物；⑤拓扑型超分子聚合物；⑥混合型超分子聚合物，即同时存在配位键/氢键、配位键/π-π堆叠、π-π堆叠/氢键相互作用的组合。

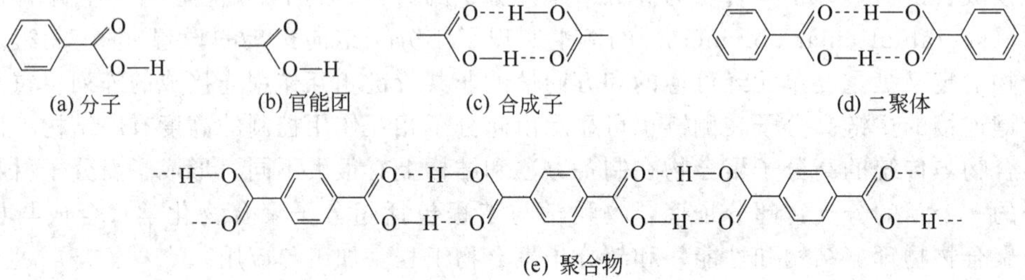

图7-33 合成子

(1) 超分子配位聚合物　超分子配位聚合物是含金属的聚合物，不仅在光电子信息材料应用方面具有广阔的前景，而且通过金属离子配位可以得到多样化的形状和几何排列阵列。超分子配位聚合物的基本特征是单体是具有双位点或多位点的配体，非共价键相互作用是通过金属离子和配体的配位。

① 线型金属-超分子均聚物，AB和ABA型嵌段共聚物的制备　以双端基为三吡啶化合物的聚乙二醇配体和$FeCl_2$反应可合成铁-(聚乙二醇双三吡啶基配体)超分子聚合物。用$RuCl_3$与双端基为三吡啶的聚乙二醇配体和双端基为三吡啶的二乙二醇配体反应得到AB型金属-超分子聚合物。用$RuCl_3$与双端基为三吡啶的聚氧化丙烯配体反应可合成ABA型金属-超分子聚合物。用Cu(Ⅰ)双二吡啶复合物和ABA型嵌段共聚物分子组装可形成螺旋型的超分子嵌段共聚物。聚苯乙烯（PS）和聚氧化乙烯（PEO）AB型金属-超分子聚合物{PS$_{20}$-[Ru]-PEO$_{70}$}中PS是疏水的，PEO是亲水的，在水中可形成以PS为芯的胶束结构。

② 金属-超分子接枝共聚物的制备　用$4'$-(3-羟基丙醇)-$2,2'$；$6',2''$三吡啶合成含三吡啶的甲基丙烯酸酯配体，其与甲基丙烯酸甲酯共聚合得到侧基含三吡啶配体的聚合物，再用$RuCl_3$处理得到金属-超分子接枝共聚物。

③ 金属-超分子交联聚合物。

④ 树枝状（dendritic）金属-超分子聚合物的制备　用含三（氯化钯）化合物作为芯与含双氯化钯的腈化合物作为AB_2重复单体经Pd-CN配位可得到第三代（G3）树枝状配位超

分子聚合物。

⑤ 栅格状（grid-like）金属-超分子聚合物的制备　先用稠合三吡啶类配体与 Co(Ⅱ)、Cd(Ⅱ)、Cu(Ⅱ) 或 Zn(Ⅱ) 组装成四核复合物 $[M_4(L)_4]^8$，再进一步生成栅格状金属-超分子聚合物。

（2）氢键型超分子聚合物　氢键是缺电子的氢原子与邻近的高电负性原子的相互作用，用 D-H⋯A 表示。原子 D 称为氢键给体，原子 A 称为氢键受体，D 和 A 都是高电负性的原子，并且 D 必须有孤对电子。羧基-吡啶、羧基-叔胺、羧基-咪唑、酚羟基-叔胺、酚羟基-吡啶、酚羟基-脲羰基等都可形成稳定的氢键。还有一些非常规的氢键，如 D-H⋯π（π 键或离域 π 键）、D-H⋯M（过渡金属离子）、N^+-H⋯N、D-H⋯H-A。氢键的形成具有方向性和选择性，是最重要的一类非共价键。在 DNA 分子的双螺旋结构中碱基对（A-T 和 G-C）也是依靠氢键结合的。根据碱基对及其类似物的电子互补和静电相互作用概念可以设计和产生仿生超分子聚合物。单一氢键的缔合强度基本上取决于给体和受体的类型，多重氢键的缔合强度不仅取决于给体和受体的类型和数量，邻近给体和受体的位置（二次相互作用）是一个附加的因素，明显影响氢键的强度。

有三种主要类型的氢键型超分子聚合物：①氢键导致的液晶型超分子聚合物，许多氢键型超分子聚合物显示出液晶态，液晶基元可通过氢键组装成具有复杂形态的主链型、侧链型和网络（热可逆交联）型超分子液晶聚合物；②经氢键组装的线型链超分子聚合物可分为两面性（Janus）分子氢键型和分子间氢键型，两面性分子氢键型主链超分子聚合物可用含两个氢键受体（A）和两个氢键给体（D）具有形成氢键的自互补性的脲嘧啶酮衍生物的氢键二聚体得到，分子间氢键型主链超分子聚合物可由单氢键、双重氢键、三重氢键和多重氢键组成并可能生成液晶态，还可以作为聚合物的扩链剂，即通过反应性多重氢键合成子将螯合聚合物扩链，并且可以组装成具有多样性几何形状和拓扑结构的超分子聚合物有序体；③螺旋链氢键型超分子聚合物，螺旋链超分子聚合物的形成是通过每一个单体组分或建筑模块产生的两个沿线性序列的主相互作用和两个沿螺旋方向的次相互作用的协同。氢键相互作用是螺旋链超分子聚合物形成的重要因素之一。1,3,5-苯乙烯三酰胺具有 C_3 对称性，由一个苯环和三个酰胺侧基组成，可以经三重分子间氢键和芳烯-芳烯相互作用形成柱体，其中芳烯-芳烯相互作用比三重氢键弱，当 R ═$C_2H_4OCH_3$ 时能生成螺旋链结构。

（3）π-π 堆叠型超分子聚合物　π-π 堆叠型超分子聚合物的制备主要是利用盘碟形分子（discotic molecules）的面对面、面对边和边对边 π-π（或芳烯-芳烯、arene-arene）相互作用。盘碟形分子具有双位点结构，由一个盘形的芯连接许多柔顺性的侧链所组成，一般具有液晶性。盘形的芯如联苯类化合物、三对苯类化合物和苯二甲氰胺类化合物具有平面芳香结构，柔顺性的侧链具有烷基链结构，在溶液中（取决于浓度）易于生成具有不同聚集态的超分子聚合物（图 7-34）。

7.6.3.2　超分子聚合物物理

在很多情况下，合成子的自组装既可生成超分子聚合物，又可生成超分子（1:1 缔合物或低聚体）。超分子聚合物的聚合度（DP）分别和缔合常数（K_a）、浓度（c）的关系见图 7-35。为了制备稳定的超分子聚合物，链内的相互作用（连接重复单元的非共价键）需强于链间的相互作用。超分子聚合物能够稳定形成的因素有能量降低、熵增加和锁-钥匙原理。在能量降低方面有静电相互作用，包括盐键（带电基团间的作用如 R—$NH_3^{+-}OOC$—R）、离子-偶极子和偶极子-偶极子相互作用、氢键、M-L（金属-配位体）键、π-π 堆叠（面-面、边-边和边-面 π-π 相互作用）、诱导偶极子-诱导偶极子（色散力）和疏水效应（因疏水分子或疏水基团在水中是相互吸引的，疏水分子或疏水基团排斥水分

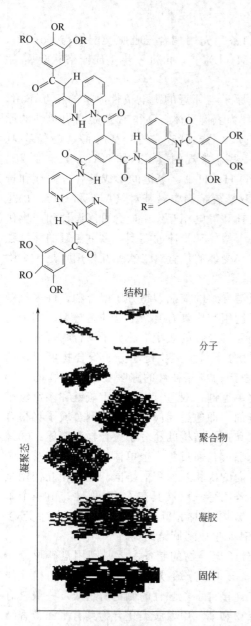

结构1

图 7-34　π-π 堆叠型超分子聚合物的形态

而聚集在一起的相互作用）。在熵增加方面有螯合效应、大环效应和疏水效应、锁-钥匙原理（主-受体之间的立体相互作用）也有利于超分子聚合物的生成。由于连接超分子聚合物的非共价键是可逆的，成键和解键必然受外部环境如温度、溶剂、酸碱性（pH）、剪切力的影响。

超分子聚合物的形成有三种机理（图 7-36）：多阶开缔合（multistage open association，MSOA）、螺旋生长（helical growth，HG）和液晶相生成（open supramolecular liquid crystal，SLC）。多阶开缔合相当于双功能团单体的缩聚，具有双位点单体或建筑模块的浓度（c）和 DP 的关系为：

$$c = \frac{M_0}{4KN_a}(DP^2 - 1)$$

式中，M_0 是单体组分的相对分子质量；K 是位点键合常数［例如每个位点含一或两个氢键的 $K < 10^6 \, \text{L/mol}$，在稀溶液中只能生成齐聚物（DP<10），而每个位点含 4 个氢键的 $K > 10^7 \, \text{L/mol}$，在稀溶液中能生成聚合物（DP → 1000）］；N_a 是阿佛伽德罗常数。

对于 HG 机理（分子内组装过程），单体或建筑模块在溶液的浓度（c_h）和 DP 的关系为：

$$DP = \left(\frac{c_h}{c^*}\right)^{\frac{1}{2}} \sigma^{-\frac{1}{2}}$$

式中，σ 是合作性参数，$\sigma \ll 1$；c^* 为临界螺旋生长浓度。

当逐步生长被分子内自组装合作效应增强时发生螺旋生长。因为螺旋生长位点键合常数 $K_h > K$，在 c^* 处螺旋生长开始，DP 突然增大。SLC 机理（分子间组装过程）的 DP 反比于单体或建筑模块的长度（L_0）：

$$DP \propto \frac{q}{L_0}$$

式中，q 是分子链刚性的参数（超分子聚合物的 q 值一般都超过微米级）。当逐步生长被分子间组装合作效应增强时发生向列型液晶有序，在 c^i（临界液晶基元生成的浓度，通常 $c^i \gg c^*$）处 DP 突然增大。对于非线型多维组装的超分子聚合物，单体组分的功能度>2。一般地，单位标准化学势（μ_n^0）随聚集单元数（n）减少，它们的关系为：

$$\mu_n^0 = \mu_\infty^0 + \frac{\alpha kT}{n^p}$$

式中，μ_∞^0 是一个无限聚集体的本体自由能；α 是接触能的强度；p 是维数指数，$p = 1$ 为线性，$p = 1/2$ 为盘碟形，$p = 1/3$ 为球形。

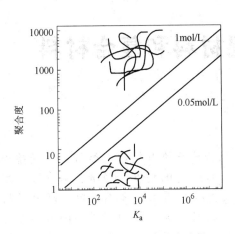

图 7-35 聚合度（DP）和缔合常数
（K_a）的关系

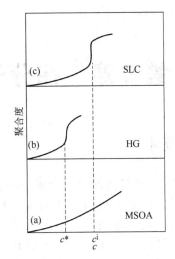

图 7-36 聚合度（DP）和浓度（c）的
关系（即超分子聚合物形成机理）
（a）多阶缔合；（b）螺旋生长；（c）液晶相生成

7.6.3.3 超分子聚合物工程

超分子聚合物属于功能高分子材料，其应用主要在物理（热、电、磁、光、声）、化学（吸附、分离、催化反应）、生物医用等功能、多功能转换（电光转换）和超分子器件。由于超分子聚合物中的非共价键具有成键和解键的可逆性，并可通过外部环境条件来控制，超分子聚合物又是动态的智能高分子材料。超分子聚合物在光电器件有广泛应用。推-拉型聚烯烃由一端含给体基团，另一端含受体基团的多烯链组成，其中推-拉型胡萝卜素聚烯烃是极易极化的共价多烯，可作为极化分子导线，并呈现显著的非线性光学特征而应用。柱状向列型液晶或六角堆砌的盘碟状超分子聚合物是由于 π-π 相互作用具有沿柱轴的电子流动性，可以应用在电子和光子器件，而中心的空洞可用作离子选择性通道。液晶超分子聚合物的氢键网络在温度的影响下表现出可逆相变（向列型网络液晶-各向同性液体的可逆转变），是一类新的自组装高分子材料。加热到一定温度，部分超分子氢键网络破坏变成无序态，冷却后，这些氢键重新形成导致液晶相形成。利用液晶超分子聚合物的可逆相变性可制备分子开关和温度传感器等液晶。一般橡胶都具有不可逆的交联键，而通过形成超分子氢键网络可制备异戊二烯基热可逆交联橡胶（TRC-IR）。该橡胶侧基含 7 个氢键位点，在室温可生成氢键网络，在高温（185℃）氢键网络破坏。由双官能团的杯芳烃（calixarenes）衍生物和一个客体（苯乙烯）可组装生成聚帽结构的超分子聚合物可拉丝成具有强度为 $10^8 Pa$ 的纤维。氢键组装形成二聚体/线型链的动态平衡性提供了对应于外部刺激如光或热而改变结构和性能的可能性。

思 考 题

1. 导电聚合物结构与导电性的关系。

2. 超分子聚合物所用单体的结构特点是什么？

3. 树枝聚合物的结构特征。

第8章 高分子共混材料和复合材料

8.1 概述

自从 20 世纪初发明了合成塑料、合成橡胶和合成纤维开始，人类就一直受益于高分子材料。高分子材料应用的成功取决于它们具有综合的硬度、轻量、耐腐蚀、耐老化、阻燃、刚性和韧性的组合性能。但当今的人类社会需求已经不是单一高分子材料就可以满足的了。单一高分子材料存在的种种缺陷必然会在使用时受到限制。设计和开发一个新的高分子材料涉及合成新材料和优化现有材料两种途径，且这两种途径是互补的。通过合成途径创造新的高分子材料需要设计和筛选大量的单体、催化剂、相对分子质量及其分布、反应时间和反应温度等是优化现有材料的基础。优化现有的高分子材料可以根据已经掌握的大量高分子材料改性的知识（图 8-1），在不断创造新的高分子材料的同时，也能够根据高分子材料的结构-形态-（反应）-加工-性能之间的关系，综合运用各种化学和物理方法，设计和控制多相和多组分的高分子共混材料和复合材料。高分子共混与复合材料是根据结构、性能和市场的需要进行优化和组合的材料，其研究开发和应用在高分子材料中占有重要地位。共混与复合是高分子材料在不同结构层次的改性，实现高分子材料超韧化、高强化、功能化和在极限条件下适应性的两个最重要和常用的手段。

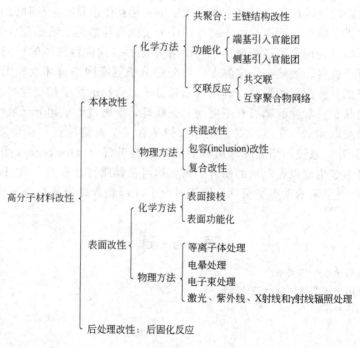

图 8-1 高分子材料改性技术

8.2　高分子共混材料

高分子共混材料是两种或多种高分子混合的材料，具有多样化的相形态，不仅作为结构材料，也作为功能材料应用。高分子共混材料生产的目的是改善单一高分子材料的韧性、耐热性、强度和加工性和赋予高分子材料的功能性，如阻隔性、阻燃性、染色性、混合气体或液体分离和生物相容性。当两个高分子混合时，共混材料的性能与组成的关系主要有：①线性；②上偏差，即性能提高（协同效应）；③下偏差，即性能降低。组分的协同效应是高分子共混材料研究所追求的。

8.2.1　相容性、相形态和相图

高分子的相容性决定高分子共混材料的形态和使用性能。高分子的相容性有三种定义：①热力学相容性（miscibility）；②部分相容性（compatibility）；③工艺相容性（不相容性）。热力学相容性是高分子在分子尺度的相容，即组分在任何比例都能形成稳定均相的能力。热力学理论要求热力学相容性的充要条件是：混合自由能为负值和混合自由能-组成曲线上无拐点。若仅满足第一个条件而不能满足第二个条件，则具有部分相容性。工艺相容性本质上是不相容性的，但高分子共混材料在长期使用过程中具有稳定的物理机械性能。计算机模拟的相容和不相容高分子共混材料的结构见图 8-2。

（a）均匀的高分子共混材料　　　　　（b）相分离的高分子共混材料

图 8-2　均匀的和相分离的高分子共混材料

高分子相容性的热力学理论可用 Flory-Huggins 高分子溶液理论的晶格模型来阐述。当 n_1 mol 的高分子 1 和 n_2 mol 的溶剂（可视为高分子 2）混合时，它们的混合自由能（ΔG_n）为：

$$\Delta G_n = RT(n_1 \ln \Phi_1 + n_2 \ln \Phi_2 + n_2 \Phi_1 \chi'_{12})$$

式中，T 为热力学温度；R 为理想气体常数；Φ_1，Φ_2 分别为高分子 1 和高分子 2 的体积分数；χ'_{12} 为相互作用参数，表示高分子 1 与高分子 2 间的相互作用焓。

当 ΔG_n 除以总体积，溶液单位体积的自由能变化（ΔG_V）为：

$$\Delta G_V = RT \left(\frac{\Phi_1}{V_1} \ln \Phi_1 + \frac{\Phi_2}{V_2} \ln \Phi_2 + \Phi_1 \Phi_2 \chi_{12} \right)$$

式中，V_1，V_2 分别是高分子 1 和高分子 2 的摩尔体积；χ_{12} 对应于 $\chi'_{12}/(V_1)_0$，$(V_1)_0$ 是晶格位点的摩尔体积。

ΔG_V 由混合熵（ΔS_V）和混合焓（ΔH_V）组成：

$$\Delta G_V = \Delta H_V - T\Delta S_V$$

$$\Delta H_V = RT\chi_{12}\Phi_1\Phi_2$$

$$\Delta S_V = RT\left(\frac{\Phi_1}{V_1}\ln\Phi_1 + \frac{\Phi_2}{V_2}\ln\Phi_2\right)$$

当 $\Delta G_m < 0$ 时，高分子共混体系才是相容的。

因此可以进一步讨论高分子共混体系相分离的临界条件：

$$\left(\frac{\partial^2\Delta G_V}{\Phi_1^2}\right)_{T,P} = \left(\frac{\partial^2\Delta G_V}{\Phi_2^2}\right)_{T,P} = 0$$

当 $(\partial^2\Delta G_V/\Phi_1^2)_{T,P} = (\partial^2\Delta G_V/\Phi_2^2)_{T,P} > 0$，高分子共混体系发生相分离。临界相分离时高分子 2 的体积分数（$\Phi_{2,c}$）和相互作用参数（$\chi_{12,c}$）为：

$$\Phi_{2,c} = \frac{1}{1 + \left(\dfrac{m_2}{m_1}\right)^{\frac{1}{2}}}$$

$$\chi_{12,c} = \frac{1}{2\left(\dfrac{1}{m_1} + \dfrac{1}{m_2}\right)^2}$$

高分子共混材料的相分离过程（动力学）即从热力学相容性向部分相容性转化的过程有两种机理：①旋节线机理（或称为失稳分解机理，spinodal decomposition）；②成核和生长机理（nucleation and growth）。图 8-3 为具有 UCST 特征的高分子溶液的摩尔混合自由能 ΔG-组成、温度-组成曲线及其相分离形态示意图。在温度 T_B，高分子溶液是稳定的。在温度 T_A，高分子溶液分裂为两相：亚稳区［即双节线（binonal curve）和旋节线（spinodal curve）间的区域］和不稳区（旋节线内的区域）。组成处于旋节线内时，相分离为旋节线机理。组成处在双节线和旋节线之间时，相分离为成核和生长机理。

两种相分离机理末期产生的最终形态可能是相同的，但相分离形态随时间变化（初期和中期）是不同的。旋节线机理是当高分子共混体系快速冷却（淬火）到不稳定区域时即在相分离的初期和中期，长波胀落不稳定性导致体系自发相分离，形成无序的双连续两相交织的结构（海-海形态结构）。而成核和生长机理是一级相变冷却到亚稳区域，少数相在多数相溶液中出现小滴。从均匀相到成核相，最初小滴生长通过超饱和溶液中自发出现。畴尺寸进一步增加通过小滴弥合或粗化，即通过小滴蒸发引起熵增长。由于高分子的低扩散性和高黏度，生长的第二阶段即球状核生长融合成大核是一个缓慢的热激活过程。成核和生长机理产生的形态是典型的海-岛结构。海-海形态和海-岛形态导致的高分子共混体系的性能不同。一般来说，海-海形态对应的力学性能高于海-岛形态。这是控制相分离形态提高高分子共混材料性能的一个方法。α-甲基苯乙烯-丙烯腈共聚物（PαMSAN）-聚甲基丙烯酸甲酯（PMMA）共混材料按不同机理相分离的形态发展见图 8-4 和图 8-5。

高分子共混体系相分离随温度的变化（相图）有三种类型。PMMA/聚乙酸乙烯酯

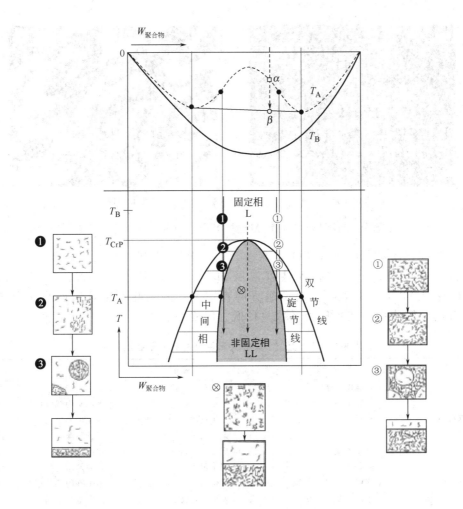

图 8-3　相分离机理及形态发展

(a) 7min   (b) 367min

图 8-4　按成核和生长机理相分离的 PαMSAN/PMMA（85/15）的形态随时间的变化

（PVAc）为具有下临界共溶温度（lower critical solution temperature，LCST）的高分子共混材料，即在低温时体系是相容的，在高温时是不相容的。液晶聚氨酯（LCPU）/苯乙烯-4-乙烯基苯酚共聚物（PS-co-VPh）为具有上临界共溶温度（upper critical solution temperature，UCST）的高分子共混材料，即在高温时该体系是相容的，在低温时是不

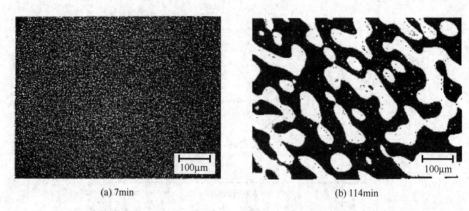

(a) 7min   (b) 114min

图 8-5　按旋节线机理相分离的 PαMSAN/PMMA（60/40）的形态随时间的变化

相容的。苯酰化的聚苯醚（APPO）/聚苯乙烯（PS）为同时具有 UCST 和 LCST 的高分子共混材料。具有上、下临界共容温度的高分子共混体系很多，见表 8-1。形成 LCST 有两个原因：一是在低温时两组分间存在分子间相互作用导致负的混合自由能；二是组分的热膨胀系数和热压力系数差在低温时变小。

表 8-1　具有上、下临界共溶温度的高分子共混体系

高分子 1	高分子 2	相图类型	高分子 1	高分子 2	相图类型
聚苯乙烯	聚异戊二烯	UCST	苯乙烯-丙烯腈共聚物	聚己内酯	LCST
聚苯乙烯	聚异丁烯	UCST	苯乙烯-丙烯腈共聚物	聚甲基丙烯酸甲酯	LCST
聚二甲基硅氧烷	聚异丁烯	UCST	乙烯-乙酸乙烯酯共聚物	氯化聚异戊二烯	LCST
聚苯乙烯	聚丁二烯	UCST	聚己内酯	聚碳酸酯	LCST
丁苯橡胶	聚苯乙烯	UCST	聚偏氟乙烯	聚丙烯酸酯	LCST
聚己内酯	聚苯乙烯	UCST	聚偏氟乙烯	聚丙烯酸乙酯	LCST
聚苯乙烯	聚甲基丙基硅氧烷	UCST	聚偏氟乙烯	聚甲基丙烯酸甲酯	LCST
聚苯乙烯	聚乙烯基甲基醚	UCST	聚偏氟乙烯	聚甲基丙烯酸乙酯	LCST
聚乙二醇	聚丙二醇	UCST	聚偏氟乙烯	聚甲基乙烯基酮	LCST
聚甲基丙烯酸甲酯	聚乙二醇	UCST	聚甲基丙烯酸甲酯	氯化聚乙烯	LCST
聚甲基丙烯酸甲酯	聚丙二醇	UCST	乙烯-乙酸乙烯酯共聚物	氯化聚异戊二烯	LCST
聚甲基丙烯酸甲酯	聚苯乙烯	UCST			

结晶高分子/无定形高分子共混材料的熔体或非晶相的相容性可以用熔点降低（通过等温结晶动力学测定）：

$$T'_m = T_m \left(1 - \frac{1}{\gamma} \right) + \frac{T_c}{\gamma}$$

式中，T_m 为平衡熔点；T'_m 是观察的熔点；T_c 为结晶温度；$\frac{1}{\gamma}$ 为形态因子和单一玻璃化温度提高的判断。

酚酞侧基的聚醚酮（PEK-C）/聚氧化乙烯（PEO）的相图见图 8-6。具有熔点降低的结晶/无定形高分子共混体系见表 8-2。结晶高分子/结晶高分子的共结晶（共晶）是晶相相容性的表现，能生成共晶的高分子共混体系不多，主要是结晶聚合物和它们的共聚物之间的共结晶（表 8-3）。

导致高分子相容性的主要因素是分子间相互作用，如氢键相互作用、离子相互作用、电荷转移相互作用、芳烯 π-π 相互作用等。氢键是由具有质子给体的高分子和具有质子受体

的高分子形成的一种较强的相互作用。具有质子给体的高分子有聚氯乙烯、氯化聚乙烯、氯乙烯-偏氯乙烯共聚物（含 H—C—Cl）、聚酚氧、聚乙烯基苯酚（含羟基）。具有质子受体的高分子有聚酯、聚乙酸乙烯（含酯基）、聚醚（含醚基）和含叔胺基的高分子。热致液晶聚酯和聚 4-乙烯苯酚（1∶1 等摩尔比自组装的共混物）之间的氢键相互作用导致该共混物显示单一的玻璃化温度（98℃）和在 152℃ 存在宽的向列相-各相同性转变区。

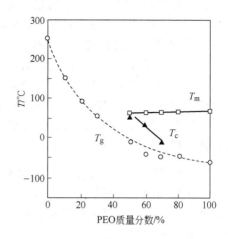

图 8-6　酚酞侧基的聚醚酮（PEK-C）/聚氧化乙烯（PEO）的相图

具有相反电荷的高分子间形成的盐或络合物也是一种较强的相互作用，例如聚苯乙烯的磺酸盐与聚三甲苄胺苯乙烯的共混物。具有富电子基团的高分子和具有缺电子基团的高分子间的电荷转移可导致相容性，例如含 2,4-二硝基苯基的聚甲基丙烯酸酯（电子受体）和含咔唑的聚甲基丙烯酸酯（电子给体）的共混物。在研究聚碳酸酯与聚酯间的相容性是发现聚酯中酯基的电子可与聚碳酸酯中的芳烯发生 π-π 相互作用导致相容性。

表 8-2　具有熔点降低的结晶/无定形高分子共混体系

结晶高分子	无定形高分子	结晶高分子	无定形高分子
聚偏氟乙烯	聚甲基丙烯酸甲酯	聚对苯二甲酸丁二醇酯	聚氯乙烯
聚偏氟乙烯	聚甲基丙烯酸乙酯	等规聚苯乙烯	聚苯醚
聚偏氟乙烯	聚甲基乙烯基酮	聚氧化乙烯	聚氯乙烯
聚己内酯	聚甲基乙烯基醚		

表 8-3　形成共晶的高分子共混体系

结晶高分子 1	结晶高分子 2
聚丙烯	等规-无规聚丙烯共聚物
聚(3-羟基丁酸酯)	3-羟基丁酸酯-3-羟基戊酸酯共聚物
聚偏二氟乙烯	偏二氟乙烯-偏四氟乙烯共聚物
马来酸酐接枝的线型低密度聚乙烯	共聚聚酰胺(6/12)

在具有部分相容性的高分子共混材料中一个组分为无规共聚物的占多数。无规共聚物中两个单体的排斥力是导致相容性的另一个重要原因。例如 A 为组分 1，C 和 D 为无规共聚物（组分 2）的两个单体，则相互作用为：

$$\chi_{12}=y\,\chi_{AB}+(1-y)\chi_{AD}-y(1-y)\chi_{CD}$$

式中，y 是无规共聚物中单体 C 的体积分数。χ_{CD} 越大，则 χ_{12} 越小，可导致相容。

高分子相容性的实验测定方法可分为六类。

（1）热力学方法　通过测定热力学参数如相互作用参数 χ、混合热 ΔH、分子间相互作用来表征高分子的相容性。

（2）形态学方法　通过观察连续相和分散相的组成、分散相内部微细结构来表征高分子的相容性。一般来说，只要能观察到分散相，就不存在热力学相容性。但分散相的尺寸越小，说明工艺相容性越好。

（3）分子运动方法　通过测定高分子共混材料的玻璃化温度（T_g）来确定高分子的相容性。不相容的两个高分子共混，会出现两个 T_g。通过增容的高分子共混材料虽然也有两个 T_g，但两个 T_g 会彼此靠拢和加宽。

（4）界面相方法　通过测定界面相的厚度和结构来表征高分子的相容性。

（5）动力学方法　通过测定高分子共混材料的相分离形态、相分离温度、相分离点和相分离速度探讨温度和时间等因素对高分子相容性的影响。

（6）物理机械性能测试方法　通过对高分子共混材料的力学性能、流变性能、光学性能等的测定都可以作为高分子相容性的判据。

8.2.2　增容剂、反应增容和反应加工

大多数高分子共混材料是具有工艺相容性的，如橡胶增韧塑料。为改善高分子的相容性，在高分子共混材料中加增容剂是最常用的手段。增容剂的作用相当于表面活性剂，可降低界面张力和增加界面层厚度。嵌段共聚物和接枝共聚物常用作增容剂，增容剂也可以在共混过程中原位生成。一般高分子共混体系的界面张力为 10^{-6}J/cm，加入嵌段或接枝共聚物后界面张力可降低 10%。典型的不相容高分子共混材料的界面层厚度为 1nm，加入嵌段或接枝共聚物后界面层厚度可提高 2～3 倍。

在高分子共混材料中加入核-壳（芯-壳）型增容剂也是一种增容方法。核-壳型增容剂是以一定交联程度的高分子为核，另一种高分子聚合在核的表面。这种增容剂的颗粒尺寸约为 40nm～1μm。通过降低共混体系界面张力而减小分散相组分的粒径也可改善工艺相容性。一般来说，在高分子共混材料中，分散相粒子的最小粒径（D）与界面张力（γ）的关系为：

$$D = \frac{C\gamma}{\eta_0} \times \frac{\mathrm{d}V_y}{\mathrm{d}y} f\left(\frac{\eta_0}{\eta}\right)$$

式中，C 为常数；η_0，η 分别为连续相和分散相组分的黏度；$\mathrm{d}V_y/\mathrm{d}y$ 为共混加工时的熔融剪切速率。

ABS（丙烯腈-丁二烯-苯乙烯共聚物）具有海-岛形态结构，该结构是在 ABS 的制备中形成的。ABS 的制备采用乳液聚合，首先将苯乙烯和丙烯腈单体与聚丁二烯橡胶乳液混合，提高温度使苯乙烯和丙烯腈聚合。在聚合过程中，不但形成苯乙烯和丙烯腈的共聚物，而且苯乙烯和丙烯腈还接枝到聚丁二烯橡胶粒子的表面。

高分子共混材料的反应增容主要有三种方法：①端基或侧基功能团之间的反应，如环氧树脂的环氧基团可与聚酰胺的氨基反应，原位生成具有增容效果的嵌段或接枝共聚物；②与高分子增容剂的反应，如马来酸酐可以和主链带有双键的高分子如聚丁二烯以及带有接枝点的饱和高分子如聚丙烯反应，生成马来酸酐接枝的高分子（黏合性树脂或称为高分子增容剂），黏合性树脂中的马来酸酐基团可以进一步和聚酰胺中的氨基反应，在高分子共混材料中起到有效的增容作用；③加低相对分子质量化合物促进交联或共交联反应，如用 Ti 催化剂使 PBT/PC 发生酯交换反应。

对于含结晶聚合物的共混体系，控制结晶组分的结晶性也可增容。无定形性聚氯乙烯和结晶性聚氧化乙烯的共混材料中聚氧化乙烯存在一个临界结晶度组成，约为 10%（质量分数）。聚氧化乙烯含量在低于该临界结晶度时是处于非晶态，它与聚氯乙烯是相容的。聚氧化乙烯含量在高于该临界结晶度时是结晶的，它与聚氯乙烯是不相容的。而聚氧化乙烯和聚苯乙烯是不相容的，在它们的共混组成中不存在临界结晶度。等规-无规聚丙烯嵌段共聚物在与聚丙烯共混时能迁移到聚丙烯球晶边界和片晶间区域并共结晶（球晶边界增强概念），

生成大量球晶间连接分子而提高聚丙烯的韧性。结晶型的线型低密度聚乙烯和结晶形的共聚尼龙（6/12）的共混材料是不相容的，而马来酸酐接枝的线型低密度聚乙烯（黏合性树脂）和共聚尼龙（6/12）的共混材料是相容的，这是由于马来酸酐可与共聚尼龙（6/12）的氨基发生化学反应并限制了共聚尼龙（6/12）的结晶速率。

8.2.3　通用塑料系共混材料

聚乙烯是对环境应力开裂较为敏感的一类高分子材料。在聚乙烯的环境应力开裂过程中，环境试剂和应力是两个缺一不可、起协同作用的因素。为了改善聚乙烯的耐环境应力开裂性，必须既对聚乙烯产生增韧效果，又能减弱环境试剂中亲油基团与聚乙烯的相互作用，提高环境试剂中亲水基团与聚乙烯共混材料的相互作用，可在聚乙烯中加入亲水性的乙烯-乙酸乙酯共聚物、乙烯-丙烯酸酯共聚物和聚氧化乙烯等或橡胶。例如聚氧化乙烯改善低密度聚乙烯环境应力开裂的结果见表 8-4。实验采用的环境试剂为仲辛基苯基氧化乙烯醚，其亲水性基团与聚氧化乙烯的链结构相同，因此聚氧化乙烯的作用是减弱了聚乙烯与环境试剂的相互作用和提高了环境试剂中亲水基团与聚乙烯共混材料的相互作用。

表 8-4　低密度聚乙烯/聚氧化乙烯共混材料的耐环境应力开裂性

低密度聚乙烯/聚氧化乙烯组成比(质量比)	F_{50}/h	低密度聚乙烯/聚氧化乙烯组成比(质量比)	F_{50}/h
100/0	120	99/5	500 未开裂
99/1	500 未开裂	90/10	500 未开裂

与聚乙烯相比，聚丙烯的强度和耐热性（熔点高于聚乙烯）较好，但冲击强度尤其是低温韧性较差（玻璃化温度高于聚乙烯）。为了改善聚丙烯的冲击韧性，可用氢化苯乙烯-乙烯-丁二烯三嵌段橡胶（SEBS）与聚丙烯共混或用马来酸酐接枝的乙丙三元橡胶与聚丙烯或马来酸酐接枝的聚丙烯共混制备超韧聚丙烯共混材料。在共混体系中聚丙烯形成连续相，SEBS 形成分散相。SEBS 橡胶粒子的导入改变了材料的形变过程，可以吸收更多的能量，而达到提高冲击韧性的效果。增韧的主要影响因素有橡胶粒子的大小（粒径）、形状、粒间距、含量、橡胶粒子内的交联密度、橡胶粒子与连续相的黏合性和分散相的形态，其中 SEBS 橡胶粒径和粒间距对聚丙烯缺口冲击强度的影响见图 8-7。当 SEBS 含量为 15% 时，临界橡胶粒径（D_c）=0.48μm，而临界橡胶粒间距 A=0.25μm。

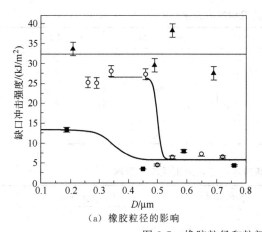
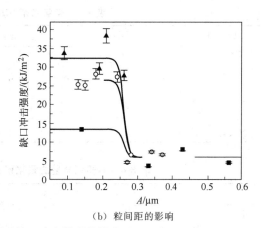

（a）橡胶粒径的影响　　　　　　　　　　（b）粒间距的影响

图 8-7　橡胶粒径和粒间距对缺口冲击强度的影响

■ SEBS 含量为 10%；○ SEBS 含量为 15%；▲ SEBS 含量为 20%

PP/PA6 共混材料可用接枝马来酸酐的聚丙烯作为增容剂。马来酸酐和氨基反应在聚丙烯和聚酰胺之间形成了化学键连接：

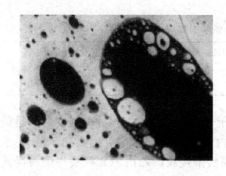

聚苯乙烯是脆性塑料。所谓脆性，是指很小的断裂应变或在应力-应变曲线无明显地屈服点。所谓韧性，是指很大的断裂应变或在应力-应变曲线有屈服点。聚苯乙烯的断裂应变仅有 2%。加入 5%～20% 的橡胶就可以大幅度提高聚苯乙烯的冲击强度，其断裂应变＞20%。在橡胶增韧塑料中，橡胶粒子应均匀地分散在塑料中。以聚苯乙烯为连续相，聚丁二烯橡胶为分散相的高抗冲聚苯乙烯（HIPS）是橡胶增韧塑料的一个例子。高抗冲聚苯乙烯具有特殊的海-岛形态结构，即在连续相（海）中存在分散相（岛），在分散相中又存在连续相（图 8-8）。

图 8-8　高抗冲聚苯乙烯的海-岛形态

聚氯乙烯的缺点是加工性、耐冲击性和热稳定性差。对聚氯乙烯共混改性的目的集中在改善这三个缺点上。各种橡胶对聚氯乙烯力学性能的影响见表 8-5。由于聚氯乙烯的链结构含有极性较强的氯原子，它与非极性的高分子如聚乙烯、聚丁二烯等共混的相容性很差。但可与具有极性基团的高分子如氯化聚乙烯、丙烯酸酯橡胶、ABS、热塑性聚氨酯、丁腈橡胶等共混，得到具有高冲击强度和耐候性的共混材料。表 8-6 列出了不同氯含量的氯化聚乙烯对聚氯乙烯冲击强度的影响。甲基丙烯酸甲酯-丁二烯-苯乙烯共聚物（MBS）的光学折射率和聚氯乙烯接近，可制备既透明又抗冲的聚氯乙烯。聚氯乙烯/丁腈橡胶/聚乙酸乙烯酯三元共混物具有良好的阻尼性能。增塑剂是含碳酸酯、磷酸酯或硫酸酯的有机化合物，常用于聚氯乙烯的改性。增塑的作用是提高韧性和伸长率，降低玻璃化温度、模量和硬度。增塑的机理是降低聚氯乙烯分子间的极性相互作用。

表 8-5　聚氯乙烯/橡胶共混材料的力学性能

共混材料	橡胶含量/%	冲击强度/(kJ/m²)	拉伸强度/MPa	断裂伸长率/%
聚氯乙烯	0	8.6	55	82
天然橡胶	10	9.7	35.4	4.4
	10	6.7	35	5.8
	10	3.7	35.7	9.7
	10	16.5	43.7	81.5
丁腈橡胶	10	34.6	55.1	100

表 8-6　不同氯含量的氯化聚乙烯对聚氯乙烯冲击强度的影响

氯含量/%	结晶度/%	熔融黏度(190℃)/s	缺口冲击强度/(kJ/m²)
0	—		0.7
15	40	10300	3.3
36	5	21200	21.0
48	2	22500	1.7

8.2.4 工程塑料系共混材料

大多数热塑性工程塑料如聚酰胺、聚碳酸酯、聚酯和特种工程塑料如聚醚砜、聚醚酰亚胺、聚醚醚酮具有缺口冲击敏感性（图 8-9），即对断裂生长的抵抗能力远低于抵抗断裂引发能力。因此改善工程塑料和特种工程塑料的缺口冲击敏感性可以大幅度地提高韧性（超韧工程塑料），增韧的手段是用可反应性增容的橡胶。

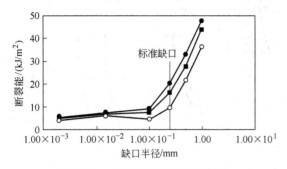

图 8-9 一种脂肪族聚醚酮的缺口
冲击敏感性（标准缺口半径为 $250\mu m$）

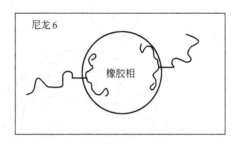

图 8-10 超韧聚酰胺的形态

三元乙丙橡胶（EPDM）和氢化苯乙烯-乙烯-丁二烯三嵌段橡胶（SEBS）常用于聚酰胺的增韧。以马来酸酐（MA）接枝 EPDM 和 SEBS 以及酰亚胺化的丙烯酸酯接枝共聚物作为增容剂的橡胶增韧聚酰胺，由于可大幅度提高聚酰胺的缺口冲击强度，被称为超韧（super tough）聚酰胺。接枝共聚物在橡胶增韧聚酰胺共混体系的最佳位置见图 8-10。超韧聚酰胺的缺口冲击强度与橡胶粒子的大小和橡胶粒间距（A）有关，如用硅橡胶增韧聚酰胺 6 的 $A=0.065\mu m$，用 EPDM 增韧聚酰胺 6 的 $A=0.31$，用橡胶增韧聚酰胺 66 的 $A=0.30$。聚酰胺的端氨基能与增容剂的酸酐、羧酸等基团发生化学反应，也对控制共混物形态和聚酰胺的超韧性起到重要作用。

8.2.5 热固性树脂系共混材料

环氧树脂是热固性树脂，常用作高分子复合材料的基体。环氧树脂有两个重要缺点：①韧性低；②湿热性能差。为了改善环氧树脂的韧性，可选择具有反应性基团的羧化聚丁二烯橡胶（CTB）、羧化丁腈橡胶（CTBN）和胺化丁腈橡胶（ATBN）和环氧树脂共混。这些反应性橡胶的结构参数见表 8-7。这些反应性基团与环氧树脂反应形成化学键的连接可以有效改善共混物的界面黏合性和提高环氧树脂的韧性。近来，含羟基、羧基或环氧端基的超支化聚合物液体橡胶。也可用于增韧环氧树脂。

表 8-7 反应性橡胶的结构参数

反应性橡胶	比黏度	丙烯腈含量/%	相对分子质量	羧基含量/%	氨基当量
CTB 2000×162	8.04	0	4000	1.9	—
CTBN 130×15	8.45	10	3600	2.47	—
CTBN 1300×8	8.77	18	3500	2.37	—
CTBN 1300×13	9.14	27	3400	2.40	—
ATBN 130×16	—	17	—	—	900

为了改善环氧树脂的韧性，同时又不降低环氧树脂的耐热性和力学性能，可用耐高温的热塑性树脂如聚醚酰亚胺（PEI）、聚醚砜（PES）、聚砜（PSF）、聚醚醚酮（PEEK）和环氧树脂共混。四功能团环氧树脂（EPON HPT 1071）、固化剂（EPON HPT 1061M）和聚

山梨醇$\left[\!-\!CH\!-\!CH_2\!-\!O\!-\!\left[CH_2CH_2O\right]_2\!-\!CH_2CH_2\!-\!O\!-\!CH_2\right]_6$H
         |
         CH₃

醚酰亚胺的共混体系：

EPON HPT 1071

EPON HPT 1061M

PEI

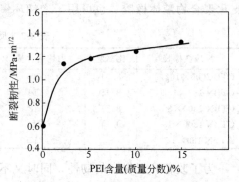

其断裂韧性与聚醚酰亚胺含量的关系见图 8-11，表明随聚醚酰亚胺含量提高，环氧树脂的韧性提高。

用脂肪族二胺 $[H_2N\!-\!(CH_2)_n\!-\!NH_2$，$n=2$，4，6，12] 和脂肪族二酸 $[HOOC\!-\!(CH_2)_m\!-\!COOH$，$m=2,4,8,10]$ 作固化剂对环氧树脂的湿热性能进行了研究：①T_g 和吸水率随 n、m 提高而减小；②干态破坏韧性（K_C）随 n、m 提高而提高，湿态破坏韧性（K_C）随 n、m 提高而先减小后提高（表 8-8）。根据这一结果，开发出了具有良好耐湿热性的主链刚性的多官能团环氧树脂。

图 8-11 聚醚酰亚胺含量对环氧树脂断裂韧性的影响

表 8-8　脂肪族二胺和脂肪族二酸对环氧树脂耐湿热性的影响

材料	n 或 m	T_g/℃	吸水率/%	K_C(干态) /9.8MPa·mm$^{1/2}$	K_C[湿态(600h)] /9.8MPa·mm$^{1/2}$
脂肪族二胺	2	133	2.85	3.57	4.63
	4	121	2.52	4.37	4.86
	6	115	2.09	4.75	4.35
	12	93	1.46	5.74	5.58
脂肪族二酸	2	101	2.21	6.37	4.75
	4	83	1.61	7.23	4.64
	8	69	0.97	13.98	4.10
	10	51	1.03	19.62	6.86

8.2.6　互穿聚合物网络

互穿聚合物网络（interpenetrating polymer networks，IPN）是具有拓扑网络结构的高分子共混材料，包含两个独立的交联网络，可标记为 X/Y IPN，X 为第一个聚合物网络，Y 为第二个聚合物网络。根据合成方法，互穿聚合物网络可分为异时互穿聚合物网络和同时互穿聚合物网络。异时互穿聚合物网络是先形成一个聚合物网络，再形成第二个聚合物网络。同时互穿聚合物网络的两个聚合物网络是同时形成的。若组成的两个聚合物网络都是弹性体，称为互穿弹性体网络。若在一个聚合物网络中贯穿着一个线型高分子，称为半互穿聚合物网络。此外，还有梯度互穿聚合物网络、胶乳互穿聚合物网络、热塑性互穿聚合物网络。互穿聚合物网络的结构与共交联的聚合物网络结构是不同的（图 8-12）。

互穿聚合物网络具有高的阻尼特性，作为阻尼材料有广泛应用。聚氨酯/聚苯乙烯（60/40）与用 TMI 接枝的聚氨酯/聚苯乙烯互穿聚合物网络的 tanδ-温度曲线见图 8-13，2.5% 接枝的聚氨酯/聚苯乙烯互穿聚合物网络具有最好的阻尼性能。

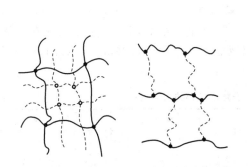

(a)互穿聚合物网络　　(b)共交联聚合物网络
图 8-12　互穿聚合物网络和
共交联聚合物网络

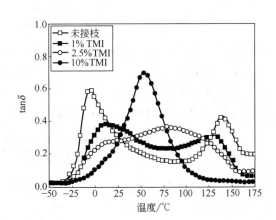

图 8-13　聚氨酯/聚苯乙烯
互穿聚合物网络的阻尼性能

苯乙烯和 4-乙烯基苯基二甲基硅烷醇共聚物（ST-VPDMS）：

其二甲基硅烷醇基团具有氢键给体和可交联性。当 ST-VPDMS 与聚 N-乙烯基吡咯烷 (PVPr) 共混时可形成聚合物间复合物，80℃时生成半互穿聚合物网络（图 8-14）。

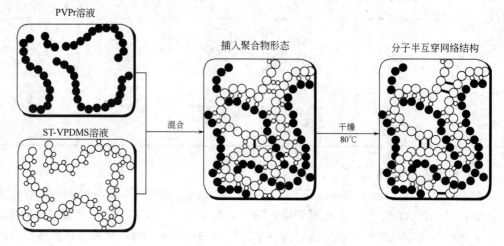

○ 苯乙烯；○ VPDMS；● VPr；∞ 自关联的硅甲烷 H 键；● 异向-关联；— 硅氧烷连接链

图 8-14　半互穿聚合物网络

8.2.7　分子复合材料

分子复合材料是借助短纤维增强塑料的原理，利用主链刚性的高分子（芳酰胺、杂环聚合物和聚酰亚胺）等以分子形式分散在柔性链塑料中的共混材料。聚对苯二甲酰对苯二胺 (PPTA)：

该物质属溶致性液晶高分子，它在硫酸中有一个临界浓度（c^*），约为 8 %。当浓度大于 c^*，溶液为各向同性；当浓度小于 c^*，溶液为各向异性。为使 PPTA 与尼龙 1010 分散均匀，要控制溶液浓度小于 c^*，使 PPTA 不形成液晶相。然后通过共沉淀，可制备 PPTA/尼龙 1010 分子复合材料，其力学性能见表 8-9。

表 8-9　PPTA/尼龙 1010 分子复合材料的力学性能

PPTA/尼龙 1010 组成比（质量比）	拉伸强度/MPa	杨氏模量/MPa	断裂伸长率/%
0/100	50.6	483.4	37.1
0.3/99.7	67.5	603.6	46.6
0.6/99.4	57.6	610.5	44.1
1/99	58.5	645.4	30.0
3/97	60.1	689.2	30.6
6/94	52.6	639.0	21.4

PPTA 和聚对苯酰胺 (PBA)：

该物质可分别原位聚合生成尼龙 6 基分子复合材料，其薄膜（拉伸比为 150%）的力学性能见表 8-10。

表 8-10　PPTA/尼龙 6 和 PBA/尼龙 6 薄膜的力学性能

材　　　料	制备方法	拉伸强度/MPa	杨氏模量/MPa	断裂伸长率/%
尼龙 6		120	1350	33
PPTA/尼龙 6(10/90)	原位聚合	163	3140	25
PPTA/尼龙 6(10/90)	共沉淀	123	2380	14
PBA/尼龙 6(10/90)	原位聚合	122	2830	21

8.2.8　原位增强塑料

　　原位增强塑料是指混合的高分子组分在加工成型过程中一种组分形成增强体，另一种组分形成基体的高分子共混（复合）材料，即利用高分子共混材料的制备方法，达到纤维增强塑料的目的。大多数原位增强塑料是采用热致性液晶高分子为增强体和热塑性塑料为基体。利用液晶高分子在熔融过程中的易成纤性，在塑料基体内形成直径为 $0.1\mu m$ 和有一定长径比的微纤而起到增强体的作用。因此加工过程中的剪切速率对热致性液晶的成纤和对共混材料的性能有很大影响。表 8-11 为 30% 液晶聚酯（LCP）原位增强聚醚砜（PES）的加工条件（剪切速率）和力学性能。

表 8-11　液晶聚酯原位增强聚醚砜的加工条件和力学性能

材　　　料	剪切速率/s^{-1}	拉伸强度/MPa	拉伸模量/GPa	断裂伸长率/%
PES	30	64.3	2.52	74.7
	240	68.9	2.60	36.6
	1150	71.0	2.41	12.3
PES/LCP	30	115.8	4.56	5.3
	240	126.9	4.23	6.5
	1150	153.7	4.74	5.8

（a）增容的原位增强塑料的形态模型

（b）液晶高分子形成微纤

图 8-15　增容的原位增强塑料的形态模型和液晶高分子形成微纤图

含增容剂（马来酸酐接枝三元乙丙橡胶）的原位增强塑料在加工过程的形态发展见图 8-15(a)。热致性液晶高分子在剪切作用下形成微纤 [图 8-15(b)]，增容剂在松弛过程中形成微球分布在微纤和基体界面。

8.2.9　橡胶增韧塑料机理和判据

在高分子共混材料的研究与开发中，热塑性弹性体或橡胶增韧塑料是最重要的方向之一。根据橡胶增韧塑料断裂过程中能量耗散途径和橡胶相的作用，提出了多种橡胶增韧的理论解释，主要有微裂纹（银纹）机理、剪切屈服机理、多重银纹（剪切带）机理、空穴生长机理和局部各向异性模型。这些模型考虑了橡胶相的作用、基体相的作用以及橡胶相与基体相相互作用（增容）的作用。

对高抗冲聚苯乙烯的拉伸过程中观察到体积膨胀和应力发白的现象提出了微裂纹机理。微裂纹机理认为，高分子共混材料在形变过程中基体内部产生大量裂纹，橡胶粒子横跨于微裂纹的上下表面间而起到阻止微裂纹进一步发展成裂纹。

对 ABS 断裂过程中观察到的基体产生塑性流动现象提出了剪切屈服机理。剪切屈服机理认为，由于基体和橡胶的热膨胀系数和泊松比不同，橡胶粒子对其周围基体的静张应力会引起基体局部自由体积增加，从而降低了基体的玻璃化温度，导致基体塑性流动。

对高抗冲聚苯乙烯断裂过程中基体产生的大量银纹现象提出了多重银纹机理，认为由于橡胶和基体的模量不同，橡胶粒子引起周围基体应力集中而引发基体银纹。橡胶粒子既可引发银纹也能控制银纹的生长，阻止大尺寸银纹的产生。基体内大量小尺寸银纹的产生可有效耗散能量，提高材料的韧性。

空穴化机理是在橡胶增韧聚碳酸酯中出现的膨胀带 [dilation band，图 8-16(a)] 而提出的，认为橡胶的增韧涉及空穴在橡胶相内的产生 [图 8-16(b)] 和生长，多重空穴的产生明显消耗了更多的能量。

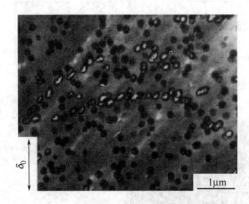
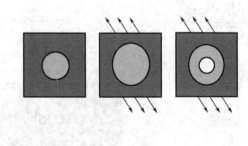

（a）空穴生长形成膨胀带　　　　　　　　　　（b）空穴产生机理

图 8-16　空穴生长形成膨胀带以及空穴的产生机理

对橡胶增韧结晶聚合物（聚酰胺）的共混材料发现结晶的取向行为对于抵抗变形起到重要作用而提出了局部各向异性模型，认为共混材料由低模量的橡胶颗粒、取向的片晶相和基体相组成（图 8-17）。该模型考虑了基体中结晶相的作用。图 8-18(a) 为 7 个橡胶颗粒增韧聚酰胺的理想堆砌形式，颗粒间的平行线代表片晶相。聚酰胺主链间的氢键优先平行排列在橡胶和基体的界面。在变形过程中，取向的橡胶间的片晶相起到增韧作用 [图 8-18(b)]。

对不同的高分子共混材料和在不同的受力条件下可能对应不同的橡胶增韧机理，因为裂纹生长与受力条件有关。在缺口冲击作用下的裂纹生长前沿轮廓见图 8-19(a)，在不同裂纹前沿位置的孔穴和橡胶相也分别受压缩或拉伸力而变形[图 8-19(b)、(c)]。

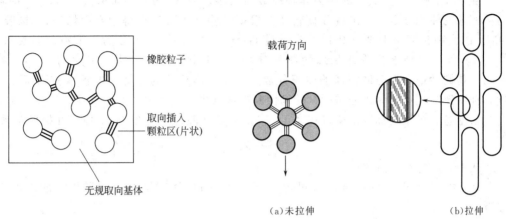

图 8-17　局部各向异性模型

图 8-18　未拉伸和拉伸时取向的橡胶间的片晶相

（a）未拉伸　　　　　（b）拉伸

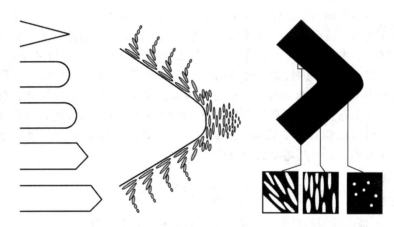

（a）裂纹生长前沿轮廓　　（b）不同裂纹前沿位置孔穴　　（c）橡胶相

图 8-19　裂纹生长前沿的轮廓、在不同裂纹前沿位置的孔穴和橡胶相的变形

橡胶增韧塑料的判据主要是高分子共混材料脆-韧转变的逾渗模型。逾渗模型是描述具有几何结构的强无序多元体系临近转变的模型。多元体系临近转变的特征是当组元的局部几何关联程度达一临界值时，体系突然出现长程关联性，体系的宏观性质或状态发生突变，由一种状态转变到另一种状态，即逾渗转变。假定在橡胶增韧塑料共混材料中，大量橡胶粒子是等尺寸的并无规分布，在冲击断裂过程中，每个橡胶粒子引起的剪切应力集中可用橡胶粒子与其周围 $T_C/2$ 基体球壳形成的应力体积球来描述（图 8-20），相邻应力体积球的关联使基体层发生剪切屈服。应力体积球直径（S）为橡胶粒径（D）与临界基体层厚度（τ_c）的关系是：

$$S=D+\tau_c$$

当 $T \leqslant T_c$ 时，相邻应力体积球发生关联，应力体积球的体积分数（ϕ_s）为

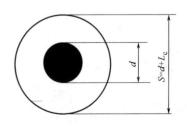

图 8-20　应力体积球

$$\phi_s = \left(\frac{S}{D}\right)^3 V_f = \left(\frac{D+\tau_c}{D}\right)^3 V_f$$

式中，V_f 为橡胶的体积分数。

随 ϕ_s 增大，发生关联的应力体积球数目增多。当 ϕ_s 增大到逾渗阈值（ϕ_{sc}）即临界应力体积球的体积分数时，出现脆韧转变。根据实验结果可计算得到聚丙烯/乙丙橡胶（EPDM）的脆韧转变主曲线（缺口冲击强度 G 与 ϕ_s 的关系），可分为：①脆性断裂区（Ⅰ）$\phi_s < \phi_{sc}$，ϕ_{sc} 是临界应力体积球的体积分数；②脆韧转变区（Ⅱ）$\phi_{sc} \leqslant \phi_s \leqslant \phi_{s0}$，$\phi_{s0} = 0.64$，是韧性饱和应力体积球的体积分数，与应力体积球的无规密堆积填充因子 0.637 接近，证明橡胶粒子是无规分布的；③韧性断裂区（Ⅲ）$\phi_s > \phi_{s0}$。

根据逾渗模型的标度定律，在大于 ϕ_{sc} 的区域共混材料的 G 与 ϕ_s 应存在标度关系：

$$G \propto (\phi_s - \phi_{sc})^g$$

式中，g 为临界指数。

从聚丙烯/EPDM 的标度曲线可得 $g = 0.41$，与球体三维逾渗临界指数的理论值 0.40 接近。

8.2.10　流变-相形态-力学性能关系

高分子共混材料的力学性能依赖于组分的相态，而形态的生成和发展又取决于加工流变学和组分的相容性，流变参数（熔体黏度、储模量、黏弹性、松弛谱等）和加工行为（模口熔胀、熔体断裂、可拉伸性等）是连接聚合物分子结构（相对分子质量及其分布、支化度、交联度等）最终使用性能的桥梁，因而加工流变学-相形态-性能的关系是非常重要的。在高分子共混材料中分散相可能具有岛状、海状（双连续相）、层状、纤维状、胶囊状（核-壳）和多样化的拓扑形态。当两种高分子共混时，何种高分子形成连续相，何种高分子形成分散相主要取决于组分的相对分子质量、组成比、融体黏度和加工条件〔如混合时间、混合温度、剪切速率（γ）〕，可用毛细管数（C_a）描述：

$$C_a = \frac{剪切应力}{界面应力} = \frac{\eta_m \gamma d}{\sigma}$$

式中，η_m 是连续相的黏度；d 是粒子直径；σ 是界面张力。

海岛结构是通常高分子共混材料所具有的形态。随时间变化，分散相的形态可从固体（S）依次发展到融体（M）、熔融的条状物（T）、初级粒子（P）和凝聚粒子（C）；尺寸可从原始的 1mm 发展到 1μm（图 8-21）。将高分子的熔体共混过程视为连续化学反应，可得到下列方程：

$$\frac{dS}{dt} = -k_m S$$

$$\frac{dM}{dt} = -k_m S - k_d M$$

$$\frac{dT}{dt} = -k_d M - k_b T$$

$$\frac{dP}{dt} = -k_b T + k_{b'} P - k_c P^2$$

$$\frac{dC}{dt} = k_c P^2 - k_{b'} P$$

所以形态的发展和粒子尺寸取决于高分子的熔融速率、分散速率和凝聚速率。融体黏度

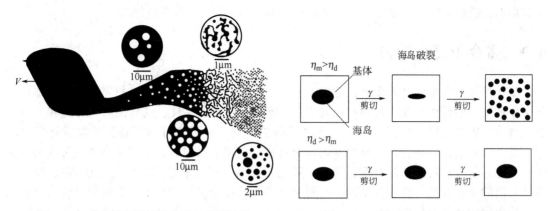

图 8-21　高分子共混材料的形态发展过程　　　　图 8-22　融体黏度对海岛形态的影响

对海岛形态的影响见图 8-22。当连续相的黏度＞分散相的黏度（$\eta_m > \eta_d$），分散相可以均匀分散；当分散相的黏度＞连续相的黏度（$\eta_d > \eta_m$），分散相不能达到好的分散。

表 8-12　聚苯乙烯/聚丁二烯共混材料的 ξ 值

聚苯乙烯含量/%	ξ 值	聚苯乙烯含量/%	ξ 值
20	0.0089	60	0.0014
30	0.0130	70	0.0008
40	0.0470	80	0.0012
50	0.0520		

以聚苯乙烯/聚丁二烯共混材料为例说明高分子共混材料的流变-相态-力学性能关系。当聚苯乙烯含量≤30%，聚苯乙烯为分散相，聚丁二烯为连续相。当聚苯乙烯含量为40%～60%，聚苯乙烯和聚丁二烯为互穿的双连续相。当聚苯乙烯含量≥70%，聚苯乙烯为连续相，聚丁二烯为分散相。根据模量-组成关系，用分散相材料的分数（ξ，表 8-12）可以关联高分子共混材料的形态和性能：

$$\xi = \left(\frac{1}{r}\right)^2 \times \frac{e}{V}$$

式中，r 为共混材料与纯材料的拉伸模量比；V 为分散相材料的体积分数；e 为增强因子。

$$e = \frac{E}{E_m} - 1$$

式中，E 为共混材料的模量；E_m 为连续相材料的模量。

如果 $\xi = 1$，无孔洞存在，连续相和分散相具有好的黏合性；如果 $\xi < 1$，有孔洞存在，连续相和分散相的黏合性不好；如果 $\xi > 1$，分散相材料比标称体积占据更大的空间。当聚苯乙烯为分散相时，共混材料的模量大；当聚苯乙烯为连续相时，共混材料的模量小。

旋节线分解机理可产生海-海形态。当热致高分子液晶为分散相时可形成纤维状形态。分散相呈层状的高分子共混材料具有气体阻隔性。在三组分（A，B，C）的高分子共混材料中分散相可能呈复合滴形态（composite droplet morphology）（图 8-23）。例如组分 A（HDPE）为连续相，组分 B（PMMA）和 C（PS）可形成

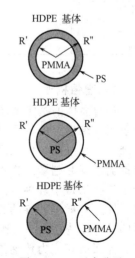

图 8-23　三元高分子共混材料的形态

307

三种形态：①B 为核，C 为壳；②B 为壳，C 为核；③B 和 C 均为岛相。

8.3 高分子复合材料

　　复合材料定义为两种或多种组分按一定方式复合而产生的材料，该材料的特定性能优于每个单独组分的性能。复合材料有四要素：基体材料、增强材料、成型技术和界面相。为了满足特定工程应用目标的要求，可以通过正确选择复合材料组分和制备工艺来设计复合材料。复合材料以性能分类，可分为常用复合材料（以颗粒增强体、短纤维和玻璃纤维为增强体）和先进复合材料（以碳纤维、芳纶、碳化硅纤维等高性能连续纤维为增强体）。复合材料从使用的角度分类，可分为结构复合材料（力学性能为主）和功能复合材料（除力学性能外的物理化学性质，如电、热、光、声、生物医用、仿生、智能等）。常用复合材料在国民经济的各个领域有广泛的应用。先进复合材料在航空航天等高技术领域有广泛的应用。功能复合材料在信息、能源等高技术领域有广泛的应用。复合材料以基体分类，可分为金属基、陶瓷基、碳基和高分子基复合材料（图 8-24）。不同基体材料的性能比较于表 8-13。高分子复合材料是由高分子基体和增强体（包括纤维和颗粒填料）组成，但由于界面相对复合材料性能的影响很大，目前将高分子复合材料定义为由高分子基体、增强体和界面相组成。高分子基体材料包括热塑性树脂和热固性树脂两大类。根据基体材料也可将高分子复合材料分类为热塑性复合材料和热固性复合材料。根据增强体的形态，高分子复合材料可分类为颗粒填充、短纤维增强、连续纤维增强和织物增强四类。根据复合材料的连通性（Newnham 等提出的标记法），0 表示点（颗粒），1 表示线（纤维），2 表示面（薄膜或布），3 表示三维网络和连续相，则以高分子为基体的颗粒填充复合材料可表示为 0-3，短纤维复合材料为 1-3，连续纤维布复合材料为 2-3，立体织物复合材料为 3-3。高分子复合材料的成型技术包括各种制备方法（如原位复合、梯度复合、模板复合等）、各种成型加工方法（如注射成型、模压成型、拉挤成型、树脂传递模塑成型等）、复合材料的结构设计和界面相的设计。

表 8-13　基体材料性能的比较

基 体 材 料	熔点 /℃	强度 /MPa	模量 /GPa	伸长率 /%	热膨胀系数 /×10^{-6}℃$^{-1}$	密度 /(g/cm^3)
金属	800~3500	1000~20000	70~700	1~100	0~10	1~5
陶瓷	400~3400	400~3000	70~400	1	4~40	2~20
高分子	350~600	10~100	1~10	1~1000	100	1~2

8.3.1 增强机理

　　对增强体的基本要求是其强度和刚性要大于基体，而基体的断裂应变要大于增强体。对于短纤维增强的复合材料，纤维是间接承载的，其增强机理是基于载荷能通过基体从纤维传递到纤维，由于纤维的强度大于基体并具有较高的模量，因此在纤维的周围局部地抵抗形变起到增强作用。纤维与基体的模量比影响每根纤维周围的体积，并决定最佳纤维长度、最小纤维含量和所需的纤维长径比（L/D）。纤维长径比是复合材料的一贯重要指标，一般短纤维的长径比为 10~1000。球状颗粒填料的长径比为 1，非球状颗粒填料的长径比为 1~10，连续纤维的长径比为 ∞。短纤维增强的复合材料受力时载荷从基体经过界面剪切应力传递到纤维，剪切应力在纤维两端最大，在纤维方向可衰减至 0。而拉伸应力在纤维两端为 0，在纤维中部最大。能使传递到纤维的拉伸应力等于基体拉伸应力时的纤维长径比为临界纤维长径比（L/D）$_c$。在连续纤维增强的复合材料中，纤维直接受

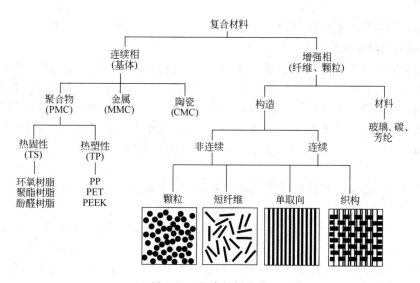

图 8-24　复合材料分类

载起增强作用。

　　高分子复合材料的力学性能可以用复合法则计算。对单向连续纤维增强的复合材料，沿纤维方向（L）受力的弹性模量（E_L）为：

$$E_L = E_f V_f + E_m(1 - V_f)$$

　　式中，E_f 和 E_m 分别为纤维和基体的模量；V_f 为纤维的体积分数。

　　复合材料沿垂直纤维方向（T）的弹性模量（E_T）为：

$$\frac{1}{E_T} = \frac{V_f}{E_f} + \frac{1 - V_f}{E_m}$$

　　复合材料沿纤维方向（L）受力的拉伸强度（F_L）为：

$$F_L = F_f V_f + \sigma_m(1 - V_f)$$

　　式中，F_f 为纤维的强度；σ_m 为基体受到的应力。通常 $F_f > \sigma_m$。

　　对于短纤维增强的高分子复合材料，假定纤维的取向分布是均匀的，则复合材料的弹性模量（E_C）为：

$$E_C = E_f V_f f(l) C_a + (1 - V_f) E_m$$

　　式中，$f(l)$ 为短纤维比连续纤维模量的降低系数；C_a 是短纤维的取向系数。当短纤维在二维方向无规取向时，$C_a = 1/3$；当短纤维在三维方向无规取向时，$C_a = 1/6$。短纤维复合材料的拉伸强度为：

$$F_L = F_f \left(l - \frac{l_c}{2l} \right) V_f + \sigma_m(1 - V_f)$$

　　式中，l 为纤维的长度。在注射成型复合材料中，l 约为 $0.1\sim0.5\text{mm}$；在片状模塑料（SMC）中，l 约为 25mm。l_c 为临界纤维长度，可表示为：

$$l_c = \frac{\sigma_f d}{2\tau_y}$$

　　式中，σ_f 为纤维的强度；τ_y 为基体的屈服应力。

　　复合材料的力学性能还与增强体的取向结构有关。单向连续纤维增强的复合材料在其取向方向有最大的强度，而在垂直取向方向则强度最小。双向连续纤维增强的复合材料在平行与垂直取向方向的强度相同。

8.3.2　颗粒填充高分子复合材料

8.3.2.1　填料和填充复合材料

填料按来源可分为天然的和合成（人造）的，按组成可分类为金属的、无机的和有机的，按形状可分类为球形、针形、片形和晶须等。填料在高分子复合材料中的作用是提高物理机械性能、改善尺寸稳定性、改善加工性能、降低成本或改善颜色等。天然填料是自然界存在的矿物质，经加工后成颗粒状。天然填料来源于硅质（二氧化硅、硅酸盐）、碳酸盐（碳酸钙、碳酸镁）、硫酸盐（重晶石、石膏）、金属氧化物（尖晶石）和碳质（石墨）矿物质。

石英矿和硅藻土是二氧化硅天然填料的来源，其中硅藻土是由淡水和海水中的硅藻遗体生成的。

石榴石是一种硅酸盐 $[A_3B_2(SiO_4)_3]$，A 为二价的镁、铁、锰和钙，B 为三价的铝、铬、钛或铁。硅灰石的组成为 $Ca_3(Si_3O_9)$，晶体呈针状，其长径比为 15。蓝晶石的化学组成是 $Al_2(SiO_4)O$，具有高温永久膨胀性，即在高温发生体积膨胀冷却后也不再收缩。蓝晶石的硬度具有各向异性，即在其晶体生长方向和垂直于晶体生长方向的硬度分别为 4.5 和 6.5。叶蜡石的化学式为 $Al_2(Si_4O_{10})(OH)_2$，晶体呈层状。滑石也是一种层状的硅酸盐，化学组成为 $Mg_3(Si_4O_{10})(OH)_2$。滑石的质软，滑腻。高岭土是以 $Al_4(Si_4O_{10})(OH)_8$ 为主要成分，呈层状晶体结构的硅酸盐黏土。高岭土在高温煅烧可制备煅烧高岭土，其结构随温度的不同而变化：

$$Al_2O_3 \cdot 2SiO_2 \cdot 2H_2O \xrightarrow{550\sim700℃} Al_2O_3 \cdot 2SiO_2 \xrightarrow{925℃} 2Al_2O_3 \cdot 3SiO_2 \xrightarrow{1100℃} 2Al_2O_3 \cdot 2SiO_2 \xrightarrow{1400℃} 3Al_2O_3 \cdot 2SiO_2$$

高岭土　　　　　　　偏高岭土　　　　　硅尖晶石　　　　　似莫来石　　　　　莫来石

膨润土是以蒙脱石（85%～90%）为主要成分的黏土。蒙脱石的晶体结构呈层状。膨润土对许多气体和液体有较强的吸附能力。按化学成分，膨润土可分为钠质膨润土和钙质膨润土。自然界产出的以钙质膨润土为主，约占 90%。钠质膨润土对许多气体和液体有较强的吸附能力，并有很强的吸水性。为了把自然界中的钙质膨润土转化为钠质膨润土，采用钠化法：

$$Ca(或\ Mg)\text{-}膨润土 + Na_2CO_3 \xrightarrow{离子交换} Na\text{-}膨润土 + CaCO_3(或\ MgCO_3) \downarrow$$

碳酸钙（$CaCO_3$）存在于方解石（非金属矿）和白垩（贝壳）。碳酸镁（$CaCO_3 \cdot MgCO_3$）来自白云石。重晶石和石膏属于硫酸盐，化学式分别为 $BaSO_4$ 和 $CaSO_4 \cdot 2H_2O$。石墨是一种具有层状晶体结构的碳质填料，有很好的润滑性。尖晶石是一种配位型氧化物（AB_2O_4），A 是镁、铁、锌、锰或镍等二价离子；B 是铝、铬或铁等三价离子。B 为铝时称为铝尖晶石，为铬时称为铬尖晶石，为铁时称为铁尖晶石。

合成的填料是经过化学方法制备的，常用的有 $CaCO_3$、SiO_2、云母、石墨和炭黑等。随着纳米技术的发展，纳米金属粉末、纳米无机粒子、纳米碳管等合成填料应运而生，为高分子复合材料的开发奠定了基础。纳米材料除了用物理的粉碎法和球磨法外，主要还用化学方法如溶胶-凝胶法、化学气相沉积法、超重力场法等。

填料的增强性取决于填料的形状和纤维长径比，如不同形状和纤维长径比对聚丙烯缺口冲击强度和弯曲模量的影响见图 8-25。小粒径的球状填料也有增强性，颗粒直径 $>10^3$ nm 时失去增强性。此外，颗粒填料还具有聚集的倾向，形成 $10^3\sim10^6$ 的团簇形态，在与基体复合时需要破坏团簇形态。

某些填料具有特殊的物理或化学功能性。例如三氧化二锑具有阻燃性；石墨、炭黑和金属粉末具有导电性，二硫化钼、石墨、炭黑和氧化铝具有耐磨性，氢氧化铝、氢氧化镁和金属粉末具

有导热性。某些填料具有特殊的形态，如云母
呈片状，用片状填料填充的复合材料称为片状
复合材料（flake composites）。

颗粒填充的高分子复合材料有很多种，
如钙塑板是 $CaCO_3$ 填充聚丙烯、聚乙烯或聚
氯乙烯复合材料，炭黑补强的轮胎制品、自
润滑复合材料、汽车摩擦材料，填充型导电
塑料。在高分子基如聚酰胺、聚酰亚胺、聚
醚醚酮中加入润滑剂如聚四氟乙烯、石墨、
MoS_2 可制备具有低摩擦系数的自润滑复合
材料，而在酚醛树脂中加入多种无机和金属
填料可制备具有高摩擦系数的制动材料。

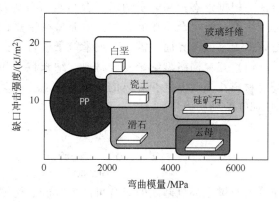

图 8-25　填料的形状和纤维长径比对聚丙烯缺口冲击强度和弯曲模量的影响

8.3.2.2　晶须增强塑料

晶须增强体是由高纯度单晶生长而成的
短纤维，具有高度取向的结构和高强度、高模量和高伸长率的力学性能。部分晶须增强体的
性质见表 8-14。在晶须增强塑料中常用的晶须有钛酸钾（$K_2Ti_6O_{13}$）晶须、碳化硅（SiC）
晶须、碳酸钙晶须、硫酸钙晶须、碳（C）晶须（气相生长碳纤维）和聚合物晶须。碳酸钙
晶须、硫酸钙晶须和钛酸钾晶须的价格较低，常用于晶须增强的高分子复合材料。用 20％
的碳酸钙晶须增强的聚丙烯不仅强度提高 1 倍，冲击强度也提高 1 倍。用钛酸钾晶须可提高
聚酰胺和聚甲醛的强度达 1 倍。

表 8-14　晶须增强体的性质

性　　质	SiC	Si_3N_4	C	$K_2Ti_6O_{13}$	MgO	$Al_2O_3SiO_2$	ZnO	Al_2O_3
结晶结构	立方	六方	—	单斜	六方	斜方	六方	六方
长度/μm	10～100	5～200	5～20	10	10～100	200～300	2～5	1～10
直径/μm	0.1～1	0.1～1.6	0.05～0.3	10～100	5～30	3～10	0.2～3	1～10
密度/(g/cm^3)	3.2	3.2	2.0	4.5	3.3	3.6	5～8	4.0
拉伸强度/GPa	14	14	2.5	—	3～5	1～8	—	2
拉伸模量/GPa	400～700	380	250	430	280		—	430
膨胀系数/$10^{-6}℃^{-1}$	4.0	3.0	2.0	8.6	6.8	5.5	4	8.6
耐热温度/℃	1600	1700	—	1200	2800		1720	2040

8.3.2.3　高分子基纳米复合材料（纳米塑料）

纳米复合材料是含尺寸为 1～100nm 增强体（纳米材料）的复合材料。纳米材料的基本
特征有体积效应、表面效应和宏观量子隧道效应。纳米材料的体积效应是指当纳米粒子的尺
寸与传导电子的德布罗意波长或超导态的相干波长相当或更小时，其周期性的边界条件将被
破坏。纳米材料的表面效应是指纳米粒子的表面原子与总原子数之比随粒径变小而增大并引
起材料物理化学性质的变化。纳米材料的宏观量子隧道效应是指纳米粒子的磁化强度也具隧
道效应，即它们可以穿越宏观系统的势垒而产生变化。纳米塑料是含纳米增强剂的塑料，在
塑料中加入纳米粒子或纳米纤维如纳米碳管，可在不降低塑料的透明性和韧性的同时提高塑
料的力学性能、耐热性、阻燃性、阻隔性和摩擦性能。将不同的纳米粒子复合使用还可以制
备功能纳米塑料。导电纳米塑料的导电阈值比一般颗粒填充的导电塑料要小。用 TiO_2、
Fe_3O_2、ZnO 等纳米粒子制备的半导体纳米塑料具有很好的静电屏蔽性能。纳米 WO_3 与聚
苯胺复合具有光致变色性。纳米 Al_2O_3 与橡胶复合可以提高橡胶的耐磨性。纳米 SiO_2/环
氧树脂具有较好的抗老化性能。纳米塑料的制备方法有溶胶-凝胶法、插层复合法和原位复

合法。根据形态，高分子纳米复合材料可分为填充型、互穿网络型、二维插层型、主体-客体（三维）型、金属核型五类。填充型纳米复合材料是将纳米粒子或纳米管和高分子直接复合，但为了改善界面，需要对纳米粒子进行表面改性。

（1）互穿网络型纳米复合材料　纳米粒子和高分子可序列或同时形成互穿网络，产生的复合材料在微观上是相分离的，但在宏观上是均匀的。商品化的双官能团分子 GLYMO 或 MEMO 的结构为：

GLYMO　　　　　　　　MEMO

所含的双键或环氧基团的聚合可产生含硅氧烷侧基的高分子链（organic backbone），而硅氧烷基可与无机物反应产生含双键侧基的无机主链（inorganic backbone）：

含硅氧烷侧基的高分子链　　　　　　含双键侧基的无机主链

进一步反应（硅氧烷基与无机物，双键与有机物）可生成网络结构的纳米复合材料。

（2）二维插层型纳米复合材料　可用于高分子插层的层状晶体有石墨、石墨氧化物、黏土和层状硅酸盐、$(PbS)_{1.18}(TiS_2)$、MoS_2、$Zr(HPO_4)$、$M_6Al_2(OH)_{16}CO_3 \cdot nH_2O(M=Mg,Zn)$。蒙脱石是一种层状硅酸盐，其化学式为 $M_x(Al_{4-x}Mg_x)Si_8O_{20}(OH)_4$，M＝单价阳离子，$x=0.5\sim1.3$，可吸收 $20\sim30$ 倍自身体积的水或极性液体而溶胀。蒙脱石的晶体结构属于 2∶1 型层状硅酸盐，其结晶点阵由二维层组成，在硅氧四面体中夹杂中心为铝或镁的八面体。一些可聚合的单体能渗透进入蒙脱石层间，聚合而成二维纳米塑料，分插层型和剥离型。插层型纳米塑料保持了层状硅酸盐和石墨原有的层状结构。剥离型纳米塑料则在插层过程中，可聚合的单体使层状硅酸盐的层间距变大并剥离成纳米级片状单元分散在基体中，实现在纳米尺度上的均匀混合。

尼龙 6/蒙脱石纳米复合材料的制备采用插层复合法，即将己内酰胺单体分散并插层进入蒙脱石的层内原位聚合（图 8-26）。尼龙 6/蒙脱石纳米复合材料的性能见表 8-15。与尼龙 6 相比，力学性能和耐热性能有大幅度提高。

表 8-15　尼龙 6/蒙脱石纳米复合材料的性能

性　能	尼龙 6	尼龙 6/蒙脱石纳米复合材料	性　能	尼龙 6	尼龙 6/蒙脱石纳米复合材料
蒙脱石含量/%	0	5	拉伸强度/MPa	$75\sim85$	$95\sim105$
特性黏度/(cm^3/g)	$2.0\sim3.0$	$2.4\sim3.2$	弯曲强度/MPa	115	$130\sim160$
熔点/℃	$215\sim225$	$213\sim223$	弯曲模量/GPa	3.0	$3.5\sim4.5$
伸长率/%	30	$10\sim20$	冲击强度/(J/m)	40	$35\sim60$
			热变形温度/℃	65	$135\sim160$

（3）主体-客体（三维）型纳米复合材料　沸石和分子筛具有三维孔结构。将单体或聚合物插层至无机孔结构中可制备主体-客体纳米复合材料（图 8-27）。

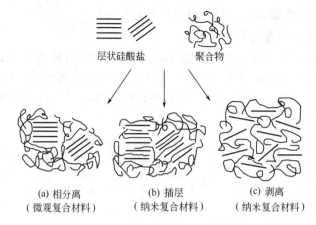

(a) 相分离　　　　　(b) 插层　　　　　(c) 剥离
（微观复合材料）　　（纳米复合材料）　　（纳米复合材料）

图 8-26　尼龙 6/蒙脱石插层聚合过程

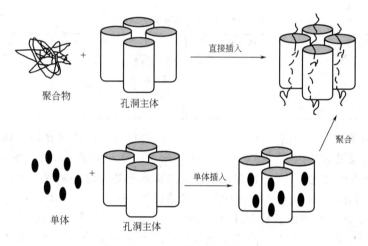

图 8-27　主体-客体纳米复合材料

（4）金属芯型纳米复合材料　通过金属离子（如铁和钌）与含可聚合官能团的配体的配位络合反应可制备金属芯高分子的纳米复合材料：

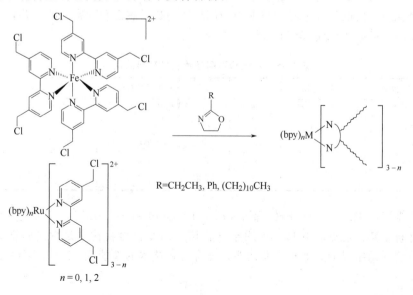

R=CH₂CH₃, Ph, (CH₂)₁₀CH₃

$n = 0, 1, 2$

8.3.3 玻璃钢和短纤维增强复合材料（常用复合材料）

8.3.3.1 玻璃纤维及其复合材料

玻璃纤维增强的高分子基复合材料称为玻璃钢，为常用复合材料。玻璃纤维主要由 SiO_2 组成，见表 8-16。E-玻璃纤维（无碱）具有较高的强度和模量，是一种通用的玻璃纤维，其力学性能见表 8-17。C-玻璃纤维是耐腐蚀性的玻璃纤维，强度相对较低。S-玻璃纤维具有高模量，但其价格也高。

表 8-16 玻璃纤维的组成

组　成	E-玻璃纤维	C-玻璃纤维	S-玻璃纤维	组　成	E-玻璃纤维	C-玻璃纤维	S-玻璃纤维
SiO_2	52.4	64.4	64.4	Na_2O,K_2O	0.8	9.6	0.3
Al_2O_3,Fe_2O_3	14.4	4.1	25.0	Ba_2O_3	10.6	4.7	—
CaO	17.2	13.4	—	BaO		0.9	—
MgO	4.6	3.3	10.3				

表 8-17 E-玻璃纤维的力学性能

性　能	E-玻璃纤维	性　能	E-玻璃纤维
强度/9.8MPa	312	体积电阻率/$\Omega\cdot cm$	1.2×10^{15}
模量/9.8MPa	7300	表面电阻率/Ω	2.2×10^{14}
密度/(g/cm^3)	2.57	电气强度/(kV/mm)	12.8
介电常数	6.6		

玻璃钢有很多种类且应用广泛。用 $20\%\sim40\%$ 的短玻璃纤维可使树脂的强度和刚性提高 2 倍，而用连续玻璃纤维可以提高 4 倍。除了增加强度和模量，玻璃纤维还可改善树脂的耐热性（提高热变形温度）、尺寸稳定性和减少热膨胀系数和蠕变速率。片状模塑料（sheet molding compound，SMC）是无规取向的短玻璃纤维（25mm，纤维含量 $15\%\sim30\%$，其性能见表 8-18）、单向取向的长玻璃纤维（$200\sim300$mm，纤维含量可达 65%）、单向或交叉取向（XMC，纤维含量可达 80%）连续玻璃纤维的不饱和聚酯或酚醛树脂的片材。团状模塑料（bulk molding compound，BMC）的组成与 SMC 类似，但不是片材而是团状（球状）。玻璃钢筋（C-筋）可以取代环氧树脂涂层的钢筋。C-筋的芯由对苯二甲酸树脂浸润的单向玻璃纤维组成，C-筋的外层由不饱和聚酯涂层的单向玻璃纤维毡和短玻璃纤维组成，基体树脂是聚氨酯改性的乙烯基酯。与钢筋相比，C-筋是无磁性和耐腐蚀的，并且与水泥的热膨胀系数适应，可应用于建筑行业。

表 8-18 不饱和聚酯基片状模塑料的性能

玻璃纤维含量/%	15	20	30	玻璃纤维含量/%	15	20	30
拉伸强度/MPa	42	56	70	吸水率/%	0.75	0.75	0.75
弯曲强度/MPa	112	127	141	收缩率/%	0.1	0.1	0.1
压缩强度/MPa	141	169	197	热变形温度/℃	202	202	202
悬臂梁缺口冲击强度/(J/m)	38	65	87	氧指数	34	32	28
密度	1.75	1.77	1.80				

玻璃纤维毡增强的热塑性片材（glass mat thermoplastics，GMT）是玻璃纤维毡和聚丙烯的复合材料，其性能见表 8-19。可用于铁轨枕木的复合材料枕木是由高密度聚乙烯（回收料）和玻璃纤维组成的。老化实验证明，复合材料枕木的性能到 15 年后下降 25%，而木枕木下降 50%。

表 8-19　GMT 的性能

玻璃纤维含量/%	30	40	玻璃纤维含量/%	30	40
拉伸强度/MPa	80	90	缺口冲击强度/(J/m)	600	650
拉伸模量/GPa	55	70	热变形温度/℃	160	160
弯曲强度/MPa	125	140	热膨胀系数/$10^{-5}K^{-1}$	2.7	2.7
弯曲模量/GPa	4.5	5.5	模压收缩率/%	0.2～0.3	0.2～0.3

8.3.3.2　短碳纤维增强复合材料

短聚丙烯腈基和沥青基碳纤维增强热塑性复合材料的拉伸强度、拉伸模量、弯曲强度和弯曲模量与碳纤维的体积分数（V_f）呈线性关系（例如短碳纤维增强聚醚醚酮复合材料的力学性能，见表 8-20），可用下式描述：

$$P_c = P_m + \alpha V_f$$

式中，P_c 和 P_m 分别为复合材料和树脂基体的力学性能；α 是与纤维长度及其分布、取向分布以及纤维与基体界面黏合性有关，反映纤维增强效率的因子。α 越大，说明纤维的增强效率越高。

表 8-20　短碳纤维增强聚醚醚酮复合材料的力学性能

碳纤维含量/%	拉伸强度/MPa	拉伸模量/GPa	断裂伸长率/%	弯曲强度/MPa	弯曲模量/GPa	缺口冲击强度/(kJ/m²)
0	98	4.3	11.0	160	3.6	8.5
10	171	10.9	3.7	230	6.3	9.7
20	181	13.1	2.0	246	8.0	10.4
30	231	24.5	1.7	275	11.8	11.2

短碳纤维或短玻璃纤维复合材料在注射成型的取向呈分层结构，即皮层、芯层和中间层。纤维在不同层的取向源于充模过程的分枝、汇合、拉伸和剪切流动。除了分枝流动造成纤维垂直于流动方向取向外，其他流动方式均使纤维平行于流动方向取向。分层结构随碳纤维含量的提高而更明显。

8.3.3.3　增韧增强复合材料

一般情况下，在橡胶增韧塑料的同时，塑料的刚性降低。而在纤维增强塑料的同时，塑料的韧性降低。同时使用橡胶增韧剂和纤维增强体，可制备既增韧又增强的高分子复合材料。马来酸酐接枝的氢化苯乙烯-丁二烯-苯乙烯三嵌段共聚物（SEBS-g-MA）是一种反应性橡胶，其马来酸酐可与聚酰胺发生化学反应，用 SEBS-g-MA 可增韧聚酰胺。当 SEBS-g-MA 含量为 2.5%～10% 时，阻止裂纹增长和提高冲击强度的作用就很明显。用玻璃纤维可增强聚酰胺 66。SEBS-g-MA/聚酰胺 66/玻璃纤维复合材料达到同时增韧和增强的效果。用玻璃纤维或碳纤维增强橡胶增韧的效果对很多热塑性树脂都有效。

8.3.4　先进复合材料

8.3.4.1　碳纤维及其复合材料

碳纤维是由＞90% 碳元素组成的纤维增强体。根据所用原料，碳纤维可分为聚丙烯腈基、沥青（稠芳环碳氢化合物）基和黏胶（一种纤维素纤维）基。聚丙烯腈基碳纤维具有高强度，沥青基碳纤维具有高模量，黏胶基碳纤维则具有相对低的力学性能和低价格。聚丙烯腈基和沥青基碳纤维的力学性能见表 8-21 和表 8-22，其中 T 为高强型碳纤维，M 为高模型碳纤维，MJ 为高强高模型碳纤维，P 为沥青基碳纤维。碳纤维制备的温度和张力对碳纤维的结构与性能有很大的影响。一般来说，温度越高，碳纤维的晶体结构越完善，碳纤维的模量越高。张力越大，碳纤维的取向结构越大，强度越大。

表 8-21　聚丙烯腈基碳纤维的力学性能

聚丙烯腈基碳纤维	拉伸强度/GPa	拉伸模量/GPa	断裂伸长率/%	密度/(g/cm³)
T300	3.53	235	1.50	1.76
T400H	4.50	250	1.80	1.80
T800	5.59	294	1.90	1.80
T1000	7.06	294	2.40	1.81
M40	2.70	390	0.70	1.81
M46	2.50	450	0.60	1.88
M50	2.40	490	0.50	1.91
M40J	4.40	390	1.10	1.77
M46J	4.20	450	0.90	1.84
M50J	4.00	490	0.80	1.87
M60J	3.80	590	0.70	1.94

表 8-22　沥青基碳纤维的力学性能

性　　能	P-25	P-55	P-75	P-100	P-120
拉伸强度/GPa	1.4	2.1	2.0	2.2	2.2
拉伸模量/GPa	1.4	380	500	690	820
伸长率/%	1.0	0.5	0.4	0.3	0.2

　　聚丙烯腈基碳纤维的制备要经历丙烯腈和其他单体的共聚合、纺丝、预氧化处理、碳化（石墨化）和表面处理。在聚丙烯腈的预氧化过程中，线型的聚丙烯腈转变为梯形的芳环结构。在碳化和石墨化过程中，非碳原子（H，N，O）都要被除掉，完成从有机聚合物纤维向无机聚合物纤维的转变：

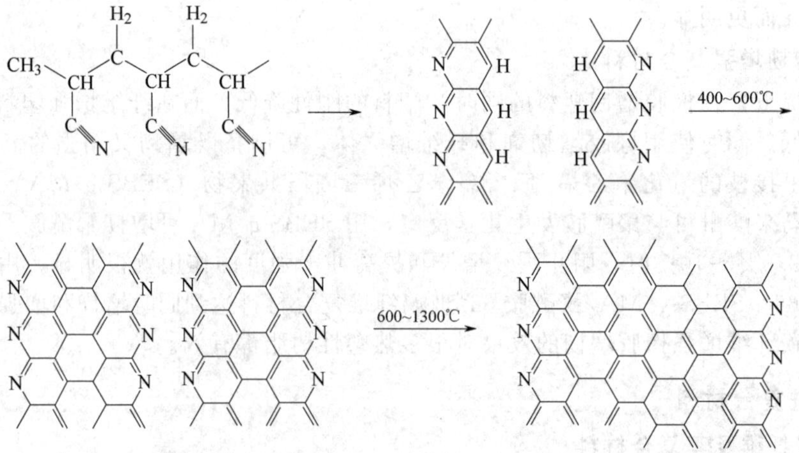

　　聚丙烯腈基碳纤维的聚集态结构由两相组成：①取向度大，微晶大，位于纤维的外层；②取向度小，微晶小且含有大量孔隙，位于纤维芯部（图 8-28）。

　　沥青基碳纤维的制备要经历沥青调制、熔融纺丝、不融化处理、炭化（石墨化）和表面处理。沥青的来源有煤沥青和石油沥青，有各向同性和各向异性（中间相）沥青，中间相沥青具有液晶态。对沥青原料的基本要求是芳烃含量高和相对分子质量分布窄。

各向同性沥青只能生产通用型碳纤维。中间相沥青可生产高性能碳纤维。沥青基碳纤维的直径比聚丙烯腈基碳纤维的要大，可以制备非圆型截面（如 C 形、星形等）碳纤维。中间相沥青碳纤维具有各向异性沥青和聚丙烯腈碳纤维所没有的微区单元（domain units）结构（图 8-29）。

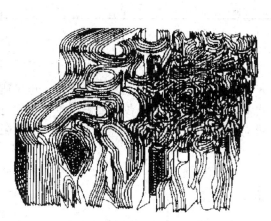

图 8-28　聚丙烯腈基碳纤维的结构

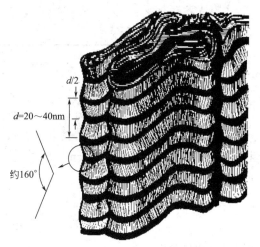

图 8-29　中间相沥青碳纤维的结构

高性能、轻质化（节能）和低成本是碳纤维复合材料应用的推动力。碳纤维复合材料应用的第一阶段是在高尔夫球棒柄、网球拍、钓鱼竿等具有高附加值市场的体育运动器材；第二阶段是在航空航天等高技术领域的应用，如飞机的机翼和机身，在一定程度上忽略成本而追求精度和可靠性；第三阶段应用的目标是汽车这类代表大量生产商品化的市场，需特别强调成本同时保证可靠性。

8.3.4.2　碳化硅纤维及其复合材料

以二甲基二氯硅烷为原料脱氯得到聚二甲基硅烷，经裂解可制备聚碳硅烷纤维（图 8-30）。用电子束辐照处理聚碳硅烷纤维并碳化可得无氧碳化硅纤维（Hi-Nicalon）。用氧化处理聚碳硅烷纤维并碳化可得含氧碳化硅纤维（Nicalon）。两种碳化硅纤维的性能见表 8-23。与易氧化的碳纤维（在氧化气氛下 400℃ 开始氧化）相比，碳化硅纤维的耐高温抗氧化性能更好。

碳化硅纤维与环氧树脂层压板具有良好的层间剪切强度（和碳纤维复合材料相当），其力学和热学性能见表 8-24。

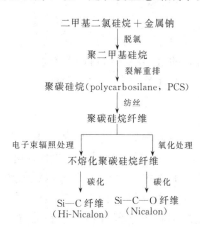

图 8-30　碳化硅纤维的制备工艺

表 8-23　碳化硅纤维的性能

性　　能	Nicalon	Hi-Nicalon	Hi-Nicalon（高模量型）
纤维直径/μm	14	14	12
密度/(g/cm³)	2.55	2.74	3.10
拉伸强度/GPa	3.0	2.8	2.8
拉伸模量/GPa	220	270	420
伸长率/%	1.4	1.0	0.6

表 8-24　碳化硅纤维与环氧树脂层压板的性能

性能	数值	性能	数值
密度/(g/cm³)	2.0	压缩强度/GPa	1.76
拉伸强度/GPa	1.47	热膨胀系数/℃⁻¹	
拉伸模量/GPa	127.4	(0°方向)	2.6×10^{-4}
弯曲模量/GPa	117.6	(90°方向)	2.0×10^{-4}
层间剪切强度/MPa	120	冲击能/(kJ/m²)	254.8

8.3.5　功能复合材料

8.3.5.1　导电复合材料

物质的导电性是由于物质内部存在的载流子（带电粒子）包括正离子、负离子、电子或空穴的移动引起的，可用电导率或电阻表示。电导率（σ）定义为单位截面积，单位长度电阻的倒数。电导率的单位是 S/cm，$S\equiv\Omega^{-1}$。欧姆定律表达了电流（I）、电压（U）和电阻（R）的关系：

$$I=\frac{U}{R}$$

欧姆定律的微分形式：

$$J=\sigma E$$

式中，J 是电流密度；E 是电场强度。材料的电阻率（ρ）与电阻（R）、材料的截面积（S）和材料的长度（L）的关系：

$$\rho=\frac{RS}{L}$$

材料的电导率与材料内所有载流子（电荷的载体）的浓度（n）、载流子的电荷量（q）和载流子的迁移率（μ）成正比：

$$\sigma=\sum n_i q_i \mu_i$$

多数塑料是电绝缘体，其体积电阻为 $10^{12}\sim10^{15}\ \Omega/cm^3$。当导电相物质分散在聚合物基体中生成填充型聚合物基导电复合材料。填充型聚合物基导电复合材料可分为四类：①在非导电聚合物（也可以是共混物或 IPN）中添加无机导体，如碳纤维、石墨、炭黑或添加金属纤维、粉末、导电金属氧化物；②由低相对分子质量有机导体贯穿聚合物中组成的网状掺杂聚合物；③在非导电聚合物中添加混杂填料（无机导体和金属纤维、粉末或导电金属氧化物）；④π共轭聚合物（半导电）中添加无机导体或金属。研究发现，填充型导电塑料中填料与填料之间的距离必须＜10nm（阈值），即要有足够多的导电性填料形成网链才能起到导电作用。当填料含量低于阈值时，塑料不导电。图 8-31 为碳纤维含量对环氧树脂基导电塑料导电性的影响。当碳纤维含量≤5％时复合材料是不导电的，＞5％是导电的。

相变如结晶性高分子材料和导电填料的熔融可导致在填充型导电塑料出现正温度系数（positive temperature coefficient，PTC）或负温度系数（negative temperature coefficient，NTC）的电阻-温度特征（图 8-32）。所谓 PTC 效应，即随温度增加，电阻成倍增加，导电性下降。所谓 NTC 效应，即随温度增加，电阻成倍降低，导电性提高。

（1）导电相填料的影响

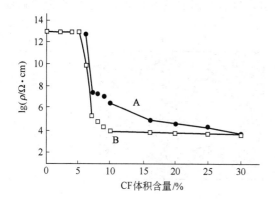

图 8-31　碳纤维含量对环氧树脂基
导电复合材料导电性的影响
（A 为正常样品；B 为 A 样品经 500V 高压处理）

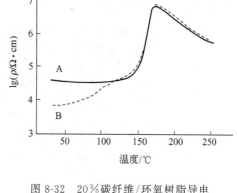

图 8-32　20％碳纤维/环氧树脂导电
复合材料的 PTC 和 NTC 效应
（A 为 20％碳纤维/环氧树脂导电复合材料，
B 为 A 样品经 500V 高压处理）

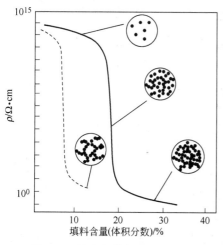

图 8-33　导电相填料含量的影响

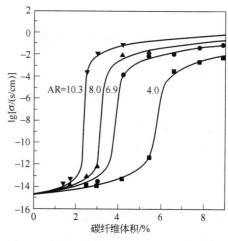

图 8-34　碳纤维长径比对导电性的影响

① 填料含量和连通性的影响　填料含量和连通性的影响见图 8-33。网络结构比分散结构的连通性高，导电效果好。

② 填料长径比对导电性的影响　填料长径比对导电性的影响见图 8-34。填料含量（导电阈值）和长径比的关系见图 8-35。相同含量时，纤维比颗粒的连通性高，导电效果好（图 8-36）。

（2）导电机理和理论　导电渗逾理论描述填料含量对导体-绝缘体转变现象的影响：

$$\sigma(P) \propto (P - P_c)^n$$

式中，σ 为导电性；P 为导电填料的体积浓度；P_c 为临界导电簇（网络结构）形成的填料体积浓度；n 为临界指数（标度指数），上式取对数可求得 n。当

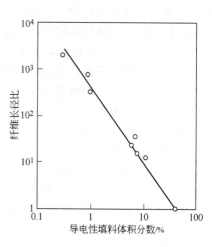

图 8-35　填料含量和长径比的关系

导电填料的含量达到 P_c 时，形成导电网络通道，复合材料具有导电性。P_c 被称为渗逾阈值（percolation threshold）。

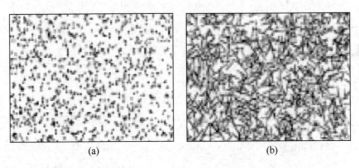

图 8-36　相同含量（10％）时颗粒和纤维复合材料的连通性

8.3.5.2　导热复合材料

材料的热导率公式为：

$$q = -k \frac{dT}{dx}$$

式中，q 为热流，W/m^2；k 为热导率，$W/m \cdot K$；dT/dx 是温度梯度。

热扩散率公式为：

$$q = -\alpha \frac{dU}{dx}$$

式中，α 为扩散率，m^2/s；dU/dx 为能量梯度。

k 和 α 的关系为：

$$\alpha = \frac{k}{\rho \times C_p}$$

式中，ρ 为密度；C_p 为热容。

金属材料中含有大量的自由电子，其热传导是通过电子完成的。非金属固体材料的热传导主要是通过晶格振动的格波（声子）完成的。高分子材料的热传导率较低，可加入热导率高的填料，如金属或碳材料制备导热复合材料（图 8-37）。导热复合材料的制备和导电复合材料是一样的，但填料含量对热导率的影响与填料含量对电导率的影响有很大不同：①不存在渗逾阈值；②热导率的提高幅度远小于电导率。根据填料的导电性，可将填料分为导热绝缘材料（如 Al_2O_3、ZnO、AlN 等）和导热、导电材料（如 Al、Ag、石墨等）。一些填料和高分子基体的热传导率见表 8-25。根据 Bruggeman 公式，复合材料热导率（λ_c）的计算如下：

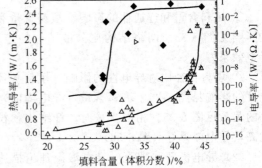

图 8-37　Al 纤维含量对 PBT 导热性和导电性的影响

$$1 - \phi = \left(\frac{\lambda_0}{\lambda_c}\right)^{1/3} \frac{\lambda_c - \lambda}{\lambda_0 - \lambda}$$

式中，ϕ 是导热填料的体积分数；λ 是导热填料的热导率；λ_0 是高分子的热导率。

表 8-25　一些填料和高分子基体的热导率　　　　单位：W/(m·K)

金 属 材 料	热率率	陶瓷材料	热率率	高分子材料	热率率
Ag	450	Al_2O_3	35	聚乙烯	0.4
Al	300	BeO	220	聚丙烯	0.12
Cu	483	SiC	95	聚苯乙烯	0.12
Fe	134	硅玻璃	2	聚四氟乙烯	0.24
Ge	60	SiO_2	1.5	聚酰胺	0.24
Mg	170	AlN	320	有机硅	0.16
Ti	30	ZnO	25	PBT	0.22
碳钢	50	C-BN	600	芳纶	0.04
不锈钢	15	石墨	600	环氧树脂	0.20
		碳纤维	24～105	聚氨酯	0.33
		玻璃纤维	1.04		
		硅灰石	0.82		
		$CaCO_3$	2.7		
		云母	2.5		
		滑石粉	2.09		

8.3.5.3　磁性复合材料

表征磁性材料的参数有：磁化率 $\chi = \mu_r - 1$，μ_r 是相对磁导率；磁化强度 $M = \chi H$，H 是磁场强度。一般磁性材料是指在常温下表现为铁磁性的材料。第一代铁磁性材料的电子自旋源于金属或金属离子的 d 或 f 电子轨道，有铁、钴、镍和它们的合金（Fe-P、Fe-Co、Fe-Si、Fe-Ni、不锈钢）以及 3d 氧化物，如天然磁石的主要成分为四氧化三铁，磁带用磁记录材料是 γ-三氧化二铁，铁在 3d 轨道含未填满的电子，其直流磁滞回线（direct current hysteresis loop）见图 8-38。其中，B_r 为剩余磁感应强度；B_{max} 为饱和磁感应强度；H_c 为矫顽力（对应于为消除剩余磁感应强度而需要的反向磁场强度）。软磁性材料是矫顽力（$H_c < 0.8kA/m$）很低的磁性材料，当材料在磁场被磁化，移出磁场后磁性全部或大部分消失。当软铁磁性样品（点 0 处）受到正的外磁场强度 H 时产生内磁场（磁感应强度为 B）。当 H 增加，给出第一条磁化曲线（OC 线）。当 H 增加，样品达到最大磁感应强度时（点 C），此时的磁感应强度为 B_{max}。当 H 逐渐减小至 0，有两种情况：①$B=0$；②维持一定的磁感应强度 B_r。纯铁的磁滞回线见图 8-39，$H_c = 1.5kA/m$。第二代铁磁性磁性材料有无定形材料

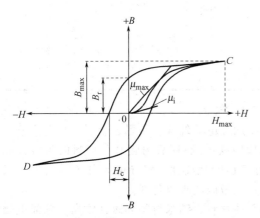

图 8-38　磁性材料的磁滞回线

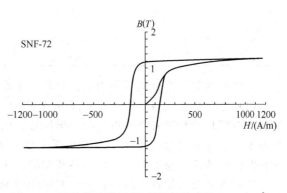

图 8-39　纯铁的磁滞回线（纯铁的密度为 $7.2g/cm^3$）

［Fe-B-Si-M(M＝Co，Ni) 合金］和高电阻结晶材料（Fe-Mo-Si-Mn-M 合金），并用绝缘的无机物涂层。

工业上用于磁性高分子复合材料的磁体材料主要有三类：铁氧体、稀土-钴永磁体和铝镍钴磁铁。铁氧体的种类有钴铁氧体、铁铁氧体、钡铁氧体和锶铁氧体等。钡铁氧体和橡胶复合的磁性橡胶已广泛应用于磁性密封。锶铁氧体和塑料复合的磁性塑料则广泛应用于机电设备的磁性元件。稀土-钴磁体和塑料复合的磁性塑料可应用于小型电子设备的磁性元件。磁性记录材料（磁带、磁盘、磁卡等）是在各种底材上涂覆磁性涂料制成的，磁性涂料由磁粉、高分子成膜基料、助剂和溶剂组成。

8.3.5.4 吸波（隐身）复合材料

隐身技术（stealth technology）是使军事目标的各种探测的目标特征减少或消失的技术，有分光、雷达或微波、红外、激光和声隐身技术，其相应隐身技术而使用的材料为隐身材料。雷达是利用电磁波发现目标并测定位置的仪器，工作波段处在微波（表 8-26）。微波的波长范围为 1mm～1m，相应的频率范围为 0.3～300GHz。雷达吸收材料也称为微波吸收材料（吸波材料）。对吸波材料的要求是在微波波段的反射系数（reflection coefficient，R）低。电磁辐射的反射系数 $R(dB)$：

$$R = 20\lg \left| \frac{Z_{in} - Z_0}{Z_{in} + Z_0} \right|$$

$$Z_0 = \sqrt{\frac{\mu_0}{\varepsilon_0}}$$

$$Z_{in} = \sqrt{\frac{\mu_0 \mu}{\varepsilon_0 \varepsilon}} \tanh(2\pi f \sqrt{\mu_0 \mu \varepsilon_0 \varepsilon} d)$$

式中，Z_0 是自由空间的特征阻抗；Z_{in} 是自由空间和材料界面的输入阻抗；f 和 d 是电磁波的频率和材料的厚度；$\mu_0(=1)$ 和 μ 是自由空间和材料的磁导率；$\varepsilon_0(=1)$ 和 ε 是自由空间和材料的介电常数。

表 8-26 微波常用波段代号

波段代号	波长/cm	频率/GHz	波段代号	波长/cm	频率/GHz
P	30～130	0.23～1	Ka	0.75～1.13	26.5～40
L	30～35	1～2	U	0.5～0.75	40～60
S	7.5～15	2～4	E	0.33～0.5	60～90
C	3.75～7.5	4～8	F	0.215～0.33	90～140
X	2.4～3.75	8～12.5	G	0.136～0.215	140～220
Ku	1.67～2.4	12.5～18	R	0.09～0.136	220～325
K	1.13～1.67	18～26.5			

导电材料和磁性材料可作为吸波材料，主要有两类。

（1）介电吸收材料　即通过在高分子基体中添加导电碳纤维、炭黑、金属、导电高分子材料等电损耗性物质来降低雷达的入射能量。例如磁铁纤维/环氧树脂复合材料的吸波性能见图 8-40，磁铁纤维为 20%（体积分数）时具有最佳的吸波性。将导电高分子材料与无机磁损耗物质或超微粒子复合，是一种新型的轻质宽频带微波吸收材料。

（2）电磁吸收材料　即在高分子基体中添加手性材料、纳米材料和磁性物质，依靠电磁作用来降低雷达的入射能量。

手性是指物体与其镜像不存在几何对称性，而且通过平移和旋转都不能使物体与其镜像相重合。手性材料能够减少入射电磁波的反射并能吸收电磁波，有两个优势：一是调整手性参数比调节介电常数和磁导率更容易，绝大多数吸波材料的介电常数和磁导率很难满足宽频带的低反射要求；二是手性材料的频率敏感性比介电参数和磁导率小，易于拓宽频带。手性材料在实际应用中主要可分为本征手性材料和结构手性材料，前者自身的几何形状（如螺旋线等）就使其成为手性物体，后者是通过其各向异性的不同部分形成一定角度关系而产生手性行为使其成为手性材料。近来的研究证明，纳米材料也具有好的吸波特性。多晶铁纤维吸收剂可在很宽的频带内实现高吸收效果，是一种轻质的磁性雷达涂层。

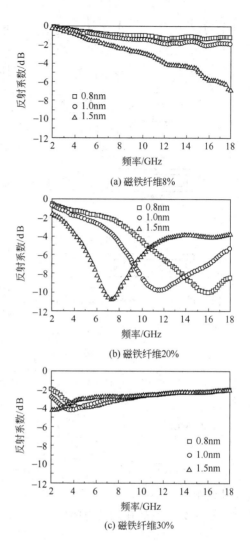

(a) 磁铁纤维8%

(b) 磁铁纤维20%

(c) 磁铁纤维30%

图 8-40　磁铁纤维/环氧树脂复合材料的吸波性能

8.3.5.5　光功能复合材料

（1）高分子分散液晶　高分子分散液晶（polymer dispersed liquid crystals，PDLC）和高分子稳定液晶（polymer stabilized liquid crystals，PSLC）是具有光功能、含小分子液晶的高分子基复合材料，可在电-光开关、平板显示器、光散射材料等领域应用。

高分子分散液晶是将少量液晶（约 40%）分散（镶嵌）在透明的高分子连续相中，主要有两种制备方法：胶囊法和相分离法。胶囊法是把乳化的液晶分散在水溶性聚合物水溶液，然后干燥而成。相分离法包括溶剂诱导相分离、热诱导相分离和聚合诱导相分离。溶剂诱导相分离（solvent induction phase separation，SIPS）是将液晶和高分子溶解在共溶剂中，控制溶剂的蒸发导致相分离。热诱导相分离（thermal induction phase separation，TIPS）是将液晶加热溶解在高分子熔体中，冷却中液晶和高分子发生相分离或将液晶和高

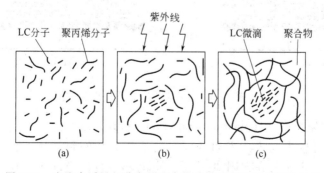

图 8-41　光聚合诱导相分离的聚合物分散液晶微珠的形成机理

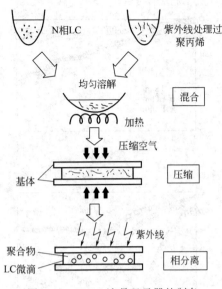

图 8-42　PDLC 液晶显示器的制备

分子溶解在共溶剂中，蒸发中液晶和高分子发生相分离。聚合诱导相分离（polymerization induction phase separation，PIPS）是将液晶溶解到单体中，在单体聚合（热聚合或光聚合）转变成高分子的过程中液晶和高分子发生相分离（图 8-41）。

高分子分散液晶具有高的发光效率，它的应用有：①薄膜晶体管（液晶显示，liquid crystal display，LCD）；②光可加工的空间光调制器（spacial light modulator，SLM）。PDLC 薄膜镶嵌在两个电极（用于液晶显示器）或两个基质（用于光调制器）之间的制备见图 8-42。

（2）高分子稳定液晶　高分子稳定液晶（polymer stabilized liquid crystals，PSLC）是将少量交联的高分子（约 5%）分散到大量液晶连续相中。高分子所用的单体多采用可光聚合的双官能团单体：

$$CH_2=CHCOO(CH_2)_6O-\langle\rangle-\langle\rangle-O(CH_2)_6OOCCH=CH_2$$

$$CH_2=CHCOO(CH_2)_3O-\langle\rangle-\overset{O}{\overset{\|}{C}}-O-\langle\rangle\overset{CH_3}{}-O-\overset{O}{\overset{\|}{C}}-\langle\rangle-O(CH_2)_3OOCCH=CH_2$$

$$CH_2=CHCOO(CH_2)_6O-\langle\rangle-\overset{O}{\overset{\|}{C}}-O-\langle\rangle-\langle\rangle-O-\overset{O}{\overset{\|}{C}}-\langle\rangle-O(CH_2)_6OOCCH=CH_2$$

$$CH_2=CCH_3COO(CH_2)_6O-\langle\rangle-\overset{O}{\overset{\|}{C}}-O-\langle\rangle-\langle\rangle-O-\overset{O}{\overset{\|}{C}}-\langle\rangle-O(CH_2)_6OOCCH=CH_2$$

将单体溶解到液晶中，光聚合产生高分子网络并分散在液晶中（图 8-43）。PSLC 的优点是既保持了小分子液晶在光场下响应迅速，又具有高分子成膜性好、易加工的特点。

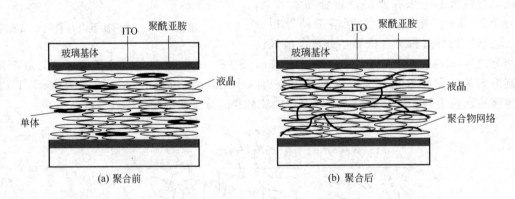

图 8-43　高分子稳定液晶的制备

8.3.5.6　高分子太阳能电池（plastic or polymer solar cells）

太阳能是以电磁辐射的方式发射的，辐射波长在紫外到红外区。太阳能常数是定量描述太阳能的参数，定义为在太阳-地球平均距离处的自由空间中太阳的辐射强度，数值为 $1353W/m^2$。材料受光照后发生电性能变化的现象为光电效应。太阳能电池发电的原理是基于太阳光与半导体材料的作用产生的光伏效应（photovoltaic，PV），即当光照射到半导体的 p-n 结上，在 p-n 结两端会出现电势差，p 区为正极，n 区为负极。太阳能电池是光电转换元件，由半导体材料、薄膜用衬底材料、减反射膜等组成。太阳光中包含了多种不同波长的光，当前的太阳能电池只能利用其中很少的一部分。太阳能电池使用半导体材料来吸收阳光中的光子，并将其转换成电流。每一种半导体只能吸收特定能量范围的光子，这个范围称为该材料的能隙。能隙越宽，电池的效率则越高。半导体中的载流子有带负电荷的电子和带正电荷的空穴。目前最好的无机太阳能电池（结晶硅、非结晶硅和无机盐如砷化镓和硫化铬）使用两种不同的半导体层来扩大其能量吸收范围，最多可以利用阳光能量的 30％。高分子太阳能电池是以具有光活性的高分子膜为基础构造的（图 8-44）。

图 8-44　高分子太阳能电池的结构

　　为了提高光电转换效率，光活性层具有由电子给体（p 结）的共轭高分子和具有电子受体（n 结）的富勒烯（C_{60}）的复合材料组成，形成本征杂化联结（bulk hereojunctions）。常用的共轭高分子有：聚 2-甲氧基-5-（$3'$,$7'$-二甲基-辛氧基)-1,4-对亚苯基乙烯（MDMO-PPV）、聚 3,4-乙烯基二甲噻吩（PEDOT）/聚苯乙烯磺酸（PSS）、聚三己基噻吩（P3HT）、聚 N-十二烷基-2,5-双（$2'$-噻蒽基）吡咯-2,1,3-苯并二偶氮噻吩（PTPTB）等和常用的富勒烯如 [6,6$'$] -苯基 C_{61} 丁酸甲酯（PCBM）等：

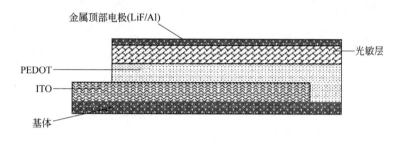

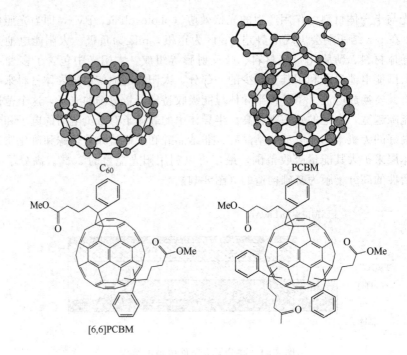

C_{60}

PCBM

[6,6]PCBM

光激发电子从共轭高分子向富勒烯转移的机理见图 8-45。电子给体（共轭高分子）的

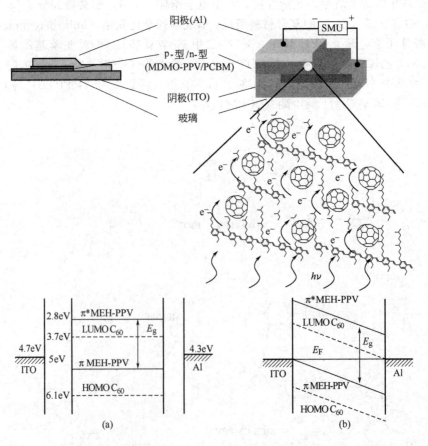

图 8-45　光激发电子从共轭高分子向富勒烯转移机理

激发态（HOMO）和基态（LUMO）分别比电子受体（富勒烯）的高，光激发的电子从共轭高分子向 C_{60} 转移。由于在电子给体和电子受体之间能形成很大的界面，有利于受光激发后促进电荷产生，并且由于电子给体和电子受体是双连续相（互穿网络），有利于电子的传输。目前高分子太阳能电池的转换效率仅达 3.2%，但通过和纳米单晶无机半导体 $CuInS_2$ 或 CdSe 复合，可提高太阳能电池的效率达 20%。

与无机太阳能电池相比，聚合物太阳能电池的光-电转换效率还不高。下述关键因素影响了聚合物太阳能电池的光-电转换效率。

（1）光子损失　在太阳能电池中最大光子流是 1.5～1.8eV，但共轭高分子的带隙是 2.0eV。

（2）激发子损失　有效的电子/孔穴分离或载体产生主要发生在给体/受体界面，而若激发子在其寿命期内不能到达给体/受体界面就不能对载体产生有贡献。此外给体和受体的 LUMO/HOMO 不足以克服激发子的键能（0.4～0.5eV）。

（3）载体损失　分离的电子和孔穴不能扩散和被相应的电极收集。新设计的用于太阳能电池的 BDBA 型嵌段共聚物的结构见图 8-46(a)，D 代表共轭的给体嵌段，具有与所需要的光子能量相匹配的能量带隙；A 代表共轭的受体嵌段，也具有和所需要的光子能量相匹配的能隙，两者的能量差足以克服激发子的键能；B 代表非共轭的柔顺链，能隙比 D 和 A 大，起连接 D 和 A 的桥梁和阻止电子/空穴重组。初级结构由非共轭的柔顺链连接共轭的给体嵌段和共轭的受体嵌段。二级结构类似于液晶态，三级结构为六角或柱状形态。一个实例见图 8-46(b)，D 是烷氧基 PPV（RO-PPV），A 是磺化（SF-PPV），B 是脂肪族二元胺。RO-PPV 的 LUMO/HOMO 为 $-2.7/-5.2$eV，SF-PPV 的 LUMO/HOMO 为 $-3.6/6.0$eV。

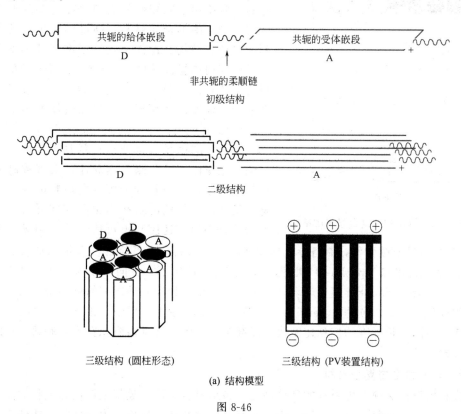

(a) 结构模型

图 8-46

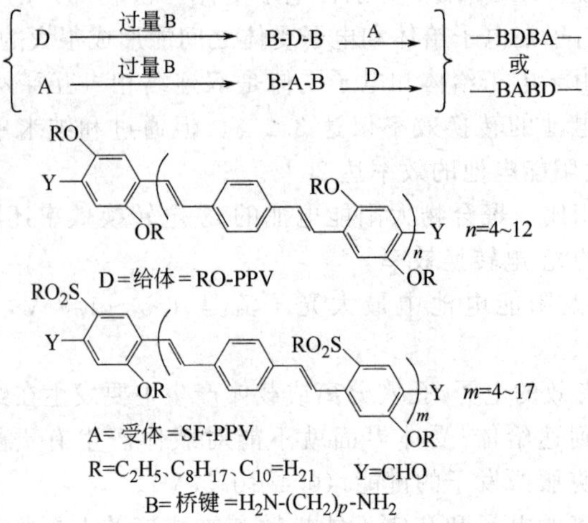

$$\left\{ \begin{array}{l} D \xrightarrow{\text{过量}B} B\text{-}D\text{-}B \xrightarrow{A} \\ A \xrightarrow{\text{过量}B} B\text{-}A\text{-}B \xrightarrow{D} \end{array} \right\} \begin{array}{l} -BDBA- \\ \text{或} \\ -BABD- \end{array}$$

D=给体=RO-PPV *n*=4~12

A=受体=SF-PPV

R=C₂H₅,C₈H₁₇,C₁₀H₂₁ Y=CHO

B=桥键=H₂N-(CH₂)ₚ-NH₂ *m*=4~17

(b) 实例

图 8-46 BDBA 型嵌段共聚物的结构模型与实例

8.3.5.7 梯度功能复合材料

梯度功能复合材料概念是在研制热应力缓和型航天材料中提出的，该航天材料的一侧要能耐高温（2000K）和耐氧化，另一侧要高强度和耐低温（液氢），而且材料还要承受因温差产生的巨大热应力。为了满足这些要求，在要求耐高温和氧化的一侧使用了陶瓷结构材料，在需要耐低温和强度的一侧使用了金属材料，通过结构控制技术使两侧的组分、结构、性能呈连续或准连续的变化，形成了梯度功能复合材料（图 8-47）。梯度功能复合材料的制备有两种类型：①构造型工艺，通过堆叠材料来产生梯度；②用质量、热和流体的传输在材料中产生梯度。

在许多应用场合都要求材料具有梯度功能，如一侧为绝缘体，另一侧为电导体。大多数高分子材料是绝缘体，添加碳纤维等导电填料的高分子复合材料是导体。环氧树脂在固化前和碳纤维混合，在不同的离心力（速度）下可使绝缘体和导体的结构

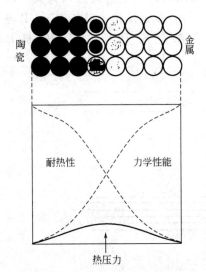

图 8-47 二元梯度功能复合材料的结构

（碳纤维含量）呈连续变化，制备导电梯度功能复合材料。碳纤维梯度含量的形成有两种机理（图 8-48）：①堆砌（packing）机理，即在离心力作用下，各向同性的纤维沿离心力方向移动，但在容器底部，纤维停止运动并堆砌，其结果是容器底部纤维的堆砌密度大于容器上部纤维的堆砌密度；②沉积（settling）机理，即在离心力作用下，由于纤维的质量不同，沉积的速度不同，长纤维的沉积速度快于短纤维，因此长纤维多沉积在容器底部，短纤维多沉积在容器上部。

8.3.5.8 环境和生物复合材料

现代材料设计必须考虑材料的环境性能（包括材料生产、焚烧或填埋和回收的能耗以及对环境影响的生态指数，是材料设计中除了基本物理和化学性质、力学性能、热性能、阻燃

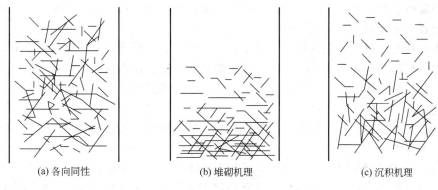

图 8-48　纤维梯度含量的形成机理

性、耐水、耐酸、耐碱和耐紫外线性的又一重要性能）和对材料进行生命周期评价（评价一个产品或服务体系在整个寿命期间的所有投入及产品对环境造成和潜在的影响），体现了人类社会对环境保护和可持续发展的重视和科学技术的进步。环境材料是日本山本良一教授于1992 年提出，定义为在材料生命周期（开采、制造、使用、废弃与回收过程）中具有资源和能源的消耗少，对生态环境的影响小，再生循环效率高，易生物降解的材料。环境材料综合了材料的三个主要特性：①材料性能的先进性，是环境材料应用的前提；②材料的环境性，在生产环节中对资源和能源的消耗少，工艺流程中有害排放少，废弃后易再生循环，即材料在制备、流通、使用和废弃的全过程中必须保持与生态环境的协调性，是环境材料的核心；③材料的舒适性，具有好的感官性质，是环境材料的附加特征。

　　环境复合材料是环境材料概念的扩展，具体如下。

　　（1）考虑生态平衡和循环回收利用复合材料　环境复合材料的循环回收利用的一个成功例子是将连续碳纤维增强的树脂基复合材料制成结构材料，然后依次为长纤维增强的汽车零部件、短纤维增强的头盔、颗粒料制成的电视机外壳应用。每种纤维形式的产品在使用 5～20 年后转入下一形式的产品得以回收再利用。最后通过干馏将其分解为石油产品和填料，成为新的连续纤维的高分子复合材料的原料。这就形成了一个完整的材料循环回收利用体系，从而减少了工业废料的产生。

　　（2）可生物或光降解复合材料　如填充型淀粉塑料是用天然淀粉（7%～30%）经处理后（表面由亲水变为疏水）和聚烯烃复合的生物可降解塑料。在聚烯烃/淀粉复合材料中引入不饱和烃聚合物、过渡金属盐和热稳定剂组成的促氧化母料，产生既可生物降解又可光氧化降解的双降解复合材料。

　　（3）多组分环境复合材料　如环境友好性制动复合材料。制动摩擦材料是多组分、多相复合材料（一般含 7～20 种原材料），由树脂基体、纤维增强体和填料组成，广泛应用于各类制动器如汽车制动器。目前应用最广的是酚醛树脂基制动摩擦材料，有半金属、无石棉有机（低金属、无金属）和半陶瓷三类，分别含钢纤维、芳纶、氧化铝、硅酸锆、硫酸钡、碳酸钙、石墨、三硫化二锑、橡胶和酚醛树脂等。在制动过程中，制动摩擦材料为了保护摩擦对偶（铸铁）不受或少受损伤，牺牲自己而被磨损，不可避免地产生磨屑（固体排放物）、发生摩擦化学反应（气体排放物和产生新物质，有些新物质可能有害人体健康）和摩擦噪声，造成环境污染和危害人体健康。目前，已研究了全部由天然植物纤维（大麻、黄麻、剑麻等）和颗粒（核桃壳、松子壳、腰果壳等）、天然矿物纤维（玄武岩）和颗粒（锆英石、重晶石、天然石墨、蛭石等）为组分的酚醛树脂基制动摩擦材料，产生的磨屑无毒或少毒，可生物降解或回归自然。

（4）固体废弃物的利用　煤矿石、粉煤灰、废轮胎、废塑料和薄膜等经过表面处理后都可以作为填料应用于环境复合材料。

（5）生物质复合材料　生物质是一类主要由纤维素、半纤维素和木质素组成的天然聚合物，是以二氧化碳通过光合作用产生的可再生资源如各种农作物秸秆、竹、木、麻等，能够在自然界被微生物或光降解。如大麻、黄麻、剑麻等天然植物纤维增强聚丙烯复合材料，可以制备头盔、汽车保险杠、座椅等。

生物复合材料是完全可生物降解的复合材料，由生物质如天然植物纤维（棉纤维、麻纤维等）或合成纤维如脂肪族聚酯和芳香/脂肪共聚酯纤维为增强体和生物降解聚合物如 CO 和 CO_2 树脂、脂肪族聚酯和芳香/脂肪共聚酯为基体组成。生物复合材料是复合材料发展的高级阶段，可以实现资源利用最小化、废弃物利用最大化、污染和排放最小化的目标。天然植物纤维来自自然资源，具有密度小、价格低、对人体健康无危害、可再生等优点，与可生物降解聚合物组成的生物复合材料具有广阔的发展前景。

环境和生物复合材料的重要应用领域之一是医用，即用于人体组织的修复、替换和人工器官的制造。按材料植入体内后引起的组织-材料反应可分为生物惰性、生物活性和可吸收的医用高分子复合材料。表 8-27 列出了部分医用复合材料的组成和用途。长干骨的拉伸强度为 120～150MPa，压缩强度为 160～220MPa，拉伸模量为 18～20GPa，因此对人工长干骨的力学性能要求很高。采用碳纤维特殊铺层（单向碳纤维芯层、碳纤维束双向外层）的聚砜复合材料可制备人工骨关节柄。用合成的羟基磷灰石与聚乙烯或聚砜复合可制备生物活性复合材料植入物，能与骨形成化学键结合。聚羟基乙酸纤维增强的聚羟基乙酸板（自增强复合材料）的弯曲强度达 300MPa，可用于骨折固定材料。聚羟基乙酸纤维增强的左旋聚乳酸复合材料可用于骨固定板、骨螺钉和人工尿道。作为人工齿材料的高分子复合材料是以双酚A甲基丙烯酸缩水甘油酯为主要单体的丙烯酸酯树脂，加入石英或玻璃细粉制成的。

表 8-27　医用复合材料的组成和用途

类　别	基　体	增　强　体	用　途
生物惰性医用复合材料	聚乙烯、聚甲基丙烯酸甲酯、聚砜	碳纤维	人工关节、人工骨、骨水泥
	环氧树脂	碳纤维	人工骨、骨水泥
	聚乙烯、聚酯、聚酰胺	碳涂层	人造血管
生物活性医用复合材料	聚甲基丙烯酸甲酯、聚乙烯、聚砜	羟基磷灰石	骨水泥
可吸收的医用复合材料	聚乳酸	碳纤维	人工韧带、肌腱
	聚乳酸	羟基磷灰石	骨填料

8.3.5.9　仿生和智能复合材料

自然界存在无生命物质和有生命物质（生物）。参照生物系统的规律模拟和制备无生命物质称为仿生。经过长期的进化，生物材料通过能量最小原则（非共价键自组装、室温）、最优化原则（优胜劣汰）和功能适应性原则（进化）形成了合理的结构和形态，具有复杂和奇特的功能，达到了结构和性能的优化，具有自愈合、自回收和节能效应，例如荷叶效应（自清洁表面）、叶绿素光合作用（催化、传递功能膜和太阳能电池）、蝴蝶的颜色（变色）、头发和木的分级结构、树根的自愈合、蜂窝结构的稳定性等很值得人类效仿。智能复合材料是材料仿生的产物，由感知材料（传感器）、信息材料和执行材料组成，具有自感知、自诊断、自适应和自修复功能。智能复合材料的特点有：受外界刺激其性能能够相应发生变化、损伤自愈合能力、自检测异常情况、自再生能力、自设计和自生产能力。例如一个工业储液罐能用智能复合材料制造，那么它就能够自行检测裂纹的发生和发展，从而免除日常的维护操作，同时提高安全性和可靠性。当材料的性能下降而失效时，材料本身将能够自行解复合，使得材料的回收再利用变得容易，保证了环保的要求。

　　将预先灌入液体（热固性树脂）的中空纤维或微胶囊埋入到复合材料中，当复合材料受到外力作用产生断裂或微裂纹时，纤维或微胶囊内的液体会释放出来并在断裂处通过催化剂的作用而固化达到愈合补强的功能。此种复合材料称为可自愈合（self-healing）或自修复（self-repairing）复合材料（图 8-49）。自愈合微胶囊由愈合剂（如双环戊二烯，可通过脲醛原位聚合微胶囊化）和催化剂如 Grubb's 催化剂［双（三环己膦）苯亚甲基二氯化钌（IV）］组成，双环戊二烯在 Grubb's 催化剂作用下可开环聚合形成韧性交联聚合物。在碳纤维/环氧树脂结构复合材料中加入自愈合微胶囊可达到复合材料断裂时的自愈合。

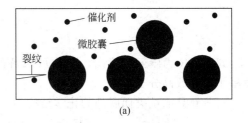

(a)

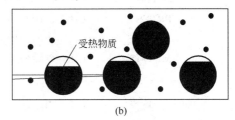

(b)

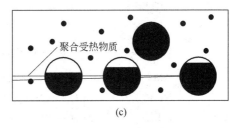

(c)

图 8-49　自愈合复合材料

8.3.6　界面相

　　高分子复合材料包括基体相、增强体相和界面相。基体相是连续相。复合材料的耐热性和耐化学腐蚀性主要由基体相决定。增强体相是分散相或连续相，主要提供复合材料的力学性能。界面相的概念和界面不同（图 8-50）。界面是一个表面，即在一个整体材料中的任何两个组分间形成的边界。界面相是一个区域，即在制备过程中生成的具有一定厚度并与基体和增强体结构不同的第三相物质，一个界面相至少含有两个界面。界面相不仅是连接基体和增强体的纽带，也是应力传递、阻止裂纹扩展和缓解应力集中的桥梁，因此对复合材料的性能产生重要影响。设计和控制界面相是高分子复合材料研究中的重要内容。界面相的模量可大于基体即界于基体和增强体之间，也可小于基体。

　　增强体和基体之间的应力传递主要是界面剪切应力，界面传递应力的能力取决于界面的黏合性。为了提高界面黏合性，可对填料和增强体进行表面处理或涂层。表面处理或涂层的目的是在基体和增强体界面引入化学键或极性基团增加相互作用，引入柔性界面层增加韧性和增加表面粗糙度以有利于机械铆合。常用的表面处理方法有：①偶联剂处理；②等离子体处理；③有机化合物、低聚物或弹性体涂层；④氧化处理（电解法、臭氧法、热氧化等）；⑤辐照处理；⑥膨胀性可聚合单体；⑦接枝化学反应。

　　玻璃纤维的化学组成主要是 SiO_2，其表面具有亲水性。大多数高分子的链结构是由碳氢化合物组成，其表面具有亲油性。对玻璃纤维可用硅烷类偶联剂进行表面处理，因为硅烷类偶联剂具有两亲性，其结构通式为：

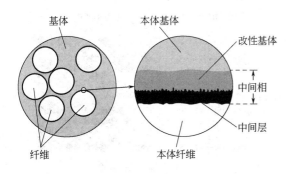

图 8-50　纤维复合材料的界面和界面相

$$R-(CH_2)_n-\underset{\underset{OR'}{|}}{\overset{\overset{OR'}{|}}{Si}}-OR'$$

式中，R 为碳氢官能团；R′ 为可水解的基团，如—Cl、—O(OCH₃)、—N(CH₃)₂ 等，适用于大多数高分子基体。

一些商品硅烷类偶联剂的化学结构为

SPTES   CH₃─(CH₂)₁₆─COO—CH₂—CH₂—CH₂—Si(—O—CH₂—CH₃)₃

PPTES   CH₃—(CH₂)₃—COO—CH₂—CH₂—CH₂—Si(—O—CH₂—CH₃)₃

ACPTES   CH₃—COO—CH₂—CH₂—CH₂—Si(—O—CH₂—CH₃)₃

MPTMS   CH₂=C—COO—CH₂—CH₂—CH₂—Si(—O—CH₃)₃
      |
      CH₃

CVBS   CH₂=CH—⟨benzene⟩—CH₂—NH—(CH₂)₂—NH—(CH₂)₃—Si(—O—CH₃)₃·HCl

GPTES   CH₂—CH—CH₂—O—CH₂—CH₂—CH₂—Si(—O—CH₂—CH₃)₃
    \O/

CHAPTMS   ⟨cyclohexane⟩—NH—CH₂—CH₂—CH₂—Si(—O—CH₃)₃

AMPTES   NH₂—CH₂—CH₂—CH₂—Si(—O—CH₂—CH₃)₃

STAC   CH₃—(CH₂)₁₆—COOH

n-BA   CH₃—CH₂—CH₂—CH₂—OH

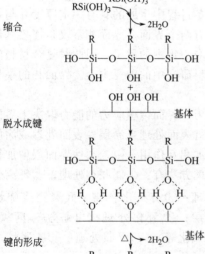

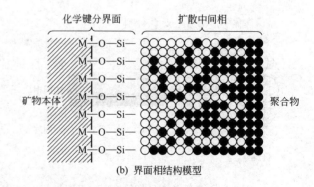

图 8-51   硅烷偶联剂的反应机理和结构以及界面相结构模型

硅烷偶联剂的偶联机理见图 8-51(a)，包括：①偶联剂分子水解；②缩合（脱水）；③与玻璃纤维表面的羟基生成氢键；④进一步脱水形成化学键。硅烷偶联剂在复合材料中形成的界面相结构包括：①硅烷偶联剂的亲水基团与玻璃纤维生成的化学键合的界面；②硅烷偶联剂的疏水基团扩散到聚合物基体中生成的具有梯度结构的界面相 ［图 8-51(b)］。

增强体和基体间的界面黏合性可通过测定纤维从基体微滴拔出的力（F_p，脱键强度）计算（微拉伸实验见图 8-52）：

$$\tau_d = \frac{F_p}{2\pi r_i l_e}$$

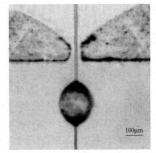

图 8-52　微拉伸实验

式中，τ_d 是界面剪切应力；r_i 是纤维半径；l_e 是基体镶嵌纤维的长度。层间剪切强度（ILSS，三点压缩实验）也是表征界面黏合性的指标，ILSS 越大，界面黏合性越好。用扫描电镜也可通过复合材料断裂表面直接观察界面的黏合状态，基体包裹纤维的量越多，说明界面黏合性越好。

思 考 题

1. 高分子相容性的表征方法。
2. 增容剂和界面相的作用是什么？
3. 试叙述导电和导热复合材料的形态特征。

参 考 文 献

[1] 中国石油化工总公司合成树脂及塑料科技情报中心站.合成树脂及塑料国外发展水平及趋势.北京：中国石油化工总公司科技情报所咨询服务部，1986.

[2] 张艳丽.低分子量聚乙烯的生产技术、应用及发展.化工科技市场，2005，10：7-12.

[3] 陶宏.合成树脂与塑料加工.北京：中国石油化工出版社，1992.

[4] 吴国贞.塑料在化学工业中的应用.北京：化学工业出版社，1985.

[5] 任合刚，王路海，闫卫东.聚1-丁烯制备研究进展.高分子通报，2008，5：1-7.

[6] 陈静仪，杨玲.聚丁烯的应用.化工新型材料，2001，01（29）：38-39.

[7] 姚臻，吕飞，曹堃.环烯烃共聚物的制备.现代化工，2006，3（26）：67-69.

[8] 赵健，吕英莹，胡友良.环烯烃聚合物的合成和应用研究进展.化学进展，2001，1（13）：48-55.

[9] 胡晓兰，梁国正.生物降解高分子材料研究进展.化工新型材料，2002，30（3）：7.

[10] 周仕东.苯乙烯和聚苯乙烯及其环境问题.化学教育，2003，5：1-2.

[11] 戈进杰.生物降解高分子材料及其应用.北京：化学工业出版社，2002.9.

[12] 刘廷栋.回收高分子材料的工艺与配方.北京：化学工业出版社，2002.8.

[13] 董纪震，赵耀明，陈雪英，曾宪珉.合成纤维生产工艺学（上、下册）.第二版.北京：中国纺织出版社，1994.

[14] 王树跟，马新安.特种功能纺织品的开发.北京：中国纺织出版社，2003.

[15] 《材料科学技术百科全书》编委会.材料科学技术百科全书.北京：中国大百科全书出版社，1995.

[16] 吴人洁主编.复合材料.天津：天津大学出版社，2000.

[17] 俞耀庭主编.生物医用材料.天津：天津大学出版社，2000.

[18] 高技术新材料要览编辑委员会编.高技术新材料要览.北京：中国科学技术出版社，1993.

[19] 平郑骅，汪长春.高分子世界.上海：复旦大学出版社，2001.

[20] 朱中平.化工新材料应用手册.北京：中国物资出版社，2001.

[21] 何天白，胡汉杰.功能高分子与新技术.北京：化学工业出版社，2001.

[22] 沈新元，沈云.合成纤维工业，2001，24（1）：1.

[23] 谷清雄.合成纤维工业，2001，24（2）：25.

[24] 张玉龙，李长德.纳米技术与纳米塑料.北京：中国轻工业出版社，2002.

[25] 胡继文，黄勇，沈家瑞.功能高分子学报，2002，15：315.

[26] 化学技术杂志编辑部.新材料技术及其应用.陈国权，池文俊译.北京：中国建筑工业出版社，1989.

[27] 肖长发，尹翠玉，张华，程博文，安树林.化学纤维概论.北京：中国纺织出版社，1996.

[28] 葛明桥，吕仕元.纺织科技前沿.北京：中国纺织出版社，2003.

[29] Rao Y，A J Waddon，R J Farris. Polym，2001，42：5937.

[30] Perepelkin K E. Fibre Chem，2001，33：340.

[31] Brunig H，Be yreuther R，Vogel R，Tamdler B. J Mater Sci.，2003，38：2149.

[32] Okuzaki H，Ishihara M. Macromol Rapid commun，2003，24：261.

[33] Lehn J M. Polym Int，2002，51：825.

[34] Zubia J，Arrue J. Opt Fiber Tech，2001，7：101.

[35] Northolt M G，Sikkema D J，Zegers H C，Klop E A. Fire Mater，2002，26：169.

[36] Luneau D. Curr Solid State Mater Sci，2001，5：125.

[37] Singletray J，Davis H，Song Y，Ramasubramanian M K，Knoff W. J Mater Sci，2000，35：583.

[38] Murthy N S，Grubb D T. J Polym Sci Poly Phys，2003，41：1538.

[39] Cakmak M，Kim J C. J Appl Polym Sci，1997，64：729.

[40] Bajaj P，Steekumar T V，Sen K. J Appl Polym Sci，2002，86：773.

[41] Kitagawa T，Murase H，Yabuki K. J Polym Sci Poly Phys，1998，36：39.

[42] Metha V R，Kumar S. J Appl Polym Sci，1999，36：39.

[43] Hu W G，Schmidt-Rohr K. Polym，2000，41：2979.

[44] Jacbs J A，Kilduff T F. Engineering Materials Technology，Ed. 4，Prentice Hall，Upper Saddle River，2001.

[45] Brunsveld L，Folmer B J B，Meijer E W，Sijbesma R P. Chem Soc Rev，2001，101：4071.

[46] Seal B L，Otero T C，Panitch A. Mater Sci Eng R，2001，34：147.

[47] Feng L，Li S，Li H，Zhai J，Song Y，Jiang L，Zhu D. Angew Chem Int Ed，2002，41：1521.

［48］Berl V，Schumutz M，Krische M J，Khoury R G，Lehn J M. Chem Eur J，2002，8：1227．

［49］So Y H. Prog Polym Sci，2000，25：137.

［50］Nelson G. Int J Pharmaceutics，2002，242：55-62.

［51］赵文元，王亦军，功能高分子材料化学. 北京：化学工业出版社，1996.

［52］马建标，功能高分子材料，北京：化学工业出版社，2000.

［53］何天白，胡汉杰. 海外高分子科学的新进展. 北京：化学工业出版社，1997.

［54］贡长生，张克立. 新型功能材料. 北京：化学工业出版社，2001.

［55］朱道本，王佛松. 有机固体. 上海：上海科学技术出版社，1999.

［56］王国建，王公善. 功能高分子. 上海：同济大学出版社，1996.

［57］黄春辉，李富友，黄岩谊. 光电功能超薄膜. 北京：北京大学出版社，2001.

［58］熊兆贤. 材料物理导论. 北京：科学出版社，2002.

［59］游效曾. 分子材料-光电功能化合物. 上海：上海科学技术出版社，2001.

［60］杨大智. 智能材料与智能系统. 天津：天津大学出版社，2000.

［61］干福熹. 信息材料. 天津：天津大学出版社，2000.

［62］雷永泉. 新能源材料. 天津：天津大学出版社，2000.

［63］谭惠民，罗运军. 树枝形聚合物. 北京：化学工业出版社，2002.

［64］周馨我. 功能材料学. 北京：北京理工大学出版社，2002.

［65］［法］Lehn J M. 超分子化学-概念和展望. 沈兴海译. 北京：北京大学出版社，2002.

［66］Ciardelli F，Tsuchida E，Wohrle D. 高分子金属络合物. 张志奇，张举贤译. 北京：北京大学出版社，1999.

［67］王诗任，吕智，赵伟岩，徐修成，李冰泉. 高分子材料科学与工程，2000，16：1.

［68］周公度. 大学化学，2002，17：1.

［69］谌东中，万雷，方江邻，余学海. 高分子通报，2002，(3)：5.

［70］［日］永松元太郎，乾英夫. 感光性高分子. 丁一等译. 北京：科学出版社，1984.

［71］［日］增田房义. 高吸水性ボリマ，日本：共立出版社，1987.

［72］［日］美田邦彦. 高分子（日），2002，51：872.

［73］Na H S，Kim J H，Hong K M，Ko B S，Han Y K，Synthesis of Azo Dye Containing Polymers and Application for Optical Data Storage. Mol. Cryst. Liq. Cryst. ，2000，349：35-38.

［74］Cava R J，Disalvo F J，Brus L E，et al. Prog. Solid State Chem，2002，30：1.

［75］Tschierske C. Current Opinion in Colloid & Interface Sci，2002，7：69.

［76］Seal B L，Otero T C，Panitch A. Mater Sci Eng R，2001，34：147.

［77］Chevalier Y. Current Opinion Colloid Interface Sci，2002，7：3．

［78］Feldman D. J Polym Environ，2002，9（2）：49.

［79］Dagani R. C&E News，1997，(6)：1.

［80］Ma H，Jen A K Y，Dalton L R. Adv Mater，2002，14：1339.

［81］Samyn C A，Broeck K，Gubbelmans E，Ballet W，Verbiest T，Persoons A. Optical Mater，2002，21：67.

［82］Ishizu K，Tsubaki K，Mori A，Uchida S. Prog. Polym. Sci，2003，28：27．

［83］Shea K J. Trends Polym Sci，1994，2（5）：166.

［84］Mullekom H A M，Vekemans J A J M，Havinga E E，Meijer E W. Mater. Sci. Eng. R，2001，32：1.

［85］Miller J S. Adv Mater，2002，14：1105．

［86］Ushiwata T，Okamoto E，Komatsu K，Kaino T. Jen A K Y. Optical Mater，2002，21：61.

［87］Hagen R，Bieringer T. Adv Mater，2001，13：1805.

［88］Pron A，Rannou P. Prog Polym Sci，2002，27：135.

［89］Blom P W M，Vissenberg M C J M. Mater Sci Eng R，2000，27：53.

［90］Thorat S D，Phillips P J，Semenov V，Gakh A. J Appl Polym Sci，2003，89：1163.

［91］Davison P. Prog Polym Sci，1996，21：893.

［92］Ratna D，Dalvi V，Chakraborty B C，Deb P C. J Polym Sci Chem，2003，41：2166.

［93］Zyss J，Nicoud J F. Curr Opinion Solid State Mater Sci，1996，1：533.

［94］Shirai M，Tsunooka M. Prog Polym Sci，1996，21：1.

［95］Chae K H，Jang H J. J Polym Sci Chem，2002，40：1200.

［96］Zhao J，Ding E，Allegeier A M，Jia L. J Polym Sci Chem，2003，41：376.

[97] Takeuchi D, Sakeguchi Y, Osakada K. J Poly Sci Chem, 2002, 40：4530.

[98] Reichmanis E, Nalamasu O, Houlihan F M. Macromol Symp, 2001, 175：185.

[99] Shibaev V, Bobrovsky A, Boiko N. Prog Polym Sci, 2003, 28：729.

[100] Liu S, Armes S P. Curr Opinion Colloid Interface Sci, 2001, 6：249.

[101] Xu M, Ou Z, Shi Z, Xu M, Li H, Yu S, He B. Reactive Funct Polym, 2001, 48：85.

[102] Trivedi V V, Menon S K, Agrawal Y K. React Funct Polym, 2002, 50：205.

[103] Schleiffelden M, C Staudt-Bickel. React Funct Polym, 2001, 49：205.

[104] Kotz J, Kosmello S, Beitz T. Prog Polym Sci, 2001, 26：1199.

[105] Kanitov L, Helgee B, Andersson G, Hjertberg T. Macromol rapid Commun, 2002, 203：1724.

[106] Gall K, Dunn M L, Liu Y, Finch D, Lake M, Munshi N A Acta Mater, 2002, 50：5115.

[107] Seiler M. Chem Eng Tech, 2002, 25：237.

[108] Rajca A. Chem Eur J, 2002, 8：4835.

[109] Kumar D, Sharma R C. Eur. Polym J, 1998, 34：1053.

[110] Bella S O. Chem Soc Rev, 2001, 30：355.

[111] Ma H, Liu S, Luo J, Suresh S, Liu L, Kang S H, Haller M, Sassa T, Dalton L R, Jen A K Y. Adv Funct Mater, 2002, 12：565.

[112] Matthews D A, Shipway A N, Stoddart J F. Prog Polym Sci, 1998, 23：1.

[113] Andersson H S, Ramstron O. J Mol Recog, 1998, 11：103.

[114] Wulff G, Knorr K. Bioseparation, 2002, 10：257.

[115] Takeuchi T, Haginaka J. J Chromatog B, 1999, 728：1.

[116] Raju M P, Raju K M. J Appl Polym Sci, 2001, 80：2635.

[117] Chen S H, Shi H, Mastrangelo J C, Ou J J. Prog Polym Sci, 1996, 21：1211.

[118] Hopkins T E, Wagener K B. Adv Mater, 2002, 14：1703.

[119] Pu L. Macromol Rapid Commun, 2000, 21：795.

[120] Shibaev V, Bobrovsky A, Boiko N. Prog Polym Sci, 2003, 28：729.

[121] Juris A. Annu Rep Prog Chem Sect C, 2003, 99：177-241.

[122] Seiler M. Chem Eng Tech, 2002, 25：237.

[123] Vogtle F, Gestermann S, Hesse R, Schwierz H, Windisch B. Prog Polym Sci, 2000, 25：987.

[124] Inoue K. Prog Polym Sci, 2000, 25：453.

[125] Boas U, Heegaard P M H. Chem Soc Rev, 2004, 33：43.

[126] Gao C, Yan D. Prog Polym Sci, 2004, 29：183.

[127] [日] 秋山三郎, 井上隆, 西敏夫. 高分子共混物. 日本：CMC 株式会社, 1981.

[128] [日] 瓜生敏之, 掘讲一之, 白石振作. 高分子材料. 日本：东京大学出版会, 1984.

[129] [日] 井上隆, 市原祥次. 高分子合金. 日本：共立出版株式会社, 1988.

[130] [日] 浅井治海. 高分子共混材料的制造和应用. 日本：CMC 株式会社, 1988.

[131] [日] 高分子学会. 高性能高分子系复合材料. 日本：丸善株式会社, 1990.

[132] 江明. 高分子合金的物理化学. 成都：四川教育出版社, 1988.

[133] 孙家跃, 杜海燕. 无机材料制造与应用. 北京：化学工业出版社. 2001.

[134] 潘才元. 膨胀聚合反应及其应用. 成都：四川教育出版社, 1988.

[135] 张克惠. 塑料材料学. 西安：西北工业大学出版社, 2000.

[136] 黄春辉, 李富友, 黄岩谊. 光电功能超薄膜. 北京：北京大学出版社, 2001.

[137] 邹宁宁. 玻璃钢制品手工成型工艺. 北京：化学工业出版社, 2002.

[138] 倪礼忠, 陈麒. 复合材料科学与工程. 北京：科学出版社, 2002.

[139] 陶肖明, 冼杏娟, 高冠勋. 纺织结构复合材料. 北京：科学出版社, 2001.

[140] 吴培熙, 沈健. 特种性能树脂基复合材料. 北京：化学工业出版社, 2003.

[141] 曼森 J A, 斯泊林 L H. 聚合物共混物及复合材料. 汤华远, 李世荣, 郑倩瑜译. 北京：化学工业出版社, 1983.

[142] Suresh S, Mortensen A. 功能梯度材料基础-制备及热机械行为. 李守新等译. 北京：国防工业出版社, 2000.

[143] 益小苏. 复合导电高分子材料的功能原理. 北京：国防工业出版社, 2004.

[144] 熊兆贤. 材料物理导论. 北京：科学出版社, 2002.

[145] 孟新强, 朱绪宝. 中国航天, 1998, (8)：12.

［146］ 马余强. 物理学进展，2002，22：73.

［147］ 赵稼祥. 新型炭材料，1991，(3-4)：21.

［148］ 冯春祥，谭自烈. 新型炭材料，1991，(3-4)：78.

［149］ 张佐光，宋焕成. 新型炭材料，1991，(3-4)：48.

［150］ 刘静，潘颐，张向武. 复合材料学报，2002，19 (6)：116.

［151］ Guo Q，Lin Z. J Thermal Anal Calorimeter，2000，59：101.

［152］ Vinckier I，Laun H M. Rheol Acta，1999，38：274.

［153］ Mezzenga R，Boogh L，Manson J A E. J Polym Sci Polym Phys，2000，38：1893.

［154］ Viswanathan S，Dodmun M D. Macromol Rapid Commun，2001，22：779.

［155］ Song M，Hourston D J，Schafer F U. J Appl Polym Sci，2001，81：2439.

［156］ Komarova L G，Rusanov A L. Russ Chem Rev，2001，70：81.

［157］ Neibt W，Gahleitner M. Macromol Symp，2002，181：177.

［158］ Chand S. J Mater Sci，2000，35：1303.

［159］ Mochida I，Yoon S H，Takano N，Fortin F，Korai Y，Yokogawa K. Carbon，1996，34：941.

［160］ Strumpler R，Glatz-Reichenbach J. J Electroceramics，1999，3：329.

［161］ Panova I G，Topchieva I N. J Biomed Mater Res，2002，60：186.

［162］ George S C，Thomas S. Prog Polym Sci，2001，26：985.

［163］ Paniva I G，Topchieva I N. Russ Chem Rev，2001，70：23.

［164］ Hosseini S H，Entezami A A. J Appl Polym Sci，2003，90：49.

［165］ Kim Y J，Park O O. J Environ Polym Degrad，1999，7：53.

［166］ Sumpter B G，Noid D W，Barnes M D. Polym，2003，44：4389.

［167］ Litmanovich A D，Plate N A，Kudryavtsev Y V. Prog Polym Sci.，2002，27：915.

［168］ Leblanc J L. Prog. Polym. Sci.，2002，27：627.

［169］ Zuiderduin W C J，Westzaan C，Huetink J，Gaymans R J. Polym，2003，44：261.

［170］ Yanjarappa M J，Sivaram S. Prog Polym Sci，2002，27：1347-1398.

［171］ Karayannidis G P，Bikiaris D N，Papageorgiou G Z，Bakirtzis V. Adv Polym Tech，2002，21：153.

［172］ Chevalier Y，Current Opinion in Colloid Interface Sci，2002，7：3.

［173］ Vincent J F V. Mater Today，2002，5 (12)：28.

［174］ Nelson J. Current Opinion in Solid State Mater Sci，2002，6：87.

［175］ Ostroverkhova O，Wright D，Gubler U，Moerner W E，He M，Robert A S，Twieg J. Adv Funct Mater，2002，12：621.

［176］ Tsotra P，Friedrich K. Compos A，2003，34：75.

［177］ Chung D D L. Mater Sci Eng R，1998，22：57.

［178］ Dierking I. Adv Mater，2000，12：167.

［179］ Higgins D A. Adv Mater，2000，12：251.

［180］ Boxtel M C，Janssen R H，Broer D J，Wilderbeek H T A，Bastiaansen C W M. Adv. Mater，2000，12：753.

［181］ MacLachlan M J，Manners I，Ozin G A. Adv Mater，2000，12：675.

［182］ Brabec C J，Saricifci N S，Hummelen J C. Adv Funct Mater，2001，11：15.

［183］ Duren J K J，Loos J，Morrissey F，Leewis C M，Kivits K P H，Ijzendoorn L J，Rispens M T，Hummelen J C，Janssen R A J. Adv Funct Mater，2002，12：665.

［184］ Isayev A I，Viswarathan R. Polym，1995，36：1585.

［185］ Krichelorf H R，Lohden G. Polym，1995，36：1697.

［186］ Jang J，Shin S. Polym，1995，36：1199.

［187］ Lu S，Pearce E M，Kwei T K. Polym，1995，36：2435.

［188］ Edie D D. Carbon，1998，36：345-362.

［189］ DiBenedetto A T. Mater Sci Eng，2001，302：74.

［190］ Seiler M. Chem Eng Tech，2002，25：237.

［191］ Reignier J，Favis B D，Heuzey M C. Polym，2003，44：49.

［192］ Kickelbick G. Prog Polym Sci，2003，28：83.

［193］ Alexandre M，Dubois P. Mater Sci Eng R，2000，28：1.

[194] Ratoglu D K, Argon A S, Cohen R E, Weinberg M. Polym, 1995, 36: 921.

[195] Joseph S, Thomas S. Eur Polym J, 2003, 39: 115.

[196] Mistui S, Kihara H, Yoshimi S, Okamoto Y. Polym Eng Sci, 1996, 36: 2241.

[197] Guillet A. Macromol Symp, 2003, 194: 63.

[198] Idemura, Preston J. J Polym Sci Chem, 2003, 41: 1011.

[199] Sariciftci N S. Current Opinion Colloid Interface Sci, 1999, 4: 373.

[200] Okamoto M, Shiomi K, Inoue T. Polym, 1995, 36: 87.

[201] Bershtein V A, David L, Egorova, L M, Kanapitsas A, Meszaros O, Pissis P, Sysel P. Mater Res Innovat, 2002, 5: 230.

[202] Scott C E, Macosko C W. Polym, 1995, 36: 461.

[203] Jun J B, Lee C H, Kim J W, Suh K D. Colloid Polym Sci, 2002, 280: 744.

[204] Pron A, Rannou P. Prog Polym Sci, 2002, 27: 135.

[205] Ichikawa H. Ann Chim Sci Mater, 2000, 25: 523.

[206] Zhang Z, Friedrich K. Compos Sci Tech, 2003, 63: 2029.

[207] Dean D M, Marchione A A, Rebenfeld L, Register R A. Polym Adv Tech, 1999, 10: 655.

[208] Jacobs J A, Kilduff T F. Engineering Materials Technology. Ed. 4, Prentice Hall. Upper Saddle River, 2001.

[209] Ehrenstein G W. Polymer Materials Structure-Properties-Applications. Munich: Carl Hanser Verlag, 2001.

[210] Hull D. An Introduction to Composite Materials. England: Cambridge University Press, 1982.

[211] Stumpler R, Glatz-Rechenbach J. J Electroceramics, 1999, 3: 329.

[212] Chekanov Y, Ohnogi R, Asai S, Sumita M. J Mater Sci, 1999, 34: 5589.

[213] Zois H, Apekis L, Mamunya Y P. Macromol Symp, 2003, 194: 351.

[214] Lin C R, Chen Y C, Chang C Y. Macromol Theory Simul, 2001, 10: 219.

[215] Wegner G. Acta Mater, 2000, 48: 253.

[216] Abbasi F, Mirzadeh H, Katbab A A. Polym Int, 2001, 50: 1279.

[217] Mamunya Y P, Duvydenko V V, Pissis P, Lebedev E V. Eur Polym J, 2002, 38: 1887.

[218] Horak D. J Polym Sci A Polym Chem, 2001, 39: 3707.

[219] Malini K A, Mohammed E M, Sindhu S, Joy P A, Date S K, Kulkani S D, Kurian P, An Antharaman M R. J Mater Sci, 2001, 36: 5551.

[220] Bas J A, Calero J A, Dougan M J. J Magnetism Magnetic Mater, 2003, 254~255: 391.

[221] Wu M, He H, Zhao Z, Yao X. J Phys D Appl Phys, 2000, 33: 2398.

[222] Pinho M S, Gregori M L, Nunes R C R, Soares B G. Eur Polym J, 2002, 38: 2321.

[223] Lee N J, Jang J, Park M, Choe C R. J Mater Sci, 1997, 32: 2013.

[224] Funabashi M. Compos A, 1997, 28: 731.

[225] Kieback B, Neubrand A, Riedel H. Mater Sci Eng A, 2003, 362: 81.

[226] Brabec C J, Sariciftci N S. Chem Monthly, 2001, 132: 421.

[227] Sun S S. Solar Energy Mater Solar Cells, 2003, 79: 257.

[228] Kim J Y, Kim M, Choi J H. Syn Metals, 2003, 139: 565.

[229] Abbate M, Mormile P, Martuscelli E, Musto P, Petti L, Ragosta G, Villano P. J Mater Sci, 2000, 35: 999.

[230] Higgins D A. Adv Mater, 2000, 12: 251.

[231] Dieeking I. Adv Mater, 2000, 12: 167-181.

[232] Fujikake H, Takizawa K, Kikuchi H, Fujii T, Kawakita M. Elect Commun Japan, 1998, 81: 164.

[233] Mucha M. Prog. Polym Sci, 2003, 28: 837.

[234] Zhang Y, Wada T, Sasabe H. J Mater Chem, 1998, 8: 809.

[235] Zhou B L. Mater Chem Phys, 1996, 45: 114.

[236] Ahmad Z, Mark J E. Mater Sci&Eng C, 1998, 6: 183.

[237] Kessler M R, Sottos N R, White S R. Compos A, 2003, 34: 743.

[238] Hao T. Adv Colloid Interface Sci, 2002, 97: 1.

[239] Hao T. Adv Mater, 2001, 13: 1947.

[240] Feller J F, Grohens Y. Compos A, 2004, 35: 1.